电力系统继电保护实用技术问答

（第二版）

国家电力调度通信中心 编

中国电力出版社
CHINA ELECTRIC POWER PRESS

内 容 提 要

为配合 1997～2005 年全国电力系统开展继电保护技术人员练兵调考活动和实际情况，国家电力调度通信中心决定对 1997 年 5 月组织全国继电保护专家 20 多位编制出版的《电力系统继电保护实用技术问答》一书进行全面修订和实时修改，即第二版修编工作。

本书为《电力系统继电保护实用技术问答》第二版，是根据电力工业部、国家经贸委、国家发展和改革委、国家电力公司、国家电网公司、中国南方电网公司和中国五大发电集团公司颁布的继电保护标准、规定，并结合全国继电保护实际情况，以问答形式讲解了电力系统继电保护基础知识，继电保护规程，电流、电压互感器和相序滤过器，线路保护，母线保护和断路器失灵保护，电力变压器保护，发电机及自动装置，电力系统安全自动装置，电气二次回路，继电保护反事故措施及抗干扰等方面的知识，是继电保护专业人员学习和提高技术素质的重要书籍，全书共 10 章 772 题。同时，附录中还给山了 1997 年继电保护专业测试与调考试题及答案和 2002 年电力系统继电保护专业技术竞赛试题与答案及补充题。

本书适用于全国电力系统、国家电网公司、中国南方电网公司、中国五大发电集团公司、网省电力公司、地市县供电企业、各类火力发电厂和水力发电厂、网省电力调度通信中心、地市县电力调度通信机构以及电力试验科研单位等从事继电保护运行、设计、研制、安装与调试工作的工程技术人员、工人和科技管理人员以及有关专业师生等。

图书在版编目（CIP）数据

电力系统继电保护实用技术问答/国家电力调度通信
中心编 . － 2 版 . － 北京：中国电力出版社，2000.2（2024.4 重印）
ISBN 978-7-5083-0189-1

Ⅰ . 电… Ⅱ . 国… Ⅲ . 电力系统 – 继电保护 – 问
答 Ⅳ . TM77.44

中国版本图书馆 CIP 数据核字（1999）第 67417 号

中国电力出版社出版、发行
（北京市东城区北京站西街 19 号 100005 http://www.cepp.sgcc.com.cn）
三河市航远印刷有限公司印刷
各地新华书店经售

1997 年 5 月第一版
2000 年 2 月第二版 2024 年 4 月北京第四十次印刷
787 毫米×1092 毫米 16 开本 30 印张 699 千字
印数 183621 —184620 册 定价 98.00 元

提高继电保护人
员素质保障电网
安全稳定运行

史大桢

序　言

电力系统的不断发展和安全稳定运行给国民经济和社会发展带来了巨大的动力和效益。但是，国内外经验表明，大型电力系统一旦发生自然或人为故障，不能及时有效控制，就会失去稳定运行，使电网瓦解，将酿成大面积停电，给社会带来灾难性的后果。因此，自从出现电力系统以来，如何保证其安全稳定运行，就成为一个永恒的主题。所有电力工作者都在千方百计采取技术的、管理的各种措施，力求避免电网的稳定性遭到破坏和瓦解，防止出现大面积停电事故。其中，继电保护（包括安全自动装置）就是保障电力设备安全和防止及限制电力系统长时间大面积停电的最基本、最重要、最有效的技术手段。许多实例说明，继电保护装置一旦不能正确动作，往往又会扩大事故，酿成严重后果。所以，加强继电保护技术监督，实行全过程管理，不断提高继电保护人员素质，不断提高继电保护技术及其装置运行管理水平，应当成为电力企业的重要工作。几十年来，随着我国电力系统向高电压、大机组、现代化大电网发展，继电保护技术及其装置应用水平获得很大提高。多年实践证明，继电保护装置正确动作率的高低，除了装置质量因素外，还在很大程度上取决于设计、安装、调试和运行维护人员的技术水平和敬业精神。近几年统计，我国在 220kV 及以上系统继电保护的不正确动作次数当中，由于各种人员因素造成的约占到 50%，运行人员（包括继电保护及运行值班）因素造成的占 30% 多。为了有效提高继电保护人员素质，以便充分实现继电保护保障电网安全稳定运行的作用，电力工业部决定开展继电保护技术练兵活动。为此，国调中心组织编写了《电力系统继电保护实用技术问答》。

本书是在总结了各有关电网管理部门多年培训实践经验的基础上进行编写的。东北电网调度通信中心，河北、山东和安徽等电力调度局（所），有关科研院（所）、大学、制造厂以及中国电力出版社等单位推派了有深厚理论基础和丰富实践经验的高级工程师、专家、教授参与编写、编辑和审定工作。他们广泛收集、参考了东北电网调度通信中心，河北、山东、湖南电力调度局等单位编写的专业知识问答、试题和部颁规程、规定、反事故措施等大量资料，结合对电网事故的经验教训的分析，编撰了大纲、条题，在《电力系统继电保护实用技术问答》中充分体现了"内容完整、概念清晰、学习培训、注重实用"的原则。

本书贯穿着以实际应用为主线的特点，采取简明问答的形式介绍继电保护在电力系统中的实践应用，突出了应当重点掌握的基础知识、基本原理，有关规程、规定、"反措"的要点。本书的编辑出版，必将有助于推进有关专业人员的学习和培训工作，有助于各级继电保护的技术人员、技术工人和电力系统运行、管理人员以及有关设计、研制人员完整地了解、掌握继电保护装置安全、可靠运行和实现快速、正确动作的基本要求，有助于提高专业人员素质，从而提高继电保护装置的运行水平。

在本书编辑、出版过程中，专家同志们以高度的事业责任感和严谨的治学态度，认真负责，一丝不苟，废寝忘食，夜以继日地工作，往往为了几个条题而反复推敲、多次修改，全书几经审改才最终定稿。在本书即将正式出版的时候，我谨对所有参与和支持本书编辑出版的同志们表示崇高的敬意。并希望有更多的同志结合电网运行的实际，不断总结新经验，为使中国电网有一流的运行业绩而坚持不懈地努力。

陆延昌

1997 年 3 月 28 日

第二版前言

《电力系统继电保护实用技术问答》一书自 1997 年 5 月出版以来，受到继电保护专业人员的热烈欢迎。经过一段时间的使用，大家对本书各方面的内容都提出了许多很好的意见，对完善本书有很大帮助，在此表示衷心的感谢。

为配合国家电力公司开展的继电保护技术人员练兵调考活动，国调中心决定对《电力系统继电保护实用技术问答》一书进行修订，即第二版编写工作。在第二版编写过程中，结合实际工作的需要及提出的意见，增加了电力系统短路电流计算基础、微机保护基础及继电保护反事故措施等内容，共计 51 题。同时，还对第一版中的错误之处进行了修改，共计第二版有 772 题。另外，为便于大家学习，还在附录中给出了 1997 年 11 月继电保护专业测试与调考的试题和答案，供大家参考。

由于作者水平有限，书中难免有不妥或错误之处，恳请读者批评指正。

编　者

1999 年 10 月

常用符号说明

一、设备文字符号

A	调节器、自动装置	KG	气体继电器
AAC	自动切机装置	KI	冲击继电器、阻抗继电器
AAT	电源自动投入装置	KL	闭锁继电器、保持继电器、双稳态继电器
AC	载波机	KM	中间继电器、脉冲继电器、接触器
ACS	中央信号装置	KOM	保护出口中间继电器
AD	晶体管放大器	KP	极化继电器、压力继电器
AER	自动调节励磁装置	KQ	位置继电器
AFD	按频率解列装置	KR	干簧继电器、热继电器、逆流继电器
AFL	按频率减负荷装置	KRC	重合闸继电器
AR（APR）	重合闸（重合闸装置）	KS	信号继电器、选择继电器、起动继电器
AS	自同期装置	KT	时间继电器、跳闸继电器、温度继电器
ATQ	远方跳闸装置	KV	电压继电器
ATM	遥测装置	KVI	监察继电器
AV	调压器	KW	功率继电器
C	电容器、电容器装置	KY	同步检查继电器
F	击穿保险、避雷器	L	电感线圈、电抗器、消弧线圈
FU	熔断器	LB	制动线圈
G	发电机	LBL	平衡线圈
HA	电铃	LC	合闸线圈
HB	蜂鸣器	LD	差动线圈
HG	绿色信号灯	LE	励磁绕组
HL	信号灯	LK	短路线圈
HP	光字牌	LT	跳闸线圈
HR	红色信号灯	M	电动机
HW	白色信号灯、电笛	PA	电流表
HY	黄色信号灯	PJ	电能表
K	继电器	PV	电压表
KA	电流继电器、交流继电器	QF	断路器
KB	制动继电器	QK	刀开关
KC	合闸继电器	QL	负荷开关
KCF	防跳继电器	QS	隔离开关
KCO	出口继电器	R	电阻器、变阻器
KD	差动继电器	RP	电位器
KDM	自动灭磁继电器	SA	控制开关、选择开关
KE	接地继电器	SB	按钮开关
KF	频率继电器	SE	试验按钮

SG	连锁开关		U	整流器、变流器、逆变器
SP	行程开关		V	二极管、三极管、晶闸管、稳压管
SR	复归按钮		W	母线
ST	转换开关		WC	控制母线
T	变压器		WH	闪光母线
TA	自耦变压器、电流互感器		WS	信号母线
TL	电抗变压器		XB	连接片
TS	隔离变压器		XS	切换片
TV	电压互感器、调压器			

二、主要下角标符号

A、B、C、N	一次三相相量		m	测量
a、b、c、n	二次三相相量		max	最大
a	有功		min	最小
ad	附加		N	额定
ast	自启动		o	输出
av	平均		off	断开
b	分支		ol	过负荷
bus	母线		on	接通
res	制动		op	动作
co	配合		ph	相
con	接线		r	反向、无功
com	补偿		re	返回
di	分流		s	系统
e	励磁、接地		rel	可靠
ef	有效		sen	灵敏
en	允许		set	整定
fb	反馈		st	启动
G	发电机		u	电压
h	热		unb	不平衡
i	电流、输入		w	工作
jo	连接		~	交流
K	继电器		—	直流
k	短路		0	空载
L	负荷		1、2、0	正、负、零序
l	线路			

目 录

第一章 电力系统继电保护基础知识

第二章 继电保护规程

八、继电保护及电网安全自动装置检验条例 ………………………… 109

九、220～500kV 电力系统故障动态记录技术准则 ………………… 120

十、 静态继电保护及安全自动装置通用技术条件

十一、 微机线路保护装置通用技术条件

第三章 电流、电压互感器和相序滤过器

第四章 线 路 保 护

15

第五章　母线保护和断路器失灵保护

第六章 电力变压器保护

第七章　发电机保护及自动装置

第八章　电力系统安全自动装置

第八章 电气二次回路

第十章 继电保护反事故措施及抗干扰

附　录

电力系统继电保护基础知识

一、电力系统基本知识

1. 什么是电力系统的稳定和振荡？

答：电力系统正常运行时，原动机供给发电机的功率总是等于发电机送给系统供负荷消耗的功率。当电力系统受到扰动，使上述功率平衡关系受到破坏时，电力系统应能自动地恢复到原来的运行状态，或者凭借控制设备的作用过渡到新的功率平衡状态运行，即所谓电力系统稳定。这种电力系统维持稳定运行的能力，是电力系统同步稳定（简称稳定）研究的课题。

电力系统稳定分静态稳定和暂态稳定。静态稳定是指电力系统受到微小的扰动（如负荷和电压较小的变化）后，能自动地恢复到原来运行状态的能力。暂态稳定对应的是电网受到大扰动的情况。

下面我们以单机对无穷大系统为例，说明静态稳定和暂态稳定的概念。

正常运行时，发电机轴上作用着两个力矩：一个是由原动机功率 P_M 决定的原动力矩 T_M（或称主力矩）；另一个是由发电机的输出功率 P_E 决定的制动力矩（或称阻力矩）。

发电机输出的有功功率 P_E（为简单起见，忽略发电机定子电阻引起的功率损耗，认为电磁功率等于输出功率）可表示为

$$P_E = \frac{E_A U}{X_\Sigma} \sin\delta \tag{1-1}$$

式中 E_A——发电机电动势；

U——无穷大系统母线电压；

X_Σ——包括发电机电抗在内的发电机到无穷大系统母线的总电抗；

δ——发电机电动势 $\dot{E}_A$ 与无穷大系统电压 $\dot{U}$ 之间的夹角，称为功角。

图 1-1 为功角特性曲线，是表征发电机输出的有功功率 P_E 随功角 δ 的变化关系曲线。图中，P_M 为原动机供给发电机的功率。由图可见，功率直线（P_M）和正弦曲线（P_E）有两个交点，一个交点对应 δ_1 角，另一个交点对应 δ_2 角。δ_1 角是稳定平衡角，δ_2 角是不稳定平衡角。正常运行时，发电机稳定运行在 δ_1 角。

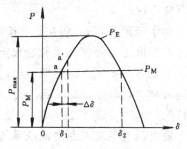

图 1-1 功角特性曲线

在 δ_1 角运行时，发电机的输入功率和输出功率是平衡的。如系统一小扰动使 δ 增加而引起 P_E 增加时，发电机的输出功率 P_E 大于原动机的输入功率，由 P_E 产生的制动力矩大于 P_M 产生的原动力矩，发电机轴上作用着减速的剩余力矩，使发电机减速，δ 角减小，P_E 减小，使运行状态又恢复到原来的稳定运行角 δ_1。反之，当系统小扰动使 δ 减小时，发电机轴上将出现加速的剩余力矩，使 δ 加大，也将使运行状态再恢复到原来的稳定运行角 δ_1。

在 δ_2 角运行时，如小扰动使 δ 略增，引起 P_E 减少时，发电机轴上就承受着加速的剩余力

矩，使发电机加速，δ 角增大。而当 δ 角增大后，输出功率 P_E 更减少，因而功率得不到平衡，发电机不能稳定运行。若小扰动使 δ 减小，则发电机减速，δ 将进一步减小，直到 δ_1 才达到稳定运行，而不可能恢复到 δ_2 角运行。

功角特性曲线对应于 $\delta=90°$ 时的功率最大值 P_{max}，代表单机向无穷大系统输送有功功率的极限值，称谓静态稳定极限值。单机输出的功率和其极限值 P_{max} 相差越大，稳定运行能力越大。

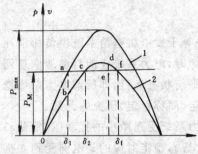

图 1-2　系统故障时的功角特性曲线

当双回线切除一回线后，线路电抗增大了一倍，回路的综合电抗 X_Σ 变大，根据式(1-1)，功率极限值将变小，功角特性将由曲线 1 变为曲线 2，如图 1-2 所示。

由于发电机的转子存在惯性，转子的转速不能突变，故在切除线路瞬间 δ 角不能立刻改变，此时发电机的运行点将由曲线 1 的 a 点落到曲线 2 的 b 点上。但是，在 b 点运行时，功率是不平衡的，这时原动机供给发电机的功率仍为 P_M，但发电机的输出功率 P_E 却减少了。于是，发电机轴上作用的原动力矩将大于制动力矩，故发电机加速，δ 角增大，运行点将由 b 点沿曲线 2 向 c 点移动。与此同时，转子的相对速度 v（相对速度指的是发电机转速相对无穷大电源系统等效发电机的转速）也由零逐渐增大，至 c 点时，功率 P_M 和 P_E 又达到平衡。由于剩余功率为零，故转子应没有加速度，但此时发电机的相对速度 v 为最大值，因惯性力矩作用 δ 角将继续增大。过 c 点后，由于发电机的输出功率大于输入功率，发电机轴上将出现减速的过剩力矩，故从 c 点开始，转子的相对速度 v 将逐渐减小，虽然转子速度逐渐变慢，但仍大于同步转速，故 δ 角继续增大。直至 d 点，减速面积 cde 等于加速面积 abc，转子的相对速度 v 减至零，发电机转速达同步转速。但此时发电机轴上仍作用着减速的剩余力矩，故发电机的转速继续减小。从 d 点起，相对速度 v 变负，因而 δ 角开始减少。至 δ 角又摆回 c 点时，功率又达平衡，负的加速度为零，反向的相对速度 v 达最大。在负的惯性力矩作用下，δ 角将继续减小。过 c 点后，发电机轴上又出现加速的剩余力矩，正向的加速度使反向的相对速度 v 又逐渐减小。v 减至零后，由于功率不平衡，发电机转子又开始新的摆动，如此反复多次。

由于阻尼作用，δ 角在 c 点摆动的幅度将会越来越小，最后稳定在 c 点以 δ_2 角运行。这种情况称为电力系统保持了暂态稳定。反之，如果短路开始时加速的剩余力矩很大，δ 角摆动得超过了临界角 δ_f（不稳定平衡角，对应图 1-2 中的 f 点），则加速的剩余力矩会随 δ 角的增大而越来越大，δ 达 180° 以后，P_E 为负值，加速度更大，直至发电机失步，电网处于异步振荡的情况。

发电机与系统电源之间或系统两部分电源之间功角 δ 的摆动现象，称为振荡。电力系统的振荡有同期振荡和非同期振荡两种情况，能够保持同步而稳定运行的振荡称为同期振荡；导致失去同步而不能正常运行的振荡称为非同期振荡。

2. 电力系统振荡和短路的区别是什么?

答：电力系统振荡和短路的主要区别是：

（1）振荡时系统各点电压和电流值均作往复性摆动，而短路时电流、电压值是突变的。此外，振荡时电流、电压值的变化速度较慢，而短路时电流、电压值突然变化量很大。

（2）振荡时系统任何一点电流与电压之间的相位角都随功角 δ 的变化而改变；而短路时，电流与电压之间的相位角是基本不变的。

3．电力系统振荡时，对继电保护装置有哪些影响？哪些保护装置不受影响？

答：电力系统振荡时，对继电保护装置的电流继电器、阻抗继电器有影响。

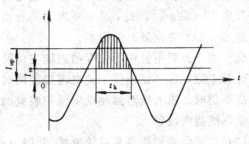

（1）对电流继电器的影响。图 1-3 为流入继电器的振荡电流随时间变化的曲线，由图可见，当振荡电流达到继电器的动作电流 I_{op} 时，继电器动作；当振荡电流降低到继电器的返回电流 I_{re} 时，继电器返回。图 1-3 中 t_k 表示继电器的动作时间（触点闭合的时间），由此可以看出电流速断保护肯定会误动作。一般情况下振

图 1-3 流入继电器的振荡电流随时间变化的曲线

荡周期较短，当保护装置的时限大于 1.5～2s 时，就可能躲过振荡误动作。

（2）对阻抗继电器的影响。周期性振荡时，电网中任一点的电压和流经线路的电流将随两侧电源电动势间相位角的变化而变化。振荡电流增大，电压下降，阻抗继电器可能动作；振荡电流减小，电压升高，阻抗继电器返回。如果阻抗继电器触点闭合的持续时间长，将造成保护装置误动作。

原理上不受振荡影响的保护，有相差动保护和电流差动纵联保护等。

4．加强和扩充一次设备来提高系统稳定性有哪些主要措施？

答：（1）减小线路电抗。可以采用增加并联运行输电线的回路数和复合导线等方法，以减小系统的总阻抗，改善系统稳定性及电压水平。

（2）线路上装设串联电容。在线路上装设串联电容，可有效地减小线路电抗，比增加多回线路要经济，但技术较复杂。

（3）装设中间补偿设备。在线路中间装设同步调相机或电容器，能有效地保持变电所母线电压及提高系统稳定性。近年发展的静止补偿器，可以快速地调整和供给系统无功功率，是提高系统稳定性的重要手段。

（4）采用直流输电。由于直流电源不存在相位问题，所以用直流远距离输电，就不存在由发电机间相角确定的功率极限问题，不受系统稳定的限制。

5．长距离输电线的结构、短路过渡过程的特点及其对继电保护的影响是什么？

答：高压长距离输电线的作用是将远离负荷中心的大容量水电站或煤炭产地的坑口火电厂的巨大电功率送至负荷中心，或作为大电力系统间的联络线，担负功率交换的任务。因此，提高长距离输电线的传输能力和并联运行的电力系统的稳定性，是一个极为重要的问题。为此，长距离输电线常常装设串联电容补偿装置以缩短其电气距离。此外，为了补偿线路分布电容的影响，以防止

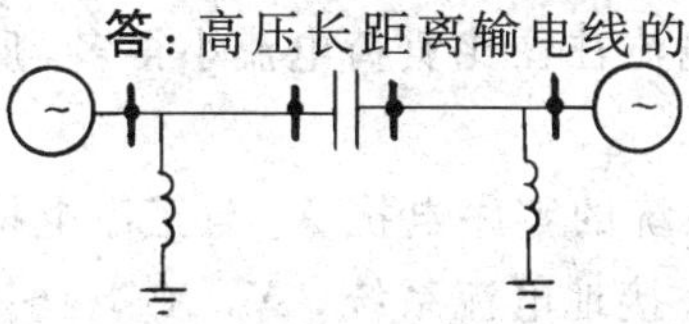

图 1-4 长距离输电线路典型结构图

3

过电压和发电机的自励磁，长距离输电线还常常装设并联电抗补偿装置。图 1-4 为长距离输电线的典型结构图。

长距离输电线短路过渡过程的特点及其对继电保护的影响如下。

（1）高压输电线电感对电阻的比值大，时间常数大，短路时产生的电流和电压自由分量衰减较慢。为了保持系统稳定，长距离输电线的故障应尽快切除，要求其继电保护的动作时间一般为 20～40ms。因此，必须考虑这些自由分量对继电保护测量值（测量阻抗、电流相位、电流波形、功率方向等）的影响。

（2）由于并联电抗中所储存的磁能在短路时释放，在无串联补偿电容的线路上将产生非周期分量电流，在一定条件下此电流可能同时流向线路两端或从线路两端流向电抗器。因而在外部短路时，流入线路两端继电保护装置的非周期分量电流可能数值不等，方向相同（例如都从母线指向线路）。

（3）串联电容和线路及系统电感、并联电抗等谐振将产生幅值较大、频率低于工频的低次谐波。由于这种谐波幅值大，频率和工频接近，故使电流的波形和相位都将发生严重的畸变。

（4）由于分布电容大，因而分布电容和系统以及线路的电感谐振产生的高次谐波很多，幅值也很大，对电流的相位和波形也将产生影响。

6．我国电力系统中中性点接地方式有几种？它们对继电保护的原则要求是什么？

答：我国电力系统中性点接地方式有三种：①中性点直接接地方式；②中性点经消弧线圈接地方式；③中性点不接地方式。

110kV 及以上电网的中性点均采用第①种接地方式。在这种系统中，发生单相接地故障时接地短路电流很大，故称其为大接地电流系统。在大接地电流系统中发生单相接地故障的概率较高，可占总短路故障的 70% 左右，因此要求其接地保护能灵敏、可靠、快速地切除接地短路故障，以免危及电气设备的安全。

3～35kV 电网的中性点采用第②或第③种接地方式。在这种系统中，发生单相接地故障时接地短路电流很小，故称其为小接地电流系统。在小接地电流系统中发生单相接地故障时，并不破坏系统线电压的对称性，系统还可继续运行 1～2h。同时，绝缘监察装置发出无选择性信号，可由值班人员采取措施加以消除。只有在特殊情况或电网比较复杂、接地电流比较大时，根据技术保安条件，才装设有选择性的接地保护，动作于信号或跳闸。所以，小接地电流系统的接地保护带有很大的特殊性。

7．什么是大接地电流系统？什么是小接地电流系统？它们的划分标准是什么？

答：中性点直接接地系统（包括经小阻抗接地的系统）发生单相接地故障时，接地短路电流很大，所以这种系统称为大接地电流系统。采用中性点不接地或经消弧线圈接地的系统，当某一相发生接地故障时，由于不能构成短路回路，接地故障电流往往比负荷电流小得多，所以这种系统称为小接地电流系统。

大接地电流系统与小接地电流系统的划分标准，是依据系统的零序电抗 X_0 与正序电抗 X_1 的比值 X_0/X_1。我国规定：凡是 $X_0/X_1 \leqslant 4 \sim 5$ 的系统属于大接地电流系统，$X_0/X_1 > 4 \sim 5$ 的系统则属于小接地电流系统。有些国家（如美国与某些西欧国家）规定，$X_0/X_1 > 3.0$ 的系统为小接地电流系统。

8. 大接地电流系统接地短路时，在不同故障情况下，零序电流的幅值变化有什么特点？

答：(1)因为线路的零序阻抗较正序阻抗大数倍（一般为3~3.5倍），所以随着线路接地故障点位置的变化，通过线路的零序电流变化陡度较相间故障时相电流的变化陡度大，故障电流变化曲线如图1-5所示。图中，I_{set1}为相间故障时的整定电流，I_{set2}为接地故障时的整定电流。并且，当线路末端接地故障对侧断路器三相跳闸后，线路零序电流通常都将有较大增长，如图1-5中曲线3所示，只有个别小电源侧才可能下降。这些特点对扩大零序电流保护瞬时段保护范围十分有利。

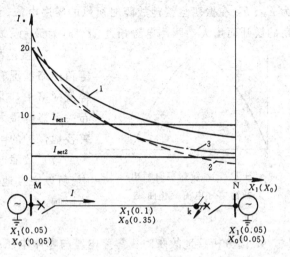

图 1-5　故障电流变化曲线
1—三相短路时的相电流；2—单相接地时 $3I_0$ 电流；
3—单相接地时对侧断路器三相断开情况下的 $3I_0$ 电流

(2)线路末端单相接地故障，对侧断路器单相先跳闸时，本侧零序电流变化不大。线路非全相运行过程中，非故障相末端又单相接地时，如果此时线路两侧电势角相差不大，通过本侧的零序电流也与线路全相运行时发生故障的情况相接近。

(3)当故障点综合零序阻抗大于综合正序阻抗时，单相接地故障零序电流大于两相短路接地故障零序电流。当零序阻抗小于正序阻抗时，则反之。一般说，线路中点故障，单相接地故障电流较大，而母线出口故障时，则情况不定。

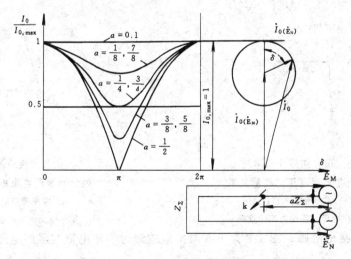

图 1-6　系统振荡时接地故障零序电流变化曲线及其轨迹

(4)当线路出现不对称断相时，由于负荷电流的影响，将出现零序电流。当断相点纵向零序阻抗大于纵向正序阻抗时，单相断相零序电流小于两相断相时的零序电流。

(5)系统振荡时，接地故障点的零序电流 I_0 将随振荡角的变化而变化。当两侧电势角角差 δ 摆开到180°时，电流最小。故障点越靠近振荡中心，零序电流变化幅度越大。在振荡中心，两侧电势角差180°时，最小零序故障电流可以为零。振荡时零序故障电流变化曲线及其轨迹如图1-6所示。图中，a 为故障段正序阻抗与系统纵向正序阻抗之比，$\dot{I}_{0(E_M)}$、$\dot{I}_{0(E_N)}$ 分别为 E_M、E_N 在振荡且接地故障时所供的零序电流。线路断相情况下发生振荡，零序电流随振荡角的摆开而增大，两侧电势角差180°时为最大，如图1-7所示。

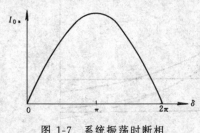

图1-7 系统振荡时断相
故障零序电流变化曲线

（6）接地故障时零序电流分布的比例关系，只与零序等值网络状况有关，与正、负序等值网络的变化无关。零序等值网络中，尤以中性点接地变压器的增减对零序电流分布关系影响最大。因此，尽量保持零序等值网络稳定，对改善接地保护的配合关系有利。

（7）故障电流中有直流分量时，也将反映于零序电流中。所以在接地保护的运用中，也需要估计直流分量对保护的影响。

9. 试分析接地故障时，零序电流与零序电压的相位关系。

答：接地故障时，零序电流与零序电压的相位关系只与变电所和有关支路的零序阻抗角有关，与故障点有无过渡电阻无关。

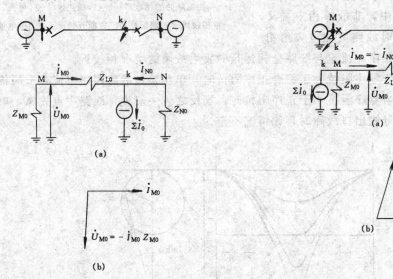

图1-8 正方向接地故障时
零序电流与零序电压的相量关系
（a）零序等值电路；
（b）零序电压、零序电流相量图

图1-9 反方向接地故障时零序
电流与零序电压相量关系
（a）零序等值电路；
（b）零序电压、零序电流相量图

（1）正方向接地故障。图1-8为正方向接地故障时零序电流与零序电压的相量关系。

图1-8（a）中，k点故障时，零序网络中线路M侧流过零序电流 $\dot{I}_{M0}$，母线M侧零序电压 $\dot{U}_{M0}$ 为

$$\dot{U}_{M0} = -\dot{I}_{M0}Z_{M0} \tag{1-2}$$

式中 Z_{M0}——M侧零序电源阻抗。

Z_{M0}主要决定于变电所中性点接地变压器的零序阻抗,所以阻抗角约在85°以上。零电压与零序电流相量关系如图1-8（b）所示,零序电压滞后零序电流约95°。

（2）反方向接地故障。图1-9为反方向接地故障时零序电流与零序电压相量关系。

图1-9（a）中,k点故障时,M侧保护的零序电流为对侧所供电流,即

$$\dot{I}_{M0} = -\dot{I}_{N0}$$

如果线路上没有插入任何感应零序电压,则M侧母线零序电压为

$$\dot{U}_{M0} = -\dot{I}_{N0}(Z_{N0} + Z_{L0})$$
$$= \dot{I}_{M0}(Z_{N0} + Z_{L0}) \tag{1-3}$$

式中 Z_{N0}——对侧变电所的零序电源阻抗;

Z_{L0}——线路零序阻抗。

$Z_{N0} + Z_{L0}$主要决定于线路阻抗,所以其阻抗角约在80°左右。零序电流与零序电压相量关系如图1-9（b）所示,零序电压超前零序电流80°左右。

10. 大接地电流系统接地短路时,电压、电流、功率的分布有什么特点?

答:大接地电流系统接地短路时,零序电流、零序电压和零序功率的分布与正序分量、负序分量的分布有显著的区别,主要特点如下。

（1）当系统任一点单相及两相接地短路时,网络中任何处的三倍零序电压（或电流）都等于该处三相电压（或电流）的相量和,即 $3\dot{U}_0 = \dot{U}_A + \dot{U}_B + \dot{U}_C$ 或 $3\dot{I}_0 = \dot{I}_A + \dot{I}_B + \dot{I}_C$。

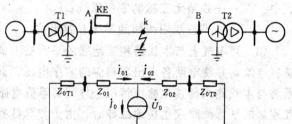

图1-10 系统接地短路时的零序等效网络

（2）系统零序电流的分布与中性点接地的多少及位置有关。图1-10为系统接地短路时的零序等效网络。单相接地短路时

$$I_0 = E_\Sigma/(Z_{1\Sigma} + Z_{2\Sigma} + Z_{0\Sigma}) \tag{1-4}$$
$$I_{01} = I_0(Z_{02} + Z_{0T2})/(Z_{02} + Z_{0T2} + Z_{01} + Z_{0T1}) \tag{1-5}$$

上两式中 E_Σ——电源的合成电动势;

Z_{0T1}、Z_{0T2}——变压器T1、T2的零序阻抗;

Z_{01}、Z_{02}——短路点两侧线路的零序阻抗。

当发电厂A的变压器中性接地点增多时,Z_{0T1}将减小,从而使I_0和I_{01}增大,I_{02}减小;反之,I_0和I_{01}将减小,I_{02}增大。如果发电厂B的变压器中性点不接地,则$Z_{0T2}=\infty$,I_{01}也将增大且等于I_0。两相接地短路时,也可以得到同样的结论。

（3）故障点的零序电压U_0最高,变压器中性点接地处的电压为0。保护安装处的电压$\dot{U}_{0A} = -\dot{I}_{01}Z_{0T1}$,$\dot{I}_0$超前于$\dot{U}_{0A}$的相角约等于95°。

（4）零序功率 $S_0 = I_0U_0$。由于故障点的电压U_0最高,所以故障点的S_0也最大。愈靠近变压器中性点接地处,S_0愈小。在故障线路上,S_0是由线路流向母线。

11. 平行线路之间的零序互感，对线路零序电流的幅值及与零序电压间的相量关系有什么影响？

答：平行线路之间存在零序互感，当相邻平行线流过零序电流时，将在线路上产生感应零序电势，对线路零序电流幅值产生影响，有时甚至改变零序电流与零序电压的相量关系。

（1）当相邻平行线发生接地故障时，零序电流变化曲线如图 1-11 所示。由图可见，有时故障点离本线路保护安装点电气距离越远，流过本线路保护的零序分支电流反而逐渐增大，如图 1-11 中的 I_{M0} 变化曲线所示；其分支系数 K_F（$K_F = I_{M0}/I'_{N0}$）也随故障点变远而逐渐增大。图中平行双回线间的互感均匀分布，在一侧断路器 QF1 三相断开的情况下，分支系数 K_F 直线上升。

（2）当相邻平行线停运检修并在两侧（或全线）接地时，电网接地故障线路通过零序电流将在该停运线路中产生零序感应电流，此电流反过来也将在运行线路中产生感应电势，使线路零序电流因之增大，相当于线路零序阻抗减小。对平行双回线，减小的零序阻抗 Z_0 为

$$Z_0 = Z_{10} - \frac{Z_{0M}^2}{Z_{10}} \tag{1-6}$$

式中　Z_{10}——线路无互感的零序阻抗；

　　　Z_{0M}——平行双回线间的零序互感阻抗。

（3）当电气上与本线路相互绝缘的平行线上流过零序电流时，同样将在本线路产生零序感应电流，并使电网各点出现相应的零序电压。此时，该感应零序电流与零序电压的相位关系将与本线路内部接地故障情况一样，其等值电路如图 1-12 所示。在复杂电网中，电气上相互连接的平行线路发生接地故障时，由于相邻线路零序互感的作用，有时也可能在某一非故障线路上出现上述使两侧的 U_0 与 I_0 的相位关系同为正方向的情况，从而妨碍零序方向继电器正确判别故障方向。

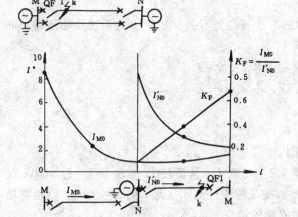

图 1-11　平行双回线路接地故障时零序
电流 I_{M0} 及其分支系数 K_F 的变化曲线

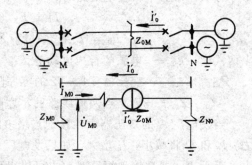

图 1-12　电气上不相连接的
平行线路的零序等值电路

12. 什么情况下单相接地故障电流大于三相短路电流？

答：系统中 $X_1 = X_2$，计算故障电流的公式如下

三相短路电流 $\qquad I_k^{(3)}=\dfrac{U_k}{Z_{k1}}$ $\qquad\qquad$ (1-7)

单接接地故障电流 $\qquad I_k^{(1)}=3I_{k0}$

$$=\frac{3U_k}{2Z_{k1}+Z_{k0}} \qquad\qquad (1\text{-}8)$$

式中 $\quad U_k$——故障前瞬间故障点对地电压；

$\qquad Z_{k1}$——故障点正序综合阻抗；

$\qquad Z_{k0}$——故障点零序综合阻抗。

由式（1-7）、式（1-8）可以看出

当 $\qquad\qquad Z_{k0}>Z_{k1}$ 时，$I_k^{(1)}<I_k^{(3)}$

$\qquad\qquad Z_{k0}=Z_{k1}$ 时，$I_k^{(1)}=I_k^{(3)}$

$\qquad\qquad Z_{k0}<Z_{k1}$ 时，$I_k^{(1)}>I_k^{(3)}$

也就是说，故障点零序综合阻抗 Z_{k0} 小于正序综合阻抗 Z_{k1}，即 $Z_{k0}<Z_{k1}$ 时，单相接地故障电流大于三相短路电流。

13. 什么情况下两相接地故障的零序电流大于单相接地故障的零序电流？

答：接地故障时，计算零序电流的公式如下

单接接地故障时的零序电流 $\qquad I_{k0}^{(1)}=\dfrac{U_k}{2Z_{k1}+Z_{k0}}$ $\qquad\qquad$ (1-9)

两相接地故障的零序电流 $\qquad I_{k0}^{(1,1)}=\dfrac{U_k}{Z_{k1}+2Z_{k0}}$ $\qquad\qquad$ (1-10)

从式（1-9）、式（1-10）可以看出

$$Z_{k1}<Z_{k0} \text{ 时}, I_{k0}^{(1)}>I_{k0}^{(1,1)}$$

$$Z_{k1}=Z_{k0} \text{ 时}, I_{k0}^{(1)}=I_{k0}^{(1,1)}$$

$$Z_{k1}>Z_{k0} \text{ 时}, I_{k0}^{(1)}<I_{k0}^{(1,1)}$$

也就是说，故障点零序综合阻抗 Z_{k0} 小于正序综合阻抗 Z_{k1}，即 $Z_{k1}>Z_{k0}$ 时，两相接地故障的零序电流大于单相接地故障的零序电流。

14. 中性点不接地系统中，由母线引出多回线路，试画出某线路单相接地时的对地电容电流分布图。

答：如线路 L3 发生 A 相接地时，即等于全网络 A 相接地，此时电容电流分布如图 1-13 所示。

由于各相对地的电容是沿线路均匀分布的，因此线路上的电容电流沿线是不相等的。越靠近线路末端，电容电流越小。但由于保护装设在线路始端，因此可以认为各相对地电容电流是集中参数。流过各线路保护的 3 倍零序电流分别为

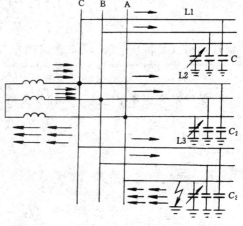

图 1-13　A 相接地时的电容电流分布图

$$\left.\begin{array}{l} 3I_{01} = |\dot{I}_{B1} + \dot{I}_{C1}| = 3U_{ph}\omega C_1 \\ 3I_{02} = |\dot{I}_{B2} + \dot{I}_{C2}| = 3U_{ph}\omega C_2 \\ 3I_{03} = |\dot{I}_{A3} + \dot{I}_{B3} + \dot{I}_{C3}| = -3U_{ph}\omega(C_1 + C_2) \end{array}\right\} \quad (1\text{-}11)$$

式中 C_1、C_2、C_3——线路 L1、L2、L3 的对地电容；

$\qquad U_{ph}$——工作相电压；

$\qquad \omega$——角频率，$\omega = 2\pi f$。

15. 试述小接地电流系统单相接地的特点。当发生单相接地时，为什么可以继续运行 1～2h？

答：小接地电流系统发生单相接地时的特点如下。

（1）当单相（如 A 相）接地时，接地相的对地电容 C_0 被短路，此时电流分布图及相量图如图 1-14 所示。

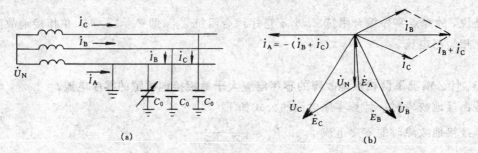

图 1-14 小接地电流系统 A 相接地时的电流分布图与相量图

(a) 电流分布图；(b) 相量图

由图 1-14 (b) 可见，中性点的电压 $\dot{U}_N$ 上升为相电压（$-\dot{E}_A$），A、B、C 三相对地电压为

$$\left.\begin{array}{l} \dot{U}_A = 0 \\ \dot{U}_B = \dot{E}_B - \dot{E}_A = \sqrt{3}\,\dot{E}_A e^{-j150°} \\ \dot{U}_C = \dot{E}_C - \dot{E}_A = \sqrt{3}\,\dot{E}_A e^{j150°} \end{array}\right\} \quad (1\text{-}12)$$

则接地相（A 相）电压为 0，非接地相（B、C 相）电压比正常相电压升高 $\sqrt{3}$ 倍。零序电压为

$$\dot{U}_0 = \frac{1}{3}(\dot{U}_A + \dot{U}_B + \dot{U}_C) = -\dot{E}_A = \dot{U}_N \quad (1\text{-}13)$$

保护安装处各相电流（未计及负荷电流）为

$$\dot{I}_B = \dot{U}_B/(-jX_C) \quad (1\text{-}14)$$

$$\dot{I}_C = \dot{U}_C/(-jX_C) \quad (1\text{-}15)$$

$$X_C = \frac{1}{2\pi fC_0} \quad (1\text{-}16)$$

$$\dot{I}_A = -(\dot{I}_B + \dot{I}_C) = (\dot{U}_B + \dot{U}_C)/(-jX_C) \quad (1\text{-}17)$$

其有效值为

$$I_B = I_C = \sqrt{3}\, U_{ph} \omega C_0 \Big\}$$
$$I_A = 3 U_{ph} \omega C_0$$

(1-18)

式中　U_{ph}——相电压。

（2）非故障线路 $3I_0$ 的大小等于本线路的接地电容电流；故障线路 $3I_0$ 的大小等于所有非故障线路的 $3I_0$ 之和，也就是所有非故障线路的接地电容电流之和。

（3）非故障线路的零序电流超前零序电压 $90°$；故障线路的零序电流滞后零序电压 $90°$；故障线路的零序电流与非故障线路的零序电流相位相差 $180°$。

（4）接地故障处的电流大小等于所有线路（包括故障线路和非故障线路）的接地电容电流的总和，并超前零序电压 $90°$。

根据小接地电流系统单相接地时的特点，由于故障点电流很小，而且三相之间的线电压仍然对称，对负荷的供电没有影响，因此在一般情况下都允许再继续运行 $1\sim 2h$，不必立即跳闸，这也是采用中性点非直接接地运行的主要优点。但在单相接地以后，其他两相对地电压升高 $\sqrt{3}$ 倍，为了防止故障进一步扩大成两点、多点接地短路，应及时发出信号，以便运行人员采取措施予以消除。

16. 小接地电流系统中，为什么采用中性点经消弧线圈接地？

答：中性点非直接接地系统发生单相接地故障时，接地点将通过接地线路对应电压等级电网的全部对地电容电流。如果此电容电流相当大，就会在接地点产生间歇性电弧，引起过电压，从而使非故障相对地电压极大增加。在电弧接地过电压的作用下，可能导致绝缘损坏，造成两点或多点的接地短路，使事故扩大。为此，我国采取的措施是：当各级电压电网单相接地故障时，如果接地电容电流超过一定数值（35kV 电网为 10A，10kV 电网为 10A，3～6kV 电网为 30A），就在中性点装设消弧线圈，其目的是利用消弧线圈的感性电流补偿接地故障时的容性电流，使接地故障电流减少，以致自动熄弧，保证继续供电。

17. 什么是消弧线圈的欠补偿、全补偿、过补偿？

答：中性点装设消弧线圈的目的是利用消弧线圈的感性电流补偿接地故障时的容性电流，使接地故障电流减少。通常这种补偿有三种不同的运行方式，即欠补偿、全补偿和过补偿。

（1）欠补偿。补偿后电感电流小于电容电流，或者说补偿的感抗 ωL 大于线路容抗 $\dfrac{1}{3\omega C_0}$，电网以欠补偿的方式运行。

（2）过补偿。补偿后电感电流大于电容电流，或者说补偿的感抗 ωL 小于线路容抗 $\dfrac{1}{3\omega C_0}$，电网以过补偿的方式运行。

（3）全补偿。补偿后电感电流等于电容电流，或者说补偿的感抗 ωL 等于线路容抗 $\dfrac{1}{3\omega C_0}$，电网以全补偿的方式运行。

18. 中性点经消弧线圈接地系统为什么普遍采用过补偿运行方式？

答：中性点经消弧线圈接地系统采用全补偿时，无论不对称电压的大小如何，都将因发生串联谐振而使消弧线圈感受到很高的电压。因此，要避免全补偿运行方式的发生，而采用过补偿的方式或欠补偿的方式。实际上一般都采用过补偿的运行方式，其主要原因如下。

（1）欠补偿电网发生故障时，容易出现数值很大的过电压。例如，当电网中因故障或其他原因而切除部分线路后，在欠补偿电网中就可能形成全补偿的运行方式而造成串联谐振，从而引起很高的中性点位移电压与过电压，在欠补偿电网中也会出现很大的中性点位移而危及绝缘。只要采用欠补偿的运行方式，这一缺点是无法避免的。

（2）欠补偿电网在正常运行时，如果三相不对称度较大，还有可能出现数值很大的铁磁谐振过电压。这种过电压是因欠补偿的消弧线圈$\left(\text{它的 } \omega L > \dfrac{1}{3\omega C_0}\right)$和线路电容 $3C_0$ 发生铁磁谐振而引起。如采用过补偿的运行方式，就不会出现这种铁磁谐振现象。

（3）电力系统往往是不断发展和扩大的，电网的对地电容亦将随之增大。如果采用过补偿，原装的消弧线圈仍可以继续使用一段时期，至多是由过补偿转变为欠补偿运行；但如果原来就采用欠补偿的运行方式，则系统一有发展就必须立即增加补偿容量。

（4）由于过补偿时流过接地点的是电感电流，熄弧后故障相电压恢复速度较慢，因而接地电弧不易重燃。

（5）采用过补偿时，系统频率的降低只是使过补偿度暂时增大，这在正常运行时是毫无问题的；反之，如果采用欠补偿，系统频率的降低将使之接近于全补偿，从而引起中性点位移电压的增大。

19. 试分析系统三相短路时的短路电流，求 $t = 0''$ 的三相短路电流。

答：最简单的系统三相短路如图 1-15 所示。

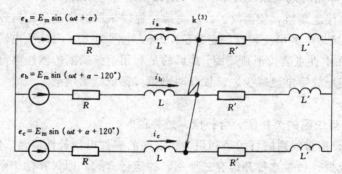

图 1-15　无限大功率电源供电的三相短路

假设：（1）电源电势在短路前后不变，且为恒定频率的三相对称电源，且 $\alpha = 0$，则

$$
\left.\begin{aligned}
e_a &= E_m \sin \omega t \\
e_b &= E_m \sin(\omega t - 120°) \\
e_c &= E_m \sin(\omega t - 240°)
\end{aligned}\right\}
$$

（2）设短路前有三相对称负荷，则

$$i_{La} = \frac{E_m}{Z_L} \sin(\omega t - \varphi_L)$$

$$i_{Lb} = \frac{E_m}{Z_L} \sin(\omega t - \varphi_L - 120°)$$

$$i_{Lc} = \frac{E_m}{Z_L} \sin(\omega t - \varphi_L - 240°)$$

式中 Z_L——负荷阻抗；

φ_L——负荷阻抗角。

根据短路回路连接方式，可列出 A 相电压微分方程式

$$e_a = i_K \dot{R}_k + L_k \frac{\mathrm{d}i_{ka}}{\mathrm{d}t} \tag{1-19}$$

将 e_a、i_{La} 代入 A 相电压微分方程式可得 A 相短路电流表达式为

$$i_{ka} = \frac{E_m}{Z_k}\sin(\omega t - \varphi_k) + I_{(0)}\mathrm{e}^{\frac{t}{T}} \tag{1-20}$$

$$\varphi_k = \mathrm{tg}^{-1}\frac{\omega L_k}{R_k}$$

$$T_k = \frac{L_k}{R_k}$$

式中 Z_k——短路回路阻抗，$Z_k = R_k + \mathrm{j}\omega L_k$

φ_k——短路回路阻抗角，也是短路后电压与电流之间的相位差；

T_k——短路回路非周期分量衰减时间常数；

$I_{(0)}$——非周期分量初始值，与短路瞬间负荷电流大小有关。

短路电流表达式的第一项称为短路电流的周期分量（i_{per}），它决定了稳态短路电流的数值；后一项称为短路电流的非周期分量（i_{ap}），是衰减的直流分量，衰减时间常数为 T。该电流波形如图 1-16 所示。

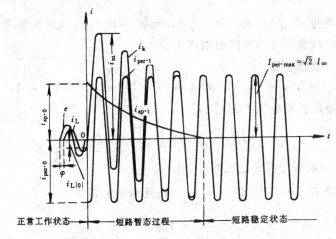

图 1-16 由无限大电源供电的电路上发生短路时短路电流的变化曲线

i_L—短路前的负荷电流；$i_{L|0|}$—$t=0$ 时负荷电流的瞬时值；

i_m—短路电流幅值；$i_{per \cdot t}$—短路电流周期分量；

$i_{ap \cdot t}$—短路电流非周期分量；i_k—短路电流；

$i_{per \cdot max}$—短路电流周期分量幅值；$i_{per \cdot max} = \sqrt{2}\,I_{k \cdot \infty}$；

$i_{per \cdot o}$—$t=0$ 时周期分量瞬时值；$i_{ap \cdot o}$—$t=0$ 时非周期分量瞬时值

由以上分析可得：

（1）短路电流中包含有周期分量和衰减的直流分量。

（2）周期分量的有效值 I 可用 $\dfrac{E}{Z_k}$ 计算出。

（3）非周期分量的初始值（最大值）与短路发生瞬间负荷电流大小有关。最大的情况发生在负荷电流为零而短路电流周期分量为最大值时发生短路，此时 $I_{(0)}$ 与周期分量最大值 $\dfrac{E_\mathrm{m}}{Z_\mathrm{k}}$ 大小相等。

（4）短路电流的实际波形为最初偏向时间轴一侧，并逐渐衰减为稳态周期分量，其最大值发生在短路后约半个周波瞬时。

（5）冲击倍数：$K_{1\mathrm{a}}=\dfrac{i_\mathrm{m}}{I_\mathrm{m}}$，一般为 $1.5\sim2.0$。

式中　i_m——短路电流最大瞬时值；

$\qquad$ I_m——周期分量最大值。

（6）由于三相负荷电流及短路电流周期分量相位不同，故三相短路电流的非周期分量初始值是不一样的，一般总有一相比较大。

$t=0$ 时三相短路电流的计算。

工程中计算三相短路电流是计算工频周期分量有效值 $I_{(t)}$，这个值是随时间变化的。在 $t=0$ 的初值称为次暂态电流 I''，其值为

$$I''=\frac{E''_{(0)}}{X''_\mathrm{d}} \tag{1-21}$$

$$E''_{(0)}=U_{(0)}+I_{(0)}X''_\mathrm{d}\sin\varphi_{(0)} \tag{1-22}$$

式中 $U_{(0)}$、$I_{(0)}$、$\varphi_{(0)}$、$E''_{(0)}$ 分别为短路前发电机的端电压、电流、功率因数角及由这些条件确定的次暂态电势。

【例 1-1】　短路前，$U_{(0)}=1.0$，$I_{(0)}=1.0$，$\sin\varphi_{(0)}=0.6$，发电机次暂态电抗的标么值 $X''_\mathrm{d}=0.13$，求发电机出口发生三相短路的电流 I''。

先计算发电机次暂态电势

$$E''_{(0)}=U_{(0)}+I_{(0)}X''_\mathrm{d}\sin\varphi_{(0)}=1+1\times0.13\times0.6=1.08$$

发电机出口三相短路次暂态电流 I'' 为

$$I''=\frac{E''_{(0)}}{X''_\mathrm{d}}=\frac{1.08}{0.13}=8.3$$

即 $t=0$ 的周期分量有效值为额定电流的 8.3 倍。

一般计算中可设 $E''_{(0)}=1.0$，则 $I''=\dfrac{1}{X''_\mathrm{d}}$。按此算法上例中

$$I''=\frac{1}{0.13}=7.7,接近 8.3。$$

20. 什么是有名制和标么制？如何求电力系统中线路、变压器、发电机电抗的有名值和标么值？

答：（1）有名制与标么制。有名制是以物理量单位表示的各物理量的量值。有名制表示的量值物理概念清楚，一目了然。有名值可以按各物理量的关系式计算得出。电流、电压、功率计算中要注意进行相、线换算，不同电压等级的折算，计算过程十分麻烦。在实际电力系统短路计算中，一般都采用标么制。

标么制是以无单位的相对值表示的量值。各种量都应选取一个基准值。则：标么值＝有名值/基准值；反之，有名值＝标么值×基准值。

基准值选得合适可使计算大为简化，若选各量的额定值为基准值，则相电压、线电压的标么值相同，电流与功率的标么值相同，不同电压等级的网络可直接进行计算。

例如，当 $I_* = \dfrac{I}{I_B}$ 时，则

$$S_* = \frac{S}{S_B} = \frac{\sqrt{3}\,U_N I}{\sqrt{3}\,U_B I_B}$$

设 $U_B = U_N$ 　　则 $S_* = \dfrac{I}{I_B} = I_*$

电力系统短路计算时，通常选用的功率基准值为：$S_B = 100\text{MVA}$。因为 $U_B = U_N$（各电压等级的额定电压均以 kV），则

$$I_B = \frac{100}{\sqrt{3}\,U_B} \times 10^3$$

$$Z_B = \frac{U_B^2}{100}$$

各电压等级的电流、阻抗基准值示于表 1-1 中。

表 1-1　　　　　　　　　　各电压等级的电流、阻抗基准值

S_B	100MVA						
U_B（kV）	500	220	110	66	35	10.5	6.3
I_B（A）	115	263	525	875	1650	5500	9160
Z_B（Ω）	2500	484	121	43.6	12.3	1.1	0.4

（2）电力系统中线路、变压器、发电机电抗的有名值。

1）线路：　　　　　　　　　　$X = X_1 L$

式中　X_1——每千米导线的电抗，Ω/km；

　　　L——线路长度；km。

2）变压器：　　　　　　　　$X_T = \dfrac{U_k\% U_N^2}{100 S_N}$

式中　$U_k\%$——短路电压百分数；

　　　U_N——额定电压，kV；

　　　S_N——额定容量，MVA。

3）发电机：　　　　　　　　$X''_G = \dfrac{X''_d\% U_N^2}{100 S_N}$

式中　$X''_d\%$ 为次暂态电抗百分数。若该式代入发电机同步电抗的百分值，便可计算同步电抗的有名值。

（3）电力系统线路、变压器、发电机电抗的标么值。

1）线路：$X_* = \dfrac{X_1 L}{X_B}$

2）变压器：$X_{T*} = \dfrac{U_k\%}{100} \dfrac{S_B}{S_N} \left(\dfrac{U_N}{U_B} \right)^2$

3）发电机：$X''_{G*} = \dfrac{X''_d\%}{100} \dfrac{S_B}{S_N}$

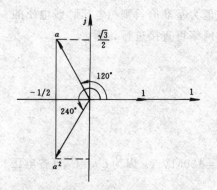

图 1-17　$1\,(a^0)$、a、a^2 组成的对称相量

21. 对称分量法所用的运算子 a 的含义是什么？

答：我们知道，在数学中，$\sqrt[3]{1}$ 有三个根，即 1、$-\frac{1}{2}+j\frac{\sqrt{3}}{2}$、$-\frac{1}{2}-j\frac{\sqrt{3}}{2}$（其中，$j=\sqrt{-1}$）。这三个根在实数轴 1 和复数轴 j 组成的直角坐标系中的表示，如图 1-17 所示。从图中可见，这三个根的模值都是 1，相位互差 120°。为了书写简单起见，令 $a=-\frac{1}{2}+j\frac{\sqrt{3}}{2}$，则 $a^2=-\frac{1}{2}-j\frac{\sqrt{3}}{2}$，这是 a、a^2 的代数表示式。如果用指数表示式，则 $a=e^{j120°}$，$a^2=e^{j240°}$。因此，$1\,(a^0)$、a、a^2 就组成了模值为 1、相位互差 120° 的对称系统。a 就称为运算子，它在对称分量法中经常用到。

22. 怎样用对称分量法把三相不对称相量分解为正序、负序、零序三组对称分量？

答：设 A、B、C 三个相量（它们可以是三相电压或三相电流）不对称，即它们大小不相等、相位不是互差 120°。根据数学知识，我们可以把 A 相量分解为 A_1、A_2、A_0 三个相量，把 B 相量分解为 B_1、B_2、B_0 三个相量，把 C 相量分解为 C_1、C_2、C_0 三个相量，即

$$\left.\begin{array}{l} A = A_1 + A_2 + A_0 \\ B = B_1 + B_2 + B_0 \\ C = C_1 + C_2 + C_0 \end{array}\right\} \tag{1-23}$$

继电保护工作中经常用的一种分解方式是对称分量法，即取式（1-23）中 A_1、B_1、C_1 三个相量的大小相等、相位互差 120°，并且是顺相序，即 $B_1=a^2A_1$，$C_1=aA_1$，我们把 A_1、B_1、C_1 称为正序分量；A_2、B_2、C_2 三个相量的大小相等、相位互差 120°，但为逆相序，即 $B_2=aA_2$，$C_2=a^2A_2$，我们把 A_2、B_2、C_2 称为负（逆）序分量；A_0、B_0、C_0 三个相量大小相等、方向也相同，即 $A_0=B_0=C_0$，我们把 A_0、B_0、C_0 称为零序分量。把这些关系代入式（1-23），则得

$$\left.\begin{array}{l} A = A_1 + A_2 + A_0 \\ B = a^2A_1 + aA_2 + A_0 \\ C = aA_1 + a^2A_2 + A_0 \end{array}\right\} \tag{1-24}$$

式（1-24）中，如果 A、B、C 是已知相量，$a=e^{j120°}$，则只有 A_1、A_2、A_0 是待求的未知相量。式（1-24）包含的三个方程式是独立的，它有三个未知量，故求解式（1-24），即可得出 A_1、A_2、A_0 的解为

$$\left.\begin{array}{l} A_1 = \dfrac{1}{3}(A + aB + a^2C) \\[2mm] A_2 = \dfrac{1}{3}(A + a^2B + aC) \\[2mm] A_0 = \dfrac{1}{3}(A + B + C) \end{array}\right\} \tag{1-25}$$

可见，当已知 A、B、C 三个不对称相量后，就可用式（1-25）求出相量 A 的正序分量 A_1、负序分量 A_2 和零序分量 A_0，也就等于求出了相量 B 的正序分量 $B_1=a^2A_1$、负序分量 $B_2=aA_2$、零序分量 $B_0=A_0$，相量 C 的正序分量 $C_1=aA_1$、负序分量 $C_2=a^2A_2$、零序分量 $C_0=A_0$。

式（1-25）也告诉我们，可用作图法求出 A_1、A_2、A_0，具体作法如下：

（1）求 A_1。根据式（1-25）中 $A_1=\frac{1}{3}(A+aB+a^2C)$，先把相量 B 逆时针旋转 $120°$（相当于得到 aB），再把相量 C 逆时针旋转 $240°$（相当于得到 a^2C），最后将它们与相量 A 相加求出合成相量 $(A+aB+a^2C)$。该合成相量的 $\frac{1}{3}$ 就是 A_1 的模值，A_1 的方向就是合成相量的方向。

（2）求 A_2。根据式（1-25）中 $A_2=\frac{1}{3}(A+a^2B+aC)$，先把相量 B 逆时针旋转 $240°$ 以得到 a^2B，再把相量 C 逆时针旋转 $120°$ 以得到 aC，最后将它们和相量 A 相加，求出合成相量 $(A+a^2B+aC)$。该合成相量的 $\frac{1}{3}$ 就是 A_2 的模值，合成相量的方向就是 A_2 的方向。

（3）求 A_0。根据式（1-25）中 $A_0=\frac{1}{3}(A+B+C)$，把 A、B、C 直接按相量相加，其合成相量的 $\frac{1}{3}$ 就是 A_0 的模值，合成相量的方向就是 A_0 的方向。

如果已知 A、B、C 三个不对称相量的正序、负序、零序分量，即已知 A_1、B_1、C_1、A_2、B_2、C_2 和 A_0、B_0、C_0，就可用式（1-23）求出不对称的 A、B、C 三个相量。

23. 试述电力系统中线路、变压器、发电机的负序阻抗及线路、变压器的零序阻抗的特点。

答：（1）线路、变压器等静止元件的负序阻抗。系统中静止元件施以负序电压产生的负序电流与施以正序电压产生的正序电流是相同的（只是相序不同），故静止元件的正、负序阻抗相同。

（2）发电机负序阻抗：当对发电机施以负序电压时，电枢绕组的负序工频电流产生负序旋转磁场，在转子中产生 2 倍频电势和电流，故发电机的负序阻抗与正序阻抗不同，一般为 $0.16\sim0.24$ 左右，对汽轮机和具有阻尼绕组的凸极发电机可近似取 $X_2=X''_d$。

（3）线路的零序阻抗。线路的零序阻抗为对线路施以零序电压时呈现的阻抗。零序阻抗以大地构成回路，数值较大，一般约为正序阻抗的 $2.5\sim3.5$ 倍。

（4）变压器的零序阻抗。变压器的零序阻抗与绕组的连接方式及磁路结构有关。系统使用的变压器一般为 YN，d 接线且 YN 侧中性点接地，从 d 侧施以零序电压，由于回路不通不产生任何电流，故从 d 侧看入的零序阻抗为 ∞。从 YN 侧施以零序电压，在 d 侧将形成零序环流，故对零序来讲，从 YN 侧看入几乎相当于另一侧短路，呈现的是短路阻抗 $U_k\%$，但由于三芯式三相变压器的零序磁通要经过空气隙，使励磁阻抗大为降低，一般使零序阻抗减少到 $U_k\%$ 的 80% 左右。

变压器各种接线方式零序电抗的等值电路如图 1-18 所示。X_e 与 X_l 并联部分，正序时可忽略 X_e，零序时不可忽略 X_e。同时，在 $\triangle$ 侧电网中是不会有零序电流。

24. 试分析不对称短路序网的形成。

答：现以图 1-19 所示发电机为电源的三相系统单相接地故障为例，分析序网的形成。图中，一台三相对称的发电机接上一条空载的输电线路，发电机的中性点经阻抗 Z_N 接地，如图 1-19 所示。若在线路的某一点发生了单相（例如 a 相）接地故障，于是在故障点就出现了明显的不对称。a 相对地阻抗等于零（如果不计电弧电阻的话），a 相对地电压 $U_a=0$，而 b、c 两

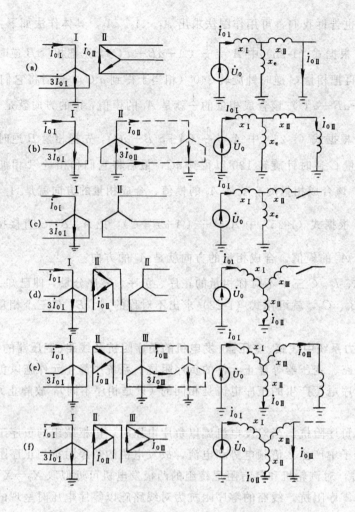

图 1-18　变压器零序电抗的等值电路

(a) YN，d；(b) YN，yn；(c) YN，y；

(d) YN，d，y；(e) YN，d，yn；(f) YN，d，d

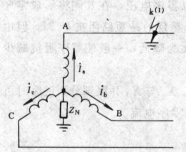

图 1-19　简单输电系统发生单相短路

相对地阻抗则不为零，故 $\dot{U}_b \neq 0$ 和 $\dot{U}_c \neq 0$。除了故障点以外，电力系统的其余部分的原参数（阻抗及电势）则仍旧是对称的。可见故障点的不对称是使原来三相对称电路变为不对称的关键所在。因此，在计算不对称故障时，必须抓住这个关键，设法在一定条件下，把故障点的不对称化为对称，使由故障破坏了对称性的三相电路转化成三相对称电路，从而就可以用单相电路进行计算了。

实际中，常利用如图 1-20 所示的对称分量法分析电力系统的不对称短路。由图 1-20 (a) 可以看出，当不对称故障发生后，在故障点将出现一组不对称的相电压，即 $\dot{U}_a = 0$、$\dot{U}_b \neq 0$ 及 $\dot{U}_c \neq 0$。对于这种状态，我们可以不认为是系统发生了短路故障，而是认为在短路点人为地接入了一组不对称的电势源，这组电势源的三相电势与上述不对称的各相电压大

18

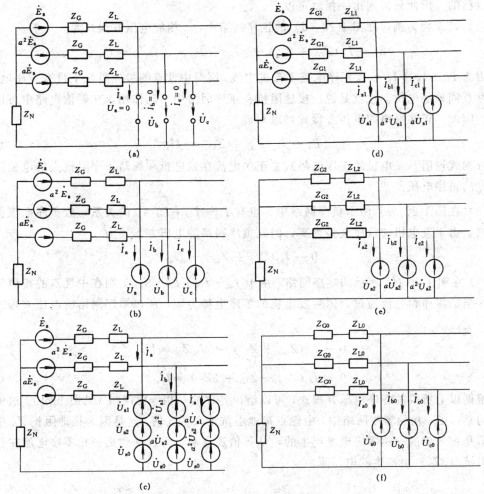

图 1-20 利用对称分量法分析电力系统的不对称短路

(a) 单相接地故障时的三相不对称电压；(b) 以不对称三相电势代替不对称的三相电压；

(c) 不对称三相电势以正、负、零序电势分量表示；(d) 正序网络；(d) 负序网络；(f) 零序网络

小相等，但方向相反，如图 1-20 (b) 所示。显然这种情况同发生不对称故障的情况是等效的，因为故障点的各相对地电压在两种情况下一样，因而电路其余部分的电流和电压也是一样的。这就是说，网络中发生的不对称故障，可以用在故障点接入一组不对称电势源来代替。经过这样处理以后，再利用对称分量法将这组不对称电势源分解成正序、负序和零序三组对称的电势源，如图 1-20 (c) 所示。因为电路的其余部分是三相对称的，电路的参数又假定为恒定，所以各序等值电路具有独立性，根据叠加原理可以将图 1-20 (c) 拆成图 1-20 (d)、(e)、(f) 三个图。图 1-20 (d) 的电路称为正序网络，其中只有正序电势在作用，包括发电机的电势和故障点的正序分量电势，网络中只有正序电流，它所遇到的阻抗就是正序阻抗。图 1-20 (e) 的电路称为负序网络，其中只有故障点的负序分量电势在作用（因为三相对称的发电机只产生正序电势），网络中只有负序电流，它所遇到的阻抗是负序阻抗。图 1-20 (f) 的电路称为零序网络，其中只有故障点的零序分量电势在作用，网络中通过的是零序电流，它所遇到的阻抗是零序阻抗。根据这三个电路图，可以分别列出各序的电压方程式。因为每一序网中三相

都是对称的，因此只需列出一相就可以了。

（1）以 a 相为例，在图 1-20（d）的正序网络中，a 相的电压方程式为

$$\dot{E}_a - \dot{I}_{a1}(Z_{G1} + Z_{L1}) - (\dot{I}_{a1} + \dot{I}_{b1} + \dot{I}_{c1})Z_N = \dot{U}_{a1}$$

因为 $\dot{I}_{a1} + \dot{I}_{b1} + \dot{I}_{c1} = 0$，正序电流不流进中线，因而中性点的接地阻抗上没有正序电压降，即中性点同地等电位。这就是说，接地阻抗在正序网络中不起作用，在等值电路中可以将其短接。因此，正序网络的电压方程式可以写成

$$\dot{E}_a - \dot{I}_{a1}(Z_{G1} + Z_{L1}) = \dot{U}_{a1} \tag{1-26}$$

这个方程式说明，发电机的正序电势减去正序电流在发电机和线路正序阻抗上的电压降等于故障点的正序电压。

（2）在图 1-20（e）所示负序网络中，也有 $\dot{I}_{a2} + \dot{I}_{b2} + \dot{I}_{c2} = 0$ 的关系，故负序电流也不流进中线，由于发电机的负序电势为零，因此负序网络的电压方程式为

$$0 - \dot{I}_{a2}(Z_{G2} + Z_{L2}) = \dot{U}_{a2} \tag{1-27}$$

（3）在图 1-20（f）所示的零序网络，由于 $\dot{I}_{a0} + \dot{I}_{b0} + \dot{I}_{c0} = 3\dot{I}_{a0}$，则在中性点的接地阻抗中将有 3 倍的零序相电流通过，因为发电机的零序电势为零，所以零序网络的电压方程式可用下式表达

$$0 - \dot{I}_{a0}(Z_{G0} + Z_{L1}) - 3\dot{I}_{a0}Z_N = \dot{U}_{a0}$$

或

$$0 - \dot{I}_{a0}(Z_{G0} + Z_{L0} + 3Z_N) = \dot{U}_{a0} \tag{1-28}$$

根据以上所得的各序电压方程式，可以绘出各序的一相等值网络（见图 1-21）。这里需要注意的是，在一相的零序网络中，中性点接地阻抗增大了 3 倍，这是因为接地阻抗 Z_N 中的电压降落是由 3 倍的一相零序电流产生的，从等值观点看，可以认为是一相零序电流在三倍的接地阻抗（$3Z_N$）上产生的电压降。

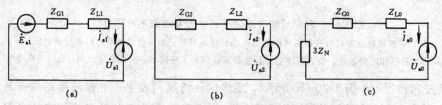

图 1-21　a 相的正序、负序、零序等效网络

(a) 正序网络；(b) 负序网络；(c) 零序网络

如上所述可得到简单不对称短路故障的基本算式。

短路点各序电压、电流和网络各序综合阻抗的关系，用公式表示为

$$\left.\begin{array}{l} U_{a1} = E_{1\Sigma} - I_{a1}Z_{1\Sigma} \\ U_{a2} = - I_{a2}Z_{2\Sigma} \\ U_{a0} = - I_{a0}Z_{0\Sigma} \end{array}\right\} \tag{1-29}$$

式中　U_{a1}、U_{a2}、U_{a0} 和 I_{a1}、I_{a2}、I_{a0}——短路点待求正序、负序、零序电压和电流（共 6 个），电压以零电位为基准点，电流以系统流向短路点为正方向；

$Z_{1\Sigma}$、$Z_{2\Sigma}$、$Z_{0\Sigma}$——从短路点看网络的各序综合阻抗，即短路点与零电位点间的输入阻抗，

它们都是已知值；

$E_{1\Sigma}$——电源等值电势，为已知量，通常其标么值为1.0。

求解短路点各序电压、电流共有六个未知数，现只有三个方程，还必须根据不对称短路点的边界条件再列出三个方程式，就可以联立求解。

25. 试述简单故障的序网连接。

答：电力系统有一处故障时称为简单故障，有两处以上同时故障时称为复故障。简单故障有七种，其中短路故障有四种，即单相接地 $k^{(1)}$、二相短路 $k^{(2)}$、二相短路接地 $k^{(1,1)}$、三相短路 $k^{(3)}$，均称为横向故障。断线故障有三种，即断一相 $F^{(1)}$、断二相 $F^{(2)}$、全相振荡 $F^{(0)}$，均称为纵向故障。其中只 $k^{(3)}$ 和 $F^{(0)}$ 为对称故障，其他都是不对称故障。

各种简单故障的序网连接如表1-2所示（忽略电阻部分）。

（1）简单故障的计算公式可归纳为

短路

$$I_1 = \frac{E}{X_1 + \Delta X} \tag{1-30}$$

断线

$$I_1 = \frac{\Delta E}{X_1 + \Delta X} \tag{1-31}$$

（2）短路计算是用从故障点对地看入的阻抗，称横向综合阻抗；断线计算是用从断线两端看入的阻抗，称纵向综合阻抗，因此短路又称横向故障，断线又称纵向故障。

（3）短路计算中 E 取1.0。断线计算中 $\Delta E = \dot{E}_M - \dot{E}_N$ 为两侧电势差，如图1-22所示。

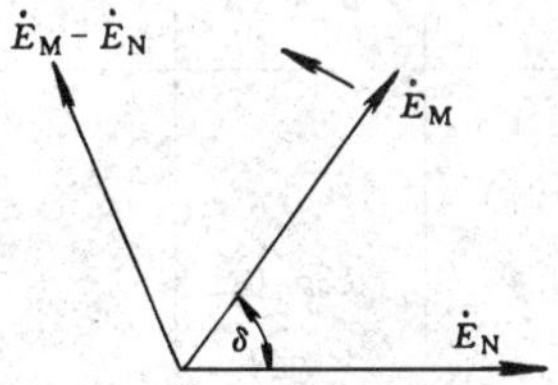

若 $|\dot{E}_M| = |\dot{E}_N| = E$，则

$$\Delta E = 2E\sin\frac{\delta}{2}$$

图1-22　断线点两侧电势相量图

式中，δ 为两侧电势摆角。

（4）$k^{(1)}$ 与 $F^{(2)}$、$k^{(1,1)}$ 与 $F^{(1)}$、$k^{(3)}$ 与 $F^{(0)}$ 的边界条件是相同的，序网连接方式也相同，只是短路为横向网口的连接，断线为纵向网口的连接。

26. 什么是计算电力系统故障的叠加原理？

答：电力系统是多电源的网络，这些电源电动势的幅值和相位都不相同，因而故障计算复杂。在假定是线性网络的前提下，为了简化计算，可采用叠加原理。对于短路故障，可在短路状态的复合序网图的故障支路中引入幅值和相位都相等但反向串联的两个电压源，如图1-23（a）所示，图中附加阻抗 ΔZ 的意义见表1-3。

令这个附加电动势的数值等于短路前F1点的电压 $\dot{U}_{F|0|}$，再把图1-23（a）分解为图1-23（b）和图1-23（c）两种状态。图1-23（b）中正序网络是有源网络，外接电压源 $\dot{U}_{F|0|}$ 与正序有源网络在F1点的开路电压大小相等、方向相反，因而流出电流为零，只在正序网络内部有电流（即负荷电流），所以图1-23（b）即短路前的负荷状态，简称短路前状态。图1-23（c）称为短路引起的附加状态。把短路前状态和短路附加状态叠加起来，就得到短路状态。

表 1-2　　　　　　　　　　　　　　　七种简单故障序网连接表

故障类型	边界条件	序网连接	正序电流	简化序网连接
$k_A^{(1)}$	$I_b=0$ $I_c=0$ $U_a=0$		$I_1=\dfrac{E}{X_1+X_2+X_0}$	E　X_1 X_2 X_0
$k_{BC}^{(2)}$	$I_b=-I_c$ $I_a=0$ $U_b=U_c$		$I_1=\dfrac{E}{X_1+X_2}$	E　X_1 X_2
$k_{BC}^{(1,1)}$	$I_a=0$ $U_b=0$ $U_c=0$		$I_1=\dfrac{E}{X_1+X_2//X_0}$	E　X_1 X_2 X_0
$k^{(3)}$	$U_a=0$ $U_b=0$ $U_c=0$		$I_1=\dfrac{E}{X_1}$	E　X_1
$F_A^{(1)}$	$I_a=0$ $\Delta U_b=0$ $\Delta U_c=0$		$I_1=\dfrac{\Delta E}{X_1+X_2//X_0}$	ΔE　X_1 X_2 X_0
$F_{BC}^{(2)}$	$I_b=0$ $I_c=0$ $\Delta U_a=0$		$I_1=\dfrac{\Delta E}{X_1+X_2+X_0}$	ΔE　X_1 X_2 X_0
$F^{(0)}$	$\Delta U_a=0$ $\Delta U_b=0$ $\Delta U_c=0$		$I_1=\dfrac{\Delta E}{X_1}$	ΔE　X_1

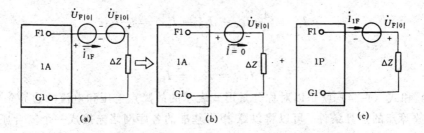

图 1-23　不对称短路复合序网的分解之一

（a）短路状态；（b）短路前状态；（c）短路附加状态

A—有源网络；P—无源网络

表 1-3　　　　各种短路在正序网络的短路点和地之间的附加阻抗 ΔZ 的意义

短 路 类 型	ΔZ		短 路 类 型	ΔZ	
	图解表达形式	解析表达式		图解表达形式	解析表达式
三相短路		0	两相短路接地	Z_{2FF}　Z_{0FF}	$\dfrac{Z_{2FF}Z_{0FF}}{Z_{2FF}+Z_{0FF}}$
两相短路	Z_{2FF}	Z_{2FF}	单相短路接地	Z_{2FF}　Z_{0FF}	$Z_{2FF}+Z_{0FF}$

　　短路前状态对短路计算来说，可以认为是已知的，也可以引用系统潮流计算的结果。短路附加状态中的正序网络是无源网络，其中任何一支路的电流可用故障支路中的正序电流按网络分配得到。把两种状态下的电流叠加起来就得到短路状态下的电流。如果短路前状态是空载的，所有各支路电流均为零，那么短路附加状态的电流就是短路状态的电流。但计算短路状态的电压时仍需将短路前状态和短路附加状态的电压叠加起来，因为短路前状态电压不为零（空载时电压等于电源电动势）。

　　需要指出，用叠加原理计算的只是短路初瞬间 $t=0$ 时刻的电气量。

27. 用对称分量法分析中性点接地系统单相、两相金属性接地短路情况，并画出复合序网图和电流、电压相量图。

　　答：（1）单相（A 相）接地短路的接线图如图 1-24 所示。此时故障点的边界条件为

$$\dot{U}_{kA} = 0 \, ; \dot{I}_{kB} = 0 \, ; \dot{I}_{kC} = 0 \qquad (1\text{-}32)$$

将上式用对称分量法表示，则

$$\dot{U}_{kA} = \dot{U}_{kA1} + \dot{U}_{kA2} + \dot{U}_{k0} = 0 \qquad (1\text{-}33)$$

因为

$$\dot{I}_{kA1} = \frac{1}{3}(\dot{I}_{kA} + a\dot{I}_{kB} + a^2\dot{I}_{kC}) = \frac{1}{3}\dot{I}_{kA}$$

$$\dot{I}_{kA2} = \frac{1}{3}(\dot{I}_{kA} + a^2\dot{I}_{kB} + a\dot{I}_{kC}) = \frac{1}{3}\dot{I}_{kA}$$

$$\dot{I}_{k0} = \frac{1}{3}(\dot{I}_{kA} + \dot{I}_{kB} + \dot{I}_{kC}) = \frac{1}{3}\dot{I}_{kA}$$

所以

$$\dot{I}_{kA1} = \dot{I}_{kA2} = \dot{I}_{k0} \tag{1-34}$$

式（1-33）和式（1-34）就是以对称分量形式表示的故障点电压和电流的边界条件。

根据故障点的边界条件，可以将以 A 相为基准的各序网络连接成一个复合序网，如图 1-25 所示。

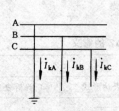

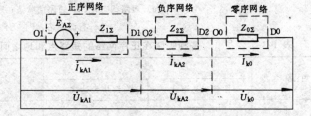

图 1-24　A 相接地短路　　　　　图 1-25　A 相接地短路时的 A 相复合序网

根据复合序网，可以求得故障点电流的各序对称分量为

$$\dot{I}_{kA1} = \dot{I}_{kA2} = \dot{I}_{k0} = \frac{\dot{E}_{A\Sigma}}{Z_{1\Sigma} + Z_{2\Sigma} + Z_{0\Sigma}} \tag{1-35}$$

假定：①电流均以由母线流向故障点的方向为正方向；②各点的各序电压均指对地电源电压，其正方向为地对母线，则应用对称分量法，可得故障点电压的各序分量为

$$\left.\begin{aligned}
\dot{U}_{kA1} &= \dot{E}_{A\Sigma} - \dot{I}_{kA1}Z_{1\Sigma} = -\dot{U}_{kA2} - \dot{U}_{k0} = \dot{I}_{kA1}(Z_{2\Sigma} + Z_{0\Sigma}) \\
\dot{U}_{kA2} &= -\dot{I}_{kA2}Z_{2\Sigma} = -\dot{I}_{kA1}Z_{2\Sigma} \\
\dot{U}_{k0} &= -\dot{I}_{k0}Z_{0\Sigma} = -\dot{I}_{kA1}Z_{0\Sigma}
\end{aligned}\right\} \tag{1-36}$$

则

$$\dot{I}_{kA} = \dot{I}_{kA1} + \dot{I}_{kA2} + \dot{I}_{k0} = 3\dot{I}_{kA1}$$

故障点各相的全电压为

$$\left.\begin{aligned}
\dot{U}_{kA} &= \dot{U}_{kA1} + \dot{U}_{kA2} + \dot{U}_{k0} = 0 \\
\dot{U}_{kB} &= \dot{U}_{kB1} + \dot{U}_{kB2} + \dot{U}_{k0} = a^2\dot{U}_{kA1} + a\dot{U}_{kA2} + \dot{U}_{k0} \\
&= a^2\dot{I}_{kA1}(Z_{2\Sigma} + Z_{0\Sigma}) + a(-\dot{I}_{kA1}Z_{2\Sigma}) + (-\dot{I}_{kA1}Z_{0\Sigma}) \\
&= \dot{I}_{kA1}[(a^2 - a)Z_{2\Sigma} + (a^2 - 1)Z_{0\Sigma}] \\
\dot{U}_{kC} &= \dot{U}_{kC1} + \dot{U}_{kC2} + \dot{U}_{k0} = a\dot{U}_{kA1} + a^2\dot{U}_{kA2} + \dot{U}_{k0} \\
&= a\dot{I}_{kA1}(Z_{2\Sigma} + Z_{0\Sigma}) + a^2(-\dot{I}_{kA1}Z_{2\Sigma}) + (-\dot{I}_{kA1}Z_{0\Sigma}) \\
&= \dot{I}_{kA1}[(a - a^2)Z_{2\Sigma} + (a - 1)Z_{0\Sigma}]
\end{aligned}\right\} \tag{1-37}$$

故障点的电流电压相量图如图 1-26 所示，母线电压 $\dot{U}_w$ 相量图如图 1-27 所示。在这些相

量图中均未计及电力系统各个元件的电阻。

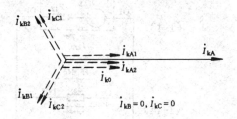

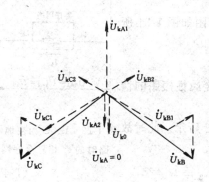

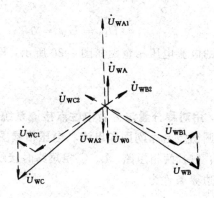

图 1-26 A 相接地短路时故障点的电流电压相量图   图 1-27 A 相接地短路时母线电压 $\dot{U}_w$ 相量图

（2）B、C 相接地短路时接线图如图 1-28 所示。此时故障点的边界条件为

$$\dot{I}_{kA} = 0; \quad \dot{U}_{kB} = 0; \quad \dot{U}_{kC} = 0 \tag{1-38}$$

将式（1-28）用对称分量来表示，则

$$\dot{I}_{kA1} + \dot{I}_{kA2} + \dot{I}_{k0} = 0 \tag{1-39}$$

$$\dot{U}_{kA1} = \dot{U}_{kA2} = \dot{U}_{k0} \tag{1-40}$$

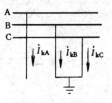

图 1-28 B、C 相接地短路

式（1-39）和式（1-40）就是以电流和电压对称分量形式表示的故障点的边界条件。

根据故障点的边界条件，可以将以 A 相为基准的各序网络连接成一个复合序网，如图 1-29 所示。

根据复合序网，可以求得故障点电流和电压的各序对称分量为

$$\left.\begin{array}{l} \dot{I}_{kA1} = \dfrac{\dot{E}_{A\Sigma}}{Z_{1\Sigma} + \dfrac{Z_{2\Sigma}Z_{0\Sigma}}{Z_{2\Sigma} + Z_{0\Sigma}}} \\[4ex] \dot{I}_{kA2} = -\dot{I}_{kA1}\dfrac{Z_{0\Sigma}}{Z_{2\Sigma} + Z_{0\Sigma}} \\[4ex] \dot{I}_{k0} = -\dot{I}_{kA1}\dfrac{Z_{2\Sigma}}{Z_{2\Sigma} + Z_{0\Sigma}} \end{array}\right\} \tag{1-41}$$

$$\dot{U}_{kA1} = \dot{U}_{kA2} = \dot{U}_{k0} = \dot{E}_{A\Sigma} - \dot{I}_{kA1}Z_{1\Sigma} = \dot{I}_{kA1}\dfrac{Z_{2\Sigma}Z_{0\Sigma}}{Z_{2\Sigma} + Z_{0\Sigma}} \tag{1-42}$$

利用对称分量法，可以求得故障点各相的全电流和全电压为

$$\left.\begin{aligned}\dot{I}_{kA} &= 0 \\ \dot{I}_{kB} &= \dot{I}_{kA1}\left(a^2 - \frac{Z_{2\Sigma} + aZ_{0\Sigma}}{Z_{2\Sigma} + Z_{0\Sigma}}\right) \\ \dot{I}_{kC} &= \dot{I}_{kA1}\left(a - \frac{Z_{2\Sigma} + a^2Z_{0\Sigma}}{Z_{2\Sigma} + Z_{0\Sigma}}\right)\end{aligned}\right\} \tag{1-43}$$

$$\left.\begin{aligned}\dot{U}_{kA} &= 3\dot{I}_{kA1}\frac{Z_{2\Sigma}Z_{0\Sigma}}{Z_{2\Sigma} + Z_{0\Sigma}} \\ \dot{U}_{kB} &= \dot{U}_{kC} = 0\end{aligned}\right\} \tag{1-44}$$

故障点的电流电压相量图如图 1-30 所示，母线电压相量图如图 1-31 所示。

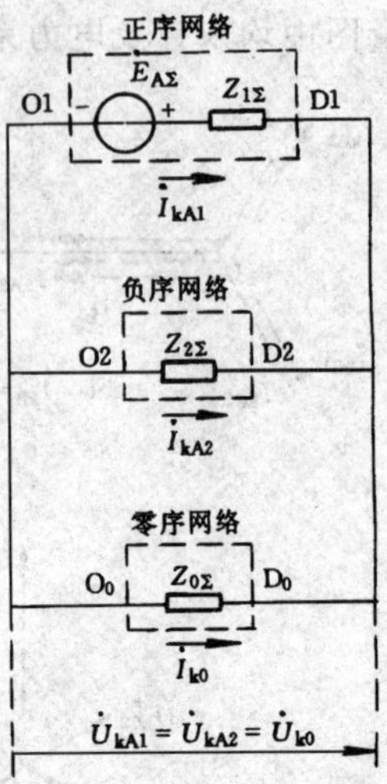

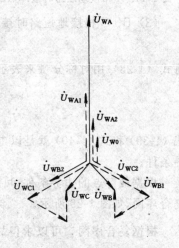

图 1-29 B、C 相接地短路时的 A 相复合序网

28. 用对称分量法分析中性点接地系统两相、三相金属性短路的情况，并画出复合序网图和电流、电压相量图。

答：（1）两相短路。B、C 相短路时接线图如图 1-32 所示。此时故障点的边界条件为

$$\dot{I}_{kA} = 0; \quad \dot{I}_{kB} = -\dot{I}_{kC}; \quad \dot{U}_{kB} = \dot{U}_{kC} \tag{1-45}$$

将式（1-45）用对称分量法表示，则

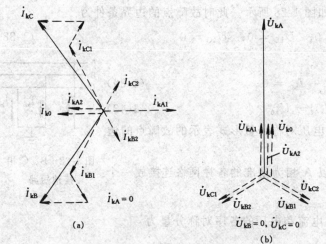

图 1-30 B、C 相接地短路时故障点的电流、电压相量图
(a) 电流相量图；(b) 电压相量图

图 1-31 B、C 相接地短路时母线电压 $\dot{U}_{\mathrm{w}}$ 相量图

$$\dot{I}_{k0} = 0 \tag{1-46}$$

$$\dot{I}_{kA1} = -\dot{I}_{kA2} \tag{1-47}$$

$$\dot{U}_{kA1} = \dot{U}_{kA2} \tag{1-48}$$

式（1-46）～式（1-48）就是以电流和电压对称分量形式来表示的故障点的边界条件。

根据故障点的边界条件，可以将以 A 相为基准的各序网络连接成一个复合序网，如图 1-33 所示。由于 $\dot{I}_{k0} = 0$，因此该复合序网中没有零序网络部分。

根据上述复合序网，可以求得故障点电流和电压的各序对称分量为

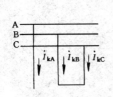

图 1-32 B、C 相短路

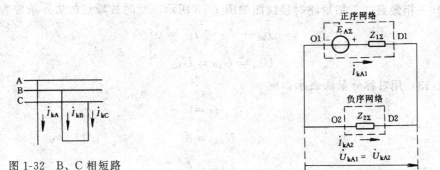

图 1-33 B、C 相短路时的 A 相复合序网

$$\dot{I}_{kA1} = \frac{\dot{E}_{A\Sigma}}{Z_{1\Sigma} + Z_{2\Sigma}}$$

$$\left.\begin{aligned}\dot{I}_{kA2} = -\dot{I}_{kA1}\end{aligned}\right\} \tag{1-49}$$

$$\dot{I}_{k0} = 0$$

$$\left.\begin{aligned}\dot{U}_{kA1} = \dot{U}_{kA2} = \dot{I}_{kA1}Z_{2\Sigma}\\ \dot{U}_{k0} = 0\end{aligned}\right\} \tag{1-50}$$

利用对称分量法，可以求得故障点各相的全电流和全电压

$$\left.\begin{aligned}\dot{I}_{kA} &= 0\\ \dot{I}_{kB} &= (a^2 - a)\dot{I}_{kA1}\\ \dot{I}_{kC} &= (a - a^2)\dot{I}_{kA1} = -\dot{I}_{kB}\end{aligned}\right\} \tag{1-51}$$

$$\left.\begin{aligned}\dot{U}_{kA} &= 2\dot{I}_{kA1}Z_{2\Sigma}\\ \dot{U}_{kB} &= \dot{U}_{kC} = -\dot{I}_{kA1}Z_{2\Sigma}\end{aligned}\right\} \tag{1-52}$$

故障点的电流、电压相量图如图 1-34 所示，母线电压相量图如图 1-35 所示。

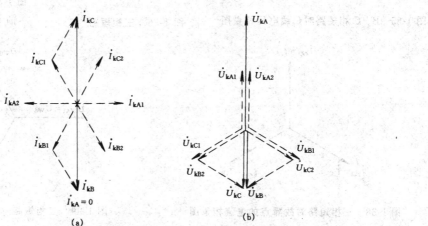

(a)　　　　　　　　　(b)

图 1-34 B、C 相短路时故障点的电流电压相量图

(a) 电流相量图；(b) 电压相量图

(2) 三相短路。三相短路时接线图如图 1-36 所示。此时故障点的边界条件为

$$\left.\begin{array}{c} \dot{I}_{kA} + \dot{I}_{kB} + \dot{I}_{kC} = 0 \\ \dot{U}_{kA} = \dot{U}_{kB} = \dot{U}_{kC} \end{array}\right\} \tag{1-53}$$

将式（1-53）用对称分量法表示，则

$$\dot{I}_{k0} = 0 \tag{1-54}$$

$$\dot{U}_{kA1} = 0 \tag{1-55}$$

$$\dot{U}_{kA2} = 0 \tag{1-56}$$

式（1-54）～式（1-56）就是以电流和电压对称分量形式来表示的故障点的边界条件。

根据故障点的边界条件，可以画出复合序网，如图 1-37 所示。由于 $\dot{U}_{kA2} = 0$ 和 $\dot{I}_{k0} = 0$，因此复合序网中没有负序和零序部分。

根据上述复合序网，可以求得故障点电流和电压的各序对称分量为

$$\dot{I}_{kA1} = \frac{\dot{E}_{A\Sigma}}{Z_{1\Sigma}}; \quad \dot{I}_{kA2} = 0; \quad \dot{I}_{k0} = 0 \tag{1-57}$$

$$\dot{U}_{kA1} = 0; \quad \dot{U}_{kA2} = 0; \quad \dot{U}_{k0} = 0 \tag{1-58}$$

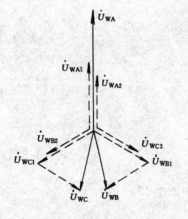

图 1-35 B、C 相短路时母线电压相量图

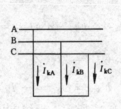

图 1-36 三相短路

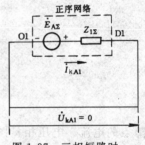

图 1-37 三相短路时
的 A 相复合序网

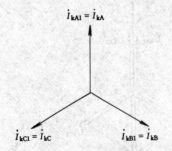

图 1-38 三相短路时故障点的电流相量图

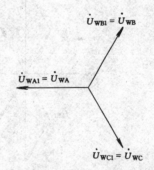

图 1-39 三相短路时母线电压相量图

利用对称分量法，可求得故障点各相的全电流和全电压

$$\dot{I}_{kA} = \dot{I}_{kA1}; \dot{I}_{kB} = a^2 \dot{I}_{kA1}; \dot{I}_{kC} = a\dot{I}_{kA1} \tag{1-59}$$

$$\dot{U}_{kA} = \dot{U}_{kB} = \dot{U}_{kC} = 0 \tag{1-60}$$

故障点的电流相量图如图 1-38 所示，母线电压相量图如图 1-39 所示。

29. 试分析各种不同类型短路时，电压各序对称分量的变化规律？

答：发生各种不同类型短路时，电压各序对称分量的变化规律如图 1-40 曲线所示。

由图可见，正序电压愈靠近故障点数值越小，负序电压和零序电压是愈靠近故障点数值越大；三相短路时，母线上正序电压下降得最厉害，两相接地短路次之，两相短路又次之，单相短路时正序电压下降最少。

30. 试分析非全相运行时，负序电流与负序电压、零序电流与零序电压之间的相位关系，画出相量图，并讨论与电压互感器安装地点的关系。

答：设在图1-41(a)所示的电力系统中，A相断相。断相前A相负荷电流为 $\dot{I}_{LAM}$，它滞后于 M 侧 A 相母线电压 $\dot{U}_{AM}$ 的相位角为 φ，功率由 M 侧送向 N 侧，其电压、电流相量图如图 1-41(b)所示。且假设 M 侧和 N 侧母线电压的相位一致，系统中各个元件的各序阻抗角都为 $90°$。

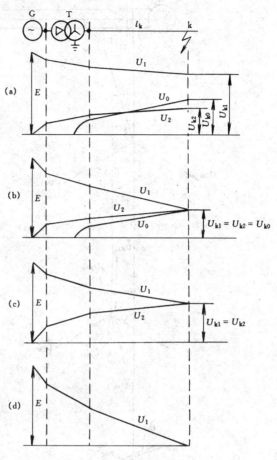

图 1-40　各种不同类型短路
时电压各序对称分量的变化规律
(a) 单相接地短路；(b) 两相接地短路；
(c) 两相短路；(d) 三相短路

（1）电压互感器接于线路上。当 A 相断开时，B 相和 C 相的全电压与断相前相差不大，可以近似地认为与断相前的正常情况相同。如果忽略 B 相和 C 相对 A 相的电磁感应和静电感应的影响，则 A 相线路电压等于零。A 相电压的各序对称分量为

$$
\left.
\begin{aligned}
\dot{U}_{A1} &= \frac{1}{3}(\dot{U}_A + a\dot{U}_B + a^2\dot{U}_C) = \frac{1}{3}(0 + a\dot{U}_B + a^2 \cdot a^2\dot{U}_B) \\
&= \frac{2}{3}a\dot{U}_B = \frac{2}{3}\dot{U}_B e^{j120°} \\
\dot{U}_{A2} &= \frac{1}{3}(\dot{U}_A + a^2\dot{U}_B + a\dot{U}_C) = \frac{1}{3}(0 + a^2\dot{U}_B + a \cdot a^2\dot{U}_B) \\
&= \frac{1}{3}(a^2\dot{U}_B + \dot{U}_B) = \frac{1}{3}\dot{U}_B e^{-j60°} \\
\dot{U}_0 &= \frac{1}{3}(\dot{U}_A + \dot{U}_B + \dot{U}_C) = \frac{1}{3}(0 + \dot{U}_B + a^2\dot{U}_B) \\
&= \frac{1}{3}(\dot{U}_B + a^2\dot{U}_B) = \frac{1}{3}\dot{U}_B e^{-j60°} = \dot{U}_{A2}
\end{aligned}
\right\} \tag{1-61}
$$

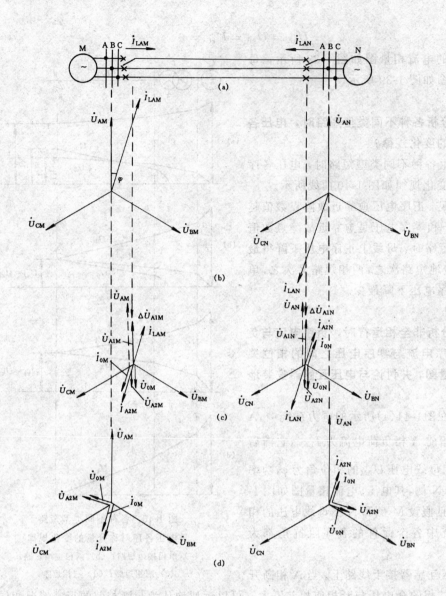

图 1-41　两相运行时负序和零序电流与电压的相位关系

(a) A 相断相时系统接线图；(b) 断相前电流、电压相量图；(c) 电压互感器接于线路时
电流、电压相量图；(d) 电压互感器接于母线时电流、电压相量图

由式（1-61）可见，当系统中各元件的各序阻抗角相等时，断相处 A 相电流的负序和零序对称分量都与断相前 A 相负荷电流的相位相反。根据这一结论和式（1-61），作出图 1-41（c）所示电压互感器接于线路时的电流、电压相量图。

由图 1-41（c）可见，送端（M 侧）的负序和零序电流滞后于负序和零序电压的相位角为 φ_{L}，受端（N 侧）的负序和零序电流超前于负序和零序电压的相角为 $180° - \varphi_{\mathrm{L}}$。

（2）电压互感器接于母线上。

在负序和零序网络中

$$\left.\begin{array}{l}\dot{U}_{A2M}=-\dot{I}_{A2M}jX_{2M}=-j\dot{I}_{A2M}X_{2M}=\dot{I}_{A2M}X_{2M}e^{-j90°}\\[8pt]\dot{U}_{A2N}=-\dot{I}_{A2N}jX_{2N}=-j\dot{I}_{A2N}X_{2N}=\dot{I}_{A2N}X_{2N}e^{-j90°}\\[8pt]\dot{U}_{0M}=-\dot{I}_{0M}jX_{0M}=-j\dot{I}_{0M}X_{0M}=\dot{I}_{0M}X_{0M}e^{-j90°}\\[8pt]\dot{U}_{0N}=-\dot{I}_{0N}jX_{0N}=-j\dot{I}_{0N}X_{0N}=\dot{I}_{0N}X_{0N}e^{-j90°}\end{array}\right\}\tag{1-62}$$

式中 X_{2M}、X_{0M}——断相处 M 侧系统负序、零序电抗;

$\quad\quad$ X_{2N}、X_{0N}——断相处 N 侧系统负序、零序电抗。

根据式(1-62)作出图 1-41(d)所示的电流、电压相量图。

由图 1-41(d)可见,送端(M 侧)和受端(N 侧)的负序和零序电流的相位都超前于负序和零序电压 90°,因此和线路内部故障相似而误动作。

31. 如图 1-42 所示的系统。

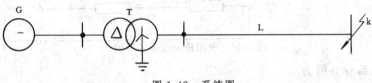

图 1-42 系统图

已知:

$$\text{G}:S_N=171\text{MVA},\ U_N=13.8\text{kV},\ X''_d\%=24;$$

$$\text{T}:S_N=180\text{MVA},\ 13.8/242\text{kV},\ U_k\%=14,$$

主变压器从 220kV 侧看入的零序阻抗实测值为 38.7Ω/相;

$$\text{L}:l=150\text{km},\ X_1=0.406\ \Omega/\text{km},\ X_0=3X_1。$$

试求:①k 点发生三相短路时,线路和发电机的短路电流;②k 点发生 A 相接地故障时,线路的短路电流。

答:(1)将所有参数统一归算 100MVA 为基准值的标么值,得

$$X_G=\frac{X''_d\%}{100}\cdot\frac{S_B}{S_N}=\frac{24}{100}\times\frac{100}{171}=0.14$$

$$X_T=\frac{X_k\%}{100}\cdot\frac{S_B}{S_N}\cdot\left(\frac{U_N}{U_B}\right)^2=\frac{14}{100}\times\frac{100}{180}\times\left(\frac{242}{220}\right)^2=0.094$$

$$X_{0\cdot T}=\frac{38.7}{484}=0.08$$

$$X_L=X_1\frac{L}{484}=0.406\times\frac{150}{484}=0.126$$

$$X_{0\cdot L}=3\times0.126=0.378$$

(2)k 点三相短路时短路电流标么值为

$$I = \frac{1}{0.14 + 0.094 + 0.126} = \frac{1}{0.36} = 2.78$$

220kV 基准电流 I_{B1} 为 $\qquad I_{B1} = 263A$

13.8kV 基准电流 I_{B2} 为 $\qquad I_{B2} = \frac{100}{\sqrt{3} \times 13.8} = 4.19 \ (kA)$

则线路短路电流 I_L 为 $\qquad I_L = 2.78 \times 263 = 731 \ (A)$

发电机短路电流 I_G 为 $\qquad I_G = 2.78 \times 4190 = 1165 \ (A)$

（3）k 点 A 相接地故障时，单相接地故障的序网如图 1-43 所示。

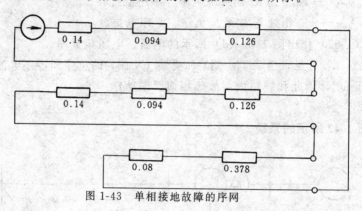

图 1-43　单相接地故障的序网

接地故障电流标么值为

$$I_a = 3I_0 = \frac{3E}{X_1 + X_2 + X_0} = \frac{3}{0.36 + 0.36 + 0.458} = 2.547$$

则线路短路电流为

$$I_a = 2.547 \times 263 = 670(A)$$
$$I_b = 0$$
$$I_c = 0$$

二、电力系统对继电保护的基本要求

32. 什么是继电保护和安全自动装置？各有什么作用？

答：当电力系统中的电力元件（如发电机、线路等）或电力系统本身发生了故障或危及其安全运行的事件时，需要有向运行值班人员及时发出警告信号，或者直接向所控制的断路器发出跳闸命令，以终止这些事件发展的一种自动化措施和设备。实现这种自动化措施、用于保护电力元件的成套硬件设备，一般通称为继电保护装置；用于保护电力系统的，则通称为电力系统安全自动装置。继电保护装置是保证电力元件安全运行的基本装备，任何电力元件不得在无继电保护的状态下运行。电力系统安全自动装置则用以快速恢复电力系统的完整性，防止发生和中止已开始发生的足以引起电力系统长期大面积停电的重大系统事故，如失去电力系统稳定、频率崩溃或电压崩溃等。

33. 继电保护在电力系统中的任务是什么？

答：继电保护的基本任务：

（1）当被保护的电力系统元件发生故障时，应该由该元件的继电保护装置迅速准确地给距离故障元件最近的断路器发出跳闸命令，使故障元件及时从电力系统中断开，以最大限度地减少对电力元件本身的损坏，降低对电力系统安全供电的影响，并满足电力系统的某些特定要求（如保持电力系统的暂态稳定性等）。

（2）反应电气设备的不正常工作情况，并根据不正常工作情况和设备运行维护条件的不同（例如有无经常值班人员）发出信号，以便值班人员进行处理，或由装置自动地进行调整，或将那些继续运行而会引起事故的电气设备予以切除。反应不正常工作情况的继电保护装置容许带一定的延时动作。

34. 电力系统对继电保护的基本要求是什么？

答：对电力系统继电保护的基本性能要求有可靠性、选择性、快速性、灵敏性。这些要求之间，有的相辅相成，有的相互制约，需要针对不同的使用条件，分别进行协调。

（1）可靠性。继电保护可靠性是对电力系统继电保护的最基本性能要求，它又分为两个方面，即可信赖性与安全性。

可信赖性要求继电保护在设计要求它动作的异常或故障状态下，能够准确地完成动作；安全性要求继电保护在非设计要求它动作的其他所有情况下，能够可靠地不动作。

可信赖性与安全性，都是继电保护必备的性能，但两者相互矛盾。在设计与选用继电保护时，需要依据被保护对象的具体情况，对这两方面的性能要求适当地予以协调。例如，对于传送大功率的输电线路保护，一般宜于强调安全性；而对于其它线路保护，则往往宜于强调可信赖性。至于大型发电机组的继电保护，无论它的拒绝动作或误动作跳闸，都会引起巨大的经济损失，需要通过精心设计和装置配置，兼顾这两方面的要求。

提高继电保护安全性的办法，主要是采用经过全面分析论证，有实际运行经验或者经试验确证为技术性能满足要求、元件工艺质量优良的装置；而提高继电保护的可信赖性，除了选用高可靠性的装置外，重要的还可以采取装置双重化，实现"二中取一"的跳闸方式。

（2）选择性。继电保护选择性是指在对系统影响可能最小的处所，实现断路器的控制操作，以终止故障或系统事故的发展。例如，对于电力元件的继电保护，当电力元件故障时，要求最靠近故障点的断路器动作断开系统供电电源；而对于振荡解列装置，则要求当电力系统失去同步运行稳定性时，在解列后两侧系统可以各自安全地同步运行的地点动作于断路器，将系统一分为二，以中止振荡，等等。

电力元件继电保护的选择性，除了决定于继电保护装置本身的性能外，还要求满足：①由电源算起，愈靠近故障点的继电保护的故障起动值相对愈小，动作时间愈短，并在上下级之间留有适当的裕度；②要具有后备保护作用，如果最靠近故障点的继电保护装置或断路器因故拒绝动作而不能断开故障时，能由紧邻的电源侧继电保护动作将故障断开。在 220kV 及以上电压的电力网中，由于接线复杂所带来的具体困难，在继电保护技术上往往难于做到对紧邻下一级元件的完全后备保护作用，相应采用的通用对策是，每一电力元件都装设至少两套各自独立工作、可以分别对被保护元件实现充分保护作用的继电保护装置，即实现双重化配置；同时，设置一套断路器拒绝动作的保护，当断路器拒动时，使同一母线上的其他断路器跳闸，以断开故障。

（3）快速性。继电保护快速性是指继电保护应以允许的可能最快速度动作于断路器跳闸，以断开故障或中止异常状态发展。继电保护快速动作可以减轻故障元件的损坏程度，提高线路故障后自动重合闸的成功率，并特别有利于故障后的电力系统同步运行的稳定性。快速切除线路与母线的短路故障，是提高电力系统暂态稳定的最重要手段。

（4）灵敏性。继电保护灵敏性是指继电保护对设计规定要求动作的故障及异常状态能够可靠地动作的能力。故障时通入装置的故障量和给定的装置起动值之比，称为继电保护的灵敏系数。它是考核继电保护灵敏性的具体指标，在一般的继电保护设计与运行规程中，对它都有具体的规定要求。

继电保护愈灵敏，愈能可靠地反应要求动作的故障或异常状态；但同时，也愈易于在非要求动作的其他情况下产生误动作，因而与选择性有矛盾，需要协调处理。

35. 继电保护的基本内容是什么？

答：对被保护对象实现继电保护，包括软件和硬件两方面的内容：①确定被保护对象在正常运行状态和拟进行保护的异常或故障状态下，有哪些物理量发生了可供进行状态判别的量、质或量与质的重要变化，这些用来进行状态判别的物理量（例如通过被保护电力元件的电流大小等），称为故障量或起动量；②将反应故障量的一个或多个元件按规定的逻辑结构进行编排，实现状态判别，发出警告信号或断路器跳闸命令的硬件设备。

（1）故障量。用于继电保护状态判别的故障量，随被保护对象而异，也随所处电力系统的周围条件而异。使用得最为普遍的是工频电气量。而最基本的是通过电力元件的电流和所在母线的电压，以及由这些量演绎出来的其他量，如功率、相序量、阻抗、频率等，从而构成电流保护、电压保护、阻抗保护、频率保护等。例如，对于发电机，可以实现检测通过发电机绕组两端的电流是否大小相等、相位是否相反，来判定定子绕组是否发生了短路故障；对于变压器，也可以用同样的判据来实现绕组的短路故障保护，这种方式叫做电流差动保护，是电力元件最基本的一种保护方式；对于油浸绝缘变压器，可以用油中气体含量作为故障量，构成气体保护。线路继电保护的种类最多，例如在最简单的辐射形供电网络中，可以用反应被保护元件通过的电流显著增大而动作的过电流保护来实现线路保护；而在复杂电力网中，除电流大小外，还必须配以母线电压的变化进行综合判断，才能实现线路保护，而最为常用的是可以正确地反应故障点到继电保护装置安装处电气距离的距离保护。对于主要输电线路，还借助连接两侧变电所的通信通道相互传输继电保护信息，来实现对线路的保护。近年来，又开始研究利用故障初始过程暂态量作为判据的线路保护。对于电力系统安全自动装置，简单的例如以反应母线电压的频率绝对值下降或频率变化率为负来判断电力系统是否已开始走向频率崩溃；复杂的则在一个处所设立中心站，通过通信通道连续收集相关变电所的信息，进行综合判断，及时向相应变电所发出操作命令，以保证电力系统的安全运行。

（2）硬件结构。硬件结构又叫装置。硬件结构中，有反应一个或多个故障量而动作的继电器元件，组成逻辑回路的时间元件和扩展输出回路数的中间元件等。在 20 世纪 50 年代及以前，它们差不多都是用电磁型的机械元件构成。随着半导体器件的发展，陆续推广了利用整流二极管构成的整流型元件和由半导体分立元件组成的装置。70 年代以后，利用集成电路构成的装置在电力系统继电保护中得到广泛运用。到 80 年代，微型机在安全自动装置和继电保护装置中逐渐应用。随着新技术、新工艺的采用，继电保护硬件设备的可靠性、运行维护方便性也不断得到提高。目前，是多种硬件结构并存的时代。

三、继 电 器

36. 继电器一般怎样分类？试分别进行说明。

答：（1）继电器按在继电保护中的作用，可分为测量继电器和辅助继电器两大类。

1）测量继电器能直接反应电气量的变化，按所反应电气量的不同，又可分为电流继电器、电压继电器、功率方向继电器、阻抗继电器、频率继电器以及差动继电器等。

2）辅助继电器可用来改进和完善保护的功能，按其作用的不同，可分为中间继电器、时间继电器以及信号继电器等。

（2）继电器按结构型式分类，目前主要有电磁型、感应型、整流型以及静态型。

37. 试述电磁型继电器的工作原理，按其结构型式可分为哪三种？

答：电磁型继电器一般由电磁铁、可动衔铁、线圈、触点、反作用弹簧和止挡等部件构成。线圈通过电流时所产生的磁通，经过铁芯、空气隙和衔铁构成闭合回路。衔铁在电磁场的作用下被磁化，因而产生电磁转矩，如电磁转矩大于反作用弹簧力矩及机械摩擦力时，则衔铁被吸向电磁铁磁极，使继电器触点闭合。

电磁型继电器按其结构的不同，可分为螺管线圈式、吸引衔铁式和转动舌片式等三种。螺管线圈式有时间继电器等；吸引衔铁式有中间继电器、信号继电器等；转动舌片式有电流、电压继电器等。

38. 试述感应型继电器的工作原理。

答：感应型继电器分为圆盘式和四极圆筒式两种，其基本工作原理是一样的。

根据电磁感应定律，一运动的导体在磁场中切割磁力线，导体中就会产生电流，这个电流产生的磁场与原磁场间的作用力，力图阻止导体的运动；反之，如果通电导体不动，而磁场在变化，通电导体同样也会受到力的作用而产生运动。感应型继电器就是基于这种原理而动作的。

39. 整流型继电器由哪些回路构成？简述其工作原理。

答：整流型继电器一般由电压形成回路、整流滤波回路、比较回路和执行回路构成。

其工作原理是：电压形成回路把输入的交流电压或电流以及它们的相位，经过小型中间变压器或电抗变压器转换成便于测量的电压，该电压经整流滤波后变成与交流量成正比的直流电压，然后送到比较回路进行比较，以确定继电器是否应该动作，最后由执行元件执行。

40. 在两个电气量之间进行比较的继电器可归纳为哪两类？由绝对值比较原理构成的比较回路常用的有哪三种？

答：两个交流电气量之间的关系包括大小关系和相位关系。因此，比较两个电气量关系构成的继电器，可归纳为绝对值比较和相位比较两类。

常用的由绝对值比较原理构成的比较回路有：①均压式比较回路；②环流式比较回路；③磁比较式比较回路。

41. 简述绝对值比较继电器中均压式比较回路的工作原理。

答：均压式比较回路如图 1-44 所示。由图可见，送入继电器的两个电量通过电压形成回路转换成电压 $\dot{U}_1$ 和 $\dot{U}_2$ 后，再分别经单相全波整流，接到负载电阻 R_1 和 R_2。执行元件 KP 是单线圈极化继电器，它所受的电压是 $|\dot{U}_1|$ 和 $|\dot{U}_2|$ 的差值，所以称为均压比较电路。Z_1 和 Z_2 分别为两交流侧的等值阻抗，例如小变压器的阻抗和调节电阻等。R_1 和 R_2 是为极化继电器线圈中的电流构成通路而设置的电阻。

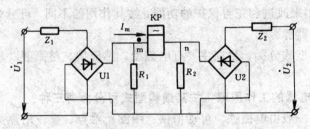

图 1-44　均压式比较回路

设 $\dot{U}_1$ 为动作量，$\dot{U}_2$ 为制动量。当 $|\dot{U}_1| > |\dot{U}_2|$ 时，m 点电位高于 n 点电位，比较回路中的电流 I_m 是从 m 端流向 n 端，极化继电器 KP 动作；当 $|\dot{U}_1| < |\dot{U}_2|$ 时，m 点电位低于 n 点电位，比较回路中的电流是从 n 端流向 m 端，极化继电器 KP 不动作。

42. 简述绝对值比较继电器中环流式比较回路的工作原理。

答：环流式比较回路如图 1-45 所示。由图可见，用来进行比较的两个电量 $\dot{U}_1$ 和 $\dot{U}_2$，分别经过整流后，作为单线圈极化继电器 KP 的电源，故称为环流式比较回路。设 $\dot{U}_1$ 为动作量，$\dot{U}_2$ 为制动量，当 $|\dot{U}_1| > |\dot{U}_2|$ 时，$I_1 > I_2$，极化继电器线圈中的合成电流 $I_m = I_1 - I_2$ 为正值，I_m 从 m 端流入，n 端流出，极化继电器 KP 动作；当 $|\dot{U}_1| < |\dot{U}_2|$ 时，$I_1 < I_2$，$I_m = I_1 - I_2$ 为负

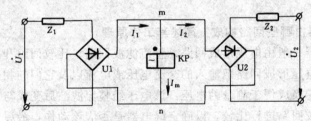

图 1-45　环流式比较回路

值，I_m 从 n 端流入，m 端流出，极化继电器 KP 不动作。

43. 简述绝对值比较继电器中磁比较式比较回路的工作原理。

答：磁比较式比较回路如图 1-46 所示。图中，用极化继电器 KP 作执行元件，动作线圈和制动线圈的匝数相同，即 $N_{op} = N_{res}$，且两线圈带"·"者为同极性端。当两线圈从不同极性端通入相等的电流时，在铁芯中产生的两个磁通相互抵消，KP 不动作。

设 $\dot{U}_1$ 为动作量，$\dot{U}_2$ 为制动量。当 $|\dot{U}_1|>|\dot{U}_2|$ 时，$I_{op}>I_{res}$，则动作安匝 $I_{op}N_{op}$ 大于制动安匝 $I_{res}N_{res}$，极化继电器KP动作；当 $|\dot{U}_1|<|\dot{U}_2|$ 时，$I_{op}<I_{res}$，动作安匝 $I_{op}N_{op}$ 小于制动安

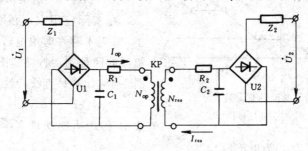

图1-46　磁比较式比较回路

匝 $I_{res}N_{res}$，极化继电器不动作（或向相反方向动作）。

44. 晶体管型继电器和整流型继电器相比较，在构成原理上有什么不同？

答：这两种类型继电器均由电压形成回路、比较回路和执行元件三部分组成。其不同之处是整流型继电器采用的执行元件是有触点的极化继电器，而晶体管型继电器是由晶体管触发器或零指示器、逻辑回路和输出回路组成。

四、晶体管电路

45. 什么是零指示器？

答：零指示器是晶体管继电器中继电触发器的一种特例。零指示器电路图如图1-47所示，其工作原理与触发器基本相同。所不同的是，为了提高零指示器的灵敏度，以适应晶体管继电器比较回路的需要，应当在无输入信号时，调节输入端a、b两点的电位，使其相等。从图1-47可以看出，由 R_1 和V2、V3组成的分压回路，即为实现这一要求而装设的。这时利用二极管V1的压降来补偿V5的基极压降，然后适当调节 R_1，即能使a、b两点电位相等。

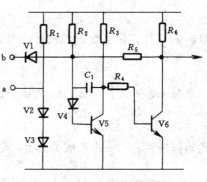

图1-47　零指示器电路图

46. 什么是比幅器？简述比幅器的工作原理。

答：反应两个电气量之间幅值大小的继电器称为幅值比较继电器，简称比幅器。

比幅器的动作仅决定于被比较的两个电气量的幅值之比，而与它们的相位无关。这两个量可以是电流、电压，也可以是它们的复合量。用 $\dot{X}$、$\dot{Y}$ 表示这两个电气量，并规定 $\dot{Y}$ 是使继电器趋向于动作的，$\dot{X}$ 是使继电器趋向于不动作的（制动的），则继电器的理想动作条件为

$$\frac{Y}{X}\geqslant K_b \tag{1-63}$$

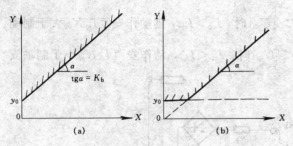

图 1-48　比幅器的两种制动特性

(a) 直线特性；(b) 折线特性

式中　Y，X——分别为相量 $\dot{Y}$ 和 $\dot{X}$ 的幅
值；

K_b——制动系数，是常数。

在实际应用中，必须考虑当制动量很小，甚至不存在时继电器动作的安全性。比幅器的两种制动特性如图 1-48 所示。其中图 1-48（a）是直线特性，其动作方程为

$$Y - K_b X - y_0 \geqslant 0$$

式中 y_0 为当制动量 $X=0$ 时 Y 的动作值，又称为最小动作电流（当 Y 为电流时）。

图 1-48（b）是折线特性，一般用下面两个判据实现

$$\left.\begin{array}{c} Y \geqslant y_0 \\ Y \geqslant K_b X \end{array}\right\} \tag{1-64}$$

当两个判据同时满足时才动作。

47. 什么是比相器？简述比相器的工作原理。

答：比相器的动作仅决定于被比较的两个电气量的相位，而与它们的幅值无关。如用 $\dot{A}$、$\dot{B}$ 表示这两个电气量，则继电器的理想动作条件一般可写为

$$\varphi_2 > \arg \frac{\dot{A}}{\dot{B}} > \varphi_1 \tag{1-65}$$

符号 $\arg \dfrac{\dot{A}}{\dot{B}}$ 表示取复数 $\dfrac{\dot{A}}{\dot{B}}$ 之相角，当 $\dot{B}$ 落后于 $\dot{A}$ 时 $\arg \dfrac{\dot{A}}{\dot{B}}$ 为正。图 1-49 为比相器的理想动作特性。在 $\dfrac{\dot{A}}{\dot{B}}$ 的复数平面上，式（1-65）表示与实数轴成 φ_2 和 φ_1 角的两直线围成的区域，如图 1-49（a）所示。当相量 $\dfrac{\dot{A}}{\dot{B}}$

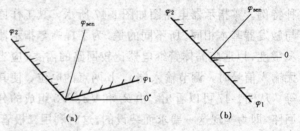

图 1-49　比相器的理想动作特性

(a) 一般情况；(b) 常用特性

落在图 1-49（a）中绘有阴影的区域内时，继电器动作。常用继电器的动作角度范围 $\varphi_2 - \varphi_1 = 180°$，如图 1-49（b）所示。

比相器可以分为两大类。当 $\varphi_2 = 90°$、$\varphi_1 = -90°$ 时，为余弦型比相器，其动作条件为

$$90° > \arg(\dot{A} / \dot{B}) > -90° \tag{1-66}$$

或者

$$\mathrm{Re}(\dot{A} / \dot{B}) > 0$$

当 $\varphi_2=180°$、$\varphi_1=0°$ 时，为正弦型比相器，其动作条件为

$$180° > \arg(\dot{A}/\dot{B}) > 0° \tag{1-67}$$

或者
$$\mathrm{Im}(\dot{A}/\dot{B}) > 0$$

$\varphi_{\mathrm{sen}}=(\varphi_1+\varphi_2)/2$ 称为比相器的最大灵敏角。当 $\varphi=\arg(\dot{A}/\dot{B})=\varphi_{\mathrm{sen}}$ 时，机械型的继电器获得最大转矩。静态继电器和数字继电器虽没有转矩问题，但在一般情况下，当 $\varphi=\varphi_{\mathrm{sen}}$ 时继电器的动作速度仍然是最快的，也能最大限度地容忍 $\dot{A}$ 和 $\dot{B}$ 的各种误差。因此都是要使比相器在最大灵敏角下工作。

当 $\dot{A}$ 和 $\dot{B}$ 中任何一个量为零，即仅有 1 个输入量时，比相器是不应当工作的。实际上，为了保证比相器正确工作，输入比相器的每一个量的幅值都应大于其最小动作值。当输入量小于其最小动作值时，比相器将出现死区。如果保护对比相器的死区不能容忍，应采取其它措施来消除。一般情况下，仅有一个输入量时比相器动作（称为潜动）是不允许的。

48. 什么是相序比相器？简述其工作原理。

答：相序比相器测量被比较的两个电气量的相位关系是超前还是落后。相位超前和落后是以 $180°$ 为限的。如果 $\dot{A}$ 落后于 $\dot{B}$ 的相角大于 $180°$，那就是超前于 $\dot{B}$。因此，若比相器在 $\dot{A}$ 超前于 $\dot{B}$ 时动作，则其动作条件为

$$180° > \arg\frac{\dot{A}}{\dot{B}} > 0° \tag{1-68}$$

或者
$$\mathrm{Im}\frac{\dot{A}}{\dot{B}} > 0$$

所以相序比相器是正弦型比相器。

相序比相器虽有多种，但其基本原理都是依照被比较的 $\dot{A}$、$\dot{B}$ 两个量的极性变化顺序作出判断的。图 1-50 示出 $\dot{A}$ 超前于 $\dot{B}$ 和 $\dot{A}$ 落后于 $\dot{B}$ 两种情况下它们的极性变化顺序。由图 1-50（a）可见，当 $\dot{B}$ 由负变为正发生在 $\dot{A}$ 的正半周，或者在 $A+$、$B-$ 之后是 $A+$、$B+$，则必然是 $\dot{A}$ 超前于 $\dot{B}$；由图 1-50（b）可见，当 $\dot{B}$ 由

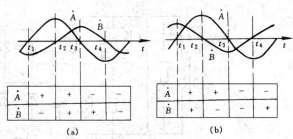

图 1-50　$\dot{A}$、$\dot{B}$ 的相位与极性关系

（a）当 $\dot{A}$ 超前于 $\dot{B}$ 时；（b）当 $\dot{A}$ 落后于 $\dot{B}$ 时

负变为正发生在 $\dot{A}$ 的负半周，或者在 $A+$、$B-$ 之后是 $A-$、$B-$，则必然是 $\dot{A}$ 落后于 $\dot{B}$。在一个周期内 $\dot{A}$ 和 $\dot{B}$ 共有 4 次（如图 1-50 中 t_1，…，t_4 时刻）极性变化。利用在每一次 1 个量极性变化时检查另一个量的极性，或者在每次变化时检查变化前后两个量的极性关系的方法，

都可对两个量的相序作出判断。因在一个周期内只能测量 4 次,发出 4 个短暂的动作脉冲,故也称相序比相器为脉冲比相器。

49. 简述反应平均值的电流继电器的工作原理。

答:图 1-51 示出反应电流平均值的电流继电器的框图。输入电流继电器的交流电流 i 首先经过电流—电压变换器 N1 得到单相电压 u,再经过全波整流得到脉动电压 U_d。再经滤波器 Z 得到直流电压。当直流电压超过一定值时,电平检测器 N2 动作。

50. 简述反应电流突变量的电流继电器的工作原理。

答:电流突变量继电器反应短路前后电流的相量差,因此能在电流突增和突降时都动作。图 1-52 为电流突变量继电器的动作特性。图中,电流 $\dot{I}_1$ 为短路前的电流,$\dot{I}_2$ 为短路后的电流,$\Delta\dot{I}$ 为两者的相量差。图中圆是以 $\dot{I}_1$ 相量末端为圆心,以突变量继电器启动电流为半径所作的圆。显然,当 $\dot{I}_2$ 落于圆外时,电流的突变量将大于继电器的启动值,圆外为继电器的动作区。

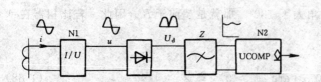

图 1-51　反应平均值的电流继电器的框图

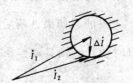

图 1-52　电流突变量
继电器的动作特性

图 1-53 为利用突变量电桥实际的电流突变量继电器原理图。与电流增量继电器相比,不同之处是在电流-电压变换器与整流器之间插入了突变量电桥。突变量电桥的四个臂中,两个臂是由电感 L 和电容 C 组成的并联谐振回路,在工频下并联谐振回路的阻抗为纯电阻;另两

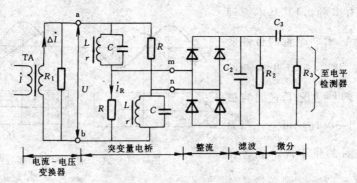

图 1-53　电流突变量继电器的原理图

个臂为电阻,其阻值与并联谐振回路的等值电阻相等。因此在工频下电桥平衡,输出电压为零。为此,并联谐振回路的参数应满足

$$\omega = \sqrt{\frac{1}{LC} - \left(\frac{r}{L}\right)^2} \qquad (1\text{-}69)$$

式中 r——电感 L 的有效电阻；

$\quad\quad\omega$——工频角频率。

于是在工频下并联谐振回路的等效电阻为

$$R = \frac{L}{rC} \quad\quad\quad (1\text{-}70)$$

可见，突变量电桥实际上是对工频的阻波器，在正常情况下和短路后的稳态情况下电桥的输出电压都等于零，只有在输入电流发生突变，也就是在短路的暂态过程中电桥才有输出。为了讨论在暂态过程中电桥的输出，可令短路电流为

$$i_2 = \sqrt{2}\,I_1\sin(\omega t + \varphi) + \sqrt{2}\,\Delta I\sin(\omega t + \theta) - \sqrt{2}\,\Delta I\sin\theta\,\mathrm{e}^{-\frac{t}{T_1}} \quad (1\text{-}71)$$

式中各电流的意义同图 1-52。

突变量电桥的输出阻抗很大，所以滤波电容 C_2 不能大，否则影响输出电压的幅值和建立的速度。突变量电桥的每一支路实际上是一滤波器，各种谐波分量的电压主要降落在电阻 R 上，因此在稳态时有不平衡电压输出。当系统频率与额定频率有偏差时也会有不平衡电压输出。为了使电平检测器免受正常不平衡电压的影响，整流滤波后的电压需经过微分电路再加于电平检测器。

为了简化，突变量电桥中可只用一组 LC 并联谐振电路，如图 1-54 所示。此时只要满足

$$R_1 : R_2 = R : \frac{L}{rC} \quad\quad (1\text{-}72)$$

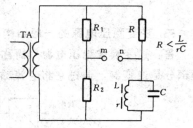

图 1-54 简化突变量电桥

就可满足在稳态下输出为零。在这种情况下 R 值较式（1-70）的计算值小一些，可以提高暂态输出的初值，但减小 R 将使振荡频率和衰减速度均有所增加。

需要指出，仅从继电器的灵敏度考虑，突变量电桥的衰减时间常数 T_2（或者说电感线圈的品质因数）应尽可能大一些。但如果不仅要求突变量继电器在稳态下不动作，也希望在输入量缓慢变化（如系统振荡）时也不动作，则 T_2 就应小一些。

五、晶体管保护基础知识

51. 晶体管继电保护装置一般由哪几部分构成？

答：晶体管继电保护装置的种类很多，就其结构来说，一般都由交流测量电路（也称交流测量元件）、直流逻辑电路和直流稳压电源三部分构成，如图 1-55 所示。

交流测量电路通常由电压形成回路和整流、滤波回路构成。被测电量经各种小型辅助互感器输入，在互感器二次侧采取不同连接方式将电气量合成，用以反映系统中相应电量（电压、电流、相位、功率及阻抗等）的变化，然后经整流、滤波获得直流动作信号。反映交流峰值的继电器，不需要滤波回路；反映相位关系的继电器，其整流、滤波及触发器回路由方波形成器和比相回路代替。

直流逻辑电路一般包括触发器（或零指示器）、由门电路和时间电路组成的逻辑判别回路、信号回路和出口回路。根据交流测量电路的动作信号决定保护的动作程序，按一定的逻辑关

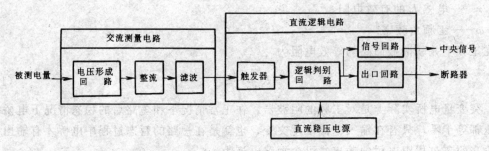

图 1-55　晶体管继电保护装置的结构

系实现跳闸或合闸，并经信号回路发出相应的指示信号。

直流稳压电源为直流逻辑电路提供各级工作电压和需要的电功率。

52. 采用逆变稳压电源的优点是什么?

答：电阻降压式稳压电路接线简单、调试方便，但在需要较大输出功率时，因大部分功率都损耗在降压电阻上，故效率太低。采用直流逆变换方式获得低电压，则能避免无谓的功率损耗，同时还可以使装置和外部电源隔离起来，大大提高了装置的抗干扰能力。

53. 逆变稳压电源的一般结构是什么?

答：逆变换式稳压电源（简称逆变稳压电源）的框图如图 1-56 所示。由图可见，其中关键部分是逆变器，通过它将直流输入电压（220V 或 110V）转变为交流电压，然后经变压器

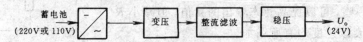

图 1-56　逆变稳压电源框图

降压，再经整流滤波重新变为直流电压，经稳压后供保护装置使用。

54. 简述三极管开关电路的工作原理。

答：三极管的工作状态可分为三个区域，即放大区、截止区和饱和导通区，如图 1-57 所示。在逻辑电路中，三极管工作在开关状态，当饱和导通时，相当于开关（或继电器触点）闭合；当截止时，相当于开关（或继电器触点）打开。

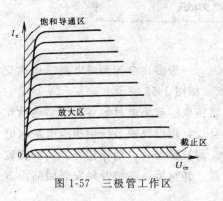

图 1-57　三极管工作区

（1）饱和导通状态。三极管开关电路如图 1-58 所示。开关 S 正常打开，V1 管导通，基极电流 $I_{b1} = \dfrac{E_c - U_{b1}}{R_1 + R_2}$，集电极电流 $I_{c1} = \dfrac{E_c - U_{c1}}{R_4}$。当 $I_{c1} < \beta I_{b1}$ 时，V1 管处于饱和导通状态，管压降 U_{c1} 很小，硅管一般不大于 1V，锗管一般不大于 0.3V，此时的基极电压只相当于正向二极管压降。

当三极管发射极正向偏置时，基极电流越大，饱和度越深。由于三极管在低温下 β 值会明显下降，为保证仍能可靠导通，在配置参数时，一般要求

$$I_b \geqslant 4 \frac{I_c}{\beta} \tag{1-73}$$

对图 1-58 中 V1 管来说，可写成

$$\frac{E_c - U_{b1}}{R_1 + R_2} \geqslant 4 \times \frac{E_c - U_{c1}}{\beta R_4}$$

忽略 U_{b1} 和 U_{c1}，可得到基极电阻 $(R_1 + R_2)$ 与集电极电阻 R_4 的关系式为

$$(R_1 + R_2) \leqslant \frac{1}{4} \beta R_4 \tag{1-74}$$

（2）截止状态。由于 V1 管导通，$U_{c1} \approx 0$，V2 管的基极电位 $U_{b2} = \frac{-E_b R_5}{R_5 + R_6}$ 为负值。只要发射极处于反向偏置，三极管即能可靠截止，集电极电流为零。基极偏置电阻 R_6 不能太小，否则在 V1 管截止后，由于 R_6 的分流作用，以致 V2 管无法导通，通常只要满足 $R_6 \geqslant R_5$ 即可。

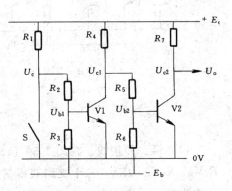

图 1-58　三极管开关电路

截止管的集电极电压与负载大小和接线方式有关，实测电压等于集电极电阻 R_7 与负载电阻的分压值。如果输出端接有指向集电极的二极管，则 V2 管截止时 U_{c2} = $+E_c$，因此在调试过程中，判别三极管的截止状态要注意具体分析。

在分析开关电路时，通常把导通管的集电极电压（近似为零）称为"0"态信号，而将截止管的输出状态叫做"1"态信号。此电路也称为反相电路（反相器），当输入端为"0"态时，输出端为"1"态；当输入端为"1"态时，输出端为"0"态，恰好反了一个相位，故反相电路也叫非门。

55. 简述或门电路的工作原理。

答：由于三极管有正常导通和正常截止两种工作状态，相应的输入、输出信号也不一样，因而或门具有两种接线方式，如图 1-59 所示。

（1）第一种接线。在图 1-59（a）中，V4、V5、V6 管正常导通，A、B、C 三点正常均为"0"态信号，输出端 X 为"1"态。当 V4、V5、V6 管中有任一管截止，例如 V4 管截止时，则正电源经由 R_1、V1、R_4 为 V7 管提供基极电流使之导通，X 由"1"态变为"0"态。若是 V5 管截止，B 点变为"1"态，V7 管的基流经由 R_2、V2、R_4 获得，X 也能变为"0"态。

（2）第二种接线。在图 1-59（b）中，V4、V5、V6 管正常截止，A、B、C 正常为"1"态，X 为"0"态。当 V4、V5、V6 管中有任一管导通，例如 V6 管导通时，则 C 变为"0"态，V3 立即导通，M 点电位仅为 V6、V3 两管正向压降，近似为零，所以 V7 管截止，X 由"0"变为"1"。同理，当 V4 或 V5 管导通时，都会使 V7 管截止，X 的状态反相。

56. 简述与门电路的工作原理。

答：将图 1-59 中所有三极管正常工作状态全部反相，即得到相应的两种与门电路。

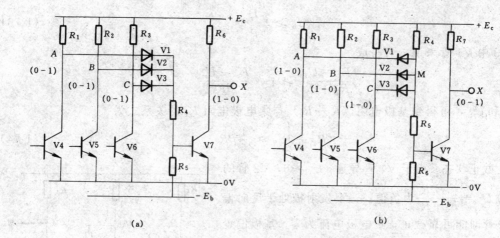

图 1-59　或门电路
(a) 第一种接线；(b) 第二种接线

（1）第一种接线。在图 1-59 (a) 中，由于 V4、V5、V6 管正常截止，V7 管可以同时从 R_1V1、R_2V2、R_3V3 三个支路获得基流而导通。只有当 V4、V5、V6 管全部导通之后，V7 管才变为截止，输出端 X 由"0"变为"1"。

（2）第二种接线。在图 1-59 (b) 中，V4、V5、V6 管正常导通，V7 管截止。必须是在 V4、V5、V6 管都由导通变为截止之后，V7 管才能导通，输出状态由"1"变为"0"。

57. 简述否门（禁止门）电路的工作原理。

答：否门电路又称做闭锁门或禁止门，在图 1-60 所示的两种电路中，A 为动作信号，B 为闭锁信号（或禁止信号）。

（1）第一种接线。图 1-60 (a) 中，当 A 由"1"变为"0"时，X 即由"0"变为"1"。然而当 B 信号由正常的"0"态变为"1"态后，A 信号的变化就再也不起作用了，因此 V5 管从 R_2、V2 回路获得基流而继续维持导通状态。

（2）第二种接线。图 1-60 (b) 中各点的状态，与图 1-60 (a) 中各点的状态恰好反了相

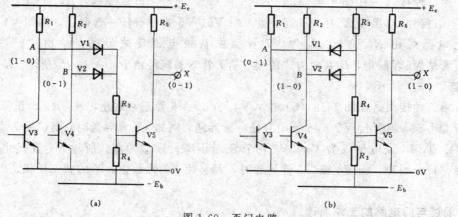

图 1-60　否门电路
(a) 第一种接线；(b) 第二种接线

位，逻辑关系完全一样。

事实上，否门电路仍然是由图 1-59 的或门电路演变而来，只是由于各管正常工作状态不同，因而组成了不同的门电路，具有不同的逻辑关系。

58. 什么是触发器？有哪几种？

答：触发器实质上是一个具有正反馈的两级放大电路，但三极管的正常工作状态并不在放大区，只是在动作过程中短暂经过放大区，由于正反馈的作用，很快即进入导通或截止状态。所以，触发器的输出是跃变的开关信号，即"0"态信号或"1"态信号。

晶体管继电保护电路中通常采用的触发器有下列几种：①继电式触发器；②单稳态触发器；③双稳态触发器；④射极耦合触发器；⑤差动式触发器。

59. 简述充电式延时动作瞬时返回电路的工作原理。

答：图 1-61 （a）为充电式延时电路的基本电路接线。U_i 正常为"1"态，V1 管导通，电容 C 两端电压近似为零，即 $U_a \approx 0$，V3 和 V2 管处于截止状态，U_o 为"1"态信号。

当 U_i 由"1"态变为"0"态后，V1 管截止，但 a 点电位不能突变，且随着 R_4 对电容 C 的充电过程逐渐升高。当 U_a 上升到等于 U_s（U_s 为 V3 的击穿电压）时，V3 击穿，V2 管导通，U_o 由"1"态变为"0"态，同时 U_a 被钳位在 U_s，图 1-61 （b）所示为各点电位的变化曲线。

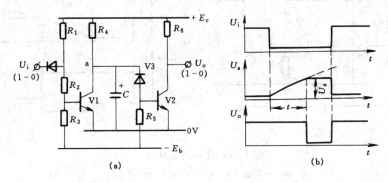

图 1-61 充电式延时电路

(a) 电路接线；(b) 各点电位变化曲线

当 U_i 返回到原来的"1"态时，V1 管重新导通，迅速使电容 C 放电（放电时间小到可以忽略不计），V3 和 V2 管立即截止，U_o 返回为"1"态，时间电路回复到正常工作状态。

充电式延时电路的动作时间 t 按下式计算

$$t = \tau \ln \frac{E_c - U_a(0)}{E_c - U_a(t)} \tag{1-75}$$

式中　τ——时间常数，此处 $\tau = R_4 C$；

$U_a(0)$——C 刚开始充电时 a 点的初始电位，由于 C 正常处于放电状态，所以 $U_a(0) = U_{ce1}$ ≈ 0；

$U_a(t)$——t 秒后 V2 管刚要导通时 a 点的电位，即 $U_a(t) = U_s + U_{be2} \approx U_s$，一般取稳压管的稳定电压 $U_s = (0.3 \sim 0.6) E_c$。

将以上各值代入上式 （1-75）后得

$$t = R_4 C \ln \frac{E_c}{E_c - U_s} \qquad (1\text{-}76)$$

由式（1-76）可知，调整电阻 R_4 或电容 C 都可以改变动作时间 t，而通常采用的办法是固定电容值，调节电阻值。另外，电源电压 E_c 对时间 t 也有影响，当 E_c 升高时 t 相应减小，E_c 降低时 t 相应增大。稳压管 V3 的击穿电压 U_s 越高则 t 越长，U_s 小则 t 也小。所以在更换稳压管后（因不同稳压管的 U_s 不会完全相等），必须重新校验时间值。

60. 简述脉冲展宽电路的工作原理。

答：图 1-62（a）为常用的脉冲展宽电路接线。正常时 V1 管截止、V2 管导通，a 点电位 $U_a \approx U_s$。当 U_i 由"0"态变为"1"态时，V1 管导通，电容 C 迅速放电，V2 管截止，U_o 由正常的"0"态立即跃变为"1"态。整个过程被认为是瞬时发生的。当 U_i 返回到"0"态时，V1 管重新截止，电容 C 开始充电，直到使 V3 击穿，V2 管重新导通，U_o 才返回到"0"态。电路各点电位的变化曲线见图 1-62（b）。

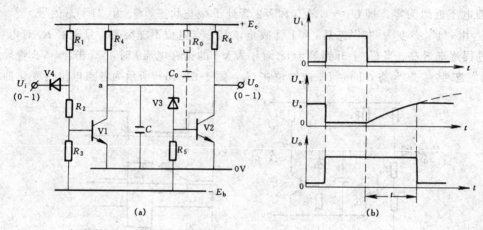

图 1-62　脉冲展宽电路
（a）电路接线；（b）各点电位变化曲线

从 U_i 返回到 U_o 返回之时间间隔 t 称为脉冲展宽时间，它可通过改变充电电阻 R_4 或更换电容 C 来调整。总的输出时间等于输入信号的持续时间加上展宽时间，在晶体管逻辑电路中常常用来将窄脉冲信号展宽，或者用来把周期性的脉冲波扩展为连续的直流动作信号。

这种展宽电路在合直流电源时，由于电容 C 的充电过程，将迫使 V2 管处于截止状态而误发输出信号，所以在整机设计中不能用这种展宽电路去单独起动保护的出口回路，而只能与其他条件构成与门起动出口，以保证装置在合直流电源时不至于造成出口误动。如果展宽时间不大，则可以在 V2 管基极增加一个 R_0、C_0 支路，以便在合直流电源时，由 R_0、C_0 提供基流迫使 V2 管导通，不致误发动作信号，如图 1-62（a）中虚线所示。但这一作用时间应大于电路本身的展宽时间才有效。另外，假如这种展宽电路后面还接有延时电路，且延时动作时间大于展宽时间的话，则不必再考虑其他防御措施了。

61. 什么是方波形成器？

答：在晶体管继电保护中，为了实现两个或两个以上交流电气量的相位比较，往往需要将工频正弦波变换为对称的方形波，实现这种变换的电路就叫做方波形成器。

方波形成器实际上是一个高灵敏度、高返回系数（近似为1）的触发器或零指示器，当正弦波过零时翻转，具有良好的开关特性。

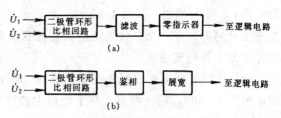

图 1-63　二极管环形比相方框图

（a）鉴幅输出；（b）鉴相输出

62. 简述二极管环形比相回路的工作原理。

答： 二极管环形比相回路是利用二极管的开关特性实现交流正弦波的直接比相。它不需要方波形成器，比相输出信号的极性和大小随相位差值不同而改变。由于输出波形为非正弦脉动信号，一般不直接去起动逻辑电路，而是先滤波取得平均值，然后利用高灵敏度的零指示器转换为直流开关信号。完整的比相过程应如图 1-63（a）所示。另外也可以在不滤波的情况下用鉴相电路鉴别输出电压的正极性（或负极性）宽度，同样可以反应输入信号的相位关系，如图 1-63（b）所示。

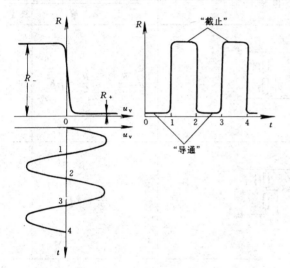

图 1-64　二极管的开关特性

（1）二极管的开关特性。半导体二极管是一种非线性元件，当两端加正向电压时，正向电流较大，而管压降却很小，所以二极管的正向电阻 R_+ 很小；如果在二极管两端加反向电压，则流过二极管的反向电流很小，小到可以忽略不计，其反向电阻 R_- 很大。图 1-64 为二极管的电阻值随两端电压 u_V 变化的关系曲线。当外加交流信号电压为正半周时，二极管呈低电阻特性，称之为导通状态，见图中 0—1、2—3 段曲线；反之，当外加电压为负半周时，二极管呈现高电阻特性，称之为截止状态，见图中 1—2、3—4 段曲线。因此，当二极管导通时，可视为短路，有一较小的交流信号电流 i_2 可以通过这个导通的二极管，如图 1-65（a）所示；当二极管截止时，则视

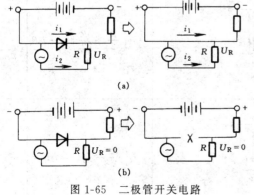

图 1-65　二极管开关电路

（a）正向导通；（b）反向截止

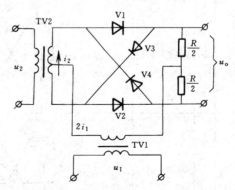

图 1-66　二极管环形比相回路

为开路，i_2 不能通过，如图 1-65（b）所示。由于二极管具有这种开关特性，所以，当有两个交流信号同时加在一个二极管上时，在任意瞬间，其中大的一个起控制通断的作用，小的一个才作为工作电流输出。

（2）二极管环形比相回路的工作原理。图 1-66 为二极管环形比相回路的接线，参与比相的电流为 $2i_1$ 和 i_2。输入电流在一个周期内按照极性和幅值的不同，可分为从 t_1 到 t_9 共八个时间段，波形图如图 1-67 所示。各时间区段内输出电压 U_o 的极性和数值，以及与输入电流 $2i_1$、i_2 之间相位差的关系，列于表 1-4。

表 1-4　　　　　二极管环形比相回路输出电压 U_o 与输入电流 i_1、i_2 的关系

时间	电流工作情况			回路工作情况	输出电压 U_o	
	i_1	i_2	幅值关系		计算值	极性
$t_1 \sim t_2$	+	+	$\lvert i_1 \rvert > \lvert i_2 \rvert$	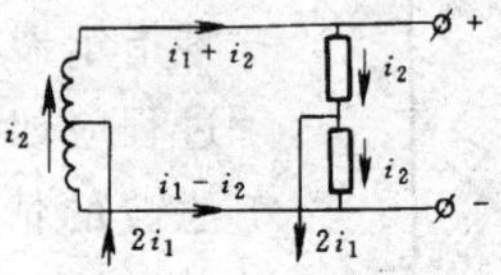	$i_2\dfrac{R}{2} + i_2\dfrac{R}{2} = i_2 R$	+
$t_2 \sim t_3$	+	+	$\lvert i_1 \rvert < \lvert i_2 \rvert$	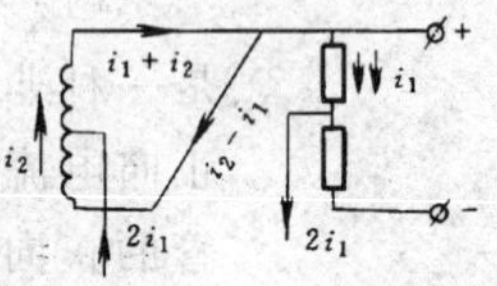	$2i_1\dfrac{R}{2} = i_1 R$	+
$t_3 \sim t_4$	−	+	$\lvert i_1 \rvert < \lvert i_2 \rvert$	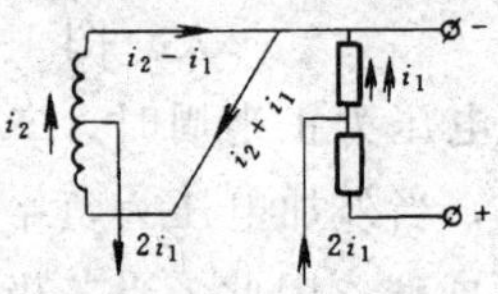	$-2i_1\dfrac{R}{2} = -i_1 R$	−
$t_4 \sim t_5$	−	+	$\lvert i_1 \rvert > \lvert i_2 \rvert$	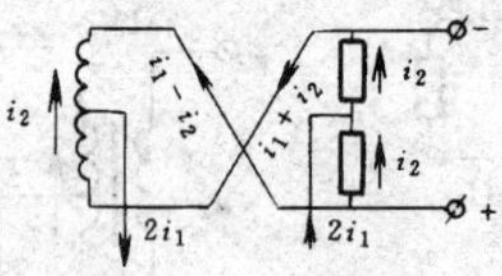	$-i_2\left(\dfrac{R}{2} + \dfrac{R}{2}\right) = -i_2 R$	−
$t_5 \sim t_6$	−	−	$\lvert i_1 \rvert > \lvert i_2 \rvert$	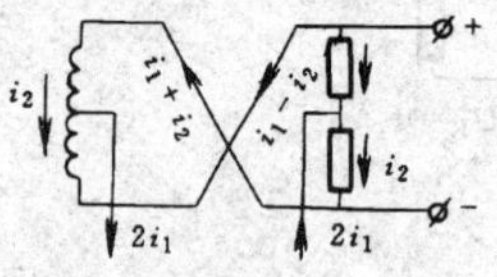	$i_2\left(\dfrac{R}{2} + \dfrac{R}{2}\right) = i_2 R$	+

续表

时间	电流工作情况			回路工作情况	输出电压 U_o	
	i_1	i_2	幅值关系		计 算 值	极性
$t_6 \sim t_7$	$-$	$-$	$|i_1|<|i_2|$		$2i_1\dfrac{R}{2}=i_1R$	$+$
$t_7 \sim t_8$	$+$	$-$	$|i_1|<|i_2|$		$-2i_1\dfrac{R}{2}=-i_1R$	$-$
$t_8 \sim t_9$	$+$	$-$	$|i_1|>|i_2|$		$-i_2\left(\dfrac{R}{2}+\dfrac{R}{2}\right)=-i_2R$	$-$

在图 1-67 中，用斜线表示的部分分别对应于表 1-4 中各个时间段的输出电压波形，由表 1-4 的分析结果可得以下结论。

1) 输出电压的极性由比相量相对极性决定。当 i_1 与 i_2 的瞬时值极性相同时，U_o 为正；i_1 与 i_2 的瞬时值极性相反时，U_o 为负。因此，输出电压的极性由 i_1 与 i_2 的相对极性而定。

2) 控制作用与测量作用。i_1 与 i_2 中幅值大的一个起控制作用，幅值小的一个起测量作用，即输出电压的幅值由 i_1、i_2 中瞬时值小的一个决定。

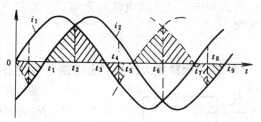

图 1-67 二极管环形比相的工作波形

3) 正半周和负半周的输出波形相同。当 i_1、i_2 之间的相位差 φ_{12} 在 $-\pi \sim \pi$ 范围内变化时，每半周的平均输出电压值 U_{av} 随 φ_{12} 变化的关系曲线如图 1-68 (a) 所示，而每半周内输出电压为正极性的时间宽度 t_φ 随 φ_{12} 变化的曲线如图 1-68 (b) 所示。

当 φ_{12} 在 $\pm\dfrac{\pi}{2}$ 之间时，$U_{av}>0$，且当 $\varphi_{12}=0$ 时，输出电压最大，$U_{av}=U_{av \cdot max}$。通常总是以 U_{av} 的正电压作为动作电压，则当 $\varphi_{12}>\dfrac{\pi}{2}$ 或 $\varphi_{12}<-\dfrac{\pi}{2}$ 时，$U_{av}<0$，为制动电压，且当 $\varphi_{12}=\pm\pi$ 时制动电压最大（以上分析均没有涉及二极管的限幅作用，而实际输出波形的幅值最大不超过两个二极管的正向压降）。所以，当用零指示器作判别元件时，如图 1-68 (a) 所示，整个比相回路的相位特性（即动作区）为

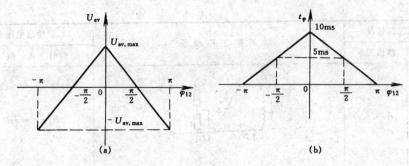

图 1-68　二极管环形比相回路输出特性

(a) $U_{av} \sim \varphi_{12}$; (b) $t_{\varphi} \sim \varphi_{12}$

$$-\frac{\pi}{2} \leqslant \varphi_{12} \leqslant \frac{\pi}{2}$$

当 $\varphi_{12}=0$ 时，输出波形全部为正极性，其时间宽度 $t_{\varphi}=10\text{ms}$。而当 $\varphi_{12}=\pi$（即 i、i_2 互为反相）时，输出波形全部为负极性，则正极性输出宽度 $t_{\varphi}=0$。根据这一输出特性，即可构成如图 1-68 (b) 的判别方式，其"鉴相"和"展宽"回路则相当于积分式比相回路中的 t_1、t_2 两个时间电路，而且具有和积分式比相回路相同的相位特性。

六、集 成 电 路

63. 理想运算放大器有哪些特征?

答：理想运算放大器具有以下特征：①开环差模电压增益 A_0 为 ∞；②差模输入电阻 $R_{id}=\infty$；③失调电压及失调电流均为零；④频带宽度为 ∞；⑤共模抑制比 $CMRR=\infty$，即共模增益为零。

64. 简述运算放大器的"虚短路"分析法。

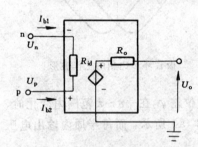

图 1-69　开环运算放大器
的受控源模型

答：开环运算放大器的受控源模型如图 1-69 所示。图中，R_{id} 为差模输入电阻，R_o 为输出电阻，U_n 和 I_{b1} 分别为反相输入端（n 端）的电压和基极电流，U_p 和 I_{b2} 分别为同相输入端（p 端）的电压和基极电流，U_o 为输出电压。

理想运算放大器的 $R_{id}=\infty$，因此

$$\left.\begin{array}{r} I_{b1}=0 \\ I_{b2}=0 \end{array}\right\} \qquad (1\text{-}77)$$

根据开环差模电压增益 A_0 的定义

$$U_o = A_0(U_p - U_n) \qquad (1\text{-}78)$$

理想运算放大器的 $A_0=\infty$，但输出电压 U_o 受电源电压（$\pm E_c$）的限制，只能为 $-E_c \sim +E_c$ 这个有限范围内的任意值，因此可从式（1-78）推论得

$$U_p - U_n = 0$$

即

$$U_p = U_n \qquad (1\text{-}79)$$

可见，理想运算放大器两个输入端（n、p）的电压相等，其间的电流也为零。从 n、p 两点间

的电压差等于零来看，与电路两点之间短路相符，但两点间的电流为零，即无短路电流，这又与短路不同，因此在电子技术中称它为"虚短路"。

65. 简述由运算放大器构成的反相输入放大器的工作原理。

答：反相输入放大器的原理电路如图1-70所示。图中，输入电压U_s经电阻R_n接到反相输入端 n。由式（1-77）可知，$I_{b2}=0$，则$U_p=0$；$I_{b1}=0$，$I_n=I_{fb}$。所以

$$\frac{U_s-U_n}{R_n}=\frac{U_n-U_o}{R_{fb}} \qquad (1\text{-}80)$$

由式（1-79）可知，$U_n=U_p$，因此$U_n=0$。将$U_n=0$代入式（1-80），得

$$\frac{U_s}{R_n}=-\frac{U_o}{R_{fb}}$$

由此可得，反相输入闭环电路的电压增益（又称电压放大倍数）A为

$$A=\frac{U_o}{U_s}=-\frac{R_{fb}}{R_n} \qquad (1\text{-}81)$$

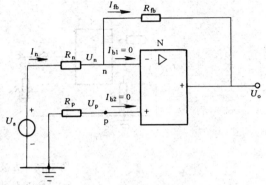

图 1-70　反相输入放大器原理电路图

从式（1-81）可见，电压增益A与电阻R_p的数值无关，实际应用中常取$R_p=R_nR_{fb}/(R_n+R_{fb})$。因为当外界电压源短接时，从反相输入端向外看的等值电阻为$R_n//R_{fb}$，为了保证此时电路具有平衡对称的结构，应当选取$R_p=R_nR_{fb}/(R_n+R_{fb})$。

在图1-70所示的反相输入闭环电路中，由于$U_n=U_p=0$，因此称 n 点为"虚地"。这个"虚地"的物理意义是：n 点并未直接接地，n 点的实际电位只是近似为零，并非完全等于零。因为对理想运算放大器，在开环电压增益$A_0=\infty$时，才得到$U_n=U_p$的结论，而实际应用的运算放大器尽管A_0非常大，但不是∞，所以实际上只是$U_n\approx U_p$。在反相输入闭环电路中，只是$U_n\approx U_p=0$。

66. 简述由运算放大器构成的同相输入放大器的工作原理。

答：同相输入放大器的原理电路如图1-71所示，输入电压U_s经电阻R_p接到同相输入端 p。由式（1-77）可知，$I_{b2}=0$，则$U_p=U_s$；$I_{b1}=0$，则$I_n=I_{fb}$。所以

$$\frac{U_n}{R_n}=\frac{U_o-U_n}{R_{fb}} \qquad (1\text{-}82)$$

由式（1-79）可知，$U_n=U_p$，因此$U_n=U_s$，将此代入式（1-82），得

$$\frac{U_s}{R_n}=\frac{U_o-U_s}{R_{fb}} \qquad (1\text{-}83)$$

将式（1-83）化简，可得同相输入闭环电路的电压增益A为

$$A=\frac{U_o}{U_s}=1+\frac{R_{fb}}{R_n} \qquad (1\text{-}84)$$

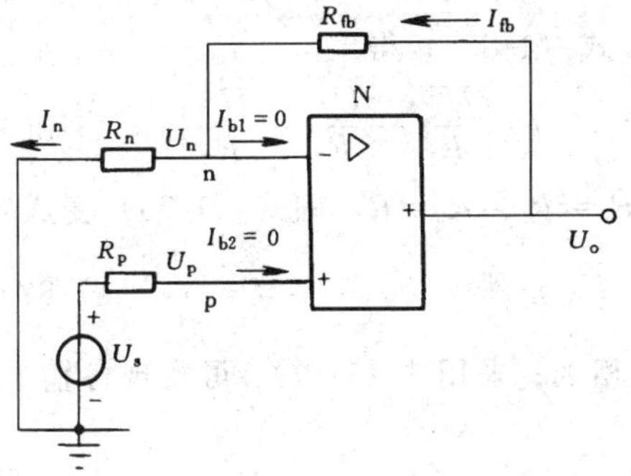

图 1-71　同相输入放大器原理电路图

可见，此电压增益A与电阻R_p的数值无关。为

了保证当外界电压源短接时电路具有平衡对称的结构，应选取 $R_p = R_n R_{fb} / (R_n + R_{fb})$。

67. 简述由运算放大器构成的方波电压形成器的工作原理。

答：在图 1-72 的电路中，当选取 $R_{fb} = \infty$，即运算放大器开环工作时，就成为方波电压形成器电路，如图 1-72（a）所示。图 1-72（b）为其电压波形图。

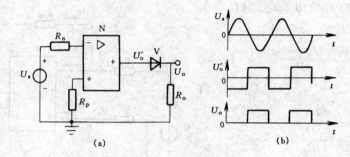

图 1-72　方波电压形成器
（a）原理电路图；（b）波形图

当输入电压 U_s 为正半周时，U_o' 为负，二极管 V 截止，输出电压 U_o 为零；当 U_s 为负半周时，U_o' 为正，V 导通，U_o 为正值。可见，输入微小的正弦交流信号电压 U_s，就能使 U_o' 达到饱和状态而形成方波的输出电压 U_o。

为了保证方波的对称性，应采用具有零点补偿调节的运算放大器。通常选择 $R_p = R_n$，必要时也可以用改变 R_p 的方法来调节零点。

68. 简述由运算放大器构成的加法运算器的工作原理。

答：反相加法运算器的原理电路如图 1-73 所示。下面利用"虚短路"分析方法分析该电路。

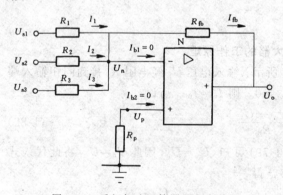

图 1-73　反相加法运算器原理电路图

由式（1-77）可知，$I_{b2} = 0$，则 $U_p = 0$；$I_{b1} = 0$，则 $I_1 + I_2 + I_3 = I_{fb}$。所以

$$\frac{U_{s1} - U_n}{R_1} + \frac{U_{s2} - U_n}{R_2} + \frac{U_{s3} - U_n}{R_3}$$
$$= \frac{U_n - U_o}{R_{fb}} \tag{1-85}$$

由式（1-79）可知，$U_n = U_p$，则 $U_n = 0$，将 $U_n = 0$ 代入式（1-85），得

$$U_o = - R_{fb} \left(\frac{U_{s1}}{R_1} + \frac{U_{s2}}{R_2} + \frac{U_{s3}}{R_3} \right) \tag{1-86}$$

若选取 $R_1 = R_2 = R_3 = R$，则式（1-86）变成

$$U_o = - \frac{R_{fb}}{R} (U_{s1} + U_{s2} + U_{s3}) \tag{1-87}$$

可见，采用式（1-86），可实现各输入电压以不同的比例相加；采用式（1-87），可实现各输入电压以相同的比例相加，即所谓"直接相加"。

69. 简述由运算放大器构成的电压跟随器的工作原理。

答：由图 1-71 可知，同相输入放大器的电压增益为 $A=1+(R_{fb}/R_n)$。在 $R_{fb}=0$、$R_n\neq$ 0 或者在 $R_n=\infty$、$R_{fb}\neq\infty$ 的两种极限情况下，会出现电压增益 $A=1$ 的特殊状态，这就是电压跟随器。它的输出电压 U_o 与输入电压 U_s 的大小相等、相位（或极性）相同，即

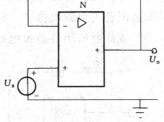

$$U_o = U_s \tag{1-88}$$

电压跟随器的原理电路示于图 1-74。该图的 $R_{fb}=0$、$R_n=\infty$，此电路的同相输入端的输入电压为信号电压 U_s，输入电流 $I_s\approx0$，因此闭环输入电阻 $R_s=U_s/I_s\approx\infty$，有很好的隔离作用；而其输出电阻极低，当负载阻抗变化时，输出电压变化很小，近似为一恒压源，带负载能力很强。电压跟随器在电子线路中常起隔离和缓冲作用。

图 1-74　电压跟随器原理电路图

70. 简述由运算放大器构成的减法运算器的工作原理。

答：减法运算器又称为"差动输入放大器"或"差动比例放大器"，其原理电路见图 1-75 所示。因 $I_{b1}=I_{b2}=0$，所以

$$U_p = \frac{R_{fb}}{R_p+R_{fb}}U_{sp} \tag{1-89}$$

$$I_n = I_{fb} \tag{1-90}$$

即

$$\frac{U_{sn}-U_n}{R_n} = \frac{U_n-U_o}{R_{fb}} \tag{1-90}$$

由式（1-79）可知

$$U_n = U_p = \frac{R_{fb}}{R_p+R_{fb}}U_{sp} \tag{1-91}$$

将式（1-91）代入式（1-90），化简得

$$U_o = \frac{R_{fb}}{R_n}\left(\frac{R_n+R_{fb}}{R_p+R_{fb}}U_{sp}-U_{sn}\right) \tag{1-92}$$

当选取 $R_n=R_p$ 时，则

$$U_o = \frac{R_{fb}}{R_n}(U_{sp}-U_{sn}) \tag{1-93}$$

可见，采用式（1-92），可实现两输入电压以不同的比例相减；采用式（1-93），可实现两输入电压以相同的比例相减，即所谓"直接相减"。

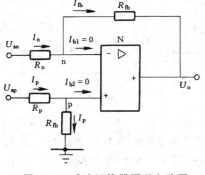

图 1-75　减法运算器原理电路图

需指出，图 1-75 电路中运算放大器的两个输入端分别输入 U_{sp}、U_{sn} 信号电压，则必有差模信号及共模信号，而式（1-93）的输出电压 U_o 的表达式中只有差模输出而无共模输出，其原因有二：一是各电阻的匹配严格符合 $R_n=R_p$ 及两个 R_{fb} 的阻值相等的要求；二是"虚短路"或"奇异子对模型"分析方法都是假设运算放大器为理想运放，它的共模抑制比 $CMRR=\infty$。但是实际应用的运算放大器并不是理想运算放大器，$CMRR\neq\infty$，而电阻阻值的匹配也不可避免有一些误差，因此直接减

法运算器的输出电压 U_o 中除式（1-93）所表达的差模电压外，实际上还有一定数值的共模电压，它是减法器的误差。为了降低误差，在设计及选配电阻时必须做到：

（1）为了获得很大的共模抑制能力，应选择 $CMRR$ 高的运算放大器，并应严格按理论计算要求选配各电阻的阻值。

（2）减法器的闭环差模电压增益 A 越低，在设计及选配电阻时就应达到更高的精度。

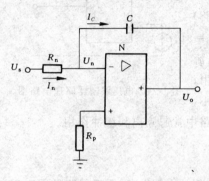

图 1-76 积分运算器原理电路图

（3）在实用中应精心调整各电阻的阻值误差方向，以避免最坏的组合（R_p 及 R_n 的误差一个为正而另一个为负的组合）。

71. 简述由运算放大器构成的积分运算器的工作原理。

答：图 1-76 是一个简单的积分运算器原理电路，利用运算放大器的反相输入端为"虚地"的概念分析如下。由于 $U_n = 0$，则

$$I_n = \frac{U_s - U_n}{R_n} = \frac{U_s}{R_n}$$

$$I_C = \frac{dQ_C}{dt} = \frac{d}{dt}C(U_n - U_o) = -C\frac{dU_o}{dt}$$

式中　　Q_C——电容 C 的电量。

因为

$$I_C = I_n$$

所以

$$-C\frac{dU_o}{dt} = \frac{U_s}{R_n}$$

$$U_o = -\frac{1}{R_nC}\int_0^t U_s dt \qquad (1-94)$$

式（1-94）表明，输出电压 U_o 与输入电压 U_s 的积分成比例。

当输入电压 U_s 为一阶跃常数电压时，由式(1-94)可知输出电压 U_o 为一随时间变化的直线，斜率为"$-U_s/(R_nC)$"。由于受运算放大器的饱和导通电压所限制，该直线不能无限制延伸，其特性曲线如图 1-77（a）所示。这条直线特性的物理意义为：由一个恒流源向电容器 C 充电，R_nC 称为积分（或充电）时间常数，它的数值越大，达到某一个 U_o 值所需的时间就越长。

当 U_s 为间断的脉冲信号时，U_o 的波形与输入脉冲宽度与空隙宽度之比 α 有关：当 $\alpha=1$，即 U_s 脉冲宽等于空隙宽时，U_o 为连续的等腰三角波，如图 1-77（b）所示；当 $\alpha<1$，即 U_s 脉冲宽小于空隙宽时，U_o 为不

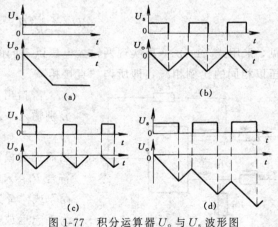

图 1-77 积分运算器 U_o 与 U_s 波形图

（a）U_s 为阶跃常数；（b）U_s 为方波，$\alpha=1$；

（c）U_s 为方波，$\alpha<1$；（d）U_s 为方波，$\alpha>1$

连续的等腰三角波，如图 1-77 (c) 所示；当 $\alpha>1$，即 U_s 脉冲宽大于空隙宽时，U_o 为幅值随时间不断增大的锯齿波，如图 1-77 (d) 所示。

72. 简述由运算放大器构成的微分运算器的工作原理。

答：图 1-78 是一个简单的微分运算器原理电路。微分是积分的逆运算，因此它们在电路上也呈现出对偶形式。仍利用运算放大器的反相输入端为"虚地"的概念分析如下。由 $U_n=0$，得

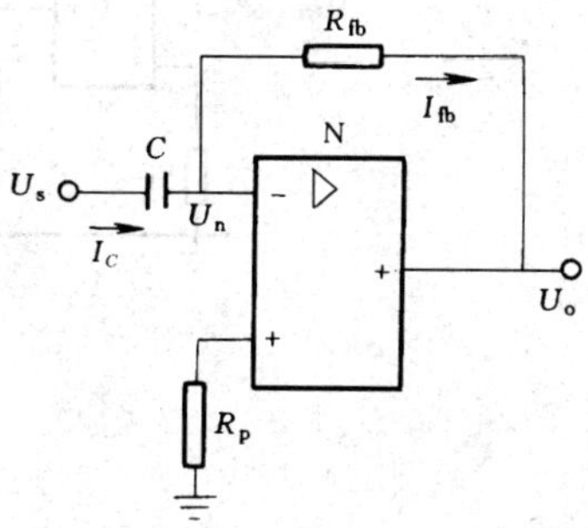

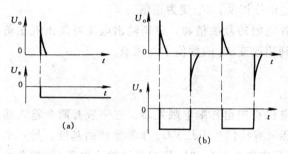

$$I_C = \frac{\mathrm{d}Q_C}{\mathrm{d}t} = \frac{\mathrm{d}}{\mathrm{d}t}C(U_s - U_n) = C\frac{\mathrm{d}U_s}{\mathrm{d}t}$$

$$I_{fb} = \frac{U_n - U_o}{R_{fb}} = -\frac{U_o}{R_{fb}}$$

因为
$$I_{fb} = I_C$$

所以
$$U_o = -R_{fb}C\frac{\mathrm{d}U_s}{\mathrm{d}t} \tag{1-95}$$

图 1-78　微分运算器原理电路图

式（1-95）表明，输出电压 U_o 与输入电压 U_s 的微分成比例，$R_{fb}C$ 称为微分时间常数。

当 U_s 为一阶跃常数电压时，U_o 为一极性相反的脉冲，如图 1-79 (a) 所示；当 U_s 为方波时，U_o 脉冲的波形如图 1-79 (b) 所示。当 U_s 为正弦波 $u_s = \sqrt{2}U_s\sin\omega t$ 时，由式（1-95）得

$$u_o = -\sqrt{2}U_s\omega R_{fb}C\cos\omega t$$

可见，输出电压振幅的绝对值随输入信号频率 ω 的增大而升高，即微分运算器在高频时有很高的电压增益，因此极易遭受高频噪声的干扰。当需要应用微分器时，应采取抗干扰措施。

图 1-79　微分运算器的 U_o 与 U_s 波形图

(a) U_s 为阶跃常数；(b) U_s 为方波

73. 简述由运算放大器构成的全波整流电路的工作原理。

答：图 1-80 (a) 为一种常用的全波整流原理电路。图中的运算放大器 N1 作为半波整流，运算放大器 N2 作为反相加法器，N2 的反相输入端有两个输入信号（U_s 和 U_{o1}）。

当 $U_s>0$ 时，$U_{o1}=0$，得 N2 的输出电压为

$$U_{o2} = -\left(\frac{R_5}{R_3}U_s + \frac{R_5}{R_4}U_{o1}\right) = -\frac{R_5}{R_3}U_s \tag{1-96}$$

当 $U_s<0$ 时，$U_{o1} = (-R_2/R_1)U_s$，得 N2 的输出电压为

$$U_{o2} = -\left(\frac{R_5}{R_3}U_s + \frac{R_5}{R_4}U_{o1}\right) = -\frac{R_5}{R_3}U_s + \frac{R_5R_2}{R_4R_1}U_s \tag{1-97}$$

若选取 $R_1 = R_2 = R_3 = R_5 = 2R_4$（例如选取 $R_1 = R_2 = R_3 = R_5 = 10\mathrm{k\Omega}$，$R_4 = 5\mathrm{k\Omega}$，$R_6 = R_7 = 5\mathrm{k\Omega}$），则式（1-96）及式（1-97）可分别转化成

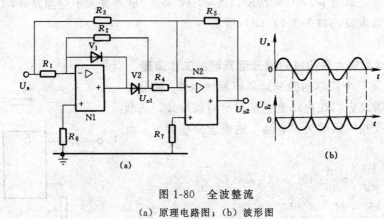

图 1-80　全波整流

(a) 原理电路图；(b) 波形图

$$当 U_s > 0 \text{ 时}, U_{o2} = -U_s \atop 当 U_s < 0 \text{ 时}, U_{o2} = U_s \Bigg\} \qquad (1\text{-}98)$$

式（1-98）表明该电路实现了全波整流的要求，其输入及输出电压的波形如图 1-80（b）所示。

如果同时改变图 1-80（a）原理电路中 V1 及 V2 的接入方向，则在同样的输入电压 U_s 作用下，输出电压 U_{o2} 将与图 1-80（b）中的 U_{o2} 相位相反，U_{o2} 变为正值。

为取得全波整流的良好效果，必须保证各电阻的数值精确，否则输出电压可能出现正负半周不相等的现象。当出现这一现象时，可利用改变 R_4 的数值予以调节。

74. 什么是电压比较器？

答：电压比较器又称电平检测器，在继电保护中也称继电触发器。它一般有两个输入端和一个输出端，在一个输入端上施加门限电压（或称门槛电压）U_g 作为比较的基准，另一个输入端上施加被比较的信号电压 U_s。当 U_s 大于或者小于 U_g 时，比较器的输出电压 U_o 就会立即发生翻转，从低电平翻转到高电平或者从高电平翻转到低电平。高电平相当于逻辑电平"1"，低电平相当于逻辑电平"0"。可见，电压比较器输入的是模拟量，而输出的为数字量（或称开关量），它是连接模拟电路和数字电路的一种中间电路，是两者之间的一种桥梁，因而在继电保护和其他技术领域中得到了广泛的应用。

电压比较器与减法运算器在输入端上都是输入两个电压来进行比较或相减，在这一点上有相似之处。但两者间有本质的区别，即减法运算器的输入及输出都是模拟量，输出电压连续地正比于两个输入电压之差，运行于负反馈的闭环状态；而电压比较器输入的是模拟量，输出的却是数字量，输出量与输入量之间并无连续的比例关系，只是有一种陡然变化的翻转关系，其电路结构大多是运行于开环状态或为了加速翻转和改善动作特性而接成正反馈电路。

在继电保护电路中常用的有单限电压比较器和迟滞电压比较器。

75. 简述 $U\cos\varphi$ 形成电路工作原理。

答：图 1-81 为 $U\cos\varphi$ 形成电路。图中 u 为母线电压，φ 为电流与电压间的相角。该电路用作电力系统振荡判别元件。

图 1-81 中，电流方波（i）控制电子开关 S 的开合。电流方波为正时 S 闭合，电流方波为负时 S 开路。由此可得 M 点的电压如下。

当 i 与 u 同极性时：若同为正，S 闭合，$U_M=U=|u|$；若同为负，S 开路，$U_M=-U=|u|$。

当 i 与 u 不同极性时：若 u 正 i 负，S 开路，$U_M=-U=-|u|$；若 u 负 i 正，S 闭合，$U_M=U=-|u|$。

设电流相位滞后电压的角度为 φ，则上述情况可用图 1-82 表示。

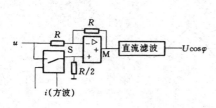

图 1-81　$U\cos\varphi$ 形成电路

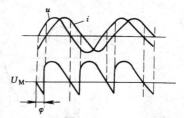

图 1-82　i、u 变化时 U_M 的波形图

从图 1-82 可见，当电压与电流不同相时，U_M 幅值与输入电压相等，符号相反。当电压与电流同相位时，U_M 幅值与输入电压相等，且符号相同。这种脉动波形每半周重复一次，经直流滤波、积分后输出。因此只要求出半个周波内的积分值，即可反应其输出。可得

$$U_o=-\int_0^{\frac{\varphi}{2\pi}T}U_M\sin\omega t\,\mathrm{d}t+\int_{\frac{\varphi}{2\pi}T}^{\pi}U_M\sin\omega t\,\mathrm{d}t$$

$$=\frac{U_M}{\omega}\cos\omega t\Big|_0^{\frac{\omega}{2\pi}T}-\frac{U_M}{\omega}\cos\omega t\Big|_{\frac{\varphi}{2\pi}T}^{\pi}$$

$$=\frac{U_M}{\omega}\cos\varphi-\frac{U_M}{\omega}+\frac{U_M}{\omega}+\frac{U_M}{\omega}\cos\varphi$$

$$=\frac{2}{\omega}U_M\cos\varphi \tag{1-99}$$

可见，积分输出可直接反应 $U\cos\varphi$。

76. 简述工频变化量方向元件电压方波形成回路工作原理。

答：工频变化量方向元件电压方波形成回路采用浮充门坎，具体电路如图 1-83 (a) 所示。图中，R_1、R_2 起分压作用，构成固定门坎，一般取值较小，以使继电器较灵敏。

图 1-83 (a) 中，在 Δu 出现正半波瞬间，C_1 尚未充电，Δu_+ 立即出现正信号，随后经 V1、R_4 对 C_1 充电，Δu 方波输出的门坎自动抬高，此时 R_4C_1 时间常数约为 20ms。当正半波转负半波或 Δu 逐渐消失时，C_1 通过 V2、R_5 放电，$R_5 \gg R_4$，R_5C_1 时间常数约为 120ms。加 V2 的目的是使其衰减小于 V2 压降时，减缓衰减速度。

在 Δu 出现负半波时，其构成方式与正方波相同。电压方波形成电路波形图如图 1-83 (b) 所示。

采用这种浮动门坎后，有以下优点：①抑制了正常时不平衡分量的影响；②系统振荡时，Δu 若有输出，由于有浮充门坎，充电快，放电慢，不会误动；③短路后初始，Δu、Δi 输出幅值较大，相位正确，以后由于逐渐衰减，变得很小，使不平衡输出与实际的电流电压短路分量混杂，采用浮充门坎后，即可自动关断比相。

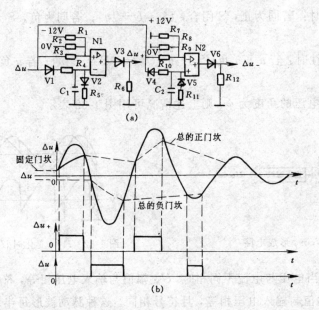

图 1-83　工频变化量方向元件电压方波形成回路电路

(a) 电路图；(b) 波形图

77. 简述相电流差突变量 $\Delta I_{\Phi\Phi}$ 触发器工作原理。

答：$\Delta I_{\Phi\Phi}$ 的触发器电路如图 1-84 所示。现以 ΔI_{AB} 为例，说明其工作原理。图中，$|\Delta I_{AB}|$、$|\Delta I_{BC}|$、$|\Delta I_{CA}|$ 是经整流后的与相电流差突变量幅值相对应的电流，这三个电流经 V1～V3 在 C_1 上建立压降，其压降是三个电压中的最大值。该电压经 R_5 接至运算放大器的反相输入端，R_5 的选择使制动量为 0.2，使该电路构成最大相制动。

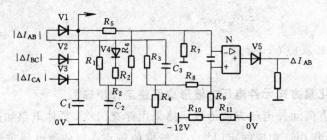

图 1-84　$\Delta I_{\Phi\Phi}$ 触发器电路

最大相制动的加入是为了防止在大电动机负荷下，当正、负序阻抗不一致，单相接地时，非故障二相电流差有输出造成的误动作。制动系数 0.2 已考虑到最严重情况。电容 C_1 使最大相幅值保持一段时间，也是为了上述目的，因为电动机在短路初始时正、负序阻抗相等，但随后迅速拉开，使非故障二相电流差出现输出，制动量保持一段时间，即可克服由此误动的可能性。

ΔI_{AB} 增大时，经 R_1、R_2 向 C_2 充电；ΔI_{AB} 减小时，经 R_1 放电。因此充电快，放电慢。U_{C_2} 经 R_6 接至制动臂，制动量为 1。该电路构成浮动门坎。

ΔI_{AB} 突然增大时，U_{R_4} 快速建立，其后 C_3 充电，U_{R_4} 逐渐降低，直至最后为 R_3、R_4 的分压。U_{R_4} 经 R_8 接到动作臂，动作量为 1。

另外，R_{10}、R_{11}分压构成触发器的门坎，即继电器的整定值。实际整定值分三档，即 $0.1I_n$、$0.2I_n$、$0.3I_n$，其值可由改变 R_{11} 得到。

在 ΔI_{AB} 的稳定状态，$U_{C2}>U_{R4}$，制动量高于动作量，触发器不会动作。当 ΔI_{AB} 突然出现时，U_{C2} 尚未建立，$U_{R4}=|\Delta I_{AB}|R_4$，动作量迅速建立，触发器动作。

制动臂电压 U_{C2} 采用充电快、放电慢的措施，解决了系统振荡时继电器误动的问题。

78. 简述拉合直流电源或电源故障时的保护电路工作原理。

答：拉合直流电源或电源故障时，保护装置的逻辑回路可能不正常，因此需要一保护回路，使装置的所有重要出口回路均经过该电路闭锁。具体电路如图 1-85 所示。图中，$R_2\gg R_1$，稳压管稳压约 12V，R_3、R_4 分压后 $U_b=-1V$。正常运行时，$U_a=0V$，因此运算放大器输出为正，开放闭锁回路，不闭锁保护装置的出口回路。

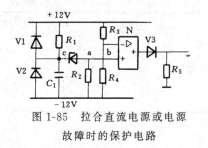

图 1-85　拉合直流电源或电源故障时的保护电路

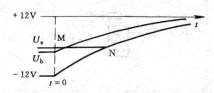

图 1-86　直流消失时电位变化曲线

合直流电源时，电压上升有过渡过程，由于 R_1 对 C_1 充电，U_c 要经相当时间才能达到额定值。由于 $U_a=U_c-12V$，而 U_b 则是瞬时分压，这样 $U_b>U_a$，因此在过渡过程中，运算放大器输出为"0"态，闭锁了保护装置。

拉开直流电源时，电压下降，U_c 通过 V1 快速放电，由于 $U_a=U_c-12V$，下降速度比 U_b 快，因此，当电源电压下降到装置不能正常运行时，运算放大器输出"0"态，将装置出口闭锁，并报警。

如图 1-86 所示，拉开直流电源时，如以 +12V 为基准点来讨论。这样，只是 -12V 在衰减。正常时，$U_a>U_b$，从 $t=0$ 时直流消失，U_a 相对 +12V 电压不变，U_b 随即衰减，很快交于 M 点，M 点以后 $U_b>U_a$，运算放大器输出"0"信号，将保护出口闭锁。

79. 试画出继电保护常用集成电路。

继电保护常用集成电路列于表 1-5。

表 1-5　　　　　　　　　　继电保护常用的集成电路

序号	名称	电　路　图
1	反相输入端放大器	$A_r=-\dfrac{Z_{fb}}{Z_1}$。当 $Z_{fb}=Z_1$ 时为反相器

序号	名称	电路图	

2	同相输入端放大器		$A_r = 1 + \dfrac{Z_{fb}}{Z_1}$
3	积分路		$H(s) = -\dfrac{1}{RCs}$ $\dot{U}_o(t) = -\dfrac{1}{RC}\int \dot{U}_i \mathrm{d}t$
4	微分器		$H(s) = -RCs$ $U_o(t) = -RC\dfrac{\mathrm{d}U_i}{\mathrm{d}t}$
5	电压跟随器		$A_r = 1$
6	加法器		$\dot{U}_o = -R_{fb}\sum\limits_{i=1}^{n} \dot{U}_i/R_i$ 当 $R_{fb} = R_i$ 时, $\dot{U}_o = -\sum\limits_{i=1}^{n} \dot{U}_i$
7	减法器		当 $\dfrac{R_{fb}}{R_1} = \dfrac{R_3}{R_2} = k$ 时,$\dot{U}_o = k(\dot{U}_A - \dot{U}_B)$ 当 $k = 1$ 时,$\dot{U}_o = \dot{U}_A - \dot{U}_B$
8	加减法综合器		当 $\sum\limits_{i=1}^{n}\dfrac{R_{fb}}{R_i} = \sum\limits_{i=1}^{n}\dfrac{R'_{fb}}{R'_i}$ 时, $\dot{U}_o = \sum\limits_{i=1}^{n}\dfrac{R'_{fb}}{R'_i}\dot{U}'_i - \sum\limits_{i=1}^{n}\dfrac{R_{fb}}{R_i}\dot{U}_i$ 当 $R_i = R'_i$ 时,$R'_{fb}/R'_i = R_{fb}/R_i = k$ $\dot{U}_o = k\left(\sum\limits_{i=1}^{n}\dot{U}'_i - \sum\limits_{i=1}^{n}\dot{U}_i\right)$

序号	名称	电 路 图
9	电平检测器	 (a) (b)
10	电平检测器	 (a) (b)
11	方波形成回路	 (a) (b)
12	移相电路（相位前移）	 (a) (b)
13	移相电路（相位后移）	 (a) (b)
14	半波整流电路	 (a) (b)

序号	名称	电 路 图
15	半波整流电路	$U_o = 0$　$U_o = \dfrac{R_f}{R_1} U_i$
16	全波整流电路	
17	峰值检波器	
18	多路反馈滤波器	$H(s) = \dfrac{U_o(s)}{U_i(s)}$ $= -\dfrac{Y_1 Y_3}{Y_5(Y_1+Y_2+Y_3+Y_4)+Y_3 Y_4}$
19	低通滤波电路	$H(s) = \dfrac{U_o(s)}{U_i(s)} = \dfrac{H_0 \omega_0^2}{s^2 + \alpha\omega_0 s + \omega_0^2}$ $\omega_0 = \dfrac{1}{\sqrt{R_3 R_4 C_2 C_5}};\quad H_0 = -\dfrac{R_4}{R_1};$ $\alpha = \sqrt{\dfrac{C_5}{C_2}}\left(\sqrt{\dfrac{R_3 R_4}{R_1}} + \sqrt{\dfrac{R_4}{R_3}} + \sqrt{\dfrac{R_3}{R_4}}\right)$
20	高通滤波电路	$H(s) = \dfrac{U_o(s)}{U_i(s)} = \dfrac{H_0 s^2}{s^2 + \alpha\omega_0 s + \omega_0^2}$ $\omega_0 = \dfrac{1}{\sqrt{R_2 R_5 C_3 C_4}};\quad H_0 = -\dfrac{C_1}{C_4};$ $\alpha = \sqrt{\dfrac{R_2}{R_5}}\left(\dfrac{C_1}{\sqrt{C_3 C_4}} + \sqrt{\dfrac{C_3}{C_4}} + \sqrt{\dfrac{C_4}{C_3}}\right)$

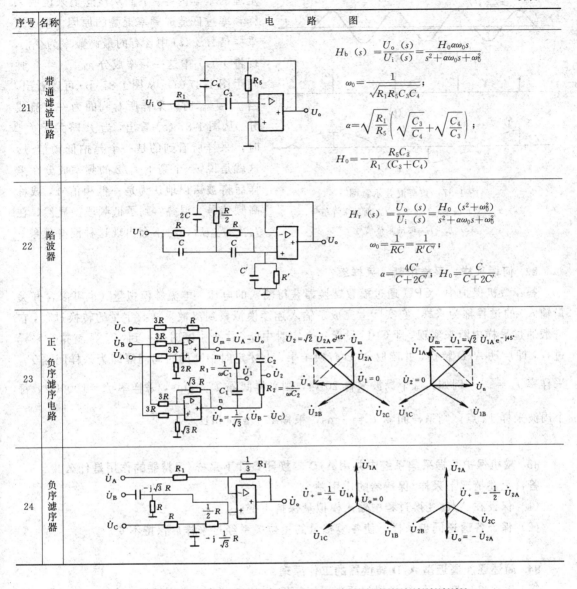

序号	名称	电 路 图
21	带通滤波电路	$H_b(s)=\dfrac{U_o(s)}{U_i(s)}=\dfrac{H_0\alpha\omega_0 s}{s^2+\alpha\omega_0 s+\omega_0^2}$ $\omega_0=\dfrac{1}{\sqrt{R_1R_5C_3C_4}}$; $\alpha=\sqrt{\dfrac{R_1}{R_5}}\left(\sqrt{\dfrac{C_3}{C_4}}+\sqrt{\dfrac{C_4}{C_3}}\right)$; $H_0=-\dfrac{R_5C_3}{R_1(C_3+C_4)}$
22	陷波器	$H_r(s)=\dfrac{U_o(s)}{U_i(s)}=\dfrac{H_0(s^2+\omega_0^2)}{s^2+\alpha\omega_0 s+\omega_0^2}$ $\omega_0=\dfrac{1}{RC}=\dfrac{1}{R'C'}$; $\alpha=\dfrac{4C'}{C+2C'}$; $H_0=\dfrac{C}{C+2C'}$
23	正、负序滤序电路	
24	负序滤序器	

七、微机保护

80. 微机保护硬件系统通常包括哪几个部分？

答： 微机保护硬件系统包含以下四个部分：①数据处理单元，即微机主系统；②数据采集单元，即模拟量输入和模数转换系统；③数字量输入/输出接口，即开关量输入输出系统；④通信接口。另外，尚有：①电源单元；②人机接口单元，完成键盘处理和屏幕显示工作。

81. 简述采样定理和频率混叠的概念。

答： 在一个数据采集系统中，如果被采样信号中所含最高频率成分的频率为 f_{max}，则采样频率 f_s（$f_s=1/T_s$，T_s—采样间隔）必须大于 f_{max} 的二倍，否则将造成频率混叠，这就是采样

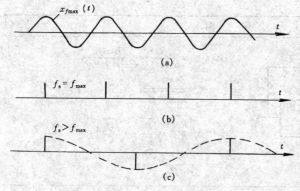

图 1-87 频率混叠示意图

(a) $x_{f\max}(t)$ 波形；(b) $f_s = f_{\max}$ 时的采样信号；

(c) $f_s > f_{\max}$ 时的采样信号

定理的基本内容。下面从概念上来说明采样频率过低造成频率混叠的原因。假设被采样信号 $x(t)$ 中含有的最高频率为 $f_{\max}$，现将 $x(t)$ 中这一频率成分 $x_{f\max}(t)$ 单独画于图 1-87（a）。从图 1-87（b）可以看出，当 $f_s = f_{\max}$ 时，采样所看到的为一直流成分。从图 1-87（c）看出，当 f_s 略大于 $f_{\max}$ 时，采样所看到的是一个差拍低频信号。这就是说，一个高于 $f_s/2$ 的频率成分在采样后将被错误地认为是一低频信号，或称高频信号"混叠"到了低频段。显然，在 $f_s > 2f_{\max}$ 后，将不会出现这种混叠现象。

82. 何谓采样、采样中断、采样率？

答：微机保护中，CPU 通过模数转换器获得输入的电压、电流等模拟量（也可以含开关量输入）的过程称为采样。它实际上完成了输入连续模拟量到离散采样数字量的转换过程，它一般通过采样中断来实现，即 CPU 设置一个定时中断，这个中断时间一到，CPU 就执行采样过程，即启动 A/D 转换，并读取 A/D 转换结果。上述定时中断的时间间隔即为采样间隔 T_s，采样率 $f_s = \dfrac{1}{T_s}$。例如，每个周波采样 20 点，则采样间隔 $T_s = 1\text{ms}$，采样率 $f_s = 1000\text{Hz}$。每个周波采样 12 点，则采样间隔 $T_s = \dfrac{5}{3}\text{ms}$，采样率 $f_s = 600\text{Hz}$。

83. 微机保护数据采集系统中共用 A/D 转换器条件下采样/保持器的作用是什么？

答：上述情况下采样/保持器的作用是：

（1）保证在 A/D 变换过程中输入模拟量保持不变。

（2）保证各通道同步采样，使各模拟量的相位关系经过采样后保持不变。

84. 简述逐次逼近型 A/D 转换器的工作原理。

答：逐次逼近型 A/D 转换器的原理可以用图 1-88 来说明。由图可见，转换一经开始，控制器即首先在数码设定器中设置一个数码，并经 D/A 转换为模拟电压 U_0，反馈到输入侧，使之与待转换的输入模拟电压 U 相比较，控制器根据上述比较器的输出结果重新给出数码设定器的输出，再反馈到输入侧与 U 进行比较，并根据比较结果重复上述做法，直到所设定的数码总值转换成的反馈电压 U_0 与 U 尽可能地接近，使其误差小于所设定数码中可改变的最小值（一个单位的量化刻度），此时数码设定器中的数码值即为转换结果。

逐次逼近型，是指数码设定方式是

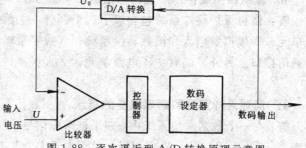

图 1-88 逐次逼近型 A/D 转换原理示意图

从最高位到低位逐次设定每位的数码为"1"或"0"，并逐次将所设定的数码转换为基准电压（反馈电压）U_0 与待转换电压 U 相比较，从而确定各位数码应该是"1"还是"0"。这种转换方式具体是这样工作的：转换器起动后，首先将最高位（MSB）数码设定为"1"，即置数码为 $100\cdots00$，若 $U_0 < U$，则该所设定的"1"保留，如果 $U_0 > U$，则去掉"1"换成"0"；接着将第二高位置"1"，若此时的 $U_0 < U$，则该位所设定的"1"保留，如 $U_0 > U$，则去掉"1"换成"0"；以下类推，直到最低位（LSB）为止。

85. 逐次逼近型 A/D 变换器的两个重要指标是什么？

答：逐次逼近型 A/D 变换器的两个重要指标是：

（1）A/D 转换的分辨率、A/D 转换输出的数字量位数越多，分辨率越高，转换出的数字量的舍入误差越小。

（2）A/D 转换的转换速度，微机保护对 A/D 转换的转换速度有一定要求，一般应小于 $25\mu s$。

86. 简述计数式电压频率变换器（VFC）型 A/D 的工作原理。

答：计数式电压频率变换器型 A/D 的基本原理是，将转换电压变换为一串脉冲输出，这串脉冲的重复频率与输入电压的大小成正比，然后在固定的时间间隔内对输出脉冲进行计数，这个时间间隔内计到的脉冲数与输入模拟电压的大小相对应，该计数值即为 A/D 转换结果。VFC 型 A/D 转换原理如图 1-89 所示。由图可见，当积分器输出电压 U_0 大于参考电压时，单

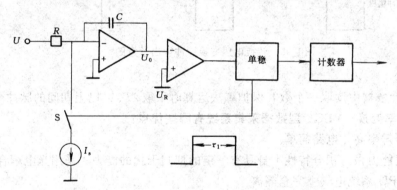

图 1-89　VFC 型 A/D 转换原理示意图

稳不触发，S 不闭合，这时积分器只是对输入电压 U 放电，而使积分器输出电压 U_0 不断降低。当放电 τ_2 时间后，U_0 等于 U_R 时，单稳触发翻转，S 闭合一个固定时间 τ_1，这时，由输入电压 U 和标准电流源 I_s 一起对电容充电。VFC 就是以充放电电荷平衡的方式工作的，即 I_s 与输入电压共同充电时，充电电量 Q_1 为

$$Q_1 = \left(I_s - \frac{U}{R} \right) \tau_1$$

仅输入电压放电时，放电电量 Q_2 为

$$Q_2 = \frac{U}{R} \tau_2$$

假定电容 C 无介质损耗，充放电电荷平衡，即 $Q_1 = Q_2$，则

$$\left(I_s - \frac{U}{R}\right)\tau_1 = \frac{U}{R}\tau_2$$

于是

$$I_s\tau_1 = \frac{U}{R}(\tau_1 + \tau_2)$$

式中，$\tau_1 + \tau_2$ 即为计数脉冲周期。假定 $\tau = \tau_1 + \tau_2$，其频率 f 为

$$f = \frac{1}{\tau} = \frac{1}{\tau_1 + \tau_2} = \frac{1}{RI_s\tau_1}U \tag{1-100}$$

在固定时间 Δt 内的计数值 N 可表示为

$$N = f\Delta t = \frac{\Delta t}{RI_s\tau_1}U \tag{1-101}$$

由式（1-100）和式（1-101）可见，计数频率与输入电压成正比，而计数器的记数值在一定的意义下可代表输入电压的数字值。图1-90 为转换电压变换脉冲输出示意图。显然，Δt 越长，计数脉冲频率越高（即 τ_1 越短），对于同一个输入电压的计数值就越大，理论上这种A/D 转换的精度就越高。

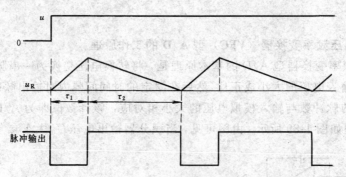

图1-90　转换电压变换脉冲输出示意图

每隔 T_s 从计数器中读取一个数，保护算法运算时采取 $2T_s$ 或以上期间的脉冲个数。

87. 电压频率变换（VFC）型数据采集系统有哪些优点？

答：（1）分辨率高，电路简单。

（2）抗干扰能力强。积分特性本身具有一定的抑制干扰的能力；采用光电耦合器，使数据采集系统与CPU 系统电气上完全隔离。

（3）与CPU 的接口简单，VFC 的工作根本不需CPU 控制。

（4）多个CPU 可共享一套VFC，且接口简单。

88. 数字滤波器与模拟滤波器相比，有哪些特点？

答： 数字滤波用程序实现，因此不受外界环境（如温度等）的影响，可靠性高。它具有高度的规范性，只要程序相同，则性能必然一致。它不像模拟滤波器那样会因元件特性的差异而影响滤波效果，也不存在元件老化和负载阻抗匹配等问题。另外，数字滤波器还具有高度灵活性，当需要改变滤波器的性能时，只需重新编制程序即可，因而使用非常灵活。

89. 辅助变换器的作用是什么？

答： 微机保护常用辅助变换器有两类，即电压变换器和电流变换器。其典型电路如图1-91

所示。图中，U_1 指电压互感器一次输入电压，I_1 指电流互感器一次输入电流，U_2 为变换器输出电压。一般微机保护用模数变换器只能输入 0～10V 的电压信号，所以上述变换器的作用有两方面：一是使电流互感器、电压互感器输入电流、电压经变换后能满足模数变换回路对模拟量输入量程的要求；二是采用屏蔽层接地的变压器隔离，使电流互感器、电压互感器可能

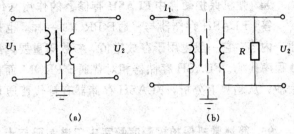

图 1-91　辅助变换器电路图
(a) 电压变换器；(b) 电流变换器

携带的浪涌干扰不致于串入模数转换电路，并避免进一步危及微机保护 CPU 系统。

辅助变换器一般不采用电抗变压器，因电抗变压器虽抑制直流分量，但放大高频分量。

90. 简述微机保护硬件中程序存储器的作用和使用方法。

答：程序存储器用于存放微机保护功能程序代码，常用 EPROM 方式，在 12.5～21V 电压下固化，5V 电压环境下运行。若修改程序或版本升级，需将 EPROM 芯片经专用紫外线擦除工具擦除后再重新固化。

91. 微机保护对程序进行自检的方法是什么？

答：微机保护程序自检常采用以下两种方法：

(1) 累加和校验，即将程序功能代码用 8 位或 16 位累加和（舍弃累加进位）求出累加和结果，并作为自检比较的依据。这种方法的特点是自检以字或字节为单位，算法简单，执行速度快，常用于在线实时自检。缺点是理论上漏检的可能性较大。

(2) 循环冗余码（CRC）校验，即将程序功能代码与一选定的专用多项式相除得到一个特殊代码。它在理论上可以反映程序代码的每一位变化，即相当于自检以每一个位为单位，特点是漏检的可能性小，但它算法复杂，执行速度慢，常用于确认程序版本。

92. 微机保护硬件中 RAM 的作用是什么？

答：RAM 常用于存放采样数据和计算的中间结果、标志字等信息，一般也同时存放微机保护的动作报告信息等内容。RAM 的特点是对它进行读写操作非常方便，执行速度快，缺点是 +5V 工作电源消失后，其原有数据、报告等内容亦消失，所以 RAM 中不能存放定值等掉电不允许丢失的信息。

93. 微机保护硬件中 E²PROM 的作用是什么？

答：E²PROM（电可擦写的只读存储器）的特点是在 5V 工作电源下可重新写入新的内容，并且 +5V 工作电源消失后其内容不会丢失，所以 E²PROM 常用于存放定值、重要参数等信息。E²PROM 的缺点是写入一个字节较慢，一般写一个字节要花费几个毫秒，且每一片 E²PROM 芯片重复擦写的次数有一定限制，一般理论值为几万次左右。E²PROM 有串行和并行两种形式。

94. 微机保护硬件中 FLASH 存储器的作用是什么？

答：FLASH 存储器与普通 E^2PROM 一样，也是在 5V 电源下可重新擦写，且掉电不丢失原有内容。它一般也用于存放定值、参数等重要内容，对某些应用，FLASH 存储器亦用于存放程序代码。FLASH 存储器相对普通 E^2PROM 而言，其容量更大，写入速度快，一般为几十微秒。从趋势上分析，FLASH 存储器有替代普通 E^2PROM 的可能。

95. 简述微机保护控制字整定中二进制码与十六进制码的对应关系。

答：二进制码与十六进制码的对应关系如表 1-6 所示。

表 1-6　　　　　　　　　　　二进制码与十六进制码的对应关系

二进制	1111	1110	1101	1100	1011	1010	1001	1000	0111	0110	0101	0100	0011	0010	0001	0000
十六进制	F	E	D	C	B	A	9	8	7	6	5	4	3	2	1	0

96. 微机保护硬件电路中译码器的作用是什么？

答：译码器的作用是将 CPU 的地址空间根据需要分成若干个区，使得 CPU 的每一个外设芯片的地址空间处于其中某一个区，这样译码器的每一个输出（一般为低电平有效）就可以作为每个外设芯片的片选/使能信号。CPU 与外设之间的连接只要将地址总线、数据总线并起来，由译码器提供每个外设芯片的片选即可，故连接比较方便。常用的译码器有八选一译码（74LS138）和四选一译码（74LS139）。

97. 简述定值拨轮开关的原理和作用。

答：拨轮开关通常用作保护定值选择开关，即预先在保护中固化好若干套不同工况下的保护定值，当运行工况改变时，只需通过拨轮开关将定值切换到对应的定值区号即可。这可以由运行人员根据调度命令操作，常用于旁路断路器代送等情况。拨轮开关的原理图和对应关系如图 1-92 所示。（以 10 个区的拨轮开关为例），图 1-92（b）中"×"表示断开，"—"表示闭合。

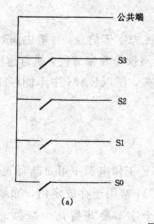

状态 区号	S3	S2	S1	S0
0	×	×	×	×
1	×	×	×	—
2	×	×	—	×
3	×	×	—	—
4	×	—	×	×
5	×	—	×	—
6	×	—	—	×
7	×	—	—	—
8	—	×	×	×
9	—	×	×	—

(a)　　　　　　　　　　　　　(b)

图 1-92　拨轮开关原理图

(a) 电路图；(b) 对应关系

98. 简述光电耦合器的作用和设计参数。

答：光电耦合器常用于开关量信号的隔离，使其输入与输出之间电气上完全隔离，尤其是可以实现地电位的隔离，这可以有效地抑制共模干扰。开关量输入常用电路图如图 1-93 所示。光耦的主要设计参数为隔离电压、驱动电流 I_D 和输出电流 I_E。驱动电流为光耦输入

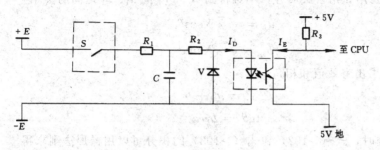

图 1-93　开关量输入常用电路

侧导通发光电流，$I_D \approx \dfrac{E}{R_1 + R_2}$。$I_E / I_D$ 定义为光耦的传输比，一般光耦的传输比为 $50\% \sim 100\%$。

99. 硬件（或软件）"看门狗"（**Watch dog**）的作用是什么？

答：微机保护运行时，由于各种难以预测的原因导致 CPU 系统工作偏离正常程序设计的轨道，或进入某个死循环时，由看门狗经一个事先设定的延时将 CPU 系统硬件（或软件）强行复位，重新拉入正常运行的轨道，这就是看门狗的作用。

100. 简述傅立叶算法的基本原理。

答：傅立叶算法的基本思路来自傅立叶级数，其本身具有滤波作用。它假定被采样的模拟信号是一个周期性时间函数，除基波外还含有不衰减的直流分量和各次谐波，可表示为

$$x(t) = \sum_{n=0}^{\infty} [b_n \cos(n\omega_1 t) + a_n \sin(n\omega_1 t)]$$

式中　n——自然数，$n = 0, 1, 2, \cdots$；

a_n 和 b_n——分别为各次谐波的正弦项和余弦项的振幅。

由于各次谐波的相位可能是任意的，所以把它们写为分解成有任意振幅的正弦项和余弦项之和。a_1，b_1 分别为基波分量的正、余弦项的振幅，b_0 为直流分量的值。根据傅氏级数的原理，可以求出 a_1、b_1 分别为

$$a_1 = \frac{2}{T} \int_0^T x(t) \sin(\omega_1 t \mathrm{d}t) \tag{1-102}$$

$$b_1 = \frac{2}{T} \int_0^T x(t) \cos(\omega_1 t \mathrm{d}t) \tag{1-103}$$

于是 $x(t)$ 中的基波分量为

$$x_1(t) = a_1 \sin(\omega_1 t) + b_1 \cos(\omega_1 t)$$

合并正、余弦项，可写为

$$x_1(t) = \sqrt{2}\,X\sin(\omega_1 t + \theta_1)$$

式中　X——基波分量的有效值；

　　　θ_1——$t=0$ 时基波分量的相角。

将 $\sin(\omega_1 t + \theta_1)$ 用和角公式展开，不难得到 X 和 θ_1 同 a_1、b_1 之间的关系

$$a_1 = \sqrt{2}\,X\cos\theta_1$$

$$b_1 = \sqrt{2}\,X\sin\theta_1$$

因此可根据 a_1 和 b_1 求出有效值和相角

$$2X^2 = a_1^2 + b_1^2$$

$$\mathrm{tg}\theta_1 = b_1/a_1$$

在用计算机处理时，式（1-102）和式（1-103）的积分可以用梯形法则求得

$$a_1 = \frac{1}{N}\left[2\sum_{k=1}^{N-1} x_k \sin\left(k\,\frac{2\pi}{N}\right)\right]$$

$$b_1 = \frac{1}{N}\left[x_0 + 2\sum_{k=1}^{N-1} x_k \cos\left(k\,\frac{2\pi}{N}\right) + X_N\right]$$

式中　N——一周期采样点数；

　　　x_k——第 k 次采样值；

　x_0、x_N——分别为 $k=0$ 和 N 时的采样值。

为了简化运算量，用傅氏算法时采样间隔 T_s 一般可取 5/3ms，这样 $\omega_1 T_s = 30°$，滤波系数简单，运算工作量小。

101. 简述傅立叶算法的优缺点。

答：傅立叶算法是数字信号处理的一个重要工具，它源于傅里叶级数。这种算法一般需要一个周波的数据窗长度，运算工作量属中等。它可以滤去各整次谐波，包括直流分量，滤波效果较好。但这种算法受输入模拟量中的非周期分量的影响较大，理论分析最不利条件下可产生 15% 以上的误差，因而必要时应予以补偿。

102. 简述半周积分算法的原理。

答：半周积分算法的依据是一个正弦量在任意半个周期内绝对值的积分为一个常数 S，即

$$S = \int_0^{\frac{T}{2}} \sqrt{2}\,I\,|\sin(\omega t - \alpha)|\,\mathrm{d}t$$

$$= 2\sqrt{2}\,I/\omega \tag{1-104}$$

积分值 S 和积分起始点的初相角 α 无关。因为如图 1-94 所示的画有断面线的两块面积显然是相等的。式（1-104）的积分也可以用梯形法则近似求出

$$S \approx \left[0.5\,|\dot{I}_0| + \sum_{k=1}^{\frac{a}{2}-1} |\dot{I}_k| + 0.5\,|\dot{I}_{N/2}|\right]T_s \tag{1-105}$$

式中　$\dot{I}_k$——第 k 次采样值；

　　　N——一周的采样点数；

$\dot{I}_0$——$k=0$ 时的采样值；

$\dot{I}_{N/2}$——$k=N/2$ 时的采样值；

T_s——采样间隔。

如图 1-95 所示，只要采样率足够高，用梯形法近似积分的误差可以做到很小。求出积分值 S 后，应用式（1-104）可得有效值

$$I = \frac{S\omega}{2\sqrt{2}}$$

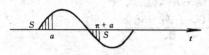

图 1-94　半周积分算法原理示意图

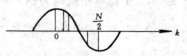

图 1-95　用梯形法近似半周积分示意图

103. 简述两点乘积算法的原理。

答：以电流为例，设 i_1 和 i_2 分别为两个相隔为 $\pi/2$ 的采样时刻 n_1 和 n_2 的采样值（如图 1-96 所示），即

$$\omega(n_2 T_s - n_1 T_s) = \pi/2 \qquad (1-106)$$

由于电流为正弦量，因此有

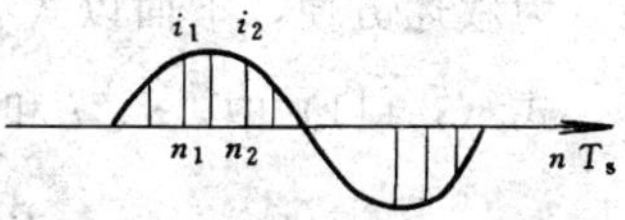

图 1-96　两点乘积算
法采样示意图

$$
\begin{aligned}
i_1 &= \dot{I}(n_1, T_s) = \sqrt{2}\,I\sin(\omega n_1 T_s + \alpha_{0I}) \\
&= \sqrt{2}\,I\sin\alpha_{1I} \qquad (1-107)
\end{aligned}
$$

$$
\begin{aligned}
i_2 &= \dot{I}(n_2, T_s) = \sqrt{2}\,I\sin(\omega n_1 T_s + \alpha_{0I} + \pi/2) \\
&= \sqrt{2}\,I\sin(\alpha_{1I} + \pi/2) \\
&= \sqrt{2}\,I\cos\alpha_{1I} \qquad (1-108)
\end{aligned}
$$

其中　　　　　　　$\alpha_{1I} = \omega n_1 T_s + \alpha_{0I}$

式中　α_{0I}——$n=0$ 时的电流相角；

α_{1I}——n_1 采样时刻电流的相角，可能为任意值。

将式（1-107）和式（1-108）平方后相加，即得

$$2I^2 = i_1^2 + i_2^2 \qquad (1-109)$$

再将式（1-107）和式（1-108）相除，得

$$\text{tg}\,\alpha_{1I} = \frac{i_1}{i_2} \qquad (1-110)$$

式（1-109）和式（1-110）表明，只要知道任意两个相隔 $\pi/2$ 的正弦量的瞬时值，就可以算出该正弦量的有效值和相位。

104. 简述距离保护中解微分方程算法的基本原理。

答：解微分方程法仅用于计算阻抗。以应用于线路距离保护为例，它假设被保护输电线的分布电容可以忽略，因而从故障点到保护安装处的线路段可以用一电阻与电感串联电路来表示，于是在短路时下列微分方程成立

$$u = R_1 i + L_1 \frac{\mathrm{d}i}{\mathrm{d}t} \qquad\qquad (1\text{-}111)$$

式中 R_1、L_1——分别为故障点至保护安装处线路段的正序电阻和电感；

$\quad\quad u$、i——分别为保护安装处的电压和电流。

相间短路（以 AB 相间短路为例）的表达式为

$$u_{ab} = R_1 i_{ab} + L_1 \frac{\mathrm{d}i_{ab}}{\mathrm{d}t}$$

$$i_{ab} = i_a - i_b$$

单相短路（以 A 相单相接地为例）并考虑零序补偿后的表达式为

$$u_a = R_1(i_a + k_r \cdot 3i_0) + L_1 \frac{\mathrm{d}(i_a + k_l \cdot 3i_0)}{\mathrm{d}t}$$

$$k_r = \frac{r_0 - r_1}{3r_1}, k_l = \frac{l_0 - l_1}{3l_1}$$

式中 k_r、k_l——分别为电阻及电感分量的零序补偿系数；

$\quad r_0$、r_1、l_0、l_1——分别为输电线每公里的零序和正序电阻和电感。

为叙述方便，下面以式（1-111）的基本形式讨论。

式（1-111）中，u、i 和 $\frac{\mathrm{d}i}{\mathrm{d}t}$ 都是可以测量、计算的，未知数为 R_1 和 L_1。若在两个不同时刻 t_1 和 t_2 分别测量 u、i 和 $\frac{\mathrm{d}i}{\mathrm{d}t}$，则可以得到两个独立方程式

$$u_1 = R_1 i_1 + L_1 D_1$$

$$u_2 = R_1 i_2 + L_1 D_2$$

式中，D 表示 $\frac{\mathrm{d}i}{\mathrm{d}t}$，下标 "1" 和 "2" 分别表示测量时刻为 t_1 和 t_2。

联立求解，可以求得两个未知数 R_1 和 L_1 为

$$L_1 = \frac{u_1 i_2 - u_2 i_1}{i_2 D_1 - i_1 D_2} \qquad\qquad (1\text{-}112)$$

$$R_1 = \frac{u_2 D_1 - u_1 D_2}{i_2 D_1 - i_1 D_2} \qquad\qquad (1\text{-}113)$$

用计算机处理时，电流的导数可以用差分来近似计算，一种简单的取法是取 t_1 和 t_2 分别为两个相邻的采样瞬间的中间值，如图 1-97 所示。于是有

$$D_1 = \frac{i_{n+1} - i_n}{T_s}$$

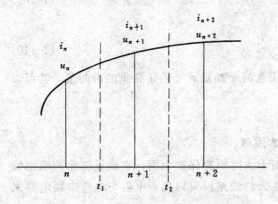

$$D_2 = \frac{i_{n+2} - i_{n+1}}{T_s}$$

电流、电压取相邻采样的平均值，则

$$i_1 = \frac{i_n + i_{n+1}}{2}$$

$$i_2 = \frac{i_{n+1} + i_{n+2}}{2}$$

$$u_1 = \frac{u_n + u_{n+1}}{2}$$

$$u_2 = \frac{u_{n+1} + u_{n+2}}{2}$$

图 1-97 用差分近似求导数法示意图

解微分方程算法求阻抗的两个优点是：

（1）不需要滤除非周期分量，所以只要求与低通数字滤波配合，不必与带通数字滤波配合，故数据窗相对较短，计算速度快；

（2）算法不受电网频率变化的影响。

105. 什么是 ASCⅡ码字符集？

答：ASCⅡ代表用于信息交换的美国国家标准代码。它于1963年由美国国家标准协会采纳。ASCⅡ是计算机中广泛使用的一套字符代码。它是一个"七位代码"，每个字符由唯一的七位序列表示。七位提供的空间为128，即 ASCⅡ编码总数为128个。

常用字符与 ASCⅡ代码对照列于表1-6中。

表 1-6   常用字符与 ASCⅡ代码对照表

ASCⅡ值	字符	控制字符	ASCⅡ值	字符	ASCⅡ值	字符	ASCⅡ值	字符
000	(null)	NUL	032	(space)	064	@	096	`
001	○	SOH	033	!	065	A	097	a
002	●	STX	034	"	066	B	098	b
003	♥	ETX	035	#	067	C	099	c
004	♦	EOT	036	$	068	D	100	d
005	♣	END	037	%	069	E	101	e
006	♠	ACK	038	&	070	F	102	f
007	(bcep)	BEL	039	'	071	G	103	g
008	⌀	BS	040	(	072	H	104	h
009	(tab)	HT	041	)	073	I	105	i
010	(line feed)	LF	042	*	074	J	106	j
011	(home)	VT	043	+	075	K	107	k
012	(form feed)	FF	044	,	076	L	108	l
013	(carriage return)	CR	045	—	077	M	109	m
014	♫	SO	046	·	078	N	110	n
015	☼	SI	047	/	079	O	111	o
016	▶	DLE	048	0	080	P	112	p
017	◀	DC1	049	1	081	Q	113	q
018	↕	DC2	050	2	082	R	114	r
019	‼	DC3	051	3	083	S	115	s
020	¶	DC1	052	4	084	T	116	t
021	§	NAK	053	5	085	U	117	u
022	▬	SYN	054	6	086	V	118	v
023	↓	ETB	055	7	087	W	119	w
024	↑	CAN	056	8	088	X	120	x
025	↓	EM	057	9	089	Y	121	y
026	→	SUB	058	:	090	Z	122	z
027	←	ESC	059	;	091	[	123	{
028	∟	FS	060	<	092	\	124	|
029	♦	GS	061	=	093	]	125	}
030	▲	RS	062	>	094	∧	126	~
031	▼	US	063	?	095	_	127	⌂

106. 什么是 RS-232C 串行接口?

答：EIA RS-232C 是异步串行通信中应用最广的标准总线，它包括了按位串行传输的电气和机械方面的规定，适用于数据终端设备（DTE）和数据通信设备（DCE）之间的接口。一个完整的 RS-232C 接口有 22 根线，采用标准的 25 芯插头座。25 芯插座的信号引脚定义如表 1-7 所示。其中 15 根引线（表中打 * 者）组成主信道通信，其他则为未定义和供辅信道使用的引线。辅信道也是一个串行通道，但其速率比主信道低很多，一般不使用。RS-232C 标准的信号传输速率最高为 20kbps，最大传输距离为 30m，这种条件下才能可靠地进行数据传输。

表 1-7   RS-232C 的接口信号

引脚号	说　明	引脚号	说　明
* 1	保护地	14	（辅信道）发送数据
* 2	发送数据	* 15	发送信号无定时（DCE 为源）
* 3	接收数据	16	（辅信道）接收数据
* 4	请求发送（RTS）	17	接收信号无定时（DCE 为源）
* 5	允许发送（CTS，或清除发送）	18	未定义
* 6	数传机（DCE）准备好	19	（辅信道）请求发送（RTS）
* 7	信号地（公共回线）	* 20	数据终端准备好
* 8	接收线信号检测	* 21	信号质量检测
* 9	（保留供数传机测试）	* 22	振铃指示
10	（保留供数传机测试）	* 23	数据信号速率选择（DTE/DCE 为源）
11	未定义	* 24	发送信号无定时（DTE 为源）
12	（辅信道）接收线信号检测	25	未定义
13	（辅信道）允许发送（CTS）		

107. 什么是现场总线? 简述现场总线技术的主要特点和对当今自动化技术的影响。

答：现场总线是用于现场仪表与控制系统和控制室之间的一种全分散、全数字化、智能、双向、互联、多变量、多点、多站的通信系统，其特点是可靠性高、稳定性好、抗干扰能力强、通信速率快，系统安全符合环境保护要求，且造价低廉、维护成本低。

现场总线技术的主要特点如下：

（1）完全替代 4～20mA 模拟信号，实现传输信号数字化，从而易于现场布线，且降低了电缆安装和保养费用，增加了可靠性。

（2）控制、报警、趋势分析等功能分散在现场仪表和装置中，简化了上层系统。

（3）各厂家产品的交互操作和互换使用，给用户进行系统组织提供了方便。

（4）实现自动化仪表技术从模拟数字技术向全数字技术的转化，自动化系统从封闭式系统向开放式系统的转变。

现场总线将对当今自动化技术带来以下七个方面的变革：

（1）用一对通信线连接多台数字仪表代替一对信号线只能连接一台模拟仪表。

（2）用多变量、双向、数字通信方式代替单变量、单向、模拟传输方式。

（3）用多功能的现场数字仪表代替单功能的现场模拟仪表。

（4）用分散式的虚拟控制站代替集中式的控制站。

（5）用控制系统 FCS 代替集散控制 DCS。

（6）变革传统的信号标准、通信标准和系统标准。

（7）变革传统的自动化系统的体系结构、设计方法和安装调试方法。

108. 简述 LONWORKS 现场总线技术的主要特点。

答：LONWORKS 的主要技术特点是：

（1）采用 LonTalk 通信协议，该协议遵循国际标准化组织 ISO 定义的开放系统互连 OSI 全部七层模型，网络协议开发，可以实现互操作。

（2）可在任何通信介质下通信，包括双绞线、电力线、光纤、同轴电缆、射频电缆和红外线，并且多种介质可以在同一网络中混合使用。

（3）网络操作系统结构可以使用主从式、对等式或客户/服务式结构。

（4）提供总线型、星型、环型、混合型等网络拓扑结构。

（5）改善了 CSMA，采用一种新的称之为 Predictive p-persistent CSMA，可以在负载较轻时使介质访问延迟最小化，而在负载较重时使冲突的可能最小化。

（6）网络通信采用面向对象的设计方法，LONWORKS 技术将其称之为"网络变量"，不但节省了大量的设计工作量，同时增加了通信的可靠性。

（7）通信的每帧有效字节数可以从 0～288 个字节。

（8）通信速率为 78kbps/2700m、1.25Mbps/130m。

（9）一个测控网络上的节点数，可达 32000 个。

LONWORKS 是由美国 Echelon 公司推出的实时测控网络。LONWORKS 的技术核心是神经元芯片 Neuron，这种使用 CMOS LSI 技术的神经元芯片使实现低成本的控制网络成为可能。在 Neuron 芯片中有 3 个 8 位的 CPU，第一个 CPU 为介质访问控制处理器，处理 LonTalk 协议的第一层和第二层，它包括驱动通信子系统硬件和执行冲突避免算法；第二个 CPU 为网络处理器，处理 LonTalk 协议的第三层到第六层，它进行网络变量的处理、寻址、事务处理、证实、背景诊断、软件计时器、网络管理和函数路径选择等，它还控制网络通信口，合理地发送和接受数据包；第三个 CPU 为应用处理器，它执行用户编写的代码及用户的代码所调用的操作系统服务。

109. 简述现场测控网络 CAN 的技术特点。

答：CAN 是英文 Controller Area Net 的缩写，中文名为控制器局域网络。从 CAN 的物理结构上看，它属于总线式通信网络，是一种专门用于工业自动化领域的一种网络，其可靠性及性能高于诸如 RS 485 等较陈旧的现场通信技术。

CAN 的主要技术特点如下：

（1）符合国际标准 ISO 11898 规范。

（2）可以多主方式工作，网络上任意一个节点均可以在任意时刻主动地向网络上的其他节点发送信息，而不分主从，通信方式灵活。

（3）CAN 网络上的节点（信息）可分成不同的优先级，可以满足不同的实时要求。

（4）CAN 采用非破坏性总线裁决技术，当两个节点同时向网络上传送信息时，优先级低的节点主动停止数据发送，而优先级高的节点可不受影响地继续传输数据，大大节省了总线冲突裁决时间，网络负载很重的情况下也不会出现网络瘫痪情况。

（5）可以点对点、一点对多点（成组）及全局广播几种方式传送接收数据。

（6）直接通信距离最远10km（速率5kbps以下），最高通信速率可达1Mbps（此时距离最长40m）。

（7）网上节点总数实际可达110个。

（8）采用廉价双绞线为通信介质，无特殊要求。

继 电 保 护 规 程

第二章

一、继电保护及安全自动装置运行管理规程

1. 网、省局继电保护专业部门的职责是什么？

答：网、省局应分别在电网调度和省调度部门内设置继电保护科（处），作为局继电保护技术管理的职能机构，实现对全网、省内继电保护专业的领导。同时，继电保护科（处）也是生产第一线的业务部门，负责所管辖系统继电保护的整定计算及运行等工作。需要时，继电保护科（处）内可设试验室。

网、省局继电保护专业部门的职责是：

（1）对直接管辖的系统负责保护装置的配置、整定及运行管理工作。

1）按调度操作范围确定系统保护配置及保护方式，并审定保护原则接线图。有网局的地区，整个超高压网保护配置及保护方式的原则由网局确定。

2）按调度操作范围，定期编制继电保护整定方案。有网局的地区，整个超高压网的整定原则由网局确定。分界点定值由网局审核。

3）按整定范围编制主网继电保护运行说明及处理有关保护的日常运行工作。

4）按整定范围编制主网的最大、最小等值阻抗及为分析故障范围用的各线路接地短路电流曲线。

5）分析所管辖系统的故障及保护动作情况，积累运行资料，总结每年或多年运行经验，研究提出改进措施。有网局的地区，网局负责整个超高压网的分析、总结、改进。

（2）参加或组织基层局、厂人员参加所管辖系统的新、扩建工程设计审核，超高压系统远景及近期规划的讨论。

（3）负责全网、全省继电保护工作的技术管理，提高继电保护运行水平和工作质量。

1）按规定对继电保护动作进行统计分析，提出季、年度总结。

2）对复杂保护装置的不正确动作，组织有关单位进行调查分析、检查，作出评价，制定对策，发事故通报，定期修编反事故措施，并监督执行。

3）组织继电保护专业培训。

4）组织更新改造旧设备，积极慎重地推广新技术。

2. 哪些设备由继电保护专业人员维护和检验？

答：下列设备由继电保护专业人员维护和检验：

1）继电保护装置：发电机、调相机、变压器、电动机、电抗器、电力电容器、母线、线路等的保护装置。

2）系统安全自动装置：自动重合闸、备用设备及备用电源自动投入装置、强行励磁、强行减磁、发电机低频启动、水轮发电机自动自同期、按频率自动减负荷、故障录波器、振荡启动或预测（切负荷、切机、解列等）装置及其他保证系统稳定的自动装置等。

3) 控制屏、中央信号屏与继电保护有关的继电器和元件。

4) 连接保护装置的二次回路。

5) 继电保护专用的高频通道设备回路。

3. 继电保护专业部门应了解、掌握的设备及内容是什么?

答：继电保护专业部门应了解、掌握的设备及内容有：

1) 被保护电力设备的基本性能及有关参数。

2) 系统稳定计算结果及其对所管辖部分的具体要求。

3) 系统的运行方式及负荷潮流。

4) 系统发展规划及接线。

5) 发电厂、变电所母线接线方式。

6) 发电机、变压器中性点的接地方式。

7) 断路器的基本性能；其跳、合闸线圈的启动电压、电流；跳、合闸时间，金属性短接时间及其三相不同期时间；辅助触点、气压或液压闭锁触点的工作情况。

8) 直流电源方式（蓄电池、硅整流、复式整流、电容储能跳闸等）、滤波性能及直流监视装置。

9) 电流、电压互感器的变比、极性、安装位置，电流互感器的伏安特性。

4. 基层局、厂继电保护专业部门的职责是什么?

答：基层局、厂继电保护专业部门的职责是：

1) 对运行保护装置的正常维护及定期检验，按时完成保护装置定值的更改工作。

2) 参加有关的新、扩建工程保护装置的选型设计审核，并进行竣工验收。

3) 事故后或继电保护不正确动作后的临时性检验。

4) 按地区调度及电厂管辖范围，定期编制继电保护整定方案及处理日常的继电保护运行工作。

5) 为地区调度、变电所及发电厂编写继电保护运行说明，供有关部门作为编制运行规程的依据，并审核规程的有关部分。

6) 按规定对继电保护动作情况进行定期的统计分析与总结，提出反事故措施。

7) 贯彻执行反事故措施（包括上级机构确定的），编制保护装置更新改造工程计划。根据整定单位确定的原则接线方案，绘制原理接线等有关图纸，经基层局、厂审定后施工。

8) 会同用电监察部门，提出对用户继电保护的原则要求和提供有关定值，监察重要用户继电保护的运行工作。

9) 协助对调度、变电所及发电厂值班人员进行有关保护装置运行方面的技术培训工作。

5. 基层局、厂继电保护专业部门的岗位责任制应包含哪些内容?

答：基层局、厂继电保护专业部门的岗位责任制可结合具体情况，参照以下内容确定。

(1) 继电保护科（班）长岗位责任：

1) 科（班）长是全科（班）安全运行工作的组织者，对本部门人员的生产、技术、经济和思想工作及人身、设备安全运行负有责任。

2）编制年、季、月工作计划和定检计划，审核继电保护改进工程计划和反事故措施计划，并督促按期完成。

3）组织技术培训和安全活动。

4）抓紧工作计划的完成；抓技术管理工作、规章制度的执行；抓上级指示、事故通报及反事故措施的贯彻。

5）组织继电保护事故和不正确动作的调查分析工作和整定方案的讨论。

（2）继电保护专责工程师（技术员）岗位责任：

1）专责工程师（技术员）是继电保护工作的技术负责人，负责做好本部门技术管理工作和编制有关技术性规章制度。

2）负责技术更新，对继电保护人员的技术培训，定期进行技术问答和技术考核。

3）编制反事故和安全措施计划、试验方案、技术培训和更新计划。

4）参加有关新、扩建工程审核工作；审核更改工程的原理接线图、检验报告和专责组提出的试验时的安全措施；审核整定方案、运行说明、定值通知单和保护动作统计报表。

5）负责继电保护事故和不正确动作的调查分析、检验工作，提出对策措施并督促执行。

6）参加电网或电厂远景规划接线方案和运行方式的研究。

（3）继电保护运行管理专责人岗位责任：

1）编制继电保护整定方案、继电保护运行说明；根据整定单位确定的反事故措施、改进工程继电保护原则接线方案，绘制原理接线图；负责处理日常继电保护调度运行事项。

2）收集、整理、健全必要的继电保护图纸资料和电气设备有关参数，制定系统阻抗图、短路电流表。

3）对继电保护的动作情况进行统计分析，并按月填报。每季和年终提出继电保护运行分析总结和改进意见。参加继电保护事故调查和对录波照片的分析。

4）审核重要用户继电保护方式，向用户和用户试验班提供有关参数和保护整定值。

5）负责填写"继电保护及自动装置动作原始记录本"及其"分析记录本。"记录本内应妥善整理及保存录波照片。

6）参加审核继电保护设计。

7）参加设备专责组现场检验工作，了解继电保护的试验。

（4）设备专责组岗位责任：

1）对所专责的继电保护设备的质量和安全负有全部责任。对运行的继电保护设备进行定期检验，及时更改定值，并提出对有可能引起运行中的保护装置误动的安全措施。对新、扩建的继电保护设备进行验收试验或参加交接验收试验。参加继电保护事故和不正确动作后的临时性检验。

2）装置检验后，应及时写出检验报告、事故分析报告和验收试验报告。在进行检验工作中，每套保护装置应指定试验负责人，在检验周期内，对该保护装置的安全运行（如检验质量，回路正确性等）负有全部责任。

3）做好本专责设备技术管理工作，建立各设备的继电保护技术档案、图纸和资料，并使其符合实际，正确齐全。

4）掌握装置缺陷情况，及时消除并贯彻执行本专责设备反事故措施计划，搞好设备升级、定级工作。

5）负责本专责设备继电保护小型改进工程的施工设计和安装工作。

6）搞好本专责设备继电保护运行分析，做到对异常和不安全现象及时分析，并做好运行记录。

7）经常定期维护好专用试验仪器仪表、试验设备和工具，并保证其准确良好；准备好继电器备品备件，并不断创造新的试验方法和试验工具，提高工效，提高检验质量。

6. 整定方案的主要内容是什么？

答：整定方案的主要内容应包括：

1）对系统近期发展的考虑。

2）各种保护装置的整定原则以及为防止系统瓦解、全厂停电或保证重点用户供电作特殊考虑的整定原则。

3）整定计算表、定值表和整定允许的最大电流或有功、无功负荷曲线。

4）变压器中性点接地点的安排。

5）正常和特殊方式下有关调度运行的注意事项或规定事项。

6）系统主接线图、正序及零序阻抗参数图、继电保护配置及定值图。

7）系统运行、继电保护配置及整定方面遗留的问题和改进意见。

整定方案编制后，在本继电保护专业部门内应经专人分部进行全面校核，集体讨论，然后经有关调度（值长）运行、生技、安监等部门讨论，由相应的网局、省局或基层局、厂总工程师批准后实施。

整定计算原始底稿需整理成册，妥善保管，以便日常运行或事故处理时查对。

7. 各级继电保护专业部门划分继电保护装置整定范围的原则是什么？

答：各级继电保护专业部门划分继电保护整定范围的原则是：

1）整定范围一般与调度操作范围相适应。

2）变电所、发电厂内的变压器、调相机、发电机的保护装置除另有规定或明确者外，一般由设备所在的基层局、厂继电保护部门整定，母线保护、变压器的零序电流、零序电压保护由负责该侧电压系统保护装置的整定部门整定。

3）低频减负荷及其他系统稳定装置的定值，由有关调度运行部门为主整定，并书面下达到基层局、厂据以执行。

4）各级继电保护专业部门划分保护装置整定范围应以书面形式明确，并分工负责。整定分界点上的定值限额和等值阻抗（包括最大、最小正序、零序等值阻抗）也要以书面形式明确。需要更改时，必须事先向对方提出，经双方协商，原则上应局部服从全局和可能条件下全局照顾局部，取得一致后，方可修改分界点的限额。修改后，须报送上级继电保护部门备案。

8. 新安装继电保护装置竣工后，验收的主要项目是什么？

答：新安装的保护装置竣工后，验收的主要项目如下：

1）电气设备及线路有关实测参数完整正确。

2）全部保护装置竣工图纸符合实际。

3）装置定值符合整定通知单要求。

4）检验项目及结果符合检验条例和有关规程的规定。

5）核对电流互感器变比及伏安特性，其二次负载满足误差要求。

6）屏前、后的设备应整齐、完好，回路绝缘良好，标志齐全、正确。

7）二次电缆绝缘良好，标号齐全、正确。

8）用一次负荷电流和工作电压进行验收试验，判断互感器极性、变比及其回路的正确性，判断方向、差动、距离、高频等保护装置有关元件及接线的正确性。

9. 新安装的继电保护装置出现不正确动作后，划分其责任归属的原则是什么？

答：新安装保护装置在投入运行后一年以内，未经打开铅封和变动二次回路以前，经过分析确认系由于调试和安装质量不良引起保护装置不正确动作或造成事故时，责任属基建单位。运行单位应在投入运行后一年内进行第一次定期检验，检验后或投入运行期满一年以后，保护装置因安装调试不良发生不正确动作或事故时，责任属运行单位。

二、微机继电保护装置运行管理规程

10. 微机继电保护装置对运行环境有什么要求？

答：微机继电保护装置室内月最大相对湿度不应超过75％，应防止灰尘和不良气体侵入。微机继电保护装置室内环境温度应在5～30℃范围内，若超过此范围应装设空调

11. 在微机继电保护装置的运行管理工作中，网、省调继电保护专业部门的职责是什么？

答：网、省调继电保护专业部门对微机继电保护装置的运行管理职责是：

1）负责直接管辖范围内微机继电保护装置的配置、整定计算和运行管理。

2）负责全网（省）局各种类型微机继电保护装置的技术管理。

3）贯彻执行上级颁发的有关微机继电保护装置的规程和标准，结合具体情况，为本网（省）调调度人员制定、修订微机继电保护装置调度运行规程，组织制定、修订本网（省）局内使用的微机继电保护装置检验规程。

4）负责微机继电保护装置的动作分析。负责对微机继电保护装置不正确动作造成的重大事故或典型事故进行调查，并及时下发改进措施和事故通报。

5）统一管理直接管辖范围内微机继电保护装置的程序，各网（省）局对同一型号微机继电保护装置应使用相同的程序，更改程序应下发程序通知单。

6）负责对网（省）调调度人员进行有关微机继电保护装置运行方面的培训工作；负责对现场继电保护人员进行微机继电保护装置的技术培训。

7）各网（省）调对微机继电保护装置应指定专责人。专责人应熟练掌握微机继电保护装置的软、硬件。

8）各网（省）调应负责微机继电保护装置维修中心工作。维修中心对每种微机继电保护应备一套完整的装置，并有足够的备品、备件。

12. 在微机继电保护装置的运行管理工作中，电业局、发电厂继电保护专业部门的职责是

什么？

答：电业局、发电厂继电保护专业部门对微机继电保护装置的运行管理职责是：

1）负责微机继电保护装置的日常维护、定期检验和输入定值。

2）按地区调度及发电厂管辖范围，定期编制微机继电保护装置整定方案和处理日常运行工作。

3）贯彻执行上级颁发的有关微机继电保护装置的规程和标准，负责为地区调度及现场运行人员编写微机继电保护装置调度运行规程和现场运行规程。

4）统一管理直接管辖范围内微机继电保护装置的程序，同一型号微机继电保护装置应使用相同的程序，更改程序应下发程序通知单。

5）负责对现场运行人员和地区调度人员进行有关微机继电保护装置的技术培训。

6）微机继电保护装置发生不正确动作时，应调查不正确动作原因，并提出改进措施。

7）熟悉微机继电保护装置原理及二次回路，负责微机继电保护装置的异常处理。

8）了解变电所综合自动化系统中微机继电保护装置的有关内容。

13. 什么情况下应该停用整套微机继电保护装置？

答：在下列情况下应停用整套微机继电保护装置：

1）微机继电保护装置使用的交流电压、交流电流、开关量输入、开关量输出回路作业；

2）装置内部作业；

3）继电保护人员输入定值。

14. 微机继电保护投运时应具备哪些技术文件？

答：微机继电保护装置投运时，应具备如下的技术文件：

1）竣工原理图、安装图、技术说明书、电缆清册等设计资料；

2）制造厂提供的装置说明书、保护屏（柜）电原理图、装置电原理图、分板电原理图、故障检测手册、合格证明和出厂试验报告等技术文件；

3）新安装检验报告和验收报告；

4）微机继电保护装置定值和程序通知单；

5）制造厂提供的软件框图和有效软件版本说明；

6）微机继电保护装置的专用检验规程。

15. 微机继电保护装置的定检周期是怎样规定的？

答：新安装的保护装置1年内进行1次全部检验，以后每6年进行1次全部检验（220kV及以上电力系统微机线路保护装置全部检验时间一般为2～4天）；每1～2年进行1次部分检验（220kV及以上电力系统微机线路保护装置部分检验时间一般为1～2天）。

16. 在微机继电保护装置的检验中应注意哪些问题？

答：检验微机继电保护装置时，为防止损坏芯片应注意如下问题：

1）微机继电保护屏（柜）应有良好可靠的接地，接地电阻应符合设计规定。用使用交流电源的电子仪器（如示波器、频率计等）测量电路参数时，电子仪器测量端子与电源侧应绝缘良好，仪器外壳应与保护屏（柜）在同一点接地。

2）检验中不宜用电烙铁，如必须用电烙铁，应使用专用电烙铁，并将电烙铁与保护屏（柜）在同一点接地。

3）用手接触芯片的管脚时，应有防止人身静电损坏集成电路芯片的措施。

4）只有断开直流电源后才允许插、拔插件。

5）拔芯片应用专用起拔器，插入芯片应注意芯片插入方向，插入芯片后应经第二人检验确认无误后，方可通电检验或使用。

6）测量绝缘电阻时，应拔出装有集成电路芯片的插件（光耦及电源插件除外）。

17. 微机继电保护装置的现场检验应包括哪些内容？

答：微机继电保护装置现场检验应做以下几项内容：

1）测量绝缘；

2）检验逆变电源（拉合直流电流，直流电压缓慢上升、缓慢下降时逆变电源和微机继电保护装置应能正常工作）；

3）检验固化的程序是否正确；

4）检验数据采集系统的精度和平衡度；

5）检验开关量输入和输出回路；

6）检验定值单；

7）整组检验；

8）用一次电流及工作电压检验。

18. 微机继电保护屏应符合哪些要求？

答：微机继电保护屏应符合以下要求：

1）微机线路保护屏（柜）的电流输入、输出端子排排列应与电力工业部规定的"四统一"原则一致。

2）同一型号的微机继电保护组屏时，应统一零序电流和零序电压绕组的极性端，通过改变微机继电保护屏（柜）端子上的连线来适应不同电压互感器接线的要求。

3）为防止由交流电流、交流电压和直流回路进入的干扰引起微机继电保护装置不正常工作，应在微机继电保护装置的交流电流、交流电压回路和直流电源的入口处，采取抗干扰措施。

4）微机继电保护屏（柜）应设专用接地铜排，屏（柜）上的微机继电保护装置和收发信机中的接地端子均应接到屏（柜）的接地铜排上，然后再与控制室接地线可靠连接接地。

5）与微机继电保护装置出口继电器触点连接的中间继电器线圈两端应并联消除过电压回路。

19. 第一次采用国外微机继电保护装置时应遵循什么规定？

答：凡第一次采用国外微机继电保护装置，必须经部质检中心进行动模试验（按部颁试验大纲），确认其性能、指标等完全满足我国电网对微机继电保护装置的要求后才可选用。

20. 微机继电保护装置运行程序的管理应遵循什么规定?

答：微机继电保护装置运行程序的管理应遵循以下规定：

1）各网（省）调应统一管理直接管辖范围内微机继电保护装置的程序，各网（省）调应设继电保护试验室，新的程序通过试验室的全面试验后，方允许在现场投入运行。

2）一条线路两端的同一型号微机高频保护程序版本应相同。

3）微机继电保护装置的程序变更应按主管调度继电保护专业部门签发的程序通知单严格执行。

21. 微机线路保护的新程序在使用前，网（省）调继电保护试验室应做哪些静态模拟试验?

答：应做下列试验：

1）区内（外）单相、两相接地，两相、三相短路时的动作行为。

2）区内转换性故障时的动作行为。

3）非全相过程中再故障的动作行为。

4）选相性能试验。

5）瞬时性故障和永久性故障时，保护装置与重合闸协同工作的动作行为。

6）手合在永久性故障上的动作行为。

7）反向短路的方向性能。

8）电压互感器二次回路的单相、两相、三相断线后再发生单相接地故障时的动作行为。

9）先区外故障后区内故障的动作行为。

10）拉、合直流电源时的动作行为。

11）跳、合闸出口继电器触点在断、合直流继电器时的动作行为。

12）检验模数变换系统。

13）检验定值单的输入功能。

14）检验动作值与整定值是否相符。

22. 微机继电保护装置的检验报告一般应包括哪些内容?

答：微机继电保护装置的检验必须有完整、正规的检验报告。检验报告的内容一般应包括下列各项：

1）被试设备的名称、型号、制造厂、出厂日期、出厂编号、装置的额定值；

2）检验类别（新安装检验、全部检验、部分检验、事故后检验）；

3）检验项目名称；

4）检验条件和检验工况；

5）检验结果及缺陷处理情况；

6）有关说明及结论；

7）使用的主要仪器、仪表的型号和出厂编号；

8）检验日期；

9）检验单位的试验负责人和试验人员名单；

10）试验负责人签字。

三、继电保护和安全自动装置技术规程

23. 确定继电保护和安全自动装置的配置和构成方案时应综合考虑哪几个方面？

答：确定继电保护和安全自动装置的配置和构成方案时应综合考虑以下几个方面：

1）电力设备和电力网的结构特点和运行特点；

2）故障出现的概率和可能造成的后果；

3）电力系统的近期发展情况；

4）经济上的合理性；

5）国内和国外的经验。

24. 什么是主保护、后备保护、辅助保护和异常运行保护？

答：（1）主保护是满足系统稳定和设备安全要求，能以最快速度有选择地切除被保护设备和线路故障的保护。

（2）后备保护是主保护或断路器拒动时，用来切除故障的保护。后备保护可分为远后备保护和近后备保护两种。

1）远后备保护是当主保护或断路器拒动时，由相邻电力设备或线路的保护来实现的后备保护。

2）近后备保护是当主保护拒动时，由本电力设备或线路的另一套保护来实现后备的保护；当断路器拒动时，由断路器失灵保护来实现后备保护。

（3）辅助保护是为补充主保护和后备保护的性能或当主保护和后备保护退出运行而增设的简单保护。

（4）异常运行保护是反应被保护电力设备或线路异常运行状态的保护。

25. 为分析和统计继电保护的工作情况，对保护装置指示信号的设置有哪些规定？

答：为了分析和统计继电保护的工作情况，保护装置应设置指示信号，并应符合下列规定：

1）在直流电压消失时不自动复归，或在直流电源恢复时，仍能重现原来的动作状态。

2）能分别显示各保护装置的动作情况。

3）在由若干部分组成的保护装置中，能分别显示各部分及各段的动作情况。

4）对复杂的保护装置，宜设置反应装置内部异常的信号。

5）用于启动顺序记录或微机监控的信号触点应为瞬时重复动作触点。

6）宜在保护出口至断路器跳闸的回路内，装设信号指示装置。

26. 解释停机、解列灭磁、解列、减出力、程序跳闸、信号的含义。

答：停机：断开发电机断路器、灭磁。对汽轮发电机还要关闭主汽门；对水轮发电机还要关闭导水翼。

解列灭磁：断开发电机断路器，灭磁，汽轮机甩负荷。

解列：断开发电机断路器，汽轮机甩负荷。

减出力：将原动机出力减到给定值。

程序跳闸：对于汽轮发电机，首先关闭主汽门，待逆功率继电器动作后，再跳开发电机断路器并灭磁；对于水轮发电机，首先将导水翼关到空载位置，再跳开发电机断路器并灭磁。

信号：发出声光信号。

27. 对发电机或发电机变压器组装设纵联差动保护有哪些要求？

答：对发电机或发电机变压器组装设纵联差动保护有下列要求：

1）1MW 及以下与其他发电机或与电力系统并列运行的发电机，应在发电机机端装设电流速断保护。如电流速断保护灵敏系数不符合要求，可装设纵联差动保护。

2）对 1MW 以上的发电机，应装设纵联差动保护。

3）对发电机变压器组，当发电机与变压器之间有断路器时，发电机装设单独的纵联差动保护；当发电机与变压器之间没有断路器时，100MW 及以下发电机，可只装设发电机变压器组共用纵联差动保护，100MW 以上发电机，除发电机变压器组共用纵联差动保护外，发电机还应装设单独的纵联差动保护，对 200～300MW 的发电机变压器组亦可在变压器上增设单独的纵联差动保护，即采用双重快速保护。

4）对 300MW 及以上汽轮发电机变压器组，应装设双重快速保护，即装设发电机纵联差动保护、变压器纵联差动保护和发电机变压器组共用纵联差动保护；当发电机与变压器之间有断路器时，装设双重发电机纵联差动保护。

5）应对纵联差动保护采取措施，例如用带速饱和电流互感器或具有制动特性的继电器，在穿越性短路及自同步或非同步合闸过程中，减轻不平衡电流所产生的影响，以尽量降低动作电流的整定值。

6）如纵联差动保护的动作电流整定值大于发电机的额定电流，应装设电流回路断线监视装置，断线后动作于信号。

7）纵联差动保护均动作于停机。

28. 什么情况下变压器应装设瓦斯保护？

答：0.8MVA 及以上油浸式变压器和 0.4MVA 及以上车间内油浸式变压器，均应装设瓦斯保护；当壳内故障产生轻微瓦斯或油面下降时，应瞬时动作于信号；当产生大量瓦斯时，应动作于断开变压器各侧断路器。

带负荷调压的油浸式变压器的调压装置，亦应装设瓦斯保护。

29. 什么情况下变压器应装设纵联差动保护？

答：在下述情况下变压器应装设纵联差动保护：

1）对 6.3MVA 及以上厂用工作变压器和并列运行的变压器，10MVA 及以上厂用备用变压器和单独运行的变压器，以及 2MVA 及以上用电流速断保护灵敏性不符合要求的变压器，应装设纵联差动保护。

2）对高压侧电压为 330kV 及以上的变压器，可装设双重纵联差动保护。

30. 在 110～220kV 中性点直接接地电网的线路保护中，全线速动保护的装设应遵循哪些

原则？

答：全线速动保护应按下列原则配置：

（1）符合下列条件之一时，应装设一套全线速动保护。

1）根据系统稳定要求有必要时；

2）线路发生三相短路时，如使发电厂厂用母线电压低于允许值（一般约为70％额定电压），且其他保护不能无时限和有选择地切除短路时；

3）如电力网的某些主要线路采用全线速动保护后，不仅能改善本线路保护性能，而且能够改善整个电网保护的性能时。

（2）对220kV线路，符合下列条件之一时，可装设两套全线速动保护。

1）根据系统稳定要求；

2）复杂网络中，后备保护整定配合有困难时。

31. 在110～220kV中性点直接接地电网的线路保护中，后备保护的装设应遵循哪些原则？

答：后备保护应按下列原则配置：

1）110kV线路保护宜采用远后备方式。

2）220kV线路保护宜采用近后备方式。但某些线路保护如能实现远后备，则宜采用远后备方式，或同时采用远、近结合的后备方式。

32. 在330～500kV中性点直接接地电网中，对继电保护的配置和装置的性能上应考虑哪些问题？

答：330～500kV中性点直接接地电网中，对继电保护的配置和对装置技术性能的要求，应考虑下列问题：

1）输送功率大，稳定问题严重，要求保护的可靠性及选择性高、动作快。

2）采用大容量发电机、变压器，线路采用大截面分裂导线及不完全换位所带来的影响。

3）线路分布电容电流明显增大所带来的影响。

4）系统一次接线的特点及装设串联补偿电容器和并联电抗器等设备所带来的影响。

5）采用带气隙的电流互感器和电容式电压互感器后，二次回路的暂态过程及电流、电压传变的暂态过程所带来的影响。

6）高频信号在长线路上传输时，衰耗较大及通道干扰电平较高所带来的影响。

33. 对330～500kV线路，应按什么原则实现主保护的双重化？

答：对330～500kV线路，一般情况下应按下列原则实现主保护的双重化：

1）设置两套完整、独立的全线速动主保护；

2）两套主保护的交流电流、电压回路和直流电源彼此独立；

3）每一套主保护对全线路内发生的各种类型故障（包括单相接地、相间短路、两相接地、三相短路、非全相运行故障及转移故障等），均能无时限动作切除故障；

4）每套主保护应有独立选相功能，实现分相跳闸和三相跳闸；

5）断路器有两组跳闸线圈，每套主保护分别启动一组跳闸线圈；

6）两套主保护分别使用独立的远方信号传输设备。

若保护采用专用收发信机，其中至少有一个通道完全独立，另一个可与通信复用。如采用复用载波机，两套主保护应分别采用两台不同的载波机。

34. 330～500kV 线路的后备保护应按什么原则装设？

答：330～500kV 线路的后备保护应按下列原则配置：

1）线路保护采用近后备方式。

2）每条线路都应配置能反应线路各种类型故障的后备保护。当双重化的每套主保护都有完善的后备保护时，可不再另设后备保护。若其中一套主保护无后备，则应再设一套完整的独立的后备保护。

3）对相间短路，后备保护宜采用阶段式距离保护。

4）对接地短路，应装设接地距离保护并辅以阶段式或反时限零序电流保护；对中长线路，若零序电流保护能满足要求时，也可只装设阶段式零序电流保护。接地后备保护应保证在接地电阻不大于 300Ω 时，能可靠地、有选择性地切除故障。

5）正常运行方式下，保护安装处短路，电流速断保护的灵敏系数在 1.2 以上时，还可装设电流速断保护作为辅助保护。

35. 母线保护的装设应遵循什么原则？

答：（1）对发电厂和变电所的 35～110kV 电压的母线，在下列情况下应装设专用的母线保护：

1）110kV 双母线。

2）110kV 单母线，重要发电厂或 110kV 以上重要变电所的 35～66kV 母线，需要快速切除母线上的故障时。

3）35～66kV 电网中，主要变电所的 35～66kV 双母线或分段单母线需快速而有选择地切除一段或一组母线上故障，以保证系统安全稳定运行和可靠供电时。

（2）对 220～500kV 母线，应装设能快速有选择地切除故障的母线保护。对 1 个半断路器接线，每组母线宜装设两套母线保护。

（3）对于发电厂和主要变电所的 3～10kV 分段母线及并列运行的双母线，一般可由发电机和变压器的后备保护实现对母线的保护。在下列情况下，应装设专用母线保护：

1）需快速而有选择地切除一段或一组母线上的故障，以保证发电厂及电力网安全运行和重要负荷的可靠供电时。

2）当线路断路器不允许切除线路电抗器前的短路时。

36. 什么情况下应装设断路器失灵保护？

答：在 220～500kV 电力网中，以及 110kV 电力网的个别重要部分，可按下列规定装设断路器失灵保护：

1）线路保护采用近后备方式，对 220～500kV 分相操作的断路器，可只考虑断路器单相拒动的情况。

2）线路保护采用远后备方式，如果由其他线路或变压器的后备保护切除故障将扩大停电范围（例如采用多角形接线，双母线或分段单母线等时），并引起严重后果时。

3）如断路器与电流互感器之间发生故障，不能由该回路主保护切除，而由其他线路和变压器后备保护切除又将扩大停电范围，并引起严重后果时。

37. 对同步调相机保护的装设应考虑哪些特殊问题？

答：同步调相机的保护可参照同容量、同类型的发电机保护的规定装设保护，但还应考虑下列特点：

1）当启动时，如过负荷保护可能动作，应使它暂时退出运行。

2）可不装设反应外部短路的过电流保护，但应装设反应内部短路的后备保护。反应内部短路的后备保护，可采用方向过电流保护，带时限动作于断开调相机。

3）调相机失磁保护，可由无功方向元件和低电压元件组成。当无功反向且电压低于允许值时，动作于断开调相机；当无功反向而电压高于允许值时，动作于信号。调相机失磁保护应设置必要的闭锁元件，以防止振荡、短路或电压回路断线等异常情况下保护误动作。

38. 什么情况下应装设调相机解列保护？有几种方式？

答：（1）当调相机供电电源因故断开后，在变电所装设的自动低频减负荷装置可能因调相机的反馈而误动作，或电源侧的自动重合闸动作将造成非同步合闸，而调相机又不允许非同步合闸时，则应装设调相机的解列保护。

（2）解列保护可选用下列方式：

1）低频闭锁的功率方向保护；

2）反应频率变化率的保护。

保护应在自动低频减负荷装置和自动重合闸装置动作前将调相机断开。如调相机需在电源恢复后再启动，可仅动作于灭磁，在电源恢复后，再投入励磁，实现再同步。

39. 采用单相重合闸时应考虑哪些问题？

答：当采用单相重合闸时，应考虑下列问题，并采取相应措施：

1）重合闸过程中出现的非全相运行状态，如有可能引起本线路或其他线路的保护装置误动作时，应采取措施予以防止。

2）如电力系统不允许长期非全相运行，为防止断路器一相断开后，由于单相重合闸装置拒绝合闸而造成非全相运行，应采取措施断开三相，并应保证选择性。

40. 控制电缆的选用和敷设应符合哪些规定？

答：控制电缆的选用和敷设应符合下述各项规定：

（1）发电厂和变电所应采用铜芯的控制电缆和绝缘导线。

（2）按机械强度要求，控制电缆或绝缘导线的芯线最小截面：强电控制回路应不小于 $1.5mm^2$；弱电控制回路应不小于 $0.5mm^2$。

（3）在绝缘导线可能受到油侵蚀的地方，应采用耐油绝缘导线。

（4）安装在干燥房间里的配电屏、开关柜等的二次回路可采用无护层的绝缘导线，在表面经防腐处理的金属屏上直敷布线。

（5）当控制电缆的敷设长度超过制造长度，或由于配电屏的迁移而使原有电缆长度不够，或更换电缆的故障段时，可用焊接法连接电缆（在连接处应装设连接盒），也可用其他屏上的接线端子来连接。

（6）控制电缆应选用多芯电缆，并力求减少电缆根数。

（7）接到端子和设备上的电缆芯和绝缘导线，应有标志，并避免跳、合闸回路靠近正电源。

（8）对双重化保护的电流回路、电压回路、直流电源回路、双套跳闸线圈的控制回路等，两套系统不宜合用同一根多芯电缆。

（9）在采用静态保护时，还应采用抗干扰措施。

四、3～500kV 电网继电保护装置运行整定规程

41. 220kV 及以上电网继电保护的运行整定工作的根本目标是什么？

答：220、330kV 和 500kV 电网继电保护的运行整定，应以保证电网全局的安全稳定运行为根本目标。

42. 电网继电保护的整定不能兼顾速动性、选择性或灵敏性要求时，按什么原则取舍？

答：如果由于电网运行方式、装置性能等原因，使电网继电保护的整定不能兼顾速动性、选择性或灵敏性要求时，在整定时应执行如下原则合理地进行取舍：

1）局部电网服从整个电网；
2）下一级电网服从上一级电网；
3）局部问题自行消化；
4）尽量照顾局部电网和下级电网的需要；
5）保证重要用户供电。

43. 如何保证继电保护的可靠性？

答：继电保护的可靠性主要由配置合理、质量和技术性能优良的继电保护装置以及正常的运行维护和管理来保证。任何电力设备（线路、母线、变压器等）都不允许在无继电保护的状态下运行。220kV 及以上电网的所有运行设备都必须由两套交、直流输入、输出回路相互独立，并分别控制不同断路器的继电保护装置进行保护。当任一套继电保护装置或任一组断路器拒绝动作时，能由另一套继电保护装置操作另一组断路器切除故障。在所有情况下，要求这两套继电保护装置和断路器所取的直流电源都经由不同的熔断器供电。3～110kV 电网运行中的电力设备一般应有分别作用于不同断路器、且整定有规定的灵敏系数的两套独立的保护装置作为主保护和后备保护，以确保电力设备的安全。

44. 为保证电网保护的选择性，上、下级电网保护之间逐级配合应满足什么要求？

答：上、下级（包括同级和上一级及下一级电网）继电保护之间的整定，应遵循逐级配合的原则，满足选择性的要求，即当下一级线路或元件故障时，故障线路或元件的继电保护

整定值必须在灵敏度和动作时间上均与上一级线路或元件的继电保护整定值相互配合，以保证电网发生故障时有选择性地切除故障。

45. 在哪些情况下允许适当牺牲部分选择性?

答：遇到如下情况时允许适当牺牲部分选择性：

1) 接入供电变压器的终端线路，无论是一台或多台变压器并列运行（包括多处 T 接供电变压器或供电线路），都允许线路侧的速动段保护按躲开变压器其他侧母线故障整定。需要时，线路速动段保护可经一短时限动作。

2) 对串联供电线路，如果按逐级配合的原则将过分延长电源侧保护的动作时间，则可将容量较小的某些中间变电所按 T 接变电所或不配合点处理，以减少配合的级数，缩短动作时间。

3) 双回线内部保护的配合，可按双回线主保护（例如横联差动保护）动作，或双回线中一回线故障时两侧零序电流（或相电流速断）保护纵续动作的条件考虑；确有困难时，允许双回线中一回线故障时，两回线的延时保护段间有不配合的情况。

4) 在构成环网运行的线路中，允许设置预定的一个解列点或一回解列线路。

46. 线路保护范围伸出相邻变压器其他侧母线时，其保护动作时间的配合如何考虑?

答：(1) 线路保护范围伸出相邻变压器其他侧母线时，可按下列顺序考虑保护动作时间的配合：

1) 与变压器同电压侧指向变压器的后备保护的动作时间配合；

2) 与变压器其他侧后备保护跳该侧断路器动作时间配合。

(2) 当下一级电压电网的线路保护范围伸出相邻变压器上一级电压其他侧母线时，还可按下列顺序考虑保护动作时间的配合：

1) 与其他侧出线后备保护段的动作时间配合；

2) 与其他侧出线保全线有规程规定的灵敏系数的保护段动作时间配合。

47. 为保证灵敏度，接地故障保护最末一段定值应如何整定?

答：接地故障保护最末一段（例如零序电流保护Ⅳ段），应以适应下述短路点接地电阻值的接地故障为整定条件：220kV 线路，100Ω；330kV 线路，150Ω；500kV 线路，300Ω。对应于上述条件，零序电流保护最末一段的动作电流整定值应不大于 300A。当线路末端发生高电阻接地故障时，允许由两侧线路继电保护装置纵续动作切除故障。

对于 110kV 线路，考虑到在可能的高电阻接地故障情况下的动作灵敏度要求，其最末一段零序电流保护的电流整定值一般也不应大于 300A（一次值），此时，允许线路两侧零序电流保护纵续动作切除故障。

48. 系统最长振荡周期一般按多少考虑?

答：除了预定解列点外，不允许保护装置在系统振荡时误动作跳闸。如果没有本电网的具体数据，除大区系统间的弱联系联络线外，系统最长振荡周期可按 1.5s 考虑。

49. 线路距离保护振荡闭锁的控制原则是什么？

答：线路距离保护振荡闭锁的控制原则一般如下：

（1）单侧电源线路和无振荡可能的双侧电源线路的距离保护不应经振荡闭锁。

（2）35kV 及以下线路距离保护不考虑系统振荡误动问题。

（3）预定作为解列点上的距离保护不应经振荡闭锁控制。

（4）躲过振荡中心的距离保护瞬时段不宜经振荡闭锁控制。

（5）动作时间大于振荡周期的距离保护段不应经振荡闭锁控制。

（6）当系统最大振荡周期为 1.5s 时，动作时间不小于 0.5s 的距离保护 I 段、不小于 1.0s 的距离保护 II 段和不小于 1.5s 的距离保护 III 段不应经振荡闭锁控制。

50. 自动重合闸方式的选定一般应考虑哪些因素？

答：应根据电网结构、系统稳定要求、电力设备承受能力和继电保护可靠性等条件，合理地选定自动重合闸方式。选定自动重合闸方式时考虑的因素有：

（1）对于 220kV 线路，当同一送电截面的同线电压及高一级电压的并联回路数等于及大于 4 回时，选用一侧检查线路无电压，另一侧检查线路与母线电压同步的三相重合闸方式（由运行方式部门规定哪一侧检电压先重合，但大型电厂的出线侧应选用检同步重合闸）。三相重合闸时间整定为 10s 左右。

（2）330、500kV 及并联回路数等于及小于 3 回的 220kV 线路，采用单相重合闸方式。单相重合闸的时间由调度运行部门选定（一般约为 1s 左右），并且不宜随运行方式变化而改变。

（3）带地区电源的主网终端线路，一般选用解列三相重合闸（主网侧检线路无电压重合）方式，也可以选用综合重合闸方式，并利用简单的选相元件及保护方式实现；不带地区电源的主网终端线路，一般选用三相重合闸方式，重合闸时间配合继电保护动作时间而整定。

（4）110kV 及以下电网均采用三相重合闸。自动重合闸方式的选定：

1）单侧电源线路选用一般重合闸方式。如保护采用前加速方式，为补救相邻线路速动段保护的无选择性动作，则宜选用顺序重合闸方式。

当断路器断流容量允许时，单侧电源终端线路也可采用两次重合闸方式。

2）双侧电源线路选用一侧检无压，另一侧检同步重合闸方式，也可酌情选用下列重合闸方式：带地区电源的主网终端线路，宜选用解列重合闸方式，终端线路发生故障，在地区电源解列后，主网侧检无压重合；双侧电源单回线路也可选用解列重合闸方式。

（5）发电厂的送出线路，宜选用系统侧检无压重合，电厂侧检同步重合或停用重合闸的方式。

51. 配合自动重合闸的继电保护整定应满足哪些基本要求？

答：配合自动重合闸的继电保护整定应满足下列基本要求：

1）自动重合闸过程中，无论采用线路或母线电压互感器，无论采用什么保护型式，都必须保证在重合于故障时可靠快速三相跳闸。相邻线路的继电保护应保证有选择性。如果采用线路电压互感器，对距离保护的后加速跳闸应有专门措施，防止出现电压死区。

2）零序电流保护的速断段和后加速段在恢复三相带负荷运行时，不得因断路器的短时三相不同步而误动作。如果整定值躲不过，则应在重合闸后增加 0.1s 的时延。

3）对采用单相重合闸的线路，应保证重合闸过程中的非全相运行期间继电保护不误动；在整个重合闸周期过程中（包括重合成功后到重合闸装置复归），本线路若发生一相或多相短路故障（包括健全相故障、重合于故障及重合成功后故障相再故障）时，本线路保护能可靠动作，并与相邻线路的线路保护有选择性。

4）为满足本线路重合闸后加速保护的要求，在后加速期间，如果相邻线路发生故障，允许本线路无选择性地三相跳闸，但应尽可能缩短后加速保护无选择性动作的范围。

5）对选用单相重合闸的线路，无论配置一套或两套全线速动保护，均允许后备保护延时段动作后三相跳闸不重合。

52. 线路纵联保护因故停用，一般应如何处理？

答：对正常设置纵联保护的线路，如因检修或其他原因纵联保护全部退出运行时，应采取下列措施：

（1）积极检修，尽快使纵联保护恢复运行。

（2）调整电网接线和运行潮流，使线路后备保护的动作能满足系统稳定要求。

（3）考虑零序电流保护速断段纵续动作的可能条件，尽量避免临时更改线路保护装置的定值。

（4）采取上述措施有困难或者采用后仍无法保证系统稳定运行，必须依靠线路两侧同时快速切除故障才能保持系统稳定运行时，或者与相邻线路保护之间配合有要求时，为保证尽快地切除本线路故障，可按如下原则处理：

1）在相邻线路的纵联保护和相邻母线差动保护都处于运行状态的前提下，可临时缩短没有纵联保护的线路两侧对全线路金属性短路故障有足够灵敏度的相间和接地短路后备保护灵敏段的动作时间。根据线路发生相间短路和接地故障对系统稳定运行的影响程度，将相间和接地短路后备保护灵敏段动作时间临时缩短到瞬时或一个级差时限。无法整定配合时，允许当相邻线路或母线故障时无选择性地跳闸。

2）对环网内的停用纵联保护的短线路，可采取停运或将线路两侧相间短路和接地故障后备保护灵敏段临时改为瞬时动作。

3）任何一套线路纵联保护投运后，被缩短的后备保护段动作时间随即恢复正常定值。

4）不允许同一母线上有两回及以上线路同时停用全部的纵联保护；线路纵联保护和相邻任一母线的母线保护也不能同时停用。

5）对采用三相重合闸的线路，三相重合闸仍保留运行。对采用单相重合闸的线路，如后备保护延时段动作后三相跳闸不重合，则停用单相重合闸；如后备保护延时段动作启动重合闸，且单相重合闸时间不小于 1.0s 时，可缩短对全线有灵敏度的接地故障后备保护段动作时间，保留单相重合闸继续运行，但要躲开非全相运行过程中零序电流引起的可能误动作。

53. 母线差动保护因故停用，一般应如何处理？

答：（1）对一个半断路器接线方式，当任一母线上的母线差动保护全部退出运行时，可将被保护母线也退出运行。

（2）对正常设置母线差动保护的双母线主接线方式，如果因检修或其他原因，引起差动保护被迫停用且危及电网稳定运行时，应采取下列措施：

1）尽量缩短母线差动保护的停用时间。

2）不安排母线连接设备的检修，避免在母线上进行操作，减少母线故障的概率。

3）改变母线接线及运行方式，选择轻负荷情况，并考虑当发生母线单相接地故障，由母线对侧的线路后备保护延时段动作跳闸时，电网不会失去稳定。尽量避免临时更改继电保护定值。

4）根据当时的运行方式要求，临时将带短时限的母联断路器或分段断路器的过电流保护投入运行，以快速地隔离母线故障。

5）如果仍无法满足母线故障的稳定运行要求，在本母线配出线路全线速动保护投运的前提下，在允许的母线差动保护停运期限内，临时将本母线配出线路对侧对本母线故障有足够灵敏度的相间和接地故障后备保护灵敏段的动作时间缩短。无法整定配合时，允许无选择性跳闸。

54. "两线一变"接线的变压器停用时，是否要求两线路保护之间有选择性？

答：对只有两回线和一台变压器的变电所，当该变压器退出运行时，可不更改两侧的线路保护定值，此时，不要求两回线路相互间的整定配合有选择性。

55. 电力设备由一种运行方式转为另一种运行方式的操作过程中，对保护有什么要求？

答：电力设备由一种运行方式转为另一种运行方式的操作过程中，被操作的有关设备均应在保护范围内，部分保护装置可短时失去选择性。

56. 为保证继电保护发挥积极作用，对电网结构、一次设备布置、厂所主接线等一般要综合考虑哪些问题？

答：（1）对 220kV 及以上电网，应综合考虑的问题有：

1）在电网中不宜选用全星形接线自耦变压器，以免恶化接地故障后备保护的运行整定。对目前已投入运行的全星形接线自耦变压器，特别是电网中枢地区的该种变压器，应采取必要的补偿措施。

2）简化电网运行接线，500kV 电网与 220kV 电网之间，220kV 电网与 110kV 及以下电压电网之间均不宜构成电磁环网运行。110kV 及以下电压电网宜以辐射形开环运行。

3）不宜在大型电厂向电网送电的主干线上接入分支线或支持变压器，也不宜在电源侧附近破口接入变电所。

4）尽量避免出现短线路成串成环的接线方式。

5）当设计采用串联电容补偿时，对装设地点及补偿度的选定，要考虑对全网继电保护的影响，不应使之过分复杂，性能过于恶化。

（2）对 3～110kV 电网，应综合考虑的问题有：

1）宜采用环网布置，开环运行的方式。

2）宜采用双回线布置，单回线-变压器组运行的终端供电方式。

3）向多处供电的单电源终端线路，宜采用 T 接的方式接入供电变压器。

以上三种方式均以自动重合闸和备用电源自动投入来增加供电的可靠性。

4）地区电源带就地负荷，宜以单回线或双回线在一个变电站与主系统单点联网，并在联网线路的一侧或两侧断路器上装设适当的解列装置（如低电压、低频率、零序电压、零序电流、振荡解列、阻抗原理的解列装置，需要时还可加装方向元件）。

57. 用于整定计算的哪些一次设备参数必须采用实测值？

答：下列参数用于整定计算时必须使用实测值：

1）三相三柱式变压器的零序阻抗；

2）66kV 及以上架空线路和电缆线路的阻抗；

3）平行线之间的零序互感阻抗；

4）双回线路的同名相间和零序的差电流系数；

5）其他对继电保护影响较大的有关参数。

58. 一般短路电流计算采用哪些假设条件？

答：一般短路电流计算采用的假设条件为：

1）忽略发电机、调相机、变压器、架空线路、电缆线路等阻抗参数的电阻部分，并假定旋转电机的负序电抗等于正序电抗。66kV 及以下的架空线路和电缆，当电阻与电抗之比 $R/X > 0.3$ 时，宜采用阻抗值 $Z = \sqrt{R^2 + X^2}$。

2）发电机及调相机的正序电抗可采用 $t=0$ 时的瞬态值（X''_d 的饱和值）。

3）发电机电动势标么值可以假定等于 1，且两侧发电机电动势相位一致。只有在计算线路非全相运行电流和全相振荡电流时，才考虑线路两侧发电机综合电动势间有一定的相角差。

4）不考虑短路电流的衰减。对机端电压励磁的发电机出口附近的故障，应从动作时间上满足保护可靠动作的要求。

5）各级电压可采用标称电压值或平均电压值，而不考虑变压器电压分接头实际位置的变动。

6）不计线路电容和负荷电流的影响。

7）不计故障点的相间电阻和接地电阻。

8）不计短路暂态电流中的非周期分量，但具体整定时应考虑其影响。对有针对性的专题分析（如事故分析）和某些装置特殊需要的计算，可以根据需要采用某些更符合实际情况的参数和数据。

59. 继电保护整定计算以什么运行方式作为依据？

答：合理地选择继电保护整定计算用运行方式是改善保护效果，充分发挥保护效能的关键之一。继电保护整定计算应以常见的运行方式为依据。所谓常见运行方式是指正常运行方式和被保护设备相邻近的一回线或一个元件检修的正常检修方式。对特殊运行方式，可以按专用的运行规程或者依据当时实际情况临时处理，并考虑以下情况：

1）对同杆并架的双回线，考虑双回线同时检修或双回线同时跳开的情况。

2）发电厂有两台机组时，应考虑全部停运的方式，即一台机组检修时，另一台机组故障跳闸；发电厂有三台及以上机组时，可考虑其中两台容量较大的机组同时停运的方式。

3）电力系统运行方式应以调度运行部门提供的书面资料为依据。

60. 变压器中性点接地方式的安排一般如何考虑？

答：变压器中性点接地方式的安排应尽量保持变电所的零序阻抗基本不变。遇到因变压器检修等原因使变电所的零序阻抗有较大变化的特殊运行方式时，应根据规程规定或实际情况临时处理。

1）变电所只有一台变压器，则中性点应直接接地，计算正常保护定值时，可只考虑变压器中性点接地的正常运行方式。当变压器检修时，可作特殊运行方式处理，例如改定值或按规定停用、起用有关保护段。

2）变电所有两台及以上变压器时，应只将一台变压器中性点直接接地运行，当该变压器停运时，将另一台中性点不接地变压器改为直接接地。如果由于某些原因，变电所正常必须有两台变压器中性点直接接地运行，当其中一台中性点直接接地的变压器停运时，若有第三台变压器则将第三台变压器改为中性点直接接地运行。否则，按特殊运行方式处理。

3）双母线运行的变电所有三台及以上变压器时，应按两台变压器中性点直接接地方式运行，并把它们分别接于不同的母线上，当其中一台中性点直接接地变压器停运时，将另一台中性点不接地变压器直接接地。若不能保持不同母线上各有一个接地点时，作为特殊运行方式处理。

4）为了改善保护配合关系，当某一短线路检修停运时，可以用增加中性点接地变压器台数的办法来抵消线路停运对零序电流分配情况产生的影响。

5）发电厂只有一台主变压器时，则变压器中性点宜直接接地运行，当变压器检修时，按特殊运行方式处理。

6）发电厂有接于母线的两台主变压器时，则宜保持一台变压器中性点直接接地运行。如由于某些原因，正常运行时必须两台变压器中性点均直接接地运行，则当一台主变压器检修时，按特殊运行方式处理。

7）发电厂有接于母线的三台及以上主变压器时，则宜两台变压器中性点直接接地运行，并把它们分别接于不同的母线上。当不能保持不同母线上各有一个接地点时，按特殊运行方式处理。

视具体情况，正常运行时也可以一台变压器中性点直接接地运行。当变压器全部检修时，按特殊运行方式处理。

8）自耦变压器和绝缘有要求的变压器，中性点必须直接接地运行。

61. 按什么方式、什么故障类型校验保护的灵敏系数？

答：保护灵敏系数允许按常见运行方式下的单一不利故障类型进行校验。线路保护的灵敏系数除去设计原理上需靠纵续动作的保护外，必须保证在对侧断路器跳闸前和跳闸后，均能满足规定的灵敏系数要求。

在复杂电网中，当相邻元件故障而其保护或断路器拒动时，允许按其他有足够灵敏系数的支路相继跳闸后的接线方式，来校验本保护作为相邻元件后备保护的灵敏系数。

62. 对全线有灵敏度的零序电流保护段在本线路末端金属性短路时的灵敏系数有什么要求？

答：零序电流保护在常见运行方式下，对本线路末端金属性接地故障时的灵敏系数，应满足表 2-1 要求的延时段保护。

表 2-1 灵 敏 系 数

线路电压（kV）	220～500			3～110		
线路长度（km）	50<	50～200	≥200	20<	20～50	≥50
灵敏系数	≥1.5	≥1.4	≥1.3	≥1.5	≥1.4	≥1.3

63. 零序电流分支系数的选择要考虑哪些情况？

答：零序电流分支系数的选择，要通过各种运行方式和线路对侧断路器跳闸前或跳闸后等各种情况进行比较，选取其最大值。在复杂的环网中，分支系数的大小与故障点的位置有关，在考虑与相邻线路零序电流保护配合时，按理应利用图解法，选用故障点在被配合段保护范围末端时的分支系数。但为了简化计算，可选用故障点在相邻线路末端时的可能偏高的分支系数，也可选用与故障点位置有关的最大分支系数。

如被配合的相邻线路是与本线路有较大零序互感的平行线路，应考虑相邻线路故障，在一侧断路器先断开时的保护配合关系。

64. 零序电流保护与重合闸方式的配合应考虑哪些问题？

答：（1）采用单相重合闸方式，并实现后备保护延时段动作后三相跳闸不重合，则零序电流保护与单相重合闸配合按下列原则整定：

1）能躲过非全相运行最大零序电流的零序电流保护 I 段，经重合闸 N 端子跳闸，非全相运行中不退出工作；而躲不开非全相运行最大零序电流的零序电流保护 I 段，应接重合闸 M 端子跳闸，在重合闸启动后退出工作。

2）零序电流保护 II 段的整定值应躲过非全相运行最大零序电流，在单相重合闸过程中不动作，经重合闸 R 端子跳闸。

3）零序电流保护 III、IV 段均经重合闸 R 端子跳闸，三相跳闸不重合。

（2）采用单相重合闸方式，且后备保护延时段启动单相重合闸，则零序电流保护与单相重合闸按如下原则进行配合整定：

1）能躲过非全相运行最大零序电流的零序电流保护 I 段，经重合闸 N 端子跳闸，非全相运行中不退出工作；而不能躲过非全相运行最大零序电流的零序电流保护 I 段，经重合闸 M 端子跳闸，重合闸启动后退出工作。

2）能躲过非全相运行最大零序电流的零序电流保护 II 段，经重合闸 N 端子跳闸，非全相运行中不退出工作；不能躲过非全相运行最大零序电流的零序电流保护 II 段，经重合闸 M 或 P 端子跳闸，亦可将零序电流保护 II 段的动作时间延长至 1.5s 及以上，或躲过非全相运行周期，经重合闸 N 端子跳闸。

3）不能躲过非全相运行最大零序电流的零序电流保护 III 段，经重合闸 M 或 P 端子跳闸，亦可依靠较长的动作时间躲过非全相运行周期，经重合闸 N 或 R 端子跳闸。

4）零序电流保护 IV 段经重合闸 R 端子跳闸。

（3）三相重合闸后加速和单相重合闸的分相后加速，应加速对线路末端故障有足够灵敏度的保护段。如果躲不开在一侧断路器合闸时三相不同步产生的零序电流，则两侧的后加速保护在整个重合闸周期中均应带 0.1s 延时。

65. 如何计算接地距离保护的零序电流补偿系数？

答：接地距离保护的零序电流补偿系数 K 应按线路实测的正序阻抗 Z_1 和零序阻抗 Z_0，用式 $K=(Z_0-Z_1)/3Z_1$ 计算获得。实用值宜小于或接近计算值。

66. 相间距离保护 III 段按什么原则整定？

答：相间距离保护 III 段按下列原则整定：

1）相间距离保护 III 段定值按可靠躲过本线路的最大事故过负荷电流对应的最小阻抗整定，并与相邻线路相间距离保护 II 段配合。当相邻线路相间距离保护 I、II 段采用短时开放原理时，本线路相间距离保护 III 段可能失去选择性。若配合有困难，可与相邻线路相间距离保护 III 段配合。

2）相间距离保护 III 段动作时间应按配合关系整定，并应大于系统振荡周期。在环网中，本线路相间距离保护 III 段与相邻线路相间距离保护 III 段之间整定配合时，可适当选取解列点。

67. 高频相差保护中反应不对称故障的启动元件高、低定值如何整定？

答：高频相差保护中反映不对称故障的启动元件按如下原则整定：

1）高定值启动元件应按被保护线路末端两相短路、单相接地及两相短路接地故障有足够的灵敏度整定，负序电流 I_2 力争大于 4.0，最低不得小于 2.0，同时要可靠躲过三相不同步时的线路充电电容电流，可靠系数大于 2.0。

2）低定值启动元件应按躲过最大负荷电流下的不平衡电流整定，可靠系数取 2.5。

3）高、低定值启动元件的配合比值取 1.6～2。

4）若单独采用负序电流元件作为启动元件的灵敏度不满足要求时，可采用负序电流加零序电流分量的启动元件 $\dot{I}_2+K\dot{I}_0$。

68. 对线路两侧高频相差保护中 $\dot{I}_1+K\dot{I}_2$ 操作滤过器 K 值的选取有什么要求？

答：$\dot{I}_1+K\dot{I}_2$ 操作滤过器一般选 $K=6$，线路两侧的高频相差保护用的操作滤过器应取相同的 K 值，K 值与两侧电流互感器变比是否相同无关。闭锁角的定值随线路长度和误差增大而提高，闭锁角一般可整定为 $60°～80°$。

69. 自动重合闸的动作时间如何整定？

答：自动重合闸的动作时间按如下原则整定：

1）单侧电源线路所采用的三相重合闸时间，除应大于故障点熄弧时间及周围介质去游离时间外，还应大于断路器及操作机构复归原状准备好再次动作的时间。

2）双侧电源线路的自动重合闸时间，除了考虑单侧电源线路重合闸的因素外，还应考虑线路两侧保护装置以不同时限切除故障的可能性及潜供电流的影响。计算公式为

$$t_{\mathrm{set,min}} \geqslant t_1+t_2+\Delta t-t_3$$

式中　$t_{\mathrm{set,min}}$——重合闸最小整定时间；

$\quad\quad t_1$——对侧保护有足够灵敏度的延时段动作时间，如只考虑两侧保护均为瞬时动作，则可取为零；

$\quad\quad t_2$——断电时间，三相重合闸不小于 0.3s；220kV 线路，单相重合闸不小于 0.5s；

330～500kV 线路，单相重合闸的最低要求断电时间，视线路长短及有无辅助消弧措施（如高压电抗器带中性点小电抗）而定；

t_3——断路器固有合闸时间；

Δt——裕度时间。

3）发电厂出线或密集型电网的线路三相重合闸，其无电压检定侧的动作时间一般整定为 10s；单相重合闸的动作时间由运行方式部门确定，一般整定为 1.0s 左右。

4）单侧电源线路的三相一次重合闸的动作时间不宜小于 1s；如采用二次重合闸，第二次重合闸动作时间不宜小于 5s。

70. 方向阻抗选相元件的定值应满足什么要求？

答：方向阻抗选相元件定值，应可靠躲过正常运行情况和重合闸启动后至闭锁回路可靠闭锁前的最小感受阻抗，并应验算线路末端金属性接地故障时的灵敏度。短线路灵敏系数为 3～4，长线路灵敏系数为 1.5～2，且最小故障电流不小于阻抗元件精确工作电流的 2 倍。还应验算线路末端经电阻接地时容纳接地电阻的能力，线路末端经一定接地电阻接地时，阻抗选相元件至少能相继动作。

出口单相接地故障时非故障相选相元件应保证不误动。如果阻抗选相元件带偏移特性，应取消阻抗选相元件中的 $3I_0$ 分量，并验算在末端单相及两相接地时，其灵敏度是否满足上述要求。

如阻抗选相元件独立工作时，应验算在整个单相重合闸过程中，选相元件感受的负荷阻抗是否保证不进入其动作特性圆内。

71. 选相元件拒动后备回路跳三相的延时整定应满足什么要求？

答：选相元件拒动后备回路跳三相的延时整定应满足以下要求：

1）在线路两侧选相元件纵续动作情况下，不误跳三相；

2）大于继电保护动作、出口跳闸继电器返回和断路器跳闸的时间之和；

3）在保证可靠性的前提下该延时应尽量缩短，力求与上一级保护有一定配合关系。一般情况下，选相元件拒动后备回路跳三相的延时整定为 0.25～0.3s。

72. 母线差动保护的电压闭锁元件定值如何整定？

答：母线差动保护低电压或负序及零序电压闭锁元件的整定，按躲过最低运行电压整定，在故障切除后能可靠返回，并保证对母线故障有足够的灵敏度，一般可整定为母线正常运行电压的 60%～70%。负序、零序电压闭锁元件按躲过正常运行最大不平衡电压整定。220kV及以上母线负序电压可整定为 2～4V，零序电压可整定为 4～6V；110kV 及以下母线负序电压一般整定为 4～8V，零序电压一般整定为 4～12V。

73. 断路器失灵保护的相电流判别元件定值应满足什么要求？低电压、负序电压、零序电压闭锁元件定值如何整定？

答：断路器失灵保护相电流判别元件的整定值，应保证在本线路末端或本变压器低压侧单相接地故障时有足够灵敏度，灵敏系数大于 1.3，并尽可能躲过正常运行负荷电流。

断路器失灵保护负序电压、零序电压和低电压闭锁元件的整定值，应综合保证与本母线相连的任一线路末端和任一变压器低压侧发生短路故障时有足够灵敏度。其中负序电压、零序电压闭锁元件应可靠躲过正常情况下的不平衡电压，低电压闭锁元件应在母线最低运行电压下不动作，而在切除故障后能可靠返回。

74. 变压器各侧的过电流保护的作用和整定原则是什么？

答：变压器各侧的过电流保护均按躲过变压器额定负荷整定，但不作为短路保护的一级参与选择性配合，其动作时间应大于所有出线保护的最长时间。

（1）单侧电源两个电压等级的变压器电源侧的过电流保护作为保护变压器安全的最后一级跳闸保护，同时兼作无电源侧母线和出线故障的后备保护。

过电流保护的电流定值按躲过额定负荷电流整定，时间定值与无电源侧出线保护最长动作时间配合，动作后，跳两侧断路器；在变压器并列运行时，如无电源侧未配置过电流保护，也可先跳无电源侧母联断路器，再跳两侧断路器。

如无电源侧配置过电流保护，则过电流保护的电流定值按躲过额定负荷电流整定，时间定值不应大于电源侧过电流保护的动作时间，同时还应与出线保护最长动作时间配合，动作后跳本侧断路器；在变压器并列运行时，也可先跳本侧母联断路器，再跳本侧断路器。

（2）单侧电源三个电压等级的变压器电源侧的过电流保护作为保护变压器安全的最后一级跳闸保护，同时兼作无电源侧母线和出线故障的后备保护。

1）对只在电源侧和主负荷侧装有过电流保护的变压器，电源侧过流保护的定值应与主负荷侧的过电流保护定值配合整定，同时，时间定值还应与未装保护侧的出线保护最长动作时间配合，动作后，跳三侧断路器；如有两段时间，也可先跳未装保护侧的断路器，再跳三侧断路器。

主负荷侧的过电流保护的电流定值按躲过额定负荷电流整定，时间定值应与本侧出线保护最长动作时间配合，动作后跳本侧断路器，如有两段时间，可先跳本侧断路器，再跳三侧断路器；在变压器并列运行时，还可先跳本侧母联断路器，再跳本侧断路器，后跳三侧断路器。

2）三侧均装有过电流保护的变压器，电源侧过电流保护的定值应与两个无电源侧的过电流保护定值配合，动作后跳三侧断路器。

无电源侧的过电流保护定值按本条1）主负荷侧的过电流保护整定方法整定。

（3）多侧电源变压器主电源侧的方向过电流保护宜指向变压器，其他电源侧方向过电流保护的方向可根据选择性的需要确定，其定值按下述原则整定：

1）指向变压器的方向过电流保护，可作为变压器、指定侧母线和出线故障的后备保护。其时间定值可与其他电源侧指向本侧母线的方向过电流保护和无电源侧的过电流保护动作时间配合整定（在其他侧无上述保护时，时间定值应与该侧出线后备保护动作时间配合整定），动作后除跳本侧断路器外，根据需要，还可先跳指定侧的母联或指定侧断路器。

该方向过电流保护一般应对中（高）压侧母线故障有 1.5 的灵敏系数。

2）指向本侧母线的过电流保护主要保护本侧母线，同时兼作出线故障的后备保护，其电流定值按躲过本侧额定负荷电流整定，时间定值应与出线后备保护动作时间配合整定，动作后跳本侧断路器；在变压器并列运行时，也可先跳本侧母联断路器，再跳本侧断路器。

（4）多侧电源变压器主电源侧的过电流保护作为保护变压器安全的最后一级跳闸保护，同时兼作其他侧母线和出线故障的后备保护，电流定值按躲过本侧负荷电流整定，动作时间应大于各侧出线保护最长动作时间，动作后跳变压器各侧断路器。保护的动作时间和灵敏系数可不作为一级保护参与选择配合。

小电源侧或无电源侧的过电流保护主要保护本侧母线，同时兼作本侧出线故障的后备保护。电流定值按躲过本侧负荷电流整定，时间定值应与出线保护最长动作时间配合，动作后跳本侧断路器，如有两段时间，可先跳本侧断路器，再跳三侧断路器；在变压器并列运行时，还可先跳本侧母联断路器，再跳本侧断路器，后跳三侧断路器。

75. 中性点经间隙接地的变压器，中性点放电间隙的零序电流、零序电压保护如何整定？

答：1）中性点不直接接地的 220kV 变压器，中性点放电间隙零序电流保护的启动电流可整定为间隙击穿时有足够灵敏度，保护动作后带 0.3～0.5s 延时，断开变压器各侧断路器。

对高压侧采用备用电源自动投入方式的变电所，变压器中性点放电间隙的零序电流保护以 0.2s 断开高压侧电源线，以 0.7s 断开变压器。

2）中性点经放电间隙接地的 220kV 变压器的零序电压保护，其 $3U_0$ 定值（$3U_0$ 额定值为 300V）一般可整定为 180V 和 0.3～0.5s。220kV 系统中，不接地的半绝缘变压器中性点应采用放电间隙接地方式。

3）110kV 变压器中性点放电间隙零序电流保护的一次电流定值一般可整定为 40～100A，保护动作后带 0.3～0.5s 延时跳变压器各侧断路器。

对高压侧采用备用电源自动投入方式的变电所，变压器中性点放电间隙的零序电流保护可以 0.2s 跳高压侧电源线，以 0.7s 跳变压器。

4）对中性点经放电间隙接地的半绝缘水平的 110kV 变压器的零序电压保护，其 $3U_0$ 定值一般整定为 150～180V（额定值为 300V），保护动作后带 0.3～0.5s 延时跳变压器各侧断路器。

76. 备用电源自动投入装置的整定原则是什么？

答：（1）备用电源自动投入装置的电压鉴定元件按下述规定整定：

1）低电压元件：应能在所接母线失压后可靠动作，而在电网故障切除后可靠返回，为缩小低电压元件动作范围，低电压定值宜整定得较低，一般整定为 0.15～0.3 倍额定电压。

2）有电压检测元件：应能在所接母线（或线路）电压正常时可靠动作，而在母线电压低到不允许自投装置动作时可靠返回，电压定值一般整定为 0.6～0.7 倍额定电压。

3）动作时间：电压鉴定元件动作后延时跳开工作电源，其动作时间宜大于本级线路电源侧后备保护动作时间与线路重合闸时间之和。

（2）备用电源投入时间一般不带延时，如跳开工作电源时需联切部分负荷，则投入时间可整定为 0.1～0.5s。

（3）后加速过电流保护：

1）安装在变压器电源侧的自动投入装置，如投入在故障设备上，后加速保护应快速切除故障，本级线路电源侧速动段保护的非选择性动作由重合闸来补救，电流定值应对故障设备有足够的灵敏系数，同时还应可靠躲过包括自启动电流在内的最大负荷电流。

2）安装在变压器负荷侧的自动投入装置，如投入在故障设备上，为提高投入成功率，后加速保护宜带 0.2～0.3s 延时,电流定值应对故障设备有足够的灵敏系数,同时还应可靠躲过包括自启动电流在内的最大负荷电流。

五、电力系统继电保护和安全自动装置评价规程

77. 试述继电保护装置的评价范围。

答:继电保护装置的评价范围(不作为现场继电保护专业部门运行维护的职责范围)是:

1)供保护装置使用的电流、电压互感器的二次绕组。

2)交流电流、电压回路,自互感器的二次绕组端子接至继电保护设备间的全部连线,包括电缆、导线、接线端子、试验部件、电压切换回路等。

3)纵联保护通道:供保护用的高频、微波、光纤通道设备,包括阻波器、耦合电容器、结合滤波器、高频电缆、分频滤波器、复用载波机等。

4)各种类型的保护装置,包括每一套保护设备内全部继电器元件、保护设备端子排及回路。

5)直流回路:自保护直流回路的分路熔断器或分路开关起至断路器操作机构的端子排间的全部连线,包括电缆及分线箱端子排。

78. 保护装置的动作评为"正确"和"不正确"的原则是什么?

答:保护装置的动作评价分为"正确"和"不正确"(包括原因不明)两种。

(1)满足下列条件时,保护装置的动作应评为"正确":

在电力系统故障(接地、短路或断线)或异常运行(过负荷、振荡、低频率、低电压、发电机失磁等)时,保护装置的动作符合设计、整定和特性试验要求,并能有效地消除故障或使异常运行情况得以改善。

(2)有下列情况之一时,保护装置的动作应评为"不正确":

1)在电力系统故障或异常运行时,按保护装置动作特性、正确的整定值、接线全部正确,应动而拒动。

2)在电力系统故障或异常运行时,按保护装置动作特性、正确的整定值、接线全部正确,不应动而误动。

3)在电力系统正常运行情况下,保护装置误动作跳闸。

79. 线路纵联保护如何统计评价?

答:线路纵联保护是由线路两侧的设备共同构成的一整套保护,但在统计动作次数时,应按两侧分别进行。若保护装置的不正确动作是因一侧设备的不正确状态引起的,则应由引起不正确动作的一侧统计,另一侧不统计。如查明两侧设备均有问题,则不正确动作两侧都应进行统计评价。对于线路纵联保护原因不明的不正确动作不论一侧或两侧,若线路两侧同属一个单位则评为不正确动作一次,若线路两侧属于两个单位则各侧均按不正确动作一次评价。

80. 母线故障时母线差动保护动作,但其中有断路器拒跳时,应如何统计评价?

答:母线差动保护动作于多个断路器跳闸,若由于某种原因使其中一个或多个断路器拒

绝跳闸，则整套母线差动保护按"不正确"1 次统计；若由于断路器原因而拒跳则不予评价。

母线故障，母线差动保护动作，其中有断路器拒跳，但纵联保护停讯使其对侧断路器跳闸，消除故障，母线差动保护评为"正确"1 次，纵联保护对侧按母线所属"对侧纵联"评为"正确"1 次，本侧不予评价，拒跳的断路器不是由于断路器原因，则按"总出口继电器"评为"不正确"1 次。

母线差动保护动作使纵联保护停讯造成对侧跳闸，则按母线所属"对侧纵联"评为"正确"1 次。

81. 试运行的保护如何统计评价？

答：试运行的保护在跳闸试运期间（不超过半年），因设计原理、制造质量等非人员责任原因而发生误动，并在事前经过网、省局的同意，可不予评价。

82. 试述全部保护装置、220kV 及以上系统保护装置、500（330）kV 电网保护装置的统计范围。

答：1）全部保护装置（不包括单独统计的系统安全自动装置），指 110kV 及以下系统保护装置和 220kV 及以上系统保护装置。

2）220kV 及以上系统保护装置，指 100MW 及以上的发电机，50M var 及以上的调相机，电压为 220kV 及以上的变压器、电抗器、电容器、母线和线路的保护装置，自动重合闸，备用设备及备用电源自动投入装置。

3）500（330）kV 电网保护装置，指电压为 500（330）kV 的变压器、电抗器、电容器、母线和线路的保护装置及自动重合闸。

83. 试述线路重合闸成功次数的计算方法。

答：线路重合闸成功次数的计算方法是：

1）单侧电源线路，若电源侧重合成功，则线路重合成功次数为 1。综合重合闸综重方式应单跳单合，三相重合闸多相或三相跳闸应重合。

2）两侧（或多侧）电源线路，若两侧（或多侧）均重合成功，则线路重合成功次数为 1。若一侧拒合（或重合不成功），则线路重合成功次数为 0。

3）未装重合闸、重合闸停用、一侧重合闸停用另一侧运行、相间故障单相重合闸不重合及电抗器故障跳闸不重合等因为系统要求而不允许重合的均不统计线路重合成功率。

4）220kV 及以上的线路重合闸重合成功率计算式为

$$\text{线路重合成功率} = \frac{\text{线路重合成功次数}}{\text{线路故障应重合次数}+\text{线路越级跳闸应重合次数}+\text{线路误跳闸应重合次数}} \times 100\%$$

84. 试述综合重合闸的评价方法。

答：综合重合闸评价方法为：

1）选相回路包括在重合闸内，选相正确时不评价，选相不正确重合闸评为"不正确"1 次。选相回路包括在保护装置内，选相不正确，但该保护装置作用跳开三相仍评价为"正确"，此外再增加评价"不正确"1 次。若两个及以上的保护装置带有选相元件，而选相不正确又无法分清是哪个保护装置的选相元件不正确时，则评价为"总出口继电器""不正确"1次。

2）线路发生瞬时性单相接地时，综合重合闸误跳三相，然后三相重合成功，则保护评为"正确"，综合重合闸评为"不正确"1次（误跳三相）和"正确"1次（重合闸动作）。

3）线路发生瞬时性单相接地时，单相重合闸误跳三相，评为"不正确"1次，如果又误合三相重合成功，则按两次"不正确"计算，但重合成功情况仍应计入线路重合闸成功率。

4）多个保护装置的动作，由于综合重合闸或单相重合闸装置的问题而拒跳，则重合闸评为"不正确"1次，而保护装置不予评价。

5）单相重合闸在经高阻单相接地时，因选相元件原理固有缺陷而跳三相时，单相重合闸不予评价。

85. 试述故障录波器的统计评价方法。

答：故障录波器的统计评价方法：

1）故障录波器录波完好率的计算式为

$$录波完好率 = \frac{录波完好次数}{应评价的次数} \times 100\%$$

2）与故障元件连接最近的录波器（例如线路故障时指线路两侧的录波器；母线故障时，指母线上的和线路对侧的录波器）必须进行评价。

3）因系统振荡或区外故障，凡已启动的故障录波器，当省局和网局要求上报录波时，应进行评价。

4）录波器的完好标准：

故障录波记录时间与故障时间吻合，数据准确，波形清晰完整，标记正确，开关量清楚，与故障过程相符，上报及时，可作为故障分析的依据。

5）录波不完好必须说明原因及状况。

6）故障录波器的动作次数，不计入全部保护装置动作的总次数中。

86. 微机保护如何统计评价？

答：微机保护的统计评价方法为：

1）微机保护装置的每次动作（包括拒动），按其功能进行统计；分段的保护以每段为单位来统计评价。保护装置的每次动作（包括拒动）均应进行统计评价。

2）每一套微机保护的动作次数，必须按照记录信息统计保护装置的动作次数。对不能明确提供保护动作情况的微机保护装置，则不论动作多少次只作1次统计；若重合闸不成功，保护再次动作跳闸，则评价保护动作2次，重合闸动作1次。至于属哪一类保护动作，则以故障录波分析故障类型和跳闸时间来确定。

87. 试述220kV及以上电压等级的安全自动装置分类。

答：（1）220kV及以上电压等级的安全自动装置分类：

1）装设于220kV及以上电压等级设备的过负荷减载装置（可动作于任何电压等级的线路）及220kV及以上线路的低频减负荷装置。

2) 装设于 220kV 及以上电压等级设备的解列装置（动作于任何电压等级的线路、发电机、调相机、变压器）。解列装置包括振荡解列、低压解列，过负荷解列、低频解列等。

3) 装设于 220kV 及以上电压等级线路的继电保护连锁切机装置，其中包括就地连锁切机、就地连锁切负荷、就地连锁快速减出力（快关汽门）、就地电气制动等。

4) 远方安全自动装置，其中包括远方切机、远方切负荷、远方快速减出力、远方启动发电机、低频启动发电机等。

(2) 上述装置均单独评价，其动作次数均不计入保护装置动作的总次数内。

六、电业安全工作规程
（发电厂和变电所电气部分）

88. 《电业安全工作规程（发电厂和变电所电气部分）》规定电气工作人员必须具备什么条件？

答： 电气工作人员必须具备下列条件：

1) 经医师鉴定，无妨碍工作的病症（体格检查约两年一次）。

2) 具备必要的电气知识，且按其职务和工作性质，熟悉《电业安全工作规程》（发电厂和变电所电气部分、电力线路部分、热力和机械部分）的有关部分，并经考试合格。

3) 学会紧急救护法，特别要学会触电急救。

89. 设备不停电时的安全距离是多少？

答： 设备不停电时的安全距离见表 2-2。

表 2-2 设备不停电时的安全距离

电压等级（kV）	安全距离（m）	电压等级（kV）	安全距离（m）
10 及以下（13.8）	0.70	154	2.00
20～35	1.00	220	3.00
44	1.20	330	4.00
60～110	1.50	500	5.00

90. 在电气设备上工作时，保证安全的组织措施有哪些？

答： 在电气设备上工作，保证安全的组织措施有：

1) 工作票制度；

2) 工作许可制度；

3) 工作监护制度；

4) 工作间断、转移和终结制度。

91. 什么工作填用第一种工作票？什么工作填用第二种工作票？

答： (1) 下列情况应填用第一种工作票：

1) 在高压室遮栏内或与导电部分小于表 2-2 规定的安全距离进行继电器和仪表等的检查试验时，需将高压设备停电的；

2）检查高压电动机和启动装置的继电器和仪表需将高压设备停电的。

（2）下列情况应填用第二种工作票：

1）一次电流继电器有特殊装置可以在运行中改变定值的；

2）对于连于电流互感器或电压互感器二次绕组并装在通道上或配电盘上的继电器和保护装置，可以不断开所保护的高压设备的。

92. 工作许可制度的内容是什么？

答：工作许可制度的内容是：

（1）工作许可人（值班员）在完成施工现场的安全措施后，还应：

1）会同工作负责人到现场再次检查所做的安全措施，以手触试，证明检修设备确无电压；

2）对工作负责人指明带电设备的位置和注意事项；

3）和工作负责人在工作票上分别签名。

完成上述许可手续后，工作班方可开始工作。

（2）工作负责人、工作许可人任何一方不得擅自变更安全措施，值班人员不得变更有关检修设备的运行接线方式。工作中如有特殊情况需要变更时，应事先取得对方的同意。

93. 工作监护制度的内容是什么？

答：工作监护制度的内容是：

1）完成工作许可手续后，工作负责人（监护人）应向工作班人员交待现场安全措施、带电部位和其他注意事项。工作负责人（监护人）必须始终在工作现场，对工作班人员的安全认真监护，及时纠正违反安全的动作。

2）所有工作人员（包括工作负责人）不许单独留在高压室内和室外变电所高压设备区内。

若工作需要（如测量极性、回路导通试验等），且现场设备具体情况允许时，可以准许工作班中有实际经验的一人或几人同时在他室进行工作，但工作负责人应在事前将有关安全注意事项予以详尽的指示。

3）工作负责人（监护人）在全部停电时，可以参加工作班工作；在部分停电时，只有在安全措施可靠，人员集中在一个工作地点，不致误碰导电部分的情况下，方能参加工作。

工作票签发人或工作负责人，应根据现场的安全条件、施工范围、工作需要等具体情况，增设专人监护和批准被监护的人数。

专责监护人不得兼做其他工作。

4）工作期间，工作负责人若因故必须离开工作地点时，应指定能胜任的人员临时代替，离开前应将工作现场交待清楚，并告知工作班人员。原工作负责人返回工作地点时，也应履行同样的交接手续。

若工作负责人需要长时间离开现场，应由原工作票签发人变更新工作负责人，两工作负责人应做好必要的交接。

5）值班员如发现工作人员违反安全规程或任何危及工作人员安全的情况，应向工作负责人提出改正意见，必要时可暂时停止工作，并立即报告上级。

94. 在全部停电或部分停电的电气设备上工作时，保证安全的技术措施有哪些？

答：在全部停电或部分停电的电气设备上工作时，必须完成下列保证安全的技术措施：

1) 停电；

2) 验电；

3) 装设接地线；

4) 悬挂标示牌和装设遮栏。

上述措施由值班员执行。对于无经常值班人员的电气设备，由断开电源人执行，并应有监护人在场〔两线一地制系统验电、装设接地线措施，由局（厂）自行规定〕。

七、继电保护和电网安全自动装置
现 场 工 作 保 安 规 定

95. 哪些人员必须遵守《继电保护及电网安全自动装置现场工作保安规定》?

答：凡是在现场接触到运行的继电保护、安全自动装置及其二次回路的生产运行维护、科研试验、安装调试或其它专业（如仪表等）人员，除必须遵守《电业安全工作规程》外，还必须遵守本规定。

96. 现场工作至少应有几人参加? 工作负责人应负什么责任?

答：现场工作至少应有 2 人参加。工作负责人必须由经领导批准的专业人员担任。工作负责人对工作前的准备、现场工作的安全、质量、进度和工作结束后的交接负全部责任。外单位参加工作的人员，不得担任工作负责人。

97. 现场工作过程中遇到异常情况或断路器跳闸时，应如何处理?

答：在现场工作过程中，凡遇到异常（如直流系统接地等）或断路器跳闸时，不论与本身工作是否有关，应立即停止工作，保持现状，待找出原因或确定与本工作无关后，方可继续工作。上述异常若为从事现场继电保护工作的人员造成，应立即通知运行人员，以便有效处理。

98. 在一次设备运行而停用部分保护进行工作时，应特别注意什么?

答：在一次设备运行而停用部分保护进行工作时，应特别注意断开不经连接片的跳、合闸线及与运行设备安全有关的连线。

99. 现场工作前应做哪些准备工作?

答：现场工作前应做以下准备工作：

1) 了解工作地点一、二次设备运行情况，本工作与运行设备有无直接联系（如自投，联切等），与其他班组有无配合的工作；

2) 拟定工作重点项目及准备解决的缺陷和薄弱环节；

3) 工作人员明确分工并熟悉图纸及检验规程等有关资料；

4) 应具备与实际状况一致的图纸、上次检验的记录、最新整定通知单、检验规程、合格的仪器仪表、备品备件、工具和连接导线等。

5）对一些重要设备，特别是复杂保护装置或有联跳回路的保护装置，如母线保护、断路器失灵保护、远方跳闸、远方切机、切负荷等的现场校验工作，应编制经技术负责人审批的试验方案和由工作负责人填写并经技术负责人审批的继电保护安全措施票。

100．在现场进行试验时，接线前应注意什么？

答：在进行试验接线前，应了解试验电源的容量和接线方式；配备适当的熔断器，特别要防止总电源熔断器越级熔断；试验用刀闸必须带罩，禁止从运行设备上直接取得试验电源。在试验接线工作完毕后，必须经第二人检查，方可通电。

101．在带电的电流互感器二次回路上工作时应采取哪些安全措施？

答：在带电的电流互感器二次回路上工作时应采取下列安全措施：

1）严禁将电流互感器二次侧开路；

2）短路电流互感器二次绕组，必须使用短路片或短路线，短路应妥善可靠，严禁用导线缠绕；

3）严禁在电流互感器与短路端子之间的回路和导线上进行任何工作；

4）工作必须认真、谨慎，不得将回路的永久接地点断开；

5）工作时，必须有专人监护，使用绝缘工具，并站在绝缘垫上。

102．在带电的电压互感器二次回路上工作时应采取哪些安全措施？

答：在带电的电压互感器二次回路上工作时应采取下列安全措施：

1）严格防止电压互感器二次侧短路或接地。工作时应使用绝缘工具，戴手套。必要时，工作前停用有关保护装置。

2）二次侧接临时负载，必须装有专用的刀闸和熔断器。

103．更改二次回路接线时应注意哪些事项？

答：更改二次回路接线时的注意事项有：

1）首先修改二次回路接线图，修改后的二次回路接线图必须经过审核，更改拆动前要与原图核对，接线更改后要与新图核对，并及时修改底图，修改运行人员及有关各级继电保护人员用的图纸。

2）修改后的图纸应及时报送直接管辖调度的继电保护部门。

3）保护装置二次线变动或更改时，严防寄生回路存在，没有用的线应拆除。

4）在变动直流回路后，应进行相应的传动试验，必要时还应模拟各种故障进行整组试验。

5）变动电压、电流二次回路后，要用负荷电压、电流检查变动后回路的正确性。

104．现场试验工作结束前应做哪些工作？

答：现场试验工作结束前应做下述工作：

1）工作负责人应会同工作人员检查试验记录有无漏试项目，整定值是否与定值通知单相符，试验结论、数据是否完整正确。经检查无误后，才能拆除试验接线。

2）复查临时接线是否全部拆除，拆下的线头是否全部接好，图纸是否与实际接线相符，标志是否正确完备等。

105. 检验工作结束后应进行哪些工作？

答：检验工作结束后，全部设备及回路应恢复到工作开始前状态。清理完现场后，工作负责人应向运行人员详细进行现场交待，并将其记入继电保护工作记录簿。记录的主要内容有整定值的变更情况，二次接线变更情况，已经解决和未解决的问题及缺陷，运行注意事项和设备能否投入运行等。经运行人员检查无误后，双方在继电保护工作记录簿上签字。

106. 保护装置调试的定值依据是什么？要注意些什么？

答：保护装置调试的定值，必须依据最新整定值通知单的规定。

调试保护装置定值时，先核对通知单与实际设备是否相符（包括互感器的接线、变比），及有无审核人签字。根据电话通知整定时，应在正式的运行记录簿上作电话记录，并在收到整定值通知单后，将试验报告与通知单逐条核对。

所有交流继电器的最后定值试验，必须在保护屏的端子排上通电进行。开始试验时，应先做好原定值试验，如发现与上次试验结果相差较大或与预期结果不符等任何细小问题时，应慎重对待，查找原因。在未得出结论前，不得草率处理。

107. 清扫运行中的设备和二次回路时应遵守哪些规定？

答：清扫运行中的设备和二次回路时，应认真仔细，并使用绝缘工具（毛刷、吹风设备等），特别注意防止振动，防止误碰。

108. 继电保护现场工作中的习惯性违章的主要表现有哪些？

答：继电保护现场工作中的习惯性违章有如下四种表现：

1) 不履行工作票手续即行工作；

2) 不认真履行现场继电保护工作安全措施票；

3) 监护人不到位或失去监护；

4) 现场标示牌不全，走错屏位（间隔）。

八、继电保护及电网安全自动装置检验条例

109. 继电保护装置的检验一般可分为哪几种？

答：继电保护装置的检验分为三种：

1) 新安装装置的验收检验。

2) 运行中装置的定期检验（简称定期检验）。定期检验又分为三种：

全部检验；

部分检验；

用装置进行断路器跳合闸试验。

3) 运行中装置的补充检验（简称补充检验）。补充检验又分为四种：

装置改造后的检验；

检修或更换一次设备后的检验；

运行中发现异常情况后的检验；

事故后检验。

110. 什么情况下可以适当延长保护装置的检验期限？

答：基层局、厂继电保护部门，对于制造质量优良、运行情况良好的保护装置，根据具体情况列表报请所属单位的总工程师批准后，可适当延长其检验期限，并报省（网）局继电保护部门备案。

111. 新安装装置的第一次定期检验应由哪个部门进行？

答：新安装装置的第一次定期检验由运行部门进行，其检验项目除按全部检验规定的项目外，尚需参照新安装装置验收检验的规定，适当补充一些项目。

112. 为保证继电保护装置的检验质量，对其使用的试验电源有什么基本要求？

答：为了保证检验质量，对继电保护装置试验电源的基本要求如下：

1）交流试验电源和相应调整设备应有足够的容量，以保证在最大试验负载下，通入装置的电压及电流均为正弦波（不得有畸变现象）。如有条件测试试验电源的谐波分量时，试验电流及电压的谐波分量不宜超过基波的 5％。

2）装设有复杂保护装置的场所（如 220kV 变电所），应设有供给交流试验用的电源变压器，其一次绕组应为三角形接线，二次绕组为星形接线的三相四线制，相电压为 $100/\sqrt{3}$ V，容量不小于 10kVA。

3）试验用的直流电源的额定电压应与装置装设场所所用的直流额定电压相同。现场应备有自直流电源总母线引出供试验用的电压为额定值及 80％额定值的专用支路。试验支路应设专用的安全开关，所接熔断器必须保证选择性。

4）不允许用运行中设备的直流支路电源作为检验时的直流电源。

5）变电所的直流电源如为交流整流（电容器储能或复励供电）电源，直流试验电源不允许取自处于运行中的储能母线或复励电源母线。

113. 对继电保护及电网安全自动装置试验所用仪表有什么规定？

答：试验工作应注意选用合适的仪表，整定试验所用仪表的精确度应为 0.5 级，测量继电器内部回路所用的仪表应保证不致破坏该回路参数值。如并接于电压回路上的，应用高内阻仪表；若测量电压小于 1V，应用电子毫伏表或数字型电表；串接于电流回路中的，应用低内阻仪表；测定绝缘电阻，一般情况下用 1000V 兆欧表进行。

114. 继电保护装置试验回路的接线原则是什么？

答：试验回路的接线应遵守下述原则：

（1）试验回路的接线应使通入装置的电气量与其实际工作情况相符合。如对反映过电流的元件，应用突然通入电流的方法进行检验；对正常接入电压的阻抗元件，则应用将电压由正常运行值突然下降、而电流由零值突然上升的方法，或自负荷电流变为短路电流的方法进行检验。

（2）在保证按定值通知书进行整定试验时，应采用符合上述要求的接线。

（3）模拟故障的试验回路，应具备对装置进行整组试验的条件。装置的整组试验是指自装置的电压、电流二次回路的引入端子处，向同一被保护设备的所有装置通入模拟的电压、电流量，以检验各装置在故障及重合闸过程中的动作情况。

（4）对于复杂装置的检验，其模拟试验回路还应具备如下的条件：

1）试验电流、电压的相对相位能在 0°～360°范围内变化。试验电压一般为三相四线制，试验电流一般可为单相式，但应具备通入三相的条件。单相式的电流值应能在 50A 内均匀调节，而模拟三相短路的电流，则应不小于 20A。

2）要有模拟故障发生与切除的逻辑控制回路，一般应能模拟以下各种情况：

各种两相短路、两相短路接地及各种单相接地故障；

同时性的三相短路故障，三相短路的不同时性不大于 1.0ms 的故障；

上述类型的故障切除、重合闸成功与重合闸不成功（瞬时性短路与永久性短路）；

由单相短路经规定延时后转化为两相接地或三相短路故障（对综合重合闸的检验及某些事故后的检验）；

为进行纵联保护两侧整组对试所需要的模拟外部及内部短路发生及切除的远方控制回路。

115. 应怎样设置继电保护装置试验回路的接地点？

答：在向装置通入交流工频试验电源前，必须首先将装置交流回路的接地点断开，除试验电源本身允许有一个接地点之外，在整个试验回路中不允许有第二个接地点，当测试仪表的测试端子必须有接地点时，这些接地点应接于同一接地点上。

规定有接地端的测试仪表，在现场进行检验时，不允许直接接到直流电源回路中，以防止发生直流电源接地的现象。

116. 继电保护装置的外部检查包括哪些内容？

答：继电保护装置的外部检查包括下述内容：

1）装置的实际构成情况是否与设计相符合。

2）主要设备、辅助设备、导线与端子以及采用材料等的质量。

3）安装的外部质量。

4）与部颁现行规程或反事故措施、网（省）局事先提出的要求等是否相符合。

5）技术资料、试验报告是否完整正确。

6）屏上的标志应正确、完整、清晰，如在电器、辅助设备和切换设备（操作把手、刀闸、按钮等）上以及所有光指示信号、信号牌上都应有明确的标志，且实际情况应与图纸和运行规程相符。

7）涂去装置上闲置连接片的原有标志，或加标"闲置"字样。该闲置连接片端子上的连接线应与图纸相符合，图上没有的应拆掉。

117. 检查二次回路的绝缘电阻应使用多少伏的摇表？

答：检查二次回路的绝缘电阻应使用 1000V 摇表。

118. 新投入或经更改的电流、电压回路应利用工作电压和负荷电流进行哪些检验？

答：（1）电压互感器在接入系统电压以后，应进行下列检验工作：

1）测量每一个二次绕组的电压。

2）测量相间电压。

3）测量零序电压。对小电流接地系统的电压互感器，在带电测量前，应在零序电压回路接入一合适的电阻负载，避免出现铁磁谐振现象，造成错误测量。

4）检验相序。

5）定相。

（2）被保护线路有负荷电流之后（一般宜超过 20％的额定电流），应进行下列检验工作：

1）测量每相及零序回路的电流值。

2）测量各相电流的极性及相序是否正确。

3）定相。

4）对接有差动保护或电流相序滤过器的回路，测量有关不平衡值。

119. 断路器和隔离开关经新安装装置检验及检修后，继电保护试验人员需要了解哪些调整试验结果？

答：断路器和隔离开关经新安装装置检验及检修后，继电保护试验人员应及时了解以下调整试验结果：

1）与保护回路有关的辅助触点的开、闭情况或这些触点的切换时间。

2）与保护回路相连接的回路绝缘电阻。

3）断路器跳闸及辅助合闸线圈的电阻值及在额定电压下的跳、合闸电流。

4）断路器最低跳闸电压及最低合闸电压。其值不低于 30％额定电压，且不大于 65％额定电压。

5）断路器的跳闸时间、合闸时间以及合闸时三相触头不同时闭合的最大时间差，如大于规定值而又无法调整时，应及时通知继电保护整定计算部门。

电压为 35kV 及以下的断路器，如没有装设自动重合闸或不作同期并列用时，则可不了解有关合闸数据。

120. 对继电器与辅助设备机械部分应做哪些检验？

答：（1）继电器与辅助设备机械部分的检验，按各有关继电器或保护装置的检验规程的规定进行，新安装装置的检验应包括如下项目。

1）检查外部是否良好、清洁，可动部分及元件接触部分不得有灰尘，并应有防止灰尘侵入的措施。

2）可动部分应动作灵活可靠，其间隙、串动范围及动作行程应符合规定。

3）触点接触与返回均可靠。

4）端子排的连线应接触牢靠。

（2）定期检验时，主要进行外部检查，同时注意检查触点是否有烧损，动作是否灵活。

（3）装置内部的所有焊接头、插件接触的牢靠性等属于制造工艺质量的问题，主要依靠制造厂负责保证产品质量，进行新安装装置的检验时，试验人员只做必要的抽查。

121. 在制定继电器或装置电气特性的检验项目时应考虑哪些问题？

答： 继电器或装置电气特性的检验项目和内容应根据继电器或装置的具体构成方式及动作原理拟定。

检验继电器或装置的电气特性时，原则上应符合实际运行条件，并满足实际运行的需要。每一检验项目都应有明确的目的，或为运行所必需，或为用以判别元件或装置是否处于良好状态和发现可能存在的缺陷等等。检验项目要完全，但也不宜无谓的重复，要注意到下列各点：

1）要求对出口故障能可靠动作的电流继电器，带记忆作用的方向阻抗继电器等，需检验出口故障最大可能短路电流时的动作可靠性；对零序电流继电器及零序电压继电器，则应检验出口接地故障最大可能零序电流及零序电压时的性能。

若最大短路电流超过电流互感器二次额定电流的 20 倍，则最大电流按 20 倍额定值考虑（以下均按此原则，不重复说明）。

2）对经常接入运行电压的继电器，应检验当通入额定值的 1.1～1.2 倍电压时的性能。

3）对带方向性的继电器，应检查当通入可能的最大反方向短路电流时的性能。对零序方向元件，还应同时通入可能的最大零序电压，以检验其性能。

4）对三相短路时应动作的负序分量元件，要求检验在三相同时短路时动作的可靠性。

5）检查当动作量为整定动作值的 1.05～1.1 倍（反映过定值动作的）或 0.9～0.95 倍（反映低定值动作的）时继电器的动作是否可靠。

6）对动作时限要求相互配合的继电器元件，要求在动作快的元件处于可能最慢而动作慢的元件处于可能最快的实际可能的组合条件下，检验其时限配合关系。例如单相（综合）重合闸中断开三相跳闸回路的交流元件与快速保护出口元件的时间配合就是一个简单的例子。

7）凡直流逻辑回路中，其动作时间配合有要求的各元件，要在实际可能的最低及最高直流工作电压条件下，检验其配合关系。

8）要检验辅助元件与主元件的实际配合关系。例如对于零序方向元件，应按其最灵敏的零序电流元件的启动值与该值相对应的母线最低零序电压的条件,检验方向元件的动作时间。

9）应注意安排用测定继电器的某些电气性能或特定数据作为判定继电器元件的机械状态是否正常的检验项目。

122. 保护试验人员在制定电气性能的技术指标时应遵循什么原则？

答： 所有电气性能的技术（质量）指标的制订，主要是以制造厂提供的数据为依据，但必须考虑运行的具体情况加以补充，一般应遵守以下的原则。

1）继电器"标度"的动作（返回）值与实际动作（返回）值的误差应不超过制造厂技术说明中给出的允许离散范围。

2）电气特性曲线一类的检验结果与制造厂提供的典型曲线比较，在相同横坐标值下，纵坐标值相差不应大于 ±10%。

3）动作特性在使用范围内允许变化值（例如相差保护的操作滤过器在不同电流下其输出

电压相位角的相对变化值）应在制造厂提供的技术说明规定的范围之内。

4）继电器线圈直流电阻的测量值与制造厂标准数据相差应小于±10%。

5）所有互感器的变比（如补偿变压器的变比，阻抗继电器的电抗变压器及电压变换器的变比等）的测量值与标准值相差应小于±5%。

6）所有直流继电器的动作电压（按整组性能考虑，如外串电阻则包括接入电阻后的动作值）不应超过额定电压的70%，而其下限也不宜过低，应按具体使用条件适当规定。例如，对于出口中间继电器，应特别注意防止在端子发生接地时与直流电源绝缘监视回路构成回路而误动作。其值一般不低于50%额定电压。

7）作保护测量元件用的交流继电器，其动作值一般不允许超过稳态动作值的5%。

8）试验条件、试验方法方面的技术指标应按运行的具体条件并结合装置的性能补充制订。

9）定期检验与新安装装置检验的电气特性，因试验方法及使用仪表设备等方面的原因所产生的总的幅值误差不得超过±5%；总角度误差不得超过±5°；总时间误差不得大于相应的技术规定。

10）所有继电器的触点在实际回路负荷下应不产生足以使触点烧损的火花。

123. 对中间继电器应进行哪些检验？

答：对中间继电器应进行下列检验：

1）测定线圈的电阻。

2）动作电压（电流）及返回电压（电流）试验，定期检验时，可用80%额定电压的整组试验代替。

3）有两个线圈以上的继电器应检验各线圈间极性标示的正确性，并测定两线圈间的绝缘电阻（不包括外部接线）。

4）保持电压（电流）值检验，其值应与具体回路接线要求符合。电流保持线圈在实际回路中的可能最大压降，应小于回路额定电压的5%。

5）动作（返回）时间测定。只是保护回路设计上对其动作（返回）时间有要求的继电器及出口中间继电器和防止跳跃继电器才进行此项试验。

用于超高压电网的保护，直接作用于断路器跳闸的中间继电器，其动作时间应小于10ms。

防止跳跃继电器的动作电流应与断路器跳闸线圈的动作电流相适应。在相同的实际断路器跳闸电流下，继电器的动作时间应小于跳闸回路断路器辅助触点的转换（跳闸时断开）时间。

定期检验时，出口中间及防止跳跃继电器的动作时间检验与装置的整组试验一起进行。

6）检查、观察触点在实际负荷状态下的工作状况。

7）干簧继电器（触点直接接于110、220V直流电压回路）、密封型中间继电器应以1000V摇表测量触点（继电器未动作时的常开触点及动作后的常闭触点）间的绝缘电阻。

124. 对电流、电压继电器应进行哪些检验？

答：对电流、电压继电器的检验项目如下：

1）动作标度在最大、最小、中间三个位置时的动作与返回值。

2）整定点的动作与返回值。

3）对电流继电器，通以 1.05 倍作电流及保护装设处可能出现的最大短路电流检验其动作及复归的可靠性。（设有限幅特性的继电器，其最大电流值可适当降低。）

4）对低电压及低电流继电器，应分别加入最高运行电压或通入最大负荷电流并检验，应无抖动现象。

5）对反时限的感应型继电器，应录取最小标度值及整定值时的电流-时间特性曲线。定期检验只核对整定值下的特性曲线。

125. 对功率方向继电器应进行哪些检验？

答：对功率方向继电器的检验项目如下：

1）检验继电器电流及电压的潜动，不允许出现动作方向的潜动，但允许存在不大的非动作方向（反向）的潜动。

2）检验继电器的动作区并校核电流、电压线圈极性标示的正确性、灵敏角，且应与厂家提供的技术说明一致。

3）在最大灵敏角下或在与之相差不超过 20°的情况下，测定继电器的最小动作伏安及最低动作电压。

4）测定电流、电压相位在 0°、60°两点的动作伏安，校核动作特性的稳定性。部分检验时，只测定 0°时的动作伏安。

5）测定 2 倍、4 倍动作伏安下的动作时间。

6）检查在正、反方向可能出现的最大短路容量时，触点的动作情况。

126. 对方向阻抗继电器应进行哪些检验？

答：对方向阻抗继电器的检验项目如下：

1）测量所有隔离互感器（与二次回路没有直接的联系）二次与一次绕组及二次绕组与互感器铁芯的绝缘电阻。

2）整定变压器各抽头变比的正确性检验。

3）电抗变压器的互感阻抗（绝对值及阻抗角）的调整与检验，并录取一次电流与二次电压的特性曲线（一次匝数最多的抽头）。

检验各整定抽头互感阻抗比例关系的正确性。

4）执行元件的检验。

5）极化回路调谐元件的检验与调整，并测定其分布电压及回路阻抗角。

6）检验电流、电压回路的潜动。

7）调整、测录最大灵敏角及其动作阻抗与返回阻抗，并以固定电压的方法检验与最大灵敏角相差 60°时的动作阻抗，以判定动作阻抗圆的性能。新安装装置需测录每隔 30°的动作阻抗圆特性。

检验接入第三相电压后对最大灵敏角及动作阻抗的影响（除特殊说明外，对阻抗元件本身的特性检验均以不接入第三相电压为准）。

对于定值按躲过负荷阻抗整定的方向阻抗继电器，按固定 90％额定电压做动作阻抗特性圆试验。

8）检验继电器在整定阻抗角下的暂态性能是否良好。

9）在整定阻抗角（整定变压器在100％位置及整定值位置）下，测定静态的动作阻抗与电流的特性曲线 $Z_{op}=f(I)$，确定其最小动作电流及最小准确工作电流（第三相电压不接入）。

定期检验时，只在整定位置校核静态的最小动作电流及最小准确工作电流。

10）检验2倍准确工作电流及最大短路电流下的记忆作用及记忆时间。

11）检验2倍准确工作电流下，90％、70％、50％动作阻抗的动作时间。

12）测定整定点的动作阻抗与返回阻抗。

13）测定整定点的最小动作电压。

127．对偏移特性的阻抗继电器应进行哪些检验？

答：对偏移特性的阻抗继电器的检验项目如下：

1）同方向阻抗继电器检验项目的第1～4条（见本章第126题）。

2）测录继电器的 $Z_{op}=f(\varphi)$ 特性，确定最大、最小动作阻抗，并计算其偏移度。

3）检验在最大动作阻抗值下的暂态性能是否良好。

4）在最大动作阻抗值下测定稳态的 $Z_{op}=f(I)$ 特性，并确定最小准确工作电流。新安装装置检验分别在互感器接入匝数最多的位置及整定位置下进行，定期检验只校核整定位置的最小准确工作电流。

5）检验2倍准确工作电流下，90％、70％、50％动作阻抗的动作时间。

6）测定整定点的动作阻抗与返回阻抗。

7）测定整定点的最小动作电流。

128．对三相自动重合闸继电器应进行哪些检验？

答：对三相自动重合闸继电器的检验项目如下：

1）各直流继电器的检验。

2）充电时间的检验。

3）只进行一次重合的可靠性检验。

4）停用重合闸回路的可靠性检验。

129．对辅助变流器应进行哪些检验？

答：对辅助变流器的检验项目如下：

1）测定绕组间及绕组对铁芯的绝缘。

2）测定绕组的极性。

3）录制工作抽头下的励磁特性曲线及短路阻抗，并验算所接入的负载在最大短路电流下是否能保证比值误差不超过5％。

4）检验工作抽头在实际负载下的变比，所通入的电流值应不小于整定计算所选取的数值。定期检验时，只做对应额定电流一点的变比。

130．对负序、正序电流复式滤过器（$\dot{I}_1 \pm K\dot{I}_2$）应进行哪些检验？

答：对负序、正序电流复式滤过器（$\dot{I}_1 \pm K\dot{I}_2$）的检验项目如下：

1）测定与电流二次回路存在隔离回路的互感器的一、二次绕组及二次绕组对铁芯（地）的绝缘电阻。

2）调整、检验滤过器的电感、电阻，并以单相电源方法调整滤过器输入电流与输出电压的关系及其"K"值。

定期检验只测定输入电流与输出电压的关系。

3）检验滤过器一次电流（I）与输出电压（U）的相位关系，并作出 $U=f(I)$ 的变动范围曲线（如保护回路设计对相位有要求时）。试验用单相电源，电流由零值变到最大短路电流值。

4）检验最大短路电流（两相短路时的）下的最大输出电压（设有限幅或稳压措施的，最大试验电流可适当降低），并校核输出回路各元件工作的可靠性。

5）在实际回路中，利用三相负荷电流测量滤过器的输出值，并在同一负荷电流下，将输入电流相序反接，测量其负序输出值，以所得结果校核滤过器的"K"值。若二次输出接有稳压回路，该试验应在稳压回路未工作的条件下进行。

131. 继电保护装置整定试验的含义是什么？

答：继电保护装置整定试验是指将装置各有关元件的动作值及动作时间调整到规定值下的试验。该项试验在屏上每一元件均检验完毕之后才进行。

132. 继电保护装置整定试验的原则是什么？

答：继电保护装置整定试验的原则是：

1）每一套保护应单独进行整定试验，试验接线回路中的交、直流电源及时间测量连线均应直接接到被试保护屏的端子排上。交流电压、电流试验接线的相对极性关系应与实际运行接线中电压、电流互感器接到屏上的相对相位关系（折算到一次侧的相位关系）完全一致。对于个别整定动作电流值较大的继电器（如电流速断保护的电流继电器），为了避免使其他元件长期过载，此时允许将回路中的个别元件的电流回路用连线跨接。对于这些继电器的整定，应安排在其它继电器整定之前进行。在整定试验时，除所通入的交流电流、电压为模拟故障值并断开断路器的跳、合闸回路外，整套装置应处于与实际运行情况完全一致的条件下，而不得在试验过程中人为地予以改变。

2）对新安装装置，在开始整定之前，应按保护的动作原理通入相应的模拟故障电压、电流值，以观察保护回路中各元件（包括信号元件）的相互动作情况是否与设计原理相吻合。不宜仅用短路（或断开）回路某些接点的方法来判断回路接线的正确性。

上述相互动作的试验应按设计图及其动作程序逐个回路进行。当出现动作情况与原设计不相符合时，应查出原因加以改正。如原设计有问题应与有关部门研究合理的解决措施。

133. 现场如何测定保护装置的动作时间？

答：保护装置整定的动作时间为自向保护屏通入模拟故障分量（电流、电压或电流及电压）起至保护动作向断路器发出跳闸脉冲为止的全部时间。假若向断路器发出跳闸脉冲的出口继电器（总出口）是几套保护共用（如装设综合重合闸的线路），试验时原则上应在总出口继电器的触点处测定保护的动作时间。若试验时只是在每套装置本身的出口继电器处测定，那么对于瞬时动作的保护段的动作时间应按总出口继电器动作所需的时间予以修正，对于保护的延时段则可忽略不计。

134. 测定不同类型保护装置的动作时间时，对所通入的模拟故障电气量有什么要求？

答：试验在直流电源电压为额定值时进行，所通入的模拟故障电气量应满足以下规定：

1) 对相电流及零序电流速断保护，通入启动值的 1.2 倍、1.5 倍及最大出口短路电流（允许将回路中热稳定性低的元件短接）。

2) 对多段式电流保护，通入各段电流启动值的 0.9 倍及 1.1 倍；对单段式定时限电流保护，通入 1.5 倍启动值；对过电压元件，通入启动值的 1.2 倍；对低电压元件，通入启动值的 0.5 倍；对方向元件，则通入的功率大于启动功率的 2 倍。

3) 对反时限动作的元件，在给定的电流倍数下进行整定，并录制动作时限曲线（自最大短路电流到 1.1 倍动作电流，测定数点即可）。

4) 对三段式距离保护，通入的电流不小于 2 倍最小准确工作电流值检验。检验对应 $0.5Z_1$，$0.9\sim0.95Z_1$，$1.05\sim1.1Z_1$；$0.9\sim0.95Z_2$，$1.05\sim1.1Z_2$；$0.9\sim0.95Z_3$ 及 $1.05\sim1.1Z_3$ 各点的动作时间，并模拟出口短路通入最大短路电流时，检验出口跳闸记忆时间。

部分检验可不进行记忆时间的试验。

对相差高频、方向高频、纵差保护，通入启动元件动作值 2 倍的电流。

对其他保护，通入与整定计算验算灵敏度相应的模拟故障量。

135. 整组试验时对通入保护屏的直流电源有什么要求？

答：整组试验时通入保护屏的直流电源电压应为额定电压的 80%。对于直流电源为交流整流方式供给的，则应满足如下要求：

1) 保护装置及断路器跳闸的直流电源设有储能元件（电容器）的，在变电所新投入运行时，试验电源应用实际的电源，并根据现场情况具体分析，当被试的保护装置处于动作状态时，对同一储能供电回路内尚有哪些元件可能接入，在整组试验时，应以相应的模拟负载接到此供电回路中，以考核其供电的可靠性。检验储能电源可靠性时，应将整流电源自交流供电侧断开。

2) 整流电源是复励供电的（自母线取电压，自电源侧的线路取电流），应结合复励的实际特性进行。

3) 直接由整流电源供电时，应按被试设备出口发生三相短路时，整流电源的交流供电系统的可能最低电压进行模拟。

对那些直流电源设有可靠稳压装置的保护，经检验认为稳压确实可靠后，进行整组试验时，应按额定电压进行，但向断路器发出跳闸、合闸脉冲的直流电源电压仍在 80% 的额定电压下进行。

实测动作时间与整定时间相差（误差）最大值不得超过整定时间级差的 10%（例如时间级差为 0.5s 时，则误差不应大于 0.05s）。

136. 在整组试验中应着重检查哪些问题？

答：（1）在整组试验中着重检查如下问题：

1) 各套保护间的电压、电流回路的相别及极性是否一致。

2）各套装置间有配合要求的各元件在灵敏度及动作时间上是否确实满足配合要求。所有动作的元件应与其工作原理及回路接线相符。

3）在同一类型的故障下，应该同时动作于发出跳闸脉冲的保护，在模拟短路故障中是否均能动作，其信号指示是否正确。

4）有两个线圈以上的直流继电器的极性连接是否正确，对于用电流启动（或保持）的回路，其动作（或保持）性能是否可靠。

5）所有相互间存在闭锁关系的回路，其性能是否与设计符合。

6）所有在运行中需要由运行值班员操作的把手及连接片的连线、名称、位置标号是否正确，在运行过程中与这些设备有关的名称、使用条件是否一致。

7）中央信号装置的动作及有关光、音信号指示是否正确。

8）各套保护在直流电源正常及异常状态下（自端子排处断开其中一套保护的负电源等）是否存在寄生回路。

9）断路器跳、合闸回路的可靠性，其中装设单相重合闸的线路，验证电压、电流、断路器回路相别的一致性及与断路器跳、合闸回路相连的所有信号指示回路的正确性。

10）被保护的一次设备发生短路故障时，在直流电源电压可能出现最低（实际可能最大的负荷）的运行情况下，检验保护装置及自动重合闸动作的可靠性。例如对双回线的和电流保护，应检验和电流保护动作将两线路断路器跳开继之重合且重合不成功的情况。

11）单相及综合自动重合闸是否能确实保证按规定的方式动作，并保证不发生多次重合情况。

（2）当直流电压在运行时可能高于额定值的 5％而不超过额定值的 10％时，在整组试验时尚应在实际可能最高的运行电压下进行如下检查：

1）直流回路各元件的热稳定性。

2）动作时间有相互配合要求的回路（如与直流继电器动作时间、复归时间有关的回路），是否尚能保证有足够的可靠性。

137. 用一次电流及工作电压进行检验的目的是什么？

答： 对新安装或设备回路经较大变动的装置，在投入运行以前，必须用一次电流和工作电压加以检验，目的是：

1）对接入电流、电压的相互相位、极性有严格要求的装置（如带方向的电流保护、距离保护等），判定其相别、相位关系以及所保护的方向是否正确。

2）判定电流差动保护（母线、发电机、变压器的差动保护、线路纵差保护及横差保护等）接到保护回路中的各组电流回路的相对极性关系及变比是否正确。

3）判定利用相序滤过器构成的保护所接入的电流（电压）的相序是否正确，滤过器的调整是否合适。

4）判定每组电流互感器的接线是否正确，回路连线是否牢靠。定期检验时，如果设备回路没有变动（未更换一次设备电缆、辅助变流器等），只需用简单的方法判明曾被拆动的二次回路接线确实恢复正常（如对差动保护测量其差电流，用电压表测量继电器电压端子上的电压等）即可。

138. 试述电力系统动态记录的三种不同功能。

答: 1) 高速故障记录功能。记录因短路故障或系统操作引起的、由线路分布参数参与作用而在线路上出现的电流及电压暂态过程,主要用于检测新型高速继电保护及安全自动装置的动作行为。也可用于记录系统操作过电压和可能出现的铁磁揩振现象。其特点是采样速度高,一般采样频率不小于 5kHz;全程记录时间短,例如不大于 1s。

2) 故障动态过程记录功能。记录因大扰动引起的系统电流、电压及其导出量(如有功功率、无功功率)以及系统频率变化现象的全过程,主要用于检测继电保护与安全自动装置的动作行为,了解系统暂(动)态过程中系统中各电参量的变化规律,校核电力系统计算程序及模型参数的正确性。其特点是采样速度允许较低,一般不超过 1.0kHz,但记录时间长,要直到暂态和频率大于 0.1Hz 的动态过程基本结束时才终止。已在系统中普遍采用的各种类型的故障录波器及事件顺序记录仪均具有此功能。

3) 长过程动态记录功能。在发电厂,主要用于记录诸如汽流、汽压、汽门位置、有功及无功功率输出、转子转速或频率以及主机组的励磁电压;在变电所,则用于记录主要线路的有功潮流、母线电压及频率、变压器电压分接头位置以及自动装置的动作行为等。其特点是采样速度低(数秒一次),全过程时间长。

139. 电力系统故障动态记录的主要任务是什么?

答: 电力系统故障动态记录的主要任务是记录系统大扰动如短路故障、系统振荡、频率崩溃、电压崩溃等发生后的有关系统电参量的变化过程及继电保护与安全自动装置的动作行为。

140. 试述对电力系统故障动态记录的基本要求。

答: 对电力系统故障动态记录的基本要求是:

(1) 当系统发生大扰动包括在远方故障时,能自动地对扰动的全过程按要求进行记录,并当系统动态过程基本终止后,自动停止记录。

(2) 存储容量应足够大。当系统连续发生大扰动时,应能无遗漏地记录每次系统大扰动发生后的全过程数据,并按要求输出历次扰动后的系统电参数(I、U、P、Q、f)及保护装置和安全自动装置的动作行为。

(3) 所记录的数据可靠,满足要求,不失真。其记录频率(每一工频周波的采样次数)和记录间隔(连续或间隔一定时间记录一次),以每次大扰动开始时为标准,宜分时段满足要求。其选择原则是:

1) 适应分析数据的要求;

2) 满足运行部门故障分析和系统分析的需要;

3) 尽可能只记录和输出满足实际需要的数据。

(4) 各安装点记录及输出的数据,应能在时间上同步,以适应集中处理系统全部信息的要求。

141. 220kV 变电所应记录哪些故障动态量？

答：220kV 变电所应记录如下故障动态量：

每条 220kV 线路、母线联络断路器及每台变压器 220kV 侧的 3 个相电流和零序电流；两组 220kV 母线电压互感器的 3 个相对地电压和零序电压（零序电压可以内部生成）。

操作每台 220kV 断路器的继电保护跳闸（对共用选相元件的各套保护总跳闸出口不分相，综合重合闸出口分相，跳闸不重合出口不分相）命令，纵联保护的通信通道信号，安全自动装置操作命令（含重合闸命令）。用空触点输入方式记录。

142. 500kV 变电所应记录哪些故障动态量？

答：500kV 变电所应记录如下故障动态量：

除 220kV 部分按 220kV 变电所应记录的故障动态量记录（见本章第 141 题）外，500kV 侧需要记录的模拟量是 500kV 每条线路的 4 个电流量和 4 个线路电压量和每台主变压器的 4 个电流量。

操作每台 500kV 断路器的继电保护跳闸命令（每套保护跳闸出口分相，跳闸不重合出口不分相），纵联保护通信通道信号及安全自动装置操作命令（含重合闸命令）。用空触点输入方式记录。

143. 试述对记录设备的内存容量的要求。

答：记录设备的内存容量，应满足在规定时间内连续发生规定次数的故障时能不中断地存入全部故障数据的要求。在电力系统连续每 10min 内发生相继的三次短路故障以及一次长过程振荡的大扰动时，应能可靠地按要求记录全部故障数据，无一遗漏；如果在实际运行中发生的连续故障频率超过这一规定时，可以考虑挤出尚未来得及转出的 E 时段数据，暂存入新的实时 1s 左右的故障数据。

E 时段：系统长过程的动态数据，每 1s 输出一个工频有效值，记录时间大于 10min。

144. 试述对故障动态记录的输出方式的要求。

答：对故障动态记录的输出方式有如下要求：

1）如遇本变电所有 220kV 及以上电压等级的断路器因故障跳闸时，应将如下数值信息立即直接输往变电所中心计算机供就地显示和同时送往电网调度：故障线路及相别，跳闸相别，故障距离，各个保护由故障开始到给出跳闸信号为止的动作时间，断路器跳闸时间，故障后第一周波的故障电流有效值和母线电压有效值，断路器重合闸时间，再次故障相别及跳闸相别，各个保护动作时间，再次跳闸时间，再次故障后第一周波的故障电流有效值和母线电压有效值。

2）接受变电所监控计算机指令，输出正常运行的母线、线路及电力设备的电参量数据 U、I、P、Q、f。

3）接受监控计算机、分析中心主机或就地人机接口设备指令，输出标准格式的动态过程记录数据。

4）不宜给出声或光的启动记录信号，避免对运行人员的干扰。

十、静态继电保护及安全自动装置
通用技术条件

145. 继电器的电压回路连续承受电压的允许倍数是多少？

答：继电器电压回路连续承受电压允许的倍数：交流电压回路为 1.2 倍额定电压；直流电压回路为 1.1（或 1.15）倍额定电压。

146. 保护装置的直流电源电压波动允许范围是多少？

答：保护装置的直流电源电压波动允许范围是额定电压的 80%～110%（115%）。

147. 供给保护装置的直流电源电压纹波系数应是多少？请列出计算公式。

答：直流电源电压纹波系数应不大于 2%。

纹波系数计算公式为

$$q_u = \frac{U_{max} - U_{min}}{U_0}$$

式中　q_u——纹波系数；

U_{max}——最大瞬时电压；

U_{min}——最小瞬时电压；

U_0——直流分量。

148. 对于直接经仪用互感器激励的电路，工频耐压试验电压的标准是什么？

答：直接经仪用互感器激励的电路应能承受在正常试验大气条件下，试验电压为工频（50Hz）交流 2kV、1min 的试验，而无击穿闪络及元器件损坏现象。

149. 保护装置应承受工频试验电压 2000V 的回路有哪些？

答：保护装置应承受工频试验电压 2000V 的回路有：

1）装置的交流电压互感器一次对地回路；

2）装置的交流电流互感器一次对地回路；

3）装置（或屏）的背板线对地回路。

150. 保护装置应承受工频试验电压 1500V 的回路有哪些？

答：保护装置应承受工频试验电压 1500V 的回路有：110V 或 220V 直流回路对地。

151. 保护装置应承受工频试验电压 1000V 的回路有哪些？

答：保护装置应承受工频试验电压 1000V 的回路有：工作在 110V 或 220V 直流电路的各对触点对地回路；各对触点相互之间；触点的动、静两端之间。

152. 保护装置应承受工频试验电压 500V 的回路有哪些？

答：保护装置应承受工频试验电压 500V 的回路有：

1）直流逻辑回路对地回路；

2）直流逻辑回路对高压回路；

3）额定电压为 18～24V 对地回路。

153. 保护装置或继电器应进行哪些绝缘试验项目？

答：保护装置或继电器应进行的绝缘试验有以下项目：

1）工频耐压试验；

2）绝缘电阻试验；

3）冲击电压试验。

154. 保护装置或继电器抗干扰试验有哪些项目？

答：保护装置或继电器抗干扰试验有以下项目：

1）抗高频干扰试验；

2）抗辐射电磁干扰试验。

155. 对保护装置或继电器的绝缘电阻测量有何要求？

答：对保护装置或继电器的绝缘电阻测量有以下要求：

1）交流回路均用 1000V 兆欧表进行绝缘电阻测量；

2）直流回路均用 500V 兆欧表进行绝缘电阻测量。

156. 高频干扰试验时，考核过量和欠量继电器误动及拒动的临界条件是什么？

答：高频干扰试验时，考核电流、电压、差动过量继电器误动的条件为动作值的 90%，拒动的条件为动作值的 110%；

考核电流、电压欠量继电器误动的条件为动作值的 110%，拒动的条件为动作值的 90%。

考核阻抗继电器误动的条件为动作值的 120%，拒动的条件为动作值为 80%。

157. 保护装置应具有哪些抗干扰措施？

答：保护装置应具有的抗干扰措施有：

1）交流输入回路与电子回路的隔离应采用带有屏蔽层的输入变压器（或变流器、电抗变压器等变换器），屏蔽层要直接接地。

2）跳闸、信号等外引电路要经过触点过渡或光电耦合器隔离。

3）发电厂、变电所的直流电源不宜直接与电子回路相连（例如经过逆变换器）。

4）消除电子回路内部干扰源，例如在小型辅助继电器的线圈两端并联二极管或电阻、电容，以消除线圈断电时所产生的反电动势。

5）保护装置强弱电平回路的配线要隔离。

6）装置与外部设备相连，应具有一定的屏蔽措施。

十一、微机线路保护装置通用技术条件

158. 微机线路保护装置的型式检验有哪些项目？

答：型式检验的项目包括：外观检查、功能检验、功率消耗试验、高低温试验、温度贮存试验、抗干扰试验、湿热试验、振动试验、冲击试验、碰撞试验。

159. 正常试验大气条件下，对不同额定电压等级的各回路绝缘电阻有何规定？

答：正常试验大气条件下，当额定绝缘电压小于 60V 时，用 250V 兆欧表测量，绝缘电阻应不小于 10MΩ；当额定绝缘电压大于 60V 时，用 500V 兆欧表测量，绝缘电阻应不小于 10MΩ。

160. 微机线路保护装置对直流电源的基本要求是什么？

答：微机线路保护装置对直流电源的基本要求为：

1）额定电压 220、110V；

2）允许偏差 −20%～+10%；

3）纹波系数不大于 5%。

161. 微机线路保护装置交流电压回路、交流电流回路、直流电源回路的过载能力应达到什么要求？

答：微机线路保护装置有关回路的过载能力应满足如下要求：

1）交流电压回路：1.1 倍额定电压，连续工作。

2）交流电流回路：2 倍额定电流，连续工作；

　　　　　　　　10 倍额定电流，允许 10s；

　　　　　　　　40 倍额定电流，允许 1s。

3）直流电源回路：80%～110% 额定电压，连续工作。

产品经受过载电流、电压后，应无绝缘损坏。

电流、电压互感器和相序滤过器 第三章

1. 对电流互感器和电压互感器的一、二次侧引出端子为什么要标出极性？为什么采用减极性标注？

答：电流互感器、单相电压互感器（或三相电压互感器的一相）的一、二次侧都有两个引出端子。任何一侧的引出端子用错，都会使二次电流或电压的相位变化180°，影响测量仪表和继电保护装置的正确工作，因此必须对引出端子做出极性标记，以防接线错误。

电流互感器和单相电压互感器一、二次侧引出端子上一般均标有"*"或"+"或"·"符号，或脚注（如1作头，2作尾；或A、a作头，X、x作尾）。一、二次侧引出端子上同一符号或同名脚注为同极性端子。以电流互感器为例，如图3-1所示，N_1为一次绕组的匝数，N_2为二次绕组的匝数，它们的标有"·"号的两个端子为同极性端子。这种标注称为减极性标注。其含义是：当同时从一、二次绕组的同极性端子通入相同方向的电流时，它们在铁芯中产生的磁通的方向相同。而当一次绕组从标"·"号端子通入交流电流时，则在二次绕组回路中感应的电流应从非标"·"号端子流出，从标"·"号端子流入。如果我们从两侧同极性端（两侧标"·"号端，或两侧非标"·"号端）观察时，则一、二次侧的电流方向相反，故称这种标记为减极性标记。

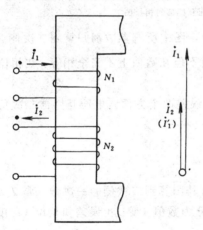

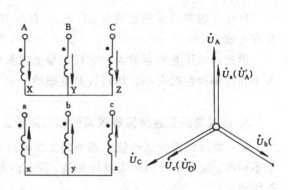

图3-1　电流互感器的减极性标注法　　　　图3-2　三相电压互感器的减极性标注法

减极性标记有它的优点，即当从一次侧标"·"号端子通入电流$\dot{I}_1$时，二次电流$\dot{I}_2$从其标"·"号端子流出（见图3-1），铁芯中的合成磁通势应为一次绕组与二次绕组磁通势的相量差，即$N_1\dot{I}_1 - N_2\dot{I}_2 = 0$或$\dot{I}_2 = \dfrac{N_1}{N_2}\dot{I}_1 = \dot{I}_1'$。这表明，$\dot{I}_1$、$\dot{I}_2$同相位，或可用同一相量表示一次电流和二次电流（当忽略励磁电流时），因此采用减极性标记。

电压互感器的极性标示方法和电流互感器的相同，但应注意，对于三相电压互感器，其一次绕组的首尾端常分别用A、B、C和X、Y、Z标记，其二次绕组的首尾端分别用a、b、c和x、y、z标记。采用减极性标记，即从一、二次侧的首端（或终端）看，流过一、二次绕组的电流方向相反。这样，当忽略电压变比误差和角误差时，一、二次相电压同相位，并可用

同一相量表示（见图 3-2）。

2. 电磁式电压互感器的误差表现在哪两个方面？画出其等值电路和相量图说明。

答：电磁式电压互感器可用图 3-3（a）所示的等值电路表示。从图 3-3（a）可得

$$\dot{U}'_1 = \dot{U}_2 + \Delta\dot{U}' = \dot{U}_2 + \dot{I}'_e Z'_1 + \dot{I}_2(Z_2 + Z'_1)$$

式中　$\dot{U}'_1$——电压互感器一次电压（归算到二次）；

　　　$\dot{U}_2$——电压互感器二次负载电压；

　　　$\dot{I}'_e$——励磁电流（归算到二次）；

Z'_1、Z_2——分别为电压互感器一次漏抗（归算到二次）、二次漏抗。

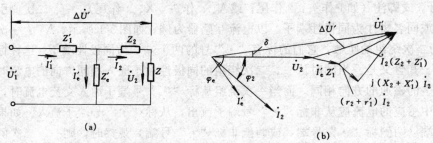

(a)　　　　　　　　　　　　　　　　(b)

图 3-3　电压互感器的基本原理

（a）电压互感器等值电路；（b）电压互感器的相量图

电压互感器一、二次侧各相量如图 3-3（b）所示，图中所有参数都归算到二次侧。

电压互感器的误差表现为 $\dot{U}'_1$ 与 $\dot{U}_2$ 的差异，二者不但在数值上不完全相等，在相位上亦存在差值。

因此，电压互感器的误差表现在幅值误差和角度误差两个方面。电压互感器二次负载的大小和功率因数的大小，均对误差有影响。

3. 造成电流互感器测量误差的原因是什么？

答：测量误差就是电流互感器的二次输出量 $\dot{I}_2$ 与其归算到二次侧的一次输入量 $\dot{I}'_1$ 的大小不相等、幅角不相同所造成的差值。因此测量误差分为数值（变比）误差和相位（角度）误差两种。

产生测量误差的原因一是电流互感器本身造成的，二是运行和使用条件造成的。

电流互感器本身造成的测量误差是由于电流互感器有励磁电流 $\dot{I}_e$ 存在，而 $\dot{I}_e$ 是输入电流的一部分，它不传变到二次侧，故形成了变比误差。$\dot{I}_e$ 除在铁芯中产生磁通外，尚产生铁芯损耗，包括涡流损失和磁滞损失。$\dot{I}_e$ 所流经的励磁支路是一个呈电感性的支路，$\dot{I}_e$ 与 $\dot{I}_2$ 不同相位，这是造成角度误差的主要原因。

运行和使用中造成的测量误差过大是电流互感器铁芯饱和和二次负载过大所致。

4. 电压互感器和电流互感器在作用原理上有什么区别？

答：主要区别是正常运行时工作状态很不相同，表现为：

（1）电流互感器二次可以短路，但不得开路；电压互感器二次可以开路，但不得短路。

（2）相对于二次侧的负载来说，电压互感器的一次内阻抗较小以至可以忽略，可以认为电压互感器是一个电压源；而电流互感器的一次却内阻很大，以至可以认为是一个内阻无穷大的电流源。

（3）电压互感器正常工作时的磁通密度接近饱和值，故障时磁通密度下降；电流互感器正常工作时磁通密度很低，而短路时由于一次侧短路电流变得很大，使磁通密度大大增加，有时甚至远远超过饱和值。

5. 什么是电抗变压器？它与电流互感器有什么区别？

答：电抗变压器是把输入电流转换成输出电压的中间转换装置，同时也起隔离作用。它要求输入电流与输出电压成线性关系。

电流互感器是改变电流的转换装置。它将高压大电流转换成低压小电流，呈线性转变，因此要求励磁阻抗大，即励磁电流小，负载阻抗小。而电抗变压器正好与其相反。电抗变压器的励磁电流大，二次负载阻抗大，处于开路工作状态；而电流互感器二次负载阻抗远小于其励磁阻抗，处于短路工作状态。

6. 电流互感器的二次负载阻抗如果超过了其容许的二次负载阻抗，为什么准确度就会下降？

答：电流互感器二次负载阻抗的大小对互感器的准确度有很大影响。这是因为，如果电流互感器的二次负载阻抗增加得很多，超出了所容许的二次负载阻抗时，励磁电流的数值就会大大增加，而使铁芯进入饱和状态，在这种情况下，一次电流的很大一部分将用来提供励磁电流，从而使互感器的误差大为增加，其准确度就随之下降了。

7. 电流互感器在运行中为什么要严防二次侧开路？

答：电流互感器在正常运行时，二次电流产生的磁通势对一次电流产生的磁通势起去磁作用，励磁电流甚小，铁芯中的总磁通很小，二次绕组的感应电动势不超过几十伏。如果二次侧开路，二次电流的去磁作用消失，其一次电流完全变为励磁电流，引起铁芯内磁通剧增，铁芯处于高度饱和状态，加之二次绕组的匝数很多，根据电磁感应定律 $E=4.44fNBS$，就会在二次绕组两端产生很高（甚至可达数千伏）的电压，不但可能损坏二次绕组的绝缘，而且将严重危及人身安全。再者，由于磁感应强度剧增，使铁芯损耗增大，严重发热，甚至烧坏绝缘。因此，电流互感器二次侧开路是绝对不允许的，这是电气试验人员的一个大忌。鉴于以上原因，电流互感器的二次回路中不能装设熔断器；二次回路一般不进行切换，若需要切换时，应有防止开路的可靠措施。

8. 电压互感器在运行中为什么要严防二次侧短路？

答：电压互感器是一个内阻极小的电压源，正常运行时负载阻抗很大，相当于开路状态，二次侧仅有很小的负载电流。当二次侧短路时，负载阻抗为零，将产生很大的短路电流，会将电压互感器烧坏。因此，电压互感器二次侧短路是电气试验人员的又一大忌。

9. 什么是电流互感器的 10％误差曲线？

答：设 K_i 为电流互感器的变比，其一次电流 $\dot{I}_1$ 与二次电流 $\dot{I}_2$ 有 $I_2 = I_1/K_i$ 的关系，在 K_i 为常数（电流互感器不饱和）时，是一条直线，如图 3-4 中的直线 1 所示。当电流互感器铁芯开始饱和后，I_2 与 I_1/K_i 就不再保持线性关系，而是如图 3-4 中的曲线 2 所示，呈铁芯的磁化曲线状。继电保护要求电流互感器的一次电流 I_1 等于最大短路电流时，其变比误差小于或等于 10％。因此，我们可以在图 3-4 中找到一个电流值 $I_{1,b}$，自 $I_{1,b}$ 点作垂线与曲线 1、2 分别相交于 B、A 点，且 $\overline{BA} = 0.1I_1'$（I_1' 为归算到二次侧的 I_1 值）。如果电流互感器的一次电流 $I_1 \leqslant I_{1,b}$，其变比误差就不会大于 10％；如果 $I_1 > I_{1,b}$，其变比误差就大于 10％。

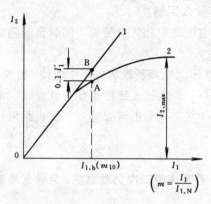

图 3-4　二次电流与一次电流或二次电流与一次电流倍数的关系曲线

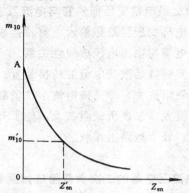

图 3-5　电流互感器的 10％误差曲线

另外，电流互感器的变比误差还与其二次负载阻抗有关。为了便于计算，制造厂对每种电流互感器提供了在 m_{10} 下允许的二次负载阻抗值 Z_{en}，曲线 $m_{10} = f(Z_{en})$ 就称为电流互感器的 10％误差曲线，如图 3-5 所示。已知 m_{10} 的值后，从该曲线上就可很方便地得出允许的负载阻抗。如果它大于或等于实际的负载阻抗，误差就满足要求，否则，应设法降低实际负载阻抗，直至满足要求为止。当然，也可在已知实际负载阻抗后，从该曲线上求出允许的 m_{10}，用以与流经电流互感器一次绕组的最大短路电流作比较。

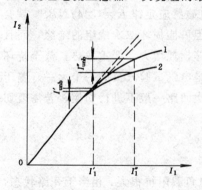

图 3-6　两只电流互感器 $I_2 = f(I_1)$ 关系曲线的比较

1—铁芯不饱和；2—铁芯饱和

10. 为什么差动保护应使用 D 级电流互感器？

答：变压器差动保护用的电流互感器，其型号和变比都不会完全相同，即使输电线路、发电机、电动机的纵联差动保护，两侧所用的电流互感器变比相同，其特性和剩磁也不可能完全相同，因此，正常运行时总有不平衡电流 I_{unb} 流过差动继电器。铁芯饱和程度对不平衡电流 I_{unb} 的影响十分明显，而且随着一次电流的增大而显著增大，如图 3-6 所示。为了减小不平衡电流，需要在电流互感器的结构、铁芯材料等方面采取措施，使一次侧通过较大的短路电流时铁芯也不至于饱和。D 级电流互感器就具有上述性能，它是专门用于纵联差动保护的特殊电流互感器。

11. 电流互感器二次绕组的接线有哪几种方式？

答：根据继电保护和自动装置的不同要求，电流互感器二次绕组通常有以下几种接线方式：

（1）完全（三相）星形接线；

（2）不完全（两相）星形接线；

（3）三角形接线；

（4）三相并接以获得零序电流接线；

（5）两相差接线；

（6）一相用两只电流互感器串联的接线；

（7）一相用两只电流互感器并联的接线。

12. 写出电流互感器 10 % 误差试验、计算的步骤，当不满足要求时应采取哪些措施？二次回路负载怎样分析？

答：电流互感器 10% 误差试验、计算步骤：

（1）收集数据：保护类型、整定值、变比和电流互感器接线方式。

（2）测量电流互感器二次绕组直流电阻 R_2，以近似代替电流互感器二次绕组漏阻抗 Z_2，110～220kV 的电流互感器取 $R_2=Z_2$，35kV 贯穿式或厂用馈电线电流互感器取 $3R_2=Z_2$。

（3）用伏安特性法测试 $U=f\,(I_\mathrm{e})$ 曲线，用下式分别求出励磁电压、励磁阻抗、电流倍数、允许负载的数值

$$E = U - I_\mathrm{e} Z_2$$

$$Z_\mathrm{e} = \frac{E}{I_\mathrm{e}}$$

$$m_{10} = \frac{I_1}{I_{1,\mathrm{N}}} = \frac{10 I_\mathrm{e}}{I_{2,\mathrm{N}}}$$

当 $I_{2,\mathrm{N}}=5\mathrm{A}$ 时
$$m_{10} = 2 I_\mathrm{e}$$

$$Z_\mathrm{en} = \frac{E}{9 I_\mathrm{e}} - Z_2$$

（4）求计算电流倍数 m_ca：

1）纵差保护

$$m_\mathrm{ca} = \frac{K_\mathrm{re1} I_\mathrm{k,max}}{I_{1,\mathrm{N}}}$$

式中　$I_\mathrm{k,max}$——最大穿越故障短路电流；

　　　K_re1——考虑非周期分量影响后的可靠系数，采用速饱和变流器的，$K_\mathrm{re1}=1.3$，不带速饱和变流器的，$K_\mathrm{re1}=2$；

　　　$I_{1,\mathrm{N}}$——电流互感器一次测额定电流。

2）限时速断保护

$$m_\mathrm{ca} = \frac{K_\mathrm{re1} I_\mathrm{op}}{I_{2,\mathrm{N}} K_\mathrm{con}}$$

式中　I_op——继电器动作电流；

K_{rel}——可靠系数，取1.1；

$I_{2,N}$——电流互感器二次额定电流；

K_{con}——电流互感器接线系数。

3）距离保护

$$m_{ca} = \frac{K_{rel}I_k}{I_{1,N}}$$

式中　I_k——保护装置第Ⅰ段末端短路时故障电流；

　　　K_{rel}——可靠系数，$t \leqslant 0.5''$，取1.5；$t > 0.5''$，取1.3。

4）母差保护

$$m_{ca} = \frac{K_{rel} \cdot I_{k,max}}{I_{1,N}}$$

式中　$I_{k,max}$——穿越故障时流过电流互感器最大短路电流；

　　　K_{rel}——可靠系数，取1.3。

（5）实测电流互感器二次负载。

测试时在电流互感器输出处通电，测差动回路阻抗时应将差动线圈短接。计算式为

$$Z_A = \frac{Z_{AB} + Z_{CA} - Z_{BC}}{2}$$

$$Z_B = \frac{Z_{AB} + Z_{BC} - Z_{CA}}{2}$$

$$Z_C = \frac{Z_{BC} + Z_{CA} - Z_{AB}}{2}$$

（6）计算电流互感器二次负载

$$电流互感器负载 = \frac{电流互感器两端电压}{电流互感器绕组内流过电流}$$

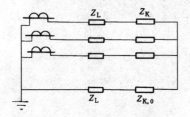

图3-7　星形接线三相过流
及零序电流保护接线图

Z_L—导线阻抗；Z_K—继电器线圈阻抗；

$Z_{K,0}$—零序回路的继电器线圈阻抗

1）星形接线三相过流及零序电流保护接线见图3-7。

①三相短路（中性线内无电流）

$$\dot{U}_a = \dot{I}_a(Z_L + Z_K)$$

$$Z = \frac{\dot{I}_a(Z_L + Z_K)}{\dot{I}_a} = Z_L + Z_K$$

②两相短路（以 $k_{ab}^{(2)}$ 为例）

$$\dot{U}_a = \frac{1}{2} 2\dot{I}_a(Z_L + Z_K)$$

$$Z = \frac{\dot{U}_a}{\dot{I}_a} = Z_L + Z_K$$

③单相接地（以 $k_a^{(1)}$ 为例）

$$\dot{U}_a = \dot{I}_a(Z_L + Z_K + Z_{K,0} + Z_L)$$

$$Z = \frac{\dot{U}_a}{\dot{I}_a} = 2Z_L + Z_K + Z_{K,0}$$

若二次负载采用 $2Z_L + Z_K + Z_{K,0}$，计算电流倍数应采用单相接地电流值；若采用 $Z_L + Z_K$，则应取相间短路电流值。哪种情况严重，采用哪种组合方式。

2）两相三继电器式过流保护接线见图3-8。

①三相短路（中性线内是$-B$相电流）

$$\dot{U}_a = \dot{I}_a(Z_L + Z_K) - \dot{I}_b(Z_L + Z_K)$$

$$= \sqrt{3}\,\dot{I}_a e^{j30°}(Z_L + Z_K)$$

$$Z = \frac{\dot{U}_a}{\dot{I}_a} = \sqrt{3}\,(Z_L + Z_K)$$

②两相短路（$k_{ab}^{(2)}$或$k_{bc}^{(2)}$为例）

$$\dot{U}_a = \dot{I}_a(Z_L + Z_K) + \dot{I}_a(Z_L + Z_K)$$

$$= 2\dot{I}_a(Z_L + Z_K)$$

$$Z = \frac{\dot{U}_a}{\dot{I}_a} = 2(Z_L + Z_K)$$

③两相短路（$k_{ca}^{(2)}$为例，中性线内无电流）

$$\dot{U}_a = \dot{I}_a(Z_L + Z_K)$$

$$Z = Z_L + Z_K$$

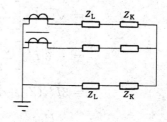

图 3-8　两相三继电器式过流
保护接线图

Y，d11接线变压器，三角形接线侧ab两相短路，流过星形接线侧A相电流为$\frac{1}{\sqrt{3}}\dot{I}_k$，流过中性线电流为$\frac{2}{\sqrt{3}}\dot{I}_k$，则

$$\dot{U}_a = \frac{1}{\sqrt{3}}\dot{I}_k(Z_L + Z_K) + \frac{2}{\sqrt{3}}\dot{I}_k(Z_L + Z_K)$$

$$= \frac{3}{\sqrt{3}}\dot{I}_k(Z_L + Z_K)$$

$$Z = \frac{\dfrac{3}{\sqrt{3}}\dot{I}_k(Z_L + Z_K)}{\dfrac{1}{\sqrt{3}}\dot{I}_k} = 3(Z_L + Z_K)$$

3）双绕组变压器差动保护接线见图3-9。变压器区外故障忽略差流。

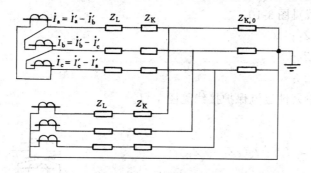

图 3-9　双绕组变压器差动保护接线图

①三相短路（电流互感器二次为三角形接线）

131

$$\dot{I}_a = \dot{I}'_a - \dot{I}'_b = \sqrt{3}\,\dot{I}'_a e^{j30°}$$

$$\dot{I}_c = \dot{I}'_c - \dot{I}'_a = \sqrt{3}\,\dot{I}'_a e^{j150°}$$

$$\dot{U}_a = \dot{I}_a(Z_L + Z_K) - \dot{I}_c(Z_L + Z_K)$$

$$= \sqrt{3}\,\dot{I}'_a(e^{j30°} - e^{j150°})(Z_L + Z_K)$$

$$= \sqrt{3}\,\dot{I}'_a[(\cos30° + j\sin30°) - (\cos150° + j\sin150°)](Z_L + Z_K)$$

$$= \sqrt{3}\,\dot{I}'_a\left[\frac{\sqrt{3}}{2} + j\frac{1}{2} + \frac{\sqrt{3}}{2} - j\frac{1}{2}\right](Z_L + Z_K)$$

$$= \sqrt{3}\,\dot{I}'_a\left[\frac{\sqrt{3}}{2} + \frac{\sqrt{3}}{2}\right](Z_L + Z_K)$$

$$= 3\dot{I}'_a(Z_L + Z_K)$$

$$Z = \frac{\dot{U}_a}{\dot{I}'_a} = 3(Z_L + Z_K)$$

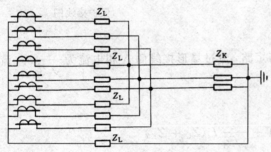

图 3-10　母差保护接线图

②两相短路（以 $k_{ab}^{(2)}$ 为例）

$$\dot{I}'_a = -\dot{I}'_b$$

$$\dot{U}_a = (\dot{I}'_a - \dot{I}'_b)(Z_L + Z_K)$$
$$+ \dot{I}'_a(Z_L + Z_K)$$
$$= 3\dot{I}'_a(Z_L + Z_K)$$

$$Z = \frac{\dot{U}_a}{\dot{I}'_a} = 3(Z_L + Z_K)$$

③单相接地（以 $k_a^{(1)}$ 为例）

$$\dot{U}_a = \dot{I}_a(Z_L + Z_K) + \dot{I}_a(Z_L + Z_K) = 2\dot{I}_a(Z_L + Z_K)$$

$$Z = \frac{\dot{U}_a}{\dot{I}_a} = 2(Z_L + Z_K)$$

电流互感器二次为星形接线，分析同全星形过流保护。

4）母差保护接线见图 3-10。

①三相短路 $Z = Z_L$；

②两相短路 $Z = Z_L$；

③单相接地 $Z = 2Z_L$。

5）电流差接线单元件过流保护接线见图 3-11。

①三相短路

$$\dot{U}_a = \dot{I}_a - \dot{I}_c(2Z_L + Z_K)$$

$$= \sqrt{3}\,\dot{I}_a e^{-j30°}(2Z_L + Z_K)$$

$$= \sqrt{3}\,\dot{I}_a\left(\frac{\sqrt{3}}{2} - j\frac{1}{2}\right)(2Z_L + Z_K)$$

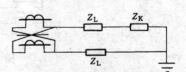

图 3-11　电流差接线单元件
过流保护接线图

$$=\dot{I}_a\left(\frac{3}{2}-j\frac{\sqrt{3}}{2}\right)(2Z_L+Z_K)$$

$$Z=\frac{\dot{U}_a}{\dot{I}_a}=(1.5+j0.866)(2Z_L+Z_K)$$

$$=\sqrt{3}(2Z_L+Z_K)$$

②两相短路（以 $k_{ca}^{(2)}$ 为例）

$$\dot{U}_a=2\dot{I}_a(2Z_L+Z_K)$$

$$Z=\frac{\dot{U}_a}{\dot{I}_a}=2(2Z_L+Z_K)$$

③两相短路（以 $k_{ab}^{(2)}$ 或 $k_{bc}^{(2)}$ 为例）

$$\dot{U}_a=\dot{I}_a(2Z_L+Z_K)$$

$$Z=2Z_L+Z_K$$

（7）分析结果：

根据计算电流倍数，找出 m_{10} 倍数之对应允许阻抗值 Z_{en}，然后将实测阻抗值按最严重的短路类型换算成 Z，当 $Z\leqslant Z_{en}$ 时为合格。

（8）当电流互感器 10％ 误差不满足要求时，可采取以下措施：

1）增大二次电缆截面；

2）串接备用电流互感器使允许负载增大 1 倍；

3）改用伏安特性较高的二次绕组；

4）提高电流互感器变比。

13. 画出三相五柱式电压互感器的 YN，yn，△接线图，并说明其特点。

答：在三柱铁芯的两侧各增加一个铁芯柱，作为零序磁通的闭合磁路，于是就形成了三相五柱式电压互感器。正因为这种互感器使零序磁通有了闭合磁路，就可以增加一组二次绕组，组成开口三角形以获得零序电压。图 3-12 即为 YN,yn,△接线的三相五柱式电压互感器。

电网正常运行时，三相电压对称，开口三角绕组引出端子上的电压 $\dot{U}_{a1,x1}$ 为三相二次电压之相量和，其值为零，但实际上因漏磁等因素的影响，$\dot{U}_{a1,x1}$ 一般不为零，而有几伏的不平衡电压。

当电网发生单相接地故障时，电压互感器一次侧的零序电压也要感应到二次侧，因三相零序电压大小相等相位相同，故开口三角绕组输出的电压 $U_{a1,x1}=3U_0/K_u$（K_u 为电压互感器变比）。

（1）把这种接线用于中性点非直接接地电网中，在电网发生单相（例如 A 相）接地故障时，开口三角绕组两端的 3 倍零序电压 $U_{a1,x1}$ 为 3 倍相电压。为使此时的 $U_{a1,x1}=100V$，开口三角绕组每相的电压应为 100/3V。因此，电压互感器的变比为 $\frac{U_N}{\sqrt{3}}\Big/\frac{100}{\sqrt{3}}\Big/\frac{100}{3}V$（$U_N$ 为一次系统的额定电压）。

（2）把这种接线用于中性点直接接地电网中，在电网发生单相（例如 A 相）接地故障时，故障相 A 相的电压为零，非故障相 B、C 两相电压的大小和相位均与故障前的相同，开口三角绕组两端的 3 倍零序电压 $U_{a1,x1}$ 为相电压。为使此时的 $U_{a1,x1}=100\text{V}$，故电压互感器的变比为 $\dfrac{U_N}{\sqrt{3}}\Big/\dfrac{100}{\sqrt{3}}\Big/100\text{V}$。

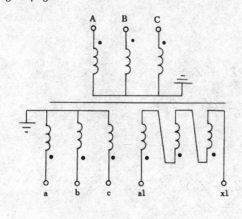

图 3-12　三相五柱式电压互感器
的 YN，yn，△接线

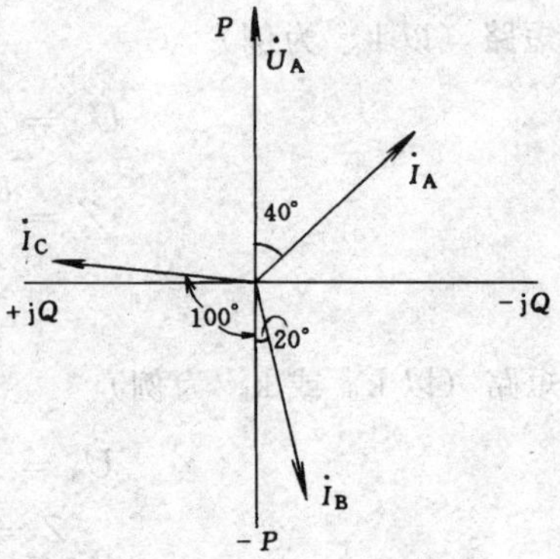

图 3-13　电流互感器电流、电压相量图

14. 新建线路及继电保护装置投入运行前，如何进行电流互感器相位正确性试验工作，举例说明。

答： 由于系新投运的线路，所以包括测量用电流互感器在内，都需要经过检验。如果该新建线路输送有功和无功，即输送功率 $S=P-jQ$，可求出功率因数角 $\varphi=\text{tg}^{-1}\dfrac{Q}{P}$。

功率因数角表明电流落后电压的角度。如设 $\varphi=40°$（见图 3-13），此时，相量 $\dot{I}_A$ 的位置是唯一确定的，不可能有第二个位置。在此基础上再测量 $\dot{I}_B$ 和 $\dot{I}_C$ 相电流的相位，如图中所示。

$\dot{I}_A$、$\dot{I}_B$、$\dot{I}_C$ 为正相序，互差 120°，三相电流平衡。零序回路一定有不平衡电流存在（一般几十毫安）。通过试验，则认为该线路保护所用的电流互感器的极性及接线是正确的。

15. 设电流互感器变比为 **600/5**，预先录好正弦电流波形基准值（有效值）为 **1.0A/mm**。今录得电流波正半波为 **13mm**，负半波为 **3mm**，试计算其一次值的直流分量、交流分量及全波的有效值。

答： 已知电流波形基准有效值为 1.0A/mm，则峰值基准值为 $\sqrt{2}\,\text{A/mm}$，则
直流分量为
$$I_-=\frac{13-3}{2}\times1.0\times\sqrt{2}\times600/5=5\sqrt{2}\times120=600\sqrt{2}\,(\text{A})$$

交流分量为
$$I_\sim=\frac{13+3}{2}\times1.0\times600/5=8\times1.0\times120=960\,(\text{A})$$

全波有效值为
$$I=\sqrt{I_-^2+I_\sim^2}=\sqrt{(600\sqrt{2})^2+960^2}=1281.3\,(\text{A})$$

16. 某一电流互感器的变比为 **600/5**，其一次侧通过最大三相短路电流**5160A**，如测得该电流互感器某一点的伏安特性为 $I_e = 3A$ 时，$U_2 = 150V$，试问二次接入**3Ω**负载阻抗（包括电流互感器二次漏抗及电缆电阻）时，其变比误差能否超过10％？

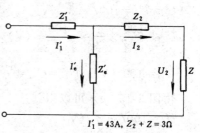

答：按题意，某一点的伏安特性 $I_e = 3A$ 时，$U_2 = 150V$，而故障电流折算到电流互感器二次侧时为 43A

图 3-14　电流互感器等值电路图

$\left(\dfrac{5160}{120} = 43A \right)$，如图 3-14 所示，又 $Z_2 + Z = 3\Omega$，$U'_2 = (I'_1 - I'_e) \times (Z_2 + Z) = (43 - 3) \times 3 = 120V$。实际按伏安特性是 $U_2 = 150V$，$I_e = 3A$，现在 $U'_2 = 120V < 150V$，相应的 $I'_e < 3A$。现在 I'_e 按3A计算，则 $I_2 = I'_1 - I'_e = 43 - 3 = 40A$，故此时变比误差 $\Delta I\% = \dfrac{43 - 40}{43} \times 100\% = 6.98\% < 10\%$。

17. 图3-15（a）所示的电压互感器二次额定线电压等于**100V**，当星形接线的二次绕组**C**相或**B、C**相熔断器熔断时，分别计算各相电压及相间电压（设电压互感器二次电缆阻抗可略去不计）。

答：将图 3-15 (a) 按题意画出 C 相及 B、C 相熔断器熔断时的等值电路，分别如图 3-15 (b)、(c) 所示。图中 $\dot{E}_a = 100/\sqrt{3} \angle 0° \text{V}$，$\dot{E}_b = 100/\sqrt{3} \angle -120° \text{V}$，$\dot{E}_c = 100/\sqrt{3} \angle 120° \text{V}$。

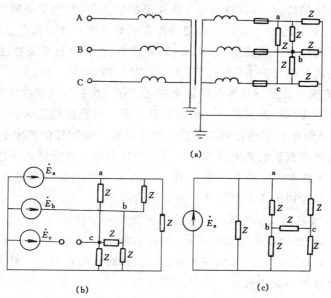

图 3-15　电压互感器接线图和等值电路图

(a) 电压互感器二次带负载接线图；(b) C 相熔断器熔断等值电路；

(c) B、C 相熔断器熔断等值电路

由图 3-15（b）可以得到

$$U_a = U_b = 100/\sqrt{3} \quad (\text{V})$$

$$U_c \approx \frac{100}{\sqrt{3}} \times \frac{1}{2} \approx \frac{100}{2\sqrt{3}} \quad (\text{V})$$

$$U_{ab} = 100 \quad (\text{V}), \quad U_{bc} = U_{ca} = \frac{100}{2} = 50 \quad (\text{V})$$

由图 3-15（c）可以得到

$$U_a = 100/\sqrt{3} \quad (\text{V})$$

$$U_b = U_c = \frac{100}{2\sqrt{3}} \quad (\text{V})$$

$$U_{ab} = U_{ca} = \frac{100}{2\sqrt{3}} \quad (\text{V}), \quad U_{bc} = 0 \quad (\text{V})$$

18. 试述采用暂态型电流互感器的必要性和分级。

答：（1）采用暂态型电流互感器的必要性有：

1）500kV 电力系统的时间常数增大。220kV 系统的时间常数一般小于 60ms，而 500kV 系统的时间常数在 80～200ms 之间。系统时间常数增大，导致短路电流非周期分量的衰减时间加长，短路电流的暂态持续时间加长。

2）系统容量增大，短路电流的幅值也增大。

3）由于系统稳定的要求，500kV 系统主保护动作时间一般在 20ms 左右，总的切除故障时间小于 100ms，系统主保护是在故障的暂态过程中动作的。

在电力系统短路，暂态电流流过电流互感器时，在互感器内也产生一个暂态过程。如不采取措施，电流互感器铁芯很快趋于饱和。特别在装有重合闸的线路上，在第一次故障造成的暂态过程尚未衰减完毕的情况下，再叠加另一次短路的暂态过程，由于电流互感器铁芯剩磁的存在，有可能使铁芯更快地饱和。其结果将使电流互感器传变一次电流信息的准确性受到破坏，造成继电保护不正确动作。这就要求在 500kV 系统中，选择具有暂态特性的电流互感器。

（2）暂态型电流互感器分为 TPS、TPX、TPY、TPZ 四个等级。

1）TPS 级。该级电流互感器为低漏磁电流互感器，铁芯不设非磁性间隙，铁芯暂态面积系数也不大，铁芯截面比稳态型电流互感器大得不多，制造比较简单。

2）TPX 级。该级电流互感器铁芯不设非磁性间隙，在同样的规定条件下与 TPY、TPZ 级的相比，铁芯暂态面积系数要大得多，只适用于暂态单工作循环，不适合使用于重合闸。

3）TPY 级。该级电流互感器铁芯设置一定的非磁性间隙，剩磁通不超过饱和磁通的 10%，限制了剩磁，适用于双工作循环和重合闸情况。

4）TPZ 级。该级电流互感器铁芯中设置的非磁性间隙较大，一般相对非磁性间隙长度要大于 0.2% 以上，无直流分量误差限值要求，剩磁实际上可以忽略。TPZ 级的电流互感器由于铁芯非磁性间隙大，铁芯磁化曲线线性度好，二次回路时间常数小，对交流分量的传变性能也好，但传变直流分量的能力极差。

500kV 线路保护用的电流互感器一般选用 TPY 级暂态型电流互感器。

19. 什么是电容式电压互感器的"暂态响应"？

答：在高压端与地短路情况下，电容式电压互感器的二次电压峰值应在额定频率的一个周波内衰减到低于短路前峰值的10%，称为电容式电压互感器的"暂态响应"。这条规定，指的是当一次电压波为零或者为最大值时发生短路情况中的较大者。

电容式电压互感器的稳态工作特性与电磁式电压互感器基本相同，但暂态特性较差，当系统发生短路等故障而使电压突变时，电容式电压互感器的暂态过程要比电磁式电压互感器长得多。假如在安装处发生金属性短路，一次电压突降为零，二次电压约需20ms左右才能降到5%额定电压以下，这对动作时间只有20~40ms的快速保护，特别对短线路的短路保护第Ⅰ段的动作精度带来很大影响。

20. 试述电阻型负序电流滤过器的工作原理。

答：这种滤过器的原理图如图 3-16（a）所示。它是由一个辅助变流器 TA 和一个电抗变压器 TL 组成。它们均有两个电流绕组，其匝数比 $N_0 = \frac{1}{3}N_A$，$N_B = N_C$，极性接法如图 3-16（a）所示，X_m 为电抗变压器的互感电抗值。电抗变压器及辅助变流器二次电动势和电压分别为

$$\dot{E}_m = j(\dot{I}_B - \dot{I}_C)X_m$$

$$\dot{U}_R = \frac{\dot{I}_A - \dot{I}_0}{K_i}R, \qquad \frac{R}{K_i} = \sqrt{3}X_m$$

则

$$\dot{U}_{mn} = \dot{U}_R - \dot{E}_m$$

下面分析它的工作原理：

1）通入零序电流时，因三相零序电流同相位，即 $\dot{I}_{A0} = \dot{I}_{B0} = \dot{I}_{C0} = \dot{I}_0$，辅助变流器一次侧 $\dot{I}_{A0}N_A - 3\dot{I}_0N_0 = 0$，对电抗变压器一次侧 $\dot{I}_{B0}N_B - \dot{I}_{C0}N_C = 0$，故 $\dot{U}_{mn,0} = 0$。

2）通入正序电流时，从图 3-16（b）可见

$$\dot{U}_{mn,1} = \frac{\dot{I}_{A1}R}{K_i} - j(\dot{I}_{B1} - \dot{I}_{C1})X_m = 0$$

3）通入负序电流时，从图 3-16（c）可见

$$\dot{U}_{mn,2} = \frac{\dot{I}_{A2}R}{K_i} - j(\dot{I}_{B2} - \dot{I}_{C2})X_m = \frac{\dot{I}_{A2}}{K_i}R + j\sqrt{3}\dot{I}_{A2}X_m = \frac{2R}{K_i}\dot{I}_{A2}$$

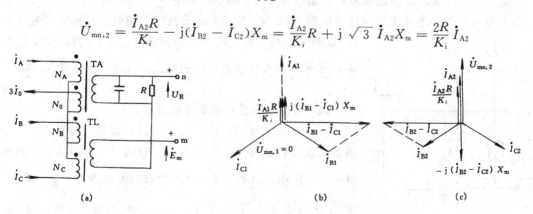

图 3-16 负序电流滤过器

（a）原理图；（b）加入正序电流时的相量图；（c）加入负序电流时的相量图

以上分析是基于假定辅助变流器是理想的，没有角误差。事实上角误差是存在的，误差可达 5°～7°（二次量超前）。为此，在辅助变流器二次侧采取并联电容器的措施，用来补偿支路电感，使之趋近理想状态。

21. 试述阻容式负序电压滤过器的工作原理。

答：常用的阻容式负序电压滤过器的原理接线如图 3-17（a）所示。其参数关系为 $R_A = \sqrt{3} X_A$，$X_C = \sqrt{3} R_C$，且要求 $\dot{I}_{AB}$ 越前 $\dot{U}_{AB}$ 的相角为 $+30°$，$\dot{I}_{BC}$ 越前 $\dot{U}_{BC}$ 的相角为 $60°$。

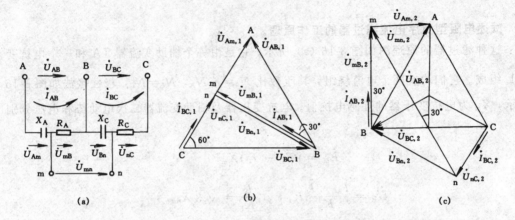

图 3-17　负序电压滤过器
（a）原理图；（b）加入正序电压时的相量图；（c）加入负序电压时的相量图

下面从相量图上分析加入正、负序电压时的工作情况。

（1）加入正序电压的相量图如图 3-17（b）所示。$\dot{U}_{mB,1}$ 为 $\dot{I}_{AB,1}$ 在 R_A 上的电压降，$\dot{U}_{Am,1}$ 为 $\dot{I}_{AB,1}$ 在 X_A 上的电压降，落后电流 90°。$\dot{U}_{nC,1}$ 为 $\dot{I}_{BC,1}$ 在 R_C 上的电压降，$\dot{U}_{Bn,1}$ 为 $\dot{I}_{BC,1}$ 在 X_C 上的电压降，落后电流 90°。电压三角形 △ABm 与三角形 △BCn 皆为含 30°、60° 两锐角的直角三角形，故 $\overline{Am} = \frac{1}{2}\overline{AB} = \frac{1}{2}\overline{AC}$，$\overline{nC} = \frac{1}{2}\overline{BC} = \frac{1}{2}\overline{AC}$。故 m，n 均为 $\overline{AC}$ 之中点，m，n 两点重合，$\dot{U}_{mn,1} = 0$，即加入正序电压时，输出电压为零。

（2）加入三相负序电压的相量图如图 3-17（c）所示。由于负序三相电压可由正序电压中 B、C 两相互换而得，按与上面相同的 △ABm 及 △BCn 的关系，可得到加入负序电压时的 $\dot{U}_{mn,2} = 1.5 \times \sqrt{3} \dot{U}_{A2} e^{j30°}$。

22. 何谓电流互感器零序电流接线？

答：如果将 A、B、C 三相中三只同型号、同变比电流互感器二次绕组的标"·"号端子、非标"·"号端子分别连接起来，再接入负载，因为流入负载的电流为 $\dot{I} = \frac{1}{K_i}(\dot{I}_A + \dot{I}_B + \dot{I}_C) = \dot{I}_a + \dot{I}_b + \dot{I}_c = 3\dot{I}_0$，故称为零序电流接线，如图 3-18 所示。

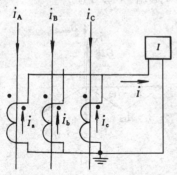

图 3-18　三只电流互感器的零序电流接线

这种接线用于需要获得零序电流的继电保护和自动装置。

23. 负序和复式电流滤过器的接线图有哪几种？列出各参数的关系。

答：负序和复式电流滤过器的接线图有三种，见表 3-1。它们在原理上并无差别。表 3-1 还给出了负序和复式电流过滤器各参数的关系。

表 3-1 负序和 $\dot{I}_1 \pm K \dot{I}_2$ 复式电流滤过器

接 线 图	负序电流滤过器参数	$\dot{I}_1 \pm K \dot{I}_2$ 复式电流滤过器参数
	$R_{w1}+R_{w2}=R_w$ $R_{w1}=\dfrac{1}{3}R_w$ $R_{w2}=\dfrac{2}{3}R_w$ $R_w=\sqrt{3}\,X_m$ $X_m=\dot{E}_m/(\dot{I}_B-\dot{I}_C)$	$R_w>\sqrt{3}\,X_m$ 时为 $\dot{I}_1+K\dot{I}_2$ 滤过器 $R_w<\sqrt{3}\,X_m$ 时为 $\dot{I}_1-K\dot{I}_2$ 滤过器
	TA 为辅助变流器 TL 为电抗变压器 $N_0=\dfrac{1}{3}N$ $R_w=\sqrt{3}\,X_m$ $X_m=\dot{E}_m/(\dot{I}_B-\dot{I}_C)$	$R_w>\sqrt{3}\,X_m$ 时为 $\dot{I}_1+K\dot{I}_2$ 滤过器 $R_w<\sqrt{3}\,X_m$ 时为 $\dot{I}_1-K\dot{I}_2$ 滤过器
	TA1、TA2 为辅助变流器 $N_0=\dfrac{1}{3}N$ $R_w=\sqrt{3}\,X_C$ $X_C=\dfrac{1}{\omega C}$	$R_w>\sqrt{3}\,X_C$ 时为 $\dot{I}_1+K\dot{I}_2$ 滤过器 $R_w<\sqrt{3}\,X_C$ 时为 $\dot{I}_1-K\dot{I}_2$ 滤过器

24. 试述三相阻容式负序电压滤过器的工作原理。

答：图 3-19（a）为三相阻容式负序电压滤过器的原理接线图。图中 A、B、C 为输入端，接线电压 $\dot{U}_{AB}$、$\dot{U}_{BC}$、$\dot{U}_{CA}$；X、Y、Z 为输出端。各臂元件参数要满足下列关系

$$\left. \begin{array}{c} R_1+R_2=\sqrt{3}\,X_C \\ R_2=2R_1 \end{array} \right\}$$

因此，各臂中的电流 $\dot{I}_{AB}$、$\dot{I}_{BC}$、$\dot{I}_{CA}$ 超前相应的外加电压 $\dot{U}_{AB}$、$\dot{U}_{BC}$、$\dot{U}_{CA}$ 的相角为 30°。

当输入三相正序电压时，输出端 X、Y、Z 三点重合于三角形 $\triangle ABC$ 的重心上，如图 3-19（b）所示，因此输出电压等于零。

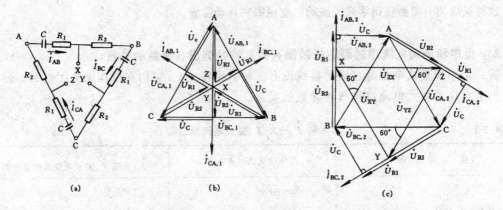

图 3-19　三相阻容式负序电压滤过器

(a) 原理接线图；(b) 加入正序电压时的相量图；(c) 加入负序电压时的相量图

当输入三相负序电压时，X、Y、Z 三点输出电压相量如图 3-19（c）所示。输出的对称三相电压，其大小与输入的负序电压相同，相位超前输入电压 60°，即

$$\dot{U}_{XY} = \dot{U}_{AB,2} e^{j60°}$$

$$\dot{U}_{YZ} = \dot{U}_{BC,2} e^{j60°}$$

$$\dot{U}_{ZX} = \dot{U}_{CA,2} e^{j60°}$$

把负序电压滤过器的输入电压顺序 A、B、C 任意两相对换，即得到一个三相式正序电压滤过器，其基本工作原理与三相式负序电压滤过器完全相同。

25. 怎样用单相电流整定负序电流继电器的动作电流？

答：在整定负序电流继电器的动作电流时，用三相对称电流是最直接的方法，但会使试验接线复杂，调整三相对称电流也比较困难，因此，常用单相电流整定。单相电流整定方法分以下两种：

1）模拟两相短路。分别模拟 AB 相、BC 相、CA 相短路时从端子通入电流。三种两相短路时继电器的动作电流相等，以 $I_{op}^{(2)}$ 表示，但它并不是负序动作电流。因为两相短路时的负序电流分量为短路电流的 $1/\sqrt{3}$，所以此时继电器的负序动作电流 $I_{op,2}^{(2)} = I_{op}^{(2)}/\sqrt{3}$，即单相动作电流除以 $\sqrt{3}$ 才是负序动作电流。

2）模拟单相接地短路。分别通入电流模拟 A 相接地、B 相接地、C 相接地。三种单相接地时继电器的动作电流相等，以 $I_{op}^{(1)}$ 表示，同样它也不是负序动作电流。单相接地短路时的负序电流分量为短路电流的 1/3，所以此时继电器的负序动作电流 $\dot{I}_{op,2}^{(1)} = I_{op}^{(1)}/3$，即单相动作电流除以 3 才是负序动作电流。

26. 怎样用单相电压整定负序电压继电器的动作电压？

负序电压继电器的动作电压，是指在三相负序电压作用下，继电器动作时的负序相间电

压值 $U_{op,2}$。对继电器加三相负序电压以整定其动作值是最直接的方法，但该法试验接线较复杂，调三相电压的对称平衡亦较难，故弃之而用单相电压来整定，即对负序电压滤过器的任一对输入电压端子间，模拟相间短路，在 A 与 BC 间施加单相电压，记下此时继电器的动作电压 U_{op}。从短路电流理论可知，$U_{op,2}=U_{op}/\sqrt{3}$，$U_{op,2}$ 值应与整定值相等，如整定值为负序相电压，则为 $U_{op}/3$。

第四章

线 路 保 护

一、线路的纵联保护

1. 纵联保护在电网中的重要作用是什么？

答：由于纵联保护在电网中可实现全线速动，因此它可保证电力系统并列运行的稳定性和提高输送功率、缩小故障造成的损坏程度、改善与后备保护的配合性能。

2. 纵联保护的信号有哪几种？

答：纵联保护的信号有以下三种。

（1）闭锁信号。顾名思义，它是阻止保护动作于跳闸的信号。换言之，无闭锁信号是保护作用于跳闸的必要条件。只有同时满足本端保护元件动作和无闭锁信号两个条件时，保护才作用于跳闸，其逻辑框图如图 1-4（a）所示。

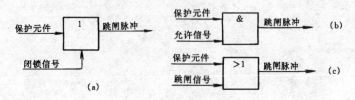

图 4-1 纵联保护信号逻辑图

（a）闭锁信号；（b）允许信号；（c）跳闸信号

（2）允许信号。顾名思义，它是允许保护动作于跳闸的信号。换言之，有允许信号是保护动作于跳闸的必要条件。只有同时满足本端保护元件动作和有允许信号两个条件时，保护才动作于跳闸，其逻辑框图如图 4-1（b）所示。

（3）跳闸信号。它是直接引起跳闸的信号。此时与保护元件是否动作无关，只要收到跳闸信号，保护就作用于跳闸，如图 4-1（c）所示。远方跳闸式保护就是利用跳闸信号。

3. 纵联保护的通道可分为几种类型？

答：它可分为以下几种类型。

（1）电力线载波纵联保护（简称高频保护）。

（2）微波纵联保护（简称微波保护）。

（3）光纤纵联保护（简称光纤保护）。

（4）导引线纵联保护（简称导引线保护）。

4. 什么是超范围式与欠范围式纵联保护？

答：按各端参与比较的故障判别元件保护范围的不同而区分为两种方向比较式纵联保护。

超范围式纵联保护：当本线路内部故障时，各端的超范围方向元件均判定为正方向故障，各端保护同时动作；外部故障时，靠近故障点一端的超范围方向元件判定为反方向故障，各端保护均不能动作。超范围式纵联保护的动作判据为各端保护均指示为正方向故障，为"与"输出方式，如图 4-2（a）所示，超范围式纵联保护只在本线路两端的超范围方向元件同时动作时方能发出断路器跳闸指令。对于超范围式纵联保护，当本线路内部故障时各端超范围方向元件动作快速并具有良好的保护电阻性故障的能力，动作可靠性高，但是也增加了外部故障时不必要动作的概率，故安全性较差。

欠范围式纵联保护：各端方向判别元件的动作区均不及对端母线，故本线路外部故障时各端欠范围方向元件均不动作；当任一端的欠范围方向元件动作时即可判定为内部故障，令各端保护同时动作，如图，4-2（b）所示。欠范围式纵联保护的各端除有欠范围方向元件外，还增设了灵敏的故障判别元件，监控对端欠范围方向元件发来的动作命令，以提高纵联保护工作的安全性。在欠范围式纵联保护中，各端增设的故障判别元件不要求判定故障的方向或区间，而要求本线路任一端保护带方向的欠范围元件动作为判据的"或"输出方式。欠范围式纵联保护在本线路外部故障时，各端的欠范围方向元件不动作，并且与增设的故障判别元件无需协调工作，故装置结构简单、安全性较高；但当线路末端附近故障时，必须在收到确证为对侧送来的内部故障信息后才能发出断路器跳闸命令，因而延迟了切除故障的动作时间；对内部故障，判别元件保护范围的稳定性要求高，因其保护范围小，故相应的保护电阻性故障的能力也较差。欠范围式纵联保护各端的判定本线路故障元件的保护范围，必须大于线路全长的 50％而小于 100％。

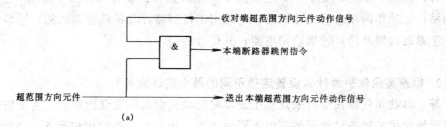

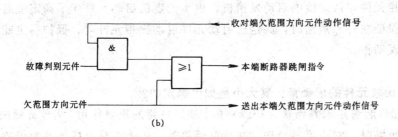

图 4-2 超范围式与欠范围式纵联保护原理框图
（a）超范围式；（b）欠范围式

5. 叙述电流相位差动高频保护的基本原理。

答：电流相位差动（以下简称相差）高频保护是根据比较被保护线路两侧电流相位的原

理构成，如图 4-3 所示。图中规定，电流由母线流向线路方向为正，由线路流向母线方向为负。当被保护线路发生内部短路时，如图 4-3（a）所示，M 端、N 端的电流方向都是正，即 $\dot{I}_M$ 与 $\dot{I}_N$ 同相，$\varphi=0°$，保护应该动作。而当线路发生外部短路时，如图 4-3（b）所示，则 M 端电流 $\dot{I}_M$ 方向为正，而 N 端电流 $\dot{I}_N$ 方向为负，此时 $\dot{I}_M$ 与 $\dot{I}_N$ 相位相反，$\varphi=180°$，保护不应该动作。这样就可以根据 $\dot{I}_M$ 与 $\dot{I}_N$ 两电流之间的相位差来判断是线路内部短路还是外部短路。

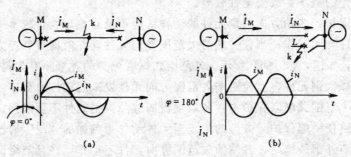

图 4-3　输电线发生内部和外部短路时的电流相位关系
（a）内部短路；（b）外部短路

6. 相差高频保护装置可分为哪几个主要部分？

答：根据"相差高频技术性能要求"，相差高频保护装置可分为下列几个主要部分：①启动回路；②操作回路；③比相回路；④跳闸出口回路；⑤停信控制回路；⑥装置异常闭锁回路；⑦通道检测回路；⑧接口继电器；⑨信号回路。

7. 相差高频保护为什么设置定值不同的两个启动元件？

答：启动元件是在电力系统发生故障时启动发信机而实现比相的。为了防止外部故障时由于两侧保护装置的启动元件可能不同时动作，先启动一侧的比相元件，而后动作一侧的发信机还未发信就开放比相将造成保护误动作，因而必须设置定值不同的两个启动元件。高定值启动元件启动比相元件，低定值的启动发信机。由于低定值启动元件先于高定值启动元件动作，这样就可以保证在外部短路时，高定值启动元件启动比相元件时，保护一定能收到闭锁信号，不会发生误动作。

8. 什么是相位比较元件的闭锁角？其大小是如何确定的？

答：相位比较元件起着正确判断被保护线路内、外部短路的重要作用。当外部短路时，它不应动作；当内部短路时，它应可靠动作。在外部短路时，由于电流互感器的角误差，保护装置包括 $\dot{I}_1+K\dot{I}_2$ 滤过器和操作回路等引起的相位误差，高频信号电流沿输电线路传送的延时等，使得线路两端操作电流的相位差并非为 180°；而在内部短路时，除上述误差外，由于被保护线路两侧系统等值电源电动势之间有相位差和短路点两侧系统阻抗角的不同，两侧短路电流并非同相位，两端的操作电流更不会同相位。这就有必要研究相位比较元件的动作情况，以及两端操作电流之间相位差角 φ 的关系。这个关系称为相位比较元件的相位特性曲线

144

$I_。=f(\varphi)$，$I_。$为其输出电流，如图 4-4 所示。

相位比较元件的动作电流 I_{op} 与 $I_。=f(\varphi)$ 两个交点之间的区域称为闭锁区。当 φ 处在该区域内时，保护装置不动作。取闭锁区的一半称为闭锁角 β。

闭锁角 β 的整定是根据外部短路时保护的选择性确定的，因此，它应包括：

（1）电流互感器的角误差，一般按 7°考虑。

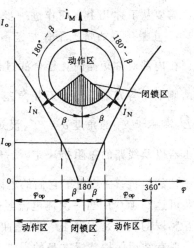

（2）保护装置包括 $\dot{I}_1 + K\dot{I}_2$ 滤过器和操作回路等的误差，其值可依具体装置的试验结果确定，一般可按 15°考虑；

（3）高频信号电流沿输电线传送的延时，折算到工频电流的相位为 6°/100km；

图 4-4　相位比较元件的
相位特性曲线

（4）考虑最不利的情况，并取裕度角为 15°，则

$$\beta = (7° + 15° + 15°) + \frac{l}{100} \times 6° = 37° + \frac{l}{100} \times 6° \tag{4-1}$$

式中　l——被保护线路的长度，km。

闭锁角的含义是：如以被保护线路 M 端的电流 $\dot{I}_M$ 为基准，$\dot{I}_M$ 与 N 端的电流 $\dot{I}_N$ 间的相位角为 φ，则当 $\dot{I}_N$ 落入由闭锁角 β 所规定的闭锁区内时（图 4-4 中的阴影区），相位比较元件不动作。由此可得出相位比较元件的动作条件为

$$|\varphi| \leqslant 180° - \beta \tag{4-2}$$

若取 $\beta=60°$（相当于被保护线路 380km 长），即表示当两端操作电流间的相位差角小于 120°时，相位比较元件能够动作。

9. 相差高频保护有何优缺点？

答：相差高频保护有如下优缺点。

（1）能反应全相状态下的各种对称和不对称故障，装置继电部分较简单。

（2）当一相断线接地或非全相运行过程中发生区内故障时，灵敏度变坏，甚至可能拒动。

（3）不反应系统振荡。在非全相运行状态下和单相重合闸过程中，保护能继续运行。

（4）保护的工作情况与是否有串补电容及其保护间隙是否不对称击穿基本无关。

（5）重负荷线路，负荷电流改变了线路两端电流的相位，对内部故障保护动作不利。

（6）不受电压二次回路断线的影响。

（7）对通道要求较高，占用频带较宽。在运行中，线路两端保护需联调。

（8）线路分布电容严重影响线路两端电流的相位，限制了其使用线路长度。

10. 在相差高频保护中，为什么会发生相继动作？

答：在电力系统的运行中，由于线路两侧电动势的相位差、系统阻抗角的不同，电流互感器和保护装置的误差，以及高频信号从一端送到对端的时间延迟等因素的影响，在内部故障时收信机所收到的两个高频信号并不能完全重叠，而在外部故障时也不会正好互相填满。因

此，需要从下述几个方面作进一步的分析。

1. 在最不利的情况下保护范围内部故障

在内部对称短路时，复合滤过器输出的只有正序电流 $\dot{I}_1$，即三相短路电流。由于在短路前两侧电动势 $\dot{E}_M$ 和 $\dot{E}_N$ 具有相角差 δ，根据系统稳定运行的要求，δ 角一般不超过 70°。在此取 $\dot{E}_N$ 滞后于 $\dot{E}_M$ 的角度 $\delta=70°$。设短路点靠近于 N 侧，则电流 $\dot{I}_M$ 滞后于 $\dot{E}_M$ 的角度由发电机、变压器以及线路的总阻抗决定，一般取 $\varphi_k=60°$。在 N 侧，电流 $\dot{I}_N$ 的角度则决定于发电机和变压器的阻抗，一般由于它们的电阻很小，故取 $\varphi_k=90°$。这样两侧电流 $\dot{I}_M$ 和 $\dot{I}_N$ 相差的角度总共可达到 100°。当一次侧电流经过电流互感器转换到二次侧时，还可能产生角度误差，如果互感器的负载是按照 10% 误差曲线选择的，则最大的误差角是 $\delta_{TA}=7°$；此外，根据试验结果，现有常用保护装置本身的误差角是 $\delta_{AP}=15°$。考虑到上述各个因素的影响，则 M 侧和 N 侧高频信号之间的相位差最大可达 $100°+7°+15°=122°$。此外，对 M 侧而言，N 侧发出的信号经输电线路传送时，还要有一个时间的延迟。如以 50Hz 交流为基准，则每 100km 的延时等于 6°❶，如果线路长度为 l 千米，则总的延迟角度为 $\delta_L=\dfrac{l}{100}\times 6°$，这样从 M 侧高频收信机中所收到的信号就可能具有 $(122°+\delta_L)$ 的相位差；但对 N 侧而言，由于它本身滞后于 M 侧，因此，这个传送信号的延迟，反而能使收信机所收高频信号的相位差变小，其值最大可能为 $(122°-\delta_L)$。

2. 保护范围外部的故障

当保护范围外部故障时，从一次侧来看，电流 $\dot{I}_M$ 和 $\dot{I}_N$ 相差 180°。同于以上的分析，考虑到电流互感器和保护装置的误差，以及传送信号的时间延迟，则两侧高频信号也不会相差 180°，在最不利的情况下可能达到 $180°\pm(22°+\delta_L)$。因此，收信机所收到的高频信号就不是连续的，这样在相位比较回路中也就有一个较小的电流输出，由于是保护范围外部的故障，因此，要求保护装置应可靠地不动作。

确定保护闭锁角的原则是，必须在外部故障时保证保护动作的选择性。因此，当外部故障时，需将一切不利的因素考虑在内，此时两端高频信号的相位差可达

$$\varphi = 180° \pm (\delta_{TA} + \delta_{AP} + \delta_L) = 180° \pm \left(\frac{l}{100}\times 6° + 22°\right) \tag{4-3}$$

因为此时保护不应动作，所以必须选择保护的闭锁角 $\varphi_b > 22° + \dfrac{l}{100}\times 6°$，即

$$\varphi_b = 22° + \frac{l}{100}\times 6° + \varphi_{ma} \tag{4-4}$$

φ_{ma} 为裕度角，可取为 15°。式（4-4）表明，线路越长，闭锁角的整定值就越大。

当按照上述原则确定闭锁角之后，还需要校验保护装置在内部故障时动作的灵敏性。此时，根据以前的分析，在最不利的情况下，对位于电动势相位超前的一端（例如 M 端），相位

---

❶ 电磁波的传播速度约为 300000km/s，因此，传送 1km 所需要的时间为 $\dfrac{1}{300000}$ s/km，再折合为 50Hz 的电角度，则为 $\dfrac{50\times 360°}{300000}$ /km=0.06°/km，即 100km 为 6°。

差可达 $\varphi_M = 122° + \frac{l}{100} \times 6°$；对位于电动势相位落后的一端（N 端），则 $\varphi_N = 122° - \frac{l}{100} \times 6°$。为保证保护装置可靠动作，则要求 φ_M 和 φ_N 均应小于保护装置的动作角 φ_{op}，并且要有一定的裕度。

3. 保护的相继动作区

由以上分析可见，当线路长度增加以后，闭锁角的整定值必然加大，因此，动作角 φ_{op} 就要随之减小；而另一方面，当保护范围内部故障时，M 端高频信号的相位差 φ_M 也要随线路长度而增大，因此，当输电线路的长度超过一定距离以后，就可能出现 $\varphi_M > \varphi_{op}$ 的情况，此时 M 端的保护将不能动作。但在上述情况下，由于 N 端所收到的高频信号的相位差 φ_N 是随着线路长度的增加而减小的，因此 N 端的相位差必然小于 φ_{op}，N 端的保护仍然能够可靠动作。

为了解决 M 端保护在内部故障时不能跳闸的问题，在保护的接线中采用了当 N 端保护动作跳闸的同时，也使它停止自己发信机所发送的高频信号，在 N 端停信以后，M 端的收信机就只收到它自己所发的信号。由于这个信号是间断的，因此，M 端的保护即可立即动作跳闸。保护装置的这种工作情况——即必须一端的保护先动作跳闸以后，另一端的保护才能再动作跳闸，称之为"相继动作"。

影响相继动作的因素有：故障类型、线路长度、两侧电源电动势相角差、故障点两侧短路回路阻抗相角差、电流互感器和装置本身角误差、计算时所取裕度角的大小等，其中较为主要的是故障类型、两侧电源电动势间相角差以及线路长度。

11. 何谓闭锁式纵联方向保护？

答：在方向比较式的纵联保护中，收到的信号作闭锁保护用，叫闭锁式纵联方向保护。

例如图 4-5 中 BC 线路发生短路，保护启动元件动作发闭锁信号，故障线路 BC 两端的判别元件判为正方向，使收发信机停止发闭锁信号，两侧收不到闭锁信号而动作跳闸。而非故障线路 AB 的 B 端和 CD 的 C 端判为反方向故障，它们的正方向判别元件不动作，

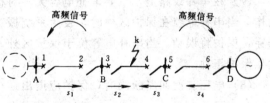

图 4-5　闭锁式纵联方向保护的作用原理

不停信，非故障线路两端的收信机收到闭锁信号，相应保护被闭锁。

12. 为什么选用负序功率方向作为高频闭锁方向保护的特征量？

答：选用的特征量应达到下列要求：

（1）能反应所有类型故障。

（2）在首端短路时无死区。

（3）在正常负荷状态下不应启动。

（4）不受振荡影响。

（5）线路两端方向元件在灵敏度上容易配合。

（6）两相运行时仍能工作。

接于全电流全电压 90°接线方式的功率方向继电器很难满足上述要求，因而不被采用。

零序功率方向继电器能满足上述（2）、（3）、（4）、（5）、（6）项要求，但是它只能反应接地短路而不反应相间短路。另外，还应注意到两平行输电线之间的零序互感作用，当一回线发生接地故障时，另一健全线可能因零序互感而使零序方向继电器误动作。

负序功率方向元件不仅能反应所有不对称短路，而且增设短时记忆回路后也能反应三相对称短路。在首端短路时，负序电压很高，因而不会出现死区。在正常负荷状态下，没有或很少有负序功率，因此不会启动。系统振荡时没有负序分量，也不会误动。在外部短路时，忽略线路分布电容的影响，两端负序电流大小相同，但近故障侧的负序电压高、负序功率大，负序功率方向继电器的灵敏度也就高。基于这些有利因素，高频闭锁方向保护选用负序功率方向作为判据特征量。

13. 高频闭锁负序方向保护有何优缺点？

答：该保护具有下列优缺点。

（1）原理比较简单。在全相运行条件下能正确反应各种不对称短路。在三相短路时，只要不对称时间大于 5～7ms，保护可以动作。

（2）不反应系统振荡，但也不反应稳定的三相短路。

（3）当负序电压和电流为启动值的 3 倍时，保护动作时间为 10～15ms。

（4）负序方向元件一般有较满意的灵敏度。

（5）在两相运行条件下（包括单相重合闸过程中）发生故障，保护可能拒动。

（6）线路分布电容的存在，使线路在空载合闸时，由于三相不同时合闸，保护可能误动。当分布电容足够大时，外部短路也将误动，应采取补偿措施。

（7）在串补线路上，只要串补电容无不对称击穿，则全相运行条件下的短路保护能正确动作。当串补电容在保护区内时，发生系统振荡或外部三相短路、且电容器保护间隙不对称击穿，保护将误动。当串补电容位于保护区外，区内短路且有电容器的不对称击穿，也可能发生保护拒动。

（8）电压二次回路断线时，保护应退出运行。

（9）对高频收发信机要求较低。

14. 非全相运行对高频闭锁负序功率方向保护有什么影响？

答：当被保护线路上出现非全相运行，如图 4-6（a）所示，在保护 1 处有一相断开时，将在断相处产生一个纵向的负序电压 $\Delta \dot{U}_2$，并由此产生负序电流 $\dot{I}_2$，其方向如图 4-6（b）所示，此时负序电压的分布则如图 4-6（c）所示。根据该图，可以定性地分析出 A、A' 和 B 点的负序功率方向，如表 4-1 所示。由此表可见，在输电线路的 A、B 两端，负序功率的方向同时为负，这和内部故障时的情况完全一样。因此，在一侧断开的非全相运行状态下，高频闭锁负序功率方向保护将误动作。为了克服上述缺点，如果将保护安装地点移到断相点的里侧，即 A' 点，则两端负序功率的方向为一正一负，和外部故障时的情况一样，这时保护将处于启

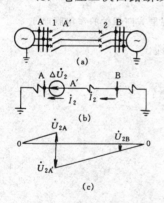

图 4-6　高频闭锁负序功率方向保护在一侧断开的非全相运行状态下工作的分析
（a）接线示意图；（b）负序等效网络；（c）负序电压分布

动状态,但由于受到高频信号的闭锁而不会误动作。

针对上述两种情况可知,当电压互感器接于线路侧时,保护装置不会误动作,而当电压互感器接于变电所母线侧时,则保护装置将误动作。此时需采取措施将保护闭锁。

表 4-1　在一侧断开的非全相运行状态下各点的实际负序功率方向

位置 参数符号	A	A′	B
U_2	+	−	−
I_2	−	−	+
KPD2	−	+	−

15. 何谓高频闭锁距离保护? 其构成原理如何?

答: 利用距离保护的启动元件和距离方向元件控制收发信机发出高频闭锁信号,闭锁两侧保护的原理构成的高频保护,称为高频闭锁距离保护。它能使保护无延时地切除被保护线路任一点的故障。其构成原理可由图4-7说明。图中, Z_I、Z_{II}、Z_{III}分别表示 I、II、III 段阻抗测量元件, t_{II}、t_{III}为延时元件。当k1点短路时, Z_{IA}、Z_{IIA}、Z_{IB}、Z_{IIB}均启动,B侧断路器立即跳闸。由于Z_{IB}动作,B侧KM1动作,停发B侧高频信号,同理A侧也停发高频信号,A侧收信机收不到高频信号,KM2继电器常闭触点保持接通,Z_{IA}不带延时地立即跳开A侧断路器,实现高频闭锁距离保护的全线速动。

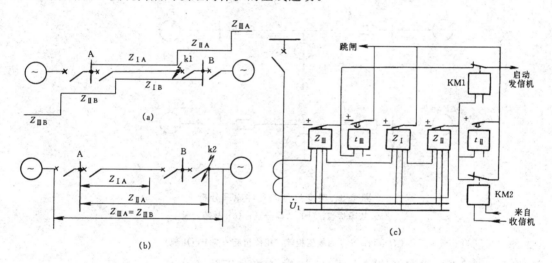

图 4-7　高频闭锁距离保护的原理说明

(a) 当k1点短路时; (b) 当k2点短路时; (c) 原理接线图

当k2点短路时,Z_{IA}、Z_{IIA}、Z_{IIB}动作,B侧发信机发高频信号,并被A侧收信机接收,KM2常闭触点打开,A侧保护以t_{II}延时跳A侧断路器 (若B母线右侧断路器或其保护不动时)。

16. 高频闭锁距离保护有何优缺点?

答: 该保护有如下优缺点:

(1) 能足够灵敏和快速地反应各种对称和不对称故障。

(2) 仍能保持远后备保护的作用 (当有灵敏度时)。

(3) 串补电容可使高频闭锁距离保护误动或拒动。

(4) 不受线路分布电容的影响。

（5）电压二次回路断线时将误动。应采取断线闭锁措施，使保护退出运行。

17. 简述快速方向高频保护的优点和突变量方向元件的原理。

答：快速方向高频保护利用相电流差突变量起动元件和突变量方向元件构成，具有下述优点：①不受过渡电阻的影响。②不受系统振荡的影响。③不受负荷电流的影响。④不受非全相的影响。⑤解决了弱电源端（无电源）保护的问题。⑥灵敏度高且无电压死区。

突变量方向元件的原理概述如下：突变量方向元件利用保护安装处电流、电压的故障分量的极性来判别故障的方向。由叠加原理可知：故障状态由负荷分量和故障分量两部分组成，

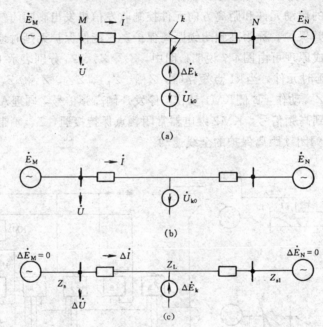

图 4-8 突变量方向元件原理分析

（a）故障状态；（b）负荷分量；（c）故障分量

（$\dot{U}_{k0}$ 和 $\Delta \dot{E}_k$ 为幅值相等，相位相反的两个电压源）

如图4-8所示。从图中得知，故障分量 ΔU 与 ΔI 存在如下关系

$$\text{正向故障时} \quad \frac{\Delta U}{\Delta I} = - Z_S$$

$$\text{反向故障时} \quad \frac{\Delta U}{\Delta I} = Z_L + Z_{S1}$$

式中　Z_S——保护安装处到 M 侧电源的系统阻抗；

　　　Z_{S1}——N 侧电源的系统阻抗；

　　　Z_L——线路阻抗。

即正向故障时 ΔU 与 ΔI 极性相反；反方向故障时，ΔU 与 ΔI 极性相同。突变量方向是反映故障分量的方向，当 ΔU 与 ΔI 的极性相反时，正方向元件动作，具有明确的方向性且动作迅速。

18. 何谓远方发信？为什么要采用远方发信？

答：远方发信是指每一侧的发信机，不但可以由本侧的发信元件将它投入工作，而且还

可以由对侧的发信元件借助于高频通道将它投入工作，以保证"发信"的可靠性。这样做的目的是考虑到当发生故障时，如果只采用本侧"发信"元件将发信机投入工作，再由"停信"元件的动作状态来决定它是否应该发信，实践证明这种"发信"方式是不可靠的。例如，当区外故障时，由于某种原因，靠近反方向侧"发信"元件拒动，这时该侧的发信机就不能发信，导致正方向侧收信机收不到高频闭锁信号，从而使正方向侧高频保护误动作。为了消除上述缺陷，就采用了远方发信的办法。

19. 高频保护中母差跳闸和跳闸位置停信的作用是什么？

答：当母线故障发生在电流互感器与断路器之间时，母线保护虽然正确动作，但故障点依然存在，依靠母线保护出口继电器动作停止该线路高频保护发信，让对侧断路器跳闸切除故障。

跳闸位置继电器停信，是考虑当故障发生在本侧出口时，由接地或距离保护快速动作跳闸，而高频保护还未来得及动作，故障已被切除，并发出连续高频信号，闭锁了对侧高频保护，只能由二段带延时跳闸。为了克服此缺点，采用由跳闸位置继电器停信，使对侧自发自收，实现无延时跳闸。

20. 怎样检验相差高频保护在区外故障时的工作安全性？

答：本项检验可在两侧轮流进行，但需要两侧的结果都符合要求之后才算通过；当某一侧的检验不符合要求时，需要两侧相互配合来查找原因。

检验时，两侧保护收发信机均需投入直流电源，收发信机的输出接至高频通道。如被保护线路的断路器处于断开状态时，还需要暂时断开跳闸位置继电器，控制停止发信机起动发信的连线（本项检验结束后立即恢复）。

进行检验的一侧（主试侧）先在高频通道中串接入可变衰耗器，使本侧的收信裕量降低至只有 3.0dB，然后由保护 B-C 相回路突然通入 5.0A 的试验电流，通入电流后该侧保护的高、低定值元件应立即动作，收发信机起动发信，对侧立即返回连续的高频信号，保护的比相输出回路及出口继电器都不应动作。假若此时出口继电器动作（误动），则可将串在通道中的衰耗器减少 1.0～2.0dB，即本侧收信裕量改为 4.0～5.0dB 后再检验（考虑两侧通道衰耗可能相差 3.0dB，因此当本侧收信裕量为 4.0～5.0dB 时，对侧收发信机的收信裕量可能只有 1.0～2.0dB），此时应保证不再误动，否则要停止检验查找原因。

一侧检验通过后，另一侧必须做同样的检验。假若先检验一侧的收信裕量在超过 3.0dB 才能保证不会误动时，后检验的一侧必须保证收信裕量为 3.0dB 时不会误动，即两侧必须有一侧在收信裕量不大于 3.0dB 时，保护才能够保证不误动。

检验结束后，立即拆除所有检验接线，并恢复端子排的所有对外连接的电缆线，准备进行保护投入前线路的带电试验。

21. 怎样核对收信监测告警回路启动电平整定的正确性？

答：在收发信机入口处接选频电压表，在接高频电缆处串入可调衰耗器，先由对侧发送连续的高频信号（先拔出本侧发信机振荡回路插件），监测本侧的收信电平，逐步投入衰耗器使收信电平下降 3.0～4.0dB，然后对侧停止发信并插入本侧的振荡回路插件。本侧按下发信起动按钮使本侧先发信,对侧应有远方起动发信,此时本侧的通道告警回路应动作发出告警信号。将通道衰耗器减少1.0dB,重复以上试验时应不再发出告警信号。如果新安装投运之后,经运行实践验证由于气候因素的影响,通道传输衰耗的波动范围会超过3.0dB时,该监视回路的信号下降,告警起始值可以适当增大一些,但此时对最低收信裕度的要求也要随之增大。必须保证正常的收信电平在扣除监视告警所整定的衰耗量后,仍然较收信起动电平高8.68dB以上。

22. 使用载波通道的闭锁式纵联保护需要注意哪些问题?

答:应注意以下问题:

(1)载波通道的闭锁式纵联保护的传送通道,在正常运行状态下其通道裕量不应少于9dB,运行人员每天都应进行检查,遇有裕量较正常情况降低3dB,应及时查找原因,要特别注意及时发现阻波器失调的不正常现象。

(2)直流电源在运行中允许波动范围应符合高频保护运行规程的规定,对用可控硅浮充电的电源,须特别注意电源的纹波系数不致影响保护的正常运行,必要时要增设电容器滤波。若为寻找直流电源接地点需要中断高频保护的直流电源时,必须先经调度同意,在断开保护的跳闸连接片后始允许进行工作,事后按规程履行投入运行的手续。

(3)保护装置三相跳闸时应设有停止发信机发信的回路,以保证内部故障时对侧纵联保护装置可靠跳闸。

使用停信回路应注意:

1)线路为单重方式的相差高频保护,只有在被保护线路三相均断开时才停信。对于方向比较式纵联保护,若在非全相运行期中不再起作用时,则单相跳闸也可停信。

2)对方向比较式保护应注意在双方均停止发信后,保护能保证可靠地切除故障。

3)发信机的停信回路,不能采用外部电位变化(须经空触点转换)的控制方式,要注意防止干扰信号由停信回路引进发信机,造成保护误动。

(4)用母线侧电压互感器的零序、负序方向比较式保护,在断路器手动合闸时应将停信回路略带延时,以避免由于断路器三相合闸不同时,而造成两侧保护误动跳闸。

(5)零序、负序方向比较式纵联保护,只有在两侧均采用线路电压互感器,并满足下列要求时,其跳闸回路才允许接到综重装置的"N33"端子(非全相运行不误动保护的专用端子)。

1)两侧选相元件相继动作的情况下,后跳闸一侧的保护能保证可靠跳闸。

2)在非全相运行中,在考虑线路电容电流的影响及两侧方向元件动作特性存在误差等因素后,保护不致误动作。

3)满足第(6)项的规定。

(6)各种纵联保护若本身的最长动作时间大于80ms,对于装设单相重合闸的线路应注意防止出现一侧由于零序电流保护先跳闸致使后跳闸侧的高频保护不能跳闸的问题。

(7)若继电保护装置和收发信机均有远方起动回路时,只能投入一套远方起动回路。

二、纵 联 保 护 通 道

23. 纵联保护电力载波高频通道由哪些部件组成?简述各部分的作用。

答:"相—地"制电力载波高频通道的原理接线如图4-9所示。它由下列几部分组成。

（1）输电线路。三相线路都用，以传送高频信号。

（2）高频阻波器。高频阻波器是由电感线圈和可调电容组成的并联谐振回路。当其谐振频率为选用的载波频率时，对载波电流呈现很大的阻抗（在1000Ω以上），从而使高频电流限制在被保护的输电线路以内（即两侧高频阻波器之内），而不致流到相邻的线路上去。对50Hz工频电流而言，高频阻波器的阻抗仅是电感线圈的阻抗，其值约为0.04Ω，因而工频电流可畅通无阻。

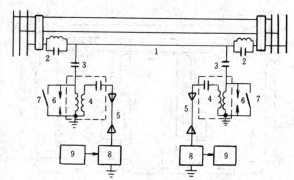

图4-9　"相—地"制电力载波高频通道的原理接线图
1—输电线路；2—高频阻波器；3—耦合电容器；4—结合滤波器；5—高频电缆；6—保护间隙；7—接地刀闸；8—高频收发信机；9—保护

（3）耦合电容器。耦合电容器的电容量很小，对工频电流具有很大的阻抗，可防止工频高压侵入高频收发信机。对高频电流则阻抗很小，高频电流可顺利通过。耦合电容器与结合滤波器共同组成带通滤波器，只允许此通带频率内的高频电流通过。

（4）结合滤波器。结合滤波器与耦合电容器共同组成带通滤波器。由于电力架空线路的波阻抗约为400Ω，电力电缆的波阻抗约为100Ω或75Ω，因此利用结合滤波器与它们起阻抗匹配作用，以减小高频信号的衰耗，使高频收信机收到的高频功率最大。同时还利用结合滤波器进一步使高频收发信机与高压线路隔离，以保证高频收发信机及人身的安全。

（5）高频电缆。高频电缆的作用是将户内的高频收发信机和户外的结合滤波器连接起来。

（6）保护间隙。保护间隙是高频通道的辅助设备。用它保护高频收发信机和高频电缆免受过电压的袭击。

（7）接地刀闸。接地刀闸也是高频通道的辅助设备。在调整或检修高频收发信机和结合滤波器时，将它接地，以保证人身安全。

（8）高频收发信机。高频收发信机用来发出和接收高频信号。

24. 电力载波高频通道有哪几种构成方式？各有什么特点？

答：目前广泛采用输电线路构成的高频通道。它有两种构成方式：

（1）相—相制通道：利用输电线路的两相导线作为高频通道。虽然采用这种构成方式高频电流衰耗较小，但由于需要两套构成高频通道的设备，因而投资大、不经济，所以很少采用。

（2）相—地制通道：即在输电线路的同一相两端装设高频耦合和分离设备，将高频收发信机接在该相导线和大地之间，利用输电线路的一相（该相称加工相）和大地作为高频通道。这种接线方式的缺点是高频电流的衰减和受到的干扰都比较大，但由于只需装设一套构成高频通道的设备，比较经济，因此在我国得到了广泛的应用。

高频通道的原理接线如图4-9所示。

25. 高频电流如何在高频通道上传输？

答：相—地制的高频通道是由本侧及对侧的高频收发信机、结合滤波器、耦合电容器和

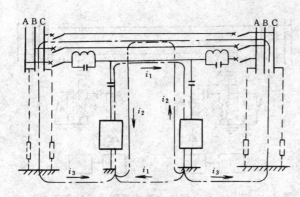

图 4-10　高频电流沿输电线路传播路径

输电线路及大地组成的回路，实际上，发信机发送的高频载波电流，并不完全沿着加工相的高频通道传输，这是因为输电线路各相导线之间以及导线对地之间存在电容耦合，由于容抗 $\frac{1}{\omega C}$ 和频率成反比，故对于高频载波频率来说，这些容抗是很小的，因此，由本侧高频发信机发出的高频电流，在沿线传输的过程中，有一部分电流会通过相导线和大地的耦合电容及泄漏电阻流回来。其余高频电流经高频通道流至对端入地后，也不是全部经大地流回，而是分成三路流回。经大地流回发信端的高频电流 i_1，称地返波。其余两路，一路高频电流 i_2 是经未加工的两相对地电容流上两相导线，再经这两相的对地电容流回发信端。另一路高频电流 i_3 则是经对侧未加工的两相母线对地电容，流过两相输电线路，再经本侧该两相母线的对地电容流回发信端。后两路高频电流称相返波。高频电流的传播途径如图 4-10 所示。

26. 什么是微波保护？用微波通道作为继电保护的通道时具有哪些优点？存在哪些问题？

答：所谓微波保护，就是一种利用微波通道来传送线路两端比较信号的继电保护装置，它的基本原理与高频保护相同，也就是说是高频保护的发展。目前，微波保护采用的是波长为 1～10cm（频率为 30000～3000MHz）的微波。

利用微波通道作为继电保护的通道具有下列优点：

（1）不需要装设与输电线路直接相连的高频加工设备，在检修有关高压电器时，无需将微波保护退出运行，在检修微波通道时也不影响输电线路的正常运行。

（2）微波通道具有较宽的频带，可以传送多路信号，这就为超高压线路实现分相的相位比较提供了有利条件。

（3）微波通道的频率较高，与输电线路没有任何联系，因此，受到的干扰小、可靠性高。

（4）由于内部故障时无需通过故障线路传送两端的信号，因此它可以采用传送各种信号（闭锁、允许、直接跳闸）的方式来工作，也可以附加在现有的保护装置上来提高保护的速动性和灵敏性。

微波通道存在的问题是：

（1）当变电所之间的距离超过 40～60km 时，需要架设微波中继站；又由于微波站和变电所不在一起，增加了维护的困难。

（2）价格较贵。

实际上，只有当电力系统的继电保护、通信、自动化和远动化技术综合在一起考虑，需要解决多通道的问题时，应用微波保护才有显著优点。

27. 什么是电平？电压绝对电平和功率绝对电平之间有什么关系？怎样计算？

答：电平单位是高频信号传输中用得最广泛的计量单位，我国现普遍采用 dB（分贝）作为电平单位。

电路中任一点的功率 P_1 和另一点的功率 P_2 之比的对数，称为电平（相对电平）。

功率绝对电平：在电路中某测试点的功率 P_x 和标准比较功率 $P_0=1\text{mW}$ 之比取常用对数的 10 倍，称为该点的功率绝对电平，即

$$L_{Px} = 10\lg\frac{P_x}{P_0} \quad \text{dB} \tag{4-5}$$

电压绝对电平：在电路中某测试点的电压 U_x 和标准比较电压 $U_0=0.775\text{V}$ 之比取常用对数的 20 倍，称为该点的电压绝对电平，即

$$L_{Ux} = 20\lg\frac{U_x}{U_0} \quad \text{dB} \tag{4-6}$$

式中 U_0——标准电压，$U_0=0.775\text{V}$（1mW 的功率在 600Ω 负载上的电压为 0.775V）。

功率绝对电平与电压绝对电平之间的换算关系为

$$L_{Px} = 10\lg\frac{P_x}{P_0} = 10\lg\frac{U_x^2/Z}{0.775^2/600} = 20\lg\frac{U_x}{0.775} + 10\lg\frac{600}{Z}$$

$$= L_{Ux} + 10\lg\frac{600}{Z} \tag{4-7}$$

式中 Z——被测处的阻抗值。

当 $Z=600\Omega$ 时，该处的功率电平等于电压电平，即 $L_{Px}=L_{Ux}$；当 $Z=75\Omega$ 时，$L_{Px}=L_{Ux}+9\text{dB}$。

另一种电平的定义是取功率或电压比值的自然对数，单位为 Np（奈培），即

$$L_{Px} = \frac{1}{2}\ln\frac{P_x}{P_0}, \quad L_{Ux} = \ln\frac{U_x}{U_0} \tag{4-8}$$

Np 为非法定计量单位，dB 与 Np 之间换算关系为

$$1\text{Np} = 8.686\text{dB} \tag{4-9}$$

28. 什么是调制和解调？

答：以相差高频保护为例。在相差高频保护中，需要利用高频信号将 50Hz 的工频电流相位传送至输电线路对端，以便进行相位比较。

用来运载 50Hz 工频信号的高频信号在电信技术中称为载波。载波具有一定的幅度和频率。

把需要传送的信号加到高频载波上去的过程称为调制。调制分调幅和调频两种。调幅是使载波信号的幅度随着要传送的信号成比例的变化，也就是说，载波信号的包络线寄托着要传送的信号。调频则是使载波信号的频率随着需要传送信号的变化而变化。图 4-11 (a)、(b)、(c) 分别表示待传送的信号、高频载波和调幅后的信号。

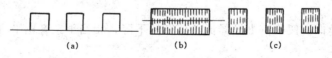

图 4-11 载波示意图

(a) 需要传送的信号；(b) 高频载波；(c) 调幅后的信号

从携带外加信号后的高频载波中取出原来所施加的信号的过程称为检波。检波就是将调制信号的包络线检出。由于检波是调制的反过程，因此也叫解调。

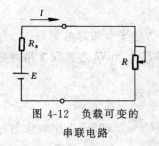

图 4-12 负载可变的
串联电路

29. 什么是匹配?

答：如果把一个负载电阻 R 接到实际电源电路里，实际电源的总功率除一部分消耗在电阻 R 上外，还有一部分将消耗在电源内阻 R_s 上。在电子技术中，总希望负载上得到最大的功率，那么在什么条件下负载电阻 R 上才能得到最大功率呢?

我们先来研究负载电阻 R 上的功率表达式。

设负载可变的电路如图 4-12 所示。电源电动势用 E 表示，则回路电流 I 为

$$I = \frac{E}{R + R_s}$$

负载功率为

$$P = I^2 R = \left(\frac{E}{R + R_s}\right)^2 R = \frac{E^2 R}{(R^2 + 2R_s R + R_s^2) - 2R_s R + 2R_s R}$$

$$= \frac{E^2 R}{(R - R_s)^2 + 4R_s R}$$

由功率的表达式可见，$R = R_s$ 时，负载获得的功率 P 最大。这时最大功率为

$$P_{max} = \frac{E^2 R}{4R_s R} = \frac{E^2}{4R_s} = \frac{E^2}{4R}$$

负载得到最大功率的条件，即负载电阻 R 和电源内阻 R_s 相等（$R = R_s$），称此时负载与电源为匹配连接。

30. 阻抗失配的危害是什么?

答：阻抗失配的危害有如下几点。

(1) 阻抗匹配时，负载从信号源中得到的功率最大。同时说明，信号源供出量（功率）全部被负载所吸收，在信号源和负载之间不存在反射。功放内阻和负载各消耗一半功率，效率最高，功放盘的负担也最轻。

(2) 由于阻抗失配，信号源能量不能全被吸收，信号会反射，反射波对入射波的干涉，使信号功率输出不稳定，用示波器观察波形，可以看出波形失真，影响通信质量。

(3) 由于部分功率反射回功率放大器，严重时使设备发生振荡，放大器的工作点发生变化，可能会进入饱和区，不但使信号波形严重失真，同时会使放大器产生交差调制和谐波，造成乱真发射严重，干扰系统中的其他通道。

(4) 增加了功率放大器的负担，在输出端失配最严重的开路或短路中，功率放大器要提供的功率为正常时功率的 2 倍，而且功率是消耗在放大器的本身，造成功放管集电极温度上升，影响寿命。

(5) 由于输出降低，使收信电平降低，信杂比下降，相当于杂音电平升高，因而使通信质量下降。

(6) 增加了电源盘供给功放盘的供电功率。

载波机输出与通道的输入端的匹配问题，是研究电力线路载波通道的第一个要解决的重要技术问题，它是贯穿整个通道的，这个问题解决不好，可能造成通道质量低劣，使设备长期运行不正常。

31. 在高频保护中，高频电缆特性阻抗 $Z_{c2}=100\Omega$，220kV 输电线路的特性阻抗 $Z_{c1}=400\Omega$，在高频通道中如何实现匹配？

答：高频电缆与输电线路之间的阻抗匹配，是通过结合滤波器的阻抗变换达到的。如电缆阻抗为 100Ω，线路阻抗为 400Ω，经过结合滤波器，电缆侧线圈匝数为 N_2 匝，线路侧线圈匝数为 N_1 匝，且使 $N_1/N_2=2$，则电缆侧特性阻抗的 100Ω 就变换成线路侧阻抗 400Ω，即 $Z_{c1}=Z_{c2}\left(\dfrac{N_1}{N_2}\right)^2=100\times4=400\Omega$，得到匹配连接。

32. 已知电磁波在高频电缆里的传播速度和工作频率，在选择高频电缆长度时应注意什么？

答：在选择高频电缆长度时应考虑在现场放高频电缆时，要避开电缆长度接近 1/4 波长或 1/4 波长的整数倍的情况。例如工作频率 $f_w=186\text{kHz}$，电缆长度为 300m，若某种型号的高频电缆的电磁波传播速度为 230000km/s，则其 1/4 波长的电缆长度 $l=\dfrac{1}{4}\times\dfrac{230000}{186}=309\text{m}$，此长度非常接近电缆的长度，此时高频信号将被短路或开路，无法传送到对侧。

33. 什么是工作衰耗？

答：工作衰耗 b_w 为当负载阻抗 R 与电源阻抗 R_s 相等并直接相连时，如图 4-13 所示，负载 R 所得的最大接收功率（$P_{\max}$）与经过四端网络后负载 R' 上所得功率（P_2），取 $P_{\max}$ 与 P_2 之比常用对数的 10 倍称为工作衰耗，即

$$b_w=10\lg\frac{P_{\max}}{P_2} \tag{4-10}$$

测试接线如图 4-14 所示。

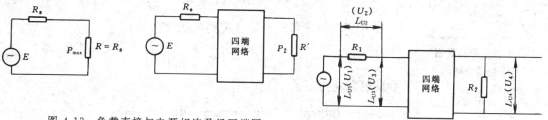

图 4-13　负载直接与电源相连及经四端网　　　　　　图 4-14　测量工作衰耗接线图
　　　　络与电源连接图

1. 电压表法

$$P_{\max}=\frac{U_1^2}{4R_1}$$

接入四端网络后负载所得功率

$$P_2=\frac{U_4^2}{R_2}$$

$$b_w=10\lg\frac{P_{\max}}{P_2}=10\lg\frac{U_1^2/4R_1}{U_4^2/R_2}=10\lg\frac{U_1^2R_2}{U_4^2\times4R_1}=20\lg\frac{U_1}{U_4}+10\lg\frac{R_2}{4R_1}\quad\text{dB}\tag{4-11}$$

2. 电平表法

$$b_w = L_{U1} - L_{U4} + 10\lg \frac{R_2}{4R_1} \quad \text{dB} \tag{4-12}$$

如 $R_1 = R_2$ 时，则

$$b_w = L_{U1} - L_{U4} - 10\lg 4$$

34. 什么是传输衰耗？

答：传输衰耗 b_t 是当信号接入四端网络后输入端与输出端的相对电平。

$$b_t = 10\lg \frac{P_i}{P_o} \quad \text{dB} \tag{4-13}$$

式中 P_i——输入功率；

P_o——输出功率。

测试接线与图 4-14 相同。

1. 电压表法

$$P_i = U_3 \frac{U_2}{R_1}, \quad P_o = \frac{U_4^2}{R_2}$$

$$b_t = 10\lg \frac{P_i}{P_o} = 10\lg \frac{U_2 U_3}{U_4^2} + 10\lg \frac{R_2}{R_1} \quad \text{dB} \tag{4-14}$$

2. 电平表法

$$b_t = \frac{1}{2}(L_{U2} + L_{U3}) - L_{U4} + 10\lg \frac{R_2}{R_1} \quad \text{dB} \tag{4-15}$$

35. 什么是反射衰耗

答：反射衰耗 b_{rf} 是根据负载阻抗 R 不等于电源内阻抗 R_s 时所引起的能量损耗确定的衰耗。在图 4-15 中：

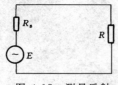

图 4-15　测量反射衰耗示意图

当 $R_s = R$ 时，负载电阻分配到的功率

$$P_1 = \left(\frac{E}{2R_s}\right)^2 R_s = \frac{E^2}{4R_s} \tag{4-16}$$

当 $R_s \neq R$ 时，负载电阻分配到的功率

$$P_2 = \left(\frac{E}{R + R_s}\right)^2 R \tag{4-17}$$

反射衰耗为

$$b_{rf} = 10\lg \frac{P_1}{P_2} = 20\lg \frac{R_s + R}{2\sqrt{R_s R}} \quad \text{dB} \tag{4-18}$$

根据式（4-18）可知，反射衰耗的大小和 R_s 与 R 之间不匹配程度有关，如果 $R_s = R$，代入式（4-18），则不难看出

$$b_{rf} = 20\lg 1 = 0$$

根据式（4-18）可求得 $b_{rf} = f\left(\dfrac{R}{R_s}\right)$ 关系曲线如图 4-16 所示。

36. 什么是分流衰耗？

答：分流衰耗 b_{di} 是某一回路在无分支回路时和有分支回路 R_b 时，二者在负载上所得功率之常用对数的 10 倍（见图 4-17），即

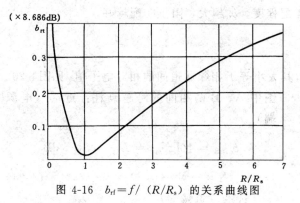

图 4-16 $b_{rf}=f/\ (R/R_s)$ 的关系曲线图

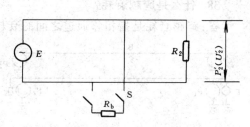

图 4-17 分流衰耗测量接线图

$$b_{di} = 10\lg \frac{P'_2}{P_2} = 20\lg \frac{U'_2}{U_2} \qquad (4-19)$$

式中 P'_2, U'_2——无分支回路时,负载 R_2 上所得之功率和电压;

$\quad\quad$ P_2, U_2——有分支回路时,负载 R_2 上所得之功率和电压。

(1)电压表法

$$b_{di} = 20\lg \frac{U'_2}{U_2} \quad dB \qquad (4-20)$$

(2)电平表法

$$b_{di} = L'_{U2} - L_{U2} \quad dB \qquad (4-21)$$

37. 什么是回波衰耗?

答:内阻为 Z_s 的电源和阻抗为 Z($Z=Z_s$)的负载相连,见图 4-18,在连接点将会产生电压和电流的反射,其反射系数 $\rho = \dfrac{Z_s - Z}{Z_s + Z}$,电压和电流波反射回电源产生的损耗称回波衰耗。其计算公式为

$$b_{rt} = 20\lg \left| \frac{1}{\rho} \right| = 20\lg \left| \frac{Z_s + Z}{Z_s - Z} \right| \quad dB \qquad (4-22)$$

或

$$b_{rt} = \ln \left| \frac{Z_s + Z}{Z_s - Z} \right| \quad Np \qquad (4-23)$$

由式(4-22)可知,回波衰耗是电源内阻和负载阻抗比值 $\dfrac{Z_s}{Z}$ 的一个函数,其关系曲线如图 4-19 所示。

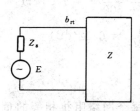

图 4-18 回波衰耗示意图

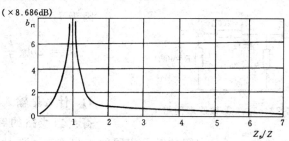

图 4-19 $b_{rt}=f\left(\dfrac{Z_s}{Z}\right)$ 关系曲线图

所以回波衰耗 b_{rt} 的大小可以表示阻抗匹配程度，b_{rt} 越大，阻抗匹配越好。

38. 什么是跨越衰耗？

答：跨越衰耗是指相邻通道之间的衰耗，其大小等于相邻通道间的相对电平值，见图4-20。

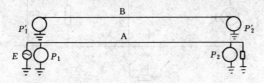

图4-20　相间跨越衰耗示意图

图中 A、B 两相间的跨越衰耗：近端（电源端）

$$b_{c,AB} = 10\lg \frac{P_1}{P_1'} = L_{P1} - L_{P1}' \quad \text{dB} \tag{4-24}$$

远端（负载端）

$$b_{c,AB} = 10\lg \frac{P_2}{P_2'} = L_{P2} - L_{P2}' \quad \text{dB} \tag{4-25}$$

不仅同向相邻通道（同一线路不同相）间有跨越衰耗，反向相邻通道（同相或不同相）间也有跨越衰耗，见图4-21。其跨越衰耗为

$$b_{c,AA'} = 10\lg \frac{P_A}{P_A'} = L_{PA} - L_{PA}' \tag{4-26}$$

39. 四端网络是怎样定义和分类的？

答：任何复杂的电气网络，如果有四个端子，其中一对端子为电能的输入端，另一对端子为电能的输出端，这种电气网络称四端网络。

四端网络的分类：

（1）有源与无源的四端网络。四端网络内部无电源的称无源四端网络，如结合滤波器、高频电缆等。四端网络内部有电源的称有源四端网络。

（2）线性与非线性的四端网络。组成四端网络

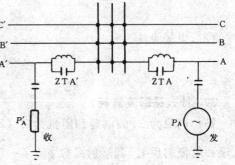

图4-21　终端跨越衰耗示意图

元件的阻抗值，不随通过电流或所加电压的大小而变化的称线性四端网络。若阻抗值随之而变化的称非线性的四端网络。

40. 如图4-22所示，有一对称 T 型四端网络，$R_1 = R_2 = 200\Omega$，$R_3 = 800\Omega$，其负载电阻 $R = 600\Omega$，求该四端网络的衰耗值。

解：用电流比求，如图4-22所示：

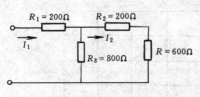

图4-22　对称 T 型四端网络

因为 $I_2 = I_1 \times \dfrac{800}{200 + 800 + 600} = \dfrac{1}{2}I_1$，所以

$$L = 20\lg \frac{I_1}{I_2} = 20\lg \frac{I_1}{1/2I_1} = 6.02 (\text{dB})$$

41. 什么是输入阻抗？

答：当线路的终端接一与每个网络阻抗相等的负载，这时在线路上任一点阻抗都是相同的，都等于线路的特性阻抗 Z_c。

如果在线路终端接上一个任意值的负载阻抗 Z，如图4-23所示。由于阻抗不匹配，而产

生反射现象，在始端测得的电压与电流值，将为入射波与反射波之和，那么我们在线路始端测量到的阻抗，显然就不等于线路的特性阻抗了，这时的阻抗称之为输入阻抗，用 Z_i 来表示，即

$$Z_i = \frac{U_0}{I_0} \qquad (4\text{-}27)$$

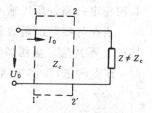

图 4-23　输入阻抗示意图

42. 一衰耗值为 **8.686dB** 的对称 **T** 型四端网络的特性阻抗与负载阻抗相等，均为 **75Ω**。求该四端网络的参数 R_1、R_2 及 R_3 值。

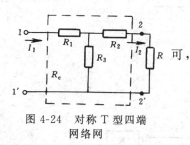

图 4-24　对称 T 型四端网络网

解：欲求的对称 T 型四端网络如图 4-24 所示。

根据题意 $R_c = R = 75Ω$，$R_1 = R_2$，故实际只要求出 R_1、R_3 即可，列方程

$$R_1 + \frac{R_3(R_1 + R)}{R_1 + R_3 + R} = R$$

$$\ln \frac{I_1}{I_2} = L \quad \text{Np，即} \quad \frac{I_1}{I_2} = \frac{R_1 + R_3 + R}{R_3}$$

根据上述两式可求出

$$R_1 = R \times \frac{e^L - 1}{e^L + 1}, \quad R_3 = \frac{2R}{e^L - e^{-L}}$$

将实际数值 $L = 8.686$dB 换算成奈培单位，即为 1Np，代入上式，得

$$R_1 = 75 \frac{e^1 - 1}{e^1 + 1} = 34.66(Ω), R_3 = \frac{2 \times 75}{e^1 - e^{-1}} = 63.83(Ω)$$

43. 阻波器的特性及对它的基本要求是什么？

答：阻波器由一个电感量不大的强流线圈和调谐元件组成。它对工频电流的阻抗极小，可认为是短路的，不产生损失，而对某些给定的高频频率或频段将是高阻抗。用它可以阻止高频电流流入变电所和短支线，不但可以减小通道衰耗，而且能起到均匀通道衰耗特性的作用。

对阻波器的要求：

（1）继电保护高频通道对阻波器接入后的分流衰耗在阻塞频带内一般要求不大于 2dB。

（2）必须保证工频电流通向变电所，所以要求阻波器对工频呈现的阻抗必须很小。

（3）阻波器必须能够长期承受这条输电线路的最大工作电流所引起的热效应和机械效应。

（4）阻波器必须具有足够的承受过电压的能力，为此阻波器内要装设避雷器和防护线圈。

（5）能短时承受这条输电线路的最大短路电流引起的热效应和机械效应。

44. 怎样在运行线路检查阻波器？

答：每当一条通道衰耗突然增加很多时（3dB 以上），很有可能是这一条线路上的阻波器损坏，线路两侧的两只阻波器究竟哪一只损坏，如用断开断路器的方法检查虽然简单易行，但要使线路短时停电，这对大部分重要线路都比较困难。如果在线路不停电的情况下能查出阻波器故障，是一件很有价值的工作。

首先可测量线路两侧高频电缆入口处的输入阻抗。一般输入阻抗产生突变的一端的阻波器可能损坏了，可以直接从发信机的电压和发信机的电流的比值得知。而对侧因为挂了一条

长的输电线路，所以输入阻抗变化不很大。

当相邻线路的阻波器是狭带阻波器时，进一步检查可将被检查通道的发信机 A 发信，发信机 B 不发信，测相邻线同名相通道中结合滤波器上 B 点的电压，若被测阻波器 ZTA 损坏时，B 点电压 U_B 将比通常高出很多，如图 4-25 所示。

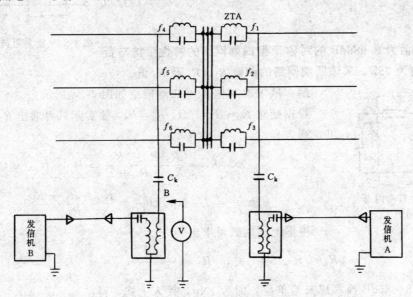

图 4-25 检查运行阻波器示意图

（1）对于允许短时停电的线路，可以采用断开断路器的方法正确判断出哪一侧的阻波器发生故障，如图 4-26 所示。

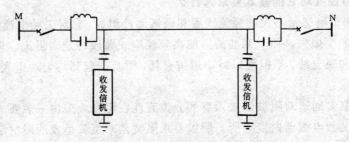

图 4-26 用断开线路断路器检查故障阻波器方法图

检查时先启动一侧的发信机（M 侧），如 N 侧的接收电压较低，轮流断开 M 侧和 N 侧的线路断路器，当 N 侧接收电压有明显提高时，被断开的一侧的阻波器就是损坏了。再启动 N 侧发信机，M 侧接收，做同样试验，得出的结果应该一致。

（2）测量输入阻抗的方法。做此项试验时，线路可以不停电。轮流启动两侧发信机可以直接读装置上的高频输出电压 U_1 和输出电流 I_1（GCH-I），求得通道输入阻抗 $Z_i = \dfrac{U_1}{I_1}$。如装置无高频电流表（JGX-11A 或 JSF-11A），则可在电缆入口串一只小电阻 r（5Ω/5W 左右），用电平表测出发信时该电阻上的电平值 L_U，再用公式 $U_r = 0.775 e^{L_U}$，算出电阻 r 上的压降，此时高频电流为 $I_1 = \dfrac{U_r}{r}$，再求出通道的输入阻抗 $Z_i = \dfrac{U_1}{0.775 e^{L_U}} \times r$，见图 4-27。

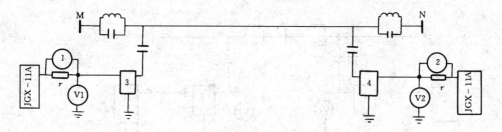

图 4-27　测量输入阻抗检查故障阻波器方法图

1，2—电平表，其电平值用 L_U 表示；3，4—结合滤波器

此项试验要求在通道两侧轮流进行，阻波器损坏的一侧（M 侧）测得的输入阻抗将比损坏前的数值变化较大，另一侧由于挂了一条长的输电线路，因为长线路的输入阻抗和末端负载大小无关，它保持 $Z_i = Z_G = 400\Omega$ 不变，所以这一侧测得的输入阻抗基本上不变。

（3）测量跨越衰耗的方法。这种方法适用于相邻线路挂单频阻波器的情况（$f_1 \neq f_0 \neq f_2$）。测试分别在两侧的本线和相邻线的同一相高频装置上进行，启动本线 f_0 发信机测得 U_{1M} 和 U_{1N}，在相邻线上测得接收电压 U_{2M} 和 U_{2N}，则跨越衰耗为

$$b_{cM} = 20\lg \frac{U_{1M}}{U_{2M}} \quad \text{dB} \tag{4-28}$$

$$b_{cN} = 20\lg \frac{U_{1N}}{U_{2N}} \quad \text{dB} \tag{4-29}$$

阻波器损坏侧（如 M 侧）的跨越衰耗要比完好侧的跨越衰耗小许多，即 $b_{cM} \ll b_{cN}$。

如果本线的工作频率 f_0 和相邻线的工作频率均在相邻线结合滤波器的通带范围内，则测试最简单，可直接从装置上电压表读数即可，如图 4-28 所示。如果 f_0 落在相邻线结合滤波器通带之外，则电压表应改接到结合滤波器的高压侧进行测量，如图 4-29 所示。

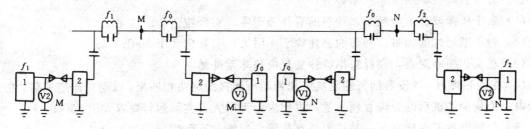

图 4-28　测量跨越衰耗检查故障阻波器方法图

1—收发信机；2—结合滤波器

45. 对耦合电容器和结合滤波器的基本要求是什么？

答：耦合电容器和结合滤波器组成一个带通滤波器，为了起到沿电力线路有效地传输高频信号和防止工频信号串入高频装置的作用，对带通滤波器提出如下要求：

（1）结合滤波器的线路侧应能承受工频高压、大气过电压和操作过电压。

（2）对 50Hz 时带通滤波器应呈现很大阻抗，以阻止工频信号串入高频装置。

（3）在高频工作频段内，要求工作衰耗不大于 1dB。

（4）要求线路侧输入阻抗与电力线路的特性阻抗（在相—地耦合时约为 400Ω）相匹配，电

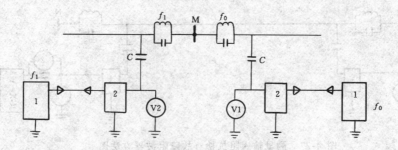

图 4-29 测量跨越衰耗接线图

缆侧输入阻抗与高频电缆的特性阻抗（在高频保护中约为 100Ω 或 75Ω）相匹配。但由于带通滤波器的输入阻抗随频率而变化，所以，提出在工作频段内输入阻抗允许变化范围：

线路侧输入阻抗为 $400\Omega\pm20\%$（$480\sim320\Omega$）；

电缆侧输入阻抗为 $100\Omega\pm20\%$（$120\sim80\Omega$）。

46. 什么是分频滤波器？它有哪些种类？

答：分频滤波器是一种有选择性的电路，能够以小的衰耗传输一定频段的信号（此频段称为通带），而对这一频段外的频率具有较大衰耗（此频段称为阻带）。阻带与通带交界处的频率称为截止频率。

分频器的种类有：两端网络式的分频滤波器，高、低通式的分频滤波器，带通带阻分频滤波器，差桥式带通滤波器。

47. 对分频滤波器的基本要求是什么？

答：对分频滤波器的基本要求如下：

（1）对于所需要通过的频带，理想的衰耗等于零，实际应为 1dB 左右。

（2）对于不通过的频带，理想的衰耗等于无限大，实际应大于 30dB。

（3）在截止频率附近，衰耗频率特性变化应该非常陡峭。

（4）在通频带内，滤波器的特性阻抗应和两端所连接的网络相匹配，以避免产生反射。在阻带内，为减少并机后的分流衰耗，输入阻抗应为无限大，实际运行要求大于 500Ω。

（5）分频设备要保证在任一并机回路有故障或检修时不受影响。

48. 如果高频通道上衰耗普遍过高，应着重检查什么？

答：应着重检查以下各项。

（1）检查终端和桥路上的各段高频电缆的绝缘是否正常，或桥路电缆有否断线现象；当桥路电缆断线，衰耗会增加 20dB 以上的衰耗值。

（2）检查结合滤波器的放电器是否因多次放电而烧坏，致使绝缘下降。

（3）阻波器调谐元件是否损坏或失效，运行中可用测量跨越衰耗的方法进行检查，或线路停电，阻波器不吊下耦合电容接地方法检查阻波器的特性。

（4）通道中各部分连接的阻抗是否有严重失配而引起较大的反射损耗。

（5）在桥路上是否因变电所母线的跨越衰耗降低而产生了相位补偿。

49. 如果高频通道上个别频率或频带衰耗过大，应检查哪几项？

答：应检查下列几项：

（1）是否是阻波器无功分量与变电所输入阻抗产生了串联谐振。

（2）是否是通道部分阻抗严重失配，特别是在桥路上装有中间载波机或桥路两结合滤波器距离较远，高频电缆的衰耗过大，工作频率或频带的波长 λ 的 $\frac{1}{2}$ 奇次倍呈短路现象。

（3）是否是调谐阻波器失谐。

（4）是否是串联阻波器或平行布置的强流线圈（有的变电所阻波器额定电流容量不够采用阻波器并联使用）之间的相互影响而产生了寄生谐振。

（5）是否是短分支线影响，查询调度系统接线有否变更等因素。

50. 如果通道上干扰电平超过规定值较多时，有哪些可能的干扰源？

答：可能有如下干扰源：

（1）电力线路接触不良，有放电现象。

（2）电力线路上绝缘子绝缘有缺陷或高压设备不良，有放电现象。

（3）阻波器调谐元件损坏，产生火花放电。

（4）表用电压互感器熔断器熔丝接触不良。

（5）耦合电容器下桩头螺丝不紧，有不连续的放电现象。

（6）耦合电容器与输电线路连线太细，放电产生杂音干扰；

（7）结合滤波器内部接线（电感线圈断线）产生火花放电。

查找方法，最好用携带型具有天线的无线电测向接收机，沿电力线路或靠近高压设备进行观测，寻找故障点。

也可与有关强电设备运行巡线人员共同研究分析干扰源，然后进行查线。

51. 为什么高频通道的衰耗与天气条件有关？

答：当输电线被冰层、霜雪所覆盖时，高频通道的衰耗就会增加，这是因为高频信号是一种电磁波，其电磁能量是在导线之间的空间内传播的。在靠近导线表面的地方，电磁能量密度最大，因此，当导线表面被冰雪覆盖时，电磁波将在不均匀的介质中传播，而消耗掉一部分能量。由于冰层所形成的覆盖物最密，故有冰层时损耗最大。冰层里的损耗是由覆盖物中的介质损耗引起的，而介质损耗则和冰的介质损失角的正切、覆盖物的厚度以及信号频率成反比。冰的介质损失角在频率为 15kHz 时达最大值。超过此频率后，其介质损失角和频率成正比。因此，信号频率愈高，因冰层引起的衰耗愈小。

52. 如何进行高频单侧通道的衰耗和阻抗测试？

答：单侧通道系指高频电缆＋结合滤波器（包括耦合电容器或复用通道上的分频滤波器）。

1. 工作衰耗 b_w 和输入阻抗 Z_i 的测试

测试接线如图 4-30 所示，测试频率为 40～500kHz。每隔 20kHz 左右测一次，测试得到每个频率处的衰耗应为相同频率下高频电缆与结合滤波器衰耗之和，如果比二者之和大，则

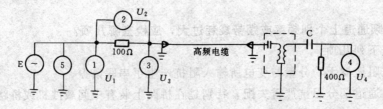

图 4-30　高频通道阻抗衰耗特性测试接线图

1, 2, 3, 4—电平表, 其电平值分别为 L_1, L_2, L_3, L_4; 5—频率表

可能是由于二者阻抗不匹配所致。图中 E 为振荡器, 虚线框部分为结合滤波器, C 为模拟耦合电容器, 电阻 100Ω、400Ω 必须用无感电阻, 或采用普通的金属膜或炭膜电阻, 则

$$b_w = L_1 - L_4 \quad dB$$

$$Z_i = \frac{U_3}{U_2} \times 100\Omega$$

$$L_3 = 20\lg\frac{U_3}{U_0}, L_2 = 20\lg\frac{U_2}{U_0}$$

$$\frac{1}{20}(L_3 - L_2) = \lg\frac{U_3}{U_2}$$

$$\frac{U_3}{U_2} = \lg^{-1}\left[\frac{1}{20}(L_3 - L_2)\right]$$

$$Z_i = \left[\lg^{-1}\frac{1}{20}(L_3 - L_2)\right] \times 100 \quad \Omega$$

2. 传输衰耗 b_t 的测试

测传输衰耗 b_t 时, 启动高频收发信机在工作频率下进行测试。测试接线如图 4-31 所示。计算式为

$$Z_i = \frac{U_1}{I_1} \quad \Omega \tag{4-30}$$

$$b_t = 10\lg\left(\frac{U_1 I_1}{U_2^2} \times 400\right) \quad dB \tag{4-31}$$

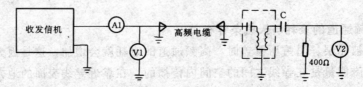

图 4-31　高频通道传输衰耗测试接线图

若无交流电流表, 可在出口回路处串一只电阻 $R = 5\Omega$、5W 左右小电阻, 用选频表测 R 两端相对电平 L_r, 换算成电流 $I_1 = 0.775e^{L_r}/R$。由于测量时串入一只电阻 R, 将产生一定的附加衰耗, 但只要 R 取得足够小, 如 $R = 5\Omega$ 仅为通道阻抗的 5%, 所以可认为这个误差是允许的。

53. 如何进行高频通道传输总衰耗和输入阻抗测试?

答: 该项测试在两侧分别轮流进行, 即一侧向线路发送高频信号, 另一侧接收, 接收侧将高频电缆接 100Ω 负载电阻(将收发信机输出与电缆相接处连片断开), 每一侧所测试的传输衰耗都不允许超过 27dB, 且两侧的测试结果应基本相同, 最大差值不应大于 3dB。

测试接线发信端如图 4-31 所示, 只是 C 为实际耦合电容器, 400Ω 电阻为实际线路电阻, 则

$$b_t = 10\lg\left(\frac{U_1 I_1}{U_2^2} \times 100\right) \quad \text{dB} \tag{4-32}$$

$$Z_i = \frac{U_1}{I_1} \quad \Omega \tag{4-33}$$

54. 部颁检验规定中对高频通道传输衰耗的检验有什么规定？

答：对该检验有如下规定：

(1) 测定高频通道传输衰耗，进行部分检验时，可以简单地以测量接收电平的方法代替（对侧发信机发出满功率的连续高频信号），当接收电平与最近一次通道传输衰耗试验中所测量到的接收电平相比较，其差不大于 2.5dB 时，则不必进行细致的检验。

(2) 对于专用高频通道，在新投入运行及在通道中更换了（或增加了）个别加工设备后，所进行的传输衰耗试验的结果，应保证收发信机接收对端信号时的通道裕量不低于 8.686dB，否则，不允许将保护投入运行。

55. 高频保护运行时，为什么运行人员每天要交换信号以检查高频通道？

答：我国常采用电力系统正常时高频通道无高频电流的工作方式。由于高频通道涉及两个厂站的设备，其中输电线路跨越几千米至几百千米的地区，经受着自然界气候的变化和风、霜、雨、雪、雷电的考验，以及高频通道上各加工设备和收发信机元件的老化和故障，都会引起衰耗的增加。高频通道上任何一个环节出问题，都会影响高频保护的正常运行。系统正常运行时，高频通道无高频电流，高频通道上的设备有问题也不易发现，因此每日由运行人员用启动按钮启动高频发信机向对侧发送高频信号，通过检测相应的电流、电压和收发信机上相应的指示灯来检查高频通道，以确保故障时保护装置的高频部分能可靠工作。

56. 通道设计时，其工作频率的选择原则是什么？

答：其选择原则如下：

(1) 保护工作频率范围在 40～400kHz 时，由设计管理部门兼顾通信、保护两方面进行统一安排。

(2) 选择通道工作频率时，应保证工作可靠，即要求：通道之间的干扰不超过规定值，对架空通信线的其他通道及无线电广播没有干扰；同时，在保护通道中没有来自电台的干扰。

(3) 能保持通道工作最可靠的频率应该分给最重要的通道。如高频保护及重要的调度通信等。

(4) 根据线路长度分配频率。短线路可分配较高的频率；长线路因衰耗大，应分配较低的频率。但高频相差的工作频率又不宜选得太低。

(5) 分配频率时要考虑气候条件等情况。对通过多雾地区、严重覆冰地区的线路，要尽量分配较低频率，使它平时有较大的通道裕度。

57. 何谓电力线路载波保护专用收发信机？按其原理可分为几种工作方式？

答：电力线路载波保护专用收发信机是指连接纵联保护装置与电力线路载波通道，专用于发送与接收线路纵联保护指令信号的通信设备。

依其收信机的工作原理可分为直收式与外差接收式两种。

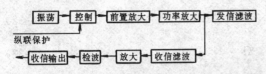

图 4-32　直收式专用机原理框图

（1）直收式。如图 4-32 所示，发信机由振荡、控制、前置放大与功率放大各级以及发信滤波电路组成。振荡级普遍采用晶振方式以稳定发信的工作频率，经前放与功放级后，以规定的发信电平通过发信滤波电路输出到外线端。发信滤波的任务是抑制可能来自电力线路的过电压以保护功放级的安全，还可以在一定程度上限制发信输出的谐波电平。纵联保护的故障指令信号，经由控制级门电路控制前放级与功放级，实现发信机的发信与停信。收信机由收信滤波、放大、检波与收信输出电路组成。收信滤波电路保证规定的通带宽度与提供本机的阻带防卫度。收信电压放大级为高阻抗输入，收信机接收灵敏收信电平经放大后使收信输出级的触发器翻转。考虑通道对调的方便，可以附加简易的通话装置。

（2）外差接收式。在直收式专用机的收信部分加入本地晶振、混频与中频滤波电路即构成外差式收信机。中频一般为 4～12kHz。中频滤波电路能提供比直收式更高的阻带防卫度，使本机可以满足邻相通道紧邻使用的技术要求；加入本地晶振并改变其频率可以很方便地实现专用机的单频制与双频制的工作方式。外差接收式结构虽比直收式复杂，但技术指标优于直收式，便于制造厂生产，为充分而有效地利用电力线载波通道提供了条件。

58. 目前广泛采用的保护专用收发信机有哪几种型号？其基本工作原理有什么共同特点？

答：目前广泛采用的保护专用收发信机型号有以下几种：①SF-500/600 型；②GSF-6A/6B 型；③BSF-3 型；④YBX-1/1K 型。

它们的共同特点：全都采用外差式接收方式和时分门控技术，有效解决了收发同频而产生的频拍问题。

59. 何谓电力线路载波保护复用载波机？

答：电力线路载波保护复用载波机：在电力线路发生故障时，一端的继电保护装置常需向另一端发出信号，使对断路器跳闸或闭锁，以构成纵联保护。这种信号可以通过平时传送电话及远动信号的电力线路载波机传送。一般以载波机经常发送的导频作纵联保护的监护信号，监测载波电路是否正常。当线路发生故障时，继电保护装置动作，首先停发监护信号，断开电话及远动信号的发送电路，再集中载波功率发出命令信号。对方收到命令信号后，继电保护装置随之进行相应动作。

60. 使用纵联保护复用载波机应注意哪些问题？

答：使用纵联保护复用载波机应注意以下问题：

（1）如果载波音频接口在载波室，则通道设备的维护和调试均由通信人员负责，所以，应制定相应的运行规程。当通信人员在通信设备或复用通道上工作时，应办理工作票，向调度申请停用有关高频保护。

（2）因复用载波机有监频信号监视通道，所以无需每天人工试验通道，但必须将监频告警信号引入变电值班控制室发光字信号。

（3）保护和音频接口之间宜采用空触点连接，发信功率提升和发信控制命令由保护给出空触点、由载波接口给出"+"电源;收信输出由音频接口给出空触点,由保护给出"+"电源。

(4) 如果保护和载波音频接口之间的电缆很长,应考虑抗干扰措施,防止直流接地等扰动造成误收信。最好发信和收信电缆分开。

(5) 如果音频接口在保护屏上,则和载波机之间应用音频电缆连接,还应遵守(1)的规定,只是音频接口应由保护人员维护,监频信号告警在保护屏上有指示,同时发出光字牌信号。

(6) 在新投产时应作整个通道的联动试验,试验整个高频保护逻辑电路和测试通道传输时间。

(7) 应将收信触点和发信触点进行录波。

61. 何谓频拍? 解决频拍问题有哪几种方法?

答:高频保护收发信机是以单频制工作的,线路两侧的收发信机工作频率相同,任一侧收信机不仅接收对侧送来的高频信号,同时也接收本侧发信机发送的高频信号。当收信回路输入端同时存在两侧高频信号时,倘若两侧高频信号幅值相近,则在相位正好相反的那段时间,两侧的高频信号将相互抵消而出现一个低谷,当这一低谷的电平低于收信机的灵敏启动电平时,收信输出信号就会出现一缺口,即为频拍现象。这将降低保护装置闭锁的可靠性,严重时还会造成误动作。如果两侧的高频信号频率不完全相等,频差愈大,尽管缺口重复出现的周期变得愈短,但此时缺口的宽度却变得愈窄,其缺口造成的影响就愈小。

通常解决频拍的方法是将送入收信回路的本侧高频信号和来自对侧的高频信号两者之间保持一定的幅度差和频率差。常见的方法有以下6种:

(1) 附加衰耗法。

(2) 收信门控衰耗法。

(3) 不等臂差接网络。

(4) 石英谐振器频差法。

(5) 晶体振荡器频差法。

(6) 分时接收法。

62. 何谓分时接收法? 采用分时接收法有什么优点?

答:分时接收法是一种使本侧发送的高频信号和对侧发送来的高频信号,由分时开关轮流送入收信回路的方法。换言之,它使本侧发信期间,收信回路只接收本侧发送的高频信号,而不接收对侧发送来的高频信号;只有当本侧发信机停信时,收信回路才接收对侧发送来的高频信号。其原理框图如图 4-33 所示。

分时开关实际上是一种具有与或逻辑功能的门电路。它设置在收信回路的入口处。

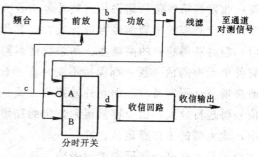

图 4-33 分时接收法原理框图

与门 A 有两根输入线:一根是来自发信回路 a 点的输入信号线;另一根是来自高频保护装置的停发信控制线。a 点的信号有三种状

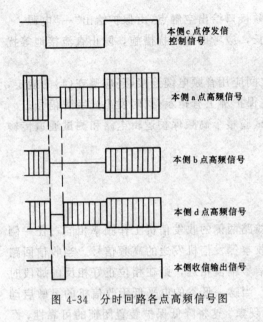

本侧 c 点停发信
控制信号

本侧 a 点高频信号

本侧 b 点高频信号

本侧 d 点高频信号

本侧收信输出信号

图 4-34　分时回路各点高频信号图

态：本侧单独发信信号、对侧单独发信信号、两侧同时发信信号。c 点的控制信号一方面加到发信回路的前置放大器，控制其发信或停信，另一方面又加到分时开关的与门 A 的禁止端。

与门 B 只有一根输入信号线，它取自发信回路前置放大器的输出信号。只要本侧发信，本侧发送的高频信号就会由前置放大器直接通过与门 B 经或门传送到收信回路的输入端。由于此信号是取自前置放大器的输出，因而，到达收信回路的输入端的本侧发信信号大大地降低了。

当本侧停信期间，与门 B 无高频信号输入。此时，来自 a 点的信号仅仅是对侧发送来的高频信号，与门 A 被开放，于是来自 a 点的对侧送来的高频信号通过与门 A 经或门传送到收信回路的输入端。

由此可见，两侧的高频信号由分时开关电路轮流送入收信回路，各有关点的波形如图 4-34 所示。

采用这种分时接收法的明显优点是：

（1）由于本侧发送的高频信号和对侧送来的高频信号不会同时进入收信回路，即使是两侧高频保护收发信机的工作频率完全相同，到达收信回路输入端的高频信号幅度相等，也不会产生频拍问题。从而大大地提高了保护装置运行的安全性和可靠性。

（2）由于送入收信回路的本侧高频信号取自发信回路的前置放大器，而且其幅度可以独立整定，这就大大降低了对收信回路线性动态范围的要求，收信回路各级电平只需按规定的收信启动电平和收信裕度进行设计即可。收信滤波器、变频器和放大器不再会出现过载饱和等问题。按低电平设计的收信回路，为解决 50Hz 高频调制方波通过滤波器因相位传输失真而引起的拖尾问题提供了条件。

63. 什么是超外差接收方式？它有什么优点？

答：收发信机收信回路采用的超外差接收方式，是把不同工作频率的高频信号经过频率变换变成固定频率的中频信号再进行放大。其优点是：

（1）容易获得稳定的高增益。如果收信回路采用直接放大式，即在检波之前，收信回路的所有各单元中的信号频率都保持不变，高频放大器要在 $50\sim400kHz$ 频率范围内得到一个恒定的高增益是不容易的。而超外差接收方式是把不同工作频率的高频信号变成频率较低的中频信号再进行放大，因而容易得到恒定的高增益。同时，由于放大器的工作频率低，寄生耦合小，放大器的工作稳定性也好。

（2）有利于提高收信回路的阻带防卫度。收信回路采用超外差接收方式时，其阻带防卫度由高频输入滤波器和中频带通滤波器共同提供，这要比直接放大式收信回路仅由一只高频输入滤波器所能实现的阻带防卫度高得多。而且，同样的阻带防卫度，中频带通滤波器比高频输入滤波器更容易实现。

（3）电平整定方便。由于采用超外差接收方式后，中频固定不变，与接收到的信号频率无关，因此收信回路各插件的输出电平的整定与收信回路的收信频率无关。

（4）有利于减小滤波器产生的相位传输失真。超外差式收信回路的阻带防卫度由高频输入滤波器共同提供，其阻带衰耗曲线上升陡度小，通带的相对宽度较宽，有利于减小滤波器产生的相位传输失真。

64. 何谓并机运行？对其有何要求？

答：电力系统的高频保护收发信机和载波通信机都在指定频率下工作，每台装置都占有自己的 4kHz 频谱，相互间靠频率分隔独立工作，互不影响，这种运行方式称为并机运行。

为使并机运行中的装置安全可靠地运行，需有下列要求：

（1）同相通道并机工作频率间隔大于 14kHz 时允许直接并机。

（2）邻相通道允许频道紧邻使用。

各种并机情况如图 4-35～图 4-38 所示。

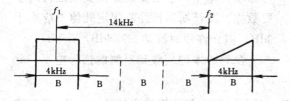

图 4-35　高频保护收发信机与载波通信机并机

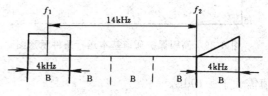

图 4-36　两台高频保护收发信机并机

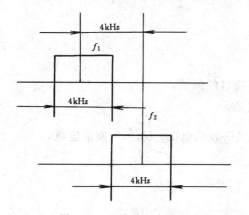

图 4-37　两台高频保护收发信机邻
相通道频道紧邻使用

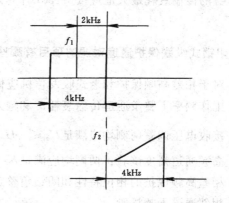

图 4-38　高频保护收发信机与通信载波
机邻相通道频道紧邻使用

65. 继电保护载波通道应满足的基本运行条件是什么？

答：为保证高频保护的安全可靠运行，其通道的基本运行条件应满足图 4-39 所示的电平值。图中：

L_1——收信机灵敏启动电平。当收信入口处的电平达到此值时，收信输出就起变化。

根据 220kV 线路长期运行积累的经验，此值不宜低于＋4dB（通道阻抗完全匹配时），这

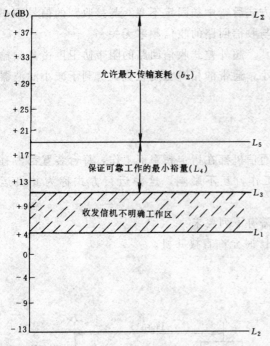

图 4-39 高频保护通道基本运行条件示意图

时，通道上出现的最大干扰或串扰电平值 L_2 不许超过 -13dB。

L_3——收信机输出能使保护正常工作的最低收信电平值。L_3 与 L_1 间的差值由以下三方面因素引起：

（1）收发信机输入阻抗不稳定。

（2）收信输出回路工作性能不好。

（3）收信滤波器具有延时特性。

目前国内生产的收发信机把这三个因素的总的影响限制在 $+6$dB 范围内，因此为保证正常工作，收信电平必须比灵敏收信电平 $+4$dB 高 $+6$dB，即要大于 $+10$dB。

L_4——保证可靠工作的最小裕量，又称最低通道裕量，即正常接收电平一定要高于可靠工作电平，它是保证保护安全运行的重要数据。按长期运行经验规定此值不应小于 9dB，但允许短时波动 $+2.6$dB。

L_5——本侧接收到对侧的信号电平，此值需大于 $+19$dB。

b_Σ——允许最大传输衰耗，建议此值不大于 $+21$dB。每一侧的终端衰耗约 $+4$dB，因此输电线路本身的传输衰耗最大值应按 $+13$dB 计算。

66. 闭锁式纵联保护通道对调的项目有哪些？

答：对于相差高频保护和老式收发信机应做如下项目的调试：

（1）工作频率下整条通道传输衰耗 b_t 和输入阻抗 Z_i。

（2）接收电压调整两侧均应满足 $U_{sr} \leqslant \frac{1}{2} U_{ss}$（$U_{sr}$——收信电压，$U_{ss}$——发信电压）。

（3）高频通道裕度试验：两侧均应满足 $b \geqslant 10$dB。

（4）相差高频保护的相位特性和闭锁角整定。

（5）相邻通道干扰试验。

（6）带负荷试验。

（7）交换信号试验。

对于新型集成电路收发信机应做如下项目的调试：

（1）工作频率下整条通道传输衰耗 b_t 和输入阻抗 Z_i。

（2）两侧发信功率及收信功率测试。

（3）两侧收信回路各点电平校验。

（4）收信灵敏起动电平的校验及通道裕量的检查。

（5）通道监视告警回路的整定。

（6）远方启动试验检查（即交换信号试验）。

三、线路的距离保护

67. 什么是距离保护？距离保护的特点是什么？

答：距离保护是以距离测量元件为基础构成的保护装置。其动作和选择性取决于本地测量参数（阻抗、电抗、方向）与设定的被保护区段参数的比较结果，而阻抗、电抗又与输电线的长度成正比，故名距离保护。距离保护是主要用于输电线的保护，一般是三段式或四段式。第一、二段带方向性，作本线段的主保护。其中第一段保护线路的 $80\%\sim90\%$，第二段保护余下的 $10\%\sim20\%$ 并作相邻母线的后备保护。第三段带方向或不带方向，有的还设有不带方向的第四段，作本线及相邻线段的后备保护。

整套距离保护包括故障启动、故障距离测量、相应的时间逻辑回路与电压回路断线闭锁，有的还配有振荡闭锁等基本环节以及对整套保护的连续监视等装置。有的接地距离保护还配备单独的选相元件。

68. 距离保护为什么能测量距离？

答：先分析单回线三相线路区段的电压降。

如图 4-40 所示的三相平衡线路区段，G 是故障点（或代表假定的其他任意点），M 是母线，在 MG 区间的线路各阻抗值分别为

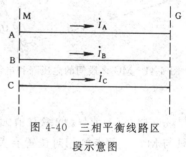

图 4-40 三相平衡线路区
段示意图

$$Z_{ph,L} = \frac{1}{3}(Z_{ph,0} + 2Z_{ph,1})$$

$$Z_{ph,M} = \frac{1}{3}(Z_{ph,0} - Z_{ph,1})$$

$$Z_{ph,1} = Z_{ph,L} - Z_{ph,M}$$

$$Z_{ph,0} = Z_{ph,L} + 2Z_{ph,M}$$

式中　$Z_{ph,M}$——每相相间互感阻抗；

$Z_{ph,L}$——每相自阻抗；

$Z_{ph,1}$——正序阻抗；

$Z_{ph,0}$——零序阻抗。

当取电流方向为由 M 向 G，电压升的方向为由地向 M 及 G 时，则

$$\left.\begin{aligned}
\dot{U}_{GA} &= \dot{U}_{MA} - (\dot{I}_A + 3K\dot{I}_0)Z_{ph,1} \\
\dot{U}_{GB} &= \dot{U}_{MB} - (\dot{I}_B + 3K\dot{I}_0)Z_{ph,1} \\
\dot{U}_{GC} &= \dot{U}_{MC} - (\dot{I}_C + 3K\dot{I}_0)Z_{ph,1}
\end{aligned}\right\} \tag{4-34}$$

式（4-34）中，$\dot{U}_{GA}$、$\dot{U}_{GB}$、$\dot{U}_{GC}$ 与 $\dot{U}_{MA}$、$\dot{U}_{MB}$、$\dot{U}_{MC}$ 分别是 G 点及 M 点的 A、B、C 各相的对地电压；$K = \dfrac{Z_{ph,M}}{Z_{ph,1}}$。只要 MG 区间没有短路故障或其他相对地或相对相间的分流存在（请特别注意这个前提），也就是说，只要各相由 M 点流入线路的电流分别等于该相由线路流出 G

点的电流，则不管这三相电流中其他两相电流的大小和相位如何，也不管 MG 区段外的状态如何，对于每一相自己来说，式（4-34）必定成立。例如，不管 B 相或 C 相是否断线，也不管 MG 区段外 A 相状态如何，式（4-34）中表示 M 与 G 间的 A 相区段压降的公式总是成立的。同样，对于 B 相与 C 相也有相同的关系，即

$$
\left.
\begin{aligned}
\dot{U}_{MGA} &= (\dot{I}_A + 3K\dot{I}_0)Z_{ph,1} \\
\dot{U}_{MGB} &= (\dot{I}_B + 3K\dot{I}_0)Z_{ph,1} \\
\dot{U}_{MGC} &= (\dot{I}_C + 3K\dot{I}_0)Z_{ph,1}
\end{aligned}
\right\}
\tag{4-35}
$$

式（4-34）及式（4-35）对于任何没有短路故障或分流现象存在的三相系统两端子区段，只要假定区段内的正序阻抗与负序阻抗相等，同样也成立。只是此时的 $Z_{ph,1}$ 是这段区间内的每相总正序阻抗，K 是这段区间内每相总互感阻抗与总正序阻抗的比值。

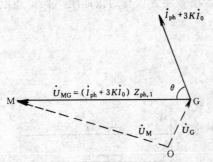

图 4-41　MG 区段间的电压降和电流相位

在电压相量图上，如果某一相的 $\dot{U}_G$ 与 $\dot{U}_M$ 为已知，$\dot{U}_G = \overrightarrow{OG}$，$\dot{U}_M = \overrightarrow{OM}$，O 是中性点，确定了 G 与 M 两点（$\overrightarrow{OG}$ 与 $\overrightarrow{OM}$ 两个相电压的相量终端）在电压相量图上的相对位置后，因为 $Z_{ph,1}$ 为已知，就可以直接求得由 M 流向 G 的电流相量（$\dot{I}_{ph} + 3K\dot{I}_0$）的位置及大小，如图 4-41 所示，$\dot{I}_{ph}$ 代表相电流，$\dot{U}_{MG} = (\dot{I}_{ph} + 3K\dot{I}_0)Z_{ph,1}$，$\theta = \arg Z_{ph,1}$（$\arg Z_{ph,1}$ 表示 $Z_{ph,1}$ 的阻抗角）。补充说明一点，（$\dot{I}_{ph} + 3K\dot{I}_0$）的大小及相位只决定于 $\dot{U}_{MG}$，而与 $\dot{U}_G$ 或 $\dot{U}_M$ 的绝对值无关，在电压相量图上，它表现为与中性点 O 的位置无关，而只与 M、G 两点的相对位置有关。

在由母线 M 引出的 MG 线路上，向继电器通入线路电流（$\dot{I}_{ph} + 3K\dot{I}_0$）及同名相的对地电压 $\dot{U}_{ph}$ 以构成补偿电压 $\dot{U}'_{ph}$，且使

$$
\dot{U}'_{ph} = \dot{U}_{ph} - (\dot{I}_{ph} + 3K\dot{I}_0)Z_{co}
\tag{4-36}
$$

式（4-36）中 Z_{co} 是补偿阻抗，$Z_{co} = nZ_{G1}$，$\dot{U}'_{ph}$ 的下角码 ph 表示每相值。

设 Z_{G1} 是 M 点到 G 点的正序阻抗。如果 G 是故障点，当该相发生金属性对地短路时，$\dot{U}_G = 0$，则

$$
\dot{U}'_{ph} = (\dot{I}_{ph} + 3K\dot{I}_0)(Z_{G1} - Z_{co})
$$

设 Z_{co} 与 Z_{G1} 的阻抗角相同，n 为任意实数，则

$$
\dot{U}'_{ph} = (1 - n)(\dot{I}_{ph} + 3K\dot{I}_0)Z_{G1} = (1 - n)\dot{U}_{ph}
\tag{4-37}
$$

式（4-37）中，若 Z_{co} 与 Z_{G1} 中一个固定，另一个均匀变化，则有：

$Z_{co} > Z_{G1}$ 时，即 $n > 1$，$\dot{U}'_{ph}$ 与 $\dot{U}_{ph}$ 相位差 180°；

$Z_{co} = Z_{G1}$时，即 $n=1$，$\dot{U}'_{ph} = 0$；

$Z_{co} < Z_{G1}$时，即 $n < 1$，$\dot{U}'_{ph}$ 与 $\dot{U}_{ph}$ 同相。

由此可见，若 Z_{co} 固定，当故障点 G 的位置移动时，虽然 $\dot{U}'_{ph}$ 的绝对值只是均匀地变化，但以 $Z_{co} = Z_{G1}$ 为转折点，$\dot{U}'_{ph}$ 与 $\dot{U}_{ph}$ 间的相对相位却要发生 180° 的突然变化。具有这样特点的补偿电压 $\dot{U}'_{ph}$，正是一个非常好的可资利用的继电器参量，即跃变量。也正是因为采用了这样的 $\dot{U}'_{ph}$，才有可能在发生故障时使距离继电器的动作反应继电器安装处到故障点间的距离。因而对任何可能正确测量距离的继电器来说，$\dot{U}'_{ph}$ 是一个有共性的量，这个补偿电压 $\dot{U}'_{ph}$ 可以称之为"距离测量电压"。而 Z_{co} 则是正比于被保护区段距离的距离继电器的整定阻抗。由于距离继电器的整定阻抗代表了被保护区段的长度，因而又通称为阻抗继电器。

69. 距离保护装置一般由哪几部分组成？简述各部分的作用。

答：为使距离保护装置动作可靠，距离保护装置应由五部分组成。

（1）测量部分，用于对短路点的距离测量和判别短路故障的方向。

（2）启动部分，用来判别系统是否处在故障状态。当短路故障发生时，瞬时启动保护装置。有的距离保护装置的启动部分还兼起后备保护的作用。

（3）振荡闭锁部分，用来防止系统振荡时距离保护误动作。

（4）二次电压回路断线失压闭锁部分，用来防止电压互感器二次回路断线失压时，由于阻抗继电器动作而引起的保护误动作。

（5）逻辑部分，用来实现保护装置应具有的性能和建立保护各段的时限。

70. 对距离继电器的基本要求是什么？

答：距离保护在高压及超高压输电线路上获得了广泛的应用。距离继电器是距离保护的主要测量元件，应满足以下基本要求：

（1）在被保护线路上发生直接短路时，继电器的测量阻抗应正比于母线与短路点间的距离。

（2）在正方向区外短路时不应超越动作。超越有暂态超越和稳态超越两种：暂态超越是由短路的暂态分量引起的，继电器仅短时动作，一旦暂态分量衰减继电器就返回；稳态超越是由短路处的过渡电阻引起的。

（3）应有明确的方向性。正方向出口短路时无死区，反方向短路时不应误动作。

（4）在区内经大过渡电阻短路时应仍能动作（又称动作特性能覆盖大过渡电阻），但这主要是接地距离继电器要考虑的问题。

（5）在最小负荷阻抗下不动作。

（6）能防止系统振荡时的误动。

71. 距离继电器可分为哪几类？

答：距离继电器一般可以分为四类。

（1）单相阻抗继电器（Ⅰ类距离继电器）。这类继电器输入单一电压和单一电流，可以用1个变量——继电器的测量阻抗进行分析，其特性可以在阻抗平面上表示出来。它的基本原理是测量故障环路的阻抗，看该阻抗是否落在动作特性的区域之内。

（2）多相距离继电器（Ⅱ类距离继电器）。这类继电器的动作原理是按照短路点的电压边界条件建立动作判据，当故障发生在保护范围末端时，动作判据处于临界状态。输电线路是三相系统，故障特征（故障边界条件）常与三相电气量有关，因此这类继电器的输入量不再是单一电压和单一电流，其动作特性不能化为测量阻抗一个变量的函数。对这类继电器的动作行为必须结合系统参数、运行方式、故障地点和故障类型进行分析。这类继电器的特性为多个变量的函数。为了便于和Ⅰ类距离继电器相比较，在分析时常将其他变量固定，观察它作为故障环路测量阻抗一个变量的函数时的动作特性。但需要注意被固定的变量不得因故障环路测量阻抗而变化。由于距离继电器的动作判据都可化为在若干电压之间比较相位，因此在对这类继电器的工作行为的分析中，电压相量图法获得相当广泛的应用。

（3）测距式距离继电器。微机保护有很强的运算能力，不仅可以计算出测量阻抗的值，还可计算故障点的距离。测距式距离继电器就是根据测距结果动作的。但是继电器是用来完成保护的功能，测距则属于仪表的功能，故可以应用测距原理构成继电器，但不宜由一次计算结果同时完成上述两种功能。保护只要求继电器对动作边界精确计算，在出口故障时动作判据很容易满足，因而继电器可以在计算尚不精确时就快速动作。测距则要求在任何情况下都测量精确，若兼任保护功能就不能快速切除出口故障。面对此矛盾，一般采取降低精度并缩短保护范围的方法，以达到快速切除出口故障的目的。显然，这种解决办法实质上是优先满足保护的要求，而降低了近区测距的精度。

（4）工频变化量距离继电器。它是由工作电压的变化量大于故障前工作电压的记忆量而动作的，具有方向性好、动作速度快、不反应系统振荡、躲过渡电阻能力强、无超越等特点，常用作保护的第Ⅰ段及纵联保护中的方向比较元件。

72. 什么是距离继电器的极化量？其作用是什么？

答：除了距离测量电压外，在构成距离继电器的动作量时，还必须通入另一特定的交流量作为参考相量，以检测当故障发生在保护区内外时 U'_{ph} 的相位倒换，并通过执行回路分别输出接通或断开的控制信号。这个被选作参考相量的特定交流量，一般称之为距离继电器的极化量。由于选用的极化量不同，可以构成各种不同性能的距离继电器，而距离继电器的性能如何，受极化量的影响最大。实际上，对距离继电器性能的理论研究，归根结底，主要集中在选用什么样的极化量上。只有当通入的极化量中仅包含与距离测量电压完全相同的输入电流或电压量时，才能在理论的阻抗平面上有固定的动作阻抗边界特性。例如以 $U_{ph}+(I_{ph}+3KI_0)Z'_{co}$ 作极化量就构成了包括坐标原点在内的非方向距离继电器，以 $(I_{ph}+3KI_0)$ 或 $(I_{ph}+3KI_0)Z_{co}$ 为极化量就构成了电抗式距离继电器等等。但其他任何故障相与非故障相电流与电压的组合都可以作为距离继电器的极化量，在相间方向距离继电器的极化电压中加入非故障相电压量，就是一个最简单的例子。对相位比较式距离继电器而言，要求其极化量在任何故障时本身的相位不变，并有一定的幅值。

73. 极化量为什么要带记忆?

答: 对单纯采用电压作极化量的方向距离继电器, 当出口或母线短路时, 作为参考量的极化电压将降为零或极小的数值。正方向短路故障时, 继电器可能因参考电压过小而拒绝动作; 反方向故障时, 则又可能因参考电压中存在杂散电压而误动作。解决这个问题的传统方法是使极化量带记忆作用, 也就是把极化回路制作成工频谐振回路。故障发生后, 依靠谐振回路的自由衰减供给极化回路电流, 使继电器得以在短时间内可靠工作。极化量带记忆作用, 将显著地改善方向距离继电器的运行性能, 而不仅仅是消除近区故障时的电压死区而已。

74. 构成极化量工频谐振回路的方法有哪几种?

答: 在晶体管保护及以往的保护装置中, 通常有两种构成极化量工频谐振回路的方法: 一种是串联谐振回路; 另一种是并联谐振回路, 如图 4-42 所示。图 4-42 (a) 所示的串联谐振回路最为多见, 可以输出电压, 也可以输出电流, 回路易于获得较高的 Q 值, 能输出较大功率, 但电压回路的功率消耗大, 适用于各种继电器。图 4-42 (b) 所示的并联谐振回路的主要特点是电压回路的消耗可以很小, 但允许输出功率也小, 只能输出电压, 适用于只取电压而不吸收功率的晶体管继电器回路。后者由于继电器执行回路的功耗很小, 也易于接入其他的辅助电压量而不影响主极化电压量回路。

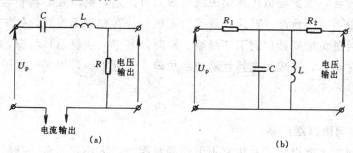

图 4-42　极化量的工频谐振回路
(a) 串联谐振回路; (b) 并联谐振回路

在集成电路保护中, 一般用有源带通滤过器构成。在微机保护中, 则更为方便, 取故障前若干周波的数据即可实现 "记忆" 作用。

75. 解释测量阻抗、整定阻抗和动作阻抗的含义。

答: 阻抗继电器的测量阻抗是指它所测量 (感受) 到的阻抗, 即加入到继电器的电压、电流的比值。例如, 在正常运行时, 它的测量阻抗就是通过被保护线路负荷的阻抗。

整定阻抗是指编制整定方案时根据保护范围给出的阻抗。发生短路时, 当测量阻抗等于或小于整定阻抗时, 阻抗继电器动作。

动作阻抗是指能使阻抗继电器动作的最大测量阻抗。

76. 什么是距离保护的时限特性?

答: 距离保护一般都作成三段式, 其时限特性如图 4-43 所示。图中 Z 为保护装置。其第 I 段的保护范围一般为被保护线路全长的 $80\% \sim 85\%$, 动作时间 t_I 为保护装置的固有动作时间。第Ⅱ段的保护范围需与下一线路的保护定值相配合，一般为被保护线路的全长及下一线路全长的30%～40%，其动作时限 t_1 要与下一线路距离保护第Ⅰ段的动作时限相配合，一般为0.5s左右。第Ⅲ段为后备保护，其保护范围较长，包括本线路和下一线路的全长乃至更远，其动作时限 $t_Ⅲ$ 按阶梯原则整定。

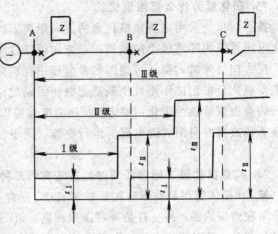

图4-43　距离保护的时限特性

77. 为什么距离保护的Ⅰ段保护范围通常选择为被保护线路全长的80%～85%？

答：距离保护第Ⅰ段的动作时限为保护装置本身的固有动作时间，为了和相邻的下一线路的距离保护第Ⅰ段有选择性的配合，两者的保护范围不能有重叠的部分，否则，本线路第Ⅰ段的保护范围会延伸到下一线路，造成无选择性动作。再者，保护定值计算用的线路参数有误差，电压互感器和电流互感器的测量也有误差。考虑最不利的情况，若这些误差为正值相加，如果第Ⅰ段的保护范围为被保护线路的全长，就不可避免地要延伸到下一线路。此时，若下一线路出口故障，则相邻的两条线路的第Ⅰ段会同时动作，造成无选择性地切断故障。为除上弊，第Ⅰ段保护范围通常取被保护线路全长的80%～85%。

78. 什么是方向阻抗继电器？

答：所谓方向阻抗继电器，是指它不但能测量阻抗的大小，而且能判断故障方向。换句话说，这种阻抗继电器不但能反应输入到继电器的工作电流（测量电流）和工作电压（测量电压）的大小，而且能反应它们之间的相角关系。由于在多电源的复杂电网中，要求测量元件应能反应短路故障点的方向，所以方向阻抗继电器就成为距离保护装置中的一种最常用的测量元件。

从原理上讲，不管继电器在阻抗复平面上是何种动作特性，只要能判断出短路阻抗的大小和短路故障点的方向，都可称之为方向阻抗继电器。但是，习惯上则是指在阻抗复平面上过坐标原点并具有圆形特性的阻抗继电器。

79. 方向阻抗继电器引入第三相电压的作用是什么？

答：第三相电压是指非故障相电压。例如，对直接接入 $\dot{U}_{AB}$ 的阻抗继电器而言，$\dot{U}_C$ 就是第三相电压。第三相电压是经一个高阻值电阻接入继电器的记忆回路。下面以整流型方向阻抗继电器为例，分析第三相电压的作用。

（1）消除继电器安装处正方向相间短路时继电器的动作死区。例如，当继电器安装处正方向发生A、B两相金属性短路时，安装处 $\dot{U}_{AB}=0$，但由于第三相（非故障相）电压 $\dot{U}_C$ 的作用，使安装处故障相与非故障相间的电压为1.5倍相电压，该电压使记忆回路中电阻 R 上的电压降正好与短路前的电压 $\dot{U}_{AB}$ 同相位，这就是说继电器电压端子上仍保留有与短路前电压同相位的电压，因此，能保证继电器动作。

（2）防止继电器安装处反方向两相短路时继电器的误动作。例如，当继电器安装处反方向发生 A、B 两相金属性短路时，同（1）项所述一样，安装处故障相与非故障相间的电压 $\dot{U}_{AC}$、$\dot{U}_{BC}$（均为相电压的 1.5 倍）会使电压互感器二次侧的故障相与非故障相间的负载中有电流 $\dot{I}_{ac}$、$\dot{I}_{bc}$ 流过。在实际运行中，由于电压互感器二次侧的三相负载不对称，这就造成 $\dot{I}_{ac}$、$\dot{I}_{bc}$ 的幅值和相位均不相等，从而引起继电器电压端子上仍有电压（$\dot{I}_{ac}$、$\dot{I}_{bc}$ 引起的干扰电压）。此干扰电压的相位是任意的，与电压互感器二次侧三相负载的不对称度有关，在"记忆"作用消失后，此干扰电压有可能使继电器误动作。引入第三相电压后，同（1）项的分析一样，能使继电器电压端子上保留有与短路前电压 $\dot{U}_{AB}$ 同相位的电压，从而保证继电器在安装处发生反方向两相短路时不动作。

（3）可改善保护的动作性能。

80. "记忆回路"为什么能够消除方向阻抗继电器的动作死区？

答：在模拟式保护中由电阻 R、电容 C、电感 L 串联组成的对 50Hz 谐振的支路，与方向阻抗继电器调节变压器的一次侧并联。当继电器安装处发生三相短路或接入继电器的两相发生短路时，继电器感受到的电压突降到零。但由于谐振支路的作用，仍有 50Hz 频率的谐振电流存在，该电流和故障前的电压同相位，并在衰减过程中维持相位不变，它在 R 上形成的电压能保证继电器动作，从而消除了继电器的动作死区。

81. 什么是方向阻抗继电器的最大灵敏角？为什么要调整其最大灵敏角等于被保护线路的阻抗角？

答：方向阻抗继电器的最大动作阻抗（幅值）的阻抗角，称为它的最大灵敏角。被保护线路发生相间短路时，短路电流与继电器安装处电压间的夹角等于线路的阻抗角，即方向阻抗继电器测量阻抗的阻抗角等于线路的阻抗角。为了使继电器工作在最灵敏状态下，故要求继电器的最大灵敏角等于被保护线路的阻抗角。

82. 影响方向阻抗继电器动作特性的因素有哪些？

答：影响方向阻抗继电器动作特性的因素有：执行元件灵敏度、滤波回路参数不对称、滤波不良、极化电压的相位、插入电压的相位、第三相电压等。

83. 常用单相阻抗继电器的动作判据及特性有哪些？

答：常用单相阻抗继电器的动作判据及特性见表 4-2。

84. 试述微机保护中工频变化量距离继电器的动作原理。它有什么特点？

答：阻抗元件 ΔZ_φ（φ＝A、B、C）测量工作电压的工频变化量的幅值，其动作方程为

$$|\Delta \dot{U}_{op}| > U_z \tag{4-38}$$

表 4-2 　　　　　　　　常用的单相阻抗继电器的动作判据与特性

序号	名　　称	动　作　判　据	动　作　特　性
1	姆欧继电器	$270°>\mathrm{Arg}\dfrac{\dot{U}}{\dot{U}-Z_{set}\dot{I}}>90°$ 或 $\left\|\dfrac{1}{2}Z_{set}\dot{I}\right\|>\left\|\dfrac{1}{2}Z_{set}\dot{I}-\dot{U}\right\|$	
2	偏移圆特性 阻抗继电器	$270°>\mathrm{Arg}\dfrac{\dot{U}+Z_d\dot{I}}{\dot{U}-Z_{set}\dot{I}}>90°$ 或 $\left\|\dfrac{Z_{set}+Z_d}{2}\dot{I}\right\|>\left\|\dfrac{Z_{set}-Z_d}{2}\dot{I}-\dot{U}\right\|$	
3	抛球特性阻 抗继电器	$270°>\mathrm{Arg}\dfrac{\dot{U}-Z_{tu}\dot{I}}{\dot{U}-Z_{set}\dot{I}}>90°$ 或 $\left\|\dfrac{Z_{set}-Z_{tu}}{2}\dot{I}\right\|>\left\|\dfrac{Z_{set}+Z_{tu}}{2}\dot{I}-\dot{U}\right\|$	
4	全阻抗继电器	$270°>\mathrm{Arg}\dfrac{\dot{U}+Z_{set}\dot{I}}{\dot{U}-Z_{set}\dot{I}}>90°$ 或 $\left\|Z_{set}\dot{I}\right\|>\left\|\dot{U}\right\|$	
5	电抗继电器	$360°-\delta>\mathrm{Arg}\dfrac{\dot{U}-Z_{set}\dot{I}}{\dot{I}}>180°-\delta$ 或 $\left\|\dot{U}-2Z_{set}\dot{I}\right\|>\left\|\dot{U}\right\|$ (比幅式 $\delta=90°-\varphi_Y$)	
6	负荷限制继电器	$180°+\alpha>\mathrm{Arg}\dfrac{\dot{U}-R_{set}\dot{I}}{\dot{I}}>\alpha$	

注　Z_{set} 为整定阻抗，Z_d 为偏移阻抗，Z_{tu} 为上抛阻抗，R_{set} 为整定电阻。

180

$U_{op} = U_{\varphi} - I_{\varphi}Z_{set}$，为阻抗继电器的工作电压，$Z_{set}$为整定阻抗。

U_z为整定门坎电压，本装置中取1.2倍额定电压。

图4-44 示出在保护区内外各点金属性短路时的电压分布。设整定门坎电压U_z等于故障前电压，即$|\Delta\dot{E}_{k1}| = |\Delta\dot{E}_{k2}| = |\Delta\dot{E}_{k3}| = U_z$。

对反应工频变化量的继电器，系统电动势不起作用，因此，仅需考虑故障点附加电动势ΔE_k。

区内故障时，如图4-44（b）所示，ΔU_{op}在本侧系统至ΔE_{k1}的连线的延长线上，可见，$\Delta U_{op} > \Delta E_{k1}$，继电器动作。

反方向故障时，如图4-44（c）所示，ΔU_{op}在ΔE_{k2}与对侧系统的连线上，可见$\Delta U_{op} < \Delta E_{k2}$，继电器不动作。

区外故障时，如图4-44（d）所示，ΔU_{op}在ΔE_{k3}与本侧系统的连线上，$\Delta U_{op} < \Delta E_{k3}$，继电器不动作。

经过渡电阻故障时阻抗元件的动作特性可用解析法进行分析，如图4-45所示。

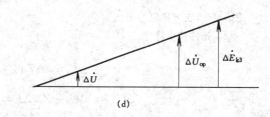

图4-44 保护区内外各点金属性短路时电压分布图
(a) 系统图；(b) 区内故障；(c) 反方向故障；(d) 区外故障

仍假设$U_z = |\Delta\dot{E}_k|$ （4-39）

则

$$\Delta\dot{E}_k = -\Delta\dot{I}(Z_s + Z_m) \tag{4-40}$$

$$\Delta\dot{U}_{op} = \Delta\dot{U} - Z_{set}\Delta\dot{I}$$

$$= -\Delta\dot{I}(Z_s + Z_{set}) \tag{4-41}$$

将式（4-39）、式（4-40）、式（4-41）代入式（4-38），得

$$|\Delta\dot{I}(Z_s + Z_{set})| > |\Delta\dot{I}(Z_s + Z_m)|$$

$$|Z_s + Z_{set}| > |Z_s + Z_m| \tag{4-42}$$

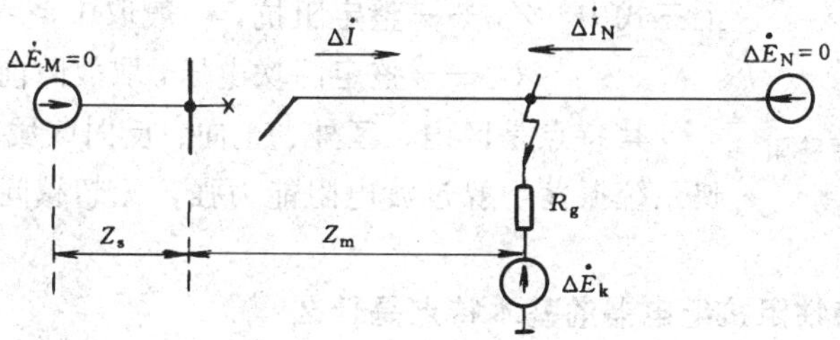

图 4-45 正方向故障计算用图

181

式中Z_m是阻抗元件的测量阻抗，是变量，在阻抗平面上以矢量Z_s的末端s点为圆心，以$|Z_s+Z_{set}|$为半径的圆，如图4-46所示。当Z_m矢量末端落于圆内时继电器动作。可见这种阻抗继电器有大的过渡电阻（R_g）允许能力。并且，尽管过渡电阻在数值上仍受助增电流$\Delta \dot{I}_N$影响，但由于$\Delta \dot{I}_N$一般与$\Delta \dot{I}$总是同相位，过渡电阻上压降始终与$\Delta \dot{I}$同相位，过渡电阻始终呈电阻性，与R轴平行，因此，该阻抗继电器不存在由于对侧过渡电阻助增引起的超越问题。

对于反方向短路，如图4-47（a）和（b）所示。

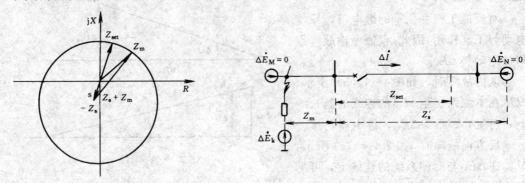

图4-46　正方向短路阻抗
元件动作特性

图4-47（a）　反方向故障计算用图

$$\Delta \dot{E}_k = \Delta \dot{I}\,(Z_m + Z'_s) \tag{4-43}$$

$$\Delta \dot{U}_{op} = \Delta \dot{U} - Z_{set}\Delta \dot{I} = \Delta \dot{I}\,(Z'_s - Z_{set}) \tag{4-44}$$

将式（4-39）、式（4-43）、式（4-44）代入式（4-38），经整理得阻抗元件动作方程为

$$|Z'_s - Z_{set}| > |Z_m + Z'_s| \tag{4-45}$$

Z_m的动作轨迹在阻抗平面上是以矢量Z'_s的末端s′点为圆心，以$|Z'_s - Z_{set}|$为半径的圆，圆落在第一象限。而Z_m总是电阻电感性的，$-Z_m$落在第三象限。因此阻抗元件有明确的方向性。

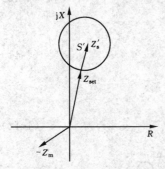

在微机保护中，工频变化量距离继电器的动作方程为

$$|\Delta U_{op}| > U_z$$

对相间距离保护

$$U_{op,pp} = U_{pp} - I_{pp}Z_{set}$$

对接地距离保护

$$U_{op,ph} = U_{ph} - (I_{ph} + K\sqrt{3}\,I_0)Z_{set}$$

图4-47（b）　反方向短路阻抗元件动作特性

上三式中　　Z_{set}——整定阻抗，一般取0.8～0.85倍的线路阻抗；

　　　　　　U_z——整定门坎电压，取故障前工作电压的记忆量。

其特点是区内、区外、正向、反向区域明确，动作快，不反映系统振荡，躲过渡电阻能力强，无超越问题，有选相能力等。

85. 四边形动作特性阻抗继电器的基本特点是什么？

答：四边形动作特性阻抗继电器能较好地符合短路时测量阻抗的性质，反应故障点过渡电阻能力强，避越负荷阻抗能力好。

86. 具有方向特性的四边形阻抗继电器的各条边应怎样确定？

答：图4-48是方向四边形阻抗继电器动作特性，在双侧电源线路上，为防止在保护区末端经过渡电阻短路时可能出现的超范围动作，一般 α_4 可取 $7°\sim10°$；考虑到经过渡电阻短路时，由过渡电阻引起的附加测量阻抗，始端故障时比末端故障时小，所以 $\alpha_1<\varphi_k$；为保证出口经过渡电阻短路时能可靠动作，α_2 有一定大小，可取 $30°$，并且 $\overline{CD}$ 长度应根据可能出现的过渡电阻来确定；为保证被保护线路发生金属性短路故障时能可靠动作，α_3 可取 $30°$。显然，$\overline{CB}$ 的大小决定了保护区的长度。为保证正向出口故障时可靠动作，有关电压应带有记忆特性。

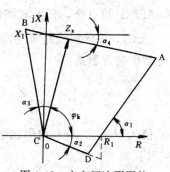

图 4-48　方向四边形阻抗
继电器动作特性

方向特性四边形阻抗继电器可形成如图4-48虚线所示，只整定 X_1 和 R_1，其电阻线斜率 α_1 为 $60°$ 有利于躲最大负荷，R、X 轴的动作边界各扩大 $15°$，以增加动作范围，可靠动作。

87. 什么是"阻抗分析的电压相量图法"？简述其分析步骤。

答：所谓"电压相量图"法，就是求出故障时电网各点的三相电压相量以及通入继电器的距离测量电压 U'_{ph} 与极化量的相量关系，并直接代入继电器的相位动作条件来研究继电器的动作行为。其步骤如下：

（1）按给定的系统运行方式，给出故障前三相电压的电压全图（对某些对称方式，可以用单相方式代表）。

（2）按给定的故障点及故障方式，求出故障点的各相电压或相间电压的相量位置（需要时同时求出）。

（3）由电源电压与故障点电压的相对相量关系，求得继电器安装处的各相电压或相间电压的相量位置（需要时同时求出）。

（4）利用公式分别求得各相或相间的距离测量电压及各极化量的相量位置。

（5）以继电器的极化量为标准，画出继电器的 U'_{ph} 动作区域。

（6）判定在这样的系统与故障情况下，距离继电器的动作特性。

88. 什么是阻抗继电器的 0° 接线？为什么相间距离保护的测量元件常采用此种接线？

答：假定负荷的功率因数为1，即电流与同名相电压同相位，按表4-3将电压、电流接入阻抗继电器，这种接线方式就称为 0° 接线，如图4-49所示。

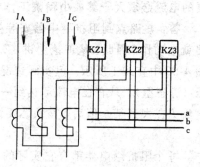

图 4-49　阻抗继电器接入线电压
及同名相电流之差的接线图

表 4-3　　　　接入阻抗继电器的电流、电压

继电器编号	1	2	3
接入电压	$\dot{U}_{AB}$	$\dot{U}_{BC}$	$\dot{U}_{CA}$
接入电流	$\dot{I}_A - \dot{I}_B$	$\dot{I}_B - \dot{I}_C$	$\dot{I}_C - \dot{I}_A$

相间距离保护的测量元件，应能正确反应短路点至保护安装处的距离，并与故障类型无关，亦即其保护范围不应随故障类型而变。下面分别以三相短路、两相短路、两相接地短路为例，分析 0°接线的方向阻抗继电器的测量阻抗。

（1）三相短路。它属对称性短路，不破坏系统的对称性。设短路点到保护安装处的距离为 l（km），被保护线路每千米（每公里）的正序阻抗为 Z_1（Ω），则接入 $\dot{U}_{AB}$，$\dot{I}_A - \dot{I}_B$ 的阻抗继电器的测量阻抗为

$$Z_{m(AB)} = \frac{\dot{U}_{AB}}{\dot{I}_A - \dot{I}_B} = \frac{(\dot{I}_A - \dot{I}_B)Z_1 l}{\dot{I}_A - \dot{I}_B} = Z_1 l \qquad (4\text{-}46)$$

接入 $\dot{U}_{BC}$、$\dot{I}_B - \dot{I}_C$ 的阻抗继电器的测量阻抗为

$$Z_{m(BC)} = \frac{\dot{U}_{BC}}{\dot{I}_B - \dot{I}_C} = \frac{(\dot{I}_B - \dot{I}_C)Z_1 l}{\dot{I}_B - \dot{I}_C} = Z_1 l \qquad (4\text{-}47)$$

接入 $\dot{U}_{CA}$、$\dot{I}_C - \dot{I}_A$ 的阻抗继电器的测量阻抗为

$$Z_{m(CA)} = \frac{\dot{U}_{CA}}{\dot{I}_C - \dot{I}_A} = \frac{(\dot{I}_C - \dot{I}_A)Z_1 l}{\dot{I}_C - \dot{I}_A} = Z_1 l \qquad (4\text{-}48)$$

式（4-46）～式（4-48）说明，三相短路时，三个阻抗继电器的测量阻抗都等于短路点到保护安装处的线路阻抗，它们都能动作。

（2）两相短路。以 A、B 两相短路为例，接入 $\dot{U}_{AB}$、$\dot{I}_A - \dot{I}_B$ 的阻抗继电器的测量阻抗为

$$Z_{m(AB)} = \frac{\dot{U}_{AB}}{\dot{I}_A - \dot{I}_B} = \frac{(\dot{I}_A - \dot{I}_B)Z_1 l}{\dot{I}_A - \dot{I}_B} = Z_1 l \qquad (4\text{-}49)$$

（3）中性点直接接地系统的两相接地短路。按照与上面类似的推导方法，可得两相接地短路时，接入与两接地相同名电压、电流之差的阻抗继电器的测量阻抗 $Z_m = Z_1 l$。

从上述分析看出，阻抗继电器采用 0°接线的好处是，在被保护线路同一点发生各种相间短路时，其测得的阻抗相同，不会使保护范围随故障类型而变化，为此切除相间短路故障的阻抗继电器常采用 0°接线。

89. 什么是阻抗继电器的最小精确工作电流？为什么要求线路末端短路时加于阻抗继电器的电流必须大于其最小精确工作电流？

答：短路点到阻抗继电器安装处的距离（阻抗）等于或小于其动作阻抗 Z_{op} 时，阻抗继电器就应动作。因此，从理论上讲，Z_{op} 与通入阻抗继电器的电流 I 无关，这时的 $Z_{op} = f(I)$，如图 4-50 中直线 1 所示。但实际情况是，不管阻抗继电器有制动力矩（机电型）还是有门槛电压（静态型），只有在电流 I 达到一定值后，它才能动作；再者，继电器内的电抗变压器中的电流 I 在大到某一值后，其铁芯要饱和。计及这两种因素的 $Z_{op} = f(I)$，如图 4-50 中曲线 2 所示。

每个阻抗继电器都有它实际的 $Z_{op} = f(I)$ 曲线，如图 4-50 所示。在曲线 2 的 $0.9Z_{set}$ 处，可得两个电流值。其左边的称为阻抗继电器的最小精确工作电流。当 $I > I_{ac,min}$ 时，就可以保证 Z_{op} 的误差在 10% 范围以内。只要整定值末端短路时的短路电流大于 $I_{ac,min}$，即可保证阻抗继电

器（距离保护）有可靠的动作范围。

其右边的称为最大精确工作电流 $I_{ac,max}$，是由电抗变压器饱和引起的。显然，在实际应用中应保证通入阻抗继电器的电流 I 满足 $I_{ac,min}<I<I_{ac,max}$ 的条件。

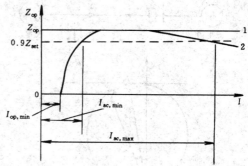

90. 影响阻抗继电器正确测量的因素有哪些？

答：影响阻抗继电器正确测量的因素有：①故障点的过渡电阻；②保护安装处与故障点之间的助增电流和汲出电流；③测量互感器的误差；④电力系统振荡；⑤电压二次回路断线；⑥被保护线路的串联补偿电容器。

图 4-50　阻抗继电器 $Z_{op}=f(I)$ 曲线
1—理论的 $Z_{op}=f(I)$；2—实际的 $Z_{op}=f(I)$

91. 造成距离保护暂态超越的因素有哪些？

答：当距离继电器的动作过快时，容易因下述一些原因引起暂态超越：

（1）短路初始时，一次短路电流中存在的直流分量（有串联电容时为低频分量）与高频分量。

（2）外部故障转换时的过渡过程。

（3）电流互感器与电压互感器的二次过渡过程。

（4）继电器内部回路因输入量突然改变引起的过渡过程等。

92. 故障点的过渡电阻对阻抗继电器的正确动作有什么影响？

答：过渡电阻对距离继电器的影响涉及到超越、失去方向性和区内故障会不会不动作几个方面的问题。

过渡电阻 R_g 一般为纯电阻。假设流过 R_g 的电流为 $\dot{I}_k$，流过保护的电流为 $\dot{I}$，则继电器的测量阻抗为

$$\left.\begin{array}{l} Z_m = Z_L + Z_R \\[2mm] Z_R = \dfrac{\dot{I}_k}{\dot{I}} R_g \end{array}\right\} \tag{4-50}$$

式中，Z_R 为过渡电阻在继电器测量阻抗中引起的附加分量。在单侧电源的情况下 $\dot{I}=\dot{I}_k$，Z_R 为纯电阻性，一般不会引起超越。但在双侧电源的情况下，$\dot{I}_k$ 与 $\dot{I}$ 不再同相，当两者不同相时 Z_R 就有电抗分量。

图 4-51 所示电路中保护安装于送电侧，在区外经过渡电阻短路。由于受电侧电源的助增作用，$\dot{I}_k$ 落后于 $\dot{I}$，于是 Z_R 呈容性，造成姆欧继电器及电抗继电器超越。

图 4-52 所示电路中保护安装于受电侧，在背后母线上经小过渡电阻短路。此时流经保护的电流仍是由送电侧电源供给的，过渡电阻上的电流仍然受到受电侧电源的助增。继电器的测量阻抗 $Z_m=Z_R=-R_g/\underline{-\theta}$，将落于姆欧继电器动作特性圆而误动。

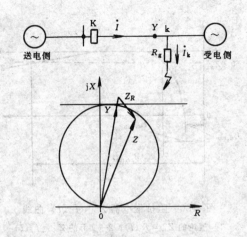

图 4-51 区外故障时姆欧继电器的超越

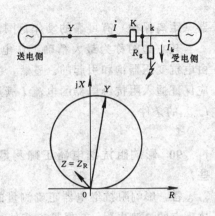

图 4-52 背后母线故障姆欧继
电器失去方向性

需要指出：超高压输电线路阻抗角很大（约 85°），上述超越和失去方向性的可能性也增大。对于超越最严重的情况，是在区外最近处发生故障；而对于失去方向性最严重的情况，则是在背后母线上发生故障。

图 4-53 示出由于过渡电阻使相邻线路保护失去选择性的情况。图中示出保护 A 的 I 段 Z_{IA} 和保护 B 的 II 段 Z_{IB} 的动作特性圆。在单侧电源情况下在保护 A 的出口经过渡电阻短路，若测量阻抗落入图 4-53 中绘有阴影的区域，甚至在 AD 线以下，保护 A 将拒动，保护 B 越线跳闸。

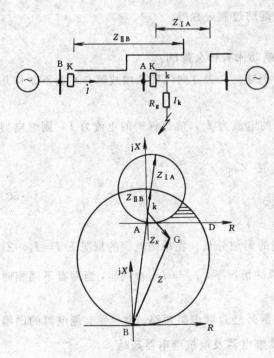

图 4-53 相邻线始端经电阻接
地姆欧继电器越级跳闸

对于相阻抗继电器还要考虑 BC 两相短路经电阻 R_g 接地的情况。即使是单侧电源供电，对 B 相相阻抗继电器来说，过渡电阻 R_g 上也受到 C 相电动势的助增。这与上述双侧电源供电线路上的情况在本质上是相同的，且由于 C 相电动势落后于 B 相电动势 120°，问题还要严重得多。若是正方向故障，相阻抗继电器要超越；若是反方向故障，要失去方向性。这一现象也可用电压相量图来分析。

过渡电阻会导致在区内故障时继电器不动作，不过对相间故障并不成为问题。相间故障时的过渡电阻主要是电弧电阻。电弧电阻是非线性的。电弧压降值 $U_{arc} \approx (3\% \sim 5\%) E_{pp}$，是常数，与电流无关。对于故障环路 $E_{pp} = (Z_S + Z_L) \dot{I}_{pp} + \dot{U}_{arc}$。近似认为 $(Z_S + Z_L) \dot{I}_{pp}$ 与 $\dot{U}_{arc}$ 相差 90°，则过渡电阻引起的附加分量 $Z_R \approx (3\% \sim 5\%)(Z_S + Z_L)$。现代姆欧继电器在阻抗平面上的动作特性是以相量 $Z_S + Z_L$ 为直径的圆，所以对电弧电阻有足够的反应能力。至于距离保护Ⅱ段，可以采用瞬时测量技术，一旦继电器动作就扩大特性圆在第Ⅰ象限的动作区。

单相故障时接地电阻可能很大，但接地距离继电器在提高对接地电阻的反应能力时，应能避开负荷。不能依靠很灵敏的零序电流元件来避开负荷，因为当相邻线两相运行或远方有故障时都会有零序电流出现，而此时本线可能带重负荷，所以距离继电器本身应有避开负荷的能力。

93. 什么是助增电流和汲出电流？它们对阻抗继电器的工作有什么影响？

答：在图4-54（a）所示的网络中，当k1点发生相间短路时，阻抗继电器KZ第Ⅱ段的测量阻抗为

$$Z_{\text{Ⅱm}} = \frac{\dot{I}_1 Z_1 l_1 + (\dot{I}_1 + \dot{I}_2) Z_1 l_2}{\dot{I}_1} = Z_1 l_1 + \frac{\dot{I}_1 + \dot{I}_2}{\dot{I}_1} Z_1 l_2$$

$$= Z_1 l_1 + K_{\text{inc}} Z_1 l_2 \qquad (4\text{-}51)$$

式中　K_{inc}——助增系数，$K_{\text{inc}} = \dfrac{\dot{I}_1 + \dot{I}_2}{\dot{I}_1}$，一般$\dot{I}_1$、$\dot{I}_2$接近同相位，故可认为$K_{\text{inc}}$为实数，且大于1；

　　Z_1——被保护线路每千米的正序阻抗。

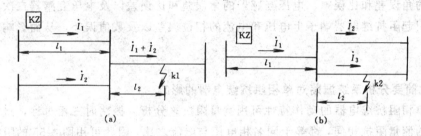

图4-54　助增电流和汲出电流对阻抗继电器工作的影响
(a) 助增电流；(b) 汲出电流

从式（4-51）看出，如果$\dot{I}_2 = 0$，$Z_{\text{Ⅱm}}$就正确地反映了阻抗继电器KZ到短路点的距离。因为有了$\dot{I}_2$，使得$Z_{\text{Ⅱm}}$增大了，降低了阻抗继电器KZ（距离保护装置）的灵敏度，但并不影响它与故障线路（k1点所在线路）保护装置第Ⅰ段配合的选择性，在此情况下，$\dot{I}_2$被称为助增电流。

在保护的整定计算中，助增电流的影响必须予以考虑，即在计算公式中引入K_{inc}。为了确保在任何情况下保护动作的选择性，应按K_{inc}为最小的运行方式进行计算。

在图4-54（b）所示的平行线路之一的k2点发生相间短路时，阻抗继电器KZ第Ⅱ段的测量阻抗为

$$Z_{\text{Ⅱm}} = \frac{\dot{I}_1 Z_1 l_1 + (\dot{I}_1 - \dot{I}_2) Z_1 l_2}{\dot{I}_1} = Z_1 l_1 + K Z_1 l_2 \qquad (4\text{-}52)$$

式中　K——汲出系数，$K = \dfrac{\dot{I}_1 - \dot{I}_2}{\dot{I}_1}$，$\dot{I}_1$、$\dot{I}_2$接近同相位，可认为$K$为实数，且小于1。

由于 $\dot{I}_2$ 的存在使得 Z_{1m} 减小了,从而可能使 KZ 产生无选择性动作,在此情况下 $\dot{I}_2$ 被称为汲出电流。

为了消除汲出电流的影响,必须降低阻抗继电器 KZ 的第 Ⅱ 段的动作阻抗,即在整定计算时引入 K。为了确保在任何情况下保护动作的选择性,应按 K 为最小的运行方式进行计算。

94. 电网频率变化对距离保护有什么影响?

答:电网频率变化对距离保护的影响主要表现在以下两方面:

(1) 电网频率变化时,作为保护或振荡闭锁启动元件的对称分量滤过器,因不平衡输出电压增大,有可能动作,从而使距离保护工作不正常。如果采用增量元件,则可认为不受电网频率变化的影响。

(2) 对方向阻抗继电器产生影响。因方向阻抗继电器中的 R_K、L_K、C_K 记忆回路对频率很敏感,所以频率变化对方向阻抗继电器动作特性有较大的影响,可能导致保护区的变化以及在某些情况下正、反向出口短路故障时失去方向性。

95. 电压互感器和电流互感器的误差对距离保护有什么影响?

答:电压互感器和电流互感器的误差会影响阻抗继电器距离测量的精确性。具体说来,电流互感器的角误差和比误差、电压互感器的角误差和比误差以及电压互感器二次电缆上的电压降,将引起阻抗继电器端子上电压和电流的相位误差以及数值误差,从而影响阻抗测量的精度。

96. 试简要分析系统振荡对单相阻抗继电器的影响。

答:单相阻抗继电器的动作特性可用测量阻抗来分析。振荡时三相对称,接地和相间阻抗继电器的测量阻抗相同,都等于同名相电压与电流之比,因此可用图 4-55 的阻抗图进行分析。

假定距离保护安装在变电所 M 侧,用以切除线路 MN 上的故障,如图 4-55(a)所示。当电力系统振荡时,振荡电流为

$$\dot{I} = \frac{\dot{E}_M - \dot{E}_N}{Z_M + Z_L + Z_N} = \frac{\dot{E}_M - \dot{E}_N}{Z_\Sigma}$$

设 $Z_M = mZ_\Sigma$,$\dot{U}_M = \dot{E}_M - \dot{I}Z_M = \dot{E}_M - \dot{I}mZ_\Sigma$,则阻抗继电器的测量阻抗为

$$Z_K = \frac{\dot{U}_M}{\dot{I}} = \frac{\dot{E}_M - \dot{I}mZ_\Sigma}{\dot{I}} = \frac{\dot{E}_M}{\dot{E}_M - \dot{E}_N}Z_\Sigma - mZ_\Sigma$$

设 $\dot{E}_M$、$\dot{E}_N$ 间的夹角为 δ,且 $|\dot{E}_M| = |\dot{E}_N|$,则 $Z_K = \dfrac{1}{1 - e^{-j\delta}}Z_\Sigma - mZ_\Sigma$

将 $1 - e^{-j\delta} = \dfrac{2}{1 - j\,\mathrm{ctg}\dfrac{\delta}{2}}$ 代入,得

$$Z_K = \left(\frac{1}{2} - m\right)Z_\Sigma - j\frac{1}{2}Z_\Sigma\mathrm{ctg}\frac{\delta}{2}$$

Z_K 的轨迹在 $R - X$ 复平面上是一直线。在不同的 δ 值下,相量 $-j\dfrac{1}{2}Z_\Sigma\mathrm{ctg}\dfrac{\delta}{2}$ 是一条与

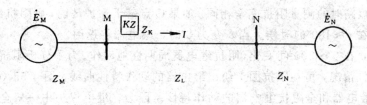

(a)

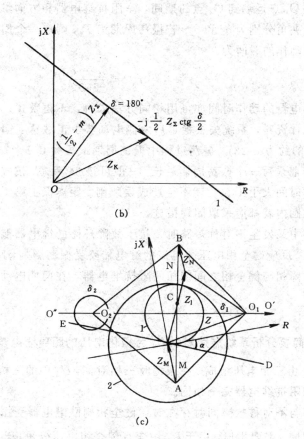

(b)

(c)

图 4-55 振荡时系统的测量阻抗

(a) 系统接线图；(b) 振荡时测量阻抗相量末端的轨迹；

(c) 继电器感受振荡影响的分析

$\left(\dfrac{1}{2}-m\right)Z_\Sigma$ 垂直的直线 1。对应不同的 δ，反应在继电器端子上测量阻抗 Z_K 相量的末端应落在直线 1 上。当 $\delta=180°$ 时，$Z_K=\left(\dfrac{1}{2}-m\right)Z_\Sigma$，即保护安装地点到振荡中心之间的阻抗，如图 4-55 (b) 所示。

当 m 为不同数值时，测量阻抗的轨迹应是平行于直线 1 的一组直线。当 $m=\dfrac{1}{2}$ 时，直线过坐标原点。

在图 4-5 (c) 所示的阻抗图上，若振荡轨迹 O_1O_2 与线路阻抗线 MN 相交于 C 点，则表示在振荡过程中 C 点的电压将下降到零。在 $\dot{U}_C=0$ 时，线路两侧阻抗继电器的测量阻抗和在

C 点发生三相短路时的测量阻抗完全相同。如果 C 点落于保护区内，则阻抗继电器必然启动。这种情况发生在 $\delta \approx 180°$ 的时候。当 δ 变为 0°时，继电器将返回。

在振荡时 δ 在 0°～360°间变化，阻抗继电器周期性地动作。为了分析阻抗继电器在整个振荡周期内的动作情况，可在阻抗图上绘出继电器的动作特性曲线。图 4-55 (c) 中的圆 1 和圆 2 分别是姆欧继电器和全阻抗继电器的动作特性。因为在继电保护中一般全阻抗继电器都是由功率方向继电器闭锁的，所以还在图 4-55 (c) 中示出功率方向继电器的特性直线 DME。当振荡轨迹由 O_1 点运动到 O_2 点的期间，全阻抗继电器和方向继电器都动作，对应于这两点的两侧电动势夹角分别为 δ_1 和 δ_2。若振荡周期为 T_s，则在一个周期内全阻抗继电器和功率方向继电器同时动作的时间为

$$t_{\mathrm{op}} = \frac{\delta_2 - \delta_1}{360°} T_s \tag{4-53}$$

姆欧继电器的动作时间亦可用相同方法求得，不再赘述。

根据统计资料，系统失去稳定后两侧电动势由正常角度摆到 180°经过的时间一般不小于 0.4s，个别的约为 0.28s。振荡过程中振荡周期最短为 0.1～0.15s，个别的约为 0.08s。在系统恢复同步前最后一个振荡周期最长，一般可按 3s 考虑，按式（4-53）计算，一般 $t_{\mathrm{op}} \approx 1\mathrm{s}$，如果保护动作时间大于 1.5s，就不会造成误跳闸。距离保护第 I 段和第 II 段只要振荡中心有可能落在特性圆内就都应采取闭锁措施。

在振荡中又发生不对称短路时，接于故障环路的继电器能够正确测量距离是这类距离继电器的优点。反应健全相电压和电流的继电器要受振荡影响，其动作情况与以上分析相同。至于跨接于故障相与健全相之间的相间阻抗继电器，在两侧电动势相位差很大时也可能发生不正确动作。

97. 试简要分析系统振荡对以 $\dot{U}_1$ 为极化电压的距离继电器的影响。

答：$\dot{U}_1$ 由三相电压组成。在振荡时三相对称，$\dot{U}_1$ 中的三相电压分量的相位相同，所以其动作与单相阻抗继电器完全相同。

在振荡与不对称故障同时存在时，健全相姆欧继电器受振荡影响的情况与没有故障仅振荡时基本相同。需要指出，由于 $\dot{U}_1$ 中含有健全相电压分量，当母线健全相电压受振荡影响相位有很大变化时，故障相姆欧继电器也可能发生超越和失去方向性。图 4-56 和图 4-57 分别示出在两侧电动势 $\dot{E}_\mathrm{M}$ 和 $\dot{E}_\mathrm{N}$ 相位差 $\delta = 180°$ 时，在正方向区外和反方向发生故障时继电器误动的情况。图 4-56 (a) 和图 4-57 (a) 为系统图；图 4-56 (b) 和图 4-57 (b) 为电压分布图。图中实线为故障相电压的分布图，虚线为 $\dot{U}_1$ 中健全相电压分量的分布图。从故障相电压分布图上可见，故障相母线电压 $\dot{U}_\mathrm{bsf}$ 与故障相补偿电压 $\dot{U}'$ 相位相同，所以故障相姆欧继电器本不应动作。但由于极化电压中健全相电压分量 $\dot{U}_\mathrm{bsh}$ 的相位改变了 180°，且 $U_\mathrm{bsh} > U_\mathrm{bsf}$，因此 $\dot{U}_\mathrm{p} = \dot{U}_1$ 与 $\dot{U}_\mathrm{bsh}$ 同相位，而与 $\dot{U}'$ 的相位相差 180°，所以两种情况下姆欧继电器都要误动，在图 4-56 的情况下要超越，在图 4-57 的情况下要失去方向性，其原因是相同的。还应注意，在振荡与区外不对称故障同时存在时，健全相以 $\dot{U}_1$ 为极化电压的姆欧继电器也可能发生类似的误动作。

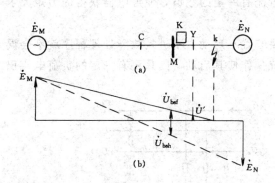

图 4-56 $\dot{U}_p = \dot{U}_1$ 的姆欧继电器发生超越的情况
(a) 系统图；(b) 电压分布图

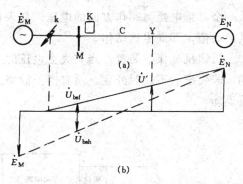

图 4-57 $\dot{U}_p = \dot{U}_1$ 的姆欧继电器失
去方向性的情况
(a) 系统图；(b) 电压分布图

98. 试简要分析系统振荡对零序电抗继电器的影响。

答：系统振荡时没有 $\dot{I}_0$，零序电抗继电器不会动作。

振荡与不对称故障同时存在时，健全相中的振荡电流（当 $\delta = 180°$ 时）可能大于故障相中的电流，于是 $\dot{I}_0$ 的相位改变了 $180°$，零序电抗继电器就要不正确动作。如果是正方向区外故障，继电器要超越。

99. 试简要分析系统振荡对多相补偿距离继电器的影响。

答：多相补偿距离继电器只反应不对称故障，因此多相补偿距离继电器在振荡时不会动作，但是在振荡过程中又发生短路时将要不正确动作——内部短路时拒动和外部短路时误动。

多相补偿距离继电器在不同相别的补偿电压之间进行比相。振荡使健全相的补偿电压与电动势之间的相位差增大，这是它发生不正确动作的原因。

由于在振荡与短路同时发生时要不正确动作，多相补偿距离继电器作为保护第Ⅰ段时要加振荡闭锁，当作为保护第Ⅱ段时可以依靠动作时限与相邻线路保护保持选择性。

多相补偿距离继电器作为后备保护是不适宜的。作为后备保护的任务就是在相邻线路短路而相邻线路保护拒动时起保护作用。此时，由于短路切除慢很可能引起振荡，多相补偿距离继电器将时而动作，时而返回，其时间继电器就不可能动作，因而也就完不成后备保护的任务。作为后备保护的距离第Ⅲ段，由于动作时间长，以采用第Ⅰ类距离继电器为宜。

100. 为什么失压有可能造成距离保护误动？

答：对模拟式保护从原理上可以按两种情况来分析失压误动。

1. 距离元件失压

任何距离元件都包括两个输入回路，一是作距离测量的工作回路，另一是极化回路。对于阻抗特性包括阻抗坐标原点在内的非方向距离继电器，当元件失去输入电压时，本来必然要动作。对于方向距离继电器，如图 4-58 (a) 所示的情况，当输入电压被断开时，由于负荷电流通过电抗变压器 TL 在二次侧产生电压，此电压加在工作回路使整定变压器 TS 二次有电压，同时感应到 TS 的一次侧，而 TS 一次侧的负荷就是极化回路，结果等于给极化回路输入一个对继电器为动作方向的电压。如果负荷电流有一定的数值，使继电器获得的力矩大于其启动值，即发生误动作。

对微机型保护装置，当其失去电压时，只要装置不启动，不进入故障处理程序就不会误动。若失压后不及时处理，遇有区外故障或系统操作使其启动，则只要有一定的负荷电流仍将误动。

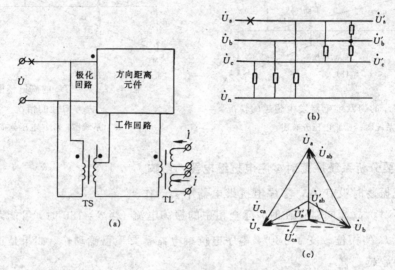

图 4-58　距离元件及装置失压时有关回路
(a) 电压反馈有关回路；(b) 单相断开；(c) 单相断开后故障相电压的重新分配

2. 距离保护装置失压

当距离保护装置三相（或两相）失压，则同时失压的每套距离保护都向电压回路的负荷反馈。如断开电压互感器一次侧隔离开关造成失压，则由各线路负荷电流反馈到整定变压器一次侧所连接的电压回路，负荷主要就是电缆电阻（因从二次侧看电压互感器相当于短路），反馈的电压虽然少些，也可能造成误动作。

当电压回路一相断开时，由于电压回路连接有负荷阻抗，通过这些负荷阻抗会迫使已断开相重新分配电压。图 4-58 (b)、(c) 表示 A 相断开时，如三相负荷平衡，则断开后的 A 相电压 $\dot{U}'_a$ 与原有电压 $\dot{U}_a$ 相位相差 $180°$，$\dot{U}'_{ab}$ 及 $\dot{U}'_{ca}$ 幅值稍大于原有的一半，相位分别领先及落后原有相位，稍小于 $60°$，在负荷情况也可能引起误动作。

101. 什么是防止失压误动的"电压法"？常用的有哪几种？在使用中应注意哪些问题？

答：凡是在电压回路上利用其电压不正常或反映电压回路故障电流的原理来防止距离保护失压的方法，简称为"电压法"。常用的"电压法"有以下几种：

1. 电压断线闭锁装置

利用电压回路发生非对称性故障，或电压回路被断开一相或两相时出现的不平衡电压使闭锁装置启动，对距离保护实行闭锁。当一次系统发生接地故障时，也会出现不平衡电压，此时则由电压互感器第三绕组的零序电压进行补偿，或由零序电流元件从回路上采取措施，纠正其动作。

一般在电压互感器二次侧的三相熔丝或快速小开关中的一相上并联一个电容器，当电压回路由于故障或误操作等原因使三相断开时，通过电容器的作用造成不平衡电压使电压断线闭锁装置动作，来防止失压误动作。

这种方法要比较有效地发挥作用，必须满足以下要求：

（1）熔丝或小开关的一相上所并联电容器的容量必须认真选定，并通过实际试验保证电压断线闭锁装置能灵敏动作，起到闭锁作用。

一般电容器的容量应满足在电压互感器带最大负荷下，三相熔丝或小开关均断开时，以及在带最小负荷而并电容的一相断开时，在电压断线闭锁继电器线圈上的端电压不小于其动作电压的 2 倍左右。当电压回路的负荷有变化时，例如增加了新线路，上述数值必须重新试验决定。

（2）熔丝的额定电流或小开关的动作电流，必须根据电压互感器二次侧最大负荷和最小短路电流数值适当选定。

一般选取的电流值应为电压回路最大负荷电流的 1.3～1.5 倍，而当电压二次回路发生短路，其残压足以使保护装置误动作时（一般应考虑不低于额定电压的 70%），必须可靠断开，同时电压断线闭锁装置可靠实现闭锁。

（3）电压回路总回路的熔丝或小开关应与分回路的熔丝保证选择性，特别是仪表回路的熔丝应尽量选细，使仪表回路故障不影响保护回路。

2. 装设动作快速的小开关

在电压互感器二次侧的总回路或再在其分路上装设动作快速的小开关，小开关跳闸同时切断相应的距离保护直流正电源。

这种方法要比较有效地发挥作用，必须满足以下要求：

（1）小开关的脱扣线圈的启动值应大于 1.3 倍最大负荷（例如双母线中有一母线检修时，由一组电压互感器带全部负荷）。

（2）小开关线圈的阻抗不应过大，在正常运行情况下，距离保护装置端子的压降不应超过规定要求（不超过额定电压的 3%）。

（3）当电压二次回路发生短路，其残压足以使距离保护误动作时（一般应考虑不低于额定电压的 70%），小开关应保证快速动作。保护直流电源切断的时间应快于保护动作的时间，并保持一定的裕度。

（4）如有分路小开关，则分路小开关与总回路小开关在整定值上应取得配合。

3. 用中间继电器进行自动切换

用中间继电器的自动切换方式，是由原来隔离开关辅助触点直接切换的方式变换而来的。在这种方式中，相应的隔离开关辅助触点控制中间继电器的线圈，中间继电器的触点控制交流电压回路。如隔离开关辅助触点接触不良，使中间继电器失磁同样会造成失压，所以还用中间继电器的触点控制保护的直流正电源。当然，还有其他一些因素（如线圈断线、直流电源中断等）会使中间继电器失磁，采取此措施断开保护跳闸电源，在一般情况下是有效的。

这种方法要比较有效地发挥作用，必须满足以下要求：

（1）所选用的中间继电器在断电时应保证可靠失磁复归，同时其触点容量应保证在电压回路故障通过短路电流时，不致发生粘连现象，以防止造成通过电压互感器二次侧向一次侧母线反充电的问题。

（2）当分别控制两组母线电压的切换继电器同时动作时，应发出信号。在发出信号期间，运行人员不允许断开母联断路器，以防止电压互感器反充电。

当切换继电器工作不正常，两继电器均处于失磁位置时，应有电压回路断线信号指示。当出现这一信号时，应立即将失压的保护退出工作。在处理完毕确认保护电压回路恢复正常后，才允许将保护装置重新投入使用。

（3）如果采用这种切换方式的距离保护本身没有防止直流电源短时中断引起误动的措施，则这个自动切换回路的设计与调整，必须保证控制正电源的触点较控制交流电压回路的触点迟闭合、早断开，并保证有足够的压力。同时每一保护的切换回路，都应分别进行模拟直流电源短时故障或短时断续供电的试验（电源中断时间小于一、二段切换继电器的复归时间），试验中保护应保证不误动作。

（4）运行中的隔离开关，在不停相应的保护的情况下，不得进行其辅助触点的维修工作。

（5）所有自动切换回路如发生不正常现象时，必须将距离保护停用并立即处理，不应用短路某一回路或将切换继电器卡死的方法来使保护继续运行。

（6）电压回路零相应接地，且不应通过切换继电器触点（包括切换把手触点）切换。

4．快速动作的过电压元件

电压回路的熔丝两端跨接快速动作的过电压元件，任一相熔丝熔断后几毫秒时间内断开保护直流正电源。

此方法与由快速动作的小开关跳闸同时切断保护直流正电源相似，其动作还不如小开关的动作快速有效。

5．电压平衡继电器

利用电压互感器的两个二次绕组，或者由电压互感器二次侧引出两套电压回路到保护屏，一套带保护负荷，另一套空载仅用作比较。使用电压平衡继电器检查两套电压回路相应的平衡度，当带负荷的电压回路发生故障或其他原因使两回路的电压出现一定的不平衡时，使该继电器动作断开距离保护直流正电源。

这项方法一般使用于不需要切换的而有专用电压互感器的线路，因为切换起来比较复杂。

6．专用电压互感器及大容量熔丝

每一线路有专用的电压互感器时，其出口回路使用大容量熔丝（从保护电压互感器考虑使用约60A熔丝），而连接到除保护外的其他设备的分路则使用小熔丝（如1A），以防止其他设备回路的故障影响保护。

102．怎样防止距离保护在过负荷时误动？

答：防止距离保护因过负荷而误动作的首要前提是，距离元件启动值必须可靠躲开由调度运行部门负责提供的可能最大事故过负荷的数值。当重负荷的长距离线路送电侧距离三段距离元件采用一般"0°"接线方式不能满足上述前提要求时，可以采用"-30°"接线方式，但在考虑整定和运行试验方面都要特别慎重，以保证接线方式正确无误。一般情况下，这种接线方式不宜多用。"+30°"接线方式在性能上没有可取的优点，不宜使用。

为了避免实际发生过的某些过负荷误动作，宜考虑以下措施：

（1）为了防止失压误动作，距离各段通常经由负序电流或相电流差突变量构成的启动元件控制，创造了防止正常过负荷误动作的条件。如距离元件因线路静态过负荷而动作时，由于启动元件不动作，不能跳闸。

（2）为了提高可靠性及便于运行，当出现距离元件动作而启动元件不动作时，设计的接线回路应使距离保护立即自动闭锁，发出警报信号，以便运行及调度值班人员处理。在确保过负荷已经稳定地消除之后，经调度同意，方可由运行值班人员将自动闭锁回路手动复归（也可经远方控制复归），使保护再投入运行。

需着重指出的是，上述两项措施不能解决事故过负荷引起的误动作。因为系统先发生事故时，启动元件已处于动作状态，不能起闭锁作用，必须从整定值上考虑防止事故过负荷引起的误动作。

103. "四统一"设计距离保护装置的主要技术性能要求是什么？

答：其技术性能要求有以下几项：

（1）装置采用三段式，以第一、二段切换，第三段独立的六个方向距离元件组成作为基本方式。第三段元件也可选用负（或正）偏移的距离元件。

（2）整组保护用电流式启动元件作启动控制，以防失压误动作。电流式启动元件可采用三相式负序电流或其增量、相电流差突变量，并辅之以零序电流或其增量作启动量。

启动元件的动作应尽可能快速，以保证同时三相短路时可靠启动，并考虑谐波影响问题。

（3）整组保护用一个启动执行元件和相应回路控制作为基本方式。

（4）启动元件动作后，应能实现对第一、二段的振荡闭锁控制。

（5）当系统振荡时，应在启动元件尚未动作，而第三段距离元件或按正常负荷电流整定的辅助相电流元件动作时，立即对第一、二段的跳闸回路实现闭锁，并应在振荡平息后才解除闭锁。

（6）在保护装置交流电压回路末端装设电压回路断线动作元件。当交流电压回路断线时，延时将保护装置跳闸回路自动闭锁，并发出信号；当任一距离元件因内部不正常或因过负荷而在正常运行情况下发生误动作时，也应延时启动该闭锁回路。

闭锁回路只能由手动复归。

（7）第一、二段与第三段应有各自独立的出口跳闸继电器，通过跨线可以使该两出口继电器并联工作。

（8）第一、二段启动出口继电器的回路设分段跨线，出口跳闸触点输出设停用连接片。

（9）当保护装置直流电源消失或振荡闭锁动作不复归时，发出信号。

（10）在第一段 70% 整定启动值处短路时的整组保护动作时间不大于 0.03s。

（11）按被保护线路出口最小短路容量，规定对距离元件动作灵敏度的要求，建议此值定为 250MVA；应有适应 5～10km 短线路的品种。

（12）装置设有可供选用的下列重合闸后加速回路：①瞬时加速第二段或第三段；②恢复原有第一、二段；③第三段带可以躲振荡的短延时。

（13）有手动合闸及重合闸出口金属三相短路时可靠跳闸的措施，并留有相应的控制用端子。

（14）装置应能与收发信机配合，构成高频闭锁距离保护。此时，不能降低距离保护本身的原有性能，也不必改变其接线回路。

（15）规定整套装置的电流回路及电压回路功耗：①对于交流电流回路，在额定电流下包括零相在内每相不大于 12VA；②对于交流电压回路，在额定电压下每相不大于 30VA；③对于直流电压回路，正常运行时不大于40W，故障保护动作时不大于150W。

104. "四统一"设计的距离保护装置中为什么采用电流式启动元件作为整组保护的控制方式？简要分析各种电流启动元件的特点。

答：采用电流式启动元件作为距离保护装置的控制方式的原因如下。

（1）过去对防止距离保护误动作所采取的各种措施，大多是在电压互感器的二次回路上做工作。例如，在电压互感器二次出口装设快速动作的小开关代替熔断器，采用电压断线闭锁装置等。但是这些措施对防止实际可能出现的各种电压回路断线情况往往无能为力。动作统计说明，过去由于交流电压失压引起的误动作占距离保护装置不正确动作的比重竟高达50%左右。

70年代中期以后，在我国有的距离保护装置中，开始采用以电流启动的方式来解决失压引起误动作的问题。实践证明，这是一种简单有效的措施，因为电压回路的故障或由于某些原因造成失压时，电流启动元件都不会动作，从而可以在失压过程中起可靠的闭锁作用。

（2）作为控制整套距离保护装置动作的电流式启动元件必须动作快速，保证在各种故障包括同时性三相短路时能可靠启动，并且有足够灵敏度，而不致限制保护装置原有的保护性能。采用负序电流和零序电流作为高压线路保护装置的启动控制量，在我国广泛采用的相差高频保护中已有相当成熟的经验。但当用于距离保护时，为了能在距离保护第三段的保护范围内可靠启动，采用负序电流与零序电流增量的启动方式可以获得较高的灵敏度。电流增量启动方式，不反应正常情况下负序电流和零序电流滤过器输出回路中出现的由于不平衡或系统谐波或系统频率变化产生的稳态输出，因而它的整定启动值可以较灵敏，从而在故障时获得较高的灵敏度。这种电流增量启动方式，在70年代中期以来，已在一些地区的距离保护装置中广泛采用，运行效果良好。

理论分析说明，如果在一次短路电流中没有高频分量，又当在某一个范围内的电压相位角开始发生特定的非同时性三相短路时（符合这种条件的概率当然极小），单相式负序电流滤过器的输出很小，不能保证电流启动元件的可靠工作。采用三相式负序电流滤过器，可以在理论上完全解决这个问题，能进一步提高这种启动方式的可靠性。

在电流启动方式中，除负序分量外，还采用零序电流分量。这样做，一方面是为了提高在两相短路接地故障情况下的启动灵敏度（在线路末端附近发生两相短路接地故障时，由于零序回路的分流作用，使负序分量较同一处两相短路的情况大为减小）；另一方面，实际故障录波说明，即使在同时三相短路的情况下，由于三相电流互感器的传变特性畸变不一致，往往在电流互感器的二次零序回路中产生很大的不平衡电流，从而提高了电流启动元件在同时性三相短路时的动作可靠性。

采用相电流差突变量作启动量，可以完全解决各种短路时的可靠动作问题，也有很好的灵敏度；同时，可用以组成优良的选择故障相的装置。但若单独用作一般的启动元件时，在结构上较负序电流方式复杂。

105. 距离保护装置对振荡闭锁有什么要求？

答：作为距离保护装置的振荡闭锁装置，应满足如下两方面的基本要求：

（1）不论是系统的静态稳定破坏（由于线路的送电负荷超过稳定极限或由于大型发电机

失去励磁等原因引起的），还是系统的暂态稳定破坏（由于系统故障或系统操作等原因引起的），这个振荡闭锁装置必须可靠地将距离保护装置中可能在系统振荡中误动作跳闸的保护段退出工作（实现闭锁）。

（2）当在被保护线路的区段内发生短路故障时，必须使距离保护装置的一、二段投入工作（开放闭锁）。

106. 为什么"四统一"设计中不考虑相间距离保护启动断路器失灵保护？

答：在"四统一"设计中，没有专门考虑相间距离保护装置可靠启动断路器失灵保护的问题。其理由是：

（1）在220kV电网中，用的是分相操作的断路器，只需考虑断路器一相拒动。这样，在220kV电网中，任何相间故障在断路器一相拒动时都转化为保留的单相故障。此时，只有依靠零序电流保护实现断路器失灵保护的作用，而用相间距离保护启动失灵保护并无实际意义。

（2）在110kV电网中，线路都采用三相操作机构，但110kV电网继电保护的配置原则是"远后备"，即依靠上一级保护装置的动作来断开下一级未能断开的故障，因而没有设置断路器失灵保护的必要。

107. "四统一"设计的距离保护装置对总闭锁回路有什么考虑？

答："四统一"设计的距离保护装置中距离保护各段的跳闸回路都经闭锁继电器正常闭合的常开触点控制，以防止由于电压互感器回路断线以及距离元件本身电压回路断线或异常及过负荷引起装置误动作。由于整套保护装置经负序电流及零序电流启动元件控制，虽然在系统正常运行中发生了失压或过负荷，无论距离元件动作与否，都不致发出误动作的出口跳闸脉冲；但是一旦系统进行某种操作或发生区外故障就有立即误动作的可能。因此，必须在发生失压或过负荷时及时启动总闭锁回路闭锁整套装置，同时发出装置异常信号。

（1）总闭锁回路的启动。当线路出现过负荷时，第三段距离元件动作；当距离元件本身电压回路异常时，相应的距离元件动作。它们动作后经过一定时限启动总闭锁回路，实现对整套装置的闭锁。考虑带时限的目的，是为了区分距离继电器是因系统故障动作还是异常动作。时限的最低值，应大于故障时最长保护段的动作时间和断路器跳闸时间加上保护装置返回时间之和，当然也没有必要过长。当电压回路断线时，如果断线闭锁元件动作，立即启动总闭锁回路，将装置闭锁。为了避免断线闭锁元件在接地故障时的误动作，应该采用不带极性的零序电流补偿方式。

（2）要求总闭锁继电器瞬时返回、延时动作。为了在失去直流电压时能自动断开保护装置的直流跳闸回路，总闭锁继电器设计为正常励磁方式。在保护装置交流电压回路采用自动切换方式的系统中，正常运行情况下，当保护直流电源短时中断时，电压切换继电器（装设在切换继电器箱中）短时间内复归又动作。如果要保证总闭锁回路的可靠工作，必须在因失去直流电压而随之失去交流电压使距离元件动作的瞬间，先断开由总闭锁继电器控制的直流跳闸回路；当因直流电压恢复而交流电压随之恢复使距离元件复归的瞬间，由总闭锁继电器控制的直流跳闸回路后接通，才能取得逻辑上的可靠配合。为此，要求总闭锁继电器延时动作、瞬时复归。延时动作的时间不必过长，只要保证大于距离元件触点的返回时间即可，可取为50～60ms。

（3）要求总闭锁继电器启动后自保持、手动复归。总闭锁继电器动作后不能允许在异常情况未作处理的情况下自动解除。

在总闭锁继电器动作发出信号后，运行人员需要及时将距离保护的跳闸连接片断开，然后报告调度进行处理，以避免不必要的误动作跳闸。

108. **"四统一"设计距离保护装置中的后加速回路包括哪两部分？**

答：在"四统一"设计的距离保护装置中后加速回路包括手动合闸后加速回路及重合闸后加速回路两个部分。

（1）手动合闸后加速。一般手动合闸均在同期方式下进行，因此手动合闸后加速不应带时限。为了提高装置在手动合闸于对称性三相短路时动作的可靠性，手动合闸后加速跳闸回路不再经电流启动元件、振荡闭锁及总闭锁触点控制，而直接经由距离元件触点启动出口中间继电器跳闸。

手动合闸时考虑加速第三段。因第三段阻抗元件灵敏度最高，回路也最简洁。

（2）重合闸后加速。重合闸后加速按下列四种方式考虑，可通过连接预留的不同接线端子来实现，以适应各种需要。

1）瞬时加速保护第二段；

2）瞬时加速保护第三段；

3）第三段带可以躲振荡的短延时；

4）瞬时恢复一、二段。

此外，还考虑了与综合重合闸配合使用时，只在线路三相跳闸后采用瞬时加速的方式。

第二段或第三段方向阻抗元件在实现后加速时，必须考虑重合于出口三相短路时如何保证可靠动作的问题。当电压互感器接在母线上时，方向阻抗元件由于具有记忆作用，可保证重合于三相短路时的瞬时后加速动作，但不能保证固定延时 1.5s 后加速的动作；当电压互感器接在线路上时，则记忆回路也起不了作用，因此必须采取措施，即采用重合闸后加速触点使方向距离元件的动作特性向第三象限偏移，以保证后加速跳闸。

"四统一"设计中只考虑了对第三段距离元件采用固定延时后加速。因此，重合闸后仅使其特性带偏移。如运行中选用瞬时加速第二段、电压互感器又接在线路上时，为了保证重合于出口三相短路可靠后加速，设计有备用的后加速触点，使第二段距离元件亦能带偏移特性。

109. **校验距离保护时，若试验出的阻抗灵敏角与给定的线路阻抗角不一样，做阻抗整定时应以哪个角度为准通入电压和电流？实际动作阻抗与给定的整定阻抗允许偏差是多少？**

答：应以给定的线路阻抗角通入电压和电流。实际动作阻抗应不大于给定的整定阻抗的 $\pm 3\%$。

110. **为什么改变电抗变压器的二次负载电阻能调整灵敏角？**

答：从电抗变压器的等值电路图（图 4-59）可以看出折算到二次侧的一次电流 $\dot{I}_p$ 为励磁电流 $\dot{I}_e$ 与负载电阻电流 $\dot{I}_R$ 的相量和。

从电抗变压器的原理可知，其二次感应电压 $\dot{U}_{ind}=Z_e\dot{I}_e e^{j90}$。当 R 减小时，$\dot{I}_R$ 增大，但 $\dot{I}_p$

不会变，故 $\dot{I}_e$ 要减小，随之 $\dot{I}_e$ 落后 $\dot{I}_p$ 的角度增加，$\dot{U}_{ind}$ 与 $\dot{I}_e$ 总保持 $90°$ 的关系，则 $\dot{U}_{ind}$ 超前一次电流 $\dot{I}_p$ 的角度 φ_{sen} 将变小。所以当 R 变化时，起到了调整灵敏角的作用，见图 4-60。

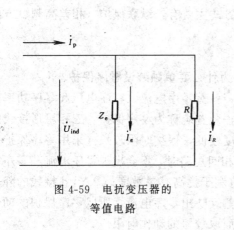

图 4-59 电抗变压器的
等值电路

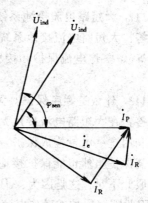

图 4-60 R 变化时
灵敏角的调整

111. 怎样做相间距离保护的相量检查？

答：其检查方法如下。

（1）在保护屏端子排处测三相电流相位，功率送受状况应与盘表指示相符。

（2）将方向阻抗元件切换成方向元件。对模拟式距离保护装置实现的方法，是将整定变压器第一段插头均置于"0"的位置。此时阻抗元件动作方程变为

动作量 $$E_1 = |\dot{U}_p + K\dot{I}_p|$$

制动量 $$E_2 = |\dot{U}_p - K\dot{I}_p|$$

$\dot{U}_p$ 为极化电压，它是由极化谐振变压器产生的，$\dot{U}_p$ 与加于整定变压器上的电压同相位。$K\dot{I}_p$ 为电流在电抗变压器二次感应的电压，它超前外加电流 $80°$。当加于整定变压器上的电压和继电器灵敏角确定后，继电器的动作区随之确定，最大灵敏线在落后 $\dot{U}_p 80°$ 的位置，电流超前 $\dot{U}_p 10°$ 和落后 $\dot{U}_p 170°$ 时为动作区。

在端子排上将电流回路进行切换，继电器动态随之改变，动作情况应与表 4-4 相符（动作方向指向线路，$\varphi_{sen} = 80°$）。

做此项试验也可固定电流切换电压，动作情况应与表 4-5 相符。

表 4-4 切换电流回路继电器的动态变化

功率送受状况		+P+Q	+P−Q	−P−Q	−P+Q
A 相 阻 抗 元 件	通入 I_{AB}	+	0	−	0
	通入 I_{BC}	0	+	0	−
	通入 I_{CA}	−	0	+	0

注 1. +动作；−不动；0不定。
2. B、C 相阻抗元件分析方法同 A 相。

表 4-5 切换电压回路继电器的动态变化

功率送受状况		+P+Q	+P−Q	−P−Q	−P+Q
A 相 阻 抗 元 件	通入 U_{AB}	+	0	−	0
	通入 U_{BC}	−	0	+	0
	通入 U_{CA}	0	+	0	−

注 1. +动作；−不动；0不定。
2. B、C 相阻抗元件分析方法同 A 相。

四、线路的接地保护

112. 大短路电流接地系统中输电线路接地保护方式主要有哪几种？

答：大短路电流接地系统中输电线路接地保护方式主要有：纵联保护（相差高频、方向高频等）、零序电流保护和接地距离保护等。

113. 什么是零序保护？大短路电流接地系统中为什么要单独装设零序保护？

答：在大短路电流接地系统中发生接地故障后，就有零序电流、零序电压和零序功率出现，利用这些电量构成保护接地短路故障的继电保护装置统称为零序保护。三相星形接线的过电流保护虽然也能保护接地短路故障，但其灵敏度较低，保护时限较长。采用零序保护就可克服此不足。这是因为：① 系统正常运行和发生相间短路时，不会出现零序电流和零序电压，因此零序保护的动作电流可以整定得较小，这有利于提高其灵敏度；② Y，d 接线的降压变压器，三角形绕组侧以后的故障不会在星形绕组侧反映出零序电流，所以零序保护的动作时限可以不必与该种变压器以后的线路保护相配合而取较短的动作时限。

114. 零序电流保护由哪几部分组成？

答：零序电流保护主要由零序电流（电压）滤过器、电流继电器和零序方向继电器三部分组成。

115. 简述零序电流方向保护在接地保护中的作用与地位。

答：零序电流方向保护是反应线路发生接地故障时零序电流分量大小和方向的多段式电流方向保护装置。在我国大短路电流接地系统不同电压等级电力网的线路上，根据部颁规程规定，都装设了这种接地保护装置作为基本保护。

电力系统事故统计资料表明，大短路电流接地系统200kV及以上电力网中线路接地故障占线路全部故障的80%～90%，零序电流方向接地保护的正确动作率约97%，是高压线路保护中正确动作率最高的一种。零序电流方向保护具有原理简单、动作可靠、设备投资小、运行维护方便、正确动作率高等一系列优点。

随着电力系统的不断发展，电力网日渐复杂，短线路和自耦变压器日渐增多，零序电流方向保护在这一新局面下也显露出自己固有的局限性。为此，现行规程中在规定装设多段式零序电流方向保护的同时，还补充规定："对某些线路，如方向性接地距离可以明显改善整个电力网接地保护性能时，可装设接地距离保护，并辅以阶段式零序电流保护"。

116. 零序电流保护有什么优点？

答：带方向性和不带方向性的零序电流保护是简单而有效的接地保护方式。其优点是：

（1）结构及工作原理简单。零序电流保护以单一的电流量作为动作量，而且只需用一个继电器便可以对三相中任一相接地故障作出反应，因而使用继电器数量少、回路简单、试验维护简便、容易保证整定试验质量和保持装置经常处于良好状态，所以其正确动作率高于其他复杂保护。

（2）整套保护中间环节少，特别是对于近处故障，可以实现快速动作，有利于减少发展性故障。

（3）在电网零序网络基本保护稳定的条件下，保护范围比较稳定。由于线路接地故障零序电流变化曲线陡度大，其瞬时段保护范围较大，对一般长线路和中长线路可以达到全线的70%～80%，性能与距离保护相近。而且在装用三相重合闸的线路上，多数情况，其瞬时保护段尚有纵续动作的特性，即使在瞬时段保护范围以外的本线路故障，仍能靠对侧断路器三相跳闸后，本侧零序电流突然增大而促使瞬时段启动切除故障。这是一般距离保护所不及的，为零序电流保护所独有的优点。

（4）保护反应零序电流的绝对值，受故障过渡电阻的影响较小。例如，当220kV线路发生对树放电故障，故障点过渡电阻可能高达100Ω以上，此时，其他保护多将无法启动，而零序电流保护，即使 $3I_0$ 定值高达数百安（一般100A左右）尚能可靠动作，或者靠两侧纵续动作，最终切除故障。

（5）保护定值不受负荷电流的影响，也基本不受其他中性点不接地电网短路故障的影响，所以保护延时段灵敏度允许整定较高。并且，零序电流保护之间的配合只决定于零序网络的阻抗分布情况，不受负荷潮流和发电机开停机的影响，只需使零序网络阻抗保持基本稳定，便可以获得较良好的保护效果。

117. 零序电流保护在运行中需注意哪些问题？

答：零序电流保护在运行中需注意以下问题：

（1）当电流回路断线时，可能造成保护误动作。这是一般较灵敏的保护的共同弱点，需要在运行中注意防止。就断线几率而言，它比距离保护电压回路断线的几率要小得多。如果确有必要，还可以利用相邻电流互感器零序电流闭锁的方法防止这种误动作。

（2）当电力系统出现不对称运行时，也要出现零序电流，例如变压器三相参数不同所引起的不对称运行，单相重合闸过程中的两相运行，三相重合闸和手动合闸时的三相断路器不同期，母线倒闸操作时断路器与隔离开关并联过程或断路器正常环并运行情况下，由于隔离开关或断路器接触电阻三相不一致而出现零序环流（见图4-61），以及空投变压器时产生的不平衡励磁涌流，特别是在空投变压器所在母线有中性点接地变压器在运行中的情况下，可能出现较长时间的不平衡励磁涌流和直流分量等等，都可能使零序电流保护启动。

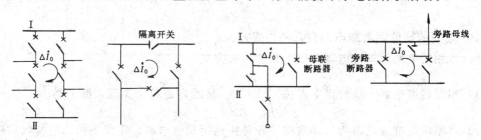

图 4-61 出现零序环流的接线示例

（3）地理位置靠近的平行线路，当其中一条线路故障时，可能引起另一条线路出现感应零序电流，造成反方向侧零序方向继电器误动作。如确有此可能时，可以改用负序方向继电器，来防止上述零序方向继电器误判断。

(4) 由于零序方向继电器交流回路平时没有零序电流和零序电压，回路断线不易被发现，当继电器零序电压取自电压互感器开口三角绕组时，也不易用较直观的模拟方法检查其方向的正确性，因此较容易因交流回路有问题而使得在电网故障时造成保护拒绝动作和误动作。

118. 采用接地距离保护有什么优点？

答：接地距离保护的最大优点，是瞬时段的保护范围固定，还可以比较容易获得有较短延时和足够灵敏度的第二段接地保护，特别适合于短线路的一、二段保护。

对短线路来说，一种可行的接地保护方式，是用接地距离保护一、二段再辅之以完整的零序电流保护。两种保护各自配合整定，各司其责：接地距离保护用以取得本线路的瞬时保护段和有较短时限与足够灵敏度的全线第二段保护；零序电流保护则以保护高电阻故障为主要任务，保证与相邻线路的零序电流保护间有可靠的选择性。

119. 常规接地距离继电器有什么特点？

答：该继电器具有以下特点：

(1) 在单相接地故障时，能正确测量距离。增加领前相电压作辅助极化量和极化回路实现记忆作用，都十分有利于消除电压死区，增强允许接地电阻能力和保证反方向故障的方向性。在这种故障时的基本性能，和相间方向距离元件在相间短路时的情况相似。

(2) 在单相接地故障时，能够选相，可以用作选相元件。

(3) 受端母线经电阻三相短路时，要失去方向性。

(4) 在重负荷、长线路情况下，如果整定值较大，送端母线两相短路时要失去方向性。

(5) 发生两相短路经电阻接地故障时，领前故障相的元件要发生超越，等值电源阻抗与线路阻抗之比愈大时，超越愈严重；极化回路的记忆作用和领前相辅助极化电压作用更使超越增大。而滞后故障相的元件要缩短保护范围。因此，如果要利用这种继电器作距离测量元件，需要在发生两相短路接地时将领前故障相元件退出工作。

(6) 正方向两相短路时，保护范围缩短。等值电源阻抗与整定阻抗之比愈大时，缩短的情况愈严重。

(7) 全相运行和非全相运行时发生振荡，当两侧等值电源电动势夹角摆开较大时，都可能动作。

120. 常用的接地距离继电器有几种构成方式？

答：常用的接地距离继电器有以下几种构成方式：

(1) 相阻抗继电器。这种继电器按 $\dfrac{\dot{U}_{ph}}{\dot{I}_{ph}+K\dot{I}_0}$ 接线，是第 I 类距离继电器。

(2) 以零序电抗继电器为基础构成的各种接地距离继电器。零序电抗继电器以零序电流为极化量，测量相补偿电压 $\dot{U}'=\dot{U}-Z_{ph}(\dot{I}_{ph}+K\dot{I}_0)$ 的相位变化，是第 II 类距离继电器。

(3) 电压补偿型零序电抗继电器。这种继电器以 $\dot{U}_{sen}=\dot{U}_{ph}-(\dot{I}_{ph}-\dot{I}_0)Z_{ph}$ 为制动量，以 $\dot{U}_{op}=\dot{U}_{ph}-2\dot{I}_0X_{oy}$ 为动作量。式中 X_{oy} 是保护区线路的零序电抗。这种继电器也是第 II 类距离继

电器。

（4）相序分量比较式接地距离继电器。这种继电器以零序补偿后电压 U_0' 为动作量，以正序与负序补偿后电压之和 $U_{12}'=U_1'+U_2'$ 为制动量，是第 Ⅱ 类距离继电器。

121. 接地距离继电器中怎样实现零序补偿？

答：在接地距离继电器中为了补偿线路零序阻抗上的压降，可以在电流或电压回路中进行补偿。在电流回路内补偿的最简单方法，是在继电器的电流线圈或辅助互感器中增加一个线圈通入补偿电流 $K\dot{I}_0$，如图 4-62(a)所示。零序补偿自耦变流器 TA0 是为了对补偿电流的大小即 K 值进行调节。由 TA0 变换产生之 $K\dot{I}_0$ 供三相继电器使用。这种方法简单，但 K 值只能作为实数处理，因而存在误差。

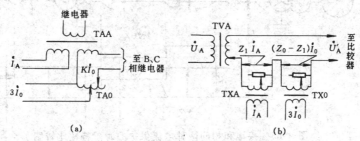

图 4-62　接地距离继电器中的零序电流补偿回路

(a) 近似补偿；(b) 精确补偿

要实现准确补偿需由相电流和零序电流分别产生补偿电压，以准确地模拟相应阻抗的角度。图 4-62(b)示出零序电抗继电器中相补偿电压的形成回路。图中相电抗互感器 TXA 和零序电抗互感器 TX0 分别产生补偿电压 $Z_1\dot{I}_A$ 和 $(Z_0-Z_1)\dot{I}_0$，这样就可以把 Z_1 和 Z_0 的不同相角模拟出来。

实际上线路零序阻抗中的有效电阻随大地导电率而变化，这就使采用准确模拟的收效不大。电压补偿式零序电抗继电器在原理上只反应零序电抗，在继电器中只需模拟正序阻抗，因此测量最准确。

122. 在大短路电流接地系统中，采用专门的零序电流保护与利用三相星形接线的电流保护来保护单相接地短路相比，有什么优点？

答：相比之下专门的零序电流保护具有以下优点：

（1）相间短路的过电流保护，其动作电流按躲过最大负荷电流来整定，一般为 5～7A，而零序过电流保护则按躲过最大不平衡电流整定，其动作电流一般为 2～4A。因此，零序过电流保护有较高的灵敏度。

（2）零序过电流保护的动作时限，不必与 Y,d 接线的降压变压器后的线路保护的动作时限相配合，故动作时限比相间保护的动作时限小。

（3）由于线路始端和末端的零序短路电流相差较大，系统运行方式改变时，零序电流的变化较小，因此零序速断保护的保护范围长而稳定。

（4）保护安装处附近发生短路时，相间短路保护的感应型功率方向继电器有死区，而零序功率方向继电器不但没有死区，而且在靠近保护安装地点短路时，反而灵敏度更高。

（5）相间短路的电流保护受系统振荡和短路过负荷影响，零序电流保护不受它们的影响。

123. 大短路电流接地系统的零序电流保护的时限特性和相间短路电流保护的时限特性有何异同？为什么？

答： 接地故障和相间故障电流保护的时限特性都按阶梯原则整定。所不同的是接地故障零序电流保护的动作时限不需从离电源最远处的保护开始逐级增大，而相间故障的电流保护的动作时限则必须从离电源最远处的保护开始逐级增大，如图 4-63 所示（其中时间阶梯特性 1 代表零序电流保护的时限特性，特性 2 代表相间短路电流保护的时限特性）。这是因为变压

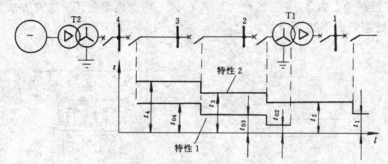

图 4-63　接地和相间两种电流保护的时限特性比较图
特性 1—零序保护；特性 2—相间保护

器 T1 的三角形绕组侧以后无零序电流流通之故。

124. 在大短路电流接地系统中怎样获取零序电流？

答： 线路零序电流保护的零序电流，除了单台 Y，d 变压器单回出线的变电所，可以取自变压器中性点电流互感器以外，一般都取自线路的并由三相电流互感器组成的零序电流滤过器，如图 4-65 所示。微机保护用的 $\dot{I}_0$，一般由软件构成 $3\dot{I}_0 = \dot{I}_A + \dot{I}_B + \dot{I}_C$。

一般变压器的零序电流保护，可以自变压器中性点电流互感器取得零序电流。但对自耦变压器，由于不是所有接地故障都能在变压器中性点产生具有一定方向的、并且幅值足够的零序电流，所以它的零序电流保护，一般不是从变压器中性点取得零序电流，而是从变压器出口零序电流滤过器取得零序电流。例如，当在图 4-64 中所示的自耦变压器的高压侧发生接地故障时，高压绕组通过零序电流 $\dot{I}_{10}$，并产生零序安匝 $\dot{I}_{10}N_{10}$。它的一部分被三次三角形接线绕组产生的零序安匝 $\dot{I}_{\text{II}}N_{\text{II}}$ 所抵消，剩下部分才为二次绕组产生的安匝 $\dot{I}_{10}N_{\text{I}}$ 所抵消。而一、二次安匝的比例关系又决定于二次绕组所在电网零序综合阻抗 $Z_{\Sigma 0}$ 的值。当 $Z_{\Sigma 0}$ 为某一值时，一、二次安匝比可能等于一、二次匝数比，即

$$-\dot{I}_{\text{I}}N_{\text{I}} / \dot{I}_{\text{I}}N_{\text{I}} = N_{\text{I}} / N_{\text{I}}$$

此时，一、二次电流大小相等，但方向相反，即

$$\dot{I}_{\text{I}} = -\dot{I}_{\text{I}}$$

一、二次电流将在共用的绕组中完全抵消，因而在中性点不出现电流；当 $Z_{\Sigma 0}$ 大于此值时，中性点零序电流将与高压侧故障电流同相；当 $Z_{\Sigma 0}$ 小于此值时，中性点零序电流又将与高压侧故

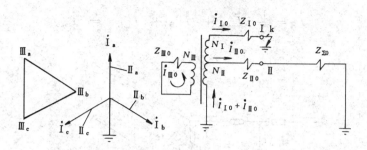

图 4-64　自耦变压器高压侧接地故障时变压器内零序电流的分布

障电流反相。

采用零序电流滤过器方式时，由于三个电流互感器的变比误差不一致以及励磁电流有差异等原因，正常时就存在不平衡电流。当发生相间故障时，一次电流增大，不平衡电流也将随之增大，在整定灵敏的零序电流保护时，必须考虑这个因素。

用三相电流互感器构成的零序电流滤过器的原理图如图 4-65 所示。由图可知

$$\dot{I}_K = \dot{I}_a + \dot{I}_b + \dot{I}_c$$

对于三相对称的正序电流或负序电流，其输出电流为零，即 $\dot{I}_K = 0$。对于零序电流，则 $\dot{I}_K = 3\dot{I}_0$。由此可知，这种零序电流滤过器的输出电流实际上就是电流互感器星形接线方式的中线电流。因此，在继电保护的具体接线中并不需要专设一组电流互感器来构成零序电流滤过器，只要把零序保护的电流线圈直接串接在相间短路保护用电流互感器的中线上即可。

图 4-66 示出了一个电流互感器的等效电路，若考虑励磁电流 $\dot{I}_e$ 的影响，则二次电流与一次电流的关系为

$$\dot{I}_2 = \frac{1}{K_i}(\dot{I}_1 - \dot{I}_e) \tag{4-54}$$

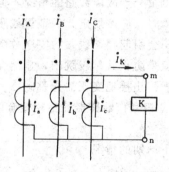

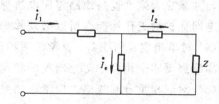

图 4-65　零序电流滤过器原理图　　　　　图 4-66　电流互感器等效电路图

于是，这种零序电流滤过器的等效电路可用图 4-67 表示，其输出电流为

$$\dot{I}_K = \dot{I}_a + \dot{I}_b + \dot{I}_c = \frac{1}{K_i}[(\dot{I}_A - \dot{I}_{e,A}) + (\dot{I}_B - \dot{I}_{e,B}) + (\dot{I}_C - \dot{I}_{e,C})]$$

$$= \frac{1}{K_i}[(\dot{I}_A + \dot{I}_B + \dot{I}_C) - (\dot{I}_{e,A} + \dot{I}_{e,B} + \dot{I}_{e,C})] \tag{4-55}$$

在电网正常运行或发生非接地相间短路故障时，$\dot{I}_A + \dot{I}_B + \dot{I}_C = 0$，滤过器的输出电流为

$$\dot{I}_K = \frac{1}{K_i}(\dot{I}_{e,A} + \dot{I}_{e,B} + \dot{I}_{e,C}) = \dot{I}_{unb} \tag{4-56}$$

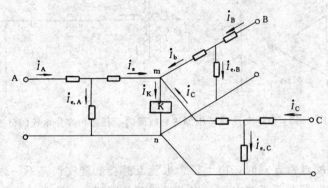

图 4-67 零序电流滤过器的等效电路图

式中 $\dot{I}_{unb}$ 称为零序电流滤过器的不平衡电流，它是由于三个电流互感器励磁电流不完全相等和三相不完全对称而产生的。电流互感器铁芯饱和特性的差异和制造过程中的其他差异，都会引起励磁电流的变化。当系统中发生相间短路故障时，电流互感器的一次电流很大，且含有大量的非周期分量，从而使铁芯饱和程度加剧，不平衡电流也较大。

125. 在零序电流保护的整定中，对故障类型和故障方式的选择有什么考虑？

答：零序电流保护的整定，应以常见的故障类型和故障方式为依据。

（1）只考虑单一设备故障。对两个或两个以上设备的重叠故障，可视为稀有故障，不作为整定保护的依据。

（2）只考虑常见的、在同一点发生单相接地或两相短路接地的简单故障，不考虑多点同时短路的复杂故障。

（3）要考虑相邻线路故障对侧断路器先跳闸或单侧重合于故障线路的情况，但不考虑相邻母线故障中性点接地变压器先跳闸的情况（母线故障时，应按规定，保证母线联络断路器或分段断路器先跳闸）。因为中性点接地变压器先断开，会引起相邻线路的零序故障电流突然增大，如果靠大幅度提高线路零序电流保护瞬时段定值来防止其越级跳闸，显然会严重损害整个电网保护的工作性能，所以必须靠母线保护本身来防止接地变压器先跳闸。

（4）对单相重合闸线路，应考虑两相运行的情况（分相操作断路器的三相重合闸线路，原则上靠断路器非全相保护防止出现两相运行情况）。

（5）对三相重合闸线路，应考虑断路器合闸三相不同期的情况。

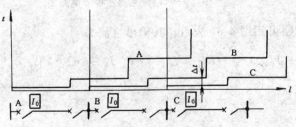

图 4-68 零序电流保护逐级配合的动作特性

126. 多段式零序电流保护逐级配合的原则是什么？

答：相邻保护逐级配合的原则是要求相邻保护在灵敏度和动作时间上均能相互配合，在上、下两级保护的动作特性之间，不允许出现任何交错点，并应留有一定裕度。

相邻保护动作特性的相互配合关系如图 4-68 所示。图中三段式零序电流保护 A 与相邻线路三段式零序电流保护 B 相配合，它们的动作特性相互平行，没有交错点，动作时间相差 Δt，保护范围也相互配合。保护 B 与保护 C 之间的配合关系也是如此。

127. 为什么要遵守逐级配合的原则？

答：实践证明，逐级配合的原则是保证电网保护有选择性动作的重要原则，不遵守这条原则就难免会出现保护越级跳闸。对零序电流保护也同样如此。

例如：假定图 4-69 中三段式零序电流保护 A 没有按上述原则严格地与相邻线路三段式零序电流保护 B 相配合。尽管保护 B 的第二段对线路 LB 末端故障有足够灵敏度，保护 A 的第三段在动作时间上大于保护 B 的第二段动作时间，但是保护 A 第三段在灵敏度上与保护 B 的二、三段不配合，其动作特性如图 4-69 所示，

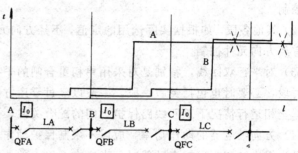

图 4-69　零序电流保护上、下级未严格配合

出现相互交错的情况，如图中打叉部分。此时，虽然对路线 LB 上发生的金属性接地故障，仍可以由保护 B 的第一段或第二段动作，有选择地切除故障，但在下述许多情况下，如果保护 B 第二段不能可靠动作，则可能导致保护 A 越级跳闸。

（1）在线路 LB 末端发生经大过渡电阻的接地故障（如对树放电，对竹子放电等）时，保护 B 第二段不一定能动作，但第三段可以动作。然而保护 A 第三段因为其动作特性与保护 B 第三段重叠，也可能同时动作，后果是造成线路 LA 不必要地被切除。

（2）线路 LB 的始端断路器因故断开一相，但负荷较轻，其两相运行零序电流较小，不足以启动保护 B 第三段。这本来完全可以由运行人员手动处理，或依靠断路器非全相保护动作，跳开三相断路器，但由于保护 A 第三段的灵敏度与保护 B 第三段不配合，它反而可能动作而越级跳开 QFA 断路器。

（3）在线路 LC 发生金属性接地故障而其断路器因故拒绝动作时，本来可以靠保护 B 作为后备，跳开 QFB 断路器，但由于保护 A 与保护 B 动作特性重叠，因而可能导致断路器 QFA 越级跳闸。

上述配合原则，不仅适用于第一次故障的情况，还应该同样适用于重合闸过程中又发生故障（单相重合过程中健全相又故障）和重合于永久性故障的情况。

128. 在大短路电流接地系统中，为什么有时要加装方向继电器组成零序电流方向保护？

答：在大短路电流接地系统中，如线路两端的变压器中性点都接地，当线路上发生接地短路时，在故障点与各变压器中性点之间都有零序电流流过，其情况和两侧电源供电的辐射形电网中的相间故障电流保护一样。为了保证各零序电流保护有选择性动作和降低定值，就必须加装方向继电器，使其动作带有方向性，使得零序方向电流保护在母线向线路输送功率时投入，线路向母线输送功率时退出。

129. 零序（或负序）方向继电器的使用原则是什么？

答：零序电流保护既然是作为动作几率较高的基本保护，故应尽量使其回路简化，以提高其动作可靠性。而零序功率方向继电器则是零序电流保护中的薄弱环节。在运行实践中，因方向继电器的原因而造成的保护误动作时有发生。因此，零序（或负序）方向继电器的使用原则如下：

（1）除了当采用方向元件后，能使保护性能有较显著改善的情况外，对动作几率最多的零序电流保护的瞬时段，特别是"躲非全相一段"，以及起后备作用的最末一段，应不经方向元件控制。

（2）其他各段，如根据实际选用的定值，不经方向元件也能保证选择性和一定灵敏度时，也不宜经方向元件控制。

（3）对平行双回线，特别是对采用单相重合闸的平行双回线，如果互感较大，其保护有关延时段，必要时也包括灵敏一段，一般以经过零序方向元件控制为宜，因为这样可以不必考虑非全相运行情况下双回线路保护之间的配合关系，从而可以改善保护工作性能。

（4）方向继电器的动作功率，应以不限制保护动作灵敏度为原则，一般要求在发生接地故障且当零序电流为保护启动值时，尚应有 2 以上的灵敏度。

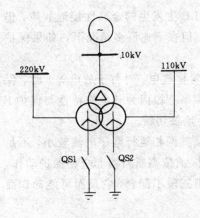

图 4-70　变压器接地隔离开关位置

130. 如图 4-70 所示，当变压器接地隔离开关 QS1、QS2 取不同位置时，分别画出其序网（正序、零序）阻抗图（变压器用星形等值电路表示）。

已知：发电机：X''_d。

变压器：X_I；

X_I；

X_{II}。

（1）QS1 合上，QS2 断开。

（2）QS1 断开，QS2 合上。

（3）QS1，QS2 均合上。

（4）QS1，QS2 均断开。

答：（1）QS1 合上，QS2 断开，其序网阻抗图如图 4-71 所示。

（2）QS1 断开，QS2 合上，其序网阻抗图如图 4-72 所示。

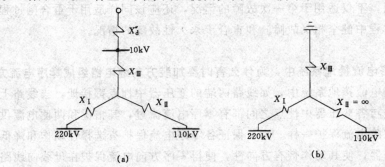

图 4-71　QS1 合 QS2 断开时序网阻抗图

(a) 正序阻抗；(b) 零序阻抗

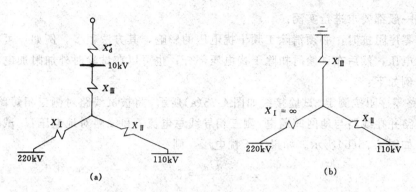

图 4-72　QS1 开 QS2 合时序网阻抗图

(a) 正序阻抗；(b) 零序阻抗

（3）QS1、QS2 均合上，其序网阻抗图如图 4-73 所示。

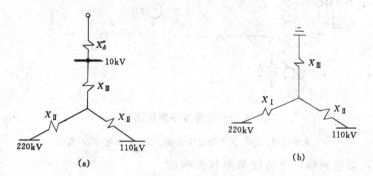

图 4-73　QS1、QS2 均合时序网阻抗图

(a) 正序阻抗；(b) 零序阻抗

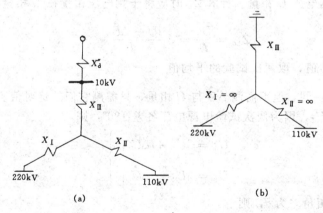

图 4-74　QS1、QS2 均断开时序网阻抗图

(a) 正序阻抗；(b) 零序阻抗

（4）QS1、QS2 均断开，其序网阻抗图如图 4-74 所示。

131. 如何实测线路的零序阻抗参数？

答：线路参数，特别是线路零序阻抗参数准确与否将对电网接地保护的正确整定有较大
影响。尽管从理论上讲，它们均可用计算方法求得，但实际情况往往要比计算假设条件复杂

得多，因此一般都要求进行实测。

在测量零序阻抗时，必须消除工频干扰电压的影响，其方法很多。例如，可以在试验前先测出干扰电压，然后在试验时扣除干扰电压部分；也可以在试验时外加附加电压与干扰电压抵消。举例如下：

（1）线路零序阻抗测定。试验接线如图 4-75（a）所示，将被试线路对侧三相短路并接地网，本侧三相短路并在线路与地网间通电，测三相导线总电流 I 和线路对地电压 U。试验前应先测干扰电压，如图 4-75（b）所示。如果无干扰电压，则

$$Z_{L0} = \frac{U_0}{I_0} = 3\frac{U}{I}$$

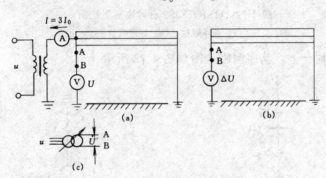

图 4-75　线路零序阻抗测定

（a）试验接线；（b）测干扰电压接线；（c）外加电压 $\dot{U}'$ 接线

如果有干扰电压，则可采取以下方法消除其影响：

方法一：测定干扰电压 $\Delta\dot{U}$ 相量，然后进行两次倒换电源相位的测试。两次电源相位各差 $180°$，固定电流 I，测电压 $\dot{U}$ 相量。计算 Z_{L0} 时应将干扰电压相量在 $\dot{U}$ 相量中扣除，即

$$Z_{L0} = \frac{U_0}{I_0} = 3\frac{|\dot{U} - \Delta\dot{U}|}{I}$$

每次试验算得一个 Z_{L0} 值，取两次试验的平均值。

方法二：与方法一同，但不需测 $\Delta\dot{U}$ 与 $\dot{U}$ 相量，只需测它们的绝对值。如果设两次试验测得的 U 各为 U_1 和 U_2，因为两次试验电源电压各差 $180°$，则

$$\left.\begin{array}{l} U_1 = |\dot{U}_0 + \Delta\dot{U}| \\ U_2 = |\dot{U}_0 - \Delta\dot{U}| \end{array}\right\} \tag{4-57}$$

设 $\dot{U}_0$ 与 $\Delta\dot{U}$ 之间的相角差为 θ，则

$$\left.\begin{array}{l} U_1^2 = U_0^2 + \Delta U^2 + 2U_0\Delta U\cos\theta \\ U_2^2 = U_0^2 + \Delta U^2 - 2U_0\Delta U\cos\theta \end{array}\right\} \tag{4-58}$$

两式相加得

$$U_1^2 + U_2^2 = 2U_0^2 + 2\Delta U^2 \tag{4-59}$$

可得

$$U_0 = \sqrt{\frac{U_1^2 + U_2^2}{2} - \Delta U^2}$$

所以，Z_{L0}可计算为

$$Z_{L0} = \left| \frac{\dot{U}_0}{\dot{I}_0} \right| = 3 \frac{\sqrt{\dfrac{U_1^2 + U_2^2}{2} - \Delta U^2}}{I} \qquad (4\text{-}60)$$

图4-75(c)为外加电压 $\dot{U}'$，并调整其幅值和相位以抵消干扰电压，使电压表指示的综合干扰电压 ΔU 接近于零，然后进行通电流试验。这样，试验时电压表指示电压即为扣除干扰电压后的 U_0。因此，$Z_{L0}=U_0/I_0=3U/I$。试验仍可用倒换电流相位的办法，共进行两次，而取其 Z_{L0} 的平均值。

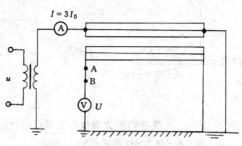

图4-76　平行线路零序互感阻抗的测试

（2）平行线路零序互感阻抗测定。试验接线如图4-76所示，将平行线路对端各自三相短路并分别接地网，将本侧两回线分别三相短接后在其中一回线通电流，而在另一回线测对地电压。如果没有干扰电压，零序互感阻抗 Z_{0M} 应为

$$Z_{0M} = \frac{3U}{I} \qquad (4\text{-}61)$$

式中　U——未通电线路的对地电压；

　　　I——通电线路的三相总电流。

消除干扰电压的方法同前。

132. 在中性点直接接地系统中，变压器中性点接地的选择原则是什么？

答：其选择原则如下。

（1）发电厂及变电所低压侧有电源的变压器，若变电所中只有单台变压器运行，其中性点应接地运行，以防止出现不接地系统的工频过电压状态。如事前确定不能接地运行，则应采取其他防止工频过电压的措施。

（2）自耦型和有绝缘要求的其他型变压器，其中性点必须接地运行。

（3）T接于线路上的变压器，以不接地运行为宜。当T接变压器低压侧有电源时，则应采取防止工频过电压的措施。

（4）为防止操作过电压，在操作时应临时将变压器中性点接地，操作完毕后再将其断开。

（5）从保护的整定运行出发，还应作如下考虑：变压器中性点接地运行方式的安排，应尽量保持同一厂（所）内零序阻抗基本不变。如有两台及以上变压器时，一般只将一台变压器中性点接地运行，当该变压器停运时，将另一台中性点不接地变压器改为直接接地；有三台及以上变压器的双母线运行的厂（所），一般正常按两台变压器中性点直接接地运行，并把它们分别接于不同的母线，当其中的一台中性点直接接地变压器停运时，将另一台中性点不接地变压器直接接地。

133. 零序功率方向继电器的最大灵敏角为什么是 70°？

答：正确的零序功率方向继电器的动作特性和接线，应在被保护线路正方向接地故障时，

使零序电流与零序电压的相位关系进入继电器动作区的较灵敏部分。

当电流自母线流向线路为正，电压以母线侧为正时，线路正方向故障，零序电流越前零序电压 $180° - \theta$。式中，θ 为变电所零序电源阻抗角。如果 θ 为 85°，则零序电流越前零序电压 95°。

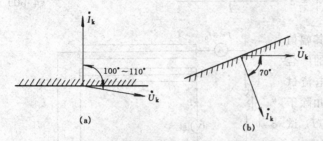

目前常用的零序功率方向继电器动作特性，根据制造厂习惯不同，有最灵敏角为电流越前电压 100°～110°和最灵敏角为电流滞后电压 70°两种，分别见图 4-77（a）和图 4-77（b）。前一种与正方向故障情况相一致，其电流和电压回路应按同极性与电流互感器和电压互感器相连接，如图 4-78 中的继电器 K1；后一种与故障情况相反，应将电流和电压回路两

图 4-77 零序功率方向继电器动作特性

(a) 最灵敏角为电流越前电压 100°～110°；

(b) 最灵敏角为电流滞后电压 70°

者之一按反极性与电流互感器或电压互感器相连，如图 4-78 中的继电器 K2。

134. 怎样实现中性点非直接接地电力网的零序电流保护？

答：在线路较多的辐射式电网中，通常装设零序电流保护来实现有选择性的接地保护。零序电流保护由零序电流滤过器和电流继电器组成。

零序电流滤过器可由两种方法实现。一种方法是用三个变比相同的电流互感器接成星形，再将电流继电器串接到中性线回路。这种方法的缺点是：由于三个电流互

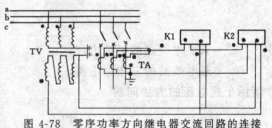

图 4-78 零序功率方向继电器交流回路的连接

K1—继电器，采用最灵敏角为 $\dot{I}_\mathrm{K}$ 越前 $\dot{U}_\mathrm{K1}$ 100°～110°接线；

K2—继电器，采用最灵敏角为 $\dot{I}_\mathrm{K}$ 滞后 $\dot{U}_\mathrm{K}$ 70°接线

感器励磁电流不同及制造误差等因素，可能会造成中性线上不平衡电流较大，而使接地保护灵敏度不够。因此这种方式除用于架空线路外，一般尽量不用。另一种方法是用环形或矩形的零序电流互感器，其励磁阻抗和电流继电器线圈阻抗相匹配，从而获得最大的功率输出，使保护的灵敏度得以提高。零序电流互感器套在被保护的电缆线路或经电缆引出的架空线路上，如图 4-79 所示。

正常运行、三相或两相短路时，由于三相电流相量和为零，故穿过零序电流互感器铁芯的磁通等于零。这时零序电流互感器二次侧无感应电动势，故继电器中无电流通过，不会动作。当中性点不接地电力网发生单相接地时，非故障线路流过的零序电流为本线路的对地电容电流；而故障线路流过的零序电流为所有非故障线路对地电容电流之和或等于全系统的对地电容电流减去故障线路的对地电容电流。因此，零序电流保护的整定值可以按如下方法选取。

由于非故障线路的接地保护不应动作，故零序电流继电器的动作电流必须大于外部接地故障时流过本线路的零序电流。该零序电流 $3I_{0n} = 3U_\mathrm{p}\omega C_0$，故零序电流继电器的动作电流 I_op 应为

$$I_\mathrm{op} = K_\mathrm{rel} 3U_\mathrm{p}\omega C_0 \tag{4-62}$$

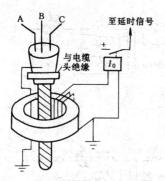

图 4-79 零序电流互感器
的安装接线图

式中：K_{rel} 为可靠系数，保护瞬时动作时取 4～5，这是为了防止接地电容电流的暂态分量使保护误动作；如果保护具有 0.5s 的延时，可取 1.5～2。

零序电流继电器的动作值选定后，再校验本线路接地故障时，保护是否有足够的灵敏度。通常在系统最小运行方式下，即全系统各相对地电容的总和 $C_{0\Sigma}$ 为最小时，用本线路接地故障时流过的零序电流来校验灵敏度。故障线路流过的零序电流

$$3I_{0f} = 3U_p\omega(C_{0\Sigma} - C_0) \tag{4-63}$$

故灵敏系数

$$K_{sen} = \frac{3U_p\omega(C_{0\Sigma} - C_0)}{I_{op}} = \frac{3U_p\omega(C_{0\Sigma} - C_0)}{K_{rel}3U_p\omega C_0} = \frac{C_{0\Sigma} - C_0}{K_{rel}C_0} \tag{4-64}$$

对于电缆线路，要求灵敏系数 $K_{sen} \geqslant 1.25$；对于架空线路，要求 $K_{sen} \geqslant 1.5$。

零序电流保护动作时，除有特殊要求者（如单相接地对人身和设备的安全有危险的地方）外，一般作用于信号。这是因为中性点不接地电力网发生单相接地故障时，故障电流很小，且三相之间的线电压保持对称，对用户供电没有影响，一般情况下允许继续运行 1～2h，以便运行人员根据保护所发信号，采取措施进行处理。

135. 为什么在大短路电流接地系统中零序电流的幅值和分布与变压器中性点是否接地有很大关系？

答：在接地点处零序电压的数值最大。在零序电压作用下，零序电流沿线路、变压器中性点、大地、接地点所形成的零序回路流通，因此零序电流的数值和分布与变压器中性点是否接地有很大关系，而与电源的数目无关（因为电源无零序电压）。如图 4-80(a)所示的系统中，只有变压器 T1 的中性点直接接地，当 k 点发生单相接地短路时，由于变压器 T2 的中性点不接地，所以零序电流只流经 T1 而不流向 T2。T1 的三角形接线绕组中虽感应有零序电流，但它只在三角形接线绕组中环流而不能流向三角形侧的引出线。在图 4-80(b)中，变压器 T1、T2 的中性点都直接接地，所以在 k 点发生单相接地时，零序电流经由 T1、T2 两条路径形成回路。在图 4-80(c)中，变压器 T1 和 T2 的三个中性点都直接接地，当 T2 的低压侧 k 点发生单相接地时，不仅 T2 低压侧线路有零序电流，而且 T1 与 T2 之间的线路上也有零序电流。

136. 简述"四统一"零序电流保护的技术条件。

答：对整套保护装置的技术要求有以下几项：

(1) 装置应有 5 个电流元件，4 个时间元件，1 个零序功率方向元件。

(2) 装置应能实现一般四段式保护或三段式保护。后者有两个第一段，低定值一段重合闸后带 0.1s 延时，延时回路应能维持 3s 以上，以保证在对侧重合闸时，不致因断路器三相合闸不同期而误跳闸；也可以接成第一段带时限的三段式保护。单相重合闸线路的三段式保护，有两个第一段或两个第二段。重合闸启动后，可将定值躲不过非全相运行零序电流的第一段或第二段退出运行；重合闸后，则经全相运行判别回路延时 0.1s 加速对本线路末端接地故障

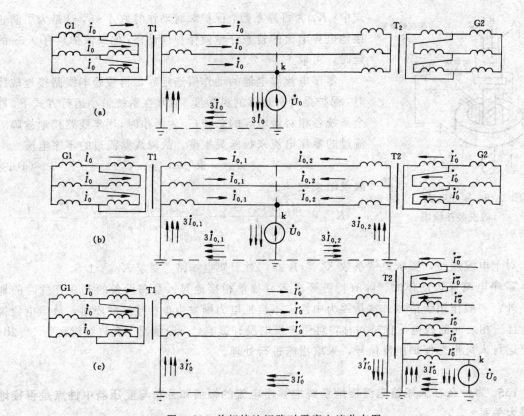

图 4-80 单相接地短路时零序电流分布图

(a) 一台变压器中性点接地；(b) 两台变压器中性点接地；

(c) 不同电压通过 YN，yn 变压器连接的网络单相接地

有足够灵敏度的第二段或第三段。最后一段时间在重合闸启动后可以缩短 Δt 时限。

（3）装置中的一个灵敏电流元件可以根据运行要求实现下列作用：

1）接至相邻电流互感器零序回路，实现电流回路断线闭锁措施。其触点可引入控制所需要闭锁的保护段。

2）作为高频闭锁保护启动发信用。

（4）零序功率方向元件应能根据需要控制其一段或几段，其零序电压可直接接入 $3\dot{U}_0$ 电压，但零序功率方向元件动作时应有信号指示。

（5）保护的瞬时段经方向元件控制时，方向元件触点应直接控制启动回路，而不靠重动继电器，以尽量缩短动作时间。

（6）对保护延时段，机械型时间继电器触点与电流元件触点应串联起来启动出口跳闸继电器，以尽量缩短保护返回时间。

（7）手动合闸后加速动作时应有 0.1s 延时。

（8）对瞬时动作的电流元件，应采取措施减少直流分量和谐波分量对元件启动值的影响，由制造厂提供暂态数据；降低零序电流元件的功耗。

（9）装置应有配合收发信机构成高频闭锁零序方向保护及配合综合重合闸的相应触点回路。

137. 采用单相重合闸的线路零序电流保护最末一段的时间为什么要躲过重合闸周期？

答：零序电流保护最末一段的时间之所以要躲过线路的重合闸周期，是因为：

（1）零序电流保护最末一段通常都要求作相邻线路的远后备保护以及保证本线路经较大的过渡电阻（220kV 为 100Ω）接地仍有足够的灵敏度，其定值一般整定得较小。线路重合过程中非全相运行时，在较大负荷电流的影响下，非全相零序电流有可能超过其整定值而引起保护动作。

（2）为了保证本线路重合过程中健全相发生接地故障能有保护可靠动作切除故障，零序电流保护最末一段在重合闸启动后不能被闭锁而退出运行。

综合上述两点，零序电流保护最末一段只有靠延长时间来躲过重合闸周期，在重合过程中既可不退出运行，又可避免误动。当其定值躲不过相邻线路非全相运行时流过本线路的 $3\dot{I}_0$ 时，其整定时间还应躲过相邻线路的重合闸周期。

138. 零序电流方向保护与重合闸配合使用时应注意什么问题？

答：应注意以下问题。

1. 与三相重合闸配合使用的零序电流方向保护

（1）零序电流一段保护。阶段式零序电流方向保护的一段，在整定时要避越正常运行和正常检修方式下线路末端（不带方向时应为两端母线）单相及两相接地故障时流经被保护线路的最大零序电流。

当零序电流保护与三相重合闸配合使用时，由于线路后重合侧断路器合闸不同期（断路器三相合闸不同期时间，实际可能达到 40～60ms）造成瞬时性非全相运行，也产生零序电流。当躲不过这种非全相的最大零序电流时，不带时限的一段保护将发生误动作。

避越线路末端故障整定是绝对必须的。如果该定值又大于避越断路器不同期引起的非全相运行零序电流整定值，那么，只需要设置一个不带时限的一段电流保护。如果断路器不同期引起的非全相运行零序电流大于末端故障的零序电流时，或者按躲过非全相情况整定；或者在三相重合闸时给躲不开非全相运行零序电流的第一段带 0.1s 的时限；或者按两个第一段，一个按躲过非全相情况整定不带时限，另一个按躲过末端故障整定，但在重合闸后加 0.1s 时限或退出工作。

综上所述，在三相重合闸配合使用时，零序电流方向保护装置必须具备实现两个第一段（灵敏一段和不灵敏一段）保护的可能性和无时限的一段保护在重合闸时带 0.1s 时限的可能性。

（2）零序电流方向保护装置中带时限的后备保护段数。根据规程规定，多段式零序电流方向保护之间必须按逐级配合原则整定，即要求灵敏度和时间两方面的配合。为了适应不同电压等级的电力网对后备作用以及特殊用途的保护（例如旁路断路器的保护）对保护段数的要求，按现在系统实现的配置，要求零序电流方向保护除有两个第一段外，还应有三个时间后备段。

2. 与综合重合闸配合使用时的零序电流方向保护装置

（1）零序电流一段保护。它的整定必须满足如下要求：

1）避越正常运行及正常检修运行方式下线路末端（或两端母线）发生单相及两相接地故障时流过本线路的最大零序电流。

2）避越单相重合闸周期内非全相运行时的最大零序电流。

如果要求在线路非全相运行时有不带时限的零序电流保护，而非全相运行时的最大零序电流又大于末端（或两端）接地故障时的零序电流时，则必须设置两个无时限的第一段零序电流保护，并分别是灵敏一段保护（按躲过末端故障整定）和不灵敏一段保护（按躲过非全相运行情况整定）。因为躲不过非全相运行的零序电流，在单相重合闸周期内灵敏一段保护必须退出运行，只保留不灵敏一段保护在非全相运行时继续工作。

必须指出，在非全相运行期间，保留能躲过非全相零序电流的无时限第一段保护是必要的，它是相邻线路后备保护逐级配合整定的基础段，并以它在非全相运行期间不退出工作来保证相邻线路与其配合的二段保护在整定上不失配，而不发生无选择性的越级跳闸。在此前提下，设置灵敏一段是为了在第一次故障时加大无时限保护段的保护范围。

因此，与综合重合闸配合使用的零序电流方向保护装置，也必须有实现两个一段的可能性。

（2）零序电流二段保护。

1）为了提高末端故障时的灵敏度，并降低整定时间，在整定上可只考虑与相邻线路的不灵敏一段保护配合。

如此整定的二段电流保护，如果在本线路单相重合闸周期内，其电流整定值和整定时限上都躲不过非全相运行情况的话，就必须退出运行。

2）在有的系统中，个别短线路上安装了所谓的不灵敏二段保护，它的启动电流值按躲过非全相运行的最大零序电流整定，但因为躲不过末端故障，所以要带一个时限段。在本线路单相重合闸期间，不灵敏二段不退出工作。设置不灵敏二段保护，主要是为了改善相邻后备段的整定配合条件。

在没有不灵敏二段的条件下，相邻线路的二段只能同本线路的不灵敏一段配合，而相邻线路的三段保护则需与本线路的重合闸后的三段配合。如果设有不灵敏二段时，相邻线路的二段或三段的整定都可以与它配合，从而改善了相邻线路的保护性能。在某些情况下这种改善的效果还是相当明显的。

因此，零序电流保护装置要考虑实现两个二段的可能性。但是，对装置来说，虽然要求既可以设置两个第一段，又可以设置两个第二段，但不灵敏一段和不灵敏二段不可能同时出现在一个保护装置中。

（3）零序电流后备段保护。零序电流方向保护装置各段是按逐级配合原则整定的，设置四段保护是必要的。虽然国内有的电力系统采用三段式保护也可满足整定要求，但对于旁路断路器上的保护而言，由于它要代替的线路保护较多，为了运行方便，一般要求多设几段。为此，在保护装置内还设置了一个附加电流元件和时间元件，必要时，可以再增设一段保护。

139. 整流型零序功率方向继电器是否应该校验灵敏度？为什么？如何校验？

答：需要校验零序功率方向继电器的灵敏度。因为接地短路点距保护安装处很远时，保护安装处的 $3U_0$ 很小，它可能拒动，为此应校验其灵敏度。灵敏度 K_{sen} 的校验式为

$$K_{sen} = \frac{1}{S_{0,op}}(3U_0 \times 3I_0)_{min}$$

式中　　$(3U_0 \times 3I_0)_{min}$ ——保护区末端接地短路时，保护安装处的最小零序功率；

　　　　$S_{0,op}$ ——零序功率方向元件的动作功率。

根据规程要求，用于远后备保护中的零序功率方向元件，在下一线路末端接地短路时，$K_{sen} \geqslant 1.5$；用于近后备保护时 $K_{sen} \geqslant 2$。

140. 将图4-81(a)所示零序电流方向保护的接线接正确，并给 **TV、TA** 标上极性（继电器动作方向指向线路，最大灵敏角为70°）。

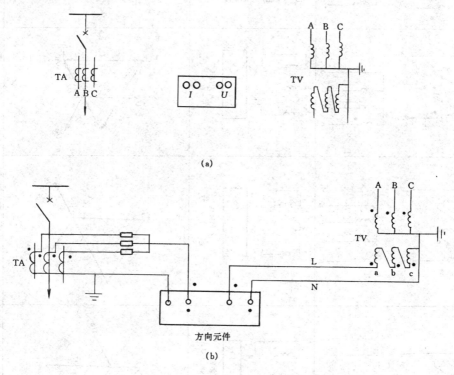

(a)

(b)

图 4-81　零序电流方向保护接线图

(a) 各设备图；(b) 连接后的正确接线图

答：接线及极性如图4-81(b)所示。

141. 线路带负荷后怎样做零序电流方向保护的相量检查？如何分析判断试验结果？

答：(1) 首先用一组 TV 专供零序电流方向保护做相量检查用，其他线路运行设备，由另一组 TV 供电。

(2) 在 TV 端子箱处，将开口三角绕组的接线进行改接，使方向元件有电压。由于各站 TV 接线方式不同，可根据现场情况模拟 A 相接地或 B 相接地或 C 相接地（见表4-6）。

(3) 在保护屏处，测量开口三角的 L 对星形端 A、B、C 的电压，以确定方向元件所加电压相位是否正确。

(4) 零序方向元件依次通入 $\dot{I}_A$、$\dot{I}_B$、$\dot{I}_C$ 电流。

(5) 测三相负荷电流相位，与屏表核对，确定功率因数角及功率送受情况。

(6) 开口三角绕组改线后，方向元件端子上电压应符合表4-6所列数值。

(7) 分析判断。模拟哪相接地，即应以该相电压为基准，根据功率继电器的动作特性，画

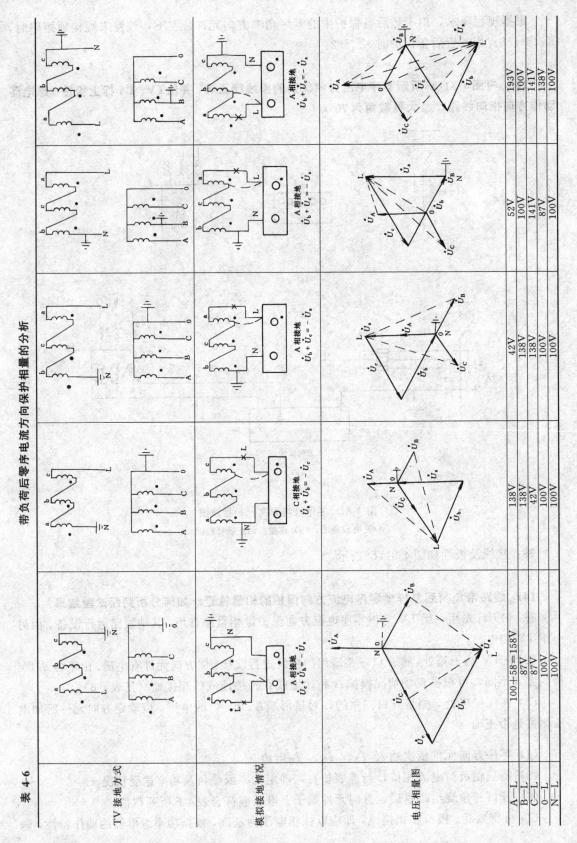

表 4-6　带负荷后零序电流方向保护相量的分析

	A—L	B—L	C—L	O—L	N—L
电压相量图	100+58=158V	138V	42V	52V	193V
	87V	138V	138V	100V	100V
	87V	42V	138V	141V	141V
	100V	100V	100V	87V	138V
	100V	100V	100V	100V	100V

出继电器动作区。

通入哪相电流，即应以该电流同相之相电压为基准，画出四个象限。纵坐标表示有功线，横坐标表示无功线。电流相量确定后，即可明显看出继电器动作状态，见表 4-7。

表 4-7　　　　　　　　　测　量　结　果

功率送受情况	+P+Q			—P+Q			—P—Q			+P—Q		
通入电流	$\dot{I}_A$	$\dot{I}_B$	$\dot{I}_C$	$\dot{I}_A$	$\dot{I}_B$	$\dot{I}_C$	$\dot{I}_A$	$\dot{I}_B$	$\dot{I}_C$	$\dot{I}_A$	$\dot{I}_B$	$\dot{I}_C$
模拟 A 相接地	+	0	—	0	—	0	—	0	+	0	+	0
模拟 B 相接地	—	+	0	0	0	—	+	—	0	0	0	+
模拟 C 相接地	0	—	+	0	0	0	+	0	+	0	0	0

注　1. 表中是功率因数角在 0°～90°变化时继电器动作情况，当功率因数角确定后，才定应为动作或不动。

2. 开口三角绕组改接线时，零序电压回路出现 100V，应采取措施，防止零序过压继电器烧毁。

3. L 端对星形接线绕组电压值，按 TV 开口三角绕组相电压等于 100V，TV 星形绕组侧线电压等于 100V，相电压等于 $\dfrac{100}{\sqrt{3}}$ 为基准进行计算的。基准值变化时，将影响 L 点对星形侧各点的电压值。

五、线路的自动重合闸

142. 什么是自动重合闸（ARC）？电力系统中为什么要采用自动重合闸？

答：自动重合闸装置是将因故跳开后的断路器按需要自动投入的一种自动装置。

电力系统运行经验表明，架空线路绝大多数的故障都是瞬时性的，永久性故障一般不到 10%。因此，在由继电保护动作切除短路故障之后，电弧将自动熄灭，绝大多数情况下短路处的绝缘可以自动恢复。因此，自动将断路器重合，不仅提高了供电的可靠性，减少了停电损失，而且还提高了电力系统的暂态稳定水平，增大了高压线路的送电容量。所以，架空线路要采用自动重合闸装置。

143. 重合闸重合于永久性故障时对电力系统有什么不利影响？哪些情况下不能采用重合闸？

答：当重合闸重合于永久性故障时，主要有以下两个方面的不利影响：

（1）使电力系统又一次受到故障的冲击；

（2）使断路器的工作条件变得更加严重，因为断路器要在短时间内，连续两次切断电弧。

只有在个别的情况，由于受系统条件的限制，不能使用重合闸。例如，断路器遮断容量不足、防止出现非同期情况时，不允许使用重合闸；有的特大型机组，在第一次切除线路多相故障后，在故障时它所承受的机械应力衰减要带较长延时，为了防止重合于永久性故障，由于机械应力叠加而可能损坏机组时，也不允许使用重合闸。

144. 自动重合闸怎样分类？

答：按不同的特征来分类，常用的自动重合闸有以下几种：

（1）按重合闸的动作性能，可分为机械式和电气式。

（2）按重合闸作用于断路器的方式，可分为三相、单相和综合重合闸三种。

（3）按动作次数，可分为一次式和二次式（多次式）。

（4）按重合闸的使用条件，可分为单侧电源重合闸和双侧电源重合闸。双侧电源重合闸又可分为检定无压和检定同期重合闸、非同期重合闸。

图 4-82 为自动重合闸的分类。

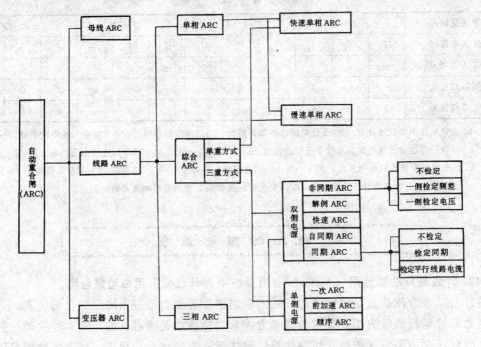

图 4-82　自动重合闸（ARC）分类

145. 对自动重合闸装置有哪些基本要求？

答：有以下几个基本要求。

（1）在下列情况下，重合闸不应动作：

1）由值班人员手动跳闸或通过摇控装置跳闸时；

2）手动合闸，由于线路上有故障，而随即被保护跳闸时。

（2）除上述重合闸不应动作的两种情况外，当断路器由继电保护动作或其他原因跳闸后，重合闸均应动作，使断路器重新合上。

（3）自动重合闸装置的动作次数应符合预先的规定，如一次重合闸就只应实现重合一次，不允许第二次重合。

（4）自动重合闸在动作以后，一般应能自动复归，准备好下一次故障跳闸的再重合。

（5）应能和继电保护配合实现前加速或后加速故障的切除。

（6）在双侧电源的线路上实现重合闸时，应考虑合闸时两侧电源间的同期问题，即能实现无压检定和同期检定。

（7）当断路器处于不正常状态（如气压或液压过低等）而不允许实现重合闸时，应自动地将自动重合闸闭锁。

（8）自动重合闸宜采用控制开关位置与断路器位置不对应的原则来启动重合闸。

146. 选用重合闸方式的一般原则是什么？

答：一般原则如下：

（1）重合闸方式必须根据具体的系统结构及运行条件，经过分析后选定。

（2）凡是选用简单的三相重合闸方式能满足具体系统实际需要的线路，都应当选用三相重合闸方式。特别对于那些处于集中供电地区的密集环网中，线路跳闸后不进行重合闸也能稳定运行的线路，更宜采用整定时间适当的三相重合闸。对于这样的环网线路，快速切除故障是第一位重要的问题。

（3）当发生单相接地故障时，如果使用三相重合闸不能保证系统稳定，或者地区系统会出现大面积停电，或者影响重要负荷停电的线路上，应当选用单相或综合重合闸方式。

（4）在大机组出口一般不使用三相重合闸。

147. 选用线路三相重合闸的条件是什么？

答：下面介绍选用单、双侧电源线路三相重合闸的条件。

1. 单侧电源线路

单侧电源线路电源侧宜采用一般的三相重合闸，如由几段串联线路构成的电力网，为了补救其电流速断等瞬动保护的无选择性动作，三相重合闸采用带前加速或顺序重合闸方式，此时断开的几段线路自电源侧顺序重合。但对供电给重要负荷的单回线路，为提高其供电可靠性，也可以采用综合重合闸。

2. 双侧电源线路

两端均有电源的线路采用自动重合闸时，应保证在线路两侧断路器均已跳闸，故障点电弧熄灭和绝缘强度已恢复的条件下进行。同时，应考虑断路器在进行重合闸的线路两侧电源是否同期，以及是否允许非同期合闸。因此，双侧电源线路的重合闸可归纳为：一类是检定同期重合闸，如一侧检定线路无电压，另一侧检定同期及检定平行线路电流的重合闸等；另一类是不检定同期的重合闸，如非同期重合闸、快速重合闸、解列重合闸及自同期重合闸等。

（1）非同期重合闸方式。只有当符合下列条件且认为有必要时，才可采用非同期重合闸。

1）非同期重合闸时，流过发电机、同期调相机或电力变压器的冲击电流，未超过规定的允许值。

2）在非同期重合闸所产生的振荡过程中，对重要负荷的影响较小。

3）重合后电力系统可以很快恢复同期运行。

（2）快速自动重合闸方式。只有当依靠成功的重合闸来保持系统稳定运行的前提下，才应当采用快速自动重合闸方式。它要求线路两侧装有保护整条线路的快速保护（如高频保护），以保证从短路开始到重新合上的整个间隔在 0.5～0.6s 以内。

（3）解列重合闸与自同期重合闸方式。解列重合闸主要有两种方式，其一是受端为小电源的解列重合闸方式，适用于两侧电源不能采用非同期重合闸而检定同期的可能性不大的输电线路上，其配置方式如图 4-83 所示。正常运行时，由系统向小电源侧输送功率。当线路发生故障时，系统侧保护作用于断路器 QF1 跳闸，小电源侧的保护作用于断路器 QF3，实现小电源与系统解列。两侧的断路器跳闸后，系统侧的重合闸检定线路无电压重合。重合成功，则由系统恢复受电侧非重要负荷的供电，然后再在解列点实行同期并列，恢复正常供电。

当受电侧为水电厂时，可采用自同期重合闸（见图 4-84）。在线路上发生故障后，系统侧的保护动作使线路断路器跳闸，水电厂侧的保护则动作于跳开水电厂发电机的断路器和灭磁开关，但不断开线路断路器。然后，系统侧的重合闸检定线路无电压而重合，水轮发电机侧以自同期方式自动与系统并列。

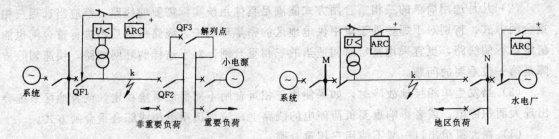

图 4-83 单回线路上采用解列重合闸的示意图   图 4-84 在水电厂采用自同期重合闸的示意图

（4）检定同期重合闸方式。这是在高压电网中应用最广的一种三相重合闸方式。检定同期的办法可以是直接方式（利用检定同期继电器）或间接方式（如平行双回线路检定另一回线路是否有电流来判断两侧系统是否同期），也可以根据电网接线情况进行推理判断（如并列运行的发电厂或电力系统之间具有三个以上联系或三个紧密联系的线路，由于同时断开所有联系的可能性几乎不存在，可采用不检定同期重合闸方式）。

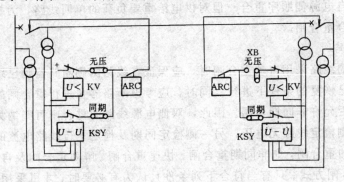

图 4-85 采用同期检定和无电压检定重合闸的配置关系图

检定同期重合闸方式如图 4-85 所示，除在两侧均装有 ARC 装置外，在线路两侧均装有检定线路无电压继电器 KV 及检定同期继电器 KSY（两者并联工作）。正常运行时，两侧 KSY 均投入，而 KV 仅一侧投入，另一侧 KV 可通过连接片 XB 断开。这样，利用 XB 定期切换其工作方式，可以使两侧断路器的工作条件接近，同时也可以选择其中对系统稳定性危害较少的一侧（或大型汽轮发电机高压配出线路的系统侧）先合，以减少重合不成功时对系统的冲击和防止重合不成功时对机组的损伤。

双回线路检定平行线路另一回线路有电流的重合闸方式，如图 4-86 所示。这种方式虽然较检定同期方式简单，但当双回线同时断开时即失去自动重合的可能性。

148. 选用线路单相重合闸及综合重合闸的条件是什么？

答：单相重合闸是指线路上发生单相接地故障时，保护动作只跳开故障相的断路器并单相重合；当单相重合不成功或多相故障时，保护动作跳开三相断路器，不再进行重合。当由于其他任何原因跳开三相断路器时，也不再进行重合。

222

综合重合闸是指当发生单相接地故障时，采用单相重合闸方式，而当发生相间短路时，采用三相重合闸方式。

在下列情况下，需要考虑采用单相重合闸或综合重合闸方式。

(1)220kV 及以上电压单回联络线、两侧电源之间相互联系薄弱的线路（包括经低一级电压线路弱联系的电磁环网），特别是大型汽轮发电机组的高压配出线路。

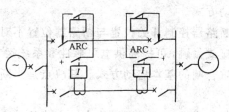

图 4-86　双回线路采用检定另一回线路有电流的重合闸示意图

(2) 当电网发生单相接地故障时，如果使用三相重合闸不能保证系统稳定的线路。

(3) 允许使用三相重合闸的线路，但使用单相重合闸对系统恢复供电有较好效果时，可采用综合重合闸方式。例如，两侧电源间联系较紧密的双回线路或并列运行环网线路，根据稳定计算，重合于三相永久故障不致引起稳定破坏时，可采用综合重合闸方式。当三相重合闸时，采取一侧先合，另一侧待对侧重合成功后实现同期重合闸的方式。

149. 试比较单相重合闸与三相重合闸的优缺点。

答：经比较，这两种重合闸的优缺点如下：

(1) 使用单相重合闸时会出现非全相运行，除纵联保护需要考虑一些特殊问题外，对零序电流保护的整定和配合产生了很大影响，也使中、短线路的零序电流保护不能充分发挥作用。例如，一般环网三相重合闸线路的零序电流一段都能继续动作，即在线路一侧出口单相接地而三相跳闸后，另一侧零序电流立即增大并使其一段动作。利用这一特点，即使线路纵联保护停用，配合三相快速重合闸，仍然保持着较高的成功率。但当使用单相重合闸时，这个特点不存在了，而且为了考虑非全相运行，往往需要抬高零序电流一段的启动值，零序电流二段的灵敏度也相应降低，动作时间也可能增大。

(2) 使用三相重合闸时，各种保护的出口回路可以直接动作于断路器。使用单相重合闸时，除了本身有选相能力的保护外，所有纵联保护、相间距离保护、零序电流保护等，都必须经单相重合闸的选相元件控制，才能动作于断路器。

(3) 当线路发生单相接地，进行三相重合闸时，会比单相重合闸产生较大的操作过电压。这是由于三相跳闸，电流过零时断电，在非故障相上会保留相当于相电压峰值的残余电荷电压，而重合闸的断电时间较短，上述非故障相的电压变化不大，因而在重合时会产生较大的操作过电压。而当使用单相重合闸时，重合时的故障相电压一般只有17%左右（由于线路本身电容分压产生），因而没有操作过电压问题。然而，从较长时间在 110kV 及 220kV 电网采用三相重合闸的运行情况来看，对一般中、短线路操作过电压方面的问题并不突出。

(4) 采用三相重合闸时，最不利的情况是有可能重合于三相短路故障。有的线路经稳定计算认为必须避免这种情况时，可以考虑在三相重合闸中增设简单的相间故障判别元件，使它在单相故障时实现重合，在相间故障时不重合。

150. 自动重合闸的启动方式有哪几种？各有什么特点？

答：自动重合闸有两种启动方式：断路器控制开关位置与断路器位置不对应启动方式、保护启动方式。

断路器控制开关位置与断路器位置不对应启动方式的优点是简单可靠，还可以纠正断路器误碰或偷跳，可提高供电可靠性和系统运行的稳定性，在各级电网中具有良好运行效果，是所有重合闸的基本启动方式。其缺点是当断路器辅助触点接触不良时，该不对应启动方式将失效。

保护启动方式是不对应启动方式的补充。同时，在单相重合闸过程中需要进行一些保护的闭锁，逻辑回路中需要对故障相实现选相固定等，也需要一个由保护启动的重合闸启动元件。其缺点是不能纠正断路器误动。

151. 在检定同期和检定无压重合闸装置中，为什么两侧都要装检定同期和检定无压继电器？

答：原因如下：

(1) 如果采用一侧投无电压检定，另一侧投同期检定这种接线方式，那么，在使用无电压检定的那一侧，当其断路器在正常运行情况下由于某种原因（如误碰、保护误动等）而跳闸时，由于对侧并未动作，因此线路上有电压，因而就不能实现重合，这是一个很大的缺陷。为了解决这个问题，通常都是在检定无压的一侧也同时投入同期检定继电器，两者的触点并联工作，这样就可以将误跳闸的断路器重新投入。为了保证两侧断路器的工作条件一样，在检定同期侧也装设无压检定继电器，通过切换后，根据具体情况使用。

但应注意，一侧投入无压检定和同期检定继电器时，另一侧则只能投入同期检定继电器，否则，两侧同时实现无电压检定重合闸，将导致出现非同期合闸。在同期检定继电器触点回路中要串接检定线路有电压的触点。

152. 单侧电源送电线路重合闸方式的选择原则是什么？

答：选择原则是：

(1) 在一般情况下，采用三相一次重合闸。

(2) 当断路器遮断容量允许时，在下列情况下可采用二次重合闸：

1) 由无经常值班人员的变电所引出的、无遥控的单回线路；

2) 供电给重要负荷且无备用电源的单回线路。

153. 对双侧电源送电线路的重合闸有什么特殊要求？

答：除了满足第145题中提到的基本要求外，还需考虑如下要求：

(1) 当线路上发生故障时，两侧的保护装置可能以不同的时限动作于跳闸。因此，线路两侧的重合闸必须保证在两侧的断路器都跳开以后，再进行重合。

(2) 当线路上发生故障跳闸以后，常常存在着重合时两侧电源是否同期，以及是否允许非同期合闸的问题。

154. 试画图说明双电源线路在重合闸时，故障处的消弧时间、断电时间及重合闸整定时间三者之间的相互关系，并说明重合闸时间应从何时计时？

答：线路重合闸时间的选择，必须结合系统运行的要求。不同的使用条件，对重合闸时间的要求也不相同。

图 4-87 示出双电源线路在重合闸时，故障处的消弧时间、断电时间及重合闸整定时间的相互关系。

断电时间由两侧的保护、断路器跳合闸及重合闸整定时间综合决定。对于仅使用三相重合闸的线路，除同杆并架线路外，在两侧三相断路器跳闸后，不存在潜供电流，要求的极限断电时间实际上相当于故障处的去游离时间。对使用单相重合闸的线路，包括同杆并架的使用三相重合闸的线路，由于存在潜供电流，还要考虑潜供电流本身的消弧时间，所以要求的极限断电时间要长些。

一般由控制开关位置与断路器位置不对应启动的重合闸，其重合闸时间，见图 4-87(b)中的 t'_{ARC}，由断路器跳闸、辅助触点转换时开始计算。如由保护启动的重合闸，其重合闸时间见图 4-86(b)中的 t''_{ARC}，由保护出口动作时开始计算。对于综合重合闸，为了保证断路器等设备的安全和重合闸成功，从接线原理设计上考虑需要使重合闸时间从最后一次跳闸保护出口复归后算起，见图 4-86(b)中的 t_{ARC}。需要说明的是，在个别情况下，例如线路单相接地，零序电流二段动作跳开故障相，因负荷较大使它不能复归，须待非全相闭锁后，才开始计算重合闸时间，这样会使断路器比正常情况晚重合约 0.2s。虽然这种情况不会给系统运行带来不良影响，但在整定时需要考虑到这一问题。

一般情况下，按线路一侧保护一段动作而另一侧保护二段动作的条件整定重合闸，以保证有足够的断电时间。只对为保证系统稳定特殊需要的少数线路，在保证线路纵联保护经常投入运行的条件下，才按极限断电时间整定重合闸。即使这样，也要考虑到靠近故障一侧由电流速断保护（约 30ms）快速跳闸，而对侧由纵联保护（有的纵联保护动作可能慢至 100～120ms）跳闸的条件下，保证应有的断电时间。如果在运行中纵联保护因故停用，则应及时切换重合闸时间，以保证在这种情况下应有的断电时间。

现场试验说明，对采用单相重合闸的线路，潜供电流的消弧时间决定于多种因素。它除了与故障电流的大小及持续时间、线路的绝缘条件、风速、空气湿度或雾的影响等有关以外，主要决定于潜供电流的大小和潜供电流与恢复电压的相位关系。

155. 电容式重合闸为什么只能重合一次？

答：电容式重合闸是利用电容器的瞬时放电和长时充电来实现一次重合的。如果断路器是由于永久性短路而保护动作所跳开的，则在自动重合闸一次重合后断路器作第二次跳闸，此时跳闸位置继电器重新启动，但由于重合闸整组复归前使时间继电器触点长期闭合，电容器则被中间继电器的线圈所分接不能继续充电，中间继电器不可能再启动，整组复归后电容器还需 20～25s 的充电时间，这样保证重合闸只能发出一次合闸脉冲。

156. 什么是重合闸后加速？为什么采用检定同期重合闸时不用后加速？

答：当线路发生故障后，保护有选择性地动作切除故障，重合闸进行一次重合以恢复供电。若重合于永久性故障时，保护装置即不带时限无选择性的动作断开断路器，这种方式称为重合闸后加速。

检定同期重合闸是当线路一侧无压重合后，另一侧在两端的频率差不超过一定允许值的情况下才进行重合的。若线路属于永久性故障，无压侧重合后再次断开，此时检定同期重合

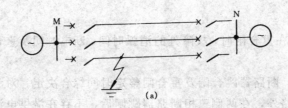

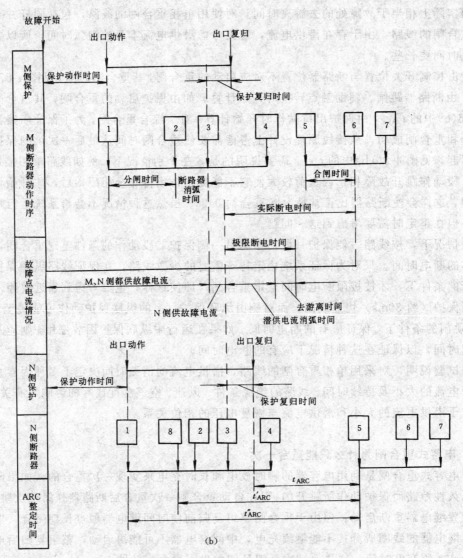

图 4-87 消弧时间、断电时间与重合闸整定时间的关系

(a) 等值系统;(b) 各时间配合关系

1—跳闸线圈励磁;2—主触点分离;3—主触点消弧;4—主触点分离到底;5—给合闸脉冲;

6—主触点接通;7—主触点合到底;8—辅助触点转换;t_{ARC}—重合闸整定时间(保护复归后

才接通重合闸时间元件的回路);t'_{ARC}—重合闸整定时间(仅由断路器位置不对应即可接通重

合闸时间元件的回路);t''_{ARC}—重合闸整定时间(仅保护启动即可接通重合闸时间元件的回路)

闸不重合,因此采用检定同期重合闸再装后加速也就没有意义了。若属于瞬时性故障,无压
重合后,即线路已重合成功,不存在故障,故采用检定同期重合闸时,不采用后加速,以免

合闸冲击电流引起误动。

157. 什么是重合闸前加速？它有何优缺点？

答：重合闸前加速保护方式一般用于具有几段串联的辐射形线路中，重合闸装置仅装在靠近电源的一段线路上。当线路上（包括相邻线路及以后的线路）发生故障时，靠近电源侧的保护首先无选择性地瞬时动作于跳闸，而后再靠重合闸来纠正这种非选择性动作。

如图 4-88 所示，线路 L1、L2、L3 上各装有一套过电流保护，其时限按阶梯原则选择；L1 上另装有一套可以保护到 L3 线路的电流速断保护。这样，无论哪条线路发生故障，速断保护都可以无

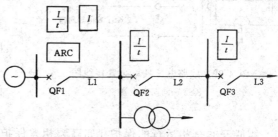

图 4-88　ARC 前加速保护方式原理图

选择地动作，将 QF1 断开，然后利用 ARC 将其合闸。如遇永久性故障，则速断保护被 ARC 闭锁，不再瞬时跳闸，而通过过电流保护按时限配合，有选择性地将故障切除。这种先用速断保护无选择地将故障切除，然后利用 ARC 进行重合闸的方式，叫 ARC 前加速保护方式。它既能加速切除瞬时性故障，又能在 ARC 动作后有选择性地断开永久性故障。

ARC 前加速保护方式的优点是能快速切除瞬时性故障，且只需装设一套 ARC 装置，接线简单，易于实现。其缺点是切除永久性故障时间较长，装有 ARC 装置的断路器动作次数较多，且一旦断路器或 ARC 拒动，将使停电范围扩大。

ARC 前加速保护方式主要适用于 35kV 以下由发电厂或主要变电所引出的直配线上。

158. 三相重合闸启动回路中的同期继电器常闭触点回路，为什么要串接检定线路有电压的常开触点？

答：三相检定同期重合闸启动回路中串联 KV 常开触点，目的是为了保证线路上确有电压才允许进行检定同期重合。另外，在正常情况下，由于某种原因（而不是由于故障）误跳闸，如断路器自动脱扣、人为误碰等，此时线路有电压，检定无压的继电器不会动作，无法进行重合，此时如果串有 KV 常开触点的检定同期启动回路与无压启动回路并联工作，就可以靠检定同期启动回路纠正这一误跳闸。

159. 画出线路电压抽取装置的接线图，并说明为什么在抽取装置二次侧接一固定电阻？

答：线路电压抽取装置的接线图，如图 4-89 所示。

在抽取装置二次侧接的固定电阻 R 为阻尼电阻，防止在一次操作或系统干扰下产生的谐振过电压，保护设备和相应的二次回路。R 一般为 400W 的线绕电阻。

160. 综合重合闸一般有几种工作方式？综合重合闸与各种继电保护装置怎样连接？

答：综合重合闸（也可简称综重）有下列工作方式，即综合重合闸方式、单相重合闸方式、三相重合闸方式、停用重合闸方式。

（1）综合重合闸方式：单相故障，跳单相重合单相，重合于永久性故障跳三相；相间故

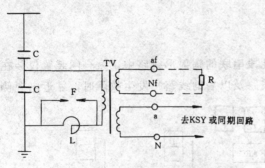

图 4-89　线路电压抽取装置接线图
KSY—同期继电器

障跳三相，重合三相（检定同期或无压），重合于永久性故障跳三相。

（2）三相重合闸方式：任何类型故障跳三相，重合三相（检定同期或无压），永久性故障再跳三相。

（3）单相重合闸方式：单相故障，跳单相重合单相，重合于永久性故障跳三相；相间故障，三相跳开后不重合。

（4）停用重合闸方式：任何故障跳三相，不重合。

综合重合闸与各种保护连接如下：

（1）能躲开非全相运行的保护［如高频相差保护，零序一段（当定值较大时），相间距离Ⅰ、Ⅱ段等保护］接综重的 N 端子。这些保护在单相跳闸后，出现非全相运行时，保护不退出运行，此时非故障的两相再发生故障时，保护仍能动作跳闸。

（2）本线路非全相运行可能误动作，相邻线路非全相运行不会误动作的保护（如零序二段，高频闭锁式保护，高频方向保护等）接综重的 M 端子。

（3）相邻线路非全相运行会误动作的保护（如某些零序二段保护等）接综重的 P 端子。

（4）任何故障下跳三相、需重合三相的保护（如可以实现三相重合闸的母线保护）接综重的 Q 端子。

161. 对综合重合闸需要考虑哪些特殊问题？

答：对综合重合闸需要考虑的特殊问题是由单相重合闸引起的。其主要问题有下列四个方面：

（1）需要设置故障判别元件和故障选相元件；

（2）应考虑非全相运行对继电保护的影响；

（3）应考虑潜供电流对综合重合闸装置的影响；

（4）若单相重合不成功，根据系统运行的需要，线路需转入长期（一般为 1～2h）非全相运行时考虑的问题。

162. 为什么在综合重合闸中需要设置故障判别元件？常用的故障判别元件有哪些？对它们有什么基本要求？

答：综合重合闸的功能之一，是在发生单相接地故障时只跳开故障相进行单相重合。这就需要判别发生故障的性质，是接地短路还是不接地相间短路，利用发生故障时的零序分量可以区别这两种故障的性质。这样，在发生单相接地短路时，故障判别元件动作，解除相间故障跳三相回路，由选相元件选出故障相别跳单相；当发生两相接地短路时，故障判别元件同样动作，由选相元件选出故障的两相，再由三取二回路跳开三相；相间故障时没有零序分量，故障判别元件不动作，立即沟通三相跳闸回路。

目前我国 220kV 系统中广泛采用零序电流继电器或零序电压继电器作为故障判别元件。

对故障判别元件的基本要求是：① 为了保证在故障中能正确反应故障性质，要求故障判别元件有较高的灵敏度（线路末端故障灵敏度不小于 2）；② 在任何接地故障中要保证故障判别元件动作在先，因此当 3 倍动作值时，其动作时间要求小于 10ms，2 倍动作值时小于 15ms；③ 为了保证单相重合后系统零序分量衰减到一定程度后故障判别元件能可靠返回，要求有一定的返回系数。

163. 综合重合闸用的接地阻抗选相元件为什么要加入零序补偿？K 值如何计算？

答：为了使接地阻抗选相元件在接地故障时能准确测定距离，其接线采取：相电压／（相电流＋零序补偿 $K3\dot{I}_0$）。

设：某线路发生接地故障（例如 A 相），故障点至保护安装处距离为 l，Z_1、Z_2、Z_0 分别为单位距离的正序阻抗、负序阻抗、零序阻抗，根据对称分量法，母线 A 相残压 $\dot{U}_A$ 及流过断路器的故障电流 $\dot{I}_A$ 为

$$\dot{I}_A = \dot{I}_{A1} + \dot{I}_{A2} + \dot{I}_{A0}$$

及

$$\dot{U}_A = \dot{U}_{A1} + \dot{U}_{A2} + \dot{U}_{A0} = \dot{I}_{A1}Z_1 l + \dot{I}_{A2}Z_2 l + \dot{I}_{A0}Z_0 l$$

$$= \dot{I}_A Z_1 l + \dot{I}_{A0}(Z_0 - Z_1)l$$

因为

$$Z_1 = Z_2$$

测量阻抗

$$Z = \frac{\dot{U}_A}{\dot{I}_A + \dfrac{Z_0 - Z_1}{3Z_1} \times 3\dot{I}_{A0}} = \frac{\dot{I}_A Z_1 l + \dot{I}_{A0}(Z_0 - Z_1)l}{\dot{I}_A + \dfrac{Z_0 - Z_1}{3Z_1} \times 3\dot{I}_{A0}} = Z_1 l$$

所以 $K = \dfrac{Z_0 - Z_1}{3Z_1}$，称为零序补偿系数。$K$ 值可按 Z_0、Z_1 进行计算。

164. 接地阻抗选相元件的电压回路为什么要引入 LC 串联谐振回路？对谐振回路的要求是什么？

答：当保护安装处发生正方向或背后接地短路时，由于短路残压很小或等于零，此时按阻抗方式工作的选相元件对正方向短路可能会拒动，对背后故障可能会误动。为了解决这一问题，在选相元件中引入一个 LC 串联谐振回路，亦叫记忆回路。当外加电压瞬时消失时，由于 LC 串联谐振回路的记忆作用，仍然保证选相元件可靠动作。对谐振回路的要求是：① 谐振回路必须记忆故障前电压的相位；② 衰减不能太快，保证有不小于 60ms 的时间使选相元件能正确动作。

165. 在综合重合闸装置中，对选相元件的基本要求是什么？

答：对选相元件的基本要求如下：

（1）在被保护线路范围内发生接地（单相接地或两相接地）故障时，故障相选相元件必须可靠动作，并应有足够的灵敏度。

（2）在被保护范围内发生单相接地故障时，以及在切除故障后的非全相运行状态中（单相重合闸的全过程中），非故障相的选相元件不应误动作。如经过验算证明有可能误动作，则

应采取相应的防止误切非故障相的措施，否则将造成误跳三相。

（3）选相元件的灵敏度及动作时间，都不应影响线路主保护的动作性能。

（4）个别选相元件因故拒动时，应能保证正确切除三相断路器。不允许因选相元件拒动，造成保护拒绝动作，从而扩大事故。

166. 在综合重合闸装置中常用的选相元件有哪几种？

答：其常用的选相元件有如下几种：

（1）电流选相元件。在每相上装设一个过电流继电器，其动作电流按躲过最大负荷电流和单相接地短路时非故障相电流不误动整定。这种选相元件受系统运行方式的影响较大，一般不单独采用，可按电流速断方式整定，仅作为消除阻抗选相元件出口短路死区的辅助选相元件。

（2）低电压选相元件。在每相上装设一个低电压继电器，其动作电压按小于正常运行以及非全相运行时可能出现的最低电压整定。这种选相元件适用于电源较小的受电侧或线路很短的送电侧，但必须保证足够的灵敏度。由于低电压选相元件经常处在全电压下工作，运行时间长，触点经常抖动，在正常运行时需要进行监视，避免失压时误动作，在非全相运行时也要采取相应措施，因此，可靠性比较差，很少单独使用。

（3）阻抗选相元件。用三个低阻抗继电器，分别接在三个相电压和经过零序补偿的相电流上，以保证继电器的测量阻抗与短路点到保护安装处之间的正序阻抗成正比。阻抗选相元件对于故障相与非故障相的测量阻抗差别大，易于区分。因此，它能正确地选择故障相，比前两种选相元件具有更高的选择性和灵敏度。阻抗选相元件，根据需要可以采用方向阻抗继电器或偏移特性的阻抗继电器，在特殊的情况下也可以考虑采用椭圆特性或平行四边形特性的阻抗继电器。目前一般采用方向阻抗继电器。

（4）相电流差突变量选相元件。将 $\Delta(\dot{I}_A - \dot{I}_B)$、$\Delta(\dot{I}_B - \dot{I}_C)$、$\Delta(\dot{I}_C - \dot{I}_A)$ 按一定关系组合，在故障时选出故障相。其优点是不受系统振荡和正常负荷电流的影响，近年来被超高压电网保护广泛采用。

（5）序分量选相元件。测定 I_0 与 I_{2a} 的相位关系，确定三个选相区之一。A 区：$-63.4° < \mathrm{Arg}\dfrac{I_0}{I_{2a}} < 63.4°$；B 区：$63.4° < \mathrm{Arg}\dfrac{I_0}{I_{2a}} < 180°$；C 区：$180° < \mathrm{Arg}\dfrac{I_0}{I_{2a}} < 296.6°$。单相接地时，故障相的 I_0 与 I_2 同相位，A 相接地时 I_0 与 I_{2a} 同相，B 相接地时 I_0 与 I_{2a} 相差 120°，C 相接地时 I_0 与 I_{2a} 相差 240°。进入 A 区时，一般情况为 A 相接地或 BC 两相接地，由于过渡电阻的影响，也可能是 AB 两相接地。因此需根据 I_0/I_{2a} 的相位和相阻抗、相间阻抗元件的动作情况以区别单相接地或两相接地，进行选相。序分量选相元件被微机保护采用。

167. 综合重合闸装置的动作时间为什么应从最后一次断路器跳闸算起？

答：采用综合重合闸后，线路必然会出现非全相运行状态。实践证明，在非全相运行期间，健全相又发生故障的情况还是有的。这种情况一旦发生，就有可能出现因健全相故障其断路器跳闸后，没有适当的间隔时间就立即合闸的现象，最严重的是断路器一跳闸就立即合闸。这时，由于故障点电弧去游离不充分，造成重合不成功；同时由于断路器刚刚分闸完毕又接着合闸，会使断路器的遮断容量减小。对某些断路器来说，还有可能引起爆炸。为防止这种情况发生，综合重合闸装置的动作时间应从断路器最后一次跳闸算起。

168. 综合重合闸的选相元件——方向阻抗继电器应按什么原则整定？

答：其整定原则如下：

（1）按线路末端经 20Ω 接地短路时，选相元件至少能相继动作。

（2）线路末端金属性接地故障时，其灵敏度不应低于 1.5。

（3）按躲开正常最大负荷整定。

（4）按躲开非全相过程中及出口单相接地时，健全相选相元件不应误动作。

169. 在与单相重合闸配合使用时，为什么相差高频保护要三跳停信，而高频闭锁保护则要求单跳停信？

答：在使用单相重合闸的线路上，当非全相运行时，相差高频保护启动元件均可能不返回，此时如果两侧单跳停信，由于停信时间不可能一致，停信慢的一侧将会在单相故障跳闸后由于非全相运行发出的仍是间断波而误跳三相，因此单相故障跳闸后不能将相差高频保护停信。而在三相跳闸后，相差高频保护失去操作电流而发连续波，会将对侧高频保护闭锁，所以必须实行三跳停信，使对侧相差高频保护加速跳闸切除故障。另外，当母线保护动作时，跳三相如果断路器失灵，三跳停信能使对侧高频保护动作，快速切除故障。

高频闭锁保护必须实现单跳停信，因为线路单相故障一侧先单跳，单跳后保护返回，而高频闭锁保护启动元件不复归，收发信机启动发信，会将对侧高频保护闭锁。所以单相跳闸后必须停信，加速对侧高频闭锁保护跳闸。

170. 装有重合闸的线路、变压器，当它们的断路器跳闸后，在哪一些情况下不允许或不能重合闸？

答：有以下九种情况不允许或不能重合闸：

（1）手动跳闸。

（2）断路器失灵保护动作跳闸。

（3）远方跳闸。

（4）断路器操作气压下降到允许值以下时跳闸。

（5）重合闸停用时跳闸。

（6）重合闸在投运单相重合闸位置，三相跳闸时。

（7）重合于永久性故障又跳闸。

（8）母线保护动作跳闸不允许使用母线重合闸时。

（9）变压器差动、瓦斯保护动作跳闸时。

171. "四统一"综合重合闸装置的基本技术性能要求是什么？

答：综合重合闸装置统一接线设计技术性能要求如下：

（1）装置经过运行值班人员选择应能实现下列重合闸方式。

1）单相重合闸方式。当线路发生单相故障时，切除故障相，实现一次单相重合闸；当发生各种相间故障时，则切除三相不进行重合闸。

2）三相重合闸方式。当线路发生各种类型故障时，均切除三相，实现一次三相重合闸。

3）综合重合闸方式。当线路发生单相故障时，切除故障相，实现一次单相重合闸；当线路发生各种相间故障时，则切除三相，实现一次三相重合闸。

4）停用重合闸方式。当线路发生各种故障时，切除三相，不进行重合闸。

（2）启动重合闸有两个回路：

1）断路器位置不对应启动回路。

2）保护跳闸启动回路。

（3）保护经重合闸装置跳闸，可分别接入下列回路。

1）在重合闸过程中可以继续运行的保护跳闸回路。

2）在重合闸过程中被闭锁，只有在判定线路已重合于故障或线路两侧均转入全相运行后再投入工作的保护跳闸回路。

3）保护动作后直接切除三相进行一次重合闸的回路。

4）保护动作后直接切除三相不重合的跳闸回路（可设在操作继电器箱中）。

（4）选相元件可由用户选用下列两种选相元件之一。

1）距离选相元件。其执行元件触点可直接输出到重合闸装置的接线回路，也可根据需要，输出独立的触点。

2）相电流差突变量选相元件。该元件能保证延时段保护动作时选相跳闸，并将非全相运行非故障相再故障的后加速触点输入到重合闸的逻辑回路，还有控制三相跳闸的触点。

（5）带三相电流元件，可作为无时限电流速断跳闸，也可改接为辅助选相元件，并可作手动合闸后加速。

根据用户需要，也可以改用三个低电压元件作辅助选相元件。

（6）对最后跳闸的一相断路器，从发出跳闸脉冲到给出合闸脉冲的间隔时间也不得小于0.3s。合闸脉冲时间要稳定，应小于断路器合闸时间。

（7）实现重合于接地故障的分相后加速，经短延时后永久切除三相。

（8）判断线路全相运行的电流元件，应有较好的躲过线路充电暂态电流的能力，正常时防止触点抖动。

（9）选用距离选相元件时，应设有在重合闸过程中独立工作的回路（当采用线路电压互感器时，不考虑选相元件独立工作）。

选用相电流差突变量选相元件时，应准备实现单相重合闸时非故障相再故障的瞬时后加速回路。

（10）当使用单相重合闸而选相元件拒动时，应尽快切除三相。

（11）重合闸装置的一次重合功能由电容充放电回路构成。

（12）当重合闸装置中任一元件损坏或不正常时，接线应确保不发生下列情况：

1）多次重合闸。

2）规定不允许三相重合闸方式的三相重合闸。

（13）应有独立的三相跳闸元件与分相跳闸元件互为三相跳闸的备用；由保护启动（按故障开始最短时间 20～25ms 计）到经重合闸装置发出选相跳闸脉冲的时间不大于 10ms。

（14）接地判别元件在 2 倍动作启动值时小于 15ms。

（15）根据运行要求，可以整定两个不同的重合闸时间，并可用连接片操作。

（16）装置应设有检定同期及检定电压的三相重合闸控制元件及回路，也可以切换成不经过任何控制的回路。

（17）有适应断路器性能的允许重合闸、闭锁重合闸等的有关回路，并有监视信号，其中某些部分可装设在操作继电器箱内。

（18）输出配合相间距离保护、零序电流方向保护及高频保护所需要的触点。

（19）分别输出重合闸前单相与三相跳闸，及重合闸后跳闸的联切触点。

（20）经按相电流判别及出口跳闸继电器触点串联的断路器失灵保护启动回路，三相永久跳闸回路也应有适当的回路去启动失灵保护。

（21）断路器跳、合闸线圈的保持回路，配合断路器操作回路设计并提出要求。

（22）考虑运行值班人员操作连接片停用保护时的方便和可靠。

（23）按停用断路器时试验重合闸装置的原则，考虑接线回路的具体设计。

（24）规定整套装置的电流回路及电压回路功耗。

172. 在进行综合重合闸整组试验时应注意什么问题？

答：综合重合闸的回路接线复杂，试验时除应按装置的技术说明及有关元件的检验规程进行外，需特别强调进行整组试验。此项试验不能用短路回路中某些触点、某些回路的方法进行模拟试验，而应由电压、电流互感器入口端子处，通入相应的电流、电压，模拟各种可能发生的故障，并与接到重合闸有关的保护一起进行试验。最后还要由保护、重合闸及断路器按相联动进行整组试验。

173. 在重合闸装置中有哪些闭锁重合闸的措施？

答：各种闭锁重合闸的措施是：

（1）停用重合闸方式时，直接闭锁重合闸。

（2）手动跳闸时，直接闭锁重合闸。

（3）不经重合闸的保护跳闸时，闭锁重合闸。

（4）在使用单相重合闸方式时，断路器三跳，用位置继电器触点闭锁重合闸；保护经综合重合闸三跳时，闭锁重合闸。

（5）断路器气压或液压降低到不允许重合闸时，闭锁重合闸。

174. 接地阻抗选相元件应加零序补偿，如何用电流和电压测出"K"值？

答：其方法如下：

（1）向继电器（一个线圈）通入电流 I_x，外加电压使电压超前电流的相角为灵敏角，调节电压 U_1 使继电器动作，其动作阻抗 $Z = \dfrac{U_1}{I_x}$。

（2）再向继电器（主线圈和零序补偿线圈）通入电流 I_x，同（1）调节电压 U_2 使继电器动作，其动作阻抗 $Z = \dfrac{U_2}{I_x + 3KI_0}$。

因为两种情况的整定阻抗应该不变，则

$$\frac{U_1}{I_x} = \frac{U_2}{I_x + 3KI_0}$$

且 $I_x = 3I_0$，所以得

$$K = \frac{U_2}{U_1} - 1$$

175. 在综合重合闸装置中，通常采用两种重合闸时间，即"短延时"和"长延时"，这是为什么？

答：这是为了使三相重合和单相重合的重合时间可以分别进行整定。由于潜供电流的影响，一般单相重合的时间要比三相重合的时间长。另外，可以在高频保护投入或退出运行时，采用不同的重合闸时间。当高频保护投入时，重合闸时间投"短延时"；当高频保护退出运行时，重合闸时间投"长延时"。

六、操作箱、电压切换箱

176. "四统一"操作箱一般由哪些继电器组成？

答："四统一"操作箱由下列继电器组成：

(1) 监视断路器合闸回路的合闸位置继电器及监视断路器跳闸位置继电器。

(2) 防止断路器跳跃继电器。

(3) 手动合闸继电器。

(4) 压力监察或闭锁继电器。

(5) 手动跳闸继电器及保护三相跳闸继电器。

(6) 一次重合闸脉冲回路（重合闸继电器）。

(7) 辅助中间继电器。

(8) 跳闸信号继电器及备用信号继电器。

177. 在双母线系统中电压切换的作用是什么？

答：对于双母线系统上所连接的电气元件，在两组母线分开运行时（例如母线联络断路器断开），为了保证其一次系统和二次系统的电压保持对应，以免发生保护或自动装置误动、拒动，要求保护及自动装置的二次电压回路随同主接线一起进行切换。用隔离开关两个辅助触点并联后去启动电压切换中间继电器，利用其触点实现电压回路的自动切换。

178. 电压切换回路在安全方面应注意哪些问题？手动和自动切换方式各有什么优缺点？

答：在设计手动和自动电压切换回路时，都应有效地防止在切换过程中对一次侧停电的电压互感器进行反充电。电压互感器的二次反充电，可能会造成严重的人身和设备事故。为此，切换回路应采用先断开后接通的接线。在断开电压回路的同时，有关保护的正电源也应同时断开。电压回路切换采用手动方式和自动方式，各有其优缺点。手动切换，切换开关装在户内，运行条件好，切换回路的可靠性较高。但手动切换增加了运行人员的操作工作量，容易发生误切换或忘记切换，造成事故。为提高手动切换的可靠性，应制定专用的运行规程，对操作程序作出明确规定，由运行人员执行。自动切换可以减轻运行人员的操作工作量，也不容易发生误切换和忘记切换的事故。但隔离开关的辅助触点，因运行环境差，可靠性不高，经常出现故障，影响了切换回路的可靠性。为了提高自动切换的可靠性，应选用质量好的隔离开关辅助触点，并加强经常性的维护。

179 "四统一"设计的分相操作箱，除了完成跳、合闸操作功能外，其输出触点还应完成哪些功能？

答：其输出触点还应完成以下功能：

（1）用于发出断路器位置不一致或非全相运行状态信号。

（2）用于发出控制回路断线信号。

（3）用于发出气（液）压力降低不允许跳闸信号。

（4）用于发出气（液）压力降低不允许重合闸信号。

（5）用于发出断路器位置的远动信号。

（6）由断路器位置继电器控制高频闭锁停信。

（7）由断路器位置继电器控制高频相差三跳停信。

（8）用于发出事故音响信号。

（9）手动合闸时加速相间距离保护。

（10）手动合闸时加速零序电流方向保护。

（11）手动合闸时控制高频闭锁保护。

（12）手动合闸及低气（液）压异常时接通三跳回路；

（13）启动断路器失灵保护；

（14）用于发出断路器位置信号；

（15）备用继电器及其输出触点，等等。

180. 常用的断路器跳、合闸操作机构有哪些？

答：操作机构是断路器本身附带的跳合闸传动装置，目前常用的机构有电磁操作机构、液压操作机构、弹簧操作机构、电动操作机构、气压操作机构等。其中应用最为广泛的是电磁操作机构和液压操作机构。

181. 跳闸位置继电器与合闸位置继电器有什么作用？

答：它们的作用如下：

（1）可以表示断路器的跳、合闸位置。如果是分相操作的，还可以表示分相的跳、合闸信号。

（2）可以表示断路器位置的不对应或表示该断路器是否在非全相运行状态。

（3）可以由跳闸位置继电器某相的触点去启动重合闸回路。

（4）在三相跳闸时去高频保护停信。

（5）在单相重合闸方式时，闭锁三相重合闸。

（6）发出控制回路断线信号和事故音响信号。

182. 跳、合闸回路中的位置继电器应如何选择？

答：应根据下列要求进行选择：

（1）继电器线圈串入附加电阻后，继电器线圈上的电压 U_K 应不低于其动作电压 U_{op}，即 $U_K \geqslant U_{op} \approx 0.7U_N$。

（2）当继电器线圈被短路或附加电阻被短路时，跳、合闸线圈上的电压应不足以使断路器动作，裕度不小于 1.3。

（3）长期流过控制回路中的跳闸线圈和合闸线圈的电流 I_{CQ}，应不致引起过热，即 $I_{CQ} \leqslant 0.15I_N$。

为了不破坏这些继电器的工作条件，在直流操作回路中往往取其额定电压等于操作电源额定电压的一半，并根据这一条件选择附加电阻的参数。

附加电阻的数值，按照保证在继电器上的电压等于其额定电压的条件确定。

七、集成电路型线路保护

183. CKJ-1 型快速距离保护装置由哪些保护组成？

答：该保护装置由以下保护组成：

（1）三段式接地距离保护。

（2）三段式相间距离保护。

（3）二段零序方向过流保护。

（4）由方向阻抗元件和零序方向元件构成的高频保护。

（5）工频变化量距离保护。

184. CKF-1 型快速方向保护装置由哪些保护组成？

答：该保护装置由以下保护组成：

（1）工频变化量距离保护。

（2）零序后备Ⅲ段方向过流保护。

（3）由工频变化量方向元件和零序方向元件构成的高频保护。

185. 在 CKJ-1 型和 CKF-1 型保护中采用拉合直流闭锁回路的作用是什么？

答：主要是为了防止在接电、拉电过程中，由于电源建立和消失的暂态过程不一致引起集成电路芯片工作输出状态不确定，而造成保护装置的误动作，由此提高了装置的安全可靠性。

186. 简述 CKJ-1 型保护装置中的接地距离第一段继电器的动作方程。

答：由一个工作电压和三个极化电压比相构成，其比相方程为

工作电压 $\qquad U_{op,ph} = U_{ph} - (I_{ph} + K3I_0)Z_{set}$

第 1 极化电压 $\qquad U_{ph1} = -U_{1,phm}e^{j\theta_0}$

第 2 极化电压 $\qquad U_{ph2} = -I_{2,ph}Z_{TL}$

第 3 极化电压 $\qquad U_{ph3} = -I_0 Z_{TL}$

$$(4\text{-}65)$$

式中 $\qquad K3I_0$——本线路的零序电流补偿分量；

$\qquad U_{1,phm}$——正序相电压的记忆量；

$\qquad Z_{TL}$——电抗变压器的模拟阻抗，内角 85°；

θ_0——为扩大允许过渡电阻能力而使特性圆向第一象限移动的角度;

下标 1、2、0——用在下标第 1 位时分别表示正、负、零序分量;

下标 ph——表示 A、B、C 三相的相。

只有当以上四个相量同极性达 90°时,接地阻抗继电器才动作。

187. 简述 CKJ-1 型保护装置中的第一段相间距离继电器的动作方程。

答:它由一个工作电压和三个极化电压比相构成,其比相方程为

工作电压 $\qquad U_{\text{op}} = U_{\text{pp}} - I_{\text{pp}} Z_{\text{set}}$

第 1 极化电压 $\qquad U_1 = - U_{1,\text{ppm}} e^{j\theta_0}$

第 2 极化电压 $\qquad U_2 = - I_{2,\text{pp}} Z_{\text{TL}} - (I_{\text{pp}} Z_{\text{TL}})_{\text{lim}}$

第 3 极化电压 $\qquad U_3 = I_0 R$

$$(4\text{-}66)$$

式中 $\quad U_{\text{pp}}$——保护安装处的线电压;

I_{pp}——保护安装处的线电流;

$U_{1,\text{ppm}}$——保护安装处的正序线电压的记忆量;

$I_{2,\text{pp}}$——保护安装处的负序线电流;

Z_{TL}——电抗变压器的模拟阻抗;

I_0——保护安装处的零序电流;

θ_0——为扩大允许过渡电阻能力而使特性圆向第一象限移动的角度;

下标 lim——表示限幅。

只有当以上四个相量同极性达 90°时,相间距离继电器才动作。

188. 简述 CKJ-1 型保护装置中的工频变化量阻抗继电器的动作方程。

答:在 CKJ-1 型保护装置中,工频变化量阻抗继电器的动作方程式在各种故障情况下均为

$$\left. \begin{array}{l} |\Delta U_{\text{op}}| > U_{\text{set}} \\ U_{\text{op}} = U_{\text{ph}} - I_{\text{ph}} Z_{\text{set}} \\ U_{\text{set}} = 1.15 U_N \end{array} \right\} \qquad (4\text{-}67)$$

189. CKJ-1 型保护装置中的试验插件的构成和作用是什么?

答:CKJ-1 型保护装置的试验插件由三相电压、三相电流、相角、频率及合闸触点构成。其作用如下:

(1)能够模拟单相接地、两相接地、三相故障及后加速故障的试验。

(2)可进行各种定值试验。

(3)可进行屏间联动及断路器传动试验。

190. 调试 CKJ-1、CKF-1 型保护装置时应注意些什么?

答:应注意以下事项:

(1)不能带电插、拔插件。

(2)人体尽可能的不要接触插件内的印制板线路和元器件。必要时,人体应先与接地点

接触放掉静电后方可与其接触。

（3）使用示波器、电烙铁等仪器、工具时，仪器、工具必须可靠接地。

191. 当 CKJ-1 型和 CKF-1 型保护装置发异常信号时，首先应检查什么？

答：应进行如下检查：

（1）首先应检查装置的直流电源插件上的电源指示灯是否亮。

（2）检查试验插件上的"运行/试验"开关是否在运行位置。

（3）信号插件上的"运行"灯是否亮，不亮表示装置已退出运行。

（4）检查"检测插件"中哪几路报警，通过拨动拨轮开关，找出所有的报警点，并按"对照表"查明报警的插件。

八、微机型线路保护

192. 简述 11 型微机线路保护装置零序电流、零序电压回路的接线原则。

答：本装置零序电流和零序电压回路的极性端均分别同电流互感器二次侧和电压互感器开口三角绕组的极性端相连，不允许将 $3I_o$ 和 $3U_o$ 回路均反接。

193. 写出 11 型微机线路保护 CPU1 定值拨轮开关位置与地址 $000B 中数据的对应关系。

答：其对应关系如表 4-8 所示。

表 4-8 　　　　　　CPU1 定值拨轮开关位置与地址 $000B 中数据的对应关系

区　　号	0	1	2	3	4	5	6	7	8	9
$000B 中数据	Fx	Ex	Dx	Cx	Bx	Ax	$9x$	$8x$	$7x$	$6x$

注　 x 为任意数。

194. 简述 11 型微机线路保护人机对话插件的两个主要功能。

答：人机对话插件的两个主要功能。

（1）人机对话。

（2）巡检。

本装置各 CPU 插件都设有自诊断程序，一般插件上不太重要的硬件损坏，可由各插件自诊断检出，一方面直接驱动相应插件告警继电器告警，另一方面通过串行口向人机对话插件报告，后者驱动总告警继电器并打印出故障插件报告的故障信息。如果某一 CPU 插件硬件发生致命故障，致使该 CPU 不能工作，因而也就不能执行自诊断程序和报警，此时可由人机对话插件通过巡检发现而告警。人机对话插件在运行状态时不断地通过串行口向各 CPU 发巡检令。当各 CPU 均正常时应作出回答，如果某一 CPU 插件在预定时间内不回答，人机对话插件将复位该 CPU，并再发巡检令，仍无回答时报警，并打印出该 CPU 异常的信息。采用先复位再报警是为了万一某一 CPU 因干扰而程序出格但并无硬件损坏时，可以在复位后恢复正常工作，不必报警。

195. 微机保护装置有几种工作状态？并对其做简要说明。

答： 有三种工作状态。

（1）调试状态：运行方式开关置于"调试"位置，按 RST 键，此状态为调试状态。此状态主要用于传动出口回路、检验键盘和拨轮开关等，此时数据采集系统不工作。

（2）运行状态：运行方式开关置于"运行"位置，此状态为运行状态，即保护投运时的状态。在此状态下，数据采集系统正常工作。

（3）不对应状态：运行方式开关由"运行"位置打到"调试"位置，不按 RST 键，此状态为不对应状态。在此状态下，数据采集系统能正常工作，但不能跳闸。

196. 简述 11 型微机线路保护在运行状态下各键的功能及用法。

答： 运行状态下该保护各键的功能及用法如图 4-90 所示。

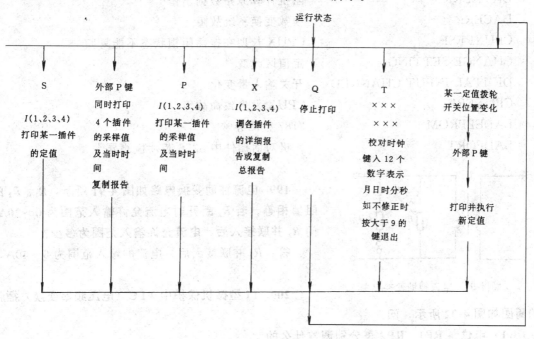

图 4-90 运行状态下各键功能及用法

197. 当本线路发生故障时，11 型微机线路保护能打印出哪些信息？

答： 能打印出故障时刻（年、月、日、时、分、秒）、故障类型、短路点距保护安装处距离、各种保护动作情况和时间顺序及每次故障前 20ms 和故障后 40ms 的各相电压、各相电流的采样值（相当于故障录波）。

198. 试述 11 型微机保护装置有哪些自检类信息？

答： 该装置有如下自检类信息：

BAD6264   6264 芯片写读不一致

BADRAM2   人机对话插件中 6264 芯片读写不一致

BADRAM   内部 RAM 读写不一致

BADDRV	发某一开出信号时，无反馈信号
BADDRV1	未发任何开出信号时，有反馈信号
SETTERR	所选定值区定值校验码错
ROM1(2)ERR××	EPROM 求和校验出错。ROM 在定值单中为 4 位，ROM1 为前 2 位，ROM2 为后 2 位。
WP	总有外部 P 键
PTDX	电压互感器二次回路断线
DLBPH	电流回路不平衡
OVLOAD	过负荷
CTDX	电流互感器二次回路断线
DATAERR	阻抗计算原始数据出错
DACERR	模数变换系统故障
CPUXRESF	CPUX 长期在振荡闭锁状态不能复归
CHANGE SETTING	定值区改变
DIGITAL INPUT CHANGED	开关输入量变化
CPUXERR	CPUX 发生致命故障
BADEEPROM	2187 检测异常
BADPORT	人机对话插件中 8256 芯片检测异常

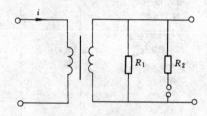

图 4-91　电流辅助变换电路

199. 电流辅助变换电路如图 4-91 所示，R_1、R_2 的阻值相等。若 R_2 断开时电流允许输入范围为 0～20A，问 R_2 并联接入后，电流允许输入范围为多少？

答：R_2 并联接入后，电流的输入范围为 0～40A。

200. 11 型微机保护中 VFC（电压频率变换）插件的简图如图 4-92 所示，问：

（1）电位器 RP1、RP2 是分别调整什么的？

（2）RC 电路的作用是什么？

（3）K 点正常电压值为多少？

答：（1）RP1 调整通道零漂，RP2 调整通道刻度。

（2）RC 电路的作用是构成浪涌吸收回路，以防止浪涌损坏 VFC 芯片。

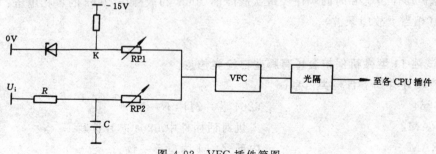

图 4-92　VFC 插件简图

（3）K 点正常电压值为－5V。

201. 开关量输入回路的基本电路如图 4-93 所示，试说明 P 点电位与触点 S 的状态的对应关系，并说明二极管 V 的作用。

答：当 S 闭合时，光电耦合器导通，P 点电位为 0 电位。当 S 断开时，光电耦合器截止，P 点电位为＋5V。

二极管 V 的作用是起保护作用。因为一般光电耦合器发光二极管的反向击穿电压较低，为防止开关输入回路电源极性接反时损坏光电耦合器，二极管 V 可在此时起保护作用。

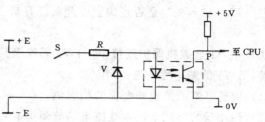

图 4-93　开关量输入回路基本电路图

202. 对微机保护中 RAM 常用的自检方法是什么？

答：对 RAM 的自检，通常用写入一个数，然后再读出并比较其是否相等来检验 RAM 是否完好。一般可分别写入 55H 和 AAH 来进行检验。

203. 在 11 型微机保护中三取二闭锁跳闸负电源的作用是什么？

答：当任一 CPU 插件由于硬件损坏或其他意想不到的原因导致 CPU 插件工作紊乱，程序出格，即程序不再按原来设计的流程执行时，保护插件 CPU 有可能既驱动其启动继电器，也驱动跳闸出口继电器，这时保护就可能误跳闸。所以从理论上讲，仅靠同一 CPU 插件上的启动继电器来闭锁跳闸负电源不能防止任意条件下保护的误动作。采用三取二闭锁时，如果不考虑两个以上 CPU 同时出现意想不到的硬件损坏等原因而导致程序出格的话，单是其中一个 CPU 出现上述情况，就不可能真正导致出口跳闸。而实际发生故障时，三个 CPU 中的两个以上同时启动时，就可以开放三取二闭锁回路而正确出口跳闸。

204. 在 11 型微机保护中，低气压闭锁重合闸开入与闭锁重合闸开入在使用上有何区别？

答：低气压闭锁重合闸开入与闭锁重合闸开入的功能均为闭锁重合闸，即对重合闸放电。它们的区别是，低气压闭锁重合闸开入接气压机构的输出触点，它仅在装置启动前监视，启动后不再监视，目的是为了防止跳闸过程中可能由于气压短时降低而导致低气压闭锁重合闸开入短时接通而误闭锁重合闸。闭锁重合闸开入不管在任何时候接通，均会对重合闸放电而闭锁重合闸。

205. 在 11 型微机保护中 $3U_0$ 突变量闭锁零序保护的作用是什么？

答：为防止电流互感器回路断线导致零序保护误动作，而设置了 $3U_0$ 突变量闭锁。此功能可由控制字整定为投入或退出。$3U_0$ 突变量必须保证线路末端故障的灵敏系数。

206. 简述 11 型微机保护中零序保护方向元件 $3U_0$ 的取用原则及运行注意事项。

答：零序保护方向元件的 $3U_0$，正常情况下均取用自产 $3U_0$，即用相电压软件相加 $\dot{U}_a + \dot{U}_b$

$+\dot{U}_c$ 获得。也就是说，如果故障前 $\dot{U}_a+\dot{U}_b+\dot{U}_c=0$，则用自产 $3U_0$；如果故障前 $\dot{U}_a+\dot{U}_b+\dot{U}_c\neq 0$，则表明一相或两相断线，取用外接开口三角 $3U_0$。当 TV 三相失压，即 U_a、U_b、U_c 均小于 8V 时，也取用外接开口三角 $3U_0$。不考虑 U_a、U_b、U_c 和电压互感器 $3U_0$ 同时断线的情况。

运行时，对新投运线路，当遇到第一次区外故障或区内故障时，应查验本装置采样值报告中 $U_a+U_b+U_c=3U_0$ 是否正确，以此验证开口三角 $3U_0$ 极性是否接反。

207. 在 11 型微机保护定值中，1W1 无电流判别元件定值的整定原则是什么？
答：1W1 的整定原则是：
（1）应躲开本线路电容电流的稳态值。
（2）最小运行方式下，本线路末端故障应有足够灵敏度。

208. 简述 11 型微机保护中综合重合闸插件软件两种不同选相元件的实现方法和主要特点。
答：综重选相采用相电流差突变量选相与阻抗选相两种原理兼用、相互取长补短的方法。阻抗选相一般不会误动（投选错相别或单相选为相间），采用多边形特性后更不易误动。但阻抗选相在单相经大电阻接地时可能拒动。突变量选相元件灵敏度高，不会在经大过渡电阻时拒动，但它仅在故障刚发生时动作才可靠，单相重合闸过程中可能由于连锁切机等操作而容易误动。因此本装置在启动元件刚动作时用相电流差突变量原理选相，选出故障相后突变量选相元件即退出，以后故障发展成相间故障则依赖阻抗选相。

209. 在 11 型微机保护 CPU 插件上，存放采样数据的 RAM（6264）芯片地址范围为多少？
答：根据该 CPU 插件译码，RAM（6264）芯片容量大小为 8K，地址范围为 4000H～5FFFH。

210. 做 11 型微机保护传动试验时，若想要传动 CPU 插件跳 A 相命令，请问应用 M 键向什么地址写入哪个特定的功能编码？
答：要传动 CPU 插件跳 A 相命令时，只要用 M 键向 0007H 地址（即 8255 芯片的 B 口地址）写入跳 A 码 84H 即可。

211. 在 11 型微机保护距离插件软件中，对出口故障用什么方法保证距离元件的方向性？
答：在其距离插件软件中，对出口故障，为保证其方向性，采用故障前电压与故障后电流阻抗比相的方法，以消除电压死区。

212. 列出 11 型微机保护全部定期检验项目。
答：全部定期检验项目如下：
（1）绝缘检验（不拔插件）：
1）测电流回路的绝缘。
2）测交、直流电压回路的对地绝缘。
3）测跳、合闸回路触点之间及对地的绝缘。

（2）测量逆变电源的各级输出电压值。

（3）在调试方式下的检验：

1）检验打印机。

2）检验键盘。

3）检验各出口回路。

4）检验满负载时逆变电源的输出电压及纹波电压。

（4）检验告警回路。

（5）检验开关量输入回路。

（6）检验模数变换系统：

1）检验零点漂移。

2）检验各电流、电压平衡度。

（7）整组检验（QK 在实际使用位置）：

1）用模拟断路器作检验：① 分别模拟各种单相瞬时性接地短路；② 分别模拟 AB 两相瞬时性短路及 BC 两相永久性短路；③ 模拟 A 相瞬时性反方向接地短路。

2）检查高频通道的运行情况：① 校核收信电平；② 测定收信裕量；③ 检验 3dB 告警回路。

3）检查高频闭锁保护区内、外故障时的动作情况。

4）模拟单相永久性接地短路用实际断路器检验。

5）用系统工作电压及负荷电流检验（装置接线有变动时进行）。

（8）投入运行前核对定值。

213. 检验 11 型微机线路保护时，为防止损坏装置，应注意哪些主要问题？

答： 应注意以下主要问题：

（1）断开直流电源后才允许插、拔插件。

（2）调试过程中发现有问题要先找原因，不要频繁更换芯片。必须更换芯片时，要用专用起拔器。应注意芯片插入的方向，插入芯片后需经第二人检查无误后，方可通电检验或使用。

（3）检验中尽量不使用烙铁，如元件损坏等必须进行焊接时，要用内热式带接地线烙铁或烙铁断电后再焊接。替换的元件必须进行老化筛选，合格后方可使用。

（4）打印机在通电状态下，不能强行转动走纸旋钮，走纸可通过打印机按键操作或停电后进行。

（5）用具有交流电源的电子仪器（如示波器、频率计等）测量电路参数时，电子仪器测量端子与电源侧绝缘必须良好，仪器外壳应与保护装置在同一点接地。

（6）插、拔插件必须有措施，防止因人身静电损坏集成电路芯片。

214. 11 型微机保护装置所用的逆变电源如何检查？应达到什么标准？

答： 对逆变电源应做如下检查：

（1）检查电源的自启动性能。试验直流电源由零缓慢调至 80％额定值，电源插件（＋24V、＋15V、－15V、＋5V）4 个电源指示灯应亮。然后，断、合一次直流电源开关，上述四个灯应亮。

（2）检验输出电压值及其稳定性。直流电压分别在80％、100％、115％额定值下，输出电压应满足表4-9的要求，并且各级电压应保持稳定。

表 4-9　　　　　　　　　　　　　　检验输出电压及其稳定性

标准电压 （V）	允许范围 （V）	标准电压 （V）	允许范围 （V）	标准电压 （V）	允许范围 （V）	标准电压 （V）	允许范围 （V）
+5	4.8～5.2	+15	13～17	−15	−17～−13	+24	22～26

（3）检验纹波电压。无论在轻载还是满载时，各级输出电压的交流电压分量值应小于30.0mV（有效值）。

215. 如何检验打印机？

答：接上打印机与微机保护装置之间的连接电缆，给打印机装上纸，按打印机小面板上LF（L1NF FEED）键的同时接通打印机电源，打印机应打印出自检规定的字符。

216. 如何检查开入回路与开出回路？

答：对开入回路与开出回路应做如下检查：

（1）开入回路检查：给某一开入回路一个变化，则打印机打印出开入回路变化前后的逻辑性，并发出呼唤信号。

（2）开出回路检查：隔一段时间给某一开出回路发一个几十微秒的跳闸（或重合闸）脉冲，看有否反馈。若有反馈，说明该开出回路正确。

217. 试述 11 型微机保护装置检验零点漂移的方法。

答：检验零点漂移的方法如下：

装置各交流端子均开路，按 P 及 1 键，待打印完后，再按 P 及 4 键（为打印 U_x 采样值），此时打印机将打出 9 个通道的采样值，此采样值即为零点漂移值。电压、电流通道的采样值均应在 −0.3～+0.3 以内（额定电流为 1A 时，电流通道零点漂移应在 −0.1～+0.1 以内）。如个别通道零点漂移过大，调整 VFC 插件中对应通道的电位器 RPn（n 为通道号）。零点漂移为负时，将 RPn 向大调；反之，向小调。通道 1～9 的采样值，依次对应 I_a、I_b、I_c、$3I_0$、U_a、U_b、U_c、$3U_0$、U_1。

218. 11 型微机保护装置的平衡度和交流量的极性端应如何检验？

答：将装置各电流端子顺极性串接，两端加 5A 电流，各电压端子同极性并联接入，两端加 50V 电压，在"不对应"状态下，打印采样值。若在采样报告中，各电压通道采样值由正到负过零时刻相同，各电流通道采样值由正到负过零时刻相同，则说明各交流量的极性正确。通常，要求各通道的打印值与外部表计值误差小于 2％，否则调整 VFC 对应通道的变阻器。

219. 影响 11 型微机保护装置数据采集系统线性度的主要因素是什么？如何检验线性度？

答：影响数据采集系统线性度的主要因素是压频转换器 AD654、电流变换器和电压变换器等设备。

检验线性度方法：通入装置的交流电流，在额定电流为 5A 时分别调整为 30、10、1.0、0.5A，在额定电流为 1A 时，则分别调整为 6、2、0.2、0.1A，加入装置的交流电压分别调整为 60、30、5、1V，打印各个通道相应的电流和电压有效值。要求在 1.0、0.5A 和 1V 时，外部表计值与打印值误差小于 10％，其余小于 2％。

220. 如何检查 11 型微机保护装置定值的准确性和稳定性？

答：应做如下检查：

（1）准确性。按定值要求，在端子处向保护装置加入相应定值的模拟量，保护装置感受到的值与所加的交流量、动作时间相同，则说明定值是准确的。

（2）稳定性。按上述方法做 10 次，若结果相同，则说明定值是稳定的。

221. 检验微机保护装置数据采集系统应在什么状态下进行？为什么？

答：检验数据采集系统应在"不对应状态"下进行。其原因是，在此状态下无论交流电流如何变化，微机保护不会跳闸，且数据采集系统能正常工作。

222. 简述微机保护投运前为什么要用系统工作电压及负荷电流进行检验。

答：利用系统工作电压及负荷电流进行检验是对装置交流二次回路接线是否正确的最后一次检验，因此事先要做出检验的预期结果，以保证装置检验的正确性。

（1）检验交流电压、电流的相序：通过打印的采样报告来判断交流电压、电流的相序是否正确，零序电压、零序电流应为零。

（2）测定负荷电流相位：根据打印的采样报告，分析各相电流对电压的相位是否与反应一次表计值换算的角度与幅值相一致。

（3）检验 $3U_0$ 回路。

1）L、N 线检查：主要依靠校对导线来确定。

2）检查电压互感器开口三角的接线是否符合保护装置的极性要求。

对于新建变电所，应在屋外电压互感器端子箱和保护屏端子排处，分别测定二次和三次绕组的各同名相电压，以此来判断极性端。然后在电压互感器端子箱处，引出 S—N 电压加到微机保护 $3U_0$ 绕组上，打印采样值，判断 $3U_0$ 的极性是否正确。

对于已运行的变电所，可参照已运行的、且零序功率方向元件正确动作过的电压互感器开口三角的接线进行核对。或者在 L、N 线校对导线正确，L 线无断线的基础上，把 S 端用电缆芯临时引至微机保护屏上代替 L 端，参照上法检验。

（4）检验 $3I_0$ 回路：在 $3I_0$ 回路通一个 I_A 电流，若 $3I_0$ 与 I_A 的采样值的相位与幅值相同，说明 $3I_0$ 回路正确。

223. 试述检查高频闭锁保护区内、外故障时动作情况的方法。

答：检查高频闭锁保护区内、外故障时的动作情况可在两侧分别轮流进行，但需要两侧的结果都符合要求，若有某一侧的检验不符合要求时，则需两侧相互配合来查找原因。

试验时，两侧保护收发信机均需投入直流电源和远方启动回路，收发信机的输出接至高频通道，如被保护线路的断路器处于断开状态时，还需暂时断开跳闸位置继电器停信回路（本项试验结束后恢复）。

对于检验的一侧（主试侧），先在该侧的高频通道中串入可变衰耗器。在下列三种情况下，模拟正方向 BC 两相短路来检查高频保护。

（1）通道中衰耗器置 0，此时高频保护应不跳闸。

（2）将通道中衰耗器的衰耗值置成使本侧的收信裕量降低至只有 4.0dB，此时高频保护应不跳闸。

（3）将通道中衰耗器的衰耗值置成本侧收信裕量再加 1.0dB，此时高频保护应跳闸。

224. 试述 11 型微机保护输入定值和固化定值的方法。

答：以下分别叙述这两种方法。

1. 输入定值方法

在运行状态下不能修改定值，修改定值只能在监控程序下进行。

本装置有 10 套（0～9 区）整定值固化在 E^2PROM 中，可用拨轮开关选择 0～9 区中任一套定值。在每次该 CPU 插件上电或复位时，如工作方式开关在"运行"位置，才根据拨轮开关位置将所选定值搬到规定的 RAM 区内。保护使用定值都是从该 RAM 区取用，而不是每次去查询拨轮开关位置，再从 E^2PROM 相应区找定值。打印或修改定值都是在该 RAM 区进行的。在定值输入完毕后，应用下面介绍的方法固化到 E^2PROM 中去。如果仅修改个别项目，则应先进入运行状态，以便把原定值搬到 RAM 定值区，再进入监控状态下用 S 等键修改定值，否则 RAM 定值区都是随机数。

2. 固化定值方法

在"根"状态下，将定值 RAM 区的定值固化到拨轮开关选定的 E^2PROM 的存储区（第一次可固化到 1 区）。按 W 键后，打印机将打印："TURN ENABLE ON AND PRESS WA-GAIN"（将面板上固化开关置于"允许"位置，再按 W 键）。按此提示操作即开始固化，CPU 核对固化正确后打印："OK，TURN ENABLE OFF"（正确，将固化开关置于"禁止"位置），并回到"根"状态。此时，将固化开关置于"禁止"位置，固化完成。

225. 画出 WXB-11 型的保护插件和接口插件之间串行通信示意图，叙述其工作过程和互检的实现方法。

答：图 4-94 示出 WXB-11 型的保护插件和接口插件之间串行通信示意图。

（1）CPU0 至各 CPU 插件的串行口按辐射状相连，每个 CPU 插件都可以同 CPU0 进行双向串行通信，但各 CPU 保护插件之间不能相互通信。

（2）接口插件给各保护插件发送命令时，加上一个地址编码；而各保护插件在接收命令时，先核对是否为本机地址，如是则响应，否则不理睬。

（3）接口插件接收哪个保护插件送来的数据，由 8256 的 P1.5，P1.6，P1.7 来控制，74151 多路开关使其接收端只与特定的 CPU 插件发送端相对应。

（4）接口插件向各 CPU 插件发巡检命令时，各保护插件如正常，应分别做出回答。如发巡检命令后，某一保护插件未作回答，则通过外部复位电路使该保护强制复位一次，然后再发巡检命令，如仍未得到回答，则驱动总告警开出，打印出错信息 CPUXERR（X＝1,2,3,4）。如保

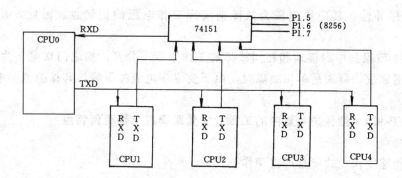

图 4-94　XWB-11 型的保护插件和接口插件之间串行通信示意图

护插件在规定的时间内收不到巡检命令,就驱动巡检中断继电器点亮巡检中断信号灯。

226. 11 型微机线路保护装置在正常运行中打印 BADDRV,请问有哪几种原因?

答:有如下几种原因:

(1) 开出回路不好。

(2) 反馈回路不好。

(3) 告警继电器未返回。

227. 11 型微机线路保护装置打印 SETERR,请问有哪几种原因?

答:有如下几种原因:

(1) 拨轮开关所选定值区为空白。

(2) 2817 芯片损坏。

(3) 拨轮开关损坏。

228. 11 型微机保护屏上,打印机导杆或打印头有灰尘时应如何处理?

答:应在打印机断开电源的条件下,用脱脂棉蘸酒精来擦掉上面的灰尘,然后在打印机导杆上点少许钟表油起润滑作用。

229. 简述 LFP-901A 型保护中的工频变化量阻抗继电器的动作方程。

答:工频变化量继电器的动作方程为

$$|\Delta U_{op}| > U_z$$

U_z 为门坎电压,取故障前工作电压的记忆量。

在接地故障时

$$U_{op,ph} = U_{ph} - (I_{ph} + K3I_0)Z_{set}$$

在相间故障时

$$U_{op,pp} = U_{pp} - I_{pp}Z_{set}$$

230. 比较 LFP-901A 型保护和 CKJ-1 型保护中的工频变化量距离继电器有何区别?

答:在 LFP-901A 型保护中,单相接地故障和相间故障的构成方程分开,并且在接地故障时引入零序补偿，其门坎电压为故障前实际工作电压的记忆量。因此，其保护范围一致。

而 CKJ-1 型保护中的接地和相间故障的工作方程不分开，加之门坎电压为 $1.15U_N$。因此，保护范围缩短，特别是单相故障时，由于受零序电流的影响，其保护范围缩短较多。

231. LFP-901A 型保护装置中的工频变化量距离继电器有何特点？

答：其特点是：

(1) 动作速度快，故障越严重动作越快。

(2) 方向性好。

(3) 过渡电阻能力强。

(4) 不需振荡闭锁。

232. 在 LFP-901A 型保护装置中为什么引入工频变化量阻抗元件 ΔZ？

答：为以最快的速度切除对系统稳定有重大影响的故障，该元件的动作速度能自适应系统故障，系统故障越严重，动作速度就越快。

233. 为什么 LFP-901A 型保护中的纵联方向保护要引入正反方向元件？

答：在设计时，任一反方向元件动作立即闭锁正方向元件的停信回路，防止故障功率倒方向时误动作。

234. LFP-901A 型保护在通道为闭锁式时，通道的试验逻辑是什么？

答：按下通道试验按钮，本侧发信，200ms 后本侧停信，连续收对侧信号 5s 后（对侧连续发 10s）本侧启动发信 10s。

235. LFP-901A 型保护中的距离保护引入的振荡闭锁有何特点？

答：其特点是：振荡及振荡加区外故障可靠闭锁；区内故障及振荡加区内故障可靠开放。

236. LFP-901A 型保护中，当启动元件动作 160ms 以后发生单相接地故障，其阻抗继电器如何开放？其判据是什么？

答：由不对称开放元件开放，其判据为

$$|I_0| + |I_2| > m|I_1|$$

式中　m——制动系数，一般取 $0.5\sim0.7$。

237. LFP-901A 型保护中，当启动元件动作 160ms 以后发生对称故障时，其阻抗继电器如何开放？其判据是什么？

答：由对称开放元件开放，其判据为：

(1) $-0.03U_N < U_1\cos\varphi_1 < 0.08U_N$，延时 150ms 开放。

(2) $-0.10U_N < U_1\cos\varphi_1 < 0.25U_N$，延时 500ms 开放。

式中，U_1 为正序电压；φ_1 为正序电压、电流间相角。

238. LFP-901A 型保护中在非全相运行再发生故障时，其阻抗继电器如何开放？其判据是什么？

答：由非全相运行振荡闭锁元件开放。

（1）非全相运行再发生单相故障时，以选相区不在跳开相时开放。

（2）当非全相运行再发生相间故障时，测量非故障两相电流之差的工频变化量，当电流突然增大达一定幅值时开放。

239. LFP-901A 型保护装置中距离保护的选相原理是什么？

答：根据 I_0/I_{2a} 的相位和阻抗元件的动作情况进行选相。

当 $-63.4° < \mathrm{Arg}\dfrac{I_0}{I_{2a}} < 63.4°$ 时，选 A 区；

当 $63.4° < \mathrm{Arg}\dfrac{I_0}{I_{2a}} < 180°$ 时，选 B 区；

当 $180° < \mathrm{Arg}\dfrac{I_0}{I_{2a}} < 296.6°$ 时，选 C 区。

当进入 A 区时，先测量 Z_a。若 Z_a 不动作，则测量 Z_{bc}。若 Z_{bc} 动作，选 B、C 相；Z_{bc} 不动作，则选相失效，经 150ms 后备跳闸。若 Z_a 动作，则测量 Z_b。若 Z_b 动作，则为 A、B 两相接地，否则为 A 相故障。

240. LFP-901A 型保护装置主保护中的电压回路断线闭锁判据是什么？

答：当启动元件不动作时：

（1）三相电压相量和大于 8V；

（2）三相电压绝对值的和小于 $0.5U_N$，任一相电流大于 $0.08I_N$ 时；

（3）三相电压绝对值的和小于 $0.5U_N$。

断路器在合后位置状态，且跳闸位置继电器不动作时，满足以上三个条件中的任一个时，经 1.25s 延时发电压断线信号。

241. 当发生电压回路断线后，LFP-901A 型保护中有何要退出和要保留的保护元件？

答：当电压回路断线后，退出的保护元件有：

（1）ΔF_+ 元件补偿阻抗元件。

（2）零序方向元件。

（3）零序 Ⅱ 段过流保护元件。

（4）距离保护。

保留的保护元件有：

（1）工频变化量距离元件 ΔZ。

（2）非断线相的 ΔF 方向元件。

（3）不带方向的 Ⅲ 段过流元件。

（4）自动投入一段 TV 断线下零序过流和相电流过流元件。

242. LFP-941A 型保护中，不对称相继速动的判据是什么？有何作用？

答：图 4-95 所示 LFP-941A 型保护简图中，发生 C 相接地故障时，M 侧 Z2 动作，为了提高 M 侧的跳闸速度，设置了不对称相继速动元件，其判据为：

（1）M 侧 Z2 动作且不返回。

（2）至少有一相电流突然消失（从有到无）。

满足上述条件时，不对称相继速动元件动作。

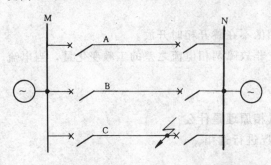

图 4-95　LFP-941A 型保护简图

（1）根据 LFP-900 系列保护使用说明书，进入 CPU2 的开关量检查子菜单。

（2）检查下列开关量是否为如下状态：

$$HK=1, TWJ=0, HYJ=0, BCH=0。$$

（3）启动元件不动作。

（4）CPU2 定值单上重合闸应投入，屏上切换把手不在停用位置。

243. 在试验时，当 LFP-901A 型保护装置中的重合闸不能充电时，应如何检查？

答：此时应做如下检查：

244. 用于同一条线路的 LFP-901A、902A 型保护装置中的重合闸可以同时投入，其原因是什么？

答：其原因如下：

（1）两套保护中的重合闸在断路器跳开、电流为 0 时开始启动，加上时间元件精确，因此发合闸脉冲基本是同时的。

（2）任何一套重合闸动作合闸，不但本身重合闸放电，未动作的那套重合闸在跳开相有电流（说明断路器已合上）时也放电，因此不会发生二次重合。

245. LFP-901A 型保护中的工频变化量阻抗元件 ΔZ 的定值应如何校验？

答：应按以下方法对其进行校验：

（1）正方向单相接地时：模拟故障电流 $I=I_N$，相角为灵敏角；模拟故障电压 $U=m(1+k)IZ_{set}-3$。

当 $m=0.9$ 时，ΔZ 动作；

当 $m=1.1$ 时，ΔZ 不动作。

（2）正方向相间故障时：模拟故障电流 $I=I_N$，相角为灵敏角；模拟故障电压 $U=m2IZ_{set}-3$。

当 $m=0.9$ 时，ΔZ 动作；

当 $m=1.1$ 时，ΔZ 不动作。

（3）模拟反方向出口故障：模拟故障电压 $U=0V$，模拟故障电流 $I\leqslant\dfrac{50}{Z_{set}}$，相角为 $180°+$ 灵敏角，ΔZ 元件不动作。

246. LFP-901A 型保护和收发信机的连接与传统保护有何不同？

答：LFP-901A 型保护中有完整的启动、停信、远方启动及每日交换信号操作的逻辑，收发信机只受保护控制，传送信号。应特别注意，不再利用传统的断路器的三相位置触点相串连接入收发信机的停信回路，收发信机远方启动应退出。LFP-901A 型保护和收发信机之间的连接采用单触点方式。

247. LFP-900 系列保护的调试注意事项是什么？

答：其调试注意事项如下：

（1）尽量少拔插装置插件，不触摸插件电路。

（2）使用的电烙铁、示波器必须与屏柜可靠接地。

（3）试验前应检查屏柜及装置在运输过程中是否有明显的损伤或螺丝松动。

（4）校对 CPU1、CPU2、MONI 板的程序校验码及程序形成时间。

（5）校对直流额定电压、交流额定电流是否与实际一致。

（6）插件位置是否与图纸一致。

（7）装置和打印机的接地线与屏柜的接地铜排是否连接可靠。

248. LFP-901A、902A 型保护的运行注意事项是什么？

答：其运行注意事项如下：

（1）检查直流电源、CPU 插件、信号插件上的 OP 灯，应亮。

（2）检查 CPU1 插件上的 TV 断线灯，应不亮。

（3）当重合闸投入时，检查 CPU2 插件上的重合闸充电灯，应亮，检查管理板液晶上的 CD，应为"1"。

（4）管理板上的定值"运行/修改"开关应置"运行"位置。

（5）管理板上的定值区应拨到定值单上指定的定值区。

（6）检查管理板上液晶显示的电压、电流、相角及时间应与实际一致。

249. 对 LFP-901A 型保护调试前的硬件跳线应如何整定？

答：应做如下连接：

（1）CPU1、CPU2 插件中，应为 E4—E5 连，其他跳线均不连。

（2）MONI 插件中，应为 E4—E5 连、E9—E10 连，其他跳线均不连；若用于远方修改定值，需增加 E1—E2 连、M—EN 短接。

（3）对信号插件（SIG），如启动外部重合闸的跳闸触点需保持（如启动 WXB-11 型的重合闸），则跳线 JP1、JP2 的 2—3 连；如启动外部重合闸的跳闸触点不需保持，则跳线 JP1、JP2 的 1—2 连。

250. 如何修改 LFP-901A、902A 型保护的定值？

答：在运行状态下，按"↑"键可进入主菜单。然后选中"SETTING"定值整定功能，光标指向"SETTING"，按"确认"键，再用"＋"、"—"、"↑"、"↓"对额定电流进行修改。将定值修改允许开关打在"修改"位置，按"确认"键，进入子菜单，对 CPU1 进行定值修改。等 CPU1 定值全部修改完毕后,按确认键回到子菜单。用同样的方法分别对 CPU2、管理板、故障测距的定值进行修改、确认。当所有定值修改结束后,将定值修改允许开关打在"运行"位置,然后按复位键。

251. 如何检查 LFP-901A、902A 型保护的开关输入触点?

答:在运行状态下,按"↑"键可进入主菜单,然后选中"RELAY STATUS",分别进入 CPU1、CPU2 子菜单,选择 SWITCH STATUS(开关量状态),按确认键,进入开关量检查,用"↑"、"↓"键逐个对所有的开关量状态和外部实际运行状态进行比较,应该一致。

252. LFP-901A、902A 型保护投运后如何检查外部接线是否正确?

答:在运行状态下,按"↑"键可进入主菜单,然后选中"RELAY STATUS",分别进入 CPU1、CPU2 子菜单,检查电压、电流的幅值和相序,电压和电流的相角,即可判断外部接线是否正确。

253. 在 LFP-901A、902A 型保护管理板液晶上显示的跳闸报告,其每行代表的意思是什么?

答:当保护动作后,在管理板液晶上显示跳闸报告:

第一行显示的是系统故障保护启动元件动作的时刻。

第二行左边显示本保护最快动作元件的动作时间;右边显示本保护累计的动作报告的次数,从 00～99 循环显示。

第三行显示本保护所有的动作元件。

第四行左边显示故障相别;右边显示故障点到保护安装处的距离。

254. 当 LFP-901A 型保护动作后应做些什么工作?

答:此时应做如下工作:

(1)首先按屏上打印按钮,打印有关的报告,包括定值、跳闸报告、自检报告、开关量状态等。

(2)记录信号灯和管理板液晶显示的内容。

(3)进入打印子菜单,打印前几次有关的报告。

母线保护和断路器失灵保护

第五章

1. 什么是母线完全差动保护？什么是母线不完全差动保护？定值如何整定？

答：(1) 母线完全差动保护是将母线上所有的各连接元件的电流互感器按同名相、同极性连接到差动回路，电流互感器的特性与变比均应相同，若变比不相同时，可采用补偿变流器进行补偿，满足 $\Sigma \dot{I} = 0$。

差动继电器的动作电流按下述条件计算、整定，取其最大值。

1）躲开外部短路时产生的不平衡电流

$$I_{op} = K_{rel} f_i I_{k,max}$$

式中　K_{rel}——可靠系数，取 1.5；

　　　f_i——电流互感器的 10% 误差，取 0.1；

　　$I_{k,max}$——母线外部短路时的最大短路电流。

2）躲开母线连接元件中，最大负荷支路的最大负荷电流，以防止电流二次回路断线时误动

$$I_{op} = K_{rel} I_{max}$$

式中　K_{rel}——可靠系数，取 1.3；

　　　I_{max}——最大负荷电流。

(2) 母线不完全差动保护只需将连接于母线的各有电源元件上的电流互感器，接入差动回路，在无电源元件上的电流互感器不接入差动回路。因此在无电源元件上发生故障，它将动作。电流互感器不接入差动回路的无电源元件是电抗器或变压器。

定值整定：

1）第一段的动作电流按电抗器（变压器）后出口短路电流整定，即

$$I_{op} = K_{rel} I_{k,max}$$

式中　K_{rel}——可靠系数，取 1.3；

　　$I_{k,max}$——电抗器（变压器）后出口最大短路电流。

动作时限可取 0.5。

2）第二段的动作电流按下列条件计算、整定，取其最大值。①躲过最大负荷电流（考虑电动机自启动）；②与之配合的相邻元件电流保护在灵敏度上配合，动作时限较与之配合的相邻元件电流保护动作时间大一个级差 Δt。

2. 什么是固定连接方式的母线完全差动保护？什么是母联电流相位比较式母线差动保护？

答：双母线同时运行方式，按照一定的要求，将引出线和有电源的支路固定连接于两条母线上，这种母线称为固定连接母线。这种母线的差动保护称为固定连接方式的母线完全差

动保护。对它的要求是任一母线故障时，只切除接于该母线的元件，另一母线可以继续运行，即母线差动保护有选择故障母线的能力。当运行的双母线的固定连接方式被破坏时，该保护将无选择故障母线的能力，而将双母线上所有连接的元件切除。

母联电流相位比较式母线差动保护主要是在母联断路器上使用比较两电流相量的方向元件，引入的一个电流量是母线上各连接元件电流的相量和即差电流，引入的另一个电流量是流过母联断路器的电流。在正常运行和区外短路时差电流很小，方向元件不动作；当母线故障不仅差电流很大且母联断路器的故障电流由非故障母线流向故障母线，具有方向性，因此方向元件动作且具有选择故障母线的能力。母联断路器断开，将失去方向性。

3. 画出双母线固定连接方式完全差动保护在发生区内、外故障时的电流分布图（每条母线两个元件），并说明母线差动保护动作情况。

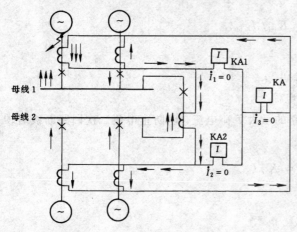

图 5-1　区外故障时的电流分布

答：按母联断路器只有一组电流互感器考虑，区内、外故障时的电流分布图分别见图 5-1、图 5-2。

区外故障启动元件 KA、选择元件 KA1、KA2 均无电流流过。区内母线 1 故障，启动元件 KA、选择元件 KA1 均有故障电流流过，选择元件 KA2 的电流为零，因此将母联断路器及连接在母线 1 上元件的断路器均动作跳闸。

4. 画出双母线固定连接破坏后在完全差动保护区内、外故障时的电流分布图，并说明母线差动保护动作情况。

答：破坏双母线的固定连接后，保护区外故障，选择元件 KA1、KA2 均流过部分短路电流，但启动元件 KA 无电流，故母线差动保护不会动作。其电流分布见图 5-3。

破坏双母线固定连接后，保护区内母线 1 故障时的电流分布见图 5-4。此时选择元件

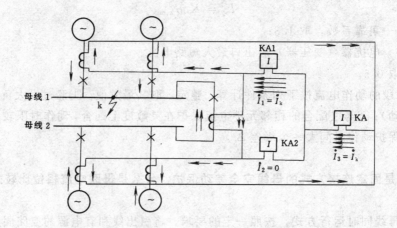

图 5-2　区内母线 1 故障时的电流分布

KA1、KA2 均流过短路电流。选择元件
KA1 流过的短路电流大，动作切母联断路
器及母线 1 上连接元件的断路器 QF1、
QF2。选择元件 KA2 流过的短路电流小，
如不动作，则通过 QF4 仍供给短路电流，
故障仍未消除。因此如破坏双母线固定连
接，则必须将选择元件 KA1、KA2 触
点短接，使母线差动保护变成无选择动
作，将母线 1、母线 2 上所有连接元件切
除。

**5. 试述电流相位比较式母线保护的
基本工作原理。**

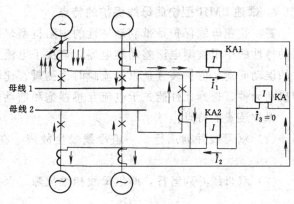

图 5-3　区外故障时的电流分布

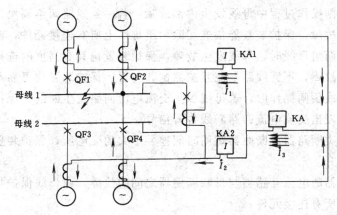

图 5-4　区内母线 1 故障时的电流分布

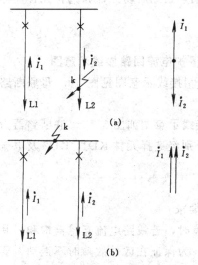

图 5-5　母线外部和内部
短路时电流相量图
(a) 外部短路；(b) 内部短路

答：无论是电流差动母线保护还是比较母联断路器的
电流相位与总差动电流相位的母线保护，其启动元件的动
作电流必须避越外部短路时的最大不平衡电流。这在母线
上连接元件较多、不平衡电流很大时，保护装置的灵敏度
可能满足不了要求。因此，出现了电流相位比较式母线保
护，其工作原理如下。

如图 5-5 所示的母线接线，当其正常运行或母线外部
短路时 [图 5-5 (a)]，电流 $\dot{I}_1$ 流入母线，$\dot{I}_2$ 流出母线，
它们的大小相等、相位相差 180°。当母线上发生短路时
[图 5-5 (b)]，短路电流 $\dot{I}_1$、$\dot{I}_2$ 均流向短路点，如果提供
$\dot{I}_1$、$\dot{I}_2$ 的电源的电动势同相位，且 $\dot{I}_1$、$\dot{I}_2$ 两支路的短
路阻抗角相同时，$\dot{I}_1$、$\dot{I}_2$ 就同相位，其相位角差为 0°。因
此，可由比相元件来判断母线上是否发生故障。这种母线
保护只反应电流间的相位，因此具有较高的灵敏度。

6. 试述 PMH 型快速母线保护的特点。

答：快速母线保护是带制动特性的中阻抗型母线差动保护，其选择元件是一个具有比率制动特性的中阻抗型电流差动继电器，解决了电流互感器饱和引起母线差动保护在区外故障时的误动问题。保护装置是以电流瞬时值测量、比较为基础的，母线内部故障时，保护装置的启动元件、选择元件能先于电流互感器饱和前动作，因此动作速度很快。

保护装置的特点：

（1）双母线并列运行，一组母线发生故障，在任何情况下保护装置均具有高度的选择性。

（2）双母线并列运行，两组母线相继故障，保护装置能相继跳开两组母线上所有连接元件。

（3）母线内部故障，保护装置整组动作时间不大于 10ms。

（4）双母线运行正常倒闸操作，保护装置可靠运行。

（5）双母线倒闸操作过程中母线发生内部故障：若一条线路两组隔离开关同时跨接两组母线时，母线发生故障，保护装置能快速切除两组母线上所有连接元件，若一条线路两组隔离开关非同时跨接两组母线时，母线发生故障，保护装置仍具有高度的选择性。

（6）母线外部故障，不管线路电流互感器饱和与否，保护装置均可靠不误动作。

（7）正常运行或倒闸操作时，若母线保护交流电流回路发生断线，保护装置经整定延时闭锁整套保护，并发出交流电流回路断线告警信号。

（8）在采用同类断路器或断路器跳闸时间差异不大的变电所，保护装置能保证母线故障时母联断路器先跳开。

（9）母联断路器的电流互感器与母联断路器之间的故障，由母线保护与断路器失灵保护相继跳开两组母线所有连接元件。

（10）在 500kV 母线上，使用暂态型电流互感器，当隔离开关双跨时，启动元件可不带制动特性。在 220kV 母线上，为防止隔离开关双跨时保护误动，因此启动元件和选择元件一样均有比率制动特性。

7. 试画出启动元件带或不带比率制动特性的母线差动保护电流回路接线示意图。

答：（1）启动元件不带比率制动特性的母线差动保护单相接线示意图见图 5-6。母联断路器的电流接入回路与母线上元件的电流接入回路相同。

（2）对启动元件带比率制动特性的母线差动保护单相接线示意图如图 5-7，母联断路器为专用，不兼旁路断路器，两母联断路器的电流互感器电流分别经选择元件 KD1、KD2 及电流回路断线信号继电器 KS 返回，不经启动元件 KD。

8. 中阻抗型快速母差保护对电流二次回路阻抗有什么要求？

答：中阻抗型快速母差保护的基本原理是，在外部故障时，若线路电流互感器饱和，其二次回路是个纯电阻，可以用它总的环路直流电阻来代替。为保证在区外故障时不误动，要求二次回路测量电阻 R_m 必须小于保护装置的稳定电阻 R。

（1）
$$R = \frac{K_{res}}{1 - K_{res}} R_d - \frac{R_{res}}{2}$$

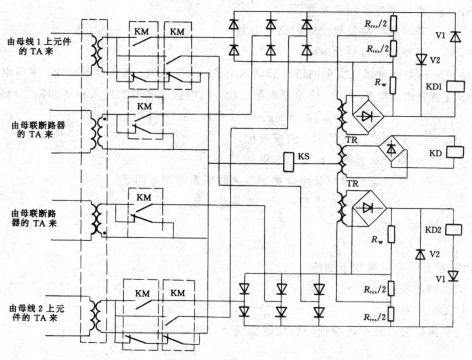

图 5-6 启动元件不带比率制动特性的母线差动保护单相接线示意图

R_{res}—制动电阻；R_w—工作电阻；KM—隔离开关切换继电器；KD—差动继电器（启动元件）；
KD1、KD2—差动继电器（选择元件）；KS—断线信号继电器；TR—整流变压器

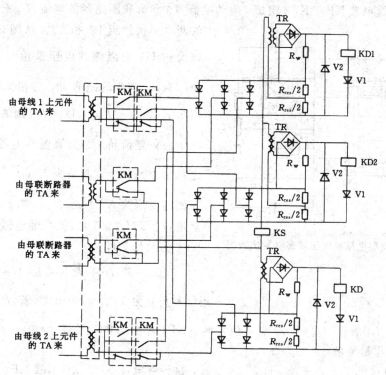

图 5-7 启动元件带比率制动特性的母线差动保护单相接线示意图

（设备文字符号含义同图 5-6）

式中　K_{res}——差动继电器制动系数；

R_d——差动继电器差流流经回路总电阻；

R_{res}——差动继电器制动电阻。

R_d值可由辅助变流器二次侧向继电器通入电流，测量电流、电压及其相角，求得电阻值。

（2）R_m值为由继电器端子（辅助变流器二次）向电流互感器二次入视的回路总电阻，即

$$R_m = n_{TAM}^2 (r_{2,TA} + 2r_l + r_{1,TAM}) + r_{2,TAM}$$

式中　n_{TAM}——辅助变流器 TAM 的变流比；

$r_{2,TA}$——电流互感器二次绕组电阻；

r_l——电流互感器与母线保护装置之间联系电缆电阻；

$r_{1,TAM}$、$r_{2,TAM}$——分别为辅助变流器一、二次绕组电阻。

（3）必须保证条件

$$R_m < R$$

如果条件不满足，可采取如下措施：

1）减小辅助变流器变比。

2）增加电缆截面。

3）与厂家研究，在不影响保护性能的前提下，将差回路电阻增大。

9. 简述整流型电流相位比较继电器的工作原理。

答：整流型电流相位比较继电器接线如图 5-8 所示。它主要由中间变流器 TAM、比较电路和两个执行继电器 KP1、KP2 组成，差动电流 $\dot{I}_d$ 和母联断路器的电流 $\dot{I}_m$ 分别流经 TAM 的两个一次绕组 L1 和 L2。从图 5-8 可以看出，整流桥 U1 交流侧的电压系由 $\dot{I}_d$ 产生的磁通 $\dot{\Phi}_d$ 与 $\dot{I}_m$ 产生的磁通 $\dot{\Phi}_m$ 之相量和所产生，其值为 $K(\dot{I}_d + \dot{I}_m)$，U1 直流侧的电压为 $K|\dot{I}_d + \dot{I}_m|$；整流桥 U2 交流侧的电压为 $\dot{\Phi}_d$ 与 $\dot{\Phi}_m$ 之相量差所产生，其值为 $K(\dot{I}_d - \dot{I}_m)$，U2 直流侧的电压为 $K|\dot{I}_d - \dot{I}_m|$。当 m 点电位高于 n 点电位，即 $U_{mn} > 0$ 时，执行继电器 KP1 动作，故 KP1 的动作条件为

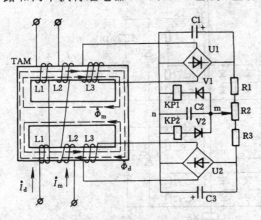

图 5-8　整流型电流相位比较继电器接线图

$$U_{mn} = K|\dot{I}_d + \dot{I}_m| - K|\dot{I}_d - \dot{I}_m| > 0$$

从上式可以看出，只有当 $\dot{I}_d$ 与 $\dot{I}_m$ 之相位差角 φ 为 $90° > \varphi > -90°$（若 $\dot{I}_d$ 越前 $\dot{I}_m$ 时，φ 取正值，则 $\dot{I}_d$ 落后 $\dot{I}_m$ 时，φ 取负值）时，KP1 才会动作，且在 $\varphi = 0°$（$\dot{I}_d$ 和 $\dot{I}_m$ 同相位）时，其动作最灵敏。

当 m 点电位低于 n 点电位，即 $U_{mn} < 0$ 时，执行继电器 KP2 动作，故 KP2 动作的条件为

$$U_{mn} = K|\dot{I}_d + \dot{I}_m| - K|\dot{I}_d - \dot{I}_m| < 0$$

从上式可以看出，只有当 $\dot{I}_d$ 与 $\dot{I}_m$ 之相位差角 φ 为 $270° > \varphi > 90°$ 时，KP2 才会动作，且在 $\varphi = 180°$ 时，其动作最灵敏。

10. 试述整流型相灵敏接线的电流相位比较继电器的工作原理。

答：相灵敏接线电流相位比较继电器的接线如图 5-9 所示。

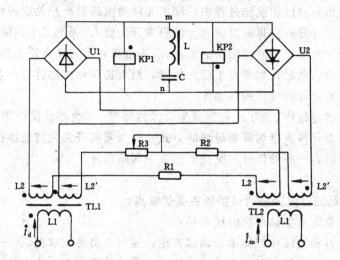

图 5-9　相灵敏接线的电流相位比较继电器的原理接线

继电器中采用两只电抗变压器 TL1 和 TL2。它们各有一个一次绕组 L1 和两个匝数相同的二次绕组 L2 和 L2′。TL1 的 L1 中通入总差动电流 $\dot{I}_d$，TL2 的 L1 中则通入母联断路器电流互感器的二次电流 $\dot{I}_m$。电抗变压器的铁芯中有气隙，因此其铁芯在大电流作用下不容易饱和。TL1 的二次绕组 L2 和 L2′ 两端的电压 $\dot{U}_1$ 均正比于电流 $\dot{I}_d$，TL2 的 L2 和 L2′ 两端的电压 $\dot{U}_2$ 均正比于电流 $\dot{I}_m$。将 TL1 的 L2 与 TL2 的 L2 同极性串联，输出的电压 $\dot{U}_1 + \dot{U}_2$ 则正比于电流 $\dot{I}_d + \dot{I}_m$。将 TL1 的 L2′ 与 TL2 的 L2′ 反极性串联，输出的电压 $\dot{U}_1 - \dot{U}_2$ 则正比于电流 $\dot{I}_d - \dot{I}_m$。电阻器 R1、R2、R3 用来调整回路的平衡。

把 $\dot{U}_1 + \dot{U}_2$ 加在整流桥 U1 上，把 $\dot{U}_1 - \dot{U}_2$ 加在整流桥 U2 上。U1 和 U2 构成循环电流式相灵敏接线。当 $|\dot{U}_1 + \dot{U}_2| > |\dot{U}_1 - \dot{U}_2|$ 时，m 点电位高于 n 点电位，继电器 KP1 动作；当 $|\dot{U}_1 + \dot{U}_2| < |\dot{U}_1 - \dot{U}_2|$ 时，n 点电位高于 m 点电位，继电器 KP2 动作。

11. 母线倒闸时，电流相位比较式母线差动保护应如何操作？

答：母线倒闸时，电流相位比较式母线差动保护应如下操作：

(1) 倒闸过程中不退出母线差动保护。

(2) 对于出口回路不自动切换的装置，倒闸后将被操作元件的跳闸连接片及重合闸放电连接片切换至与所接母线对应的比相出口回路。

（3）母联断路器兼旁路断路器作旁路断路器带线路运行时，倒闸后将停用母线的比相出口连接片和跳母联断路器连接片断开。因为此时所带线路的穿越性故障即相当于停用母线的内部故障。

12. 双母线完全电流差动保护在母线倒闸操作过程中应怎样操作？

答：在母线配出元件倒闸操作过程中，配出元件的两组隔离开关双跨两组母线，配出元件和母联断路器的一部分电流将通过新合上的隔离开关流入（或流出）该隔离开关所在母线，破坏了母线差动保护选择元件差流回路的平衡，而流过新合上的隔离开关的这一部分电流，正是它们共同的差电流。此时，如果发生区外故障，两组选择元件都将失去选择性，全靠总差流启动元件来防止整套母线保护的误动作。

在母线倒闸操作过程中，为了保证在发生母线故障时，母线差动保护能可靠发挥作用，需将保护切换成由启动元件直接切除双母线的方式。但对隔离开关为就地操作的变电所，为了确保人身安全，此时，一般需将母联断路器的跳闸回路断开。

13. 试述双母线完全电流差动保护的主要优缺点。

答：双母线完全电流差动保护的优点是：

（1）各组成元件和接线比较简单，调试方便，运行人员易于掌握。

（2）采用速饱和变流器可以较有效地防止由于区外故障一次电流中的直流分量导致电流互感器饱和引起的保护误动作。

（3）当元件固定连接时，母线差动保护有很好的选择性。

（4）当母联断路器断开时，母线差动保护仍有选择能力；在两组母线先后发生短路时，母线差动保护仍能可靠地动作。

其缺点为：

（1）当元件固定连接方式破坏时，若任一母线上发生短路故障，就会将两组母线上的连接元件全部切除。因此，它适应运行方式变化的能力较差。

（2）由于采用了带速饱和变流器的电流差动继电器，其动作时间较慢（约有 1.5～2 个周波的动作延时），不能快速切除故障。

（3）如果启动元件和选择元件的动作电流按避越外部短路时的最大不平衡电流整定，其灵敏度较低。

14. 试述母联电流相位比较式母线差动保护的主要优缺点。

答：这种母线差动保护不要求元件固定连接于母线，可大大地提高母线运行方式的灵活性。这是它的主要优点。但这种保护也存在缺点，主要有：

（1）正常运行时，母联断路器必须投入运行。

（2）当母线故障，母线差动保护动作时，如果母联断路器拒动，将造成由非故障母线的连接元件通过母联断路器供给短路电流，使故障不能切除。

（3）当母联断路器和母联断路器的电流互感器之间发生故障时，将会切除非故障母线，而故障母线反而不能切除。

（4）两组母线相继发生故障时，只能切除先发生故障的母线，后发生故障的母线因这时母联断路器已跳闸，选择元件无法进行相位比较而不能动作，因而不能切除。

15. 电流差动保护对电流互感器和中间变流器的误差有何要求？

答： 低阻抗型电流差动保护装置的正确工作有赖于电流互感器的正确传变。为了防止保护装置在区外故障时发生误动作，必须检查差电流回路中，在最不利的区外故障条件下，因电流互感器误差所引起的最大差电流。此差电流应低于差电流继电器动作电流的 $1/K_{rel}$ 倍。K_{rel} 为整定差电流继电器动作电流时所用的可靠系数，一般在 1.5 以上。当电流互感器装有为统一变比而用的中间变流器时，则上述电流互感器误差应为主电流互感器与中间变流器的综合误差。由于差电流继电器接入了速饱和变流器，所述区外故障差电流值，可按稳态数值计算。

对母线保护用的电流互感器，一般要求在最不利的区外故障条件下（通过电流互感器的电流最大，相应的二次回路阻抗最大，尤其注意不要忘记包括中间变流器的阻抗以及接地故障时二次零序回路的阻抗在内），误差电流不超过最大故障电流的 10%。

对中间变流器的误差要求，原则上与主电流互感器相同，但应比主电流互感器更严格，一般要求误差电流不超过最大区外故障电流的 5%。

差电流元件的动作值应按大于区外故障时电流互感器与中间变流器的最大综合误差电流整定。

16. 如何对中间变流器的最大误差电流进行检查？

答： 图 5-10 为带速饱和中间变流器的低阻抗型电流差动保护电流回路示意图。图中 Z_3' 为中间变流器 TAM 的二次漏抗与回路电阻。检查中间变流器 TAM 误差电流的条件和方法是：

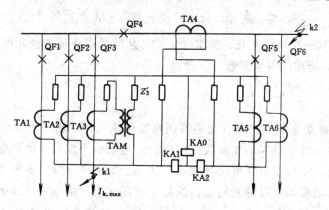

图 5-10　带速饱和中间变流器的低阻抗型电流差动
保护电流回路示意图

（1）保证区外故障时母线保护启动元件不误动作。此时故障点应设于断路器 QF3 出口，如图 5-10 中 k1 点故障。此时，流过电流互感器 TA3 的电流最大为 $I_{k,max}$，而通过选择元件 KA1 和启动元件 KA0 的电流只是误差电流 ΔI，其压降 $\Delta I Z_{KA1}$ 和 $\Delta I Z_{KA0}$，在回路中可以忽略不计。

如果此时中间变流器误差满足 $k\%$ 的要求，电流互感器满足 10% 误差的要求，则通过 KA1 和 KA0 的最大误差电流为

$$\Delta I_{max} < (10\% + k\%) I_{k,max} / K$$

式中　K——电流互感器 TA3 与中间变流器 TAM 的综合变比。

此电流也为整定启动元件 KA0 定值时的根据之一。

不计电流互感器和中间变流器的误差，此时流过 TAM 的二次电流为 $I_{k,max}/K$。据此，可以算出相应的二次电压为

$$U'_3 = I_{k,max}Z'_3/K$$

然后，查中间变流器 TAM 的二次伏安特性，如果在 U'_3 电压作用下，其励磁电流值不超过 $k\% I_{k,max}/K$，即可认为中间变流器 TAM 在区外故障时误差不超过 $k\%$，从而可以保证正确整定的启动元件 KA0 不误动作。

（2）保证在母线故障时，母线保护中非故障母线选择元件不误动作。此时故障点设于相邻母线，如图 5-10 中 k2 点故障。流过电流互感器 TA3 的一次电流 I_3 虽较小，但在启动元件 KA0 中，则流过全部故障电流 $I_{k,max}$，并产生较大压降 $I_{k,max}Z_{KA0}/K$，而通过选择元件 KA1 的电流只是误差电流，其压降在回路中也可以忽略不计。

如果 TA3 和 TAM 分别符合 10% 和 $k\%$ 的误差要求，则通过 KA1 的最大误差电流为

$$\Delta I_{max} = (10\% + k\%)I_3/K$$

此电流有时可能大于此时所有其他支路产生的误差电流（当该带中间变流器的电流互感器为母联断路器的电流互感器时，情况往往是这样），因而也作为整定选择元件 KA1 定值的根据之一。

假定电流互感器和中间变流器正确传变，此时 TAM 的二次电流为 I_3/K。据此，可以算得其相应的二次电压为

$$U'_3 = I_3Z'_3/K + I_{k,max}Z_{KA0}/K$$

然后，查中间变流器 TAM 的伏安特性，如果在 U'_3 电压作用下，其励磁电流不大于 KA1 动作电流的 $\dfrac{k\%}{K_{rel}\,(10\%+k\%)}$ 倍，则可认为中间变流器 TAM 在相邻母线故障时，未超过其允许误差（虽然可能与其一次电流相比，已超过 $k\%$），从而可以保证选择元件不误动作。K_{rel} 为整定 KA1 动作电流时所用的可靠系数，一般在 1.5 以上。

以上两个条件必须同时满足。

17. 在母线电流差动保护中，为什么要采用电压闭锁元件？怎样闭锁？

答：为了防止差动继电器误动作或误碰出口中间继电器造成母线保护误动作，故采用电压闭锁元件。它利用接在每组母线电压互感器二次侧上的低电压继电器和零序过电压继电器实现。三只低电压继电器反应各种相间短路故障，零序过电压继电器反应各种接地故障。

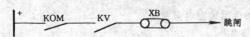

图 5-11　电压重动继电器 KV 触点串接
在跳闸回路中的闭锁方式

利用电压元件对母线保护进行闭锁，接线简单。防止母线保护误动接线是将电压重动继电器 KV 的触点串接在各个跳闸回路中（见图 5-11）。这种方式如误碰出口中间继电器 KOM 不会引起母线保护误动作，因此被广泛采用。

18. 试述双母线接线方式断路器失灵保护的设计原则。

答：断路器失灵保护设计原则：

（1）对带有母联断路器和分段断路器的母线，要求断路器失灵保护应首先动作于断开母联断路器或分段断路器，然后动作于断开与拒动断路器连接在同一母线上的所有电源支路的断路器，同时还应考虑运行方式来选定跳闸方式。

（2）断路器失灵保护由故障元件的继电保护启动，手动跳开断路器时不可启动失灵保护。

（3）在启动失灵保护的回路中，除故障元件保护的触点外，还应包括断路器失灵判别元件的触点，利用失灵分相判别元件来检测断路器失灵故障的存在。

（4）为从时间上判别断路器失灵故障的存在，失灵保护的动作时间应大于故障元件断路器跳闸时间和继电保护返回时间之和。

（5）为防止失灵保护的误动作，失灵保护回路中任一对触点闭合时，应使失灵保护不被误启动或引起误跳闸。

（6）断路器失灵保护应有负序、零序和低电压闭锁元件。对于变压器、发电机变压器组采用分相操作的断路器，允许只考虑单相拒动，应用零序电流代替相电流判别元件和电压闭锁元件。

（7）当变压器发生故障或不采用母线重合闸时，失灵保护动作后应闭锁各连接元件的重合闸回路，以防止对故障元件进行重合。

（8）当以旁路断路器代替某一连接元件的断路器时，失灵保护的启动回路可作相应的切换。

（9）当某一连接元件退出运行时，它的启动失灵保护的回路应同时退出工作，以防止试验时引起失灵保护的误动作。

（10）失灵保护动作应有专用信号表示。

19. 断路器失灵保护时间定值如何整定？

答：断路器失灵保护时间定值的基本要求：

断路器失灵保护所需动作延时，必须保证让故障线路或设备的保护装置先可靠动作跳闸，应为断路器跳闸时间和保护返回时间之和再加裕度时间。以较短时间动作于断开母联断路器或分段断路器，再经一时限动作于连接在同一母线上的所有有电源支路的断路器。一般使用精度高的时间元件，两段时限分别整定为 0.15s 和 0.3s。

20. 对 1 个半断路器接线方式或多角形接线方式的断路器失灵保护有哪些要求？

答：对于 1 个半断路器接线方式或多角形接线方式的断路器失灵保护有下述要求：

（1）鉴别元件采用反应断路器位置状态的相电流元件，应分别检查每台断路器的电流，以判别哪台断路器拒动。

（2）当 1 个半断路器接线方式的一串中的中间断路器拒动，或多角形接线方式相邻两台断路器中的一台断路器拒动时，应采取远方跳闸装置，使线路对端断路器跳闸并闭锁其重合闸的措施。

（3）断路器失灵保护按断路器设置。

21. 为什么设置母线充电保护？

答：母线差动保护应保证在一组母线或某一段母线合闸充电时，快速而有选择地断开有故障的母线。

为了更可靠地切除被充电母线上的故障，在母联断路器或母线分段断路器上设置相电流或零序电流保护，作为母线充电保护。

母线充电保护接线简单，在定值上可保证高的灵敏度。在有条件的地方，该保护可以作为专用母线单独带新建线路充电的临时保护。

母线充电保护只在母线充电时投入，当充电良好后，应及时停用。

22. 短引线保护起什么作用？

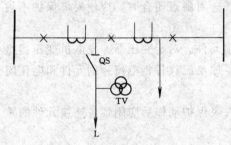

图 5-12　1个半断路器接线方式的
一串断路器

答：主接线采用1个半断路器接线方式的一串断路器，如图 5-12 所示。当一串断路器中一条线路 L 停用，则该线路侧的隔离开关 QS 将断开，此时保护用电压互感器 TV 也停电，线路主保护停用，因此该范围短引线故障，将没有快速保护切除故障。为此需设置短引线保护，即短引线纵联差动保护。在上述故障情况下，该保护可快速动作切除故障。

当线路运行，线路侧隔离开关 QS 投入时，该短引线保护在线路侧故障时，将无选择地动作，因此必须将该短引线保护停用。一般可由隔离开关 QS 的辅助触点控制，在 QS 合闸时使短引线保护停用。

电力变压器保护

第六章

1. 电力变压器的不正常工作状态和可能发生的故障有哪些？一般应装设哪些保护？

答：变压器的故障可分为内部故障和外部故障两种。变压器内部故障系指变压器油箱里面发生的各种故障，其主要类型有：各相绕组之间发生的相间短路，单相绕组部分线匝之间发生的匝间短路，单相绕组或引出线通过外壳发生的单相接地故障等。变压器外部故障系指变压器油箱外部绝缘套管及其引出线上发生的各种故障，其主要类型有：绝缘套管闪络或破碎而发生的单相接地（通过外壳）短路，引出线之间发生的相间故障等。

变压器的不正常工作状态主要包括：由于外部短路或过负荷引起的过电流、油箱漏油造成的油面降低、变压器中性点电压升高、由于外加电压过高或频率降低引起的过励磁等。

为了防止变压器在发生各种类型故障和不正常运行时造成不应有的损失，保证电力系统连续安全运行，变压器一般应装设以下继电保护装置：

（1）防御变压器油箱内部各种短路故障和油面降低的瓦斯保护。

（2）防御变压器绕组和引出线多相短路、大接地电流系统侧绕组和引出线的单相接地短路及绕组匝间短路的（纵联）差动保护或电流速断保护。

（3）防御变压器外部相间短路并作为瓦斯保护和差动保护（或电流速断保护）后备的过电流保护（或复合电压起动的过电流保护、负序过电流保护）。

（4）防御大接地电流系统中变压器外部接地短路的零序电流保护。

（5）防御变压器对称过负荷的过负荷保护。

（6）防御变压器过励磁的过励磁保护。

2. 变压器差动保护的不平衡电流是怎样产生的（包括稳态和暂态情况下的不平衡电流）？

答：变压器差动保护的不平衡电流产生的原因如下。

1. 稳态情况下的不平衡电流

（1）由于变压器各侧电流互感器型号不同，即各侧电流互感器的饱和特性和励磁电流不同而引起的不平衡电流。它必须满足电流互感器的 10% 误差曲线的要求。

（2）由于实际的电流互感器变比和计算变比不同引起的不平衡电流。

（3）由于改变变压器调压分接头引起的不平衡电流。

2. 暂态情况下的不平衡电流

（1）由于短路电流的非周期分量主要为电流互感器的励磁电流，使其铁芯饱和，误差增大而引起不平衡电流。

（2）变压器空载合闸的励磁涌流，仅在变压器一侧有电流。

3. 变压器励磁涌流有哪些特点？目前差动保护中防止励磁涌流影响的方法有哪些？

答：励磁涌流有以下特点。

（1）包含有很大成分的非周期分量，往往使涌流偏于时间轴的一侧。

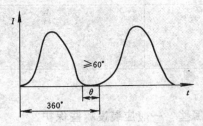

图 6-1 励磁涌流波形的间断角

（2）包含有大量的高次谐波分量，并以二次谐波为主。

（3）励磁涌流波形出现间断，如图 6-1 所示的 θ 角。

防止励磁涌流影响的方法有：

（1）采用具有速饱和铁芯的差动继电器。

（2）鉴别短路电流和励磁涌流波形的区别，要求间断角为 $60°\sim65°$。

（3）利用二次谐波制动，制动比为 $15\%\sim20\%$。

（4）利用波形对称原理的差动继电器。

4. 变压器比率制动的差动继电器制动线圈接法的原则是什么？

答：通常要求该保护装置在外部故障时具有可靠的选择性，流入保护的制动电流为最大；而在内部故障时，又有较高的灵敏度。因此，差动继电器制动线圈的接法原则一般为：

（1）变压器有电源侧电流互感器如接入制动线圈，则必须单独接入，不允许经多侧电流互感器并联后接入制动线圈。

（2）变压器无电源侧电流互感器必须接入制动线圈。

5. 试述变压器瓦斯保护的基本工作原理。

答：瓦斯保护是变压器的主要保护，能有效地反应变压器内部故障。

轻瓦斯保护的气体继电器由开口杯、干簧触点等组成，作用于信号。重瓦斯保护的气体继电器由挡板、弹簧、干簧触点等组成，作用于跳闸。

正常运行时，气体继电器充满油，开口杯浸在油内，处于上浮位置，干簧触点断开。当变压器内部故障时，故障点局部发生高热，引起附近的变压器油膨胀，油内溶解的空气被逐出，形成气泡上升，同时油和其他材料在电弧和放电等的作用下电离而产生气体。当故障轻微时，排出的气体缓慢地上升而进入气体继电器，使油面下降，开口杯产生以支点为轴的逆时针方向转动，使干簧触点接通，发出信号。

当变压器内部故障严重时，将产生强烈的气体，使变压器内部压力突增，产生很大的油流向油枕方向冲击，因油流冲击挡板，挡板克服弹簧的阻力，带动磁铁向干簧触点方向移动，使干簧触点接通，作用于跳闸。

6. 为什么差动保护不能代替瓦斯保护？

答：瓦斯保护能反应变压器油箱内的任何故障，如铁芯过热烧伤、油面降低等，但差动保护对此无反应。又如变压器绕组发生少数线匝的匝间短路，虽然短路匝内短路电流很大会造成局部绕组严重过热产生强烈的油流向油枕方向冲击，但表现在相电流上其量值却并不大，因此差动保护没有反应，但瓦斯保护对此却能灵敏地加以反应，这就是差动保护不能代替瓦斯保护的原因。

7. 画出 Y，d11 接线变压器差动保护的三相原理接线图（标出电流互感器的极性）。

答：Y，d11 接线变压器差动保护的三相原理接线图，如图 6-2 所示。

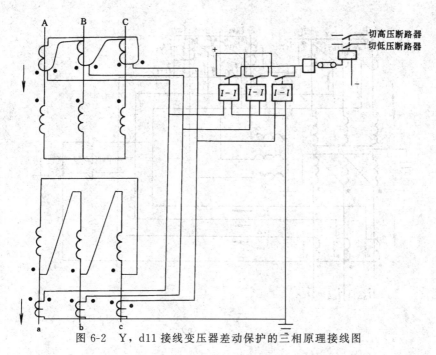

图 6-2　Y，d11 接线变压器差动保护的三相原理接线图

8. 画出 YN，yn0，d11（Y₀/Y₀/△—12—11）接线变压器差动保护接线图，并进行相量分析。

答：YN，yn0，d11 组变压器差动保护接线如图 6-3（a）所示。

其电流互感器的二次线电流，高压侧为

$$\dot{I}_{aY} = \dot{I}'_{aY} - \dot{I}'_{bY}$$

$$\dot{I}_{bY} = \dot{I}'_{bY} - \dot{I}'_{cY}$$

$$\dot{I}_{cY} = \dot{I}'_{cY} - \dot{I}'_{aY}$$

中压侧为

$$\dot{I}_{aY1} = \dot{I}'_{aY1} - \dot{I}'_{bY1}$$

$$\dot{I}_{bY1} = \dot{I}'_{bY1} - \dot{I}'_{cY1}$$

$$\dot{I}_{cY1} = \dot{I}'_{cY1} - \dot{I}'_{aY1}$$

低压侧为

$\dot{I}_{a\triangle}$、$\dot{I}_{b\triangle}$、$\dot{I}_{c\triangle}$ 与一次线电流同相。

正常时流入 A 相差动线圈的电流为

$$\dot{I}_{aY} - (\dot{I}_{aY1} + \dot{I}_{a\triangle}) = 0$$

流入 B 相和 C 相差动线圈的电流也同样为零。

9. 试绘制用于中性点直接接地的 YN，d5 接线的三相变压器三相三继电器式差动保护交流回路的原理图（图中标明极性）。

答：设 Y 侧三相端子为 A、B、C，△侧三相端子为 a、b、c。三相三继电器式的差动保

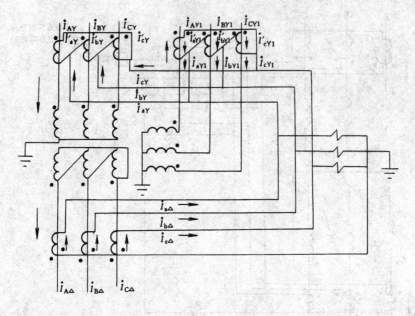

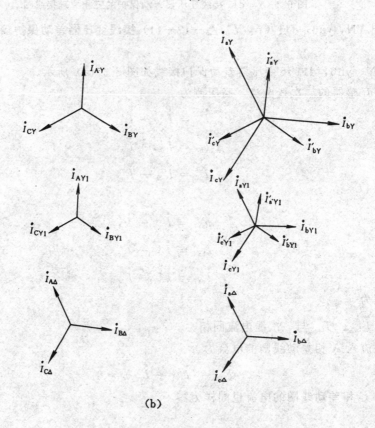

(b)

图 6-3　变压器差动保护

(a) 原理接线图；(b) 变压器高、中、低压侧线电流相量如图护交流回路原理接线图及相量图，如图 6-4 所示。

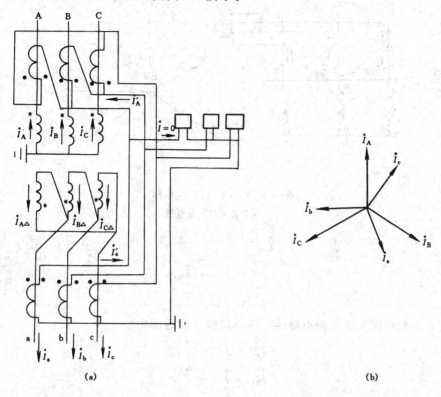

图 6-4　三相三继电器式的差动保护交流回路原理接线图及相量图

(a) 原理接线图；(b) 相量图

·—电流互感器极性符号；＊—变压器极性符号

相量图画出了高、低压两侧的线电流，由图 6-4 可知

$$\dot{I}_{B\triangle} - \dot{I}_{A\triangle} = \dot{I}_B - \dot{I}_A = \dot{I}_a$$

$$\dot{I}_{C\triangle} - \dot{I}_{B\triangle} = \dot{I}_C - \dot{I}_B = \dot{I}_b$$

$$\dot{I}_{A\triangle} - \dot{I}_{C\triangle} = \dot{I}_A - \dot{I}_C = \dot{I}_c$$

10. 有一台 **Y，d11** 接线的变压器，在其差动保护带负荷检查时，测得其 **Y** 侧电流互感器电流相位关系为 $\dot{I}_b$ 超前 $\dot{I}_a 150°$，$\dot{I}_a$ 超前 $\dot{I}_c 60°$，$\dot{I}_c$ 超前 $\dot{I}_b 150°$，且 I_b 为 **8.65A**，$I_a = I_c$ ＝**5A**，试分析变压器 **Y** 侧电流互感器是否有接线错误，并改正之（用相量图分析）。

答：变压器 Y 侧电流互感器 A 相极性接反，其接线及相量图如图 6-5 所示。

此时：$\dot{I}_{bY}$ 超前 $\dot{I}_{aY}$ 为 150°；

　　　$\dot{I}_{aY}$ 超前 $\dot{I}_{cY}$ 为 60°；

　　　$\dot{I}_{cY}$ 超前 $\dot{I}_{bY}$ 为 150°。

其中 $\dot{I}_{bY}$ 为 $\dot{I}_{cY}$、$\dot{I}_{aY}$ 的 $\sqrt{3}$ 倍，有

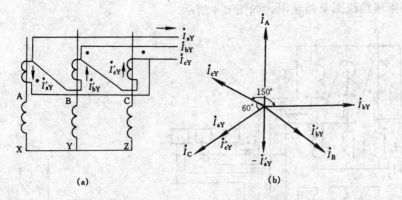

图 6-5 Y，d11 接线变压器

(a) 接线图；(b) 相量图

$$\dot{I}_{aY} = -\dot{I}'_{aY} - \dot{I}'_{bY}$$

$$\dot{I}_{bY} = \dot{I}'_{bY} - \dot{I}'_{cY}$$

$$\dot{I}_{cY} = \dot{I}'_{cY} + \dot{I}'_{aY}$$

改正：改变 A 相电流互感器绕组极性，使其接线正确后即为

$$\dot{I}_{aY} = \dot{I}'_{aY} - \dot{I}'_{bY}$$

$$\dot{I}_{bY} = \dot{I}'_{bY} - \dot{I}'_{cY}$$

$$\dot{I}_{cY} = \dot{I}'_{cY} - \dot{I}'_{aY}$$

11. BCH-2 型差动继电器有几组线圈？各线圈的作用是什么？如何整定？

答：差动继电器有差动线圈，平衡 Ⅰ 线圈，平衡 Ⅱ 线圈和短路线圈。

(1) 差动线圈具有动作作用。

(2) 平衡线圈是补偿由于变压器两侧电流互感器二次电流不等使速饱和变流器的磁化达到平衡。

(3) 短路线圈作用是为了躲避励磁涌流。

其整定程序如下：

(1) 按同一容量列表计算额定电压、一次额定电流、电流互感器接线方式、电流互感器变比、二次额定电流。然后确定基本侧电流。

(2) 差动电流的确定。

1) 按躲过变压器的励磁涌流

$$I_{op} = 1.3 I_N$$

2) 按躲过最大不平衡电流

$$I_{op} = K_{rel}(K_1 \Delta f_i + \Delta U + \Delta f) I_{k,max}$$

式中　K_{rel}——可靠系数；

　　　K_1——同型系数；

　　　Δf_i——电流互感器最大相对误差，取 0.1；

ΔU——由于调压引起的相对误差；

Δf——变比不能完全补偿的相对误差；

$I_{k,max}$——最大短路电流。

(3) 计算基本侧二次动作电流求出动作安匝（差动线圈匝数和平衡线圈 I 的匝数之和）

$$N_{op} = \frac{60}{I_{op}} = N_d + N_{bal\,I}$$

(4) 确定平衡线圈 Ⅱ 的匝数

$$N_{bal\,II} = N_{op}\frac{I_1}{I_2} - N_d$$

或

$$(N_d + N_{bal\,I})I_1 = (N_d + N_{bal\,II})I_2$$

(5) 匝数误差 Δf 的复核

$$\Delta f = \frac{N_{bal\,II} - N_{bal\,II,pr}}{N_{bal\,I} + N_d} \leqslant 0.05$$

式中　$N_{bal\,II}$——计算的平衡线圈 Ⅱ 的匝数；

$N_{bal\,II,pr}$——使用的平衡线圈 Ⅱ 的匝数。

(6) 校验灵敏系数。

12. 一台双绕组降压变压器，容量为 **15MVA**，电压比为 **35kV±2×2.5％/6.6kV，Y，d11** 接线，差动保护采用 **BCH-2** 型继电器。求 **BCH-2** 型继电器差动保护的整定值。

已知：

6.6kV 外部短路时最大三相短路电流为 9420A，最小三相短路电流为 7300A（已归算到 6.6kV 侧）；

35kV 侧电流互感器变比为 600/5，6.6kV 侧电流互感器变比为 1500/5；可靠系数 K_{rel} = 1.3。

解：按以下步骤进行计算：

(1) 算出各侧一次额定电流；确定二次回路额定电流。由于 6.6kV 侧的二次回路额定电流大于 35kV 侧的，因此 6.6kV 侧为基本侧（第 Ⅰ 侧）。

额定电压（kV）	35	6.6	额定电压（kV）	35	6.6
变压器一次额定电流（A）	$\frac{15000}{\sqrt{3}\times 35}=248$	$\frac{15000}{\sqrt{3}\times 6.6}=1315$	电流互感器变比	600/5=120	1500/5=300
电流互感器接线方式	△	Y	二次回路额定电流（A）	$\frac{\sqrt{3}\times 248}{120}=3.57$	$\frac{1315}{300}=4.38$
选择电流互感器一次电流计算值（A）	$\sqrt{3}\times 248=429$	1315			

(2) 计算保护装置 6.6kV 侧的一次动作电流。

1) 躲过变压器励磁涌流

$$I_{lop} = 1.3I_N = 1.3 \times 1315 = 1710(A)$$

2）躲过最大不平衡电流

$$I_{lop} = K_{rel}(K_1\Delta f_i + \Delta U + \Delta f)I_{k\cdot max}$$

$$= 1.3 \times (1 \times 0.1 + 0.05 + 0.05) \times 9420 = 2450(A)$$

因此，一次动作电流选用 2450A。

（3）确定线圈接法及匝数。

平衡线圈 I、II 分别接于 6.6kV 及 35kV 侧。计算基本侧一次动作电流

$$I_{2op} = \frac{I_{lop}}{n_2}K_1 = \frac{2450}{300} \times 1 = 8.16(A)$$

基本侧匝数 $N_{1\cdot ba} = \frac{AN_0}{I_{2op}} = \frac{60}{8.16} = 7.35$（匝）。

选择实用工作匝数 $N_{1\cdot pr} = 7$ 匝，

即 $N_{c\cdot pr} = 6$ 匝，$N_{bal\,1\cdot pr} = 1$ 匝。

在实用匝数下，6.6kV 侧继电器的动作电流为 $I_{2op} = \frac{AN_0}{N_{1\cdot pr}} = \frac{60}{7} = 8.56$（A）

（4）确定 35kV 侧平衡线圈匝数

$$N_{bal,ba} = N_{1\cdot pr}\frac{I_I}{I_{II}} - N_{c\cdot pr} = 7 \times \frac{4.38}{3.57} - 6 = 2.6(匝)$$

实用匝数取 $N_{bal\,II,pr} = 3$ 匝。

（5）计算由于实用匝数与计算匝数不等而产生的相对误差 Δf

$\Delta f = \frac{N_{bal\,II\cdot ba} - N_{bal\,II,pr}}{N_{bal\,II\cdot ba} + N_{c\cdot pr}} = \frac{2.6-3}{2.6+6} = -0.0465$，因 $\Delta f < 0.05$，故不需核算动作电流。

（6）初步确定短路线圈抽头：选 c—c′ 抽头（该抽头在继电器内部）。

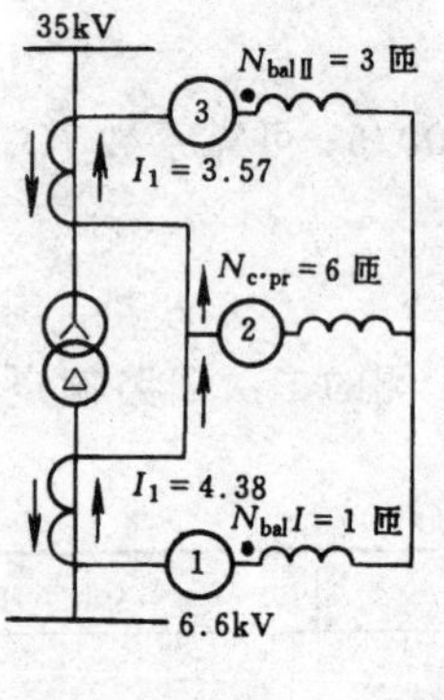

（7）校核灵敏系数。最小运行方式，6.6kV 侧两相短路的最小短路电流为 6320A，相当于 35kV 侧短路电流 $6320 \times \frac{6.6}{35} = 1192A$

$$I_{2op\cdot min} = \frac{\sqrt{3} \times 1192}{120} = 17.2A$$

$$I_{2op} = \frac{AN_0}{N_{bal\,II,pr} + N_{c,pr}} = \frac{60}{3+6} = 6.67A$$

灵敏系数　$K_{sen} = \frac{I_{2op\cdot min}}{I_{2op}} = \frac{17.2}{6.67} = 2.58 > 2.0$

图 6-6 所示为确定 BCH-2 型差动继电器各线圈极性关系图。

图 6-6　确定 BCH-2
型差动继电器各线圈
极性关系图

13. 试述 BCH-2 型差动继电器的工作原理。

答：BCH-2 型差动继电器是具有比较良好的躲过变压器励磁涌流特性的差动继电器。它由速饱和变流器和执行元件（DL-11/0.2 型电流继电器）两部分组成，其结构原理如图 6-7 所示。

速饱和变流器 A、C 两边柱的截面相等，并各为中间柱 B 截面的一半。速饱和变流器上绕有以下线圈：

（1）差动线圈 N_d 和两个平衡线圈 N_{bal1}、N_{bal2} 同向绕在中间柱 B 上，它们都起动作线圈的作用。流过它们的电流 $\dot{I}_d$ 产生的磁通 $\dot{\Phi}_d$ 自中间柱经两边柱 A（$\dot{\Phi}_{d\cdot BA}$）、C（$\dot{\Phi}_{d\cdot BC}$）构成两个闭合回路。

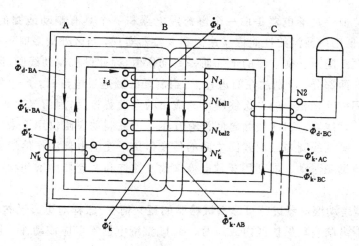

图 6-7　BCH-2 型差动继电器结构原理图

（2）二次线圈 N_2 绕在 C 边柱上，并与执行元件相连接。

（3）短路线圈分为 N_k'，N_k'' 两部分，分别绕在中间柱 B 和边柱 A 上。在 B、A 两柱所构成的闭合磁路内，N_k' 与 N_k'' 的绕向相同。N_k'' 的匝数为 N_k' 匝数的 2 倍。短路线圈内的电流 $\dot{I}_k$ 是 $\dot{\Phi}_d$ 在 $\dot{N}_k$ 中的感应电流。$\dot{I}_k$ 流过 N_k'、N_k''，又分别在 B 柱和 A 柱中产生磁通 $\dot{\Phi}_k'$ 和 $\dot{\Phi}_k''$。$\dot{\Phi}_k'$ 自 B 柱经两边柱 A（$\dot{\Phi}_{k\cdot BA}'$）、C（$\dot{\Phi}_{k\cdot BC}'$）构成两个闭合回路。$\dot{\Phi}_k''$ 自 A 柱经中间柱 B（$\dot{\Phi}_{k\cdot AB}''$）、边柱 C（$\dot{\Phi}_{k\cdot AC}''$）构成两个闭合回路。$\dot{\Phi}_k'$ 与 $\dot{\Phi}_d$ 方向相反，故 $\dot{\Phi}_k'$ 属于去磁性质。

C 柱内的合成磁通（$\dot{\Phi}_{d\cdot BC} + \dot{\Phi}_{k\cdot AC}'' - \dot{\Phi}_{k\cdot BC}'$）在 N_2 中感应的电流达一定值时，执行元件动作。由此可以看出，继电器动作是靠两条传变路径实现的：一条是从 N_d（$\dot{\Phi}_{d\cdot BC}$）直接传变到 N_2 中；另一条是由 N_d 先传变到 $\dot{N}_k'$ 在其内感应电流 $\dot{I}_k$，再由 N_k''（$\dot{\Phi}_{k\cdot AC}''$）传变到 N_2 中，这个传变称为二次传变。当通入正弦电流因 $\dot{\Phi}_{k\cdot BC}'$ 与 $\dot{\Phi}_{k\cdot AC}''$ 相抵消，短路线圈不起作用。

当变压器空载投入或在其纵差保护范围外短路时，N_d（或 N_d、N_{bal1}、N_{bal2}）中流过含有较大非周期分量的励磁涌流或不平衡电流。非周期分量电流是衰减的直流电流，它极少能传变到短路线图 N_k'、N_k'' 和二次线圈 N_2，而是作为励磁电流产生直流磁通使变流器铁芯迅速饱和，从而使铁芯的磁阻大大增大，这就会使 C 柱中的磁通 $\dot{\Phi}_{d\cdot BC}$ 大大减小。另外，再看短路线圈的作用，由于磁路饱和，使 $\dot{I}_k$ 减小，$\dot{I}_k N_k'$、$\dot{I}_k N_k''$ 也随之减小。由于 A 柱到 C 柱的磁路较长，漏磁增大，使 C 柱中的助磁磁通 $\dot{\Phi}_{k\cdot AC}''$ 大为减小；而 B 柱到 C 柱的磁路较短，漏磁相对较小，所以 C 柱中的去磁磁通 $\dot{\Phi}_{k\cdot BC}'$ 的减小不象 $\dot{\Phi}_{k\cdot AC}''$ 减小得那么显著，但仍有一定的去磁作用，因此 C 柱中的合成磁通（$\dot{\Phi}_{d\cdot BC} + \dot{\Phi}_{k\cdot AC}'' - \dot{\Phi}_{k\cdot BC}'$）减小得很多。这就是说，由于非周期分量电流的作用，要想使继电器动作，就得增大 N_d 中的正弦电流。此即 BCH-2 型继电器具有良好的躲过励磁涌流特性的根本原因。

14. 试述带制动特性的 BCH-1型差动继电器的工作原理。

答：BCH-1型差动继电器是由一个电流继电器和一个具有制动线圈的速饱和变流器构成。其躲避变压器励磁涌流的性能依靠速饱和变流器实现，当区外故障时不平衡电流增加，为使继电器动作电流随不平衡电流的增加而提高动作值，因此设有制动线圈。制动线圈和二次线圈均分成相等的两部分，分别放在两边柱上。当制动线圈通过电流时，产生的磁通仅流过两边柱而不流过中间柱并在相等的二次线圈中感应出的电动势相反，因而二次线圈输出电压为零，即制动线圈和差动线圈、二次线圈之间没有互感，因此制动安匝仅用于来磁化速饱和变流器的铁芯，恶化了差动线圈与二次线圈之间的传变作用，使继电器动作值增大，因此继电器的基本原理是交流助磁制动，即利用穿越电流来改变速饱和变流器的饱和状况。

15. BCH 型差动继电器进行可靠系数检验的意义何在？怎样对可靠系数进行调整？

答：变压器纵联差动保护区内故障时，BCH 型继电器不但应该动作，且要求有足够的灵敏度。可靠系数就是对该项要求的考核指标。它是以无制动情况下继电器在起始动作安匝时执行元件的动作电流 $I_{op \cdot 0}$ 为基准，然后再拿继电器2倍动作安匝下执行元件的动作电流 $I_{op \cdot 2}$ 与其相比较，其比值称可靠系数。检验规程要求 BCH 型差动继电器2倍动作电流可靠系数 $K_{rel} = \dfrac{I_{op \cdot 2}}{I_{op \cdot 0}} \geqslant 1.2$。当 K_{rel} 不能满足要求时，应降低执行元件的动作电压。这时虽然可靠系数增大，但直流助磁特性曲线陡度变小，躲过励磁涌流的性能减弱，因此在做 BCH 型继电器的调整试验时要两者兼顾。

16. 检验规程对 BCH 型差动继电器的整组伏安特性是怎样要求的？若不符合要求应怎样调整？

答：继电保护检验规程对于 BCH 型差动继电器的伏安特性的要求是：2倍动作安匝时，执行元件端子上的电压 U_2 与1倍动作安匝时执行元件端子上的电压 U_1 之比 $\dfrac{U_2}{U_1} \geqslant 1.15$；5倍动作安匝时，执行元件端子上的电压 U_5 与 U_1 之比 $\dfrac{U_5}{U_1} \geqslant 1.3$。

若试出的伏安特性曲线不符合要求，可改变速饱和变流器铁芯的组合方式。铁芯的硅钢片在每片对叠时伏安特性最高，特别是对伏安特性的开始部分提高得更显著。每数片一组对叠时，伏安特性就低些，且每组的片数越多，伏安特性就越低。在改变铁芯组合时，只需把速饱和变流器从继电器底座上卸下，拧掉紧固铁芯的螺钉即可进行，而不需要拆掉各绕组抽头引向面板背面的螺丝。

17. 简述 BCH-1型差动继电器的制动特性检验要求，并画出其试验接线图。

答：其试验接线图如图6-8所示。

设：I_{A1} 为制动电流，$N_{res} = 14$ 匝；I_{A2} 为动作电流，$N_{op} = N_d + N_{bal} = 39$ 匝。

试验时，先加 I_{A1}，再增加 I_{A2}，测其动作值 I_{op}。则制动安匝 $= 14 I_{A1}$，动作安匝 $= 39 I_{A2} = 39 I_{op}$。

录取制动电流滞后于动作电流的 φ 角为0°，30°，60°，90°情况下的制动特性曲线，如图6-9所示。

$\varphi = 0°$，动作电流接 U_{AB}；$\varphi = 30°$，动作电流接 U_{NB}；$\varphi = 60°$，动作电流接 U_{CB}；$\varphi = 90°$，动

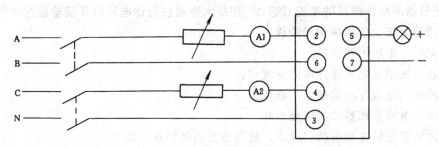

图 6-8　BCH-1型差动继电器制动特性试验接线图

作电流接 U_{CN}。

检验要求：所有曲线应在厂家供给的制动特性曲线最高与最低两条曲线之间。当制动安匝为280安·匝时，动作安匝为252～375安·匝。

18. 简述 BCH-2型差动继电器的直流助磁特性检验要求，并画出其试验接线图。

答：其试验接线图，如图6-10所示。

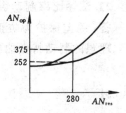

图 6-9　制动特性曲线

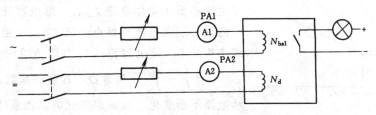

图 6-10　BCH-2型差动继电器直流助磁特性试验接线图

直流加到差动线圈（20匝）。交流加到平衡线圈（19匝），交流动作电流为 $\frac{19}{20}I_{A1}=0.95I_{A1}$。

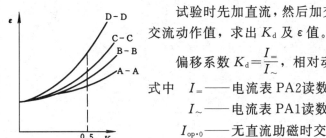

图 6-11　直流助磁特性曲线

试验时先加直流，然后加交流，直至继电器动作，记下直流值及交流动作值，求出 K_d 及 ε 值。

偏移系数 $K_d=\dfrac{I_=}{I_\sim}$，相对动作电流系数 $\varepsilon=\dfrac{I_{op}}{I_{op\cdot0}}$

式中　$I_=$——电流表 PA2 读数；

　　　$I_\sim$——电流表 PA1 读数；

　　　$I_{op\cdot0}$——无直流助磁时交流动作电流。

要求 ε 值≥厂家的规定值，K_d 值达到0.5。

图6-11为其直流助磁特性曲线。

19. 谐波制动的变压器差动保护中为什么要设置差动速断元件？

答：设置差动速断元件的主要原因是：为防止在较高的短路电流水平时，由于电流互感器饱和时高次谐波量增加，产生极大的制动力矩而使差动元件拒动，因此设置差动速断元件，当短路电流达到4～10倍额定电流时，速断元件快速动作出口。

20. 变压器差动保护用的电流互感器，在最大穿越性短路电流时其误差超过10％，此时应采取哪些措施来防止差动保护误动作？

答：此时应采取下列措施：

（1）适当地增加电流互感器的变流比。

（2）将两组电流互感器按相串联使用。

（3）减小电流互感器二次回路负荷。

（4）在满足灵敏度要求的前提下，适当地提高保护动作电流。

21. 试述比率制动纵差保护的简易整定法。

答：纵差保护为防止区外故障引起不平衡的差动电流造成误动作，采取了比率制动特性。理想的制动特性曲线为通过原点，且斜率为制动系数 K 的一条直线，如图6-12中的 BC 直线。

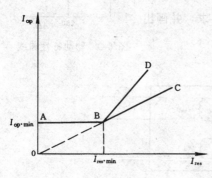

图 6-12　比率制动特性曲线

在变压器内部短路，当短路电流较小时，应无制动作用，使之灵敏动作，为此制动特性是具有一段水平线的比率制动特性，如图6-12中的 ABC 折线。水平线的动作电流称最小动作电流 $I_{op·min}$，继电器开始具有制动作用的最小制动电流称拐点电流 $I_{res·min}$，由于制动特性曲线中折线不一定通过原点0，如图 ABD 折线，只有斜率 $m = \dfrac{I_{op} - I_{op·min}}{I_{res} - I_{res·min}}$ 为常数，而制动系数 $K = \dfrac{I_{op}}{I_{res}}$ 却随制动电流不断变化，故整定的比率制动系数 K_b 实质上是折线的斜率 m。

为防止区外故障时误动，依靠的是制动系数 K，而不是斜率 m，因此必须使各点的 K 值均满足选择性及灵敏性，使继电器的制动特性曲线位于理想的制动特性曲线上部。

制动特性曲线由下述三个定值决定：

（1）比率制动系数 K_b。

（2）拐点电流 $I_{res·min}$。

（3）最小动作电流 $I_{op·min}$。

1. 比率制动系数 K_b 的整定

$$K_b = K_{rel}(k_1 f_i + \Delta U + \Delta f)$$

式中　K_{rel}——可靠系数，取1.3～1.5；

　　　K_1——电流互感器同型系数，取1.0；

　　　f_i——电流互感器的最大相对误差，满足10％误差，取0.1；

　　　ΔU——变压器由于调压所引起的相对误差，取调压范围中偏离额定值的最大值；

　　　Δf——变压器经过电流互感器（包括自耦变流器）变比，不能完全补偿所产生的相对误差。微机保护软件可以完全补偿，$\Delta f = 0$。

K_b 一般在0.3～0.5中选取。

2. 拐点电流 $I_{res·min}$ 的整定

一般整定在（0.8～1.0）倍变压器额定电流。微机保护整定为变压器额定电流。

3.最小动作电流 $I_{op \cdot min}$ 的整定

按满足制动特性的要求整定，使制动系数不随制动电流而变化，则最小动作电流与拐点电流相互关系如下：

设变压器额定电流 I_N，当拐点电流为 I_N 时，则 $I_{op \cdot min} = K_b I_N$。当拐点电流为 kI_N 值时，则 $I_{op \cdot min} = kK_b I_N$（$k = 0.8 \sim 1.0$）。

按上述整定，均能满足选择性和灵敏系数，可不再校验灵敏系数。

22. 简述变压器零序纵联差动保护的应用与特点。

答：变压器星形接线的一侧，如中性点直接接地，则可装设变压器零序纵联差动保护。零序差动回路由变压器中性点侧零序电流互感器和变压器星形侧电流互感器的零序回路组成。该保护对变压器绕组接地故障反应较灵敏。同样，对自耦变压器也可设置零序纵联差动保护，要求高压侧、中压侧和中性点侧的电流互感器应采用同类型电流互感器，而且各侧的变比相等。

运行经验说明，零序纵联差动保护用工作电压和负荷电流检验零序纵联差动保护接线的正确性较困难。在外部接地故障，有由于极性接错而造成的误动作。该保护的正确动作率较低。

变压器零序纵联差动保护的差动继电器可采用 BCH-2 型速饱和差动继电器或比率制动特性的差动继电器。

23. 对新安装的差动保护在投入运行前应做哪些试验？

答：对其应做如下检查。

（1）必须进行带负荷测相位和差电压（或差电流），以检查电流回路接线的正确性。

1）在变压器充电时，将差动保护投入。

2）带负荷前将差动保护停用，测量各侧各相电流的有效值和相位。

3）测各相差电压（或差电流）。

（2）变压器充电合闸5次，以检查差动保护躲励磁涌流的性能。

24. 运行中的变压器瓦斯保护，当现场进行什么工作时，重瓦斯保护应用"跳闸"位置改为"信号"位置运行。

答：当现场进行下述工作时，重瓦斯保护应由"跳闸"位置改为"信号"位置运行。

（1）进行注油和滤油时。

（2）进行呼吸器畅通工作或更换硅胶时。

（3）除采油样和气体继电器上部放气阀放气外，在其他所有地方打开放气、放油和进油阀门时。

（4）开、闭气体继电器连接管上的阀门时。

（5）在瓦斯保护及其二次回路上进行工作时。

（6）对于充氮变压器，当油枕抽真空或补充氮气时，变压器注油、滤油、充氮（抽真空）、更换硅胶及处理呼吸器时，在上述工作完毕后，经1h试运行后，方可将重瓦斯保护投入跳闸。

25. 何谓复合电压过电流保护？

答：复合电压过电流保护是由一个负序电压继电器和一个接在相间电压上的低电压继电器共同组成的电压复合元件，两个继电器只要有一个动作，同时过电流继电器也动作，整套装置即能启动。

该保护较低电压闭锁过电流保护有下列优点：

（1）在后备保护范围内发生不对称短路时，有较高的灵敏度。

（2）在变压器后发生不对称短路时，电压启动元件的灵敏度与变压器的接线方式无关。

（3）由于电压启动元件只接在变压器的一侧，故接线比较简单。

26. 在 Y，d11接线变压器△侧发生某一种两相短路时，对Y侧过电流和低电压保护有何影响？如何解决？

答：在 Y，d11接线变压器的△侧发生两相短路时，设短路电流为 I_k，在 Y 侧有两相的相电流各为 $\dfrac{1}{2} \times \dfrac{I_k}{\dfrac{\sqrt{3}}{2}} = I_k/\sqrt{3}$，有一相的相电流为 $2\dfrac{I_k}{\sqrt{3}}$。如果只有两相有电流继电器，则有 $\dfrac{1}{3}$ 的两相短路机率短路电流减少一半。

在△侧，非故障相电压为正常电压，故障相的相间电压降低。当变压器△侧出口故障时，相间电压为0V 但反应到 Y 侧的相电压有一相为0V，另两相为大小相等、方向相反的相电压。此时，Y 侧绕组接相间电压时，就不能正确反映故障相间电压；如 Y 侧绕组接相电压，则在 Y 侧发生两相短路时也不能正确反映故障相间电压。

解决办法：

（1）变压器 Y 侧的电流互感器为 Y 接法，则需每相均设电流继电器，即三相式电流继电器；如为两相式电流互感器，则 B 相电流继电器接中性线电流（—B 相）。

（2）变压器高低压两侧均设三个电压元件接相间电压，即6块电压继电器，或设负序电压元件和单元件低压元件（接相间电压）。

27. 为防止变压器、发电机后备阻抗保护电压断线误动应采取什么措施？

答：必须同时采取下述措施。

（1）装设电压断线闭锁装置。

（2）装设电流突变量元件或负序电流突变量元件作为启动元件。

28. 变压器中性点间隙接地的接地保护是怎样构成的？

答：变压器中性点间隙接地的接地保护采用零序电流继电器与零序电压继电器并联方式，带有0.5s 的限时构成。

当系统发生接地故障时，在放电间隙放电时有零序电流，则使设在放电间隙接地一端的专用电流互感器的零序电流继电器动作；若放电间隙不放电，则利用零序电压继电器动作。当发生间歇性弧光接地时，间隙保护共用的时间元件不得中途返回，以保证间隙接地保护的可靠动作。

29. 何谓变压器的过励磁保护？

答：根据变压器的电压表达式 $U=4.44fNBS\times10^{-8}$，可以写出变压器的工作磁密 B 的表达式为

$$B=\frac{10^8}{4.44NS}\times\frac{U}{f}=K\frac{U}{f}\tag{6-1}$$

式中　f——频率，Hz；

　　　N——绕组匝数；

　　　S——铁芯截面积，m^2；

　　　K——对于给定的变压器，K 为一常数；$K=\dfrac{10^8}{4.44NS}$。

由式（6-1）可以看出，工作磁密 B 与电压、频率之比 U/f 成正比，即电压升高或频率下降都会使工作磁密增加。现代大型变压器，额定工作磁密 $B_N=1.7\sim1.8T$，饱和工作磁密为 $B_s=1.9\sim2.0T$，两者相差不大。当 U/f 增加时，工作磁密 B 增加，使变压器励磁电流增加，特别是在铁芯饱和之后，励磁电流要急剧增大，造成变压器过励磁。过励磁会使铁损增加，铁芯温度升高；同时还会使漏磁场增强，使靠近铁芯的绕组导线、油箱壁和其他金属构件产生涡流损耗，发热，引起高温，严重时要造成局部变形和损伤周围的绝缘介质。因此，对于现代大型变压器，应装设过励磁保护。反应比值 U/f 的过励磁继电器已得到应用。

30. 双绕组自耦变压器两侧电量是什么关系？

答：双绕组自耦变压器接线如图6-13所示。

由图6-11（c）可知，N_1 称为串联绕组，N_2 称为公共绕组。显然变压器的一次绕组为 N_1+

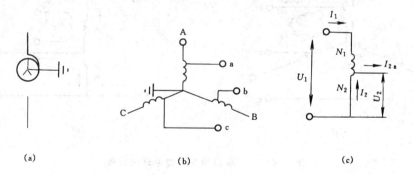

（a）　　　　　　　　（b）　　　　　　　　（c）

图6-13　双绕组自耦变压器原理接线

（a）符号图；（b）三相图；（c）单相图

N_2，二次绕组为 N_2，故自耦变压器的变比为

$$K_{12}=\frac{U_1}{U_2}=\frac{N_1+N_2}{N_2}=1+\frac{N_1}{N_2}=\frac{I_{2a}}{I_1}\tag{6-2}$$

或

$$\frac{N_1}{N_2}=K_{12}-1$$

从电流来看

$$\dot{I}_{2a}=\dot{I}_1+\dot{I}_2\tag{6-3}$$

式中　I_1——原方电流，也是串联绕组电流；

　　　I_2——公共绕组中的电流。

根据磁势平衡方程得

$$\dot{I}_1(N_1 + N_2) - \dot{I}_{2a}N_2 = 0 \tag{6-4}$$

由式（6-3）、式（6-4），得 $\dot{I}_1N_1 - \dot{I}_2N_2 = 0$

故

$$\dot{I}_2 = \frac{N_1}{N_2}\dot{I}_1 = (K_{12} - 1)\dot{I}_1 = \left(1 - \frac{1}{K_{12}}\right)\dot{I}_{2a}, \tag{6-5}$$

于是可得出两侧电量的关系为

$S_N = \sqrt{3}\,I_1U_1 = \sqrt{3}\,I_{2a}U_2$，称为自耦变压器的额定容量，也称最大容量或通过容量。而公共绕组中的容量（称计算容量）为

$$S_2 = \sqrt{3}\,I_2U_2 = \sqrt{3}\,I_{2a}\left(1 - \frac{1}{K_{12}}\right)U_2$$

$$= S_N\left(1 - \frac{1}{K_{12}}\right)$$

由上面两式可知：自耦变压器两侧额定容量相等，为 S_N，而公共绕组容量仅为 $S_2 = \left(1 - \frac{1}{K_{12}}\right)S_N$。如 $K_{12} = 2$，则 $S_2 = \frac{1}{2}S_N$，即公共绕组容量为额定容量的一半。

31. 三绕组自耦变压器各侧电量的关系是什么？

答：三绕组自耦变压器原理接线如图6-14所示。

各绕组的有关符号和上题双绕组一样，只是加了第3绕组 N_3。

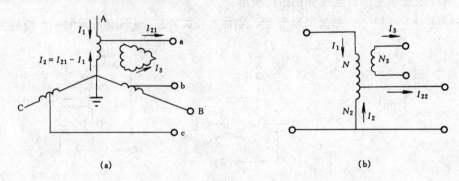

图6-14　三绕组自耦变压器原理接线图

（a）三相图；（b）单相图

由图6-14可知：高、中压绕组之间的电量关系与双绕组自耦变压器完全一样。而高、低压绕组和中、低压绕组之间的电量关系和普通磁耦合的关系一样。按中、低压绕组传输功率的关系看，由于公共绕组中，只能通过电流 I_2，故低压绕组的最大容量只能等于自耦变压器的计算容量，即

$$S_3 = \sqrt{3}\,U_3I_3 = S_N\left(1 - \frac{1}{K_{12}}\right)$$

如果 $K_{12} = 2$，则 $S_3 = \frac{1}{2}S_N$，即低压绕组只有高、中压绕组容量的1/2。当高、中压之间的变比 K_{12} 为2时，高、中、低三侧的容量关系为：$1 : 1 : \frac{1}{2}$。

32. 自耦变压器过负荷保护有什么特点？

答：由于三绕组自耦变压器各侧绕组的容量关系不一样，即为 $S_1:S_2:S_3=1:1:\left(1-\dfrac{1}{K_{12}}\right)$，这就和功率传送的方向有关系了，否则可能出现一侧、两侧不过负荷，而另一侧已经过负荷了。因此不能以一侧不过负荷来判定其他侧也不过负荷，一般各侧都应设过负荷保护，至少要在送电侧和低压侧各装设过负荷保护。

33. 怎样做自耦变压器零序差动保护相量检查？

答：其相量检查做法如下。

（1）取任一侧电压互感器电压为基准电压。

（2）将 220kV、110kV 和公共侧 B、C 相电流互感器二次短路并与差回路断开，此时差回路仅流入 A 相电流，分别测三侧电流值、电流相位和继电器差电压，当低压侧停运时，220kV 和公共侧电流相位相同，其相量与110kV 侧电流相位差180°。

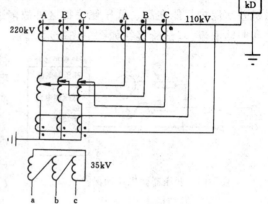

图6-15　零序差动保护正确接线图

（3）将低压侧带负荷，差电压不应有大的变化。

（4）短接 C、A 相电流互感器，差回路通入 B 相电流，测试结果应同（2）项。

（5）短接 A、B 相电流互感器，差回路通入 C 相电流，测试结果应同（2）项。

（6）零序差动保护正确接线如图6-15所示。

34. 变压器微机保护装置有什么特点？其设计要求是什么？

答：微机保护装置较常规保护有下述特点：

（1）性能稳定，技术指标先进，功能全，体积小。

（2）可靠性高，自检功能强。

（3）灵活性高，硬件规范化、模块化，互换性好，软件编制可标准化、模块化，便于功能的扩充。

（4）调试、整定、运行维护简便。

（5）具有可靠的通信接口，接入厂、站的微机，可使信息分析处理后集中显示和打印。

变压器微机保护装置的设计要求：

（1）220kV 及以上电压等级变压器配置两套独立完整的保护（主保护及后备保护），以满足双重化的原则。

（2）变压器微机保护所用的电流互感器二次侧采用 Y 接线，其相位补偿和电流补偿系数由软件实现，在正常运行中显示差流值，防止极性、变比、相别等错误接线，并具有差流超限报警功能。

（3）气体继电器保护跳闸回路不进入微机保护装置，直接作用于跳闸，以保证可靠性，但用触点向微机保护装置输入动作信息显示和打印。

（4）设有液晶显示，便于整定、调试、运行监视和故障、异常显示。

（5）具备高速数据通信网接口及打印功能。

35. 试述变压器微机差动保护的比率制动特性曲线的测试方法。

答：常规保护测试制动特性曲线可在差动绕组与制动绕组分别通动作电流及制动电流，但微机差动保护只能在高、低压侧模拟区外故障通入电流测试，因此需要经过计算求得动作电流和制动电流。其试验接线如图6-16所示。

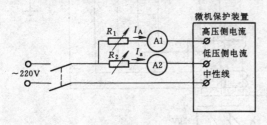

图6-16 变压器微机差动保护比率
制动特性测试接线

为简化计算，在变压器接线组别为 Y，y0，电流互感器变比的电流补偿系数为1的条件下测试。

第一类两绕组制动特性纵差，设高压侧电流为 I_A，低压侧电流为 I_a，模拟区外故障，首先调整 R_1 及 R_2，使 $I_A=I_a$，即 $I_{op}=0$，然后固定 I_a，调整 R_1 使 I_A 改变以增大差电流 I_{op}，冲击加电流，使继电器动作。

此时　动作电流　$I_{op}=I_A-I_a$

制动电流　$I_{res}=I_A+I_a$

则　制动系数（斜率）$K_b=\dfrac{I_{op}-I_{op\cdot min}}{I_{res}-I_{res\cdot min}}$

式中　$I_{op\cdot min}$——最小动作电流（$I_a=0$）；

$I_{res.min}$——拐点电流。

重复上述调整，固定不同的 I_a 值，然后调整不同的 I_A，冲击加电流使继电器动作，计算 I_{op} 和 I_{res}，可得出折线，当 $I_a \leqslant I_{res\cdot min}$，则 $I_A=I_{op\cdot min}$。

要求测试的 K_b 与整定的 K_b 相符。

第二类多绕组制动特性纵差，各侧电流同极性相加组成动作电流，取各侧电流中的最大值电流为制动电流。区外故障，差电流为不平衡电流，制动电流为最大侧的故障电流。

设高压侧电流为 I_A，低压侧电流为 I_a，模拟区外故障，制动曲线测试方法与第一类差动继电器相同，此时减少电流 I_A 以增大差电流 I_{op}，但计算方法不同。

此时　动作电流　$I_{op}=I_a-I_A$

制动电流　$I_{res}=I_a$

36. 试述500kV自耦变压器微机保护装置的配置。

答：500kV自耦变压器微机保护装置的配置叙述如下。

1. 启动方式

（1）主保护启动量。各侧相电流突变量及差电流稳态量。

（2）后备保护启动量。各侧相电流突变量及差电流稳态量。

（3）过励磁和低压侧零序过电压保护启动量。

2. 主保护

（1）差流速断。

（2）比率差动。具有电流回路断线闭锁（控制字）、二次谐波制动（高、中压侧）、五次谐波制动（高、中压侧，控制字）。

3.高压侧后备保护

（1）相间阻抗保护，具有电压回路断线闭锁，方向阻抗元件略带偏移特性，偏移度≤5％。

一段阻抗保护设二段时限，方向指向变压器。第一时限切中压侧断路器，第二时限切各侧断路器。

（2）接地保护，设二段零序电流保护。第一段零序方向电流保护，方向指向本侧母线，零序电流取自零序变送器，零序电压取软件自产，设一段时限，切本侧断路器。第二段零序电流保护，设一段时限，切各侧断路器。

（3）反时限过励磁保护，高值切各侧断路器，低值发信号。

（4）过负荷发信号。

4.中压侧后备保护

（1）相间阻抗保护，具有电压回路断线闭锁，方向阻抗元件略带偏移特性，偏移度≤5％。

一段阻抗保护设二段时限，方向指向变压器。第一时限切高压侧断路器，第二时限切各侧断路器。

（2）接地保护，设二段零序电流保护。第一段零序方向电流保护，方向指向本侧母线，零序电流取自零序变送器，零序电压取软件自产，设一段时限，切本侧断路器。第二段零序电流保护，设一段时限，切各侧断路器。

（3）公共绕组零序过电流保护，设一段时限，切各侧断路器。

（4）过负荷发信号。

（5）公共绕组过负荷发信号。

5.低压侧后备保护

（1）过电流保护设二段时限，第一时限切本侧断路器，第二时限切各侧断路器。

（2）零序过电压保护，作用于信号，必要时也可切本侧断路器。

第七章

发电机保护及自动装置

一、发电机保护

1. 发电机可能发生的故障和不正常工作状态有哪些类型？

答：在电力系统中运行的发电机，小型的为6～12MW，大型的为200～600MW。由于发电机的容量相差悬殊，在设计、结构、工艺、励磁乃至运行等方面都有很大差异，这就使发电机及其励磁回路可能发生的故障、故障几率和不正常工作状态有所不同。

（1）可能发生的主要故障：定子绕组相间短路；定子绕组一相匝间短路；定子绕组一相绝缘破坏引起的单相接地；转子绕组（励磁回路）接地；转子励磁回路低励（励磁电流低于静稳极限所对应的励磁电流）、失去励磁。

（2）主要的不正常工作状态：过负荷；定子绕组过电流；定子绕组过电压（水轮发电机、大型汽轮发电机）；三相电流不对称；失步（大型发电机）；逆功率；过励磁；断路器断口闪络；非全相运行等。

2. 发电机应装设哪些保护？它们的作用是什么？

答：对于发电机可能发生的故障和不正常工作状态，应根据发电机的容量有选择地装设以下保护。

（1）纵联差动保护：为定子绕组及其引出线的相间短路保护。

（2）横联差动保护：为定子绕组一相匝间短路保护。只有当一相定子绕组有两个及以上并联分支而构成两个或三个中性点引出端时，才装设该种保护。

（3）单相接地保护：为发电机定子绕组的单相接地保护。

（4）励磁回路接地保护：为励磁回路的接地故障保护，分为一点接地保护和两点接地保护两种。水轮发电机都装设一点接地保护，动作于信号，而不装设两点接地保护。中小型汽轮发电机，当检查出励磁回路一点接地后再投入两点接地保护，大型汽轮发电机应装设一点接地保护。

（5）低励、失磁保护：为防止大型发电机低励（励磁电流低于静稳极限所对应的励磁电流）或失去励磁（励磁电流为零）后，从系统中吸收大量无功功率而对系统产生不利影响，100MW及以上容量的发电机都装设这种保护。

（6）过负荷保护：发电机长时间超过额定负荷运行时作用于信号的保护。中小型发电机只装设定子过负荷保护；大型发电机应分别装设定子过负荷和励磁绕组过负荷保护。

（7）定子绕组过电流保护：当发电机纵差保护范围外发生短路，而短路元件的保护或断路器拒绝动作时，为了可靠切除故障，则应装设反应外部短路的过电流保护。这种保护兼作纵差保护的后备保护。

（8）定子绕组过电压保护：中小型汽轮发电机通常不装设过电压保护。水轮发电机和大型汽轮发电机都装设过电压保护，以切除突然甩去全部负荷后引起定子绕组过电压。

（9）负序电流保护：电力系统发生不对称短路或者三相负荷不对称（如电气机车、电弧炉等单相负荷的比重太大）时，发电机定子绕组中就有负序电流。该负序电流产生反向旋转磁场，相对于转子为两倍同步转速，因此在转子中出现100Hz的倍频电流，它会使转子端部、护环内表面等电流密度很大的部位过热，造成转子的局部灼伤，因此应装设负序电流保护。中小型发电机多装设负序定时限电流保护；大型发电机多装设负序反时限电流保护，其动作时限完全由发电机转子承受负序发热的能力（A）决定，不考虑与系统保护配合。

（10）失步保护：大型发电机应装设反应系统振荡过程的失步保护。中小型发电机都不装设失步保护，当系统发生振荡时，由运行人员判断，根据情况用人工增加励磁电流、增加或减少原动机出力、局部解列等方法来处理。

（11）逆功率保护：当汽轮机主汽门误关闭，或机炉保护动作关闭主汽门而发电机出口断路器未跳闸时，发电机失去原动力变成电动机运行，从电力系统吸收有功功率。这种工况对发电机并无危险，但由于鼓风损失，汽轮机尾部叶片有可能过热而造成汽轮机事故，故大型机组要装设用逆功率继电器构成的逆功率保护，用于保护汽轮机。

3. 简述整流型发电机差动继电器的工作原理。

答：整流型发电机差动继电器是整流型继电器，可作为大型同步发电机的纵联差动保护继电器。

利用整流型继电器构成的发电机纵差动保护的原理接线，如图7-1（a）所示。其中，接于差动回路中的LW是整流型继电器的工作线圈；分别接于两制动臂的LB1、LB2是继电器的制动线圈。

整流型继电器采用绝对值比较原理构成。其原理接线如图7-1（b）所示。

当纵差保护区外部发生短路故障时，流入制动线圈LB1、LB2的两个电流大小相等、方向

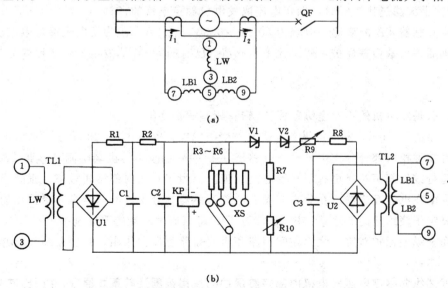

图7-1　整流型继电器构成的发电机纵差保护

（a）保护原理接线图；（b）差动继电器原理接线图

相同，电抗变压器 TL2 的二次有制动电压输出；而这两个大小相等的电流又分别从相反的方向流入工作线圈 LW，电抗变压器 TL1 的二次侧无动作电压输出，极化继电器 KP 不动作。

当发电机内部发生故障时，流入制动线圈 LB1、LB2 的两个电流方向相反，TL2 的二次侧制动电压不大；而这两个电流又从同一方向流入工作线圈 LW，TL1 的二次侧有动作电压输出，使极化继电器 KP 动作，切除故障。

4. 什么是发电机单继电器式横联差动保护？

答：发电机纵差保护的原理决定了它不能反映一相定子绕组的匝间短路。对于 50MW 以上的发电机，因为每相定子绕组系由两组并联绕组组成，因此可以利用其三相定子绕组接成双星形的特点装设横差保护，如图 7-2 所示。在双星形中性点 N、N' 间加装电流互感器作为横差电流继电器 I 的电流源，这就构成了发电机横差保护。

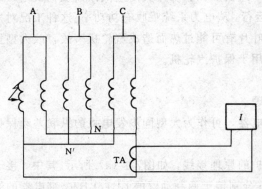

图7-2　发电机单继电器式横差保护原理接线图

发电机正常运行或外部短路时，N、N' 间无电流流过，横差保护不动作。当定子绕组同一分支的匝间发生短路时，短路分支的三相电势与非故障分支的三相电势不平衡，于是在 N'、N 间有电流流过，当其值大于横差保护的动作电流时，保护动作跳开发电机。这种保护的优点是接线简单，灵敏度也可以很高；其缺点是发电机中性点侧必须有 6 个引出端子，保护有不大的死区。

横联差动保护装置应装设专用的 3 次谐波滤过器。

当 3 次谐波滤过比 ≥10 时，动作电流取发电机额定电流的 15%～20%。

当 3 次谐波滤过比 >80 时，动作电流取发电机额定电流的 10%。

电流互感器 TA 的变比一般取为 $(0.20～0.30) I_{GN}/5A$，I_{GN} 为发电机额定电流。但大型水轮发电机的高灵敏横差保护，变比远小于此值（已有的 300MW 发电机，变比取为 600/5A 和 200/5A）。

5. 什么是发电机的不完全纵差保护？它有哪些保护功能？

答：如图 7-3 所示，发电机纵差（或发—变组纵差）保护在发电机中性点侧的电流互感器 TA1 仅接在每相的部分分支中，电流互感器 TA1 的变比减小为机端电流互感器 TA2 的一半，在正常运行或外部短路时仍有不平衡电流（理论上为零）。在内部相间短路、匝间短路时，不管短路发生在电流互感器所在分支或没有电流互感器的分支，不完全纵差保护均能动作，这主要依靠定子绕组之间的互感作用。TA3 与 TA4 将组成发—变组不完全纵差。

不完全纵差保护对定子绕组相间短路和匝间短路有保护作用，并能兼顾分支开焊故障。

6. 试述纵向零序电压发电机内部短路保护的适用范围及其基本原理，并画出其 $3U_0$ 原理接线图。

答：零序电压匝间短路保护可用于各种发电机，尤其是中性点没有引出三相 6 端子的发电机（此时不能用横差保护）。

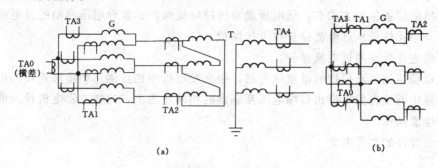

图 7-3　中性点引出端子

(a) 引出 6 个端子；(b) 引出 4 个端子

零序电压匝间短路保护 $3U_0$ 原理接线图，如图 7-4 所示。

发电机定子绕组发生内部匝间短路时，其三相绕组的对称性遭到破坏，机端三相对发电机中性点出现基波零序电压 $3U_0$，因此 TV0 有 $3U_0$ 输出。

发电机正常运行和外部相间短路时，$3U_0 = 0$。

发电机内部或外部发生单相接地故障时，一次系统出现对地零序电压 $3U_0$，发电机中性点电位升高 U_0，因 TV0 一次侧中性点是接在发电机中性点上，因此开口三角绕组输出的 $3U_0$ 仍为零。

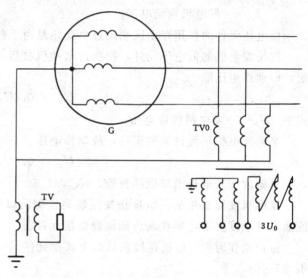

图 7-4　零序电压匝间短路保护 $3U_0$ 原理接线图

7. 如图 7-5 所示，发电机零序电压匝间保护的接线有什么问题，为什么？

答：零序电压接入，需用两根连接线不得利用两端接地线来代替其中一根连接线，因为两个不同的接地端会由于其他使用接地线的电源通过大电流，而在两个接地点间产生电位差，造成零序电压继电器误动作（如使用电焊机、带地线的试验电源等）。

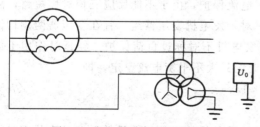

图 7-5　发电机零序电压匝间
保护接线图

8. 试述发电机相间短路的后备保护整定方法。

答：发电机相间短路的后备保护在下述情况下应动作。

1）发电机内部故障，而纵联差动保护或其他主要保护拒动时；

2）发电机、发电机变压器组的母线故障，而该母线没有母线差动保护或保护拒动时；

3）当连接在母线上的电气元件（如变压器、线路）故障而相应的保护或断路器拒动时。

发电机的后备保护方式有：低电压起动的过电流保护、复合电压起动的过电流保护、负序电流以及单元件低压过电流保护和阻抗保护。

（1）低电压起动的过电流保护。

发电机低压过电流保护的电流继电器，接在发电机中性点侧三相星形连接的电流互感器上，电压继电器接在发电机出口端电压互感器的相间电压上，这样在发电机投入前发生故障时，保护也能动作。

过电流元件的动作电流

$$I_{op} = \frac{K_{rel}}{K_r} I_N \tag{7-1}$$

式中　K_{rel}——可靠系数，取1.2；

　　　K_r——返回系数，取0.85～0.9；

　　　I_N——发电机额定电流。

低电压元件的作用在于区别是过负荷还是由于故障引起的过电流。

汽轮发电机的低电压元件，按躲过电动机自启动和发电机失磁异步运行时的最低电压整定，即动作电压取

$$U_{op} = 0.6 U_N \tag{7-2}$$

式中　U_N——发电机额定电压。

水轮发电机不允许失磁运行，故动作电压

$$U_{op} = 0.7 U_N \tag{7-3}$$

灵敏度按发电机出口短路校验，$K_{sen} \geqslant 1.5$。

发电机变压器组的灵敏度按变压器高压侧出口短路时校验。若低压元件在高压侧短路不能满足灵敏度要求，则在高压侧加设低压元件。

保护动作时间，应比连接在母线上其他元件的保护最长动作时间大一个时限级差 Δt，一般为5～6s。

（2）复合电压起动的过电流保护。

复合电压起动是指负序电压和单元件相间电压共同起动过电流保护。在变压器高压侧母线不对称短路时，电压元件的灵敏度与变压器绕组的接线方式无关，有较高的灵敏度。

负序电压元件的动作电压应躲过正常运行时最大不平衡电压，一般为

$$U_{2 \cdot op} = 0.06 U_N \tag{7-4}$$

（3）负序电流和单元件低压过流保护。

发电机负序电流保护采用两段式定时限负序电流保护，由于不能反应三相对称短路，故加设单元件低压过流保护作为三相短路的保护；对于发电机变压器组，宜在变压器两侧均设低压元件。两段式定时限负序保护的灵敏段作为发电机不对称过负荷保护，经延时作用于信号。灵敏段负序动作电流按躲开发电机正常运行时的最大不平衡电流整定，即

$$I_{2 \cdot op} = 0.1 I_N \tag{7-5}$$

其动作时间取6～8s。

定时限负序电流保护作为发电机不对称短路的后备保护，它和单元件低压过流共用时间元件。

负序电流保护的动作电流应考虑下述因素：

1）负序电流保护与相邻元件保护在灵敏度上相配合。

2）满足保护灵敏度要求，例如发电机变压器组按变压器高压侧两相短路，其灵敏度大于1.5。

3）按发电机转子发热条件整定，发电机可以承受的负序电流与允许持续通过电流的时间，可用发热过程特性方程式来表示，即

$$I_{2*}^2 \cdot t = A \tag{7-6}$$

式中　I_{2*}——负序电流以发电机额定电流为基准的标么值；

　　　t——负序电流允许持续时间，一般取120s；

　　　A——与发电机型式及冷却方式有关的允许热时间常数。

4）防止电流回路断线引起误动作。不反应零序分量的负序滤过器，当负序电流的定值大于$0.58I_N$时，则任一相电流回路断线，均不能误动作。

综合上述因素，负序电流一般为

$$I_{2 \cdot op} = (0.5 \sim 0.6)I_N \tag{7-7}$$

（4）阻抗保护。

发电机变压器组的阻抗保护一般接在发电机端部，阻抗元件一般为全阻抗继电器。但阻抗元件易受系统振荡及发电机失磁等的影响。

阻抗元件的阻抗值整定，应与线路距离保护的定值相配合

$$Z_{op} = 0.7Z_T + 0.8 \frac{1}{K_{br}} Z_L \tag{7-8}$$

及

$$Z_{op \cdot k} = \frac{K_I}{K_U} Z_{op} \tag{7-9}$$

式中　Z_T——主变压器阻抗，折算为低压侧的每相欧姆值；

　　　Z_L——与其相配合的相邻线路距离保护的定值，折算为低压侧的每相欧姆值；

　　　K_{br}——分支系数，取各种可能出现的运行方式下的最大值；

　　　K_I——电流互感器变比；

　　　K_U——电压互感器变比。

动作时间与所配合的距离保护段时间相配合。灵敏度按高压侧母线故障校验，不少于1.5。

为防止阻抗元件在振荡及失磁时误动，也可采用带偏移特性的阻抗继电器。但阻抗元件受Y，d接线变压器和弧光电阻的影响，将缩短保护范围。同时，阻抗保护应有可靠的失压闭锁装置。由于动作时间较长，不设振荡闭锁装置。

9. 发电机低压过电流保护中的低压元件的作用是什么？

答：发电机过电流保护整定动作电流时，要考虑电动机自启动的影响，将使过电流元件整定值提高，降低了灵敏性，为提高过电流元件的灵敏性，采用低电压元件，应躲开电动机的自启动方式下的最低电压。

低压元件作用是更易区别外部故障时的故障电流和正常过负荷电流；正常过负荷时，保

护装置不会动作。

10. 试述绝对值比较式整流型全阻抗继电器的工作原理。

答：大型发电机的低阻抗保护可采用在一相上装设由全阻抗继电器构成的低阻抗保护。全阻抗继电器的特性是以坐标原点为圆心，以整定阻抗 Z_{set} 为半径的圆，如图7-6所示。当测量阻抗 Z_m 位于圆内时继电器动作；位于圆外时继电器不动作；位于圆周上时继电器处于临界状态，与其对应的阻抗值即为继电器的动作阻抗 $Z_{op \cdot K}$。由图7-6可见，不论加入继电器的电压与电流之间的相角 φ_k 为何值，继电器动作的边界条件是其动作阻抗与整定阻抗的幅值相等，即

$$|Z_{op \cdot K}| = |Z_{set}| \tag{7-10}$$

整流型全阻抗继电器的构成原理是比较两个电量的绝对值，其由电抗变压器 TL、整流变压器 TR、全波整流桥 U1、U2 及极化继电器 KP（或零指示器）组成，如图7-7所示。

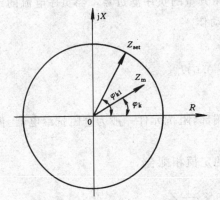

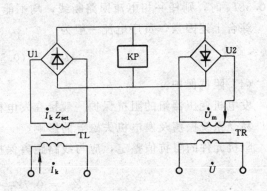

图7-6　全阻抗继电器的动作特性　　　　图7-7　整流型全阻抗继电器的原理接线图

发生故障时，短路电流 $\dot{I}_k$ 通过 TL 的转移电抗得到电压 $\dot{I}_k Z_{set}$，该电压作为继电器的动作量；在变压器 TR 二次测得的测量电压 $\dot{U}_m$ 等于故障点至保护安装处的残压 $\dot{U} = \dot{I}_k Z_k$，该电压作为继电器的制动量，通过调节变压器 TR 的二次输出电压，即可改变阻抗继电器的整定值。

当 $|\dot{U}_m| < |\dot{I}_k Z_{set}|$ 时，继电器的制动量小于动作量，即测量阻抗小于整定阻抗，故障在保护范围内，阻抗继电器应可靠动作。

当 $|\dot{U}_m| > |\dot{I}_k Z_{set}|$ 时，继电器的制动量大于动作量，即测量阻抗大于整定值，为保护区外故障，此时继电器不动作。

因此，全阻抗继电器的动作判据为

$$|Z_k| \leqslant |Z_{set}| \tag{7-11}$$

11. 发电机定子绕组中的负序电流对发电机有什么危害？

答：我们知道，发电机正常运行时发出的是三相对称的正序电流。发电机转子的旋转方向和旋转速度与三相正序对称电流所形成的正向旋转磁场的转向和转速一致，即转子的转动与正序旋转磁场之间无相对运动，此即"同步"的概念。当电力系统发生不对称短路或负荷三相不对称（接有电力机车、电弧炉等单相负荷）时，在发电机定子绕组中就流有负序电流。该负

序电流在发电机气隙中产生反向（与正序电流产生的正向旋转磁场方向相反）旋转磁场，它相对于转子来说为2倍的同步转速，因此在转子中就会感应出100Hz的电流，即所谓的倍频电流。该倍频电流的主要部分流经转子本体、槽楔和阻尼条，而在转子端部附近沿周界方向形成闭合回路，这就使得转子端部、护环内表面、槽楔和小齿接触面等部位局部灼伤，严重时会使护环受热松脱，给发电机造成灾难性的破坏，即通常所说的"负序电流烧机"，这是负序电流对发电机的危害之一。另外，负序（反向）气隙旋转磁场与转子电流之间，正序（正向）气隙旋转磁场与定子负序电流之间所产生的频率为100Hz交变电磁力矩，将同时作用于转子大轴和定子机座上，引起频率为100Hz的振动，此为负序电流危害之二。汽轮发电机承受负序电流的能力，一般取决于转子的负序电流发热条件，而不是发生的振动。

鉴于以上原因，发电机应装设负序电流保护。负序电流保护按其动作时限又分为定时限和反时限两种。前者用于中型发电机，后者用于大型发电机。

12. 试述发电机反应不对称过负荷的反时限负序电流保护的作用。

答：大容量发电机的特点在于采用内冷却绕组，允许绕组导体上有较大的电流密度，提高了发电机的利用系数。但过热性能差，允许过热的时间常数 A 值小，因此承受不对称运行的能力低，需要采用能与发电机允许的负序电流相适应的反时限负序电流保护。当负序电流数值较大时，保护能以较短的时限跳闸；较小时，以较长的时限跳闸。

反时限负序电流继电器的动作特性有两类：

第一类是不对称过负荷兼作不对称短路的后备保护，动作特性范围为 $(0.15 \sim 2.0)I_{GN}$。将转子的发热看作绝热过程，则其判据为

$$t = \frac{A}{I_{2*}^2} \tag{7-12}$$

式中，允许过热时间常数 A 取4～10。

第二类是不对称过负荷保护，动作特性范围为 $(0.05 \sim 1.0)I_{GN}$。当 I_{2*}^2 值较小时，就不能忽略散热的因素，则其判据为

$$t = \frac{A}{I_{2*}^2 - a} \tag{7-13}$$

式中，a 与散热条件有关的常数，一般取0.0015；允许过热时间常数 A 仍取4～10。

具有长延时1000～1800s跳闸。

第二类继电器由于动作时限太长，延时误差大，较适用于有不对称负荷的电力系统（例如电气铁道）。

第一类继电器可作为不对称短路的后备保护，为防止由于不平衡电流造成误动作，则：定时限过负荷信号段整定为

$$I_{2 \cdot op} = 0.1I_{GN} \text{ 及 } t = 6 \sim 8s$$

反时限跳闸段整定为

$$I_{2 \cdot op} = (0.15 \sim 0.2)I_{GN}$$

13. 试分析同步发电机定子绕组单相接地的零序电压和零序电流。

答：定子绕组中性点不接地的发电机，当发生 A 相接地时发电机中性点电位将发生位移，

产生零序电压，如图7-8所示。由图7-8可见

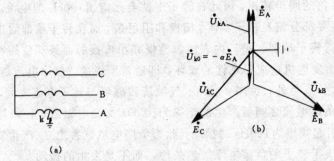

图7-8 发电机中性点零序电压示意图
(a) 接线图；(b) 相量图

$$\left.\begin{array}{l} \dot{U}_{kA} = (1 - \alpha)\dot{E}_A \\[2mm] \dot{U}_{kB} = \dot{E}_B - \alpha\dot{E}_A \\[2mm] \dot{U}_{kC} = \dot{E}_C - \alpha\dot{E}_A \end{array}\right\} \tag{7-14}$$

式中 α——中性点到接地故障的匝数占每相一分支总匝数的百分比。

对地 A 相电压 $\dot{U}_{kA}$ 下降，非故障相对地电压 $\dot{U}_{kB}$、$\dot{U}_{kC}$ 上升，则故障点的零序电压为

$$\dot{U}_{k0} = \frac{1}{3}(\dot{U}_{kA} + \dot{U}_{kB} + \dot{U}_{kC}) = -\alpha\dot{E}_A \tag{7-15}$$

因此发电机定子绕组某一相任意点单相接地时，流过接地点的电流是在零序电压作用下，经各相对地电容产生的容性零序电流。故障点的零序电压将随着故障点位置不同（α 值不同）而改变。

设发电机本身对地电容 C_g 和发电机有电联系的元件对地电容 C_0，则全系统每相对地总电容为

$$C_{0\Sigma} = C_g + C_0 \tag{7-16}$$

则每相零序电流为

$$\dot{I}_{k0(\alpha)} = \frac{\dot{U}_{k0(\alpha)}}{X_{C\Sigma}} = -\alpha\dot{E}_A\omega(C_g + C_0) \tag{7-17}$$

接地点总电流为

$$3\dot{I}_{k0(\alpha)} = -3\alpha\dot{E}_A\omega(C_g + C_0) \tag{7-18}$$

接地电流不应超过规定的允许值，否则将严重烧伤定子铁芯和绕组绝缘。

14. 发电机为什么要装设定子绕组单相接地保护？

答：发电机是电力系统中最重要的设备之一，其外壳都进行安全接地。发电机定子绕组与铁芯间的绝缘破坏，就形成了定子单相接地故障，这是一种最常见的发电机故障。发生定子单相接地后，接地电流经故障点、三相对地电容、三相定子绕组而构成通路。当接地电流较大时，能在故障点引起电弧时，将使定子绕组的绝缘和定子铁芯烧坏，也容易发展成危害更大的定子绕组相间或匝间短路，因此，应装设发电机定子绕组单相接地保护。

发电机单相接地电流允许值,见表7-1。当发电机单相接地电流不超过允许值时,单相接地保护可带时限动作于信号。

表 7-1 发电机单相接地电流允许值

发电机额定电压 (kV)	发电机额定容量 (MW)	接地电流允许值 (A)	发电机额定电压 (kV)	发电机额定容量 (MW)	接地电流允许值 (A)
6.3	≤50	4	13.8～15.75	125～200	2*
10.5	50～100	3	18～20	300	1

* 对于氢冷发电机接地电流允许值为2.5A。

15. 利用基波零序电压的发电机定子单相接地保护的特点及不足之处是什么?

答:利用基波零序电压的发电机定子单相接地保护的特点为:①简单、可靠;②设有三次谐波滤过器以降低不平衡电压;③由于与发电机有电联系的元件少,接地电流不大,适用于发电机——变压器组。

利用基波零序电压的发电机定子单相接地保护的不足之处:不能作为100%定子接地保护,有死区,但一般小于15%。

16. 为什么现代大型发电机应装设100%的定子接地保护?

答:100MW 以下发电机,应装设保护区不小于90%的定子接地保护;100MW 及以上的发电机,应装设保护区为100%的定子接地保护。

发电机中性点附近是否可能首先发生接地故障,过去曾有过两种不同的观点,一种观点认为发电机定子绕组是全绝缘的(中性点和机端的绝缘水平相同),而中性点的运行电压很低,接地故障不可能首先在中性点附近发生。另一种观点则认为,如果定子绕组绝缘的破坏是由于机械的原因,例如水内冷发电机的漏水、冷却风扇的叶片断裂飞出,则完全不能排除发电机中性点附近发生接地故障的可能性。另外,如果中性点附近的绝缘水平已经下降,但尚未到达能为定子接地继电器检测出来的程度,这种情况具有很大的潜在危险性。因为一旦在机端又发生另一点接地故障,使中性点电位骤增至相电压,则中性点附近绝缘水平已经下降的部位,有可能在这个电压作用下发生击穿,故障立即转为严重的相间或匝间短路。我国一台大型水轮发电机,在定子接地保护的死区范围内发生接地故障,后发展为相间短路,致使发电机严重损坏。

鉴于现代大型发电机在电力系统中的重要地位及其制造工艺复杂、铁芯检修困难等情况,故要求装设100%的定子接地保护,而且要求在中性点附近绝缘水平下降到一定程度时,保护就能动作。

17. 简述利用三次谐波电压构成的100%发电机定子绕组接地保护的工作原理。

答:由于发电机气隙磁通密度的非正弦分布和铁芯饱和的影响,其定子绕组中的感应电动势除基波外,还含有三、五、七次等高次谐波。因为三次谐波具有零序分量的性质,在线电动势中它们虽然不存在,但在相电动势中依然存在,设以 E_3 表示之。

为了便于分析,假定:①把发电机每相绕组对地电容 C_G 分成相等的两部分,每部分 $C_G/2$ 等效地分别集中在发电机的中性点 N 和机端 S;②将发电机端部引出线、升压变压器、厂用变压器以及电压互感器等设备的每相对地电容 C_S 也等效地集中放在机端。

根据理论分析，在上述假设条件下，可得出下列结论：

（1）当发电机中性点绝缘时，发电机在正常运行情况下，机端 S 和中性点 N 处三次谐波电压之比为

$$\frac{U_{S3}}{U_{N3}} = \frac{C_G}{C_G + 2C_S} < 1 \tag{7-19}$$

（2）当发电机中性点经消弧线圈接地时，若基波电容电流被完全补偿，发电机在正常运行情况下，机端 S 和中性点 N 处三次谐波电压之比为

$$\frac{U_{S3}}{U_{N3}} = \frac{7C_G - 2C_S}{9(C_G + 2G_S)} < 1 \tag{7-20}$$

（3）不论发电机中性点是否接有消弧线圈，当在距发电机中性点 α（中性点到故障点的匝数占每相一分支总匝数的百分比）处发生定子绕组金属性单相接地时，中性点 N 和机端 S 处的三次谐波电压分别恒为

$$\left. \begin{array}{l} U_{N3} = \alpha E_3 \\ U_{S3} = (1 - \alpha)E_3 \end{array} \right\} \tag{7-21}$$

按式（7-21）可作出 $U_{N3} = f(\alpha)$、$U_{S3} = f(\alpha)$ 的关系曲线，如图7-9所示。

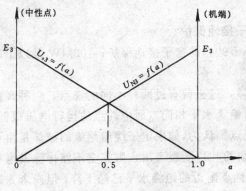

图 7-9 U_{N3}、U_{S3} 随 α 的变化曲线

从图 7-9 可以看出：$U_{N3} = f(\alpha)$、$U_{S3} = f(\alpha)$ 皆为线性关系，它们相交于 $\alpha = 0.5$ 处；当发电机中性点接地时，$\alpha = 0$，$U_{N3} = 0$，$U_{S3} = E_3$；当机端接地时，$\alpha = 1$，$U_{N3} = E_3$，$U_{S3} = 0$；当 $\alpha < 0.5$ 时，恒有 $U_{S3} > U_{N3}$；当 $\alpha > 0.5$ 时，恒有 $U_{N3} > U_{S3}$。

综上所述，用 U_{S3} 作为动作量，U_{N3} 作为制动量构成发电机定子绕组单相接地保护，且当 $U_{S3} > U_{N3}$ 时保护动作，则在发电机正常运行时保护不会误动作，而在中性点附近发生接地时，保护具有很高的灵敏度。用这种原理构成的发电机定子绕组单相接地保护，可以保护定子绕组中性点及其附近范围内的接地故障，对其余范围则可用反映基波零序电压的保护，从而构成了100%发电机定子绕组接地保护。

18. 试述反应基波零序电压和利用三次谐波电压构成的100％定子接地保护。

答：（1）反应基波零序电压的定子接地保护。

零序电压取自发电机中性点电压互感器的电压或消弧线圈的二次电压或机端三相电压互感器的开口三角绕组。

正常运行时，不平衡电压有基波和三次谐波，其中三次谐波是主要的。当高压侧发生接地故障时，高压系统中的零序电压通过变压器高、低绕组间的电容耦合会传给发电机，可能超过定子接地保护的动作电压。

1）反应零序电压的定子接地保护：保护装置的动作电压一般取15V（发电机母线接地的开口三角电压为100V），保护范围可达85％，死区为15％。

2）反应基波零序电压的定子接地保护：带有三次谐波滤过器，反应基波零序电压的定子

接地保护动作电压取 5~10V，保护范围可达 90%~95%，死区为 5%~10%。

3) 带有制动量的反应基波零序电压的定子接地保护：高压系统中性点不直接接地，为防止高压侧发生接地故障而误动，因此，装设以高压侧零序电压为制动量、以发电机零序电压为动作量的基波零序电压型定子接地保护，也可采用高压侧零序电压闭锁的方式。

4) 保护装置的动作时间：动作时间一般取 1.5s，作用于信号。当高压系统中性点为直接接地方式时，保护装置的动作时间应大于变压器高压侧接地保护动作时间。一般高压侧保证灵敏系数的接地保护的动作时间小于 1.5s，故保护装置动作时间取 2.0s。

200MW 发电机未装设匝间短路保护，考虑到匝间故障极大部分伴随接地故障，或由接地故障发展所致，为保证发电机设备的安全，将带有三次谐波滤过器的反应基波零序电压保护作用于跳闸。此时，为防止电压互感器一次侧断开或二次侧接地短路而引起三次侧零序电压误动，故必须用发电机中性点电压互感器或消弧线圈二次电压。动作电压按发电机端单相接地时零序电压的 15% 整定，其时限取 2.0s。

（2）利用三次谐波电压构成 100% 定子接地保护。

利用三次谐波电压构成 100% 定子接地保护，由两部分组成：第一部分是基波零序电压元件，其保护范围不少于定子绕组的 85%（从发电机机端开始）；第二部分是利用三次谐波电势构成的定子接地保护，用以消除基波零序电压元件保护不到的死区。为保证保护动作的可靠性，这两部分保护装置的保护区应有一段重叠区，因此第二部分的保护范围应不小于定子绕组的 20%（从发电机中性点端开始）。

设 $\dot{U}_{S3}$ 为机端三次谐波电压，$\dot{U}_{N3}$ 为中性点三次谐波电压，$\dot{E}_3$ 为发电机三次谐波电势。三次谐波电压构成的 100% 定子接地保护，可利用机端三次谐波电压作为动作量，而中性点三次谐波电压作为制动量。这样，当中性点附近发生接地故障时，能可靠动作于信号。

继电器动作的判据有下述几类：

1) $|\dot{U}_{S3}| \geqslant |\dot{U}_{N3}|$，调试简单，灵敏度低。

2) $|K\dot{U}_{S3} - \dot{U}_{N3}| \geqslant \beta |\dot{U}_{N3}|$，$\beta < 1$。

3) $|p\dot{U}_{N3} - \dot{U}_{S3}| \geqslant \beta |\dot{U}_{N3}| + \Delta U$。

ΔU 为极化继电器的动作电压，小于 0.7V。

正常运行时，调整 $|p\dot{U}_{N3} - \dot{U}_{S3}|$ 近似为零，并有适当的制动量 $\beta |\dot{U}_{N3}|$。当发生单相接地故障后，$|p\dot{U}_{N3} - \dot{U}_{S3}|$ 上升，而 $\beta |\dot{U}_{N3}|$ 下降，使继电器动作。

4) $|\dot{U}_{S3} - \dot{K}_p \dot{U}_{N3}| \geqslant \beta |\dot{U}_{N3}|$，其中 $\dot{K}_p$ 为调整系数，使发电机正常运行时，动作量最小；$\beta = 0.2 \sim 0.3$。

5) $|\dot{K}_1 \dot{U}_{S3} - \dot{K}_2 \dot{U}_{N3}| \geqslant K_3 U_{N3}$，其中 K_1、K_2 为幅值、相位平衡系数；K_3 为制动系数。

总之，三次谐波定子接地保护的动作值按厂家说明书的规定在现场调试，要求发电机中性点经 3000Ω 电阻接地，保护可靠动作。

19. 试述发电机励磁回路接地故障的危害。

答：发电机正常运行时，励磁回路对地之间有一定的绝缘电阻和分布电容，它们的大小与发电机转子的结构、冷却方式等因素有关。当转子绝缘损坏时，就可能引起励磁回路接地故障，常见的是一点接地故障，如不及时处理，还可能接着发生两点接地故障。

励磁回路的一点接地故障，由于构不成电流通路，对发电机不会构成直接的危害。那么对于励磁回路一点接地故障的危害，主要是担心再发生第二点接地故障，因为在一点接地故障后，励磁回路对地电压将有所增高，就有可能再发生第二个接地故障点。发电机励磁回路发生两点接地故障的危害表现为：

（1）转子绕组的一部分被短路，另一部分绕组的电流增加，这就破坏了发电机气隙磁场的对称性，引起发电机的剧烈振动，同时无功出力降低。

（2）转子电流通过转子本体，如果转子电流比较大（通常以1500A为界限），就可能烧损转子，有时还造成转子和汽轮机叶片等部件被磁化。

（3）由于转子本体局部通过转子电流，引起局部发热，使转子发生缓慢变形而形成偏心，进一步加剧振动。

20. 简述按直流电桥原理构成的励磁绕组两点接地保护的工作原理。

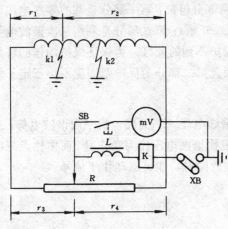

图 7-10　直流电桥原理构成的励磁回路
两点接地继电器

答：按直流电桥原理构成的励磁绕组两点接地保护如图7-10所示。可调电阻 R 接于励磁绕组的两端。当发现励磁绕组一点（例如 k1 点）接地后，励磁绕组的直流电阻被分成 r_1 和 r_2 两部分，这时运行人员接通按钮 SB，并调节电阻 R，以改变 r_3 和 r_4，使电桥平衡（$r_1/r_2 = r_3/r_4$），此时毫伏表 mV 的指示最小（理论上为零）。然后，断开 SB 而将连接片 XB 接通，投入励磁绕组两点接地保护。这时由于电桥平衡，故继电器 K 内因无电流或流有很小的不平衡电流而不动作。当励磁绕组再有一点（例如 k2 点）接地时，已调整好的电桥平衡关系被破坏，继电器 K 内将有电流流过，其大小与 k2 点离 k1 点的距离有关。k2 与 k1 间的距离愈大，电桥愈不平衡，继电器 K 中的电流愈大，只要这个电流大于 K 的整定电流，它就动作，跳开发电机。

在继电器 K 的线圈回路中串接电感 L 的目的，是阻止交流电流分量对保护动作的影响。

21. 按电桥原理构成的发电机励磁回路两点接地保护结构简单，但存在什么缺点？

答：按电桥原理构成的发电机励磁回路两点接地保护存在以下缺点：

（1）若第二点接地距第一点接地点较近，两点接地保护不会动作，即有死区。

（2）若第一接地点发生在转子滑环附近，则不论第二个接地点在何处，保护都不会动作（因无法投保护）。

（3）对于具有直流励磁机的发电机，如第一个接地点发生在励磁机励磁回路时，保护也不能使用。因为当调节磁场变阻器时，会破坏电桥的平衡，使保护误动作。

（4）本保护装置只能在转子一点接地后投入，如果第二点接地发生得很快，保护则来不及投入。

22. 试述测量转子绕组对地导纳的励磁回路一点接地保护动作原理。

答：测量转子绕组对地导纳的励磁回路一点接地保护，可以反应励磁回路任一点接地故障，没有死区，且灵敏系数理论上不受对地电容 C_y 的影响，但实际由于回路中存在感性电抗或由于整定调试不精确，而受对地电容的影响。

导纳继电器原理接线如图7-11所示。外加电压 $\dot{U}$，如取 TA1、TA2变比为1，则动作量为 $\dot{I}_n - \dot{I}_{wm}$，制动量为 $\dot{I} - \dot{I}_{wm}$，其边界条件为 $|\dot{I} - \dot{I}_{wm}| = |\dot{I}_n - \dot{I}_{wm}|$；对于同一电压则

$$|Y - g_{wm}| = |g_n - g_{wm}|$$

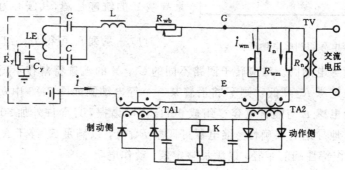

图7-11　导纳继电器原理接线图

其中，Y 为从 GE 两端看到的导纳。

$$g_n = \frac{1}{R_n}, \quad g_{wm} = \frac{1}{R_{wm}} \tag{7-22}$$

等式在导纳复平面上为一个圆，即导纳继电器动作特性如图7-12所示，圆心坐标为 g_{wm}，圆半径为 $|g_n - g_{wm}|$。

在圆内，$|Y - g_{wm}| < |g_n - g_{wm}|$，则继电器动作。

在圆外，$|Y - g_{wm}| > |g_n - g_{wm}|$，则继电器制动。

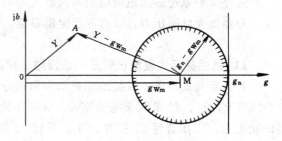

图7-12　导纳继电器动作特性

转子绕组对地测量导纳 Y 包括：

转子绕组对地绝缘电阻 R_y，$g_y = \dfrac{1}{R_y}$；

转子绕组对地分布电容 C_y，$b_y = \omega C_y$；

测量回路附加电阻 R_c（忽略电抗 X_c）包括可调电阻 R_{wb}、滤波器电阻及 TA 电阻之和，$g_c = \dfrac{1}{R_c}$，则

$$\frac{1}{Y} = \frac{1}{g_c} + \frac{1}{g_y + jb_y}, \quad Y = g_c - \frac{g_c^2}{g_c + g_y + jb_y} \tag{7-23}$$

式中，g_c 为常数。若令 g_y 等于定值，b_y 可变，即对地电容 C_y 变化，则所对应的测量导纳 Y 在导纳复平面上的轨迹是圆，其圆心和半径分别为

$$\left[g_c - \frac{g_c^2}{2(g_c + g_y)}, 0 \right], \quad \frac{g_c^2}{2(g_c + g_y)} \tag{7-24}$$

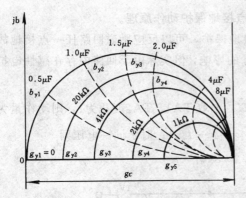

图 7-13 等电导圆和等电纳圆圆族

对应一系列 g_y 可得一组圆族，如图 7-13 所示的实线圆称为等电导圆。这些圆代表发电机转子回路对地不同电阻。图 7-13 中 g_{y5} 作为整定圆。正常运行时转子回路绝缘电阻很大，g_y 很小，Y 在整定圆外；当绝缘降低时，Y 进入整定圆，使继电器动作。

同样，令 b_y 等于常数，g_y 可变，则所对应的测量导纳 Y 的轨迹是圆，其圆心为 $\left[g_c, \dfrac{g_c^2}{2b_y}\right]$，半径为 $\dfrac{g_c^2}{2b_y}$。对应一系列 b_y 可得另一组圆族，如图 7-13 中的虚线圆，称为等电纳圆。对应转子回路不同的 C_y，Y 的轨迹将落在不同的等电纳圆上。此时，如转子对地绝缘 R_y 降低，则 Y 将沿着某一个等电纳圆如图 7-13 中 b_{y2} 圆进入整定圆。

继电器采用电感 L 与隔直电容 C 组成 50Hz 串联谐振，只允许外加 50Hz 电压通过，保证测量转子绕组对地导纳的准确性。继电器可调整 R_{wb} 值，以满足 R_c 等于 R_n 的要求。调整 R_{wm} 值，使之改变动作特性圆的半径，以满足整定值。动作电阻整定范围为 $0.5\sim10\mathrm{k}\Omega$。从图 7-13 可知，该保护从原理上就不可能整定动作电阻太大，因为从 $1\sim2\mathrm{k}\Omega$ 的间距与从 $20\mathrm{k}\Omega\sim\infty$ 的间距差不多，若整定动作电阻超过 $10\mathrm{k}\Omega$，将出现动作电阻定值不稳定现象。

这种保护原理必须做到电刷与大轴之间的接触电阻较小，即要加大电刷压力，以有利于定值稳定。

23. 试述乒乓式发电机转子一点接地保护动作原理。

答：乒乓式转子一点接地保护动作原理分析图，如图 7-14 所示，S1、S2 是两个电子开关，由时钟脉冲控制它们的状态为：S1 闭合时 S2 打开，S1 打开时 S2 闭合，两者像打乒乓球一样循环交替地闭合又打开，因此称之为乒乓式转子一点接地保护。

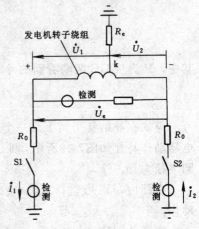

图 7-14 乒乓式发电机转子一点接地保护原理分析图

设发电机转子绕组的 k 点经 R_e 电阻一点接地，U_e 为励磁电压，U_1 为转子正极与 k 点之间的电压，U_2 为 k 点与转子负极之间的电压。S1 闭合 S2 打开时，直流稳态电流为

$$I_1 = \frac{U_1}{R_0 + R_e} \tag{7-25}$$

S2 闭合 S1 打开时，直流稳态电流为

$$I_2 = \frac{U_2}{R_0 + R_e} \tag{7-26}$$

电导

$$G_1 = \frac{I_1}{U_e} = \frac{\dfrac{U_1}{U_e}}{R_0 + R_e} = \frac{K_1}{R_0 + R_e} \tag{7-27}$$

$$G_2 = \frac{I_2}{U_e} = \frac{\dfrac{U_2}{U_e}}{R_0 + R_e} = \frac{K_2}{R_0 + R_e} \tag{7-28}$$

系数
$$K_1 = \frac{U_1}{U_e}, \quad K_2 = \frac{U_2}{U_e} \tag{7-29}$$

上面各式中，I_1、U_1、U_e、G_1、K_1 为第一个采样时刻（S1 闭合 S2 打开）的值，I_2、U_2、U_e、G_2、K_2 为第二个采样时刻（S2 闭合 S1 打开）的值。系数 K_1（或 K_2）之值正比于接地点 k 与转子正极（或负极）之间的绕组匝数，而不管 U_e 是否变化。由于第一个采样时刻与第二个采样时刻是同一个接地点 k，k 点的位置未变，所以

$$K_1 + K_2 = 1 \tag{7-30}$$

$$G_1 + G_2 = \frac{K_1 + K_2}{R_0 + R_e} = \frac{1}{R_0 + R_e} \tag{7-31}$$

式中　R_0——保护装置中的固定电阻，为常数；

　　　R_e——接地电阻，是跟随发电机励磁回路对地绝缘水平变化的。

设
$$G'_{set} = \frac{1}{R_0 + R'_{set}} \tag{7-32}$$

$$G''_{set} = \frac{1}{R_0 + R''_{set}} \tag{7-33}$$

式中　R'_{set}　——保护第一段的整定电阻；

　　　G'_{set}　——保护第一段的整定电导；

　　　R''_{set}　——保护第二段的整定电阻；

　　　G''_{set}　——保护第二段的整定电导。

因为 $R'_{set} > R''_{set}$，所以又称第一段为高定值段，第二段为低定值段。根据式（7-31）～式（7-33），设计该保护的动作判据为：

当 $R_e \leqslant R'_{set}$，即当 $G_1 + G_2 \geqslant G'_{set}$ 时，保护的高定值段动作。

当 $R_e \leqslant R''_{set}$，即当 $G_1 + G_2 \geqslant G''_{set}$ 时，保护的低定值段动作。

24. 试述发电机失磁的电气特征和机端测量阻抗（等有功阻抗圆、静稳极限阻抗圆和异步边界阻抗圆）特性。

答：1. 发电机失磁的电气特征

发电机失磁过程的特点：

（1）发电机正常运行，向系统送出无功功率，失磁后将从系统吸取大量无功功率，使机端电压下降。当系统缺少无功功率时，严重时可能使电压降到不允许的数值，以致破坏系统稳定。

（2）发电机电流增大，失磁前送有功功率愈多，失磁后电流增大愈多。

（3）发电机有功功率方向不变，继续向系统送有功功率。

（4）发电机机端测量阻抗，失磁前在阻抗平面 R—X 坐标第一象限，失磁后测量阻抗的轨迹沿着等有功阻抗圆进入第四象限。随着失磁的发展，机端测量阻抗的端点落在静稳极限阻抗圆内，转入异步运行状态。

2. 发电机失磁的机端测量阻抗

发电机从失磁开始到进入稳定的异步运行，一般可分为三个阶段：

（1）发电机从失磁到失步前：发电机失磁开始到失步前的阶段，发电机送出的功率基本保持不变，而无功功率在这段时间内由正值变为负值。发电机端的测量阻抗为

$$Z = \frac{U_s^2}{2P} + jX_s + \frac{U_s^2}{2P}e^{j2\varphi} \tag{7-34}$$

$$\varphi = \text{tg}^{-1}\frac{Q}{P} \tag{7-35}$$

式中　P——失磁发电机送至无限大系统端的有功功率；

　　　Q——失磁发电机送至无限大系统端的无功功率；

　　　X_s——系统电抗，包括变压器和线路的电抗。

P、U_s、X_s 为常数，不随时间变化，而 Q 随时间变化，则 φ 也随时间变化，故在机端阻抗平面上是一个圆方程，称为等有功圆，圆心和半径分别为

$$\left[\frac{U_s^2}{2P}, X_s\right], \frac{U_s^2}{2P}$$

（2）静稳极限点：设发电机的 E_d 与系统 U_s 的夹角为 δ。当 δ 被加速拉大到 $90°$ 时，发电机处于失去静态稳定的临界点。汽轮发电机端的测量阻抗为

$$Z = -j\frac{X_d - X_s}{2} + j\frac{X_d + X_s}{2}e^{j2\varphi} \tag{7-36}$$

式中　X_d——发电机的纵轴同步电抗。

在机端阻抗平面上是一个圆方程，称为静稳极限阻抗圆，其圆周表示不同有功功率 P 在静稳极限点的机端测量阻抗的轨迹，圆内为失步区。其圆心和半径分别为

$$\left[0, -j\frac{X_d - X_s}{2}\right], \frac{X_d + X_s}{2} \tag{7-37}$$

（3）失步后的异步运行阶段：异步运行时机端测量阻抗与转差率 s 有关，当转差率 s 由 $-\infty \rightarrow +\infty$ 变化时，机端测量阻抗变化的轨迹一定在下述阻抗圆内，其圆心和半径分别为

$$\left[0, -j\frac{X_d + X_d'}{2}\right], \frac{X_d - X_d'}{2} \tag{7-38}$$

式中　X_d'——发电机纵轴暂态电抗。

该圆称为异步边界阻抗圆。

对于发电机——变压器组，当发电机失磁后自系统吸取大量无功功率，在联系电抗 X_s 上有较大的电压降落，致使发电机电压及主变压器高压侧电压下降。根据分析，若保持变压器高压侧电压为恒定，改变有功功率和无功功率，则机端测量阻抗的轨迹是一个圆，称为等电压圆，圆心和半径分别为

$$\left[0, \frac{X_t - K^2(X_t + X_s)}{1 - K^2}\right], \quad \frac{K}{1 - K^2}\sqrt{X_s^2 - (1 - K^2)X_t^2} \tag{7-39}$$

式中　X_t——变压器电抗；

　　　X_s——变压器高压侧与无限大等值发电机之间的电抗；

　　　K——变压器高压侧电压与无限大系统端电压（额定电压）之比，即高压侧电压标幺值。

汽轮发电机的阻抗特性，如图 7-15 所示。

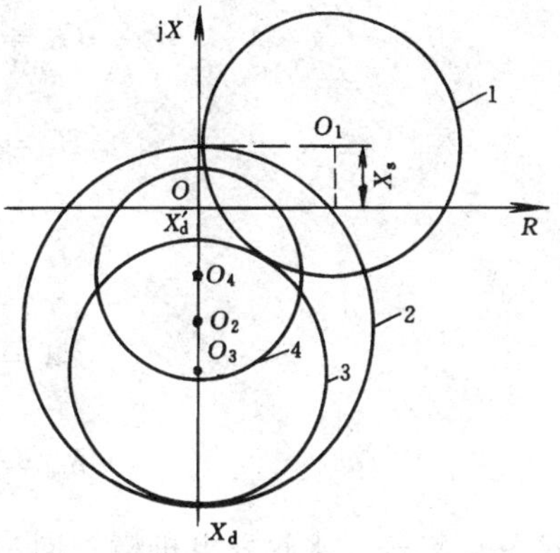

25. 发电机失磁对系统和发电机本身有什么影响？汽轮发电机允许失磁运行的条件是什么？

答：发电机失磁对系统的主要影响有：

(1)发电机失磁后，不但不能向系统送出无功功率，而且还要从系统中吸取无功功率，将造成系统电压下降。

(2)为了供给失磁发电机无功功率，可能造成系统中其它发电机过电流。

发电机失磁对发电机自身的影响有：

(1)发电机失磁后，转子和定子磁场间出现了速度差，则在转子回路中感应出转差频率的电流，引起转子局部过热。

(2)发电机受交变的异步电磁力矩的冲击而发生振动，转差率愈大，振动也愈利害。

汽轮发电机允许失磁运行的条件是：

(1) 系统有足够供给发电机失磁运行的无功功率，以不致造成系统电压严重下降为限。

(2)降低发电机有功功率的输出，使之能在很小的转差率下。在允许的一段时间内异步运行，即发电机应在较少的有功功率下失磁运行，使之不致造成危害发电机转子的发热与振动。

图 7-15　汽轮发电机的阻抗特性

1—$P=0.7P_{N}$ 等有功阻抗圆；2—静稳态极限阻抗圆；3—稳态异步边界阻抗圆；4—$K=0.8$ 等电压圆

26. 试述发电机的失磁保护装置的组成和整定原则。

答：发电机的失磁保护装置的组成和整定原则如下。

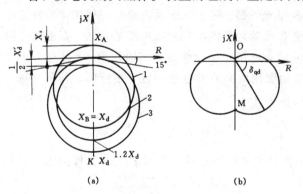

图 7-16　阻抗继电器动作特性

(a) 圆特性；(b) 苹果圆特性

1—下偏移特性；2—下抛圆式特性；3—90°方向阻抗圆特性

阻抗继电器动作特性如图 7-16 所示。

(1) 下抛圆式特性的阻抗继电器定子判据按稳态异步边界条件整定，即

$$X_{A}=-\frac{X'_{d}}{2},X_{B}=-1.2X_{d}$$

或　　　　$X_{B}=-X_{d}$　　　(7-40)

(2) 下偏移特性的阻抗继电器定子判据按静稳定边界（静稳边界圆）条件整定，即

$$X_{A}=X_{s},\quad X_{B}=-X_{d}\quad(7\text{-}41)$$

动作区较大并包括第一、二象限部分。为防止系统振荡及短路误动，需设方向元件控制，使动作区在第三、四象限阻抗平面上，并具有扇形动作区特性。

(3) 苹果圆特性的阻抗继电器适用于水轮发电机和大型汽轮发电机（$X_{d}\neq X_{q}$）的失磁保护，作用于跳闸。继电器的整定值如图 7-16 (b)所示，为双圆过坐标原点的直径与 R 轴的夹角 δ_{qd}，双圆在 X 轴的交点 M 距坐标原点 O 之距 OM 为 $\frac{1}{\lambda}$。整定值计算公式为

$$G_1 = \frac{1}{2}\left(\frac{1}{X_q + X_s} - \frac{1}{X_d + X_s}\right) \tag{7-42}$$

$$B_1 = -\frac{1}{2}\left(\frac{1}{X_q + X_s} + \frac{1}{X_d + X_s}\right) \tag{7-43}$$

$$G_2 = \frac{G_1}{(1 + B_1 X_s)^2} \tag{7-44}$$

$$\lambda = B_2 = \frac{B_1}{1 + B_1 X_s} \tag{7-45}$$

$$\delta_{qd} = \text{arctg}\, \frac{G_2}{K_k B_2} \tag{7-46}$$

式中　X_q——水轮发电机横轴同步电抗；

　　　X_d——水轮发电机纵轴同步电抗；

　　　K_k——可靠系数：当 $X_s < 0.4$ 时（以发电机容量为基量的标么值），K_k 取 0.13；$X_s >$ 0.4 时，K_k 取 0.15。

（4）水轮发电机长距离重负荷输电时，采用阻抗继电器作为定子判据，则进入阻抗圆时限较长而造成稳定破坏。为加速切除失磁的发电机，可采用三相低压元件作为判据，并加转子低压元件闭锁的方式组成发电机跳闸回路。

三相低压元件取自高压母线，一般取额定电压的 80%～85%，取自发电机母线，一般取额定电压的 75%～80%。

（5）为防止失磁保护装置误动，应在外部短路、系统振荡及电压回路断线等情况下闭锁，并将母线低压元件用于监视母线电压，保障系统安全。

闭锁元件采用转子判据，转子判据一般是测量转子电压，当发电机失磁开始，转子电压第一个负向半波的持续时间，不论是转子开路故障（持续时间最短）还是转子短路故障（持续时间最长），一般均大于 1.5s，故作用跳闸是允许的。转子电压闭锁元件一般按空载励磁电压的 80% 整定。为此要求自动励磁调整装置和手动切换的跟踪励磁电阻的位置，都需防止因励磁电压降到空载励磁电压的 80%，而造成转子电压闭锁元件失去闭锁作用。当水轮发电机或发电机重载运行时，为快速切除部分失磁而要求跳闸的发电机，转子电压的动作值尚可适当提高，以满足低负荷时励磁电压的灵敏度即可。

失磁保护装置作用解列的动作时间一般取 0.5～1.0s。

27. 何谓失磁保护中 U_e—P 元件？画出汽轮发电机和水轮发电机 U_e—P 元件的动作特性曲线。

答：用动作电压不变的励磁电压元件闭锁，在重负荷下低励时可能拒动，在轻负荷下进相运行时可能误动，虽然可以按最低运行负荷整定来减少拒动和误动的机会，但未从根本上消除其缺点。

鉴别失磁故障的依据不是一个固定的励磁电压整定值，而是一个随有功功率大小改变的励磁电压整定值，当负荷增大时，其励磁电压动作值亦相应提高，即为励磁电压—有功功率元件简称 U_e—P 元件。

U_e—P 元件是以发电机的静稳极限为动作边界。判定静稳边界由有功功率 P 与空载电势 E_0 决定，现在静稳判变为励磁电压却是由 P 与 U_e 来决定，虽然在派克标么值系统，励磁电压基值取空载励磁电压，有 $U_e = E_0$，但在发电机失磁或低励时，U_e 很可能迅速下降到对应静稳极限的整定值以下，然而 E_0 的衰减却比较慢，U_e—P 元件动作并不表示发电机已到达静稳极限，这种保护超前动作，有利于运行人员的处理。

汽轮发电机 U_e—P 元件动作特性如图 7-17（a）所示。凸极功率 $P_T = 0$，在 U_e—P 坐标平面上的动作特性通过坐标原点，近似为一条直线。

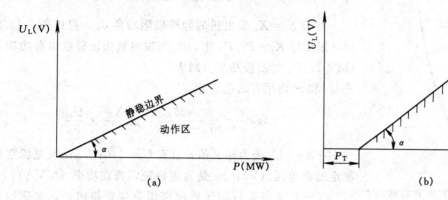

图 7-17　发电机 U_e—P 元件动作特性
(a) 汽轮发电机；(b) 水轮发电机

U_e—P 元件的动作判据为

$$U_e \leqslant KP$$

式中　U_e——转子电压；

　　　P——发电机送出的有功功率；

　　　K——斜率。

整定计算是确定斜率 $K = \mathrm{tg}\alpha$ 值，计算式如下

$$\alpha = \mathrm{arctg}K = \mathrm{arctg}(X_{d\Sigma}U_{e0}/S_N)$$

式中　$X_{d\Sigma}$——以发电机额定值为基准值的标么值，$X_{d\Sigma} = X_d + X_s$；

　　　X_s——与发电机联系的系统电抗，标么值；

　　　U_{e0}——发电机空载励磁电压，V；

　　　S_N——发电机额定视在功率，MVA。

水轮发电机（包括 $X_d \neq X_q$ 的大型汽轮发电机）由于 $X_d \neq X_q$，发电机输出有功功率 P 为

$$P = \frac{E_0 U_s}{X_{d\Sigma}}\sin\delta + \frac{U_s^2}{2}\left(\frac{1}{X_{q\Sigma}} - \frac{1}{X_{d\Sigma}}\right)\sin2\delta$$

式中　E_0——发电机空载电势；

　　　U_s——系统母线电压；

　　　δ——发电机的功角；

　　　X_d——发电机纵轴同步电抗，$X_{d\Sigma} = X_d + X_s$；

　　　X_q——发电机横轴同步电抗，$X_{q\Sigma} = X_q + X_s$。

由上式导出 $\dfrac{\mathrm{d}P}{\mathrm{d}\delta} = 0$ 的静稳极限，对应不同的静稳极限功角 δ_{sb}，有相应一定 P 值的励磁电压动作值 U_e。水轮发电机 U_e—P 元件动作特性如图 7-17（b）所示。

水轮发电机的凸极功率为

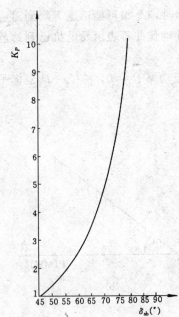

$$P_T = \frac{U_s^2(X_d - X_q)}{2(X_d + X_s)(X_q + X_s)}$$

$$\text{tg}\alpha = \frac{2\cos 2\delta_{sb}}{\cos\delta_{sb} - 2\sin^3\delta_{sb}} X_{d\Sigma}$$

对于 $X_d \neq X_q$ 发电机的静稳极限功角 δ_{sb}，可由图 7-18 查得，纵坐标 $K_P = P_0/P_T$ 中，P_0 为发电机失磁前输出有功功率（MW）；P_T 为凸极功率（MW）。

若 U_e 和 P 均用有名值，则

$$\text{tg}\alpha = \frac{2\cos 2\delta_{sb}}{\cos\delta_{sb} - 2\sin^3\delta_{sb}} \times \frac{X_{d\Sigma}}{U_s} \times \frac{U_{e0}}{S_N}$$

式中：$X_{d\Sigma}$、U_s 仍为标么值，且有 $U_s = 1.0$；U_{e0} 是发电机空载额定励磁电压（V）；S_N 是发电机额定视在功率（MVA）。

U_e—P 元件除在转子励磁绕组直接短路时外，失磁后 P 及 U_e 也要发生剧烈波动。因此在异步运行中可能周期地返回，为可靠动作，应对动作采取记忆措施。发电机外部短路时，由于强行励磁动作且有功负荷下降不会误动，但在自励式发电机近处短路时，励磁电压要随机端电压而下降，应以延时防止误动。如为不对称短路，为防止误动应测三相有功功率或采用负序闭锁元件。系统振荡时，有功功率及励磁电压都要发生波动，有可能进入动作区，应增加延时。

图 7-18　$X_d \neq X_q$ 发电机的 δ_{sb}—K_P 关系曲线
注：$K_P = P_0/P_T$。

28. 简述由阻抗继电器构成的失磁保护的工作原理。

用阻抗继电器构成的失磁保护的原理框图如图 7-19 所示。其中 KI 为阻抗继电器。KL 为闭锁继电器，用以防止相间短路时保护装置误动作。可以采用不同的闭锁方式，在图 7-19 中采用励磁电压作为闭锁量。KT 为时间继电器，用于防止系统振荡时保护装置误动作。

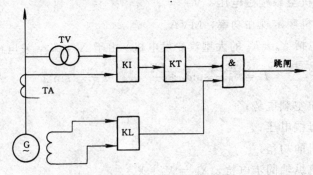

图 7-19　用阻抗元件构成的失磁保护原理方框图

下抛圆式特性阻抗继电器 KI 按稳态异步边界条件整定

304

$$X_A = -\frac{1}{2}X'_d \\ X_B = -1.2X_d \Big\} \tag{7-49}$$

发电机失磁后,其机端测量阻抗由失磁前的感性变为失磁后异步运行时的容性,即测量阻抗的轨迹由第一象限进入第四象限(见图7-20),待进入整定圆内时,阻抗继电器KI动作。发电机失磁前所带的有功功率 P 和失磁后的转差率 s 都会影响到测量阻抗的变化轨迹。P 越大,s 越高,越趋近于 X'_d ;P 越小,s 越低,越趋近于 X_d。

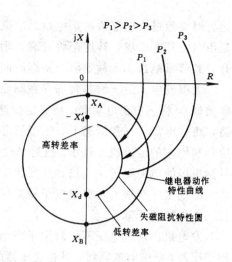

图 7-20 发电机失磁时阻抗
继电器的动作特性

29. 试述具有自动减负荷的失磁保护装置的组成原则。

答:具有自动减负荷的失磁保护装置的组成原则如下。

根据电网的特点,在发电机失磁后异步运行,若无功功率尚能满足,系统电压不致降低到失去稳定的严重程度,则发电机可以不解列,而采用自动减负荷到40%~50%的额定负荷,失磁运行15~30min,运行人员可以及时处理恢复励磁。因此,设置为具有下述功能的失磁保护。

(1) 定、转子判据元件同时判定失磁后,系统电压元件判定系统电压下降到危害程度,则经过0.5s作用于解列。

(2) 定、转子判据元件同时判定失磁后,系统电压元件判定系统不能失去稳定,则作用于自动减负荷,直到减至40%~50%额定负荷。

(3) 定、转子判据元件同时判定失磁后,发电机电压元件判定其电压低到对厂用电有危害程度,则自动切换厂用电源,使之投入备用电源。

大型发电机在较重负荷运行时,发生部分失磁也常易导致失步。因此,若能及早自动减负荷,则较易拉入同步。失磁保护的定子判据,也可采用经过原点的下抛圆特性的阻抗继电器,整定 $X_A=0$、$X_B=-1.4X_d$,将动作圆适当放大使之及早自动减负荷,系统电压降低时及早解列。在减负荷过程中,转子电压可能返回,为此需要短时测量自保持的方式,根据失磁试验,经过10s即可减至发电机额定功率的60%。

自动减负荷回路由有功功率继电器控制。当有功功率降低到触点返回时,自动减负荷继电器返回,但由于机炉的惯性,负荷又经0.5s后才稳定,尚需继续减一些负荷才停止,因此触点返回值应大于40%~50%额定负荷,并要求返回系数大于0.9。

30. 为什么现代大型汽轮发电机应装设过电压保护?

答:中小型汽轮发电机不装设电压保护的原因是:在汽轮发电机上都装有危急保安器,当转速超过额定电压的10%以后,汽轮发电机危急保安器会立即动作,关闭主汽门,能够有效的防止由于机组转速升高而引起的过电压。

对于大型汽轮发电机则不然,即使调速系统和自动调整励磁装置都正常运行,当满负荷运行时突然甩去全部负荷，电枢反应突然消失，此时，由于调速系统和自动调整励磁装置都是由惯性环节组成，转速仍将升高，励磁电流不能突变，使得发电机电压在短时间内也要上升，其值可能达 1.3 额定值。持续时间可能达几秒钟。

大型发电机定子铁芯背部存在漏磁场，在这一交变漏磁场中的定位筋（与定子绕组的线棒类似），将感应出电动势。相邻定位筋中的感应电动势存在相位差，并通过定子铁芯构成闭路，流过电流。正常情况下，定子铁芯背部漏磁少，定位筋中的感应电动势也很小，通过定位筋和铁芯的电流也比较小。但是当过电压时，定子铁芯背部漏磁急剧增加，例如过电压 5% 时漏磁场的磁密要增加几倍，从而使定位筋和铁芯中的电流急剧增加，在定位筋附近的硅钢片中的电流密度很大，引起定子铁芯局部发热，甚至会烧伤定子铁芯。过电压越高，时间越长，烧伤就越严重。

发电机出现过电压不仅对定子绕组绝缘带来威胁，同时将使变压器（升压主变压器和厂用变压器）励磁电流剧增，引起变压器的过励磁和过磁通。过励磁可使绝缘因发热而降级，过磁通将使变压器铁芯饱和并在铁芯相邻的导磁体内产生巨大的涡流损失，严重时可因涡流发热使绝缘材料遭永久性损坏。

鉴于以上种种原因，对于 200MW 及以上的大型汽轮发电机应装设过电压保护。已经装过励磁保护的大型汽轮发电机可不再装设过电压保护

31. 为什么在水轮发电机上要装设过电压保护？其动作电压如何整定？

答：由于水轮发电机的调速系统惯性较大，动作缓慢，因此在突然甩去负荷时，转速将超过额定值，这时机端电压有可能高达额定值的 1.8～2 倍。为了防止水轮发电机定子绕组绝缘遭受破坏，在水轮发电机上应装设过电压保护。

根据发电机的绝缘状况，水轮发电机过电压保护的动作电压应取 1.5 倍额定电压，经 0.5s 动作于出口断路器跳闸并灭磁。对采用可控硅励磁的水轮发电机、动作电压取 1.3 倍额定电压，经 0.3s 跳闸。

32. 为什么现代大型发电机应装设过励磁保护？在配置和整定该保护时应考虑哪些原则？

答：大容量发电机无论在设计和用材方面裕度都比较小，其工作磁密很接近饱和磁密。当由于调压器故障或手动调压时甩负荷或频率下降等原因，使发电机产生过励磁时，其后果非常严重，有可能造成发电机金属部分的严重过热，在极端情况下，能使局部矽钢片很快熔化。因此，对大容量发电机应装设过励磁保护。

对于发电机变压器组，其过励磁保护装于机端。如果发电机与变压器的过励磁特性相近（应由制造厂提供曲线），当变压器的低压侧额定电压比发电机额定电压低（一般约低 5%）时，则过励磁保护的动作值应按变压器的磁密整定，这样既保护了变压器，又对发电机是安全的；若变压器低压侧额定电压等于或大于发电机的额定电压，则过励磁保护的动作值应按发电机的磁密整定，对发电机和变压器都能起到保护作用。

33. 发电机—变压器组运行中，造成过励磁原因有哪些？

答：首先要了解变压器过励磁与频率、电压的关系。变压器的电压是由铁芯上的绕组通过电流后而产生的。其关系为：$U = 4.44fNBS$。其中绕组匝数 N 和铁芯截面积 S 都是常数，

令 $K=\dfrac{1}{4.44NS}$，则工作磁密 $B=K\cdot\dfrac{U}{f}$，即电压升高或频率降低都会引起过励磁。另一方面大型变压器的工作磁密 $B_1=1.7\sim1.8\mathrm{T/m^2}$，饱和磁密为 $B_2=1.9\sim2.0\mathrm{T/m^2}$，非常接近。而对发电机来说，当其电压与频率比 $U_*/f_*>1$ 时，也要遭受过励磁的危害，且它的允许过励磁倍数还要低于升压变压器的允许过励磁倍数。所以都容易饱和，对发电机和变压器都不利。造成过励磁的原因有以下几方面。

（1）发电机—变压器组与系统并列前，由于误操作，误加大励磁电流引起。

（2）发电机启动中，转子在低速预热时，误将电压升至额定值，则因发电机变压器低频运行而造成过励磁。

（3）切除发电机中，发电机解列减速，若灭磁开关拒动，使发电机遭受低频引起过励磁。

（4）发电机—变压器组出口断路器跳开后，若自动励磁调节器退出或失灵，则电压与频率均会升高，但因频率升高慢而引起过励磁。即使正常甩负荷，由于电压上升快，频率上升慢（惯性不一样），也可能使变压器过励磁。

（5）系统正常运行时频率降低时也会引起。

34. 大型汽轮发电机保护为什么要配置逆功率保护？

答：在汽轮机发电机机组上，当机炉动作关闭主汽门或由于调整控制回路故障而误关主汽门，在发电机断路器跳开前发电机将转为电动机运行。此时逆功率对发电机本身无害，但由于残留在汽轮机尾部的蒸汽与长叶片摩擦，会使叶片过热，所以逆功率运行不能超过 3min，需装设逆功率保护。

35. 发电机为何要装设频率异常保护？

答：汽轮机的叶片都有一个自然振荡频率，如果发电机运行频率低于或高于额定值，在接近或等于叶片自振频率时，将导致共振，使材料疲劳。达到材料不允许的程度时，叶片就有可能断裂，造成严重事故。材料的疲劳是一个不可逆的积累过程，所以汽轮机给出了在规定频率下允许的累计运行时间。低频运行多发生在重负荷下，对汽轮机的威胁将更为严重，另外对极低频工况，还将威胁到厂用电的安全，因此发电机应装设频率异常运行保护。

36. 对发电机频率异常运行保护有何要求？

答：对发电机频率异常运行保护有如下要求：

（1）具有高精度的测量频率的回路。

（2）具有频率分段启动回路，自动累积各频率段异常运行时间，并能显示各段累计时间，启动频率可调。

（3）分段允许运行时间可整定，在每段累计时间超过该段允许运行时间时，经出口发出信号。

（4）能监视当前频率。

37. 大型发电机组为何要装设失步保护？

答：发电机与系统发生失步时，将出现发电机的机械量和电气量与系统之间的振荡，这种持续的振荡将对发电机组和电力系统产生有破坏力的影响。

（1）单元接线的大型发变组电抗较大，而系统规模的增大使系统等效电抗减小，因此振荡中心往往落在发电机端附近或升压变压器范围内，使振荡过程对机组的影响大为加重。由于机端电压周期性的严重下降，使厂用辅机工作稳定性遭到破坏，甚至导致全厂停机、停炉、停电的重大事故。

（2）失步运行时，当发电机电势与系统等效电势的相位差为180°的瞬间，振荡电流的幅值接近机端三相短路时流经发电机的电流。对于三相短路故障均有快速保护切除，而振荡电流则要在较长时间内反复出现，若无相应保护会使定子绕组遭受热损伤或端部遭受机械损伤。

（3）振荡过程中产生对轴系的周期性扭力，可能造成大轴严重机械损伤。

（4）振荡过程中由于周期性转差变化在转子绕组中引起感应电流，引起转子绕组发热。

（5）大型机组与系统失步，还可能导致电力系统解列甚至崩溃事故。

因此，大型发电机组需装设失步保护，以保障机组和电力系统的安全。

失步保护一般由比较简单的双阻抗元件组成，但是没有预测失步的功能，当它动作之后，从避免失步方向看，可能为时已晚。也有利用3个以上的阻抗元件，组成几个动作区域的失步保护。利用测量振荡中心电压及其变化率及各种原理的失步预测保护。失步保护在短路故障、系统稳定（同步）振荡、电压回路断线等情况下不应误动作。失步保护一般动作于信号，当振荡中心在发电机变压器内部，失步运行时间超过整定值，振荡次数超过规定值，对发电机有危害时，才动作于解列。

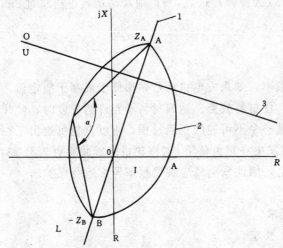

图 7-21　失步继电器在阻抗平面的动作特性
1—阻挡器；2—透镜；3—电抗线

38. 画出 SB-1 型失步继电器在阻抗平面的动作特性，并说明其组成，阐述此继电器的失步判据。

答：SB-1 型失步继电器在阻抗平面上的动作特性见图 7-21，此动作特性由三部分曲线构成：

（1）阻挡器 1，把阻抗平面分为 L、R，即左右两部分。这实质上是发电机电势与系统等值电势相差 180°的线，即 $\delta=180°$，已发生失步。

（2）透镜 2，把阻抗平面分为 I、A，即内、外两部分。这实质上是用来区分振荡的动作电势角。

（3）电抗线 3，把阻抗平面分为 O、U，即上、下两部分。这实质上是用来判别机端离振荡中心的位置的，越靠近振荡中心就越要动作快，越远离振荡中心动作就可以慢。所以以此线作为选取允许滑极次数的分界线，即保护 I 段和 II 段的分界线。

该失步继电器根据测量阻抗 Z 的矢量终点在透镜内部两部分区域停留的时间作为失步主判据，主判据分两种模式：

运行模式 A：当 Z 由右向左整个地穿过透镜，并在穿过由阻挡器分开的每半个透镜历时

308

均不小于 25ms，即被认为是一次滑极。

运行模式 B：当 Z 由右向左整个地穿过透镜，穿过前半个透镜的历时大于 2ms，而穿过整个透镜的总的历时不小于 50ms，则认为是一次滑极。

若阻抗 Z 穿过位于电抗线以下透镜区域，则按 I 段整定的滑极次数动作。

39. **为什么现代大型发电机应装设非全相运行保护？**

答：发电机—变压器组高压侧的断路器多为分相操作的断路器，常由于误操作或机械方面的原因使三相不能同时合闸或跳闸，或在正常运行中突然一相跳闸。

这种异常工况，将在发电机—变压器组的发电机中流过负序电流，如果靠反应负序电流的反时限保护动作（对于联络变压器，要靠反应短路故障的后备保护动作），则会由于动作时间较长，而导致相邻线路对侧的保护动作，使故障范围扩大，甚至造成系统瓦解事故。因此，对于大型发电机—变压器组，在 220kV 及以上电压侧为分相操作的断路器时，要求装设非全相运行保护。

40. **简述发电机非全相运行保护的构成原理。**

答：非全相运行保护一般由灵敏的负序电流元件或零序电流元件和非全相判别回路组成，其保护原理接线如图 7-22 所示。

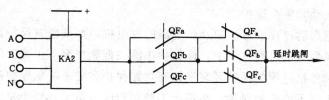

图 7-22 非全相运行保护的原理接线图

图 7-22 中 KA2 为负序电流继电器，QF_a、QF_b、QF_c 为被保护回路 A、B、C 相的断路器辅助触点。

保护经延时 0.5s 动作于解列（即断开健全相）。如果是操作机构故障，解列不成功，则应动作于断路器失灵保护，切断与本回路有关的母线段上的其他有源回路。

负序电流元件的动作电流 $I_{2,op}$ 按发电机允许的持续负序电流下能可靠返回的条件整定，即

$$I_{2,op} = \frac{I_{G,2}}{K_r} \tag{7-50}$$

式中 K_r——返回系数，取 0.9；

$I_{G,2}$——发电机允许持续负序电流，一般取 $I_{G,2} = (0.06 \sim 0.1) I_{GN}$；

I_{GN}——发电机的额定电流。

零序电流元件可按躲过正常不平衡电流整定。变压器和母线联络（分段）断路器的非全相运行保护应使用零序电流元件。

41. **为何装设发电机意外加电压、断路器断口闪络、发电机启动和停机保护？**

答: (1) 发电机意外加电压保护。

发电机在盘车过程中,由于出口断路器误合闸,突然加电压而使发电机异步启动,在国外曾多次出现过,它能给机组造成损伤。因此需要有相应的保护,迅速切除电源。一般设置专用的意外加电压保护,可用低频元件和过电流元件共同存在为判据。瞬时动作,延时 0.2～0.3s 返回,以保证完成跳闸过程。该保护正常运行时停用,机组停用后才投入。

当然在异步起动时,逆功率保护、失磁保护、阻抗保护也可能动作,但时限较长,设置专用的误合闸保护比较好。

(2) 断路器断口闪络保护。

接在 220kV 以上电压系统中的大型发电机—变压器组,在进行同步并列的过程中,断路器合闸之前,作用于断口上的电压,随待并发电机与系统等效发电机电势之间角度差 δ 的变化而不断变化,当 $\delta=180°$ 时其值最大,为两者电势之和。当两电势相等时,则有两倍的运行电压作用于断口上,有时要造成断口闪络事故。

断口闪络给断路器本身造成损坏,并且可能由此引起事故扩大,破坏系统的稳定运行。一般是一相或两相闪络,产生负序电流,威胁发电机的安全。

为了尽快排除断口闪络故障,在大机组上可装设断口闪络保护。断口闪络保护动作的条件是断路器三相断开位置时有负序电流出现。断口闪络保护首先动作于灭磁,失效时动作于断路器失灵保护。

(3) 发电机启动和停机保护。

对于在低转速启动过程中可能加励磁电压的发电机,如果原有保护在这种方式下不能正确工作时,需加装发电机启停机保护,该保护应能在低频情况下正确工作。例如作为发电机—变压器组启动和停机过程的保护可装设相间短路保护和定子接地保护各一套,将整定值降低,只作为低频工况下的辅助保护,在正常工频运行时应退出,以免发生误动作。为此辅助保护的出口受断路器的辅助触点或低频继电器触点控制。

42. 一般大型汽轮发电机—变压器组采用哪些保护?其作用对象是什么?

答: 一般大型汽轮发电机—变压器组可根据容量大小配置的保护及其作用对象如下:

发电机差动保护	全停
升压变压器差动保护	全停
高压厂用变压器差动保护	全停
发电机—变压器差动保护	全停
变压器瓦斯保护	全停
全阻抗保护(负序过流和单元件低压过流)$\begin{cases} t_1 \\ t_2 \end{cases}$	解列 全停
高压侧零序电流保护$\begin{cases} t_1 \\ t_2 \end{cases}$	解列 全停
定子匝间保护	全停
定子一点接地保护基波段	发信号(解列灭磁)
定子一点接地保护 3 次谐波段	发信号
发电机励磁回路一点接地保护	发信号

| 定时限定子过负荷保护: | 发信号 |
| 反时限定子过负荷保护: | 解列灭磁 |

转子表层过负荷保护 {
- 定时限段 —— 发信号
- 反时限段 —— 解列灭磁

定时限励磁回路过负荷保护:	发信号
反时限励磁回路过负荷保护:	解列灭磁
频率异常保护	发信号

失磁保护 {
- t_1 —— 发信号
- t_2 —— 减出力
- t_3 —— 解列灭磁

| 过电压保护 | 解列灭磁 |

逆功率保护 {
- t_1 —— 发信号
- t_2 —— 解列灭磁

失步保护	发信号（解列）
过励磁保护（可不再设过电压保护）	解列灭磁
断路器失灵保护	解列灭磁
非全相运行保护	解列

43. 试述大型水轮发电机—变压器组继电保护配置的特点。

答：水轮发电机有其特点，它的发电机—变压器组继电保护配置与汽轮发电机—变压器组继电保护配置主要的不同点是：

（1）不装设励磁回路两点接地保护；

（2）不装设逆功率保护；

（3）不装设频率异常保护；

（4）与同容量的汽轮发电机相比，水轮发电机体积较大，热容量大，负序发热常数 A 值也大得多，所以除了双水内冷式水轮发电机外，不采用反时限特性的负序电流保护；

（5）水轮发电机的失磁保护经延时作用于跳闸，不作减负荷异步运行。

```
二、发电机自动装置
```

44. 何谓同步发电机的励磁系统？其作用是什么？

答：供给同步发电机励磁电流的电源及其附属设备，称为同步发电机的励磁系统。

发电机励磁系统的作用是：

（1）当发电机正常运行时，供给发电机维持一定电压及一定无功输出所需的励磁电流。

（2）当电力系统突然短路或负荷突然增、减时，对发电机进行强行励磁或强行减磁，以提高电力系统运行的稳定性和可靠性。

（3）当发电机内部出现短路时，对发电机进行灭磁，以避免事故扩大。

45. 同步发电机的励磁方式有哪些？

答：按给发电机提供励磁功率所用的方法，励磁系统可分为以下几种方式：

（1）同轴直流励磁机系统。在这种励磁方式中，由于发电机与直流励磁机同轴连接，当电网发生故障时，不会影响到励磁系统的正常运行。但受到直流励磁机容量的限制，这种励磁方式广泛应用于中小容量的发电机。

（2）半导体励磁系统。这是目前国内外大型发电机广泛采用的一种新型的、先进的励磁方式。它的优点是性能优良、维护简单、运行可靠、体积小、寿命长。

46. 实现自动调节励磁的基本方法有哪些？

答：（1）改变励磁机励磁回路电阻。如图 7-23 所示，它是以发电机 G 同轴的直流发电机 GE 作为励磁电源，在励磁机的励磁回路中串接可调电阻 R_c，调节 R_c 的电阻值即可改变励磁机的励磁电流，从而改变励磁机的端电压，也就调节了发电机的励磁电流。

（2）改变励磁机的附加励磁电流。如图 7-24 所示，自动调节励磁装置 AVR 接于发电机的电压互感器和电流互感器上，它供给励磁机一个附加励磁电流（附加励磁也可以供给励磁机另设的一个励磁绕组）。AVR 装置可根据发电机电压、电流或功率因数的变化，相应地改变其供给励磁机的附加励磁电流，也就调节了发电机的励磁电流。

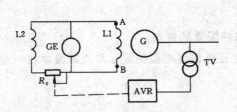

图 7-23　改变磁场调整电阻的方法

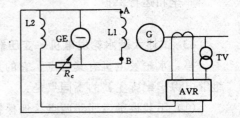

图 7-24　改变附加励磁电流的方法

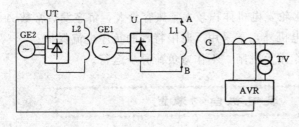

图 7-25　改变可控硅导通角的方法

（3）改变可控硅的导通角。如图 7-25 所示，主励磁机 GE1 经硅整流桥 U 向发电机励磁绕组 L1 供电，副励磁机 GE2 经可控硅整流桥 UT 向主励磁机励磁绕组 L2 供电。AVR 装置根据发电机电压、负荷电流的变化，相应地改变可控硅整流回路的可控硅导通角，使可控硅整流桥送入主励磁机的励磁电流发生变化。为取得励磁调节的快速性，主励磁机一般采用 $100\sim200Hz$ 中频交流同步发电机，副励磁机采用 $400\sim500Hz$ 中频发电机。副励磁机可用永磁机或反应式同步发电机（附自励恒压）。

47. 自动调节励磁装置按其结构可分为哪几类？说明其特点及应用范围。

答：自动调节励磁装置按其结构可分为三类。

（1）电气机械型励磁调节器。这类装置具有电气、机械元件和可动部分。如振动式励磁调节器和变阻式励磁调节器。由于这类装置有失灵区，且维护困难，仅在老式机组上还有应用。

（2）电磁式励磁调节器。这类装置采用磁放大器等电磁元件，如复式励磁和电压校正器。由于它调节灵敏，结构简单可靠，因此在发电机励磁系统中得到广泛应用。

（3）可控硅励磁调节器。该类装置多用于半导体励磁系统中，它采用可控硅作为功率放大部分，并由晶体管、集成电路或微型计算机构成，具有动作速度快、调节灵敏、效率高、控制功率小、结构紧凑、轻巧以及运行维护方便等优点。因此，目前大型同步发电机的励磁系统普遍采用此类装置。

48. 何谓继电强行励磁装置？其作用是什么？

答：强行励磁，顾名思义，就是强迫施行励磁（简称强励）。当系统发生事故电压严重降低时，强行以最快的速度，给发电机以最大的励磁，迫使系统电压迅速恢复。用继电器组成的这种装置称为继电强行励磁装置。

为了提高电力系统的稳定以及加快故障切除后电压的恢复，希望电压下降到一定数值时，同步发电机的励磁能迅速增大到顶值。当然，自动调节励磁装置也应具有这种能力，但是某些自动调节励磁装置的励磁顶值不够高或反应速度不够快，以及在某些故障形式下不具有上述能力，因此就需要设置专门的继电强行励磁装置来承担上面提出的任务。

49. 对于继电强行励磁装置中的低电压继电器的接线应考虑哪些原则？

答：为了使继电强行励磁装置的动作机会增多，并且提高其灵敏度，其低电压继电器的接线方式一般应按如下原则进行考虑。

（1）并联运行各发电机的强行励磁装置按机组容量分别接于不同的相别，以保证在发生任何类型的相间短路故障时，均有一定数量的发电机能施行强励。

（2）当自动调节励磁装置在某些短路故障下没有强励能力或无法强励时，继电强行励磁装置应优先考虑反应这些故障形式。

（3）当自动调节励磁装置对各种短路故障形式均能进行强励时，若强励容量不够，则需装设继电强行励磁装置。此时其接线方式应使强行励磁装置有尽可能多的动作机会。

（4）为了使继电强行励磁装置能反应各种相间短路故障和提高其灵敏度，可将低电压继电器经正序电压滤过器接到电压互感器上。

50. 继电强行励磁装置中的低电压继电器的动作电压是怎样整定的？对其返回系数如何要求？为什么？

答：低电压继电器接于发电机电压互感器的相间电压上，其动作值的整定应考虑当发电机电压恢复到正常值时继电器能可靠地返回，即返回电压 $U_{\mathrm{r \cdot k}}$ 为

$$U_{\mathrm{r \cdot k}} = \frac{U_{\mathrm{GN}}}{K_{\mathrm{rel}}} \qquad (7\text{-}51)$$

式中　U_{GN}——发电机额定电压；

　　K_{rel}——可靠系数，取 1.05。

因此继电器动作电压为　$U_{\mathrm{op,k}} = \dfrac{U_{\mathrm{r,k}}}{K_{\mathrm{r}}}$ 　　　　　(7-52)

式中　K_r——返回系数，取 1.1。

故
$$U_{op,k} = \frac{U_{GN}}{K_{rel}K_r} \tag{7-53}$$

将 K_r、K_{rel} 值代入式（7-53），得

$$U_{op,k} \approx 0.85 U_{GN} \tag{7-54}$$

即继电强行励磁装置中低电压继电器的动作电压，应整定为发电机额定电压的 0.85 倍。

强行励磁中低电压继电器的返回系数，在检验规程中要求不大于 1.06。这一点和一般的低电压继电器不同。这是因为，从系统电压降低到强行励磁装置动作，发出强行励磁信号，需要一定的时间，且这个时间愈短愈好。为使整个装置灵敏、快速，要求强行励磁低电压继电器的返回系数比一般电压继电器的要低。

51. 怎样衡量继电强行励磁装置的工作效果？

答：衡量继电强行励磁装置的工作效果有两个衡量指标。

（1）励磁电压上升速度：即强励开始后的 0.5s 内发电机励磁电压上升的平均速度，其数值用额定励磁电压 U_{eN} 的倍数表示。此值愈大愈好，对现代励磁机而言，一般为（0.8～1.2）U_{eN}（单位：V/s）。

（2）强励倍数：强励时，发电机实际能达到的最高励磁电压 $U_{e.max}$ 与额定励磁电压 U_{eN} 的比值，称为强行励磁倍数 K_e。显然，K_e 愈大，强励效果愈好。一般情况下强励倍数为 1.8～2。

52. 继电强行减磁装置的作用是什么？怎样实现？

答：当水轮发电机突然甩去大量负荷时，因其调速装置尚来不及关闭导水翼，致使机组转速迅速升高，而产生过电压现象。为此，专门设置一种强行减磁装置。当水轮发电机的端电压突然升高时，它能迅速降低发电机的励磁电流，以达到降低其电压的目的。

继电强行减磁装置的接线和继电强行励磁装置相似。接线中采用过电压继电器为启动元件，当发电机电压高于某一给定值（通常为 1.3 倍额定电压）时，过电压继电器动作，其触点控制一接触器，接触器动作后，在励磁机励磁回路中串入一阻值比励磁机励磁绕组阻值大好几倍的电阻，将励磁机的电压几乎降到零值，起到了强行减磁的作用。

53. 何谓复式励磁和相位复式励磁？

答：为了补偿发电机电枢反应造成的发电机电压降，可采用定子电流反馈的方法来供给励磁电流。如果反馈供给的励磁电流仅与发电机定子电流的大小有关就称为复式励磁，简称复励；如果反馈供给的励磁电流和定子电流的大小、功率因数都有关，则称为相位复式励磁，简称相复励。

54. 什么是同步发电机的并列运行？什么叫同期装置？

答：为了提高供电的可靠性和供电质量，合理地分配负荷，减少系统备用容量，达到经济运行的目的，发电厂的同步发电机和电力系统内各发电厂应按照一定的条件并列在一起运行，这种运行方式称为同步发电机并列运行。

实现并列运行的操作称为并列操作或同期操作。用以完成并列操作的装置称为同期

装置。

55. 实现发电机并列有几种方法？其特点和用途如何？

答：实现发电机并列的方法有准同期并列和自同期并列两种。

（1）准同期并列的方法是：发电机在并列合闸前已经投入励磁，当发电机电压的频率、相位、大小分别和并列点处系统侧电压的频率、相位、大小接近相同时，将发电机断路器合闸，完成并列操作。

（2）自同期并列的方法是：先将未励磁、接近同步转速的发电机投入系统，然后给发电机加上励磁，利用原动机转矩、同步转矩把发电机拖入同步。

自同期并列的最大特点是并列过程短，操作简单，在系统电压和频率降低的情况下，仍有可能将发电机并入系统，且容易实现自动化。但是，由于自同期并列时，发电机未经励磁，相当于把一个有铁芯的电感线圈接入系统，会从系统中吸取很大的无功电流而导致系统电压降低，同时合闸时的冲击电流较大，所以自同期方式仅在系统中的小容量发电机及同步电抗较大的水轮发电机上采用。大中型发电机均采用准同期并列方法。

56. 准同期并列的条件有哪些？条件不满足将产生哪些影响？

答：准同期并列的条件是待并发电机的电压和系统的电压大小相等、相位相同和频率相等。

上述条件不被满足时进行并列，会引起冲击电流。电压的差值越大，冲击电流就越大；频率的差值越大，冲击电流的振荡周期越短，经历冲击电流的时间也愈长。而冲击电流对发电机和电力系统都是不利的。

57. 按自动化程度不同，准同期并列有哪几种方式？

答：准同期并列可分为下列三种并列方式：

（1）手动准同期：发电机的频率调整、电压调整以及合闸操作都由运行人员手动进行，只是在控制回路中装设了非同期合闸的闭锁装置（同期检查继电器），用以防止由于运行人员误发合闸脉冲造成的非同期合闸。

（2）半自动准同期：发电机电压及频率的调整由手动进行，同期装置能自动地检验同期条件，并选择适当的时机发出合闸脉冲。

（3）自动准同期：同期装置能自动地调整频率，至于电压调整，有些装置能自动地进行，也有一些装置没有电压自动调节功能，需要靠发电机的自动调节励磁装置或由运行人员手动进行调整。当同期条件满足后，同期装置能选择合适的时机自动地发出合闸脉冲。

58. 简述自动准同期装置的构成及其各部分的作用。

答：自动准同期装置，是利用线性三角形脉动电压，按恒定导前时间发出合闸脉冲的自动准同期装置。它能完成发电机并列前的自动调压、自动调频和在满足准同期并列条件的前提下，于发电机电压和系统电压相位重合前的一个恒定导前时间发出合闸脉冲等三项任务。

它主要由合闸、调频、调压、电源四部分组成。合闸部分的作用是，在频率差和电压差均满足准同期并列条件的前提下，于发电机电压和系统电压相位重合前的一个导前时间（t_{dq}）

发出合闸脉冲。上述条件不满足时，则闭锁合闸脉冲回路。调频部分的作用是，判断发电机频率是高于还是低于系统频率，从而自动发出减速或增速调频脉冲，使发电机频率趋近于系统频率。调压部分的作用是，比较待并发电机的电压与系统电压的高低，自动发出降压或升压脉冲，作用于发电机励磁调节器，使发电机电压趋近于系统电压，且当电压差小于规定数值时，解除电压差闭锁，允许发出合闸脉冲。电源部分除了将系统电压和发电机电压变成装置所需的相应的电压外，还为逻辑回路提供直流电源。

59. 怎样利用工作电压通过定相的方法检查发电机同期回路接线的正确性？

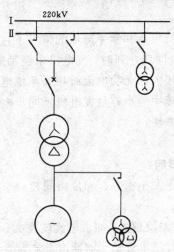

图 7-26　发电机直接升
压后接至 220kV
Ⅰ母线进行同期回路检查的示意图

答：试验前由运行人员进行倒闸操作，腾出发电厂升压变电所的一条母线（如图 7-26 中的 220kVⅠ母线），然后合上该母线的隔离开关和发电机出口断路器，直接将发电机升压后接至这条母线上。由于通过 220kV 母线电压互感器和发电机电压互感器加至同期回路的两个电压，实际上都是发电机电压，因此同期回路反映发电机和系统电压的两只电压表的指示应基本相同，组合式同步表的指针也应指示在同期点上不动。否则，同期回路的接线则认为有错误。

60. 怎样利用工作电压通过假同期的方法检查发电机同期回路接线的正确性？

答：假同期，顾名思义就是手动或自动准同期装置发出的合闸脉冲，将待并发电机断路器合闸时，这台发电机并非真的并入了系统，而是一种用模拟的方法进行的一种假的并列操作。为此，试验时应将发电机母线隔离开关断开，人为地将其辅助触点放在其合闸后的状态（辅助触点接通），这时，系统电压就通过这对辅助触点进入同期回路。另外，待并发电机的电压也进入同期回路中。这两个电压经过同期并列条件的比较，若采用手动准同期并列方式，运行人员可通过对发电机电压、频率的调整，待满足同期并列的条件时，手动将待并发电机出口断路器合上，完成假同期并列操作。若采用自动准同期并列方式，则自动准同期装置就自动地对发电机进行调速、调压，待满足同期并列的条件后，自动发出合闸脉冲，将其出口断路器合上。若同期回路的接线有错误，其表计将指示异常，无论手动准同期或者是自动准同期都无法捕捉到同期点，而不能将待并发电机出口断路器合上。

电力系统安全自动装置

第八章

1. 在电力系统中有哪些必须同时满足的稳定性要求？失去稳定性的后果是什么？

答：在电力系统中，有三种必须同时满足的稳定性要求，即同步运行稳定性、频率稳定性和电压稳定性。

失去同步运行稳定性的后果，是系统发生振荡，引起系统中枢点电压、发电设备和输电线路的电流和电压大幅度地周期性波动，电力系统因不能继续向负荷正常供电而不能继续运行。电力系统振荡，是最为常见的一类系统事故。它可能是发展成为电力系统大停电的起因，也可能是在发展为大停电事故过程中的一个附加因素。系统振荡事故必须努力避免，这也是长时期以来在设计和运行电力系统中受到高度关注的一个极重要的安全运行问题。虽然由振荡演化为电力系统大停电的只是极少数，但由于各种原因，系统振荡事故仍在国内外系统中不断发生。

失去频率稳定性的后果，是发生系统频率崩溃而招致系统全停电，这是绝对需要避免的一种恶性事故。交流联网的系统容量愈大，发生全局性的频率崩溃的概率愈低，但后果也愈严重。系统频率的突然深度下降，标志着严重的系统事故即将来临，按频率降低自动减负荷是对付频率崩溃的最有效手段。在我国，有电力行业标准 DL 428—91《电力系统自动低频减负荷技术规定》对此作出了明确的要求。为了计及实际切负荷量和应切负荷量的不可控因素，例如无法安排和掌握实时切负荷量等，安排超额的自动减负荷量是绝对必要的。

失去电压稳定性的后果，是发生电压崩溃，使受影响的地区停电，过去只是一个极个别的局部问题。近些年来，国外系统多次因电压崩溃引起大面积停电事故，在国际上所谓的电压稳定性问题，指的是影响及于全电网的情况。虽然一切电压崩溃的根源都是因为无功补偿功率不足，但只是在供电变压器自动调压得到普遍采用之后，才发展成为全网性大停电。在电网缺少无功补偿功率的条件下，由于供电变压器自动调压的不正确运用，各负荷中心仍然力图维持本地区电压于正常水平，使主网电压严重下降而产生连锁反应，造成了大停电，这是一种电力系统现代化的病症。1978 年以来，法国、瑞典、日本东京等的几次大停电，无一不说明了这种情况。我国在文化大革命期间，有的电力系统长期在低频低压情况下运行，也发生过局部的城区因电压崩溃而停电，但从未发生过全电网性的电压崩溃事故，这从另一方面说明了供电变电器自动调压在全电网电压崩溃过程中的消极作用。同时也明确地说明，正确地安排各级电压电网每一台供电变压器的自动调压，依照主电网电压允许条件维持地区电压于相适应的水平，应是避免发生全网性电压崩溃的第一位重要举措。在某些地区，辅之以按电压降低自动减负荷，将可能进一步制止这种严重情况的发生。

2. 何谓静态稳定性、暂态稳定性与动态稳定性？

答：（1）静态稳定性。

静态稳定性是指电力系统受到小干扰后，不发生非周期性的失步，自动恢复到起始运行状态的能力。为了保持静态稳定，由电源经线路向受电系统传输的有功功率不得超过某一定值。如果达到这个定值，无论电源侧或受电侧的任何负荷波动，都将使通过这一送电回路的电流、母线电压和线路传输功率发生发展性的连续巨大波动，正常的送电状态受到破坏，而使供电不能继续。

为了说清静态稳定性，首先研究单电源经线路向受电系统送电的各种电参量关系，如图8-1所示。

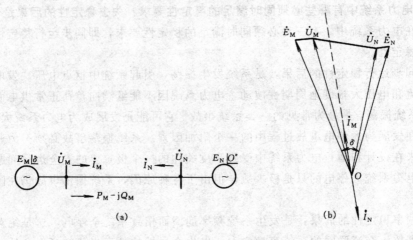

图 8-1　单电源经线路向受电系统送电

(a) 单线接线图及计算回路；(b) 电压相量图，$\underline{/Z_M}$ 及 $\underline{/Z_N} > \underline{/Z_l}$ 情况

为了求解任何回路的电气量，必须首先确定电流及电压的正方向，并明确电压指的是电压升或是电压降。所有电路中表示式中电气量的正或负的符号，以及绘制的各种相量图中的相位关系，只有对应于确定的电流及电压正方向时才是正确的。记住这一点，对于从事实际工作的继电保护工作者说来极为重要。不建立这样一个最基本的概念，在进行现场试验和在分析事故的过程中，往往会愈弄愈糊涂，在判定负序或零序方向元件的极性和接线正确性时，情况更是如此。此一点早已为长期的实践经验所证实。传统的习惯是：取由母线流向线路的方向为规定的电流正方向；同时取母线电压为电压升，即视为电源电压。如果没有特殊注明，许多表示式和相量图往往采用这样的假定前提。

对于电网中的任一元件，都有送出与受入功率的问题。一般以电源向感应电动机送电作为送出有功功率 P 与无功功率 Q 的标准。Q 的数学表示式还有一个正负符号的问题。在一般的调度运行分析中，往往将向感应电动机送电的情况表示为 $P-\mathrm{j}Q$（而在一些计算程序中，则定为 $P+\mathrm{j}Q$）。与这一约定相对应，视在功率 S 的数学表达式则是以电流相量为基准，取它与电压相量的共轭值相乘而求得。

以受端系统等价内电势 $\dot{E}_N$ 为基准，即取为 $E_N\underline{/0°}$；令发电电源内电势为 $E_M\underline{/\delta}$，δ 为正，表示 $\dot{E}_M$ 相位领前 $\dot{E}_N$ 相位。按上述 S 表达式的约定，可得下列诸式

$$I_M = -I_N = \frac{E_M\underline{/\delta} - E_N\underline{/0°}}{Z\underline{/\alpha}} = \frac{1}{Z}(E_M\underline{/\delta-\alpha} - E_N\underline{/-\alpha})$$

式中　$Z\underline{/\alpha}$——电源侧阻抗 Z_M，线路阻抗 Z_l 与受端系统等价电源阻抗 Z_N 之和，$\alpha \leqslant 90°$

由
$$S = P - \mathrm{j}Q = \hat{E}I$$

318

得 $\quad P_{\mathrm{M}} - jQ_{\mathrm{M}} = \dfrac{E_{\mathrm{M}}}{Z}[E_{\mathrm{M}}\cos\alpha - E_{\mathrm{N}}\cos(\delta + \alpha)] - j\dfrac{E_{\mathrm{M}}}{Z}[E_{\mathrm{M}}\sin\alpha - E_{\mathrm{N}}\sin(\delta + \alpha)]$

为了简化分析，取 $\alpha = 90°$，则

$$P_{\mathrm{M}} = \frac{E_{\mathrm{M}}E_{\mathrm{N}}}{Z}\sin\delta \tag{8-1}$$

及

$$Q_{\mathrm{M}} = \frac{E_{\mathrm{M}}}{Z}[E_{\mathrm{M}} - E_{\mathrm{N}}\cos\delta] \tag{8-2}$$

式 (8-1) 是最重要的送电公式，它说明，图 8-1 送电回路可能传送的最大有功功率 $P_{\max}$ $= \dfrac{E_{\mathrm{M}}E_{\mathrm{N}}}{Z}$，发生于 $\delta = 90°$ 之时。如果送电功率低于 $P_{\max}$，此一送电回路可以经受正常运行时不大的负荷波动；如果送电功率适等于 $P_{\max}$，则任何微小的负荷增长，都将使送电成为不可能，即发生了稳定破坏，这种稳定破坏的方式叫失去静（态）稳定。为了保证正常情况下电网的稳定运行，电网中任何回路的送电有功功率，都必须小于它的静（态）稳定极限值，并留有一定裕度，这个裕度在部颁《电力系统安全稳定导则》中有明确的规定。在单机对无穷大系统和双机系统的特定情况下，送电功率的极值表现为送电功率角 δ 不得大于 $90°$，这是一个早已明确的概念。但是需要特别提醒的是，以 $90°$ 作为静稳定极限角的论断，决不能无条件地套用于多机复杂系统的情况，否则有可能引起某些误解。例如，对于一个多电源串联运行的系统，在系统稳定运行的情况下，首末端任意两电源内电势角之差完全可能远大于 $90°$。利用等价系统的原理，不难对这种现象作出合理的解释。

式 (8-1) 说明，有功功率总是从内电势角相对领前的电源侧送向系统；而式 (8-2) 则说明，无功功率总是从电压较高的母线向相邻的电压较低的母线方向送出。线路本身电容会影响线路两侧的无功功率分配，但只要不是特别长的线路，后一点结论一般还是正确的。掌握有功功率与无功功率的传输方向和线路两侧母线的电压水平，对于通过试验方法正确判定被试继电保护装置的接线极性正确性具有决定性意义。

(2) 暂态稳定性。

暂态稳定是指电力系统受到大干扰后，各同步电机保持同步运行并过渡到新的或恢复到原来稳定运行方式的能力。电网中经常发生的大干扰是短路故障。因此，继电保护的动作情况如何，将直接关系到电力系统的暂态稳定性。

在图 8-1 (a) 的单线接线图中，令 M 侧为发电电源侧，N 侧为等价受端系统或相对无穷大系统。后者所接入系统的电源总容量远大于 M 侧的电源容量，它接入系统的端电压在所有运行情况下都能保持恒定不变；同时也不受 M 侧机组运行状态和其他影响而能保持本身运行频率恒定不变。这种假定，是为了分析方便。

对送电侧的发电机组来说，它受到的力矩有两个，一是原动机施加的机械转矩 T_{m}，另一是与之平衡的电磁转矩 T_{e}，如果略去损耗，发电机组转子的运动方程是

$$J\frac{\mathrm{d}\omega}{\mathrm{d}t} = T_{\mathrm{m}} - T_{\mathrm{e}} \tag{8-3}$$

$$T_{\mathrm{m}} = \frac{P_{\mathrm{m}}}{\omega} \tag{8-4}$$

$$T_{\mathrm{e}} = \frac{P_{\mathrm{e}}}{\omega} \tag{8-5}$$

上三式中　J——发电机组的转动惯量；

P_m——对应于发电机组转子轴上机械力矩的电功率；

P_e——发电机定子输出的电功率；

ω——发电机组的转子角速度。

在我国，习惯采用的机组参数是惯性常数 M，M 是机组在额定角速度 ω_N 下的动能 $\frac{1}{2}J\omega_\mathrm{N}^2$ 除以发电机的额定兆伏安出力 S_N，再乘以 2，即

$$M = \left(\frac{\frac{1}{2}J\omega_\mathrm{N}^2}{S_\mathrm{N}}\right) \times 2$$

在一些西方国家，定义的机组惯性常数为 H，$H = \dfrac{\frac{1}{2}J\omega_\mathrm{N}^2}{S_\mathrm{N}}$，$M = 2H$，以 M 值代入式（8-3）～式（8-5）得

$$\left(\frac{1}{\omega_\mathrm{N}}\right)\left(\frac{\mathrm{d}\omega}{\mathrm{d}t}\right) = \left(\frac{1}{M}\right)\left(\frac{\omega_\mathrm{N}}{\omega}\right)\left(\frac{P_\mathrm{m}-P_\mathrm{N}}{S_\mathrm{N}}\right) \tag{8-6}$$

如果式（8-6）中各参数的单位选定为：ω 为弧度/秒（rad/s），P_m 及 P_N 为兆瓦（MW），J 为兆焦耳（秒^2/弧度^2，s^2/rad^2），则 M 的单位为秒（s）。

速率 ω 除以额定速度 ω_N 为标么速度 Ω，$\Omega = \dfrac{\omega}{\omega_\mathrm{N}}$。在保持稳定运行的前提下，转速非常接近于额定转速，式（8-6）中的右侧 $\dfrac{\omega_\mathrm{N}}{\omega}$ 可取为 1。同时取 P_m 及 P_N 为以 S_N 为基准的标么值，则发电机组转子的运动方程可写为

$$\frac{\mathrm{d}\Omega}{\mathrm{d}t} = \frac{P_\mathrm{m}-P_\mathrm{N}}{M} \tag{8-7}$$

为了简化分析，认为发电机组的原动机力矩在整个分析过程中保持恒定，即略去调速器的作用，同时认为发电机的内电势为恒定值。

由于发电机的感应电压为与发电机转子位置相对固定的磁通所产生，而受端系统运行于额定频率，因此，当转子转速高于同步转速时，感应电压的相对相位将走向超前，低于同步转速时则走向滞后。用数学式表示为

$$\frac{\mathrm{d}\delta}{\mathrm{d}t} = N(\omega - \omega_\mathrm{N}) = \omega_0(\Omega - 1) \tag{8-8}$$

式中　N——发电机转子的极对数；

ω_0——额定电频率，$\omega_0 = N\omega_\mathrm{N}$，rad/s。

由式（8-1）、式（8-7）及式（8-8），对式（8-8）进行微分，得稳定问题分析的主要方程为

$$\frac{\mathrm{d}^2\delta}{\mathrm{d}t^2} = \frac{\omega_0}{M}\left(P_\mathrm{m} - \frac{E_\mathrm{M}E_\mathrm{N}}{Z}\sin\delta\right) \tag{8-9}$$

式（8-1）的图像，习惯称之为功角图，如图 8-2 所示。

在图 8-2 中，δ_0 为稳定平衡角，对应于 $P_\mathrm{e} = P_\mathrm{m}$ 的条件。δ'_0 为不稳定平衡角。当运行于 δ_0 时，可以适应 P_e 的微小波动；若运行于 δ'_0 点，则当 P_e 稍有变化时，送电系统就可能失去稳定而不能恢复。

在 $P_\mathrm{e} = P_\mathrm{m}$ 的初始稳定运行条件下，假定在图 8-1（a）的 N 侧母线上配出的另一空充电

支路发生出口三相金属短路，以故障开始时间为基准，取为 $t=0$，当 $t=t$ 时，故障被断开，故障切除后的送电回路将仍然保持着原状。故障过程中，送端机组送出的电功率为零，将式（8-7）及式（8-8）积分，可求得故障切除时的机组角速度和相应的内电势角分别为

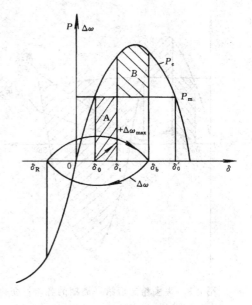

图 8-2 单回线送电回路的功角图

$$\Omega_t = 1 + \frac{P_m}{M}t \tag{8-10}$$

$$\delta_t = \delta_0 + \frac{\omega_0 P_m}{2M}t^2 \tag{8-11}$$

图 8-2 对过程作了说明。故障开始前，机组 M 稳定运行于 δ_0 处。故障过程中，角度增至 δ_t，同时机组的转速也由额定值升至 Ω_t，即 $\Delta\omega = +\dfrac{P_m}{M}t$，相应增大了机组转轴的动能。故障切除时，电功率大于 P_m，机组有制动力矩，转速开始下降，当到达某一最大角 δ_b 时，机组速度恢复到额定值，但作用在机组轴上的仍是制动力矩，机组继续减速，使机组转速小于额定值，于是内电势角减小。当 δ 回到 δ_0 时，电功率与 P_m 平衡，作用于机组的净力矩为零，但此时的机组转速已小于额定值，内电势角仍将继续减小。一当 δ 小于 δ_0 时，作用于机组的净力矩反了方向，而成为加速力矩，使机组产生加速度而往额定值增速。到达某一值 δ_R 时，转速恢复正常，但作用于机组的净加速力矩又将促使机组增速，角度又开始增加。如果系统存在正的阻尼，这个振荡过程会逐渐衰减，最后仍然恢复到 δ_0 处稳定运行。如果情况是这样，就说明这个送电运行方式在这种故障下保持了暂态稳定。

由式（8-7）及式（8-8），因为在 δ_0 及 δ_b 时的机组速度均为额定值，

故

$$\int_{\delta_0}^{\delta_b} M\frac{d\delta}{dt}d\Omega = \int_{\delta_0}^{\delta_b} M\omega_0(\Omega - 1)d\Omega = 0$$

得

$$\int_{\delta_0}^{\delta_b}(P_m - P_e)d\delta = \int_{\delta_0}^{\delta_t} P_m d\delta + \int_{\delta_t}^{\delta_b}(P_m - P_{max}\sin\delta)d\delta = 0$$

即

$$\int_{\delta_0}^{\delta_t} P_m d\delta = \int_{\delta_t}^{\delta_b}(P_{max}\sin\delta - P_m)d\delta \tag{8-12}$$

式（8-12）表示了保持暂态稳定的必要条件，它对应于图 8-2 中由 A 及 B 所代表的面积相等。这就是著名的所谓"等面积准则"。

如果因为送电功率过大，或故障切除时间过长，致使面积 A 大于面积 B 时，送电系统将失去稳定，图 8-3 说明了失去稳定后第一周期的各参量变化情况。在故障切除后第一次到达相应于 δ_b 的不稳定平衡点时，$\Delta\omega$ 仍大于零，δ 继续增大，但 P_e 却随之反而减小，发电机组继续获得加速功率，转速将再次增加。曲线 P_m 与曲线 $P_e = f(\delta)$ 在 δ_b 后所包围的面积均为加速面积。机组滑差 s 不断增大，随着 s 的增加，机组出现了非同步功率，同时调速器也可能开

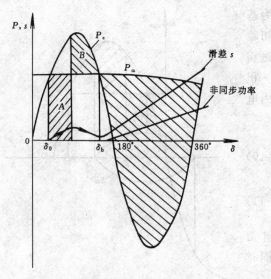

图 8-3　失去稳定后第一周期的各参量变化

始作用，减小机械输出，降低 P_m 的数值。

在正常运行情况下，如果传输的 P_m 略大于 P_{max}，同样会产生上述情况，这就是失去静态稳定。

在现场，判定系统发生振荡的最典型标志是，所有母线电压、线路电流及有功功率、无功功率表的指示产生快速的大幅度摆动。假定在振荡过程中，送电侧发电机组转轴的平均转速为 $\omega_0 + \Delta\omega$，$\Delta\omega$ 为正值。对于图 8-1 的两机送电回路，利用叠加原理，可以求得流经线路的电流和各点的电压数值。它的一个电源是 E_M，运行于频率 $\frac{\omega_0 + \Delta\omega}{2\pi} = f_0 + \Delta f_0$；另一个电源是 E_N，运行于频率 $\frac{\omega_0}{2\pi} = f_0$。两者分别作用的结果，将使线路电流与母线电压的数值依振荡周期 $\frac{1}{\Delta f}$ 而作周期性变化，而线路的传输功率将在一个振荡周期内完成一次正负值交替的循环变化。

（3）动态稳定性。

动态稳定是指电力系统受到小的或大的干扰后，在自动调节和控制装置的作用下，保持长过程的运行稳定性的能力。

产生动态不稳定的根本原因，是系统的阻尼力矩为负值。无论发生大或小的扰动引起系统运行状态波动，均将因此而使振荡逐渐发散，或者最终引起系统暂态稳定破坏，或者由于系统某些参数的非线性而使振荡的幅值终趋于某一定值。

3. 什么是电力系统安全自动装置？

答：电力系统安全自动装置，是指防止电力系统失去稳定性和避免电力系统发生大面积停电的自动保护装置。如自动重合闸、备用电源和备用设备自动投入、自动切负荷、自动按频率（电压）减负荷、发电厂事故减出力、发电厂事故切机、电气制动、水轮发电机自动启动和调相改发电、抽水蓄能机组由抽水改发电、自动解列及自动快速调节励磁等装置。

4. 维持系统稳定和系统频率及预防过负荷措施的安全自动装置有哪些？

答：此类安全自动装置有如下一些：

（1）维持系统稳定的装置有：快速励磁、电力系统稳定器、电气制动、快关汽门及切机、自动解列、自动切负荷、串联电容补偿、静止补偿器及稳定控制装置等。

（2）维持频率的装置有：按频率（电压）自动减负荷、低频自起动、低频抽水改发电、低频调相转发电、高频切机、高频减出力装置等。

（3）预防过负荷的装置有：过负荷切电源、减出力、过负荷切负荷等装置。

5. 备用电源自动投入装置应符合什么要求？

答：备用电源自动投入装置应符合下列要求：

（1）应保证在工作电源或设备断开后，才投入备用电源或设备。

（2）工作电源或设备上的电压，不论因何原因消失时，自动投入装置均应动作。

（3）自动投入装置应保证只动作一次。

发电厂用备用电源自动投入装置，除第（1）款的规定外，还应符合下列要求：

（1）当一个备用电源同时作为几个工作电源的备用时，如备用电源已代替一个工作电源后，另一工作电源又被断开，必要时，自动投入装置应仍能动作。

（2）有两个备用电源的情况下，当两个备用电源为两个彼此独立的备用系统时，应各装设独立的自动投入装置，当任一备用电源都能作为全厂各工作电源的备用时，自动投入装置应使任一备用电源都能对全厂各工作电源实行自动投入。

（3）自动投入装置，在条件可能时，可采用带有检定同期的快速切换方式，也可采用带有母线残压闭锁的慢速切换方式及长延时切换方式。

通常应校验备用电源和备用设备自动投入时过负荷的情况，以及电动机自启动的情况，如过负荷超过允许限度或不能保证自启动时，应有自动投入装置动作于自动减负荷。

当自动投入装置动作时，如备用电源或设备投于故障，应使其保护加速动作。

6. 系统安全自动控制常采取哪些措施？

答：在电力系统中，除应按照 DL 400—91《继电保护和安全自动装置技术规程》有关章节规定装设的继电保护和安全自动装置之外，还可根据具体情况和一次设备的条件，采取下列自动控制措施，以防止扩大事故，保证系统稳定。

（1）对功率过剩与频率上升的一侧：

1）对发电机快速减出力。

2）切除部分发电机。

3）短时投入电气制动。

（2）对功率缺额或频率下降的一侧：

1）切除部分负荷（含抽水运行的蓄能机组）。

2）对发电机组快速加出力。

3）将发电机快速由调相改发电运行，快速起动备用机组等。

（3）在预定地点将系统解列。

（4）断开线路串联补偿的部分电容器。

（5）快速控制静止无功补偿。

（6）直流输电系统输送容量的快速调制。

上述安全自动装置可在电力系统发生扰动时（反应保护连锁、功率突变、频率或电压变化及两侧电动势相角差等）启动，并根据系统初始运行状态和故障严重程度，进行综合判断，发出操作命令。

当上述安全自动装置的启动部分和执行部分不在同一地点时，可采用远方的信号传送装置。

7. 低频率运行会给电力系统的安全带来哪些严重的后果？

答：低频率运行会给电力系统的安全带来如下严重后果。

（1）频率下降会使火电厂厂用机械生产率降低。当频率降到 48～47Hz 时，给水泵、循环水泵、送风机、吸风机等的生产率显著下降，几分钟后将使发电机出力降低，导致频率进一步降低。严重时，这种循环会引起频率崩溃。

（2）因发电机转速低于额定转速，对某些励磁系统来说，励磁电压相应降低，系统电压也随之降低。当频率降低到 46～45Hz 时，一般的自动调节励磁系统将不能保证发电机的额定电压；若频率再降低，就将导致系统的电压崩溃，破坏系统的并联运行。

（3）频率低于 49.5Hz 长期运行时，某些汽轮机个别级的叶片会发生共振，导致其机械损伤，甚至损坏。

（4）破坏电厂和系统运行的经济性，增加燃料的额外消耗。

（5）频率的降低影响某些测量仪表的准确性，系统内的电钟变慢。

8. 什么是按频率自动减负荷装置？其作用是什么？

答：为了提高供电质量，保证重要用户供电的可靠性，当系统中出现有功功率缺额引起频率下降时，根据频率下降的程度，自动断开一部分不重要的用户，阻止频率下降，以便使频率迅速恢复到正常值，这种装置叫按频率自动减负荷装置。它不仅可以保证重要用户的供电，而且可以避免频率下降引起的系统瓦解事故。

9. 电力系统因功率缺额引起的频率变化与负荷反馈电压的频率变化有何不同？

答：通常系统发生有功缺额时，系统频率按系统动态特性下降，其频率下降速率一般较慢，当功率缺额在 40% 以内时一般小于 3Hz/s。而接有大容量电动机负载的母线一旦失去电源，由于其转子的惯性功能，电枢尚有电动势发生，使母线尚存有电压反馈，但由于它是由转子动能发电的，故其频率下降速率很大，据统计下降速率大于 3Hz/s。

10. 对按频率自动减负荷装置的基本要求是什么？

答：当电力系统在实际可能的各种运行情况下，因故发生突然的有功功率缺额后，必须能及时切除相应容量的部分负荷，使保留运行的系统部分能迅速恢复到额定频率附近继续运行，不发生频率崩溃，也不使事件后的系统频率长期悬浮于某一过高或过低数值。

（1）在任何情况下的频率下降过程中，应保证系统低频值及所经历的时间，能与运行中机组的自动低频保护和联合电网间联络线的低频解列保护相配合，频率下降的最低值还必须大于核电厂冷却介质泵低频保护的整定值，并留有不小于 0.3～0.5Hz 的裕度，以保证这些机组继续联网运行。在其他一般情况下，为了保证火电厂的继续安全运行，应限制频率低于 47.0Hz 的时间不超过 0.5s，以避免事故进一步恶化。

（2）自动低频减负荷装置动作减负荷数量，应使运行系统稳态频率恢复到不低于 49.5Hz 水平；为了考虑某些难以预计的可能情况，应增设长延时的特殊动作轮，使系统运行频率不致长期悬浮在低于 49.0Hz 的水平。

（3）因负荷过切引起恢复期系统频率过调，其最大值不应超过 51Hz，并必须与运行中机组的过（高）频率保护相协调，且留有一定裕度，以避免高度自动控制的大型汽轮发电机组在过频率过程中可能误断开而进一步扩大事故。

自动低频减负荷的先后顺序，应按负荷的重要性进行安排。

宜充分利用系统的旋转备用容量，当发生使系统稳态频率只下降到不低于 49.5Hz 的有功功率缺额时，自动减负荷装置不应动作；应避免因发生短路故障以及失去供电电源后的负荷反馈引起自动减负荷装置的误动作，但不考虑在系统失步振荡时的动作行为。

11. 系统发生有功功率缺额、频率下降，如要频率上升到恢复频率值，应切除多少负荷功率（假设各发电机的出力不变）?

答：可按下式计算应切除负荷的功率 P_L，即

$$P_L = \frac{P_u - K\Delta f_* P_{L\Sigma N}}{1 - K\Delta f_*} \tag{8-13}$$

$$\Delta f_* = \frac{f_N - f_{re}}{f_N}$$

式中　　P_u——缺额有功功率；

　　　　K——系统有功负荷调节效应系数；

　　$P_{L\Sigma N}$——额定频率时的系统总有功负荷；

　　Δf_*——恢复频率偏差的标么值；

　　　f_N——额定频率；

　　　f_{re}——恢复频率。

12. 什么叫负荷调节效应？负荷调节效应在系统出现有功功率缺额时有什么作用？

答：当频率下降时，负荷吸取的有功功率随着下降；当频率升高时，负荷吸取的有功功率随着增高。这种负荷有功功率随频率变化的现象，称为负荷调节效应。

由于负荷调节效应的存在，当电力系统中因功率平衡破坏而引起频率变化时，负荷功率随之的变化起着补偿作用。如系统中因有功功率缺额而引起频率下降时，相应的负荷功率也随之减小，能补偿一些有功功率缺额，有可能使系统稳定在一个较低的频率上运行。如果没有负荷调节效应，当出现有功功率缺额系统频率下降时，功率缺额无法得到补偿，就不会达到新的有功功率平衡，频率会一直下降，直到系统瓦解为止。

13. 按频率自动减负荷装置误动的原因有哪些？有哪些防止误动的措施？

答：按频率自动减负荷装置误动作的原因有：

(1) 电压突变时，因低频率继电器触点抖动而发生误动作。

(2) 系统短路故障引起有功功率不足，造成频率下降而引起误动作。

(3) 系统中如果旋转备用容量足够且以汽轮发电机为主，当突然切除机组或增加负荷时，不会造成按频率自动减负荷装置误动。若旋转备用容量不足或以水轮发电机为主，则在上述情况下可能会造成按频率自动减负荷装置误动作。

(4) 供电电源中断时，具有大型电动机的负荷反馈可能使按频率自动减负荷装置误动作。

防止按频率自动减负荷误动作的措施如下：

(1) 加速自动重合闸或备用电源自动投入装置的动作，缩短供电中断时间，从而可使频率降低得少一些。

(2) 使按频率自动减负荷装置动作带延时，来防止系统旋转备用容量起作用前发生的误动作。在有大型同步电动机的情况下，需要 1.5s 以上的时间才能防止其误动。在只有小容量

感应电动机的情况下，也需要 0.5～1s 的时间才能防止其误动。

（3）采用电压闭锁。电压继电器应保证在短路故障切除后，电动机自启动过程中出现最低电压时可靠动作，闭合触点解除闭锁。一般整定为额定电压的 65%～70%。时间继电器的动作时间，应大于低频率继电器开始动作至综合电压下降到电压闭锁继电器的返回电压时所经过的时间，一般整定为 0.5s。

（4）采用按频率自动重合闸来纠正系统短路故障引起的有功功率增加，造成频率下降而导致按频率自动减负荷装置的误动作。由于故障引起的频率下降，故障切除后频率上升快；而真正出现功率缺额使按频率自动减负荷装置动作后，频率上升较慢。因此，按频率自动重合闸是根据频率上升的速度来决定其是否动作的，即频率上升快时动作，上升慢时不动作。

14. 数字频率继电器在校验中应注意什么？为什么？

答：数字频率继电器在校验中应注意的问题及其原因如下。

（1）由于 MOS 电路输入阻抗很高，容易感应上较高电压，造成绝缘损坏。在使用中，全部输入端必须接一定的电位，不可悬空。故维修时切勿带电拨插机内元件，以免造成损坏，同时检修时的电烙铁应可靠接地。

（2）由于各个厂家的 cmos 元件门坎电压有微小差别，故更换元件后对于具有充放电原理的时间回路会有影响，应重新校核。

15. 对数字频率继电器应做哪些项目的检查？

答：对其应做如下项目的校验。

（1）绝缘检查：检查装置交流对地、交流对触点、触点对地，以及动合触点间的绝缘情况。

（2）电源检查：交流输入电压在 70V～100V 范围内变化时，各等级工作电源误差应不大于 0.5V。

（3）低压闭锁回路检查：检查监视级、闭锁级、动作级电压闭锁定值。

（4）滑差闭锁回路检查：检查 $\mathrm{d}f/\mathrm{d}t$ 的整定情况及滑差逻辑的正确。

（5）拨轮接触检查：检查拨轮在各种位置时，各级频率的误差值。

（6）时间回路检查：检查滑差投退情况下，出口时间的动作值。

（7）定值整定：整定各级频率动作值及出口时间动作值。

16. 试分析连锁切机提高系统暂态稳定性的原理。

答：连锁切机即指在一回线路发生故障而切除这回线路的同时，连锁切除送电端发电厂的部分发电机，如图 8-4（a）所示，切除送电端发电厂的一台发电机。采用连锁切机后，故障切除后的系统总阻抗虽较不采用连锁切机时略大，以致功—角特性曲线的最大值略小，但故障切除后原动机的机械功率却因连锁切机而大幅度减小，如图 8-4（b）所示。切除一台发电机，减小 1/4，从而使暂态过程中的减速面积将大为增加，提高了系统的稳定性。

17. 在什么情况下应设置解列点？

答：在下列情况下应设置解列点。

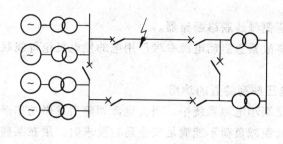

(a)

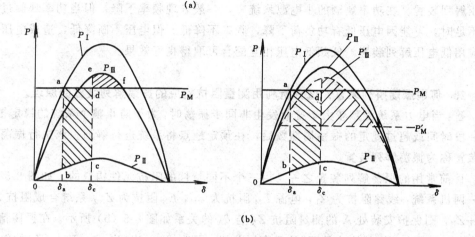

(b)

图 8-4　连锁切机提高暂态稳定原理图

(a) 系统图；(b) 功—角特性曲线

P_I—初始电磁功率曲线；P_{II}—短路期间电磁功率曲线；P_{III}—切一线后电磁功率曲线；

P'_{III}—切一线一机后电磁功率曲线；P_M—初始原动功率；P'_M—切一机后原动功率

（1）当系统中非同期运行的各部分可能实现再同期，且对负荷影响不大时，应采取措施，以促使将其拉入同期。如果发生持续性的非同期过程，则经过规定的振荡周期数后，在预定地点将系统解列。

（2）当故障后，难以实现再同期或者对负荷影响较大时，应立即在预定地点将系统解列。

（3）并列运行的重负荷线路中一部分线路断开后，或并列运行的不同电压等级线路中主要高压送电线路断开后，可能导致继续运行的线路或设备严重过负荷时，应在预定地点解列或自动减负荷。

（4）与主系统相连的带有地区电源的地区系统，当主系统发生事故、与主系统相连的线路发生故障，或地区系统与主系统发生振荡时，为保证地区系统重要负荷的供电，应在地区系统设置解列点。

（5）大型企业的自备电厂，为保证在主系统电源中断或发生振荡时，不影响企业重要用户供电，应在适当地点设置解列点。

18. 在系统中什么地点可考虑设置低频率解列装置？

答：在系统中的如下地点，可考虑设置低频率解列装置。

（1）系统间连络线上的适当地点。

（2）地区系统中由主系统受电的终端变电所母线联络断路器。

（3）地区电厂的高压侧母线联络断路器。

（4）专门划作系统事故紧急启动电源专带厂用电的发电机组母线联络断路器。

19. 试述低频率低电压解列装置的功用。

答：在功率缺额的受端小电源系统中，当大电源切除后发供功率严重不平衡时，将造成频率或电压降低。如用低频减负荷不能满足安全运行要求时，须在某些地点装设低频率或低电压解列装置。在功率缺额的小电源系统中，一般表现频率下降，但当功率缺额过大，而无功不足时，可能因电压低有功负荷下降，频率不降低。但电压不断降低，造成电压崩溃，此时应用低电压解列装置。低频低电压相互配合可取得良好效果。

20. 何谓振荡解列装置？试分析利用测量阻抗构成的振荡解列装置的原理。

答：当电力系统受到较大干扰而发生非同步振荡时，为了防止整个系统的稳定被破坏，经过一段时间或超过规定的振荡周期数后，在预定地点将系统进行解列。该执行振荡解列的自动装置称为振荡解列装置。

目前常用的振荡解列装置之一是由三个不同特性的阻抗元件构成的。如图 8-5（a）所示为一两机系统，线路阻抗为 Z_L，电源 E_M 阻抗为 Z_M，E_N 阻抗为 Z_N，系统合成阻抗 $Z_\Sigma = Z_M + Z_L + Z_N$，则保护安装处 A 的测量阻抗 Z_A 与 δ_A 的关系如图 8-5（b）所示。在振荡情况下，当 $|E_M| = |E_N|$ 时，Z_A 的轨迹是 Z_Σ 的垂直平分线，即曲线 1；当 $|E_M| > |E_N|$ 时，Z_A 的轨迹是圆心在第一象限的阻抗圆，即曲线 2；当 $|E_M| < |E_N|$ 时，Z_A 的轨迹是圆心在第三象限的阻抗圆，即曲线 3。

利用四边形特性阻抗继电器构成振荡解列装置。其动作特性如图 8-5（c）所示，Ⅰ、Ⅱ、Ⅲ 为三个动作特性依次排列的四边形阻抗继电器，当系统振荡时，δ 作周期性变化，Z_A 的轨迹依次穿越 Ⅰ→Ⅱ→Ⅲ 或 Ⅲ→Ⅱ→Ⅰ，这表明两侧电动势夹角已大于 180°，系统已失步，解列装置应动作；其他故障情况下 Z_A 不可能穿越三区，解列装置不会动作。

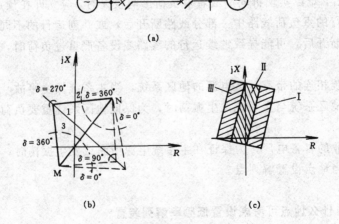

图 8-5 振荡解列装置特性图

（a）两机系统；（b）Z_A 与 δ_A 的关系；（c）动作特性

电气二次回路　第九章

1. 什么是电气一次设备和一次回路？什么是电气二次设备和二次回路？

答：一次设备是指直接用于生产、输送和分配电能的生产过程的高压电气设备。它包括发电机、变压器、断路器、隔离开关、自动开关、接触器、刀开关、母线、输电线路、电力电缆、电抗器、电动机等。由一次设备相互连接，构成发电、输电、配电或进行其他生产过程的电气回路称为一次回路或一次接线系统。

二次设备是指对一次设备的工作进行监测、控制、调节、保护以及为运行、维护人员提供运行工况或生产指挥信号所需的低压电气设备。如熔断器、控制开关、继电器、控制电缆等。由二次设备相互连接，构成对一次设备进行监测、控制、调节和保护的电气回路称为二次回路或二次接线系统。

2. 哪些回路属于连接保护装置的二次回路？

答：连接保护装置的二次回路有以下几种回路：

（1）从电流互感器、电压互感器二次侧端子开始到有关继电保护装置的二次回路（对多油断路器或变压器等套管互感器，自端子箱开始）。

（2）从继电保护直流分路熔丝开始到有关保护装置的二次回路。

（3）从保护装置到控制屏和中央信号屏间的直流回路。

（4）继电保护装置出口端子排到断路器操作箱端子排的跳、合闸回路。

3. 举例简述二次回路的重要性。

答：二次回路的故障常会破坏或影响电力生产的正常运行。例如若某变电所差动保护的二次回路接线有错误，则当变压器带的负荷较大或发生穿越性相间短路时，就会发生误跳闸；若线路保护接线有错误时，一旦系统发生故障，则可能会使断路器该跳闸的不跳闸，不该跳闸的却跳了闸，就会造成设备损坏、电力系统瓦解的大事故；若测量回路有问题，就将影响计量，少收或多收用户的电费，同时也难以判定电能质量是否合格。因此，二次回路虽非主体，但它在保证电力生产的安全，向用户提供合格的电能等方面都起着极其重要的作用。

4. 什么是二次回路标号？二次回路标号的基本原则是什么？

答：为便于安装、运行和维护，在二次回路中的所有设备间的连线都要进行标号，这就是二次回路标号。标号一般采用数字或数字与文字的组合，它表明了回路的性质和用途。

回路标号的基本原则是：凡是各设备间要用控制电缆经端子排进行联系的，都要按回路原则进行标号。此外，某些装在屏顶上的设备与屏内设备的连接，也需要经过端子排，此时屏顶设备就可看作是屏外设备，而在其连接线上同样按回路编号原则给以相应的标号。

为了明确起见，对直流回路和交流回路采用不同的标号方法，而在交、直流回路中，对各种不同的回路又赋于不同的数字符号，因此在二次回路接线图中，我们看到标号后，就能知道这一回路的性质而便于维护和检修。

5. 二次回路标号的基本方法是什么？

答：（1）用 3 位或 3 位以下的数字组成，需要标明回路的相别或某些主要特征时，可在数字标号的前面（或后面）增注文字符号。

（2）按"等电位"的原则标注，即在电气回路中，连于一点上的所有导线（包括接触连接的可折线段）需标以相同的回路标号。

（3）电气设备的触点、线圈、电阻、电容等元件所间隔的线段，即视为不同的线段，一般给予不同的标号；对于在接线图中不经过端子而在屏内直接连接的回路，可不标号。

6. 简述直流回路的标号细则。

答：（1）对于不同用途的直流回路，使用不同的数字范围，如控制和保护回路用 001～099 及 100～599，励磁回路用 601～699。

（2）控制和保护回路使用的数字标号，按熔断器所属的回路进行分组，每一百个数分为一组，如 101～199，201～299，301～399…其中每段里面先按正极性回路（编为奇数）由小到大，再编负极性回路（偶数）由大到小，如 100，101，103，133…142，140…

（3）信号回路的数字标号，按事故、位置、预告、指挥信号进行分组，按数字大小进行排列。

（4）开关设备、控制回路的数字标号组，应按开关设备的数字序号进行选取。例如有 3 个控制开关 1KK、2KK、3KK，则 1KK 对应的控制回路数字标号选 101～199，2KK 所对应的选 201～299，3KK 对应的选 301～399。

（5）正极回路的线段按奇数标号，负极回路的线段按偶数标号；每经过回路的主要压降元（部）件（如线圈、绕组、电阻等）后，即行改变其极性，其奇偶顺序即随之改变。对不能标明极性或其极性在工作中改变的线段，可任选奇数或偶数。

（6）对于某些特定的主要回路通常给予专用的标号组。例如：正电源为 101、201，负电源为 102、202；合闸回路中的绿灯回路为 105、205、305、405；跳闸回路中的红灯回路编号为 35、135、235…等。

7. 简述交流回路的标号细则。

答：（1）交流回路按相别顺序标号，它除用 3 位数字编号外，还加有文字标号以示区别。例如 A411、B411、C411，如表 9-1 所示。

表 9-1　　　　　　　　　　　　　交流回路的文字标号（一）

相别 类别	A 相	B 相	C 相	中性	零	开口三角形连接的电压互感器回路中的任一相
文字标号	A	B	C	N	L	X
角注标号	a	b	c	n	l	x

（2）对于不同用途的交流回路，使用不同的数字组，如表 9-2 所示。

回路类别	控制、保护、信号回路	电流回路	电压回路
标号范围	1～399	400～599	600～799

电流回路的数字标号，一般以十位数字为一组。如 A401～A409，B401～B409，C401～C409…A591～A599，B591～B599。若不够亦可以 20 位数为一组，供一套电流互感器之用。

几组相互并联的电流互感器的并联回路，应先取数字组中最小的一组数字标号。不同相的电流互感器并联时，并联回路应选任何一相电流互感器的数字组进行标号。

电压回路的数字标号，应以十位数字为一组。如 A601～A609，B601～B609，C601～C609，A791～A799…以供一个单独互感器回路标号之用。

（3）电流互感器和电压互感器的回路，均须在分配给它们的数字标号范围内，自互感器引出端开始，按顺序编号，例如"TA"的回路标号用 411～419，"2TV"的回路标号用 621～629 等。

（4）某些特定的交流回路（如母线电流差动保护公共回路、绝缘监察电压表的公共回路等）给予专用的标号组。

8. 二次回路电缆芯线和导线截面的选择原则是什么？

答：（1）按机械强度要求。铜芯控制电缆或绝缘导线的芯线最小截面为：连接强电端子的不应小于 1.5mm^2；连接弱电端子的不应小于 0.5mm^2。

（2）按电气性能要求。

1）在保护和测量仪表中，电流回路的导线截面不应小于 2.5mm^2。

2）在保护装置中，电流回路的导线截面还应根据电流互感器 10% 误差曲线进行校核。在差动保护装置中，如电缆芯线或导线线芯的截面过小，将因误差过大会导致保护误动作。

3）在电压回路中，应按允许的电压降选择电缆芯线或导线线芯的截面：电压互感器至计费用电能表的电压降不得超过电压互感器二次额定电压的 0.5%；在正常负荷下，至测量仪表的电压降不得超过其额定电压的 3%；当全部保护装置动作和接入全部测量仪表（即电压互感器负荷最大）时，至保护和自动装置的电压降不得超过其额定电压的 3%。

4）在操作回路中，应按在正常最大负荷下，至各设备的电压降不得超过其额定电压的 10% 进行校核。

9. 怎样计算保护装置电流回路用控制电缆缆芯的截面？

答：保护装置电流回路用控制电缆截面的选择是根据电流互感器的 10% 误差曲线进行的。选择时，首先确定保护装置一次计算电流倍数 m，根据 m 值再由电流互感器 10% 误差曲线查出其允许负载阻抗 Z_1 数值。在计算 m 时，如缺乏实际系统的最大短路电流值，可按断路器的遮断容量选取最大短路电流。

控制电缆缆芯截面的计算公式为

$$S = \frac{K_1 L}{\gamma(Z_1 - K_2 Z_2 - Z_3)} \tag{9-1}$$

式中 γ——电导系数，铜取 $57\dfrac{m}{\Omega \cdot mm^2}$；

Z_1——根据保护装置一次计算电流倍数 m，在电流互感器 10% 误差曲线上查出的电流互感器允许二次负荷阻抗值，Ω；

Z_2——继电器的阻抗，Ω；

Z_3——接触电阻，在一般情况下等于 $0.05 \sim 0.1\Omega$；

L——电缆长度，m；

K_1——连接导线的阻抗换算系数；

K_2——继电器的阻抗换算系数。

10. **怎样计算电压回路用控制电缆缆芯的截面？**

答：电压回路用控制电缆，按允许电压降来选择电缆芯截面。电磁型电压校正器的连接电缆芯的截面（铜芯），不得小于 $4mm^2$。

按允许电压降来选择电缆芯截面，其计算公式（只考虑有功电压降）为

$$\Delta U = \sqrt{3}\,K\,\frac{P}{U_L} \times \frac{L}{\gamma S} \tag{9-2}$$

式中 P——电压互感器每一相负荷，VA；

U_L——电压互感器二次线电压，V；

γ——电导系数，铜取 $57\dfrac{m}{\Omega \cdot mm^2}$；

S——电缆芯截面，mm^2；

L——电缆长度，m；

K——连接导线的阻抗换算系数。对于三相星形接线取 1；对于两相星形接线取 $\sqrt{3}$；对于单相接线取 2。

11. **怎样计算控制和信号回路用控制电缆缆芯的截面？**

答：控制、信号回路用的电缆芯，根据机械强度条件选择，铜芯电缆芯的截面不应小于 $1.5mm^2$。但在某些情况下（如采用压缩空气断路器时）合闸回路和跳闸回路流过的电流较大，则产生的电压降也较大。为了使断路器可靠动作，此时需根据电缆中允许电压降来校验电缆芯截面，以确定 $1.5mm^2$ 截面是否能满足允许电压降的要求。一般操作回路按正常最大负荷下至各设备的电压降不得超过 10% 的条件校验控制电缆芯截面。

控制电缆的允许长度 L 计算为

$$L = \frac{\Delta U(\%)U_N S\gamma}{2 \times 100 \times I_{max}} \tag{9-3}$$

式中 $\Delta U(\%)$——控制线圈正常工作时允许的电压降，取 10；

U_N——直流额定电压，取 $220V$；

I_{max}——流过控制线圈的最大电流，A；

S——电缆芯截面，mm^2；

γ——电导系数，铜取 $57\dfrac{m}{\Omega \cdot mm^2}$。

12. 怎样测量一路的二次线整体绝缘？应注意哪些问题？

答：测量项目有电流回路对地、电压回路对地、直流回路对地、信号回路对地、正极对跳闸回路、各回路间等。如需测所有回路对地，应将它们用线连起来测量。

测量时应注意的是：①断开本路交直流电源；②断开与其他回路的连线；③拆除电路的接地点；④测量完毕应恢复原状。

13. 熔断器熔丝校验的基本要求是什么？

答：熔断器熔丝校验的基本要求是：

（1）可熔熔丝应长时间内承受其铭牌上所规定的额定电流值。

（2）当电流值为最小试验值时，可熔熔丝的熔断时间应大于 1h。

（3）当电流值为最大试验值时，可熔熔丝应在 1h 内熔断（最小试验电流值、最大试验电流值，对于不同型式、不同规格的熔丝，有一定的电流倍数，可查厂家数据和有关规程）。

14. 电压互感器二次回路中熔断器的配置原则是什么？

答：（1）在电压互感器二次回路的出口，应装设总熔断器或自动开关，用以切除二次回路的短路故障。自动调节励磁装置及强行励磁用的电压互感器的二次侧不得装设熔断器，因为熔断器熔断会使它们拒动或误动。

（2）若电压互感器二次回路发生故障，由于延迟切断二次回路故障时间可能使保护装置和自动装置发生误动作或拒动，因此应装设监视电压回路完好的装置。此时宜采用自动开关作为短路保护，并利用其辅助触点发出信号。

（3）在正常运行时，电压互感器二次开口三角辅助绕组两端无电压，不能监视熔断器是否断开；且熔丝熔断时，若系统发生接地，保护会拒绝动作，因此开口三角绕组出口不应装设熔断器。

（4）接至仪表及变送器的电压互感器二次电压分支回路应装设熔断器。

（5）电压互感器中性点引出线上，一般不装设熔断器或自动开关。采用 B 相接地时，其熔断器或自动开关应装设在电压互感器 B 相的二次绕组引出端与接地点之间。

15. 怎样选择电压互感器二次回路的熔断器？

答：（1）熔断器的熔丝必须保证在二次电压回路内发生短路时，其熔断的时间小于保护装置的动作时间。

（2）熔断器的容量应满足在最大负荷时不熔断，即：

1）熔丝的额定电流应大于最大负荷电流（在双母线情况下，应考虑一组母线运行时所有电压回路的负荷全部切换至一组电压互感器上），即

$$I_N = K_{rel} I_{max}$$

式中　I_N——熔丝额定电流；

　　　I_{max}——电压互感器二次侧最大负荷电流；

　　　K_{rel}——可靠系数，取 1.5。

2）当电压互感器二次侧短路时，不致引起保护的动作，此数值最好由试验确定。

16. 对断路器控制回路有哪些基本要求？

答：（1）应有对控制电源的监视回路。断路器的控制电源最为重要，一旦失去电源断路器便无法操作。因此，无论何种原因，当断路器控制电源消失时，应发出声、光信号，提示值班人员及时处理。对于遥控变电所，断路器控制电源的消失，应发出遥信。

（2）应经常监视断路器跳闸、合闸回路的完好性。当跳闸或合闸回路故障时，应发出断路器控制回路断线信号。

（3）应有防止断路器"跳跃"的电气闭锁装置，发生"跳跃"对断路器是非常危险的，容易引起机构损伤，甚至引起断路器的爆炸，故必须采取闭锁措施。断路器的"跳跃"现象一般是在跳闸、合闸回路同时接通时才发生。

"防跳"回路的设计应使得断路器出现"跳跃"时，将断路器闭锁到跳闸位置。

（4）跳闸、合闸命令应保持足够长的时间，并且当跳闸或合闸完成后，命令脉冲应能自动解除。因断路器的机构动作需要有一定的时间，跳合闸时主触头到达规定位置也要有一定的行程，这些加起来就是断路器的固有动作时间，以及灭弧时间。命令保持足够长的时间就是保障断路器能可靠的跳闸、合闸。为了加快断路器的动作，增加跳、合闸线圈中电流的增长速度，要尽可能减小跳、合闸线圈的电感量。为此，跳、合闸线圈都是按短时带电设计的。因此，跳合闸操作完成后，必须自动断开跳合闸回路，否则，跳闸或合闸线圈会烧坏。通常由断路器的辅助触点自动断开跳合闸回路。

（5）对于断路器的合闸、跳闸状态，应有明显的位置信号。故障自动跳闸、自动合闸时，应有明显的动作信号。

（6）断路器的操作动力消失或不足时，例如弹簧机构的弹簧未拉紧，液压或气压机构的压力降低等，应闭锁断路器的动作，并发出信号。

SF_6 气体绝缘的断路器，当 SF_6 气体压力降低而断路器不能可靠运行时，也应闭锁断路器的动作并发出信号。

（7）在满足上述要求的条件下，力求控制回路接线简单，采用的设备和使用的电缆最少。

17. 画出断路器灯光监视的控制、信号回路图，并说明其接线特点。

答：断路器灯光监视的控制、信号回路图，如图9-1所示。其接线特点如下。

（1）控制开关 SA 采用 LW2-2 型。断路器的位置状态以红、绿灯表示。红灯亮表示断路器在合闸状态，并表示其跳闸回路完好；绿灯亮表示断路器在跳闸状态，并表示其合闸回路完好。合闸接触器 KM 的线圈电阻为 224Ω（采用 CZ_0 直流接触器），断路器跳闸线圈电阻一般为 88Ω。如果红、绿灯都不亮，则表示直流控制电源有问题，但此时不发音响信号。

（2）当自动同期或备用电源自动投入触点 1AS 闭合时，断路器合闸，红灯 HR 闪光；当保护动作，出口中间继电器 KOM 触点闭合时，断路器跳闸，绿灯 HG 闪光，表明断路器实际位置与控制开关位置不一致。当断路器在合闸位置，其控制开关 SA1—3、SA17—19 闭合，如此时保护动作或断路器误脱扣时，断路器辅助触点 QF 闭合，接通事故信号小母线 WF 回路，发出事故音响信号。

（3）断路器合闸和跳闸线圈的短脉冲，是靠其回路串入的断路器的辅助触点 QF 来保证的。

（4）当控制开头 SA 在"预合"或"预分"位置时，指示灯通过 SA9—10 或 SA14—13 触

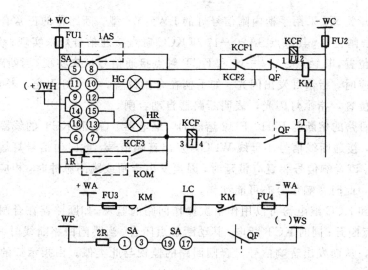

图 9-1 灯光监视的断路器控制信号回路图

点接通闪光小母线（＋）WH 回路，指示灯闪光。

（5）断路器的防跳，由专设的防跳继电器 KCF 实现。

（6）由主控制室到操动机构间联系电缆的芯数为五芯。

18. 画出断路器音响监视的控制、信号回路图，并说明其接线特点。

答：断路器音响监视的控制、信号回路图，如图 9-2 所示。其接线特点如下。

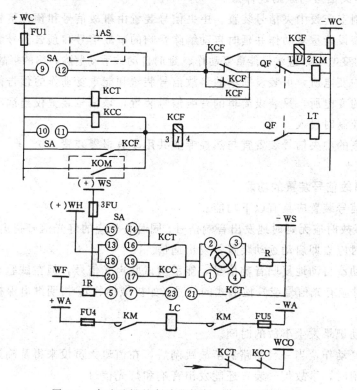

图 9-2 音响监视的断路器控制、信号回路图

（1）控制开关 SA 采用手柄内附信号灯的 LW2-YZ 型。断路器的正常合闸位置指示，是以 SA 手柄在合闸位置，其触点 SA20—17 和 KCC 触点接通信号灯来实现；跳闸位置指示，是以手柄在跳闸位置，其触点 SA14—15 和 KCT 触点接通信号灯来实现。当断路器的位置与 SA 手柄位置不对应时，指示灯发出闪光。如手柄在合闸位置，指示灯闪光，表明断路器已跳闸；如手柄在跳闸位置，指示灯闪光，表明断路器自动合闸。

（2）控制回路的熔断器 FU1、FU2 熔断时，继电器 KCC 和 KCT 的线圈同时断电，其动断触点均闭合，接通断线信号小母线 WCO，发出音响信号。此时由信号灯熄灭，可以找出故障的控制回路。该音响信号装置应带延时，因当发出合闸或跳闸脉冲时，相应的 KCC 或 KCT 被短路而失压，此时音响信号亦可能动作。

（3）KCT 和 KCC 继电器可以用作下次操作回路的监视。如断路器在合闸位置时，KCC 启动，其动断触点断开；同时 KCT 断电，其动断触点闭合。当跳闸回路断线时，KCC 断电，KCC 动断触点接通，从而发出音响信号。合闸回路的监视与此类似。由指示灯的熄灭来找出故障的控制回路。

（4）在手动合闸或跳闸的过程中（即 SA 在"预合"或"预分"位置），指示灯还能通过 SA13—14 或 SA18—17 发出闪光。

（5）此接线正常时可按暗屏运行，并能使信号灯燃亮，以利检查回路的完整性。图 9-2 中（＋）WS 即为可控制暗灯或亮灯运行的小母线。

（6）主控制室与断路器操动机构的联系电缆芯有三芯。

19. 设置中央信号的原则是什么？

答：在控制室应设中央信号装置。中央信号装置由事故信号和预告信号组成。

发电厂应装设能重复动作并延时自动解除音响的事故信号和预告信号装置。

有人值班的变电所，应装设能重复动作、延时自动或手动解除音响的事故和预告信号装置。

驻所值班的变电所，可装设简单的事故信号装置和能重复动作的预告信号装置。

无人值班的变电所，只装设简单的音响信号装置，该信号装置仅当远动装置停用并转变为变电所就地控制时投入。

单元控制室的中央信号装置宜与热控专业共用事故报警装置。

20. 简述事故信号装置的功能。

答：事故信号装置应具有以下功能。

（1）发生事故时应无延时地发出音响信号，同时有相应的灯光信号指出发生事故的对象。

（2）事故时应立即启动远动装置，发出遥信。

（3）能手动或自动地复归音响信号，能手动试验声光信号，但在试验时不发遥信。

（4）事故时应有光信号或其他形式的信号（如机械掉牌），指明继电保护和自动装置的动作情况。

（5）能自动记录发生事故的时间。

（6）能重复动作，当一台断路器事故跳闸后，在值班人员没来得及确认事故之前又发生了新的事故跳闸时，事故信号装置还能发出音响和灯光信号。

（7）当需要时，应能启动计算机监控系统。

21. 简要分析常用冲击继电器的工作原理。

答：ZC-23 型冲击继电器由微分变压器构成，其内部接线如图 9-3 所示。继电器的端子 8、16 之间是微分变压器 T 的一次绕组。T 的二次侧接有灵敏的极化继电器 KP。当微分变压器 T 的一次绕组回路有电流变化时，二次侧便感应出电势，使极化继电器 KP 动作，KP 又使重动继电器 KCE 动作，后者在信号系统中起动音响回路。冲击继电器的动作情况与微分变压器 T 中一次绕组中的电流变化方向有关，只有电流从正极性端子流入时继电器才动作，两台冲击继电器反极性串联能实现信号回路的自动复归。

JC-2 型冲击继电器是按电容器充、放电原理构成的，内部接线如图 9-4 所示。继电器的端子 5、7 串联接入信号启动回路。当启动回路接通时，启动电流在电阻 R1 两端产生一个电压增量，该电压通过极化继电器的绕组使电容器充电，极化继电器动作，后者的触点在信号系统中启动音响。当端子 2 接通正电源时，极化继电器的一个绕组中流过反向电流，使极化继电器复归。

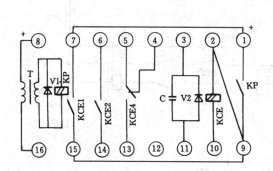

图 9-3　ZC-23 型冲击继电器的内部接线　　　　图 9-4　JC-2 型冲击继电器内部接线图

BC-4 型冲击继电器是由半导体元件构成的，内部接线如图 9-5 所示。继电器端子 8、16

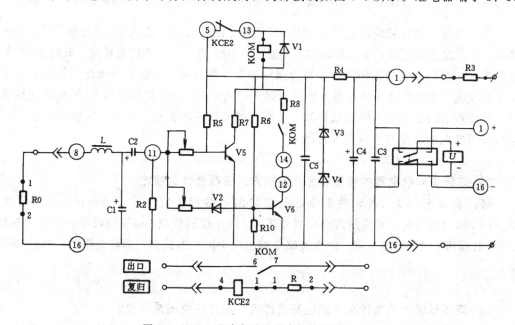

图 9-5　BC-4 型冲击继电器内部接线图

串入信号起动回路。当起动回路接通时起动电流流过电阻R0，并产生电压降，该电压经电感L向电容C1和C2充电。C1和C2的充电回路参数不同，充电速度也不同。电容C1充电快，C2充电慢。在C2充电过程中电阻R2两端产生电压差，当起动回路电流增加到一定值时，R2两端电压使三极管V5导通，出口继电器KOM动作，其触点起动音响回路，发出音响信号。出口继电器KOM的另一触点闭合并通过导通的三极管V6使出口继电器KOM自保持。当电容C2充电结束，电阻R2两端电压消失，三极管V5截止。如通过复归按钮，使复归继电器KCE2励磁，则KCE2的动断触点打开使KOM断开返回。整个回路恢复到原始状态，准备下次动作。

22. 控制回路中防跳闭锁继电器的接线及动作原理是什么？

　　答：防跳跃闭锁继电器的接线，如图9-6所示。

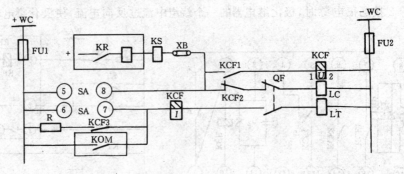

图 9-6　防跳跃闭锁继电器接线图

SA—控制开关；KR—自动重合闸继电器；KCF、KCF1～KCF3—防跳跃闭锁继电器；
KOM—保护用出口继电器；KS—信号继电器；QF—断路器的辅助触点；LC—合闸
线圈；LT—跳闸线圈；XB—连接片；R—电阻；FU1、FU2—熔断器

　　防跳跃闭锁继电器回路接线原理中KCF为专设的"防跳"继电器。当控制开关SA5～SA8接通，使断路器合闸后，如保护动作，其触点KOM闭合，使断路器跳闸。此时KCF的电流线圈带电，其触点KCF1闭合。如果合闸脉冲未解除（例如控制开关未复归，其触点SA5～SA8仍接通，或自动重合闸继电器触点，SA5～SA8触点卡住等情况），KCF的电压线圈自保持，其触点KCF2断开合闸线圈回路，使断路器不致再次合闸。只有合闸脉冲解除，KCF的电压线圈断电后，接线才恢复原来状态。

23. 直流中间继电器的线圈线径及连接方式应符合什么规定？

　　答：直流电压为220V的直流继电器线圈的线径不宜小于0.09mm，如用线径小于0.09mm的继电器时，其线圈需经密封处理，以防止线圈断线；如果用低于额定电压规格（如220V电源用110V的继电器）的直流继电器串联电阻的方式时，串联电阻的一端应接于负电源。

24. 直流母线电压为什么不能过高或过低？其允许范围是多少？

　　答：电压过高时，对长期带电的继电器、指示灯等容易过热或损坏。电压过低时，可能

造成断路器、保护的动作不可靠。允许范围一般是±10％。

25. 对监视直流回路绝缘状态所用直流表计的内阻有何规定？

答：变电所的直流母线都设有可切换的直流绝缘检测装置，即用直流电压表分别测量母线正对地、负对地的电压，要求电压表计有较高的内阻，用于测量220V回路的电压表内阻不小于20kΩ，测量110V回路的电压表内阻不小于10kΩ。

26. 为什么交直流回路不能共用一条电缆？

答：交直流回路都是独立系统。直流回路是绝缘系统而交流回路是接地系统。若共用一条电缆，两者之间一旦发生短路就造成直流接地，同时影响了交、直流两个系统。平常也容易互相干扰，还有可能降低对直流回路的绝缘电阻。所以交直流回路不能共用一条电缆。

27. 查找直流接地的操作步骤和注意事项有哪些？

答：根据运行方式、操作情况、气候影响进行判断可能接地的处所，采取拉路寻找、分段处理的方法，以先信号和照明部分后操作部分，先室外部分后室内部分为原则。在切断各专用直流回路时，切断时间不得超过3s，不论回路接地与否均应合上。当发现某一专用直流回路有接地时，应及时找出接地点，尽快消除。

查找直流接地的注意事项如下：

（1）查找接地点禁止使用灯泡寻找的方法；

（2）用仪表检查时，所用仪表的内阻不应低于2000Ω/V；

（3）当直流发生接地时，禁止在二次回路上工作；

（4）处理时不得造成直流短路和另一点接地；

（5）查找和处理必须由两人同时进行；

（6）拉路前应采取必要措施，以防止直流失电可能引起保护及自动装置的误动。

28. 用试停方法查找直流接地有时找不到接地点在哪个系统，可能是什么原因？

答：当直流接地发生在充电设备、蓄电池本身和直流母线上时，用拉路方法是找不到接地点的。当直流采取环路供电方式时，如不首先断开环路也是不能找到接地点的。除上述情况外，还有直流串电（寄生回路）、同极两点接地、直流系统绝缘不良，多处出现虚接地点，形成很高的接地电压，在表计上出现接地指示。所以在拉路查找时，往往不能一下全部拉掉接地点，因而仍然有接地现象的存在。

29. 直流两点接地为什么有时造成断路器误跳闸？有时造成断路器拒跳？有时造成熔丝熔断？

答：（1）两点接地可能造成断路器误跳闸。

如图9-7所示，当直流接地发生在A、B两点时，将电流继电器1KA、2KA触点短接，而将KM起动，KM触点闭合而跳闸。A、C两点接地时短接KM触点而跳闸。在A、D两点，D、F两点等接地时同样都能造成断路器误跳闸。

（2）两点接地可能造成断路器拒动。

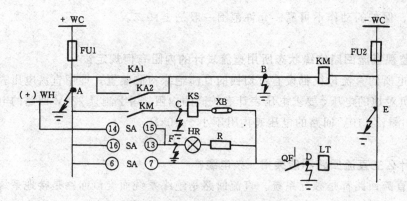

图 9-7 直流系统接地情况图

SA—控制开关；KS—信号继电器；KA1~KA2—电流继电器；KM—中间继电器；
LT—跳闸线圈；QF—断路器触点；XB—连接片；HR—红灯；
R—电阻；FU1~FU2—熔断器

如图 9-7 所示，接地发生在 B、E 两点、D、E 两点或 C、E 两点，断路器可能造成拒动。

（3）两点接地引起熔丝熔断：

如图 9-7 所示，接地点发生在 A、E 两点，引起熔丝熔断。

当接地点发生在 B、E 和 C、E 两点，保护动作时，不但断路器拒跳，而且引起熔丝熔断，同时有烧坏继电器触点的可能。

30. 直流正、负极接地对运行有哪些危害？

答：直流正极接地有造成保护误动的可能。因为一般跳闸线圈（如出口中间继电器线圈和跳合闸线圈等）均接负极电源，若这些回路再发生接地或绝缘不良就会引起保护误动作。直流负极接地与正极接地同一道理，如回路中再有一点接地就可能造成保护拒绝动作（越级扩大事故）。因为两点接地将跳闸或合闸回路短路，这时还可能烧坏继电器触点。

31. 为什么要测量跳合闸回路电压降？怎样测量？怎样才算合格？

答：测量跳合闸回路电压降是为了使断路器在跳合闸时，跳、合闸线圈有足够的电压，保证可靠跳、合闸。

跳合闸回路电压降测量方法如下：

（1）测量前应先将合闸熔断器取下。断路器在合闸位置时测量合闸线圈电压降，将合闸回路接通（如有重合闸时应先将重合闸继电器中间元件按住），用高内阻直流电压表与合闸线圈两端并接，然后短接断路器的合闸辅助触点，合闸继电器动作，即可读出合闸辅助线圈的动作电压降。

（2）断路器在跳闸位置时测量跳闸线圈电压降，将保护跳闸回路接通，用高内阻直流电压表（万能表即可）并接在跳闸线圈两端，短接断路器的跳闸辅助触点使跳闸线圈动作，即可读出跳闸线圈电压降。

跳闸、合闸线圈的电压降均不小于电源电压的 90％ 才为合格。

1. 试述直流熔断器的配置原则。

答：直流熔断器配置的基本要求是：①消除寄生回路；② 增强保护功能的冗余度。

直流熔断器的配置原则如下：

（1）信号回路由专用熔断器供电，不得与其它回路混用。

（2）对由一组保护装置控制多组断路器（例如母线差动保护、变压器差动保护、发电机差动保护、线路横联差动保护、断路器失灵保护等）和各种双断路器的变电所接线方式（$1\frac{1}{2}$ 断路器、双断路器、角接线等），应注意：①每一断路器的操作回路应分别由专用的直流熔断器供电；②保护装置的直流回路由另一组直流熔断器供电。

（3）有两组跳闸线圈的断路器，其每一跳闸回路应分别由专用的直流熔断器供电。

（4）有两套纵联保护的线路，每一套纵联保护的直流回路应分别由专用的直流熔断器供电；后备保护的直流回路既可由另一组专用直流熔断器供电，也可适当地分配到前两组直流供电回路中。

（5）采用"近后备"原则，只有一套纵联保护和一套后备保护的线路，纵联保护与后备保护的直流回路应分别由专用的直流熔断器供电。

2. 试述接到同一熔断器的几组继电保护直流回路的接线原则。

答：接到同一熔断器的几组继电保护直流回路的接线原则如下：

（1）每一套独立的保护装置，均应有专用于直接接到直流熔断器正负极电源的专用端子对，这一套保护的全 部直流回路（包括跳闸出口继电器的线圈回路），都必须且只能从这一对专用端子取得直流正、负电源。

（2）不允许一套独立保护的任一回路（包括跳闸继电器）接到由另一套独立保护的专用端子对引入的直流正、负电源上。

（3）如果一套独立保护的继电器及回路分装在不同的保护屏上，同样也必须只能由同一专用端子对取得直流正、负电源。

（4）由不同熔断器供电或不同专用端子对供电的两套保护装置的直流逻辑回路间不允许有任何电的联系，如有需要，必须经空接点输出。

上述原则主要是防止在断开某回路的一个接线端子时，造成寄生回路而引起保护装置误跳闸。

3. 中间继电器线圈两端并联"二极管串电阻"，其中电阻值的选取应考虑什么问题？

答：需要考虑以下两个问题：

（1）当启动中间继电器的触点返回（断开）时，中间继电器线圈所产生的反电势通过"二极管串电阻"吸收掉，以保护该触点不断弧。因此，电阻不宜过大。

（2）当二极管短路时，如果选取的电阻值过小，则当中间继电器动作时，将引起熔断器熔断，造成保护拒动。

考虑到上述两条理由，经计算，当直流电源电压为 110～220V 时，选取电阻值为 250～300Ω 较合适。

4. 设有瞬时动作的两套保护，其信号继电器线圈分别与保护触点相串接，如图 10-1 所示，如何选取 R 的阻值？

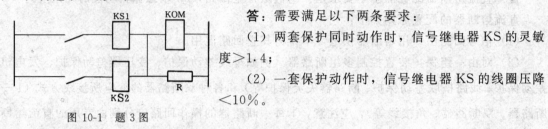

图 10-1 题 3 图

答：需要满足以下两条要求：

（1）两套保护同时动作时，信号继电器 KS 的灵敏度＞1.4；

（2）一套保护动作时，信号继电器 KS 的线圈压降＜10%。

5. 断路器跳、合闸线圈回路的灯光监视灯及其附加电阻如何选择？

答：应根据下列要求进行选择：

（1）应保证灯泡上的电压产生的光亮能让人的肉眼清楚地看到，即不应低于 60% 额定电压，$U_1 \geqslant 0.6U_N$。

（2）长期流过控制回路中跳闸线圈和合闸线圈的电流 I_{CQ}，应不致引起其过热，即 $I_{CQ} \leqslant 0.15I_N$。

式中 I_{CQ}——长期流过跳、合闸线圈的电流；

I_N——跳、合闸线圈的额定电流。

（3）当监视灯的灯丝在其底座上短路时，跳、合闸线圈上的电压应不足以使断路器动作，其裕度不小于 1.3。

附加电阻一般均采用管形绕线电阻。为了降低电阻的发热程度，其额定电流应按比长期计算电流约大两倍的条件进行选择。

6. 出口继电器作用于断路器跳（合）闸线圈时，其触点回路中串入的电流自保持线圈应满足哪些条件？

答：断路器跳（合）闸线圈的出口触点控制回路，必须设有串联自保持的继电器回路，应满足以下条件：①跳（合）闸出口继电器的触点不断弧；②断路器可靠跳、合。

只有单出口继电器的，可以在出口继电器跳（合）闸触点回路中串入电流自保持线圈，并满足如下条件：

（1）自保持电流不大于额定跳（合）闸电流的一半左右，线圈压降小于 5% 额定值。

（2）出口继电器的电压起动线圈与电流自保持线圈的相互极性关系正确。

（3）电流与电压线圈间的耐压水平不低于交流 1000V、1min 的试验标准（出厂试验应为交流 2000V、1min）。

（4）电流自保持线圈接在出口触点与断路器控制回路之间。

当有多个出口继电器可能同时跳闸时，宜由防止跳跃继电器实现上述任务。防跳继电器应为快速动作的继电器，其动作电流小于跳闸电流的一半，线圈压降小于 10% 额定值，并满足上述（2）～（4）项的相应要求。

7. 试问如图 10-2 所示接线有何问题，应如何解决？

答：当在图 10-2 中 3、4 点断线时，就会产生寄生回路，引起出口继电器 KOM 误动作。

解决措施是将 KM 与 KOM 线圈分别接到负电源。

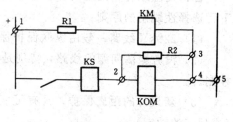

图 10-2　题 7 图

8. 对跳闸连接片的安装有些什么要求？

答：对跳闸连接片的安装要求有：①跳闸连接片的开口端应装在上方，接到断路器的跳闸线圈回路；②跳闸连接片在落下过程中必须和相邻跳闸连接片有足够的距离，以保证在操作跳闸连接片时不会碰到相邻的跳闸连接片；③检查并确证跳闸连接片在拧紧螺栓后能可靠地接通回路；④穿过保护屏的跳闸连接片导电杆必须有绝缘套，并距屏孔有明显距离；⑤检查跳闸连接片在拧紧后不会接地。

不符合上述要求的需立即处理或更换。

9. 对保护二次回路电压切换有些什么反措要求？

答：对保护二次回路电压切换的反措要求有：

（1）用隔离开关辅助触点控制的电压切换继电器，应有一副电压切换继电器触点作监视用；不得在运行中维修隔离开关辅助触点。

（2）检查并保证在切换过程中，不会产生电压互感器二次反充电。

（3）手动进行电压切换的，应有专用的运行规程，并由运行人员执行。

（4）用隔离开关辅助触点控制的切换继电器，应同时控制可能误动作的保护的正电源，有处理切换继电器同时动作与同时不动作等异常情况的专用运行规程。

10. 运行中的距离保护在失去电压或总闭锁继电器动作的情况下，应怎样进行处理？

答：应采取如下步骤：

（1）停用接入该电压互感器的所有距离保护总连接片。

（2）此时若同时出现直流接地时，在距离保护连接片未断开前，不允许拉合直流电源来查找直流接地点。

（3）立即去开关场恢复电压互感器二次回路中被断开的熔断器，或消除其他原因造成的失压，使电压互感器二次恢复正常。

（4）在确保将电压互感器二次恢复正常，并经电压表测量各相电压正常后，才允许解除距离保护的闭锁，按规定程序投入各套被停用的距离保护总连接片。

当只有一套距离保护失去电压时，则只停用该套保护的总连接片，并检查其接入的电压回路是否良好。

11. 怎样理解"处理有的距离保护不满足先单相故障后延时发展成不接地故障时无选择

性跳闸问题的原则"？

答：处理原有相间距离保护不满足先单相后延时发展成两相不接地或对称三相短路情况下无选择性跳闸的原则：

(1) 220kV 线路一般由纵联保护保证。

(2) 没有振荡问题的线路，特别是 110kV 线路，要求距离保护的一、二段不经振荡闭锁控制。

(3) 新设计的距离保护，凡有可能的，宜增设不经振荡闭锁而用延时躲振荡的一、二段（或相应的功能）。

上述问题的发生，是因为距离保护经过了振荡闭锁。"四统一设计"规定的振荡闭锁原则，是在故障发生后短时开放，随后长期闭锁，其开放时间可以保证内部故障时的可靠动作，然后在判别系统振荡已消失后的一定时间复归，以备下次再开放。一般的继电保护系统配置，除纵联保护外，普遍为阶段式相间距离保护与阶段式零序电流保护。当接地故障发生在零序电流保护的延时段范围，如果在它最终动作前的一段时间内故障转换为不接地的相间故障，则零序保护复归，而此时的距离保护一、二段又已实现振荡闭锁，则只能由第三段动作。许多距离保护的整定是逐段配合，即第三段的整定与相邻二段的整定相配合，如果下级第二段被闭锁，同时上级第三段又有足够灵敏度而且与下级第三段保护又无动作时间间隔，其结果将可能引起上级第三段距离保护的越级跳闸。这种越级跳闸事故，曾经在 110kV 电网中发生过。

上述问题在介绍"四统一接线"的距离保护回路的设计时，曾经专门作过明确的说明。鉴于当时大多数采用整流型回路，为了解决这一发生概率较小的事故，必须增设元件与回路，而在当时的条件下，220kV 线路已有纵联保护可以保证故障线路的瞬时跳闸；另则，如果在没有振荡可能的 110kV 线路取消距离保护的振荡闭锁，就可以完全解决这样的无选择性动作问题。

但是上述的可能无选择性动作，终属距离保护回路的缺陷。在广泛采用微机型保护的今日，问题将不难迎刃而解，即增加不经振荡闭锁而又能可靠地躲开振荡时误动作的延时一、二段，实现经振荡闭锁的快速动作一、二段间的选择配合和不经闭锁振荡的延时动作一、二、三段间的选择配合。

12. 为什么"距离保护用电流起动；振荡闭锁第一次起动后，只能在判别系统振荡平息后才允许再开放；距离保护瞬时段在故障后短时开放"？

答：距离保护用电流方式（负序加零序电流或相电流突变量）起动，是"四统一设计"的一个特点，已经得到全面推广采用。此前，虽然采用了各种的"电压"方式，但长期以来并未能完全解决因电压回路问题引起的距离保护误动作。统计数据说明，过去由于交流电压失压引起的误动作占距离保护装置不正确的比例竟达50%。70 年代中期研究生产的整流型距离保护首先采用了电流突变量起动方式，取得了很好的运行效果。电流方式起动，从根本上解决了失压误动的问题。

距离保护瞬时段在故障后短时开放，是避免距离保护不正确动作的一项极为重要的措施。这个结论同样适合于以距离元件作为方向判别元件的纵联保护情况。其基本原则是，只有在从故障开始到足以保证瞬时距离元件可靠动作的短时间内才开放瞬时段的跳闸回路，时间一过，就将瞬时距离保护段退出工作。如果是纵联保护，选择开放时间的长短，还应当计及接收对侧动作或闭锁信号的情况。瞬时段开放时间过长，有害无益。作出这样的要求，是为了避免在故障开始后短时间发生新的系统暂态过程中，瞬时距离元件的可能短时误动作，这些新的系统暂态的来源，包括诸如在并行线路的故障跳闸过程中产生的故障方向突然转换，故障形态（外部跳闸过程中由多相而转为单相等）的突然转换，以及故障因断开而突然消失等情况。为此，应该考虑外部故障可能最短的切除时间。作为一般概念，外部故障切除时间等于继电保护动作时间加断路器由收到跳闸命令到断开故障的时间。在考虑问题之时，应当根据不同的要求，选用不同的可能故障切除时间。如果是作系统暂态稳定计算，因为故障时间愈长，对暂态稳定愈为不利，因此，应当选取实际可能的最长故障切除时间。例如，在相应的规程中，对500kV电网规定取为0.08s（0.03s＋0.05s），220kV电网规定取为0.1s（0.04s＋0.06s），0.03s与0.04s是继电保护动作时间，0.05s与0.06s则是断路器的断开故障时间。这里所选定的断路器动作时间是制造厂技术规范书保证的全开断时间，它指的是在其他一切条件，如操作气压、操作电源电压、气温等均处于规定的边沿条件下保证的最长全开断时间。而为了上述的继电保护目的，则应选取为可能的最短时间组合：取保护的可能最快动作时间，考虑电流速断或其他高速保护元件动作，为5～10ms；而断路器的可能最快全开断时间则只能来自实际故障情况下的记录数据。在1983年做东北系统500kV线路的人工短路试验时，内部故障切除的最快动作时间为42ms。试验当时还有意将动作时间短于10ms的电流速断保护临时退出了工作，同时所用空气断路器的厂家保证全开断时间为60ms。实际运行中的其他500kV线路的故障跳闸记录也达到40～50ms左右的水平。因之，作为建议，上述的距离保护瞬时段的允许跳闸短时开放时间，从故障开始算起，对220～500kV线路不宜大于30～40ms，因为这个时间，已足够距离保护瞬时段的可靠动作。对于纵联保护，这个短时开放跳闸时间的长短还取决于保护装置的逻辑回路设计与通信通道的传输延时。对于闭锁式纵联保护，这个短时开放时间必须大于从故障开始到可靠收到对侧闭锁信号的时间加一定裕度，最坏情况应考虑外部故障时，反方向侧收发信机未起动（例如因起动元件拒动），需由故障正方向侧发信远方起动对侧发信，由对侧反送信号闭锁本侧。因为只有在经过这样的时延后，才允许接通跳闸回路。"四统一设计"的高频闭锁保护装置的逻辑回路，对此作了精心安排，即只是在故障开始连续收到高频闭锁信号一定时间后才允许停信，接通跳闸回路，再经一定时间后，即将出口跳闸改为延时动作，用以躲开系统状态转换时距离元件的可能短时误动作。按照最新的行业标准，DL/T 524—93《继电保护专用电力线载波收发信机技术条件》的规定，ON/OFF调制方式，收信带宽2（1）kHz时，传输时间＜3（5）ms。因此，要求从故障开始连续收到高频信号的时间不小于10～15ms之后才允许停信，接通跳闸回路，具体时间整定，依高频保护的逻辑回路设计及选用的收发信机收信带宽而定，并应经整组试验的验证。而对于允许式纵联保护，开放时间必须大于内部故障时收到对侧发来的允许跳闸命令时间，同样需要注意考虑当外部故障时，原来的反方向侧收到对侧送来的允许跳闸命令在发生系统状态转换过程中可能延时撤除，原来的反方向距离元件又可能短时动作而引起误跳闸的逻辑配合要求。

距离保护的振荡闭锁只能在判别系统振荡平息后才允许再开放的要求，是针对振荡闭锁起动后定时复归（不管当时的系统条件如何）的不正确做法提出的。

13. 为什么距离保护采用电流起动后，电压回路异常时仍要告警并闭锁可能误动的保护装置？

答：距离保护采用电流方式起动，能够可靠地减少因电压回路断线引起的误动作，也降

低对电压回路短路时高速切除故障的要求。过去距离保护在电压回路故障断线产生的误动作，

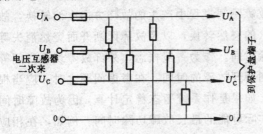

图 10-3 电压互感器二次出口 A 相熔断器断开
$U'_B = U_B, U'_C = U_C$, 但 $U'_A \neq 0$

除了设计的电压断线闭锁回路的缺陷外，也来源于保护出口与电压断线闭锁之间的"触点竞赛"。采用电流方式起动，完全防止了这种因"触点竞赛"引起的误动作。但电压回路故障，仍然必须可靠闭锁保护出口，因此，对电压断线闭锁回路的可靠工作，仍然是一项重要的要求。否则，保护装置依然会在外部故障时误动作。

电压断线闭锁不只应当在保护装置端子处发生电压断线情况时（例如因连接片接触不良或未接入等原因）能可靠动作，还必须在电压互感器二次端子处发生电压断线时可靠动作。这两种情况的区别在于：后者因为电压回路中接入其他负荷的影响，例如当互感器侧 A 相电压失去时，在继电保护装置的端子上的 A 相电压并不为零，见图 10-3。进行电压断线闭锁装置有效性的测试时，应当计及后一种情况。

14. 对于由 $3U_0$ 构成的保护的测试，有什么反措要求？

答：对于由 $3U_0$ 构成的保护的测试，有下述反措要求：

（1）不能以检查 $3U_0$ 回路是否有不平衡电压的方法来确认 $3U_0$ 回路良好。

（2）不能单独依靠"六角图"测试方法确证 $3U_0$ 构成的方向保护的极性关系正确。

（3）可以对包括电流、电压互感器及其二次回路连接与方向元件等综合组成的整体进行试验，以确证整组方向保护的极性正确。

（4）最根本的办法是查清电压互感器及电流互感器的极性，以及所有由互感器端子到继电保护屏的连线和屏上零序方向继电器的极性，作出综合的正确判断。

15. 利用负荷电流及工作电压检验零序功率方向继电器接线正确性之前，为什么必须对电压互感器开口三角引出的 L、N 线查对正确？

答：图 10-4 为用负荷电流及工作电压检验相位关系接线图。

在正常情况下，电压互感器开口三角两端电压 $U_{NL} = 0$, 故 $U_{LS} = U_{NS}$, 但 L、N 无法用试验方法区分。因此，在利用负荷电流及工作电压检验前，必须对开口三角引出的 L、N 线查对正确，否则不能正确判断所作的相位关系是否符合零序功率方向元件的接线要求。如图 10-4（a）所示，当用负荷电流及工作电压检验零序功率方向继电器 KW0 的相位关系时，可在 KW0 处将 L 线断开（图中标有"×"者），并接入 S 线，此时加入 KW0 的电压为 $\dot{U}_{SN} = (\dot{U}_b + \dot{U}_c) = -\dot{U}_a$, 如图 10-5 相量图所示，即 $\dot{U}_{NS} = -(-\dot{U}_a) = \dot{U}_a$。

确定了 $\dot{U}_a$ 的相位关系以后，就可以根据当时的负荷电流，测出每相电流与 $\dot{U}_a$ 之间的相位关系图。假设不同相负荷电流时的相量图如图 10-6 所示。对图 10-6 进行分析可知，当通入 $\dot{I}_a$ 时 KW0 触点闭合，通入 $\dot{I}_b$ 时处于临界动作状态，通入 $\dot{I}_c$ 时 KW0 触点不闭合。

但是，如果按图 10-4（b）的接线，仍按上述方法进行校验时，从图 10-4（b）可直接看

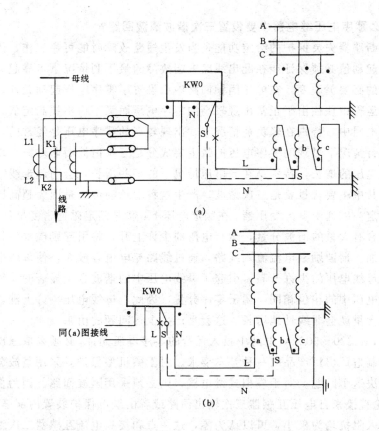

图 10-4　用负荷电流及工作电压检验相位关系接线图

(a) 零序功率元件正确接线；(b) 零序功率元件错误接线

到，此时加入 KW0 的电压就是 $\dot{U}_{NS}=\dot{U}_{a}$。这样，就不能发现零序电压的极性接错了。这样保护投入运行后，在反方向接地故障时就会误动作，反之拒动。

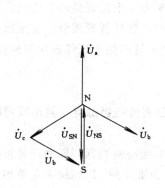

图 10-5　加入 KW0 电压
线圈的电压相量图

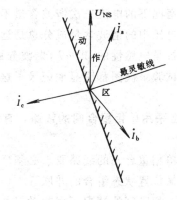

图 10-6　在 KW0 的动作特性下，通入不同
相的负荷电流时的相量图

　　用上述所谓的负荷电流及工作电压检验，实质上是检验了电流回路的接线是否正确。故需特别核对从电压互感器开口三角输出端到 KW0 继电器端子之间的全部电压接线是否正确，以防止因零序电压回路两端标志错误而造成不正确动作。

16. 为什么零序电压继电器中要设置三次谐波滤波回路？

答：因为断路器失灵保护的给定功能是当发生短路故障时能可靠工作，因而，其母线电压闭锁元件的起动值必须保证能在配出线路末端故障的最不利情况下可靠起动。为了取得单相接地故障时的必要灵敏度，在电压闭锁回路中都设置了零序电压起动元件。但零序电压起动元件在实际运行中往往由于正常出现较高的零序电压而又不得不提高定值。

在超高压电网中，特别在轻负荷情况下，出现较高的零序电压是经常的，也是一种正常现象。正常运行情况下显现的零序电压的最主要成分是三次谐波而非基波。现场实测结果说明，母线运行电压的增长，特别是在高电压情况下的某些增长，会引起母线零序电压非线性的显著增长，其中主要含量就是三次谐波。产生这种现象的由来是因为超高压电网采用了其铁芯运行于额定高磁通密度的变压器。在额定电压下，铁芯额定磁通密度早已超过饱和拐点，在励磁电流中含有大量的谐波分量，运行电压的少许上升，将引起励磁电流特别是其中谐波含量的显著增加。谐波励磁电流流入线路，通过线路充电电容放大，使母线电压中含有丰富的谐波分量，母线电压的少许升高，引起了母线电压中的谐波含量显著的非线性地增长。三次谐波在三相电压中的相位相同，属于零序分量，因此，母线电压少许上涨，母线零序电压中的三次谐波含量就会非线性地增长，这就是产生上述问题的由来。

由此看来，在220～500kV电网中投入运行的零序电压元件，必须采取三次谐波滤波的措施，这也是对制造厂出厂产品的一种基本要求。对于微机型保护，采用基波分量算法，可以轻而易举地解决这个问题。对于模拟式继电器，则必须采用阻波回路。因为供给继电器的零序电压源，无论直接来自电压互感器三次输出回路或者由继电保护装置内部三相相电压合成，其电源侧的输入阻抗均为极小，可以认为零，这一点和接到电流互感器二次输出回路的继电保护元件可以认为电源侧输入阻抗为无穷大的情况正好是完全对立的另一回事。去除电压回路三次谐波的模拟滤波，只能采用先三次谐波阻波然后并联电容滤波的方式。采用三次谐波串谐回路与继电器线圈并联以滤除三次谐波的做法是不正确的，也是无效的。

由此说来，零序电流元件是否也必须专门的三次谐波滤波？一般情况并无此必要。理由是在正常运行情况下的电流三次谐波含量不大，不足以影响零序电流元件的整定值。作为普遍现象，母线电压中的谐波含量成分总是远大于线路电流中的谐波含量成分，这是因为母线看到的系统阻抗是电感性的，即 ωL，谐波分量电流通过这个电抗产生的压降成比例地被放大。有关的故障和试验录波图都明显地记录了这个现象。

17. 为什么采用单相重合闸的线路，宜增设由断路器位置继电器触点两两串联解除重合闸的附加回路？

答：采用单相重合闸的线路要求必须增设判定断路器多相跳闸判据，即利用分相断路器各相跳闸的机械位置状态组合的并联 $3 \times (1+1)$ 触点组闭锁重合闸，以确保采用单相重合闸的线路不会在三相跳闸的情况下误起动三相重合闸。

上述要求，当然是针对继电保护与重合闸逻辑回路的可能不正确配合，但更为重要的是针对采用单相重合闸的线路，如果在多相故障时错误地实现三相重合闸所可能带来的严重后果。

单相重合闸的整定时间一般在1.0s左右。误起动三相重合闸，等于实现在多相故障后经1.0s左右进行三相重合闸，其后果：①无论故障已消失或者故障未消失，进行三相重合闸均可能引起对电力系统事先未能预料的严重冲击，从而使系统失去稳定；而可能的非同步重合闸，又可能给联接的发电机组带来不允许的冲击，因而造成严重损伤。②如果正好在大型汽轮发电机组的高压母线出口附近发生三相短路，而在重合闸时故障仍然存在，这样误动作的三相重合闸有可能立即引起发电机组轴系损坏。

18. 为什么实现单相重合闸的线路采用零序方向纵联保护时需考虑有健全相再故障时的快速动作保护?

答：如果继电保护装置的工作电压取自母线电压互感器二次，当线路单相断开时，两侧的零序方向元件都将处于正方向（线路内部故障方向）动作状态，因此，对于采用单相重合闸的线路，在单相跳闸的同时，需要闭锁零序方向纵联保护的动作，以避免两相运行过程中的误动作。但是，这又同时取消了两健全相在非全相运行过程中再故障时的快速保护。在此同时，本线路的某些保护段的零序电流保护，也将在单相跳闸后同样因避免两相运行过程中的误动作而必须短时退出工作。为了两健全相在单相重合闸过程中再故障时的快速跳闸，或者为了与相邻线路零序电流保护配合的需要（对于故障线路，零序电流保护段的起用或停用，可以方便地随线路单相跳闸而自动实现，但相邻线路保护只能保持原有的所有保护段及其整定值），在许多情况下，增加两健全相再故障时的快速动作保护是必要的，否则，至少会恶化零序电流保护的整定（提高起动值，抬高动作时延）。实践和理论分析都说明，两健全相电流差突变量元件最适合担当这一任务。其缺点是在投入独立工作的期间，外部发生故障时将可能误动作。但有关规程早已明文规定，允许重合闸过程中后加速保护在外部故障时的误动作。如果不能说在实际运用中完全没有发生过这种情况的话，这种外部故障的概率也应当是极低的。要不，早已要求取消所有的重合闸后加速。

19. 为什么重合闸应按断路器配置?

答：重合闸应按断路器配置，是一般性命题，非专指 $1\frac{1}{2}$ 断路器主接线方式变电所的情况，是针对把重合闸作为继电保护装置的一个必要组成部分而言的。有的微机型保护装置由于实现方便，把这种做法作为一种固定模式，然后在这种确定的前提下去研究处理因此而带来的应用问题。也有的国外微机型保护装置把重合闸部分设计成为完全独立的单独插件，作为保护装置附加的任选件，可以插入，也可以不选用。

如果只有一套保护装置或者各套保护装置共用一套重合闸装置，可以比较容易处理 $1\frac{1}{2}$ 断路器主接线变电所中：故障时必须同时跳开两组断路器，但只应先重合一组断路器，另一组断路器只有在判定先重合闸的断路器重合成功之后再进行重合（为了防止重合到故障时对系统的两次冲击）；如果先重合的一组断路器重合失败，另一组断路器应禁止再重合；又如果原来是单相跳闸，在先一组断路器重合失败的同时，还需要将后一组断路器原来保留在运行中的两相一起跳开；为了延长检修周期，尚应依据各断路器已经跳闸故障的次数，轮换先后合闸断路器的顺序，如此等等的要求。

即使故障时只需要跳开一组断路器（双母线主接线变电所），如果两套保护装置各配置一套重合闸回路，在实际应用中也不得不在断路器跳闸时由断路器位置不对应回路同时起动两套重合闸。因为是主保护双重化，就必须考虑两套保护装置中有一套可能拒动。两套重合闸的整定值也必须完全一样。

如果 $1\frac{1}{2}$ 断路器主接线变电所用双重化主保护又各带专用重合闸，其二次回路接线必然相当复杂，也将给运行维护、现场试验等带来困难，因而影响继电保护的运行安全。

合理的逻辑是重合闸按断路器配置。继电保护装置只应当负责保证跳闸的可靠性，即单相故障时给故障相的断路器发单相跳闸命令；多相故障时给断路器发三相跳闸命令。只要做到这一点，就是完满地完成了任务。是否允许重合闸，是否实现单相重合闸，在满足什么条件（例如检查无电压、检查同步、允许气压等等）下允许进行重合闸等等，唯一地只与所控制的断路器有关。用专用的独立完整的重合闸装置控制被控断路器，当然可以显著地简化相关二次回路，而且层次分明，联接关系清楚，可以方便运行维护工作，减少在试验和检修工作过程中可能的人员过失。与断路器配套的专用重合闸装置，在现代变电所自动化中可以和远方控制的执行元件相结合，设计成为断路器的智能控制元件，综合执行相关的预定任务。这种智能控制元件的重要功能，是在保证所控制电力设备的安全和系统稳定要求的前提下完成重合闸，远方控制跳、合闸以及接受变电所命令跳、合闸等项任务，而实现这些任务所要求的条件，如检查母线与线路电压的有无和大小，以及它们之间是否同步等等，都是基本相同的。同时还可以给变电所中央控制计算机提供断路器与相关隔离开关的位置信号。这将是和独立的继电保护装置对等，同样也是独立的控制装置单元。大而言之，对自动装置间的明确分工，以及将实现功能的装置尽可能为所控制与监视的对象所专用，乃是实现现代化分层管理与分层控制的基本要求。

20. 为什么采用相位比较原理的母差保护在用于双母线时，必须增设两母线相继故障动作回路？

答：双母线先后接连发生故障，对系统是一种严重冲击，必须快速切除。产生这种故障的重要起因，是联接在母线上的电力设备的磁套管因绝缘损坏而引起破坏，先是引起本母线发生接地故障，同时磁碎片飞到另一组母线，击坏其上所联接的电力设备而引起另一母线故障或者因空气离子化而引起另一母线闪络。双母线相位比较原理的母差保护，比较母联断路器与母线配出元件上的电流方向作为母线故障的判据，可以正确反应第一组母线故障。当母联断路器在第一次故障断开后，这种母差保护不再能反应后一组母线故障，因此在后一母线故障时拒绝动作，延长了故障断开时间。增设类似双母线固定接线母差保护中的双母线总电流差动回路，是解决问题的一种可能办法。

有的国外系统全停电大事故的直接起因，就是源于上述同样原因引起双断路器主接线变电所的两组母线先后故障，然后经一系列的连锁反应而后扩大形成的。说明了考虑最坏可能情况的必要性。

21. 在双母线断路器失灵保护中，为什么电压闭锁触点要分别串在各跳闸继电器触点中，不得共用？

答：断路器拒动有两种不同的情况。

（1）在短路故障跳闸过程中的断路器拒动。一般提到的断路器拒动和因之而配置的断路器失灵保护都是指的这种情况。断路器拒动，必须连跳同一母线上联接的其他电源线路或变压器，和母线故障的情况相似。由于断路器失灵保护误动作的后果严重，防止其误动作历来是相关回路设计的重点。有一个原则是，回路中任一环节的误动作（包括用电磁式中间继电器与时间继电器组成的逻辑回路中任一中间继电器或时间继电器的误动作，例如由于手误触继电器）均不得引起断路器失灵回路最终出口的误动作，其基本做法是在设计回路时不允许存在任何公用触点或公用回路，同时将起动环节与监控环节相互串联。

断路器失灵保护的常用监控环节是采用母线电压闭锁。母线电压降低或存在零序电压，证明短路故障继续存在，可以允许断路器失灵保护动作。如果由于某种偶然原因，起动断路器失灵保护的触点信号在短路故障切除后未能返回时，由于母线电压监控环节已在故障切除后返回，能可靠地避免断路器失灵回路的误动作。增加母线电压闭锁，是我国继电保护应用的成功经验。但母线电压闭锁的电压起动回路必须公用，不可能一条线路配一套。母线电压闭锁动作后，起动多触点中间继电器。它的闭锁触点应当直接分别串接在每一线路（或变压器）由断路器失灵回路起动断路器跳闸线圈的触点回路中。只有在最终环节实现这样的串联，才能真正实现完善的监控作用。

（2）断路器的非全相开断。断路器的非全相开断指的是在正常运行操作中的分相操作断路器非全相开断。可能的情况有两种：一是命令跳闸时，非全相跳闸；另一种则是命令合闸时，非全相合闸。长期的运行经验证实，对于分相操作的断路器，只需要考虑一相拒动的情况，对断路器失灵保护作如是要求，对断路器的非全相开断也作如是要求，即操作时可能发生一相拒跳或一相拒合。

实际运行中，发生断路器非全相开断较多的情况，是操作发电机-变压器组的高压断路器。例如，发电机组因故需要退出系统运行时，需要首先降低机组出力到相当低值，然后断开高压断路器与系统解列。如果此时一相断路器拒跳，因为按照安全工作规程相关规定，当进行变压器操作时，必须将变压器中性点先行接地，于是形成了发电机组与系统单相联系的不正常运行状态。因为不可能控制这样的单相电流为零，经过一定时间，因此产生的负序电流将可能引起发电机组负序电流继电器 I_2^2t 动作，正是因为高压侧断路器拒跳 I_2^2t 继电器虽正确动作也不能中止这种异常状态，除非有专门设置的发电机侧断路器，但对大型机组来说，又极少如此。长期的单相与系统联系，必然随时间的累计引起过热而损坏发电机转子，这就酿成了大事故。解决问题的唯一出路是及时断开联接在母线上的其他所有连线，其要求和上述的断路器失灵保护相似。但不能要求由 I_2^2t 继电器直接起动断路器失灵保护来实现这个要求。断路器失灵保护中的母线电压闭锁的电压继电器整定值应当也只能要求按短路故障的条件整定。在断路器非全相开断的情况下，从系统母线看来，运行系统基本处于正常运行状态，因为通过发电机变压器组的单相电流不大，对母线三相电压的影响甚小，也不可能因而产生较大的零序电压，不可能要求电压闭锁回路开放，不能要求断路器失灵保护去管它力所不能及的这种问题。

实际运行中，一台200MW机组在与系统解列时就发生过高压侧一相断路器拒动的情况。在进行系统解列操作前，运行人员并未事先将解列的变压器中性点接地，一当高压断路器一相拒动，变压器中性点电压变为相电压，中性点保护间隙即被击穿，经一定时间后发电机 I_2^2t 继电器动作，最后幸好未烧坏转子。

处理断路器非全相开断时连跳母线所有断路器的回路，当然是由保护起动，但须经系统状态判别元件控制。保护动作后经一短延时（保证正常情况下保护动作跳闸后，整组回路的可靠返回），起动跳开整个母线。这个系统状态判别元件最好用连在高压变压器高压侧电流互感器中的零序电流元件，其电流起动值应与发电机 I_2^2t 继电器的负序电流起动值相配合，保证发电机的 I_2^2t 继电器中的 I_2 起动时，变压器的 $3I_0$ 元件能可靠动作，且有一定裕度。因为发电机的 I_2 和变压器高压侧的 I_0 均来自单相电流，当化为同一基准时，I_2 与 I_0 的大小将与综合的负序及零序阻抗值成反比，整定是简便的。

22. 为什么远方直接跳闸必须有相应的就地判据控制？

答：在电网中，有许多情况要求对远方的断路器实现遥切，这些情况主要包括如下：

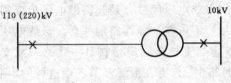

110 (220)kV   10kV

图 10-7　线路变压器组接线

（1）线路变压器组，如图 10-7 所示的线路变压器组接线，适用于终端变电所情况，特别适合于城区的 110 (220) kV 供电变电所，因为这种接线节省了变电所的高压侧断路器，因而可以简化变电所接线，从而取得良好的经济效益。对地下变电所，效益尤大。联接的线路可能是架空线路，但更多是地下电缆线路。

这种接线方式，不影响线路故障时线路继电保护和断路器的动作行为，在供电侧出线上完全可以配置最简单的相间及接地电流保护，并将其瞬时段整定值引入变压器但躲开低压侧母线故障，如果为了保护到低压母线，也可将相间故障保护改为距离保护，但应对低压母线两相短路有灵敏度。为了保证当变压器发生内部故障时，变压器的保护能可靠动作发出跳闸命令，供电侧保护的瞬时段可略带延时。

问题在于当变压器发生内部故障，在差动保护或瓦斯保护动作后要求供电侧断路器跳闸。对于严重故障，差动保护动作，供电侧保护可能动作，而如果瓦斯保护动作，假如不即时断开电源，就只有等待变压器故障严重发展，直到供电侧继电保护可以动作为止，这当然是不期望的。有两种实际解决问题的做法：一是当变压器保护发出跳闸命令跳开低压断路器的同时，命令专设在高压侧的一相快速接地刀闸动作，造成人为的单相接地故障，使供电侧保护动作跳闸，这种办法，在国外有所采用；另一种办法，是由变压器保护发出跳闸信号，通过遥切通道向供电侧的断路器发出跳闸命令，使之动作断开故障设备的电源。后一种办法当然比较简单易行而又经济，应当推荐。

（2）高压并联电抗器故障。较长的 330～500kV 线路都在一端或两端配置了高压电抗器，目的是为了平衡线路的充电功率而避免工频过电压。在它的中性点配置适当阻抗值的小电抗，可以在线路发生单相故障，故障相由两侧单相跳开后，将故障点由健全相经相间电容传来的二次电流补偿到极小的数值，保证故障点可靠自动消弧，同时保持消弧后的故障点电压为较低数值，从而保证单相重合闸成功。无论从哪一个意义来说，高压电抗器都是线路的一个有机组成部分，需要随线路的运行而长期投入运行，也只有在线路退出时才允许退出运行。因此，没有必要为高压电抗器配置专用的高压断路器，这是普遍的做法。

线路高压并联电抗器的单线接线见图 10-8。

当高压并联电抗器故障时，其保护动作将本侧的线路断路器跳开，同时必须送出遥切命令，将线路

图 10-8　高压并联电抗器单线接线图

另侧的断路器也断开，断开供给高压并联电抗器故障的另一侧电源，这是唯一可供选择的办法。

（3）500kV长线路两侧连锁跳闸。500kV长线路两侧连锁跳闸，是指当线路一侧的断路器在运行中不论任何原因跳闸，要求同时发出连锁遥切命令将对侧断路器也立即断开。

500kV长线路主要用于联接远方电厂到主系统，以送出大量电力。当系统一侧断路器因故断开后，线路及电厂侧的母线电压将因线路的电容效应而升高，这是设计线路过电压耐受水平和电力设备绝缘水平的一个重要条件。

有关标准明确规定，在长线路的线路侧，如果空载电压超过1.3倍最高运行电压（500kV电网最高运行电压为550kV相间或$550/\sqrt{3}$相对地），不得操作线路断路器，否则可能造成断路器损坏而扩大为严重事故。前述标准要求在线路的系统侧出口发生单相接地，系统侧断路器先断开，线路甩全负荷的条件下，应保证电厂侧健全相相对地电压小于$1.3\times550/\sqrt{3}$ kV。这样，当电厂侧断路器切除故障时，两健全相电压满足了断路器应能开断空载线路的系统条件，断路器的三相都能可靠地断开。

在实际运行中，最严重的可能工频过电压，有可能发生在水电厂配出的长线路，当受端系统侧断路器三相因故断开，电厂甩全负荷，而线路又无故障的条件下。利用图10-8，两侧都装有线路电抗器的情况。在正常运行时，线路电抗器电抗$\omega_0 L$补偿线路充电电抗$\dfrac{1}{\omega_0 C}$的补偿度一般约为$70\%\sim80\%$，设为K，即$\dfrac{1}{\omega_0 L}=K\omega_0 L$，这是指$\omega_0=2\pi f_0, f_0=50\text{Hz}$的情况。

水轮发电机的调速系统不灵敏，时间常数大，在全甩负荷的情况下，无论是实际测定或模拟计算，约经数秒，其最高转速可能达约1.4倍额定值，然后逐渐下降。作乐观估计，取$K=1$，当$\omega=\omega_0$时，线路相当于开路，因$\dfrac{1}{\omega_0 C}=\omega_0 L$；如果$\omega=\omega_0+\Delta\omega$，则线路将显现容抗值为$(\omega_0+\Delta\omega)L-\dfrac{1}{(\omega_0+\Delta\omega)C}=\left(\omega_0 L+\dfrac{1}{\omega_0 C}\right)\dfrac{\Delta\omega}{\omega_0}$，这个线路容抗，将和发电机变压器的感抗$(\omega_0+\Delta\omega)L_{(G+T)}$形成串联谐振回路，而使电厂侧母线电压显著地升高，如果$K<1$，容抗更大，串谐效应更大，母线电压更高。此时能起限压作用的是：机组的电压自动调整，变压器在$\omega_0+\Delta\omega$条件下的磁路饱和和可能的线路电晕增大。对于这种情况，目前的上述标准并未计及。在这种可能相当地超过1.3倍最大电压值的情况下，如果因继电保护误动作，乃至人为设置的过电压保护的不正确整定，使电厂侧线路断路器动作跳闸时，将使断路器在超过要求的条件下切断线路，其后果很难预料，这是应当严格防止发生的情况。

上述危险情况有一个重要的可资利用的特点是，水轮发电机的转速飞升，相对继电保护快速动作说来是一个缓慢的过程。如果当长线路受端侧断路器断开的同时，发出遥切命令将电厂侧线路断路器随即断开，此时，发电机组尚处于额定转速下，符合了按限制的工频过电压值选择断路器切空载线路的系统条件，可以避免后续的可能后果。因而，对水电厂配出的长线路来说，由受端断路器跳闸连锁遥切送电侧断路器，应是一种必须采取的重要过电压保护措施。但是，又有鉴于线路传输功率很大，采取防止遥切误动作的措施，也是十分必要的。

上述情况也说明，如果线路装设了过电压继电器的话，其使用与否，整定值如何，需要由上级的相关负责部门决定，现场继电保护工作人员只能按它们的命令执行具体的整定试验。主管继电保护部门不可越俎代庖。

（4）连锁切集中负荷。连锁切集中负荷，是不得已而为之的最后一种电力系统安全稳定措施。主要用于如下情况，一是防止受端系统发生电压崩溃或者因为受端系统缺少有效的无功功率支持，在短路故障后的系统摇摆过程中，因不能保持受端电压于一定水平而使系统失去稳定。切除部分集中负荷，将极有利于提高受端电压水平，从而避免事故扩大；另一种是系统突然发生大量的有功功率缺额，系统频率严重下降，依靠一般的低频自动减负荷装置的动作已不能及时恢复系统频率，而必须在发生有功功率缺额开始就连锁切除一定容量的集中负荷，这在单机容量占全系统总容量比重过大或主要接受系统电源而地区又有电源的终端系统供电情况。

遥切负荷，唯其重要与影响巨大，必须确保其可靠动作，而又必须保证其不致误动作。

（5）遥切水电机组与远方起动火电机组快关汽门。最为常见的一种系统稳定问题是因为短路故障或其他原因突然断开一回主要送电线路，原来传送的有功功率将立即全部转移到不堪重负的其他并联送电回路上，因而使系统失去暂态稳定。解决问题的办法，一是提高正常情况下送电回路的传输能力，保留较大的送电能力裕度，以备不时之需，极端的做法就是多建并联线路。这种做法虽然有效，但经济上未必合理，也未必可行。另一种做法是在送电线路的传输能力因故突然下降的同时，切开相适应的电源，降低所要求传输的有功功率到余下的送电线路可以稳定地传输的水平。后一种做法可以在正常运行情况下充分利用送电回路的送电能力，只有在极少而且时间极短的情况下才切除一些占全系统运行总容量比重不大的电源出力，经济上合算，也不会给系统全局带来恶果，因而是十分值得推荐的做法。

切除水电机组，是常用的一种措施，在我国也已有长期的应用经验。最简单的做法，是当水电厂配出线路故障，继电保护跳闸的同时，就地连锁切除部分机组。但解决不了不是由电厂配出的送电中间环节线路故障跳闸和直配线路另侧断路器因故在运行中突然断开的情况。因而要求实现对水电厂机组的遥切。

切除火电机组需要慎重。虽然应当要求火电机组能够实现在满负荷情况下安全切机，但可能因机组热工调节及汽轮机调速系统的设计和维护缺陷而带来严重后果。有的国外系统曾经有长期采用切除核电机组作为系统稳定运行手段的成功经验。其目的是为了能充分利用运行费用低的核电电能，以取得重大的经济效益。但在我国，以切除大型火电机组作为系统稳定手段，目前未必有条件推广采用。

快速降低火电厂出力的一种极有前途的做法，是实现机组的"持续快关汽门"。所谓"持续快关汽门"是指机组在收到控制命令后，立即瞬间动作，部分关闭供给汽轮机原动力的主调节汽门，同时暂时完全关闭供给占汽轮机出力约70%的中间截止阀，并在短时间后将中间截止阀再度完全打开。做到可以在收到控制命令0.5s或略长的时间后将汽轮机的机械输出功率降到额定值的60%～80%并且持续。这种做法用于所有机组时，相当于可以切除40%～20%的电厂全部机组容量，完全达到了部分切机的同样效果。实现"持续快关汽门"最重要的是机炉自动控制与调节系统的配合。国外从70年代开始已有这方面的成功经验。还有对1300MW燃煤机组进行了成功试验，并随即投入运行的报道。在我国，也已对进口的没有旁路的660MW燃煤机组成功地进行过这种持续快关汽门的试验。

（6）其他。还有一些要求遥切的情况。例如，在$1\frac{1}{2}$断路器主接线变电所中，当中间断路器2发生拒绝动作时，如图10-9所示，除需切除断路器3外，有的设计要求遥切断路器4，以断开所有故障电源。这种遥切可能并非完全必要，因为当断路器1、3、5断开后，对断路器 4 形成了单电源故障。如果再考虑断路器 2 为单相拒动，只可能残留为单相故障，断路器 4 处的零序电流后备保护必能可靠动作将其切除。此时，零序电流保护各段将能自动延长其原整定的保护范围，不但可以保证高灵敏度，而且也能快速地纵续切除故障。如果线路已有合适的纵联保护，利用纵联保护实现这种情况下的遥切，则是理所当然。

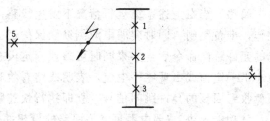

图 10-9 $1\frac{1}{2}$ 断路器主接线方式

上述的各种对遥切的要求，一方面说明遥切对保证系统安全稳定的重要性，也说明如果遥切误动作，在许多情况下也会带来严重的不良后果。误收遥切命令引起被控断路器误跳闸，主要出现在以电力线载波作为遥切通道的情况，这是由于电力线载波通道接收太多干扰信息的原故。

除了不可知的原因外，电网发生短路故障时的弧光闪络和足以产生操作过电压的各种操作，都会在电力线载波通道产生短时的严重干扰。除短路故障外，最严重的是隔离开关拉、合短线段或空载母线。当切、合隔离开关时，将产生频谱极宽高达数十兆赫的极强干扰，其时间长达 1.5～2.0s，每秒中产生一、二百次的再点弧振荡过程。由于频谱极宽，即使用双电力线载波通道异频率收信串联的方式也常常解决不了误收遥切信号的问题。华北电网曾经进行过用 500kV 隔离开关拉、合十余米短线段的试验。试验发现，在拉、合隔离开关的过程中，装设在配出两条线路上的纵联保护同时收到好几个频率的远方跳闸信号。

以上说明，如果采用电力线载波通道，为了防止误收遥切信号误切断路器，可靠的办法是增设就地判据，只有当需要遥切的系统一次现象确实同时出现时，才允许遥切命令执行，这就可以极大地避免遥切的误动作。当然同样重要的是，一定要确保遥切命令的可靠执行，这就要求有双重化的配置。

遥切回路的设计必须既能保证可靠工作，而又不致误动作，因此，可以采用如下的双重化原则，即双通道信号分别经独立的综合就地判据控制，实现 (1+1)×2 的跳闸串并联方式，这样既可防止误动作，又可避免拒绝动作。

如果考虑就地判据失灵，可以考虑增设双通道串联，连续 3.0s 动作的后备跳闸方式。一般通道的干扰是暂时的也是间隙性的；隔离开关切空母线的干扰每秒 1～2 百次，但大量实际记录的这种干扰延续的最长时延不超过 1.5～2.0s。采用同时收到双通道分别送来的遥切信号并连续动作（信号中断瞬时复归）3.0s 的延时跳闸方式，能可靠地躲开因线路的干扰信号而引起的误跳闸。缺点是延时长。

23. 什么是"弱电源回答"回路？为什么不允许在强电源侧投入"弱电源回答"回路？

答：所谓的"弱电源回答"回路，是进口国外允许式纵联保护装置的一种附加功能。允许式纵联保护的基本动作原理是只有在收到对侧送来的允许跳闸命令后，才能由本侧的正方向故障判别元件执行跳闸。在内部故障时，本侧正方向故障判别元件同时向对侧送出允许跳闸命令，从而完成两侧的同时跳闸。这种基本方式不适用于一端为无电源或极小电源（弱电源）情况，因为当线路内部故障时，弱电源侧的正方向故障元件不能动作，不能送出允许跳闸命令，强电源侧的纵联保护因而不能动作。为了弥补这一缺陷，设计了附加的"弱电源回答"回路。当在上述系统运行情况下发生线路内部故障时,强电源侧的正方向故障判别元件动作,准备跳闸,同时向弱电源侧纵联保护送去允许跳闸命令。弱电源侧保护在收到对侧送出的允许跳闸命令后,如果同时可靠地判定没有发生反方向故障,母线电压降低或线路相电流小于一定值或出现零序电流,表明线路有故障迹象时,即转发允许跳闸信号到对侧。强电源侧收到回授的允许跳闸信号,立即执行快速跳闸。

从功能上讲,"弱电源回答"回路的设想并非不合逻辑,但在具体实现时,由于保护装置内部逻辑回路本身设计配合不当和由于与收发信机发信速度之间的配合要求不协调等原因,曾经因此不止一次地在我国的 220～500kV 线路上引起误跳闸,有的造成了比较严重的后果。

"弱电源回答"回路,对强电源侧保护说来,除了可能引起的误动作之外,毫无作用,理所当然应当在强电源侧停止使用。

在可能一侧出现弱电源或经常出现一侧弱电源的线路上,在弱电源侧投入"弱电源电路"需要采取措施防止误动作跳闸。例如当弱电源侧改为强电源运行时,自动解除此回路。

24. 为什么纵联保护的逻辑回路必须与通信通道的特点和收发信机的特性相协调?

答:纵联保护中继电保护逻辑部分与所用通信通道的时延特性必须协调,才能保证整套保护的可靠动作。例如,按照现在的设计原则,对于闭锁式纵联保护,必须在考虑远方起动对侧发信返送本侧收信的时延后才允许开放保护,因此,收发信机的收信延时决定了在故障后何时才允许开放跳闸回路。又例如,对于允许式纵联保护,当考虑相邻并联线路故障两侧相继切除,使本线路的故障方向在过程中倒换时,就必须计及发出允许跳闸信号一侧送来的跳闸信号的撤出延时问题。如果在另一侧的故障方向判别元件已倒向动作,而对侧送来的允许跳闸信号尚未撤除时,即将误接通跳闸回路。如此等等。具体情况,当视具体回路设计而定,这里只不过举例强调它们之间配合关系的重要性。迟到、提早退出和因干扰影响中断的闭锁跳闸信号,延时返回和因干扰产生的允许跳闸信号,都会给相应的纵联保护带来误动作的恶果。如果利用光纤通道实现线路电流差动保护,通道延时影响的极端重要性更自不待言。

问题最有可能发生在继电保护与通信部门共用通道的情况下。为了避免继电保护逻辑回路与通信通道时延之间的不协调,在研究试验特别是在投入运行前的现场试验中,进行包括通道在内的整体试验是十分必要的。

25. 为什么解除闭锁式纵联保护在反向故障时也必须提升导频功率至全功率?

答:解除闭锁式纵联保护的基本原则是,在正常运行情况下,由本侧向对侧送出降低了发信功率的导频信号,当判定为发生了内部故障方向的故障时,将导频自动切换为另一允许跳闸频率,并同时将发信功率提升至全功率。导频与跳频间的频率相当接近,即所谓的移频方式,因而导频与跳频可共用一电力线载波频率,但两侧则各需一个载波频率。本侧的判别内部故障方向元件动作,又收到对侧送来的跳频(解除闭锁)频率信号,即可发出给本侧断路器的跳闸命令。

导频的有无受到连续监视,用以检查通道是否良好。如果在正常运行情况下发生通道故障,收到的导频消失,而故障方向判别元件未动作,跳频又未来到,说明通道故障,经一定时间,例如 150ms,即发出闭锁命令将保护的动作闭锁。另外,为了解决线路发生内部短路故障时不因允许跳闸信号被短路而令纵联保护拒动,设计为只要判断内部故障方向元件动作,单独的导频消失也同样立即给本侧断路器发出跳闸命令。这种保护方式,被国外有的厂家认为在可靠性与安全性方面成为利用电力线载波通道的各种输电线保护方案中最有吸引力的方案。图10-10是某一国外厂家介绍这种保护方案的简化逻辑回路图。

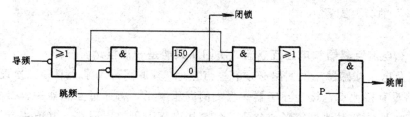

图 10-10 解除闭锁式纵联保护逻辑回路示意
P—故障判别方向元件

总结图10-10方案的特点是:如果判断内部故障方向元件动作,则收到跳频信号立即动作跳闸;单独收不到导频信号也立即动作跳闸。如果判断内部故障方向元件未动作,则当收不到导频信号也收不到跳闸信号时,经一段短延时即将保护闭锁。

客观地对图10-10的解除闭锁式纵联保护进行评论,可以认为它就是闭锁式纵联保护,因为判断内部故障方向元件动作,闭锁(导频)信号消失就要立即发出跳闸命令。因之,在外部故障时,对导频必须和闭锁式纵联保护方式一样提出要求,即由远快于判断内部故障方向元件(如方向距离元件)动作的起动"发信"元件,立即将传送"导频"的发信功率由正常时降低了的水平提高到全功率。不增加这个快速动作的提升发信功率的起动元件不行,不提升发信功率也不行。另外一方面,如果收不到"导频"信号就允许跳闸,又何必另外再送一个"跳频",还要多占一个载波频道。因此,可以认为,所谓的解除闭锁方式,只不过是一种正常传送通道连续监视信号的闭锁方式而已,当然必须满足闭锁式纵联保护的一切要求。

26. 继电保护系统的配置应当满足哪两点最基本的要求?

答:从原则上来说,继电保护系统的配置应当满足两点最基本的要求:

1) 任何电力设备和线路,不得在任何时候处于无继电保护的状态下运行。

2) 任何电力设备和线路在运行中,必须在任何时候由两套完全独立的继电保护装置分别控制两台完全独立的断路器实现保护。

前一点要求极为简单明了,后一点则是前一点的具体实现。特别需要强调的是"完全独立"的含义。需要有两套保护装置分别控制两台断路器是为了可靠地实现备用。目的是为了当任一套保护装置或任一台断路器拒绝动作时,能够由另一套保护装置或另一台断路器动作完全可靠地断开故障。

对于110kV及以下电压的电力网,基本上实现的是"远后备",即当最邻近故障元件的断路器上配置的继电保护拒绝动作或断路器本身拒绝动作时,可以由电源侧上一级断路器处的继电保护装置动作断开故障。这样就充分实现了"完全独立",从而获得了完整意义的后备保护。

对于220kV及以上电压的复杂电力网,因为电源侧上一级断路器上配置的继电保护装置,往往不能对相邻故障元件实现完全的保护,因而,只能实现"近后备"原则,即每一个电力元件或线路都配置了两套独立的继电保护,各自完全实现对本电力元件或线路的保护,即使其中一套保护装置因故拒绝动作,也必能由另一套保护装置发出跳闸命令去断开故障;如果断路器拒绝动作,则在确证此种情况出现后,断开同一母线上其他带电源的所有线路或变压器、断路器,以最终断开故障。后者叫断路器失灵保护。保护双重化和断路器失灵保护是实现"近后备"的必要配置。

27. 为什么电流互感器和电压互感器二次回路只能是一点接地?

答:电流及电压互感器二次回路必须有一点接地,其原因是为了人身和二次设备的安全。如果二次回路没有接地点,接在互感器一次侧的高压电压,将通过互感器一、二次线圈间的分布电容和二次回路的对地电容形成分压,将高压电压引入二次回路,其值决定于二次回路对地电容的大小。如果互感器二次回路有了接地点,则二次回路对地电容将为零,从而达到了保证安全的目的。

在有电连通的几台(包括一台)电流互感器或电压互感器的二次回路上,必须只能通过一点接于接地网。因为一个变电所的接地网并非实际的等电位面,因而在不同点间会出现电位差。当大的接地电流注入地网时,各点间可能有较大的电位差值。如果一个电连通的回路在变电所的不同点同时接地,地网上的电位差将窜入这个连通的回路,有时还造成不应有的分流。在有的情况下,可能将这个在一次系统并不存在的电压引入继电保护的检测回路中,使测量电压数值不正确,波形畸变,导致阻抗元件及方向元件的不正确动作。

在电流二次回路中,如果正好在继电器电流线圈的两侧都有接地点,一方面两接地点和地所构成的并联回路,会短路电流线圈,使通过电流线圈的电流大为减少。此外,在发生接地故障时,两接地点间的工频地电位差将在电流线圈中产生极大的额外电流。这两种原因的综合效果,将使通过继电器线圈的电流,与电流互感器二次通入的故障电流有极大差异,当然会使继电器的反应不正常。

(1)电流互感器的二次回路应有一个接地点,并在配电装置附近经端子排接地。但对于有几组电流互感器联接在一起的保护装置,则应在保护屏上经端子排接地。

(2)在同一变电所中,常常有几台同一电压等级的电压互感器。常用的一种二次回路接线设计,是把它们所有由中性点引来的中性线引入控制室,并接到同一零相电压小母线上,然后分别向各控制、保护屏配出二次电压中性线。对于这种设计方案,在整个二次回路上,只能选择在控制室将零相电压小母线的一点接到地网。

28. 为什么电压互感器的二次回路和三次回路必须分开?

答:电压互感器二次回路和三次回路由开关场到控制室的接线的一种常见方式见图 10-11。其特点是共用了由开关场到控制室的接地相电缆芯,用一根六芯电缆就解决了问题。就是在开关场接线盒处将 0 与 0′ 联通,节省了联线 $\overline{0'N}$。长期以来,在运行中还很少反映过它的缺陷。直到微机继电保护普遍采用,问题也逐渐暴露。微机继电保护采用自产 $3U_0$ 实现接地方向保护,由图 10-11 可见,通入微机保护自产 $3U_0$ 回路的三倍零序电压 $3U_{0j}$ 将是

$$3U_{0j} = U_A + U_B + U_C + 3U_{0N} = 3U_0 + 3U_{0N}$$

若 $3U_0$ 回路负载电阻为 R,电缆芯线 $\overline{0N}$ 的电阻为 r,按正确极性接线,则因三次回路电压变比为二次回路变比的 $\sqrt{3}$ 倍得

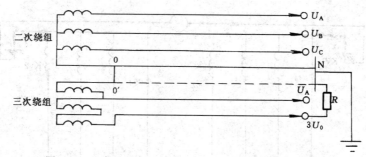

图 10-11 常见的电压互感器二次回路和三次回路接线

$$U_{0N} = -\frac{r}{R+2r} \times 3\sqrt{3}\,U_0$$

得

$$3U_{0j} = \left(1 - \frac{3\sqrt{3}\,r}{R+2r}\right)3U_0$$

如果因为某种原因，引起 $\frac{r}{R+2r} > \frac{1}{3\sqrt{3}}$ 时，包括实际发生过的控制室侧 $3U_0$ 端子短路，$3U_{0j}$ 将与 $3U_0$ 反方向，于是接地零序保护正方向拒动而反方向误动。接地阻抗测量元件引入的相电压 U_{ph} 为 $\dot{U}_{ph} + \dot{U}_{0N}$，由于 $\dot{U}_{0N}$ 值将影响阻抗的正确测量。其解决的办法如下：

1）断开 $\overline{00'}$，增加 $\overline{0'N}$ 联线。

2）取消 $3U_0$ 回路。即使如此，同样也不能允许有 $\overline{00'}$ 联线。

29. 为什么经控制室零相小母线（N600）联通的几组电压互感器二次回路，只应在控制室将 N600 一点接地？

答：某 500kV 变电所，在线路出口处做人工 A 相金属接地短路试验。从录波照片中发现，A 相二次电压不为零，且为故障前电压的 40%，非故障相 B 相电压显著升高；C 相电压降低，而且与 A 相接地短路电流的波形（全偏移特性）完全一样。

后经查找分析发现，两台 500kV 电压互感器二次中性点分别均在开关场接地，由于两台电压互感器二次电压切换的需要，通过分别接到控制室内 N600 的电压小母线上，将中性线连接起来，如图 10-12 所示。因短路试验时，两台电压互感器中性接地点的地电位不等，这根 N600 导线将通过电流，并形成两点地电位差的分压线。

虽然故障相电压在开关场一侧为零，但到继电保护电压端子上仍出现接入的那一段零相导线上分得的部分地电位差值，使 A 相二次电压的波形和接地短路电流的波形一样，也带全偏移的特性。同样，这一个部分地电位差值加到不同相位的故障后 B 相及 C 相电压上，就表现出 B 相电压显著升高和 C 相电压降低的现象，使得带电压回路记忆作用的故障相方向距离选相元件（属动作正方向）的逻辑输出，在故障后只动了约 10ms 即返回的异常动作行为。

当将变电所的两组 500kV 电压互感器的二次中性点在开关场的接地断开，改为只在控制室将 N600 一点接地，再次做人工短路接地试验时，则一切都正常了。

为此，同一电厂，变电所内有几组电压互感器二次回路的中性线，需要在室内小母线上连在一起的，则只能允许在电压互感器二次回路上一点接地，如图 10-13 所示。以防止将开关场的地电位差引入继电保护回路中，从而避免因此可能引起距离保护的不正确动作。

如果要在电压互感器二次绕组的中性点经放电间隙或氧化锌阀片接地，如图 10-13 中的

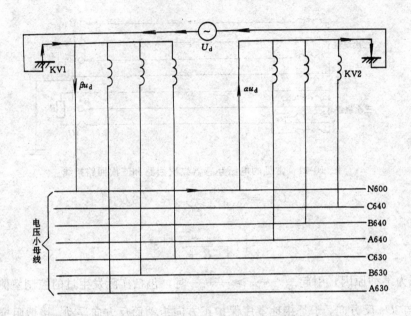

图 10-12 两组电压互感器中性点分别在开关场接地的接线图

（图中一、三次绕组未画出）

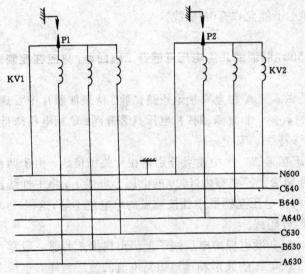

图 10-13 两组电压互感器中性线分别引入控制室

N600 小母线实现一点接地的正确接线图

（图中一、三次绕组未画出）

P1（P2），则应遵循如下要求。

根据国际大电网会议工作组文献数据：横向电位差可能最大值为 10V/kA，因此 P1（P2）的击穿电压峰值应大于 $30I_{max}$（V），即 10（V/kA）$\times 2\sqrt{2}\times I_{max}$（kA）$\approx 30I_{max}$（V）。式中 I_{max} 为电网接地故障时通过变电所的可能最大接地电流有效值，单位为 kA。

30. 采用三相电压自产零序电压的保护在电压回路故障时应注意哪些问题？

答：利用 $3U_0$ 与 $3I_0$ 构成的零序方向元件，已经造成过大量的误动作与拒绝动作，这是长期统计的动作结果。可以预言，如果不改弦更张，另觅出路，这种误动作还要不断地延续下去，其原因是确切掌握 $3U_0$ 实际进入保护装置端子的极性实非易事。这个问题在下面还要专门谈到。解决问题的办法是由三相相电压之和产生 $3U_0$，坚决地摒弃引自电压互感器三次的 $3U_0$ 而不用。三相端子相电压与由其和产生 $3U_0$ 的极性关系在制造时已确定，引入的三相端子相电流与 $3I_0$ 的极性关系也在制造时确定，$3U_0$ 及 $3I_0$ 与接在保护装置内部的零序方向元件的相对极性关系也已在制造时正确决定，因而，只要确证保护装置屏的三相电压及三相电流端子与所接入

360

的电压互感器和电流互感器二次出线极性与一次系统的相对相位关系正确，即可确保零序方向元件接线极性正确。

这里还需要说明，为了避免混乱，应当统一取电流由母线流向线路的方向为正方向，流入正方向电流的端子为电流正极性端子；对地相电压则应以接入母线侧电压的端子为正极性端子。然后按照与对称分量法定义完全相同的相位关系去分析继电器的动作行为。按照这样的统一规定（强调一句，只有这样的规定，才是符合要求的规定），当线路发生内部故障时，$3I_0$领先$3U_0$的相位为$90°\sim120°$，视母线侧零序阻抗角（$60°\sim90°$）而定，应当以这样的规定来标示零序方向元件的电压电流端子极性。但在相当一段时间，一些制造厂仍然沿用标示相间方向元件极性的习惯，把零序方向元件的正极性关系按如下标示：当由它们规定的电压及电流正极性端子通入试验电压及电流时，其最大灵敏角是电流落后电压$70°$，并以此作为厂家的技术说明资料。这种标示方法，不能不说曾经了生产运行部门在零序方向元件的正确接线问题上增添了不应有的附加紊乱因素，弄得现场试验人员难于判断。对于这种标示方法，不能不要求坚决改正。

如果在整套保护装置中采用自产$3U_0$方式，当发生电压断线时，除必须闭锁相间及接地距离保护外，如何处理零序方向元件失效的问题？可以去掉零序方向控制，保留零序电流保护在原整定值下的继续运行。这种做法的最大优点是保持了线路内部接地故障时的近区快速动作与全线的选择性动作，而接地故障是最可能在处理电压断线过程中发生的故障；其缺点是当外部发生接地故障时，如果发生在某些个别的小区段内，有可能无选择性动作，但其范围相对甚小，它绝非一般意义的无选择。退一步讲，由于本身回路的缺陷，出现这样的误动作，但却保留了内部故障时的保护作用，两者相比，应当说是可以允许的。

31. 对集成电路型及微机型保护的现场测试应注意些什么？

答：对集成电路型及微机型保护的现场测试应注意以下几点：

（1）不得在现场试验过程中进行检修。

（2）在现场试验过程中不允许拔出插板测试，只允许用厂家提供的测试孔或测试板进行测试工作。

（3）插拔插件必须有专门措施，防止因人身静电损坏集成电路片，厂家应随装置提供相应的物件。

（4）必须在室内有可能使用对讲机的场所，用无线电对讲机发出的无线电信号对保护作干扰试验。如果保护屏是带有铁门封闭的，试验应分别在铁门关闭与打开的情况下进行，试验过程中保护不允许出现任何异常现象。

32. 整组试验有什么反措要求？

答：用整组试验的方法，即除由电流及电压端子通入与故障情况相符的模拟故障量外，保护装置应处于与投入运行完全相同的状态下，检查保护回路及整定值的正确性。

不允许用卡继电器触点、短路触点或类似的人为手段做保护装置的整组试验。

33. 对极化继电器的调试有什么反措要求？

答：极化继电器调试时，不宜用调整极化继电器的触点来改变其起动值与返回值；厂家应保证质量并应对继电器加封。

34. 保护装置在现场对直流电源的拉、合有哪些要求的试验？

答：应对保护装置作拉合直流电源的试验（包括失压后短时接通及断续接通），以及使直流电压缓慢地、大幅度地变化（升或降）试验，保护在此过程中不得出现有误动作或信号误表示的情况。

35. 导引线电缆在应用中须注意哪些问题？

答：在某些西方国家以及香港等地，导引线保护因其简单可靠而被广泛应用。为了正确应用导引线保护，除了采用设计合理、质量优良的导引线装置（本体）外，还需要特别注意导引线电缆应用中的一些具体问题。主要是：

（1）110kV 及以上电压变电所，在系统发生接地故障时，由于接地短路电流通过变电所地网将使变电所"地"电位相对于"大地"显著升高。110kV 及以上电压变电所地网对大地电阻值按规定不得大于 0.5Ω，如果通过 30kA 的接地电流，上述电位差将达 15kV，但其时间很短。

由于导引线有较大的对地电容，沿途经过大地，因此，它的导线及屏蔽层均处于"大地"电位。导引线引入变电所地网，在发生接地短路时，由于导引线引入了"大地"电位，导引线本身和导引线保护装置都将承受上述的地电位差。保护导引线保护装置的办法有两种：① 采用中间电抗器或者绝缘变压器；② 为保护导引线本身，由"大地"引入变电所地网到控制室的那一段联线应该采用屏蔽层对地高绝缘的电缆。

上述高压变电所的地电位差，由开关场的边缘向外延伸而逐渐趋于"大地"电位，其延伸的范围随开关场的大小而异。开关场愈大，延伸范围愈远。从原则上来说，导引线的沿途绝缘均应大于此地电位差。如果全线采用屏蔽层对地高绝缘的导引线电缆，就自然解决了沿途耐压要求的问题，但对于较长线路，经济上花费过大；如果只是在进变电所的一段联线用高绝缘屏蔽层导引线，而在沿途用一般的通信电缆，则应在开关场外的适当地点进行转接，以适应通信电缆屏蔽层对芯线的耐压水平为 2kV 的要求。

按照 110～220kV 变电所的情况，规定进变电所开关场部分的屏蔽层高绝缘电缆，最近应在开关场外 50～100m 处开始采用。小值用于 110kV 变电所，大值用于 220kV 变电所，其绝缘水平为对地耐压 15kV、1min，但芯线对屏蔽层及芯线间的耐压水平，仍可相当于一般通信电缆水平，即分别为 2kV、1min 及 0.5kV、1min。

（2）采用带绝缘屏蔽层的导引线电缆进线及绝缘变压器，实质上是把导引线芯线对变电所地网（同时也是对导引线保护装置）完全地绝缘起来，使导引线芯线总是处于"大地"电位，因此绝不允许进线的屏蔽层在开关场接地。同时，绝缘变压器的屏蔽层必须可靠地在控制室接地。

规定的 15kV、1min 的耐压要求，是指一般情况。如果在某些条件下发生接地短路故障时的地电位升高的水平很低，例如当小于 2kV 时，直接以一般通信电缆进入变电所也没有问题。

（3）在变电所外部的一段导引线屏蔽层，应当在两端实现接地，以降低外部短路电流在芯线上的感应电压，从而尽可能降低因此而产生的不大的差模电压，以提高导引线保护的工作可靠性。导引线屏蔽层的接地点，应在变电所开关场外的 50～100m 处。

（4）虽然两根导引线同时感应过电压，但如果两线与高压线的距离不等，也会在两线间产生较大的不平衡电压，破坏导引线保护的正常工作，因此供导引线保护用的芯线和通信电缆芯线，都必须确证是一对对绞线，以消除电磁感应不平衡电压对保护工作的影响。

（5）同一电缆内的其他芯线（包括通信电缆的其他缆芯）不允许出现两端接地情况。

36. 试述集成电路型保护或微机型保护的交流及直流电源来线的抗干扰措施。

答：集成电路型保护或微机型保护的交流及直流电源来线，应先经抗干扰电容（最好接在保护装置箱体的接线端子上），然后才进入保护屏内，此时：

（1）引入的回路导线应直接焊在抗干扰电容的一端，抗干扰电容的另一端并接后接到屏的接地端子（母线）上。

（2）经抗干扰处理后，引入装置在屏上的走线，应远离直流操作回路的导线及高频输入（出）回路的导线，更不得与这些导线捆绑在一起。

（3）引入保护装置逆变电源的直流电源应经抗干扰处理。

（4）弱信号线不得和有强干扰（如中间继电器线圈回路）的导线相邻近。

37. 保护装置本体有哪些抗干扰措施？

答：保护装置本体的抗干扰措施有：

（1）保护装置的箱体必须经试验确证可靠接地。

（2）所有隔离变压器（如电压、电流、直流逆变电源、导引线保护等采用的隔离变压器）的一、二次绕组间必须有良好的屏蔽层，屏蔽层应在保护屏可靠接地。

（3）外部引入至集成电路型或微机型保护装置的空触点，进入保护应经光电隔离。

（4）晶体管型、集成电路型、微机型保护装置只能以空触点或光耦输出。

38. 为什么集成电路型、微机型保护装置的电流、电压和信号触点引入线应采用屏蔽电缆？

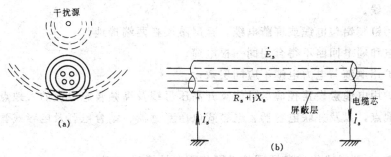

图 10-14 屏蔽层补偿电磁干扰的原理图
(a) 侧视图；(b) 正视图

答：图 10-14 为屏蔽层降低电磁干扰的原理图。在图 10-14 (a) 中，干扰源外导线中电流产生的磁通以虚线同心圆表示，这些磁通的一部分包围控制电缆芯和其屏蔽层（可近似认为包围这两者的磁通相等），称为干扰磁通。它在电缆芯和屏蔽层中感生一电势 $\dot{E}_s$，产生屏蔽

层电流 $\dot{I}_s$，如图 10-14（b）所示。电势 $\dot{E}_s$ 等于屏蔽层电流 $\dot{I}_s$ 在屏蔽层电阻 R_s 和自感抗 X_s 上的电压降落，即

$$\dot{E}_s = \dot{I}_s R_s + j\dot{I}_s X_s \qquad (10\text{-}1)$$

屏蔽层电流所产生的磁通包围着屏蔽层，也全部包围着电缆芯，这些磁通和外导线产生的干扰磁通方向相反，故称为反向磁通，在图 10-14（a）中以实线同心圆表示。按电磁感应原理可知，在理想情况下，如果屏蔽层电阻为零，这种反向磁通可将干扰磁通全部抵消，即反向磁通在电缆芯中产生的互感电动势 $\dot{E}_r$ 和干扰磁通在电缆芯中产生的互感电动势 $\dot{E}_s$ 大小相等，方向相反。设屏蔽层对电缆芯的互感抗为 X_m，则

$$\dot{E}_r = -j\dot{I}_s X_m \qquad (10\text{-}2)$$

因屏蔽层将电缆芯完全包围在内，故 $X_m = X_s$。从式（10-1）和式（10-2）可看出，如果屏蔽层电阻 $R_s = 0$，则 $\dot{E}_s = -\dot{E}_r$。但是屏蔽层不可能没有电阻，故干扰磁通在电缆芯中感应的电动势不能被抵消的部分为 $\dot{E}_s + \dot{E}_r = \dot{I}_s R_s$，即与屏蔽层的电阻成正比。因此，要有效地消除电磁耦合的干扰，就必须采用电阻系数小的材料如铜、铝等做成屏蔽层，屏蔽层应在开关场与控制室两端接地。

39. 为什么不允许用电缆芯两端同时接地方式作为抗干扰措施？

答：由于开关场各处地电位不等，则两端接地的备用电缆芯会流过电流，这对不对称排列的工作电缆芯会感应出不同电势，从而干扰保护装置。

40. 采用静态保护时，在二次回路中应采用哪些抗干扰措施？

答：当采用静态保护时，根据保护的要求，在二次回路中应采用下列抗干扰措施：

（1）在电缆敷设时，应充分利用自然屏蔽物的屏蔽作用。必要时，可与保护用电缆平行设置专用屏蔽线。

（2）采用铠装铅包电缆或屏蔽电缆，且屏蔽层在两端接地。

（3）强电和弱电回路不得合用同一根电缆。

（4）保护用电缆与电力电缆不应同层敷设。

（5）保护用电缆敷设路径应尽可能离开高压母线及高频暂态电流的入地点，如避雷器和避雷针的接地点，以及并联电容器、电容式电压互感器、结合电容及电容式套管等设备。

41. WXB-11 型微机保护装置硬件采取了哪些抗干扰措施？

答：WXB-11 型微机保护装置采用的抗干扰措施有：

（1）CPU 插件总线不外引；

（2）模拟量输入通道加光耦；

（3）开入、开出加光隔；

（4）电源加滤波措施；

（5）背板走线采用抗干扰设计。

42. 为什么控制电缆的屏蔽层要两端接地？

答：在 220kV 及以上电压变电所中，所有用于联接由开关场引入控制室继电保护设备的电流、电压和直流跳闸等可能由开关场引入干扰电压到基于微电子器件的继电保护设备的二次回路，都应当采用带屏蔽层的控制电缆，且屏蔽层在开关场和控制室两端同时接地。

采用带屏蔽层的控制电缆，且屏蔽层在开关场和控制室内两端同时接地，是自 70 年代以来国际通用的一种有效的二次回路抗电磁干扰措施。早在 1975 年由 IEEE 变电所专委会工作组与继电器环境分专委会工作组提出的"变电所中控制与低压电缆系统的选择和安装"文件中，专门有一节"控制电缆的金属屏蔽能降低感应暂态电压"谈到相关问题：

"推荐带屏蔽的控制电缆将屏蔽层在两端接地。必须特别注意保持屏蔽的完整性，拆断或分开屏蔽将极大地降低屏蔽效率。

"如果屏蔽只在一端接地，在非接地端的包皮对地与导线对地将可能出现很高的暂态电压。"

"将屏蔽在两端接地允许屏蔽电流通过，由于磁感应产生的屏蔽电流将抵销产生屏蔽电流的磁束，屏蔽对信号芯线的净效果是降低干扰水平。但如果通过屏蔽的电流不是由于磁束包围控制电缆所产生，将引起额外的冲击或干扰电压。"

"屏蔽阻抗愈低，屏蔽电流愈大，抵销暂态电压的份额愈大。纵向设施的屏蔽较缠绕带状的有同一或较大厚度的屏蔽有较大的屏蔽效果。纵向的包皮有较低的波阻抗，因而可有较大暂态电流通过屏蔽。"

"为了当出现大故障电流时保护屏蔽不被损坏，应敷设一粗导线与屏蔽电缆并行。"

"铅包电缆在人孔中分叉时，试验证实如下方法可降低暂态：

(1) 除在设备与开关场将电缆接地外，在进入控制室处将所有铅包电缆的屏蔽接地。

(2) 所有离开人孔到设备的铅包电缆，无论分叉与否，应并排接地。由同一设备引来的电缆屏蔽，不应在人孔的两侧接地。

(3) 在每一人孔处将铅包电缆接地可进一步降低暂态。"

"对于低压电平信号回路，不得以屏蔽作为信号回路的一部分。进而言之，采用屏蔽的对绞线接于平衡终端，可显著地抑制暂态。低压信号与电力回路绝对不得共用回程导线。"

"如果需要静电屏蔽，应置于外层屏蔽之内。"

"辅助电力及开关场照明回路，在邻近并联电容器组时，必须有适当的屏蔽。"

"经验证明，在高压变电所中，除控制电缆外，应采取适当措施以降低辅助电力电缆、照明电缆等的暂态。"

"对电容耦合电压互感器需要特殊考虑。由于在电压互感器底座与地网间和相与相间有波阻抗，因而可能产生高暂态共模二次电压。降低底座高度，将电压互感器底座对变电所地网和各相间用多根低电阻导线联通，所有由电压互感器引出的二次回路应为辐射状，并置于同一屏蔽电缆中以抵销地电网电位差。二次电缆应尽可能靠近接地导线。"

控制电缆屏蔽层两端接地的好处，有如下两条：

(1) 如前所述，当控制电缆为母线暂态电流产生的磁通所包围时，在电缆的屏蔽层中将感应出屏蔽电流，由屏蔽电流产生的磁通，将抵销母线暂态电流产生的磁通对电缆芯线的影响。假定屏蔽作用理想，两者共同作用的结果，将使被屏蔽层完全包围的电缆芯线中的磁通为零，屏蔽层形成了一个理想的法拉第笼。这也和带有二次短路线圈的理想变压器一样，铁

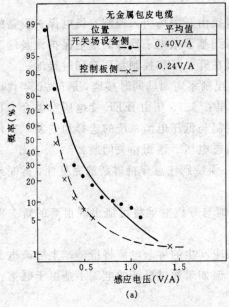

无金属包皮电缆	
位置	平均值
开关场设备侧 ●—	0.40V/A
控制板侧 ×—	0.24V/A

(a)

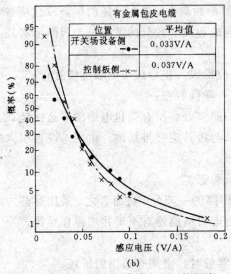

有金属包皮电缆	
位置	平均值
开关场设备侧 ●—	0.033V/A
控制板侧 ×—	0.037V/A

(b)

图 10-15　在低压电缆感应电压的概率

(a) 电缆无金属包皮；(b) 电缆有金属包皮

芯中的磁通将为零。当然，屏蔽层的屏蔽作用，由于各种原因，不可能完全理想，因此，被屏蔽的芯线在母线暂态电流的作用下，仍然会感应出一定的电压。

(2) 屏蔽层两端接地，可以降低由于地电位升产生的暂态感应电压。

当雷电经避雷器注入地网，使变电所地网中的冲击电流增大时，将产生暂态的电位波动，同时地网的视在接地电阻也将暂时升高。对变电所地电位升的测定结果说明，与正常交流电阻相比，地电阻常常增大 10 倍以上。

当低压控制电缆在上述地电位升的附近敷设时，电缆电位将随地电位的波动而受干扰。因此，接地浪涌电流引起的地电位升将可能对低压控制回路的绝缘配合带来严重影响。

为了定量地估计当雷电流注入变电所地网时在控制电缆缆芯中引起的暂态感应的数量，列出了在 30 个变电所中进行人工注入地网较小冲击电流（10～4000A）时测定的电压情况。

测定了两种电缆屏蔽情况下的暂态电压，一是无金属屏蔽的电缆，二是有金属屏蔽且两端接地的电缆。以感应电压对相对应的注入地网电流的比值（V/A）所表示的感应电压大小，见图 10-15。

由图 10-15 可见，采用两端接地的屏蔽电缆，可以将暂态感应电压抑制为原值的 10% 以下，证明是降低干扰电压的一种有效措施。

43. 为什么开关场进线在继电保护屏端子处要经电容接地？

答：研究结果说明，控制电缆电磁干扰中的相当部分来自套管式或柱式电流互感器以及电压互感器的高频传导耦合。这种耦合直接由母线传到控制回路，控制电缆的屏蔽对这种干扰无能为力。这种传导耦合的效率随干扰频率的增高而增大。例如，断路器拉合空载母线产生的操作暂态，虽然总水平较隔离开关操作的情况为低，但因含有较高频率成分，而能较有效地通过传导耦合对控制电缆回路产生较大影响。例如在图 10-16 中，当通过高频电流 I 时，一次接地线 NG 间产生的高频电压 e_{NG} 将通过耦合电容 C_{PS} 传到控制电缆回路中。虽然电流互感器及电压互感器一、二次绕组间往往都设置了屏蔽以降低绕组间的电容耦合，但在这些设备内部仍然存在着其他的杂散耦合途径。

在二次回路端子上出现共模干扰，还由于屏蔽层屏蔽作用不理想，通过控制电缆所具有

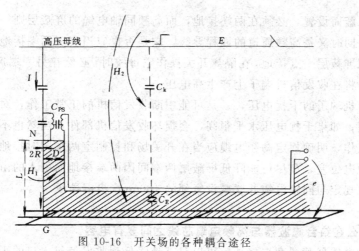

图 10-16　开关场的各种耦合途径

的一定值的转移阻抗，也会有一定的残留电压存在。

另外一个共模干扰的来源，是控制电缆屏蔽层引出接地线在二次设备端子因通过高频屏蔽电流所产生的高频电压。如果屏蔽层的引出接地不精细，这个高频电压可能有较大的数值。如何做好屏蔽层的接地，是能否发挥屏蔽效果的重要问题，应当引起施工单位的高度重视，希望能有明确的施工要求。

由于以上原因，除了采用屏蔽电缆外，还应该在开关场进线的继电保护屏端子上对地接入高频滤波回路，而最为简便的是在这些端子上接入对地电容。

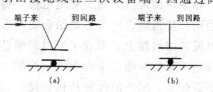

图 10-17　继电保护屏进接的接
地电容接线回路

（a）正确接线；（b）不正确接线

对接地电容的接线工艺作了明确要求，即所有开关场进线（交流电流、交流电压及操作直流）到了继电保护屏端子后，必须首先接到接地电容的端子上，然后由接地电容的同一端子上引出进入继电保护装置的回路，不允许用 T 接方式，见图 10-17（b）。事情虽小，但不得不再三强调。图 10-17（b）之所以不正确，是因为 T 接那一段导线在高频下形成不可忽略的阻抗而降低滤波效率。接地电容的另一端当然应当用短粗导线接地网。

44. 为什么高频同轴电缆的屏蔽层要两端接地，且需辅以 **100mm² 的并联接地铜导线**？

答：从耦合电容器底座引下高频同轴电缆，和从电容式电压互感器底座引下二次电压电缆的情况极为相似。因此，凡是适于电容式电压互感器的相应抗干扰措施，都宜于采用。例如：

（1）降低底座高度，用多根导线作为一次接地线，并增加一次接地线接地点的地网密度。

（2）二次电压电缆回路不得借用一次接地线接地。

（3）二次电压电缆引下底座时应尽可能与一次接地线靠近。

（4）二次电压电缆回路的接地点应离一次接地线的接地点有一定距离，例如 3～5m 左右；

（5）二次电缆引下底座后所装入的铁管应在底座处与联通地网的底座铁构联通，等等。

但高频同轴电缆回路与二次电压电缆回路有一个重要不同点：一般控制回路用电缆的屏

蔽层，专为屏蔽而设置，必须在两端接地，而高频同轴电缆的屏蔽层则一身而兼二任，除起屏蔽作用外，同时又是高频通道的回程导线，它是否也应当实现两端接地？

同轴电缆屏蔽层一点接地，在隔离开关操作空母线时，必然在另一端产生高暂态电压。在我国的情况，将在收发信机端子上产生高电压。

到收发信机端子的干扰电压，一是可能中断收发信机的正常工作，对保护通道说来是一种危险的情况；如果干扰电压水平很高，会损坏收发信机部件，当然也不能允许。为了高频保护的可靠工作，明确规定高频电缆应当在开关场和控制室两端同时接地。而为了进一步降低两端间的地电位差，和尽可能降低屏蔽层两端间因两端接地而引入的由通过屏蔽电流引起的电压降，又规定与同轴电缆并联敷设紧邻的 $100mm^2$ 粗铜导线。

45. 为什么在结合滤波器与高频电缆芯线之间要有电容？

答：高频电缆屏蔽层两点接地，可以显著地降低到收发信机入口的干扰电压，保护收发信机的安全运行。但屏蔽层两点接地后，当高压电网发生接地故障，接地电流通过变电所地网时，在该两接地点间的工频地电位差将形成纵向电压引入高频电缆回路。国内过去生产的收发信机和接到耦合电容器的结合滤波器，都以用于高频串谐回路的电容直接串接到连接的高频电缆芯线回路上，形成了可以对缆芯中工频电流实现隔离的甚高工频阻抗，因而两点的地电位差不可能在缆芯中产生有影响的工频电流，不致妨碍整个高频电缆通道回路的正常工作。但近年来，国产的收发信机和接到耦合电容器的结合滤波器都改为直接以变量器线圈接到高频缆芯的接线方式。经过对一些继电保护不正确动作的事故追查和相应的故障时，高频收信录波波形（100Hz 的方块缺口）的分析，确认这种高频电缆回路的联接方式将因两接地点引入的工频地电位差在电缆回路中产生的工频电流，使所连接的高频变量器饱和，引起发信中断而造成高频闭锁式纵联保护的误动作。高频变量器是按高频的要求而设计和工作的，例如，对于 50kHz 的高频变量器，如果其允许最高工作电压为 1kV；则当通入 50Hz 工频电流时，其允许最高工作电压将只有 1V。当系统发生接地故障，即使两接地点的工频地电位差只有几伏，也足以引起直接接入高频电缆回路中的高频变量器饱和。当变电所敷设 $100mm^2$ 铜排，并将高频电缆屏蔽层接于接地铜排上时，当然可以显著地降低系统接地时引入高频电缆回路的地电位差，但也不可能期望降到不致干扰高频变量器正常工作的极小数值。解决这一问题的办法看来应分两方面：

（1）对于今后生产的收发信机与结合滤波器，应当规定将形成线路串谐滤波的电容器接到变量器与高频电缆缆芯之间，以形成对工频电流的抑制。不允许再直接以高频变量器直接接入高频电缆回路。

（2）对于现在已有的此类高频电缆连接回路，作为反事故措施，需在结合滤波器侧或收发信机侧（任一侧即可，但以滤过器侧更易实行）接入高频电缆缆芯的接线回路中，在变量器与高频电缆缆芯间串入一小容量电容（例如 $0.05\mu F$），以抑制通过变量器的可能最大工频电流到小于变量器的开始工频饱和电流。此法简易可行。$0.05\mu F$ 电容的工频阻抗为 $63k\Omega$，50kHz 时的高频阻抗也不过 63Ω，串入后，不改变两侧参数，因阻抗失去匹配造成的附加衰耗也不大，但可确实保证因两点地电位差在高频芯线回路产生的最大可能电流小于数毫安，而不致引起变量器饱和。串入的电容器绝缘耐压水平应为交流 2000V，50Hz，1min。

串入电容器后，应测定高频通道回路的裕量。

46. 在保护室设置接地铜排的作用是什么？

答：基于微机的继电保护装置的重要特点，一是具有自检能力；二者具有通信功能。它可以将规定的相应数据、记录和警告信号通过通信通道送出，也可以通过通信通道接收上级命令改变定值，调出数据和接受检查。

如果微机继电保护装置集中在主控制室，为了实现可靠通信，必须将联网的中央计算机和各套微机保护以及其他基于微机的控制装置都置于同一等电位平台上，这个等电位面应该与控制室地网只有一点的联系，这样的等电位面的电位可以随地网的电位变化而浮动，同时也避免控制室地网的地电位差窜入等电位面，从而保持联网微机设备的地之间无电位差，保证联网通信的可靠运行。

各微机设备都应有专用的具一定截面的接地线直接接到地等电位面上，设备上的各组件内外部的接地及零电位都应由专用联线联到专用接地线上，专用接地线接到保护屏的专用接地端子，接地端子以适当截面的铜线接到专用接地网上，这样就形成了一个等电位面的网，有利于屏蔽干扰。

构造等电位面有两种可能做法，一是将微机保护屏底部已有的接地铜排通过焊接联通，同时在尽头用专用100mm² 铜线联通，形成一个铜网格，这个网格与由电缆沟引来的粗铜导线联通。借该粗铜导线对控制室的接地点形成要求的对地网的唯一一点接地。

另外的一种做法，是在保护屏底部的下面构造一个专用的铜网格，各保护屏的专用接地端子经一定截面铜线联到此一铜网格实现。

47. 在装设接地铜排时是否必须将保护屏对地绝缘？

答：没有必要将保护屏对地绝缘。虽然保护屏骑在槽钢上，槽钢上又置有联通的铜网，但铜网与槽钢等的接触只不过是点接触。即使接触的地网两点间有由外部传来的地电位差，但因这个电位差只能通过两个接触电阻和两点间的铜排电阻才能形成回路，而铜排电阻值远小于接触电阻值，因而在铜排两点间不可能产生有影响的电位差。

48. 试述继电保护高频通道工作改进措施。

答：继电保护高频通道工作改进措施如下：

（1）为了防止工频量进入变量器，引起变量器饱和，造成通道阻塞，新安装的结合滤波器和收发信机与高频电缆芯线相连接端均应分别串有电容器。

对于现已运行的采用高频变量器直接耦合的高频通道（结合滤波器及收发信机高频电缆侧均无电容器），要求在其通道的电缆芯回路中串接一个电容器，其参数为：$0.05\mu F$ 左右，交流耐压 2000V，1min。串接电容器后应检查通道裕量。

1）专用通道。电容器一端接于结合滤波器变量器输出端上，另一端接至高频电缆芯线上。

2）复用通道。电容器一端接在分频滤波器或差接网络的输出端，另一端接至高频电缆芯线上。

（2）高频同轴电缆敷设铜导线可根据现场实际情况在主电缆沟内敷设一根截面为100mm² 的铜导线，该铜导线在控制室电缆夹层处与地网相接，并延伸至与保护屏铜排连接；有必要时，还应延伸到通信机房，便于保护相关的通信设备部分的接地。在开关场一侧，由该铜导线焊接多根截面不小于 50mm² 的铜导线，分别延伸至保护用结合滤波器的高频电缆引出端口，距耦合电容器接地点约 3～5m 处与地网连通。上述铜导线应放置在电缆沟的电缆架顶部（见图 10-18）。

（3）结合滤波器的一、二次线圈间接地连线应断开。结合滤波器的外壳和高频同轴电缆外罩铁管应与耦合电容器的底座焊接在一起。高频同轴电缆屏蔽层，在结合滤波器二次端子上，用大于 10mm² 的绝缘导线连通引下，焊接在上述分支铜导线上，实现接地（见图 10-18），亦可采用其它连通方式。在控制室内，高频同轴电缆屏蔽层用 1.5～2.5mm² 多股铜线直接接于保护屏接地铜排。

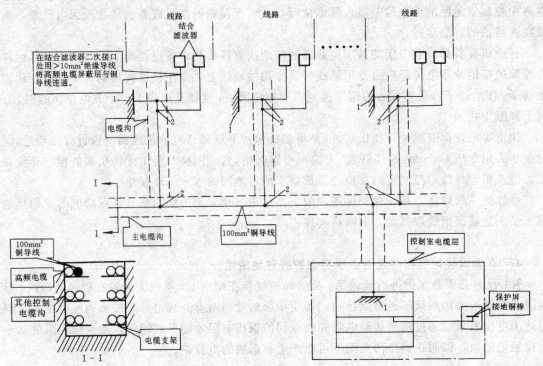

图 10-18　高频电缆铜导线敷设参考示意图

1—牢固可靠接至接地网；2—铜焊接

注：保护屏至电缆层中 100mm² 铜导线的接地连接导线截面大于 6mm²。

（4）收发信机应有可靠、完善的接地措施，并与保护屏接地铜排相连。连接的接触点应连接牢固，使用铜焊接。

（5）当母线运行方式改变引起收发信机 3dB 告警，如果收发信机无异常，应重点检查阻波器调谐回路是否损坏；当由于通道干扰引起收发信机频繁启动时，可能是线路架空地线的放电间隙频繁击穿，应要求一次人员检查架空地线并解决此问题。

（6）不允许用电缆并接在收发信机通道入口引出高频信号进行录波。要求收发信机提供能直接反映该机入口处工作频率信号幅度大小并经检波输出的直流电位信号端口，且当该输出端因故被短接时，不致影响收发信机的正常工作。该直流电位信号输出端不应与高频电缆共地，应通过双绞屏蔽线引入录波屏，双绞线屏蔽层于录波屏处接地。同时，要求故障录波器有能反映该直流信号大小的录波输入接口。

（7）在收发信机的功率放大、电源、高频通道输入等回路不应设置过载、过压等保护性措施，以防系统异常、故障时收发信机不能正常工作。收发信机必须取消高频通道入口处的放电管。

（8）不允许在继电保护高频通道中接入带电监测设备。

（9）日常运行中的高频通道检查应通过保护装置进行，若有问题再进行收发信机通道试验，以判断是通道异常或保护收发逻辑回路异常。

49. 试述变电所二次回路干扰的种类。

答：由于短路接地故障、一二次回路操作、雷击以及高能辐射等原因，在变电所的二次回路上将产生电磁干扰，使接在二次回路上的继电保护装置误动作或遭受损坏。干扰电压可通过交流电压及电流测量回路、控制回路、信号回路或直接辐射等多种途径窜入设备中。

干扰的种类可分为以下几种：

（1）50Hz 干扰。当变电所内发生高压接地故障，有故障电流注入变电所地网时，位于地网上不同两点间将呈现地电位差，其最大值可达每千安故障电流 10V。

（2）高频干扰。当变电所开关设备操作或系统故障时，会在二次回路上引起高频干扰。

当高压隔离开关切合高压带电空母线时，将产生每秒二三百次的再点弧过程，每次再点弧都产生前沿很陡的电流与电压波，传向母线并经各种电容器设备注入地网。进行波在每一断点处都产生反射，从而产生各种高频振荡，其频率范围一般为 50kHz 到 1MHz，也有达 5MHz 的，并经过 3～6 个振荡周期，幅值衰减为初始值的一半。这些高频振荡与二次回路耦合，感生出干扰电压。

由断路器操作送电线路产生的振荡，其频率是被操作线路长度的函数，一般在数百到数千赫之间，也将在二次回路上引起干扰电压。

切合电容器组将在二次回路上引起频率为数千赫的干扰电压。

（3）雷电引起的干扰。当发生雷击时，由于电及磁的耦合，将在导线与地间感生干扰电压。

（4）控制回路产生的干扰。当断开接触器或继电器的线圈时，会产生宽频谱干扰波，其干扰频率可到 50MHz。

（5）高能辐射设备引起的干扰。由于近处步话机工作，可能会引起高频电磁场干扰。

50. 简述电气继电器冲击电压试验内容。

答：冲击电压试验应由施加标准雷电冲击波的冲击电压进行。一般选用的冲击电压峰值为 5kV。试验后继电器仍应符合所有相应性能要求。

51. 简述对测量继电器及保护设备的电干扰试验内容。

答：对测量继电器及保护设备的电干扰试验目前规定有四种，都由专门的试验设备进行试验。试验时，被试继电器及保护设备应处于规定的运行条件下，测量继电器按规定动作裕度进行整定。在试验过程中，被试继电器不得动作或复归。试验后被试继电器或保护设备仍应符合所有相应性能要求。这四种电干扰试验的名称及内容如下：

（1）1MHz 脉冲群干扰试验。一般选用的试验电压的第一半波峰值为 2.5kV。

（2）静电放电试验。一般选用的试验电压为 8kV。

（3）辐射电磁场干扰试验。一般选用的试验场强为 $10V/m$。

（4）快速瞬变干扰试验。一般选用的试验电压为 $4kV$。

52. 什么叫共模电压、差模电压？

答：共模电压是指在某一给定地点对一任意参考点（一般为地）所测得为各导线共有的电压。

差模电压是指在某一给定地点所测得在同一网络中两导线间的电压。

53. 我国目前采用的针对继电保护设备的抗干扰标准有哪些？

答：对控制与继电保护等二次设备的典型试验标准，国际上主要有两大系列，即 IEC（国际电工委员会）推荐标准系列和 ANSI/IEEE（美国国家标准/电工及电子学会）标准系列，主要内容大同小异，我国全面套用 IEC 标准作为我国的国家标准。

直接针对继电保护设备的抗干扰，目前颁布的 IEC 标准为出版物 255—22。

（1）IEC225—22—1（第一版，1988）第一部分 $1MHz$ 脉冲试验

试验主要对应开关操作时传入的干扰电压。

试验波形为衰减振荡波，在第 3 到第 6 个周期时的包络值降到峰值的 50%。第一峰值上升时间（从 10% 到 90% 峰值）为 75ns。

每一工频周期产生 6～10 个脉冲，试验时间连续 2s。试验对象为变电所与发电厂二次设备。

波形电压峰值：共模 $2.5kV$；差模 $1kV$。

（2）IEC255—22—2（第一版 1989—10）第二部分，静电放电试验

试验对应于人手或其他放电发生器接触二次设备时的放电干扰。本标准基于 IEC801—2，并参照该出版物。

正常用于变电所及发电厂测量继电器及保护设备的试验电压为：

当客观条件为相对湿度大于 50%，采用易于产生静电的地面覆盖物（如人造革地面）：$8kV$；其他同上，但湿度大于 10%：$15kV$。

（3）IEC255—22—3（第一版 1989—10）第三部分：辐射电磁场干扰试验

试验对应于工作频率为 27～500MHz 间特别是步话机这一类辐射源产生的电磁场干扰。本标准基于 IEC801—3，并参照该出版物。

对于离设备距离不小于 0.5m，典型高功率水平步话机的电磁辐射环境，试验场强为 $10V/m$。

（4）IEC255—22—4（第一版 1992—03）第四部分：快速瞬变干扰试验

试验针对由于断开感应负载、继电器触点抖动产生的快速瞬变干扰。本标准基于 IEC801—4 并参照该出版物。

对正常用于变电所及发电厂的测量继电器及保护设备的试验电压：

当引入保护设备的连线与引入触点回路或其他产生快速瞬变的连线不在同一电缆内，但置于同一电缆沟或其他类似情况者，$2kV$；

当引入保护设备与引入触点回路或其他产生快速瞬变的连线置于同一电缆中者，$4kV$。

附　　录

附录A　1997年继电保护专业测验试题

A 卷

必答题部分❶（70分）

一、判断题（10题，每题1分；正确的画"√"，不正确的画"×"）

1. 振荡时系统任何一点电流与电压之间的相位角都随功角δ的变化而改变；而短路时，系统各点电流与电压之间的角度是基本不变的。（　　）

2. 不履行现场继电保护工作安全措施票，是现场继电保护工作的习惯性违章的表现。（　　）

3. 继电保护装置是保证电力元件安全运行的基本装备，任何电力元件不得在无保护的状态下运行。（　　）

4. 电力系统继电保护有四项基本性能要求，分别是可靠性、选择性、速动性、后备性。（　　）

5. 继电保护装置试验所用仪表的精确度应为1级。（　　）

6. 查找直流接地时，所用仪表内阻不应低于 $2000\Omega/V$。（　　）

7. 监视220V直流回路绝缘状态所用直流电压表计的内阻不小于 $10k\Omega$。（　　）

8. 在一次设备运行而停用部分保护进行工作时，应特别注意不经连接片的跳合闸线及与运行设备安全有关的连线。（　　）

9. 同型号、同变比的电流互感器，二次绕组接成三角形比接成星形所允许的二次负荷要小。（　　）

10. 电流互感器的二次侧只允许有一个接地点，对于多组电流互感器相互有联系的二次回路接地点应设在保护屏上。（　　）

二、选择题（25题，每题2分；请将所选答案代号填入括号内，每题只能选一个答案；若选多个答案，则此题不得分）

1. 继电器按其结构形式分类，目前主要有（　　）。

A. 测量继电器和辅助继电器；B. 电流型和电压型继电器；C. 电磁型、感应型、整流型和静态型

2. 我国电力系统中性点接地方式有三种，分别是（　　）。

---

❶ 必答题部分是全体应考人员必须做答的题目。

A. 直接接地方式、经消弧线圈接地方式和经大电抗器接地方式；B. 直接接地方式、经消弧圈接地方式和不接地方式；C. 不接地方式、经消弧圈接地方式和经大电抗器接地方式

3. 电力系统发生振荡时，（   ）可能会发生误动。

A. 电流差动保护；B. 零序电流速断保护；C. 电流速断保护

4. 电力元件继电保护的选择性，除了决定于继电保护装置本身的性能外，还要求满足：由电源算起，愈靠近故障点的继电保护的故障起动值（   ）。

A. 相对愈小，动作时间愈短；B. 相对愈大，动作时间愈短；C. 相对愈小，动作时间愈长

5. 快速切除线路任意一点故障的主保护是（   ）。

A. 距离保护；B. 零序电流保护；C. 纵联保护

6. 双母线差动保护的复合电压（U_0，U_1，U_2）闭锁元件还要求闭锁每一断路器失灵保护，这一做法的原因是（   ）。

A. 断路器失灵保护原理不完善；B. 断路器失灵保护选择性能不好；C. 防止断路器失灵保护误动作

7. 凡第一次采用的国外保护装置应遵循（   ）的规定。

A. 电力工业部质检中心动模试验确认合格方可使用；B. 基建投资单位（业主）的指令；C. 网、省局继电保护部门的指令

8. 主保护或断路器拒动时，用来切除故障的保护是（   ）。

A. 辅助保护；B. 异常运行保护；C. 后备保护

9. 60～110kV 电压等级的设备不停电时的安全距离是（   ）。

A. 2.0m；B. 1.5m；C. 1.0m

10. 在保护和测量仪表中，电流回路的导线截面不应小于（   ）。

A. 2.5mm^2；B. 4mm^2；C. 5mm^2

11. 在电压回路中，当电压互感器负荷最大时，至保护和自动装置的电压降不得超过其额定电压的（   ）。

A. 2%；B. 3%；C. 5%

12. 如果直流电源为 220V，而中间继电器的额定电压为 110V，则回路的连接可以采用中间继电器串联电阻的方式，串联电阻的一端应接于（   ）。

A. 正电源；B. 负电源；C. 远离正、负电源（不能直接接于电源端）

13. 直流母线电压不能过高或过低，允许范围一般是（   ）。

A. ±3%；B. ±5%；C. ±10%

14. 电流互感器本身造成的测量误差是由于有励磁电流存在，其角度误差是励磁支路呈现为（   ），使一、二次电流有不同相位，从而造成角度误差。

A. 电阻性；B. 电容性；C. 电感性

15. 变压器差动保护为了减小不平衡电流，常选用一次侧通过较大的短路电流时铁芯也不至于饱和的 TA，一般选用（   ）。

A. 0.5 级；B. D 级；C. TPS 级

16. 负序电流继电器往往用模拟单相接地短路来整定，即单相接地短路时的负序电流分量为短路电流的（   ）。

A. 3倍；B. $\sqrt{3}$ 倍；C. 1/3 倍

17. 按照部颁反措要点的要求，对于有两组跳闸线圈的断路器，（　　　）。

A. 其每一跳闸回路应分别由专用的直流熔断器供电；B. 两组跳闸回路可共用一组直流熔断器供电；C. 其中一组由专用的直流熔断器供电，另一组可与一套主保护共用一组直流熔断器

18. 按照部颁反措要点的要求，防止跳跃继电器的电流线圈应（　　　）。

A. 接在出口触点与断路器控制回路之间；B. 与断路器跳闸线圈并联；C. 与跳闸继电器出口触点并联

19. 大接地电流系统中双母线上两组电压互感器二次绕组应（　　　）。

A. 在各自的中性点接地；B. 选择其中一组接地，另一组经放电间隙接地；C. 只允许有一个公共接地点，其接地点宜选在控制室

20. 集成电路型、微机型保护装置的电流、电压引入线应采用屏蔽电缆，同时（　　　）。

A. 电缆的屏蔽层应在开关场所可靠接地；B. 电缆的屏蔽层应在控制室可靠接地；C. 电缆的屏蔽层应在开关场所和控制室两端可靠接地

21. 对于集成电路型、微机型保护，为增强其抗干扰能力应采取的方法是（　　　）。

A. 交流电源来线必须经抗干扰处理，直流电源来线可不经抗干扰处理；B. 直流电源来线必须经抗干扰处理，交流电源来线可不经抗干扰处理；C. 交流及直流电源来线均必须经抗干扰处理

22. 对工作前的准备，现场工作的安全、质量、进度和工作结束后的交接负全部责任者，是属于（　　　）。

A. 工作票签发人；B. 工作票负责人；C. 工作许可人

23. 在正常运行时确认 $3U_0$ 回路是否完好，有下述三种意见，其中（　　　）是正确的。

A. 可以用电压表检测 $3U_0$ 回路是否有不平衡电压的方法判断 $3U_0$ 回路是否完好；B. 可以用电压表检测 $3U_0$ 回路是否有不平衡电压的方法判断 $3U_0$ 回路是否完好，但必须使用高内阻的数字万用表，使用指针式万用表不能进行正确地判断；C. 不能以检测 $3U_0$ 回路是否有不平衡电压的方法判断 $3U_0$ 回路是否完好。

24. 在新保护投入时，（　　　）。

A. 不能单独以"六角图"或类似的测试方法确证 $3U_0$ 构成的零序方向保护的极性关系是否正确；B. 利用"六角图"或类似的测试方法便可确证 $3U_0$ 构成的零序方向保护的极性关系是否正确；C. 利用测试功率因数角的方法可确证 $3U_0$ 构成的零序方向保护的极性关系是否正确

25. 对于晶体管型的线路保护，保护装置与重合闸装置之间（　　　）。

A. 应使用空触点或光电隔离连接；B. 应利用电位的方式进行连接；C. 可使用隔离变压器进行连接

三、填空题（5题，每题2分）

1. 发电机纵联差动保护的动作整定电流大于发电机的额定电流时，应装设_____装置，断线后动作于信号。

2. 电网继电保护的整定不能兼顾速动性，选择性或灵敏性时按下列原则取舍：局部电网服从整个电网；下一级电网_____上一级电网；局部问题自行消化；尽量照顾局部电网和

下级电网的需要；保证重要用户供电。

3. 在全部停电或部分停电的电气设备上工作，保证安全的技术措施有：①停电；②_____；③装设接地线；④悬挂标示牌和装设遮栏。

4. 保护装置整组试验时，通入保护屏的直流电源电压应为额定电压的_____。

5. 一条线路两端的同一型号微机高频保护程序版本应_____。

选答题部分[①]（30分）

I. 220kV 及以上系统保护部分

一、**判断题**（10题，每题1分；正确的画"√"，不正确的画"×"）

1. 变压器的故障可分为内部故障（变压器油箱里面发生的各种故障）和外部故障（油箱外部绝缘套管及其引出线上发生的各类故障）。（　　）

2. 变压器瓦斯保护是防御变压器油箱内各种短路故障和油面降低的保护。（　　）

3. 变压器励磁涌流含有大量的高次谐波分量，并以 5 次谐波为主。（　　）

4. 零序电流保护逐级配合是指零序电流定值的灵敏度和时间都要相互配合。（　　）

5. 利用电力线载波通道的纵联保护为保证有足够的通道裕度，只要发信端的功放元件允许，接收端的接收电平越高越好。（　　）

6. 当负荷阻抗等于 600Ω 时，功率电平与电压电平相等。（　　）

7. 距离继电器能判别线路的区内、区外故障，是因为加入了带记忆的故障相电压极化量。（　　）

8. 综合重合闸中常用的阻抗选相元件的整定，除要躲最大负荷外，还要保证线路末端灵敏度，要校核线路末端经 20Ω 过渡电阻接地时起码能相继动作，同时还要校核非故障相选相元件在出口故障时不误动。（　　）

9. 接地距离保护的相阻抗继电器的正确接线为 $\dfrac{U_{ph}}{I_{ph} + KI_0}$。（　　）

10. 母线充电保护是指母线故障的后备保护。（　　）

二、**选择题**（10题，每题2分；请将所选答案代号填入括号内，每题只能选一个答案；若选多个答案，则此题不得分）

1. 为防止变压器后备阻抗保护在电压断线时误动作必须（　　）。

A. 装设电压断线闭锁装置；B. 装设电流增量启动元件；C. 同时装设电压断线闭锁装置和电流增量启动元件

2. 谐波制动的变压器纵差保护中设置差动速断元件的主要原因是（　　）。

A. 为了提高差动保护的动作速度；B. 为了防止在区内故障较高的短路水平时，由于电流互感器的饱和产生高次谐波量增加，导致差动元件拒动；C. 保护设置的双重化，互为备用

3. 变压器比率制动的差动继电器，设置比率制动的主要原因是（　　）。

A. 为了躲励磁涌流；B. 为了内部故障时提高保护的动作可靠性；C. 当区外故障不平衡

---

❶ 选答题部分说明见 B 卷。

电流增加，为了使继电器动作电流随不平衡电流增加而提高动作值。

4. 过渡电阻对距离继电器工作的影响是（　　　）。

A. 只会使保护区缩短；B. 只可能使继电器超越；C. 视条件可能失去方向性，也可能使保护区缩短，还可能发生超越及拒动

5. 下面哪种高频保护在电压二次回路断线时可不退出工作（　　　）。

A. 高频闭锁距离保护；B. 相差高频保护；C. 高频闭锁负序方向保护

6. 对于专用高频通道，在新投入运行及在通道中更换了（或增加了）个别加工设备后，所进行的传输衰耗试验的结果，应保证收发信机接收对端信号时的通道裕量不低于（　　　），否则，不允许将保护投入运行。

A. 25dB；B. 1.5dB；C. 8.686dB

7. 四统一设计的距离保护振荡闭锁使用（　　　）方法。

A. 由大阻抗圆至小阻抗圆的动作时差大于设定时间值即进行闭锁；B. 由故障起动对Ⅰ、Ⅱ段短时开放，超时不动闭锁保护；C. 整组靠负序与零序电流分量起动。

8. 对采用单相重合闸的线路，当发生永久性单相接地故障时，保护及重合闸的动作顺序为（　　　）。

A. 三相跳闸不重合；B. 选跳故障相、延时重合单相、后加速跳三相；C. 选跳故障相、瞬时重合单相、后加速跳三相。

9. 断路器失灵保护是（　　　）

A. 一种近后备保护，当故障元件的保护拒动时，可依靠该保护切除故障；B. 一种远后备保护，当故障元件的断路器拒动时，必须依靠故障元件本身保护的动作信号起动失灵保护以切除故障点；C. 一种近后备保护，当故障元件的断路器拒动时，可依靠该保护隔离故障点

10. 母线电流差动保护采用电压闭锁元件主要是为了防止（　　　）

A. 系统发生振荡时母线电流差动保护误动；B. 区外发生故障时母线电流差动保护误动；C. 由于误碰出口中间继电器而造成母线电流差动保护误动

Ⅱ. 100MW 及以上发电机保护部分

一、判断题（10题，每题1分；正确的画"√"，不正确的画"×"）

1. 发电机匝间保护零序电压的接入，应用两根线，不得利用两端接地线来代替其中一根线，以免两接地点之间存在着电位差，致使零序电压继电器误动。（　　　）

2. 发电机失步保护动作后一般作用于全停。（　　　）

3. 100MW 及以上发电机定子绕组单相接地后，只要接地电流不超过 5A，可以继续运行。（　　　）

4. 按导纳原理构成的励磁回路一点接地保护，可以反应励磁回路中任何一点接地的故障，且动作阻抗整定值可远大于 $10k\Omega$。（　　　）

5. 在基波零序电压及三次谐波电压定子接地保护中，为防止机端 TV 断线引起基波零序电压元件误动，或中性点 TV 二次开路引起三次谐波电压元件误动，故应将基波零序电压元件与三次谐波电压元件组成与门去启动信号或出口继电器。（　　　）

6. 与容量相同的汽轮发电机相比，水轮发电机的体积大，热容量大，负序发热常数也大

得多，所以除双水内冷式水轮发电机之外，不采用具有反时限特性的负序过流保护。（　　）

7. 新安装的变压器差动保护在变压器充电时，应将差动保护停用，瓦斯保护投入运行，待测试差动保护极性正确后再投入运行。（　　）

8. 变压器励磁涌流有大量的高次谐波分量，并以 5 次谐波为主。（　　）

9. 母线电流差动保护采用电压闭锁元件，主要是为了防止由于误碰出口中间继电器而造成母线电流差动保护误动。（　　）

10. 零序电流保护能反应各种不对称短路，但不反应三相对称短路。（　　）

二、选择题（10题，每题2分；请将所选答案代号填入括号内，每题只能选一个答案；若选多个答案，则此题不得分）

1. 单元件横差保护是利用装在双 Y 型定子绕组的两个中性点连线的一个电流互感器向一个横差电流继电器供电而构成。其作用是（　　）。

A. 定子绕组引出线上发生两相短路时其动作；B. 当定子绕组相间和匝间发生短路时其动作；C. 在机端出口发生三相短路时其动作

2. 定子绕组中出现负序电流对发电机的主要危害是（　　）。

A. 由负序电流产生的负序磁场以 2 倍的同步转速切割转子，在转子上感应出流经转子本体、槽楔和阻尼条的 100Hz 电流，使转子端部、护环内表面等部位过热而烧伤；B. 由负序电流产生的负序磁场以 2 倍的同步转速切割定子铁芯，产生涡流烧坏定子铁芯；C. 负序电流的存在使定子绕组过电流，长期作用烧坏定子线棒

3. 由反应基波零序电压和利用三次谐波电压构成的 100% 定子接地保护，其基波零序电压元件的保护范围是（　　）。

A. 由中性点向机端的定子绕组的 85%～90%；B. 由机端向中性点的定子绕组的 85%～95%；C. 100% 的定子绕组

4. 汽轮发电机完全失磁之后，在失步以前，将出现（　　）的情况。

A. 发电机有功功率基本不变，从系统吸收无功功率，使机端电压下降，定子电流增大。失磁前送有功功率越多，失磁后电流增大越多；B. 发电机无功功率维持不变，有功减少，定子电流减少；C. 发电机有功功率基本不变，定子电压升高，定子电流减少

5. 形成发电机过励磁的原因可能是（　　）。

A. 发电机出口短路，强行励磁动作，励磁电流增加；B. 汽轮发电机在启动低速预热过程中，由于转速过低产生过励磁；C. 发电机甩负荷，但因自动励磁调节器退出或失灵，或在发电机启动低速预热转子时，误加励磁等

6. 大型发电机要配置逆功率保护，目的是（　　）。

A. 防止主汽门突然关闭后，汽轮机反转；B. 防止主汽门关闭后，长期电动机运行造成汽轮机尾部叶片过热；C. 防止主汽门关闭后，发电机失步

7. 按直流电桥原理构成的励磁绕组两点接地保护，构成简单。其主要缺点是（　　）。

A. 在转子一点突然接地时，容易误动切机；B. 励磁绕组中高次谐波电流容易使其拒动；C. 有死区，特别是当第一接地点出现在转子滑环附近，或出现在直流励磁机的励磁回路上时，该保护无法投入使用

8. 大型发电机变压器组非全相运行保护的构成，（　　）。

A. 主要由灵敏的负序或零序电流元件与非全相判别回路构成；B. 由灵敏的相电流元件

378

与非全相判别回路构成；C. 由灵敏的负序或零序电压元件与非全相判别回路构成

9. 断路器失灵保护是（　　）。

A. 一种近后备保护，当故障元件的保护拒动时，可依靠该保护切除故障；B. 一种远后备保护，当故障元件的断路器拒动时，必须依靠故障元件本身保护的动作信号启动失灵保护以切除故障点；C. 一种近后备保护，当故障元件的断路器拒动时，可依靠该保护隔离故障点

10. 当变压器采用比率制动的差动保护时，变压器无电源侧电流互感器（　　）接入制动线圈。

A. 不应；B. 可以；C. 必须

Ⅲ．110kV 及以下系统保护部分

一、**判断题**（10题，每题1分；正确的画"√"，不正确的画"×"）

1. 方向阻抗继电器中，电抗变压器的转移阻抗角决定着继电器的最大灵敏角。（　　）

2. 过电流保护在系统运行方式变小时，保护范围也将变小。（　　）

3. 为了检查差动保护躲过励磁涌流的性能，在对变压器进行 5 次冲击合闸试验时，必须投入差动保护。（　　）

4. 双母线接线的系统中，电压切换的作用之一是为了保证二次电压与一次电压的对应。（　　）

5. 采用检无压、检同期重合闸方式的线路，投检无压的一侧，还要投检同期。（　　）

6. 阻抗继电器的DKB有 0.2、0.5、1 三个抽头，当整定阻抗 Z 为 5.56Ω 时，调试人员可以按 DKB 的抽头置于 0.5、YB 抽头的匝数为 9 来整定，也可以按 DKB 置1、YB 抽头的匝数为 18 来整定。（　　）

7. 零序电流保护可以作为所有类型故障的后备保护。（　　）

8. 自动重合闸有两种启动方式：断路器控制开关位置与断路器不对应启动方式和保护启动方式。（　　）

9. 对于终端站具有小水电或自备发电机的线路，当主供电源线路故障时，为保证主供电源能重合成功，应将它们解列。（　　）

10. 变压器的瓦斯保护范围在差动保护范围内，这两种保护均为瞬动保护，所以可用差动保护来代替瓦斯保护。（　　）

二、**选择题**（10题，每题2分；请将答案代号填入括号内，每题只能选一个答案；若选多个答案，则此题不得分）

1. 兆欧表有 3 个接线柱，其标号为 G、L、E，使用该表测试某线路绝缘时（　　）。

A. G 接屏蔽线、L 接线路端、E 接地；B. G 接屏蔽线、L 接地、E 接线路端；C. G 接地、L 接线路端、E 接屏蔽端

2. 由 3 只电流互感器组成的零序电流滤过器接线，在负荷电流对称的情况下，如果有一相互感器二次侧断线，流过零序电流继电器的电流是（　　）倍的负荷电流。

A. 3；B. $\sqrt{3}$；C. 1

3. 对单侧电源的两绕组变压器，若采用 BCH-1 型差动继电器，其制动线圈应装在（　　）。

A. 电源侧；B. 负荷侧；C. 电源或负荷侧

4. 在同一个小接地电流系统中，所有出线装设两相不完全星形接线的电流保护，电流互感器装在同名相上，这样发生不同线路两点接地短路时，可保证只切除一条线路的几率为（　　）。

A. 1/3；B. 1/2；C. 2/3

5. 中间继电器的电流保持线圈在实际回路中可能出现的最大压降应小于回路额定电压的（　　）。

A. 5%；B. 10%；C. 15%

6. 干簧继电器（触点直接接于 110V、220V 直流电压回路）以（　　）摇表测量触点（继电器未动作的动合触点及动作后的动断触点）间的绝缘电阻。

A. 1000V；B. 500V；C. 2500V

7. 在 Y，d11 接线的变压器低压侧发生两相短路时，星形侧的某一相的电流等于其他两相短路电流的（　　）倍。

A. $\sqrt{3}$；B. 2；C. 1/2

8. 在大接地电流系统中，线路始端发生两相金属性接地短路时，零序方向电流保护中的方向元件将（　　）。

A. 因短路相电压为零而拒动；B. 因感受零序电压最大而灵敏动作；C. 因零序电压为零而拒动

9. 在小接地电流系统中，某处发生单相接地时，母线电压互感器开口三角的电压（　　）。

A. 故障点距母线越近，电压越高；B. 故障点距母线越近，电压越低；C. 不管距离远近，基本上电压一样高

10. 按躲负荷电流整定的线路过流保护，在正常负荷电流下，由于电流互感器的极性接反而可能误动的接线方式为（　　）。

A. 三相三继电器式完全星形接线；B. 两相两继电器式不完全星形接线；C. 两相三继电器式不完全星形接线

Ⅳ. 100MW 以下发电机保护部分

一、**判断题**（10题，每题1分；正确的画"√"，不正确的画"×"）

1. 为了检查差动保护躲过励磁涌流的性能，在对变压器进行 5 次冲击合闸试验时，必须投入差动保护。（　　）

2. 为了使用户停电时间尽可能短，备用电源自动投入装置可以不带时限。（　　）

3. 电流继电器的整定值，在弹簧力矩不变的情况下，两线圈并联时比串联时大 1 倍，这是因为并联时流入线圈中的电流比串联时大 1 倍。（　　）

4. 对于终端站具有小水电或自备发电机的线路，当主供电源线路故障时，为保证主供电源能重合成功，应将它们解列。（　　）

5. 变压器的瓦斯保护范围在差动保护范围内，这两种保护均为瞬动保护，所以可用差动保护来代替瓦斯保护。（　　）

6. 发电机低压过电流保护的低电压元件是区别故障电流和正常过负荷电流，提高整套保

护灵敏度的措施。（   ）

7. 电动机过电流保护在调试中，电磁型电流继电器返回系数一般不小于0.85，感应型电流继电器返回系数一般不小于0.8。（   ）

8. 发电机解列的含义是断开发电机断路器、灭磁。（   ）

9. 发电机装设纵联差动保护，它是作为定子绕组及其引出线的相间短路保护。（   ）

10. 发电机过电流保护的电流继电器，接在发电机中性点侧三相星形连接的电流互感器上。（   ）

二、**选择题**（10题，每题2分；请将答案代号填入括号内，每题只能选一个答案；若选多个答案，则此题不得分）

1. 与电力系统并列运行的0.9MW容量发电机，应该在发电机（   ）保护。

A. 机端装设电流速断；B. 中性点装设电流速断；C. 装设纵联差动

2. 发电机纵联差动保护使用BCH-2型差动继电器，其短路线圈抽头一般放在（   ）位置。

A. B—B；B. C—C；C. D—D

3. 定子绕组中性点不接地的发电机，当发电机出口侧A相接地时，发电机中性点的电压为（   ）。

A. $\sqrt{3}$相电压；B. 相电压；C. 1/3相电压

4. 利用基波零序电压的发电机定子单相接地保护（   ）。

A. 不灵敏；B. 无死区；C. 有死区

5. 按直流电桥原理构成的励磁绕组两点接地保护，当（   ）接地后，经过调试投入跳闸。

A. 转子滑环附近；B. 励磁绕组一点；C. 励磁机正极或负极

6. 发电机在电力系统发生不对称短路时，在转子中就会感应出（   ）电流。

A. 50Hz；B. 100Hz；C. 150Hz

7. 发电机失磁后，需从系统中吸取（   ）功率，将造成系统电压下降。

A. 有功和无功；B. 有功；C. 无功

8. 100MW以下的机组装设过电压保护的是（   ）。

A. 水轮机组；B. 汽轮机组；C. 燃气轮机组

9. 电动机电流保护电流互感器采用差接法接线，则电流的接线系数为（   ）。

A. 1；B. $\sqrt{3}$；C. 2

10. 发电机定子绕组过电流保护的作用是（   ）。

A. 反应发电机内部故障；B. 反应发电机外部故障；C. 反应发电机外部短路，并做发电机纵差保护的后备

B 卷

必答题部分（70分）

一、判断题（10题，每题1分；正确的画"√"，不正确的画"×"）

1. 暂态稳定是指电力系统受到小的扰动（如负荷和电压较小的变化）后，能自动地恢复到原来运行状态的能力。（　　）

2. 继电保护装置是保证电力元件安全运行的基本装备，任何电力元件不得在无保护的状态下运行。（　　）

3. 在一次设备运行而停用部分保护进行工作时，应特别注意不经连接片的跳、合闸线及与运行设备安全有关的连线。（　　）

4. 330～500kV系统主保护的双重化是指两套主保护的交流电流、电压和直流电源均彼此独立；有独立的选相功能和断路器有两个跳闸线圈；有两套独立的保护专（复）用通道。（　　）

5. 带电的电压互感器和电流互感器回路均不允许开路。（　　）

6. 对220kV及以上电网不宜选用全星形自耦变压器，以免恶化接地故障后备保护的运行整定。（　　）

7. 直流系统接地时，采用拉路寻找、分段处理办法以先拉信号，后拉操作；先拉室外、后拉室内原则。在切断各专用直流回路时，切断时间不得超过3s，一旦拉路寻找到接地点就不再合上，立即处理。（　　）

8. 为便于安装、运行和维护，在二次回路中的所有设备间的连线都要进行标号，这就是二次回路标号。标号一般采用数字或数字和文字的组合，它表明了回路的性质和用途。（　　）

9. 当电流互感器10％误差超过时，可用两种同变比的互感器并接，以减小电流互感器的负担。（　　）

10. 电流互感器的二次侧只允许有一个接地点，对于多组电流互感器相互有联系的二次回路接地点应设在保护屏上。（　　）

二、选择题（25题，每题2分。请将所选答案代号填入括号内，每题只能选一个答案；若选多个答案，则此题不得分）

1. 电力系统发生振荡时，各点电压和电流（　　）。

A. 均作往复性摆动；B. 均会发生突变；C. 在振荡的频率高时会发生突变

2. 在大接地电流系统中，故障线路上的零序功率 S_0 是：（　　）

A. 由线路流向母线；B. 由母线流向线路；C. 不流动

3. 中性点经装设消弧线圈后，若接地故障的电感电流大于电容电流，此时的补偿方式为（　　）。

A. 全补偿方式；B. 过补偿方式；C. 欠补偿方式

4. 电力元件继电保护的选择性，除了决定于继电保护装置本身的性能外，还要求满足：由电源算起，愈靠近故障点的继电保护的故障起动值（　　）。

A. 相对愈小，动作时间愈短；B. 相对愈大，动作时间愈短；C. 相对愈小，动作时间愈

长

5. 快速切除线路任意一点故障的主保护是（　　　　）。

A. 距离保护；B. 零序电流保护；C. 纵联保护

6. 发电厂接于 110kV 及以上双母线上有三台及以上变压器，则应（　　　　）。

A. 有一台变压器中性点直接接地；B. 每条母线有一台变压器中性点直接接地；C. 三台及以上变压器均直接接地

7. 母线故障，母线差动保护动作，已跳开故障母线上六个断路器（包括母联），还有一个断路器因其本身原因而拒跳，则母差保护按（　　　　）统计。

A. 正确动作一次；B. 拒动一次；C. 不予评价

8. 微机继电保护装置检验在使用交流电源的电子仪器测量电路参数时，仪器外壳应与保护屏（柜）（　　　　），仪器不接地。

A. 在同一点接地；B. 分别接地；C. 仅保护屏（柜）接地

9. 各级继电保护部门划分继电保护装置整定范围的原则是（　　　　）。

A. 按电压等级划分，分级管理；B. 整定范围一般与调度操作范围相适应；C. 由各级继电保护部门协商决定

10. 继电保护装置试验分为三种，它们分别是（　　　　）。

A. 验收试验、全部检验、传动试验；B. 部分检验、补充检验、定期检验；C. 验收试验、定期试验、补充检验

11. 查找直流接地时，所用仪表内阻不应低于（　　　　）。

A. 1000Ω/V；B. 2000Ω/V；C. 3000Ω/V

12. 直流母线电压不能过高或过低，允许范围一般是（　　　　）。

A. ±3%；B. ±5%；C. ±10%

13. 电流互感器本身造成的测量误差是由于有励磁电流存在，其角度误差是励磁支路呈现为（　　　　）使电流有不同相位，造成角度误差。

A. 电阻性；B. 电容性；C. 电感性

14. 变压器差动保护为了减小不平衡电流，常选用一次侧通过较大的短路电流时铁芯也不至于饱和的 TA，一般选用（　　　　）。

A. 0.5 级；B. D 级；C. TPS 级

15. 继电保护要求电流互感器的一次电流等于最大短路电流时，其变比误差不大于（　　　　）。

A. 5%；B. 8%；C. 10%

16. 大接地电流系统中，双母线上两组电压互感器二次绕组应（　　　　）。

A. 在开关场各自的中性点接地；B. 选择其中一组接地，另一组经放电间隙接地；C. 只允许有一个公共接地点，其接地点宜选在控制室

17. 按照部颁反措要点的要求，防止跳跃继电器的电流线圈与电压线圈间耐压水平应（　　　　）。

A. 不低于 2500V、2min 的试验标准；B. 不低于 1000V、1min 的试验标准；C. 不低于 2500V、1min 的试验标准

18. 安装于同一面屏上由不同端子对供电的两套保护装置的直流逻辑回路之间（　　　　）。

A．为防止相互干扰,绝对不允许有任何电磁联系;B．不允许有任何电的联系,如有需要,必须经空触点输出;C．一般不允许有电磁联系,如有需要,应加装抗干扰电容等措施

19．直流中间继电器、跳（合）闸出口继电器的消弧回路应采取以下方式：（　　）。

A．两支二极管串联后与继电器的线圈并联,要求每支二极管的反压不低于300V;B．一支二极管与一适当感抗值的电感串联后与继电器的线圈并联,要求二极管与电感的反压均不低于1000V;C．一支二极管与一适当阻值的电阻串联后与继电器的线圈并联,要求二极管的反压不低于1000V

20．电流互感器二次回路接地点的正确设置方式是：（　　）。

A．每只电流互感器二次回路必须有一个单独的接地点;B．所有电流互感器二次回路接地点均设置在电流互感器端子箱内;C．电流互感器的二次侧只允许有一个接地点,对于多组电流互感器相互有联系的二次回路接地点应设在保护屏上

21．集成电路型、微机型保护装置的电流、电压及信号接点引入线应采用屏蔽电缆,同时（　　）。

A．电缆的屏蔽层应在开关场可靠接地;B．电缆的屏蔽层应在控制室可靠接地;C．电缆的屏蔽层应在开关场和控制室两端可靠接地

22．来自电压互感器二次侧的4根开关场引入线（U_a、U_b、U_c、U_n）和电压互感器三次侧的2根开关场引入线（开口三角的U_1、U_n）中的2个零相电缆U_n（　　）。

A．在开关场并接后,合成1根引至控制室接地;B．必须分别引至控制室,并在控制室接地;C．三次侧的U_n在开关场接地后引入控制室N600,二次侧的U_n单独引入控制室N600并接地

23．按照部颁反措要点的要求,220kV变电所信号系统的直流回路应（　　）。

A．尽量使用专用的直流熔断器,特殊情况下可与控制回路共用一组直流熔断器;B．尽量使用专用的直流熔断器,特殊情况下可与该站远动系统共用一组直流熔断器;C．由专用的直流熔断器供电,不得与其他回路混用

24．整组试验允许用（　　）的方法进行。

A．保护试验按钮、试验插件或启动微机保护;B．短接接点、手按继电器等;C．从端子排上通入电流、电压模拟各种故障,保护处于与投入运行完全相同的状态

25．高频同轴电缆的接地方式为（　　）。

A．应在两端分别可靠接地;B．应在开关场可靠接地;C．应在控制室可靠接地

三、填空题（5题,每题2分）

1．发电机纵联差动保护的动作整定电流大于发电机的额定电流时,应装设＿＿＿＿＿＿＿＿＿＿＿＿装置,断线后动作于信号。

2．断路器最低跳闸电压及最低合闸电压,其值不低于＿＿＿＿＿＿＿额定电压,且不大于65％额定电压。

3．直流继电器的动作电压,不应超过额定电压的70％,对于出口中间继电器,其值不低于额定电压的＿＿＿＿＿＿。

4．在电气设备上工作,保证安全的组织措施是：＿＿＿＿＿＿；工作许可制度;工作监护制度;工作间断、转移和终结制度。

5．继电保护的"三误"是指误整定、＿＿＿＿＿＿、误接线。

选答题部分❶（**30 分**）

Ⅰ.220kV 及以上系统保护部分

一、判断题（10 题，每题 1 分；正确的画"√"，不正确的画"×"）

1. 新安装的变压器差动保护在变压器充电时，应将差动保护停用，瓦斯保护投入运行，待测试差动保护极性正确后再投入运行。（　　）

2. 三绕组自耦变压器一般各侧都应装设过负荷保护，至少要在送电侧和低压侧装设过负荷保护。（　　）

3. 为了保证在电流互感器与断路器之间发生故障时，母差保护跳开本侧断路器后对侧高频保护能快速动作，应采取的措施是母差保护动作停信。（　　）

4. 高频闭锁负序方向保护在电压二次回路断线时，可不退出工作。（　　）

5. 对于专用高频通道，在新投入运行及在通道中更换了（或增加了）个别加工设备后，所进行的传输衰耗试验的结果，应保证收发信机接收对端信号时的通道裕量不低于 8.686dB，否则，不允许将保护投入运行。（　　）

6. 四统一设计的距离保护振荡闭锁使用方法：由大阻抗圆至小阻抗圆的动作时差，大于设定时间值即进行闭锁。（　　）

7. 过渡电阻对距离继电器工作的影响，视条件可能失去方向性，也可能使保护区缩短，还可能发生超越及拒动。（　　）

8. 对采用单相重合闸的线路，当发生永久性单相接地故障时，保护及重合闸的动作顺序为：先跳故障相，重合单相，后加速跳单相。（　　）

9. 断路器失灵保护是一种近后备保护，当故障元件的保护拒动时，可依靠该保护切除故障。（　　）

10. 母线电流差动保护采用电压闭锁元件，主要是为了防止由于误碰出口中间继电器而造成母线电流差动保护误动。（　　）

二、选择题（10 题，每题 2 分；请将所选答案代号填入括号内，每题只能选一个答案；若选多个答案，则此题不得分）

1. 当变压器采用比率制动的差动保护时，变压器无电源侧电流互感器（　　）接入制动线圈。

A. 不应；B. 可以；C. 必须

2. 谐波制动的变压器纵差保护中，设置差动速断元件的主要原因是（　　）。

A. 为了提高差动保护的动作速度；B. 为了防止在区内故障，较高的短路水平时，由于电

---

❶ 选答题部分，应试人员按本人所从事的专业工作选答一类题目做答。选答题分四类：Ⅰ.220kV 及以上系统保护部分（含线路、母线、变压器保护等）；Ⅱ.100MW 及以上发电机（含发电机——变压器组）保护部分；Ⅲ.110kV 及以下系统保护部分（含线路、母线、变压器保护等）；Ⅳ.100MW 以下发电机（含发电机——变压器组）保护部分。

　　同时从事Ⅰ、Ⅲ项工作者，选答Ⅰ类题；同时从事Ⅱ、Ⅲ项工作者，选Ⅱ类题；网调、省调、中试所、省电力设计院等单位人员选答Ⅰ类题。

流互感器的饱和产生高次谐波量增加，导致差动元件拒动；C. 保护设置的双重化，互为备用

3. 闭锁式纵联保护跳闸的必要条件是（　　）。

A. 正方向元件动作，反方向元件不动作，没有收到过闭锁信号；B. 正方向元件动作，反方向元件不动作，收到过闭锁信号而后信号又消失；C. 正、反方向元件均动作，没有收到过闭锁信号

4. 在电路中某测试点的功率 P 和标准比较功率 $P_0=1mW$ 之比取常用对数的 10 倍，称为该点的（　　）

A. 电压电平；B. 功率电平；C. 功率绝对电平

5. 在高频通道中连接滤波器与耦合电容器共同组成带通滤波器，其在通道中的作用是（　　）。

A. 使输电线路和高频电缆的连接成为匹配连接；B. 使输电线路和高频电缆的连接成为匹配连接，同时使高频收发信机和高压线路隔离；C. 阻止高频电流流到线路上去

6. 一台发信功率为 10W、额定阻抗为 75Ω 的收发信机，当其向输入阻抗为 100Ω 的通道发信时，通道上接受到的功率（　　）。

A. 大于 10W；B. 小于 10W；C. 等于 10W

7. 接地距离保护的相阻抗继电器接线为（　　）。

A. $\dfrac{U_{\text{ph}}}{I_{\text{ph}}}$；B. $\dfrac{U_{\text{pp}}}{I_{\text{pp}}}$；C. $\dfrac{U_{\text{ph}}}{I_{\text{ph}}+KI_0}$

8. 四统一设计的距离保护使用的防失压误动方法是（　　）。

A. 断线闭锁装置切断操作正电源；B. 装设快速开关，并联切操作电源；C. 整组以电流起动及断线闭锁起动总闭锁

9. 所谓母线充电保护是指（　　）。

A. 母线故障的后备保护；B. 利用母线上任一断路器给母线充电时的保护；C. 利用母联断路器给另一母线充电时的保护

10. 对于双母线接线方式的变电所，当某一连接元件发生故障且断路器拒动时，失灵保护动作应首先跳开（　　）。

A. 拒动断路器所在母线上的所有断路器；B. 母联断路器；C. 故障元件的其他断路器

Ⅱ. 100MW 及以上发电机保护部分

一、判断题（10题，每题1分；正确的画"√"，不正确的画"×"）

1. 在发电机中性点附近，不可能发生绝缘降低，因为发电机运行时中性点对地电压近似为零。（　　）

2. 与容量相同的汽轮发电机相比，水轮发电机的体积大，热容量大，负序发热常数也大得多，所以除双水内冷式水轮机之外，不采用具有反时限特性的负序过流保护。（　　）

3. 发电机—变压器组的过励磁保护应装在机端，当发电机与变压器的过励磁特性相近时，该保护的整定值应按额定电压较低的设备（发电机或变压器）的磁密来整定，这样对两者均有保护作用。（　　）

4. 发电机失步保护动作后一般作用于全停。（　　）

5. 在大机组上装设的断口闪络保护，其动作条件是：断路器三相均断开及有负序电流。动作后，先灭磁，失效时，再启动本断路器的失灵保护。（　　）

6. 双母线接线方式的变电所，当母联断路器断开运行时，如一条母线发生故障，对于母联电流相位比较式母差保护仅选择元件动作。（　　）

7. 三绕组自耦变压器一般各侧都应装设过负荷保护，至少要在送电侧和低压侧装设过负荷保护。（　　）

8. 复合电压过流保护的电压元件是由一个负序电压继电器和一个接在相间电压上的低电压继电器组成的电压复合元件。两个继电器中只要有一个继电器动作，同时过流继电器动作，整套装置即能启动。（　　）

9. 距离保护受系统振荡影响与保护的安装位置有关，当振荡中心在保护范围外或位于保护的反方向时，距离保护就不会因系统振荡而误动作。（　　）

10. 变压器的瓦斯保护范围在差动保护范围内，这两种保护均为瞬动保护，所以可用差动保护来代替瓦斯保护。（　　）

二、选择题（10题，每题2分。请将所选答案代号填入括号内，每题只能选一个答案；若选多个答案，则此题不得分）

1. 利用纵向零序电压构成的发电机匝间保护，为了提高其动作的可靠性，则要求在保护的交流输入回路上（　　）。

A. 加装2次谐波滤过器；B. 加装5次谐波滤过器；C. 加装3次谐波滤过器

2. 由反应基波零序电压和利用三次谐波电压构成的100%定子接地保护，其基波零序电压元件的保护范围是（　　）。

A. 由中性点向机端的定子绕组的85%～90%线匝；B. 由机端向中性点的定子绕组的85%～95%线匝；C.100%的定子绕组线匝

3. 发电机反时限负序电流保护的动作时限是（　　）。

A. 无论负序电流大或小，以较长时限跳闸；B. 无论负序电流大或小，以较短时限跳闸；C. 当负序电流大时以较短时限跳闸，负序电流小时以较长时限跳闸

4. 发电机转子绕组两点接地时对发电机的主要危害之一是（　　）。

A. 破坏了发电机气隙磁场的对称性，将引起发电机剧烈振动，同时无功功率出力降低；B. 转子电流被地分流，使流过转子绕组的电流减少；C. 转子电流增加，致使转子绕组过电流

5. 发电机正常运行时，其机端三次谐波电压（　　）。

A. 大于中性点三次谐波电压；B. 小于中性点三次谐波电压；C. 及中性点三次谐波电压的大小与发电机中性点接地方式有关

6. 定子绕组中出现负序电流时，对发电机的主要危害是（　　）。

A. 由负序电流产生的负序磁场以2倍的同步转速切割转了，在转子上感应出流经转子本体、槽楔和阻尼条的100Hz电流，使转子端部、护环内表面等部位过热而烧伤；B. 由负序电流产生的负序磁场以2倍的同步转速切割定子铁芯，产生涡流烧坏定子铁芯；C. 负序电流的存在使定子绕组过电流，长期作用烧坏定子线棒

7. 水轮发电机过电压保护的整定值一般为（　　）。

A. 动作电压为1.5倍额定电压，动作延时取0.5s；B. 动作电压为1.8倍额定电压，动作延时取3s；C. 动作电压为1.8倍额定电压，动作延时取0.3s

8. 对于双母线接线的变电所，当某一连接元件发生故障且断路器拒动时，失灵保护动作应首先跳开（　　）。

A. 拒动断路器所在母线上的所有断路器；B. 母联断路器；C. 故障元件的其他断路器

9. 变压器过励磁保护是按磁密 B 正比于（　　）原理实现的。

A. 电压 U 与频率 f 的乘积；B. 电压 U 与频率 f 的比值；C. 电压 U 与绕组线圈匝数 N 的比值

10. 相间距离保护交流回路的零度接线，是指下述的电压、电流接线组合：（　　）。

	继电器 1	继电器 2	继电器 3
A.	$U_{ab}/(I_a-I_b)$	$U_{bc}/(I_b-I_c)$	$U_{ca}/(I_c-I_a)$
B.	$U_{ab}/(I_b-I_a)$	$U_{bc}/(I_c-I_b)$	$U_{ca}/(I_a-I_c)$
C.	$U_a/(I_a+3KI_0)$	$U_b/(I_b+3KI_0)$	$U_c/(I_c+3KI_0)$

Ⅲ. 110kV 及以下系统保护部分

一、判断题（10 题，每题 1 分；正确的画"√"，不正确的画"×"）

1. 为了检查差动保护躲过励磁涌流的性能，在对变压器进行 5 次冲击合闸试验时，必须投入差动保护。（　　）

2. 零序电流保护能反应各种不对称短路，但不反应三相对称短路。（　　）

3. 为了使用户停电时间尽可能短，备用电源自动投入装置可以不带时限。（　　）

4. 电流继电器的整定值，在弹簧力矩不变的情况下，两线圈并联时比串联时大 1 倍，这是因为并联时流入线圈中的电流比串联时大 1 倍。（　　）

5. 距离保护受系统振荡影响且与保护的安装位置有关，当振荡中心在保护范围外或位于保护的反方向时，距离保护就不会因系统振荡而误动作。（　　）

6. BCH-1 型继电器的制动线圈的作用是躲励磁涌流。（　　）

7. 采用检无压、同期重合闸方式的线路，检无压侧不用重合闸后加速回路。（　　）

8. 自动重合闸有两种启动方式：断路器控制开关位置与断路器不对应启动方式和保护启动方式。（　　）

9. 对于终端站具有小水电或自备发电机的线路，当主供电源线路故障时，为保证主供电源能重合成功，应将它们解列。（　　）

10. 变压器的瓦斯保护范围在差动保护范围内，这两种保护均为瞬动保护，所以可用差动保护来代替瓦斯保护。（　　）

二、选择题（10 题，每题 2 分。请将所选答案代号填入括号内，每题只能选一个答案；若选多个答案，则此题不得分）

1. 用单相电压整定负序电压继电器的动作电压，即对负序电压继电器的任一对输入电压端子间，模拟两相短路。如在 A 和 BC 间施加单相电压，记下此时继电器的动作电压为 U_{op}，继电器整定电压为负序线电压 U_{op2}，则 $U_{op2}=U_{op}/$（　　）。

A. 1；B. $\sqrt{3}$；C. 2

2. 无微调电阻器的阻抗继电器，当 DKB 的抽头不变时，整定继电器 YB 抽头由 100% 变到 10% 时，其动作阻抗（　　）。

A. 减少 10 倍；B. 增加 10 倍；C. 不变

3. 对单侧电源的两绕组变压器，若采用 BCH-1 型差动继电器，其制动线圈应装在（　　）。

A. 电源侧；B. 负荷侧；C. 电源或负荷侧

4. 两只装于同一相且变比相同、容量相同的电流互感器，在二次绕组串联使用时（　　）。

A. 容量和变比都增加一倍；B. 变比增加一倍容量不变；C. 变比不变容量增加一倍

5. 三相五柱电压互感器用于 10kV 中性点不接地系统中，在发生单相金属性接地故障时，为使开口三角绕组电压为 100V，电压互感器的变比应为（　　）。

A. $\dfrac{10}{\sqrt{3}} \Big/ \dfrac{0.1}{\sqrt{3}} \Big/ \dfrac{0.1}{\sqrt{3}}$；B. $\dfrac{10}{\sqrt{3}} \Big/ \dfrac{0.1}{\sqrt{3}} \Big/ \dfrac{0.1}{3}$；C. $\dfrac{10}{\sqrt{3}} \Big/ \dfrac{0.1}{\sqrt{3}} \Big/ 0.1$

6. 干簧继电器（触点直接接于 110、220V 直流电压回路）应以（　　）V 摇表测量触点（继电器未动作的动合触点及动作后的动断触点）间的绝缘电阻。

A. 1000；B. 500；C. 2500

7. 方向阻抗继电器中，记忆回路的作用是（　　）。

A. 提高灵敏度；B. 消除正方向出口三相短路死区；C. 提高动作速度

8. 配有重合闸后加速的线路，当重合到永久性故障时（　　）。

A. 能瞬时切除故障；B. 不能瞬时切除故障；C. 具体情况具体分析，故障点在 I 段保护范围内时，可以瞬时切除故障；故障点在 II 段保护范围内时，则需带延时切除

9. BCH-2 型差动继电器的短路线圈由"B-B"改为"C-C"，躲励磁涌流的能力（　　）。

A. 增强；B. 减弱；C. 不变

10. 相间距离保护的阻抗继电器采用零度接线的原因是（　　）。

A. 能正确反应 K（3）、K（2）、K（2，0）故障；B. 能正确反应 K（2）、K（2，0）故障，但不能正确反应 K（3）故障；C. 能正确反应各种故障

IV. 100MW 以下发电机保护部分

一、判断题（10 题，每题 1 分；正确的画"√"，不正确的画"×"）

1. 距离保护的振荡闭锁装置，是在系统发生振荡时才启动去闭锁保护的。（　　）

2. 过电流保护在系统运行方式变小时，保护范围也将变小。（　　）

3. BCH-1 型差动继电器中，制动线圈的作用是躲励磁涌流。（　　）

4. 变压器带额定负荷时，BCH 型差动继电器的不平衡电压不能超过 150mV。（　　）

5. 双母线系统中电压切换的作用是为了保证二次电压与一次电压的对应。（　　）

6. 发电机低压过流保护的低电压元件是区别故障电流和正常过负荷电流，提高整套保护灵敏度的措施。（　　）

7. 电动机过流保护在调试中，电磁型电流继电器返回系数一般应不小于 0.85，感应型电流继电器返回系数一般应不小于 0.8。（　　）

8. 发电机解列的含义是断开发电机断路器、灭磁、甩负荷。（　　）

9. 发电机装设纵联差动保护，是作为定子绕组的匝间短路保护。（　　）

10. 发电机过电流保护的电流继电器，接在发电机机端侧三相三角形连接的电流互感器上。（　　）

二、选择题（10题，每题2分；请将所选答案代号填入括号内，每题只能选一个答案；若选多个答案，则此题不得分）

1. 与电力系统并列运行的 0.9MW 容量发电机，应该在发电机（　　）保护。

A. 机端装设电流速断；B. 中性点装设电流速断；C. 装设纵联差动

2. 发电机纵联差动保护使用 BCH-2 型差动继电器，其短路线圈抽头一般放在（　　）位置。

A. B-B；B. C-C；C. D-D

3. 定子绕组中性点不接地的发电机，当发电机出口侧 A 相接地时，发电机中性点的电压为（　　）。

A. $\sqrt{3}$ 相电压；B. 相电压；C. 1/3 相电压

4. 利用基波零序电压的发电机定子单相接地保护（　　）。

A. 不灵敏；B. 无死区；C. 有死区

5. 按直流电桥原理构成的励磁绕组两点接地保护，当（　　）接地后，经过调试投入跳闸。

A. 转子滑环附近；B. 励磁绕组一点；C. 励磁机正极或负极

6. 发电机在电力系统发生不对称短路时，在转子中就会感应出频率为（　　）电流。

A. 50Hz；B. 100Hz；C. 150Hz

7. 发电机失磁后，需从系统中吸取（　　）功率，将造成系统电压下降。

A. 有功和无功；B. 有功；C. 无功

8. 100MW 以下的机组应装设过电压保护的是（　　）。

A. 水轮机组；B. 汽轮机组；C. 燃气轮机组

9. 电动机电流保护电流互感器采用差接法接线，则电流的接线系数为（　　）。

A. 1；B. $\sqrt{3}$；C. 2

10. 发电机定子绕组过电流保护的作用是（　　）。

A. 反应发电机内部故障；B. 反应发电机外部故障；C. 反应发电机外部短路，并作为发电机纵差保护的后备

附录 B 1997 年继电保护专业测验试题答案

A 卷

必答题部分

一、判断题

1. √　　2. √　　3. √　　4. ×　　5. ×

6. √　　7. ×　　8. √　　9. √　　10. √

二、选择题

1. C　2. B　3. C　4. A　5. C　6. C　7. A　8. C　9. B　10. A

11. B　12. B　13. C　14. C　15. B　16. C　17. A　18. A　19. C　20. C

21. C　22. B　23. C　24. A　25. A

三、填空题

1. 电流回路断线监视

2. 服从

3. 验电

4. 80%

5. 相同

选答题部分

Ⅰ.220kV 及以上系统保护部分

一、判断题

1. √　　2. √　　3. ×　　4. √　　5. ×

6. √　　7. ×　　8. √　　9. √　　10. ×

二、选择题

1. C　　2. B　　3. C　　4. C　　5. B

6. C　　7. B　　8. B　　9. C　　10. C

Ⅱ.100MW 及以上发电机保护部分

一、判断题

1. √　　2. ×　　3. ×　　4. ×　　5. ×

6. √　　7. ×　　8. ×　　9. √　　10. ×

二、选择题

1. B   2. A   3. B   4. A   5. C
6. B   7. C   8. A   9. C   10. C

Ⅲ.110kV 及以下系统保护部分

一、判断题

1. √   2. √   3. √   4. √   5. √
6. ×   7. ×   8. √   9. √   10. ×

二、选择题

1. A   2. C   3. B   4. C   5. A
6. A   7. B   8. B   9. C   10. C

Ⅳ.100MW 以下发电机保护部分

一、判断题

1. √   2. ×   3. ×   4. √   5. ×
6. √   7. √   8. ×   9. √   10. √

二、选择题

1. A   2. A   3. B   4. C   5. B
6. B   7. C   8. A   9. B   10. C

B 卷

必答题部分

一、判断题

1. ×　2. √　3. √　4. √　5. ×

6. √　7. ×　8. √　9. ×　10. √

二、选择题

1. A　2. A　3. B　4. A　5. C　6. B　7. C　8. A　9. B　10. C

11. B　12. C　13. C　14. B　15. C　16. C　17. B　18. B　19. C　20. C

21. C　22. B　23. C　24. C　25. A

三、填空题

1. 电流回路断线监视

2. 30%

3. 50%

4. 工作票制度

5. 误碰

选答题部分

I.220kV 及以上系统保护部分

一、判断题

1. ×　2. √　3. √　4. ×　5. √　6. ×　7. √　8. ×　9. ×

10. √

二、选择题

1. C　2. B　3. B　4. C　5. B　6. B　7. C　8. C　9. C　10. B

II.100MW 及以上发电机保护部分

一、判断题

1. ×　2. √　3. √　4. ×　5. √　6. ×　7. √　8. √　9. √

10. ×

二、选择题

1. C　2. B　3. C　4. A　5. B　6. A　7. A　8. B　9. B　10. A

Ⅲ.110kV 及以下系统保护部分

一、判断题

1.√   2.×   3.×   4.×   5.√   6.×   7.×   8.√   9.√
10.×

二、选择题

1.B   2.B   3.B   4.C   5.B   6.A   7.B   8.A   9.A   10.A

Ⅳ.100MW 以下发电机保护部分

一、判断题

1.×   2.√   3.×   4.√   5.√   6.√   7.√   8.×   9.×   10.×

二、选择题

1.A   2.A   3.B   4.C   5.B   6.B   7.C   8.A   9.B   10.C

附录C 1997年继电保护专业调考试题

必答题部分[1] (80分)

一、判断题 (10题，每题1分；正确的画"√"，不正确的画"×")

1. 振荡时系统任何一点电流与电压之间的相位角都随功角δ的变化而改变；而短路时，系统各点电流与电压之间的角度是基本不变的。( )

2. 所有的电压互感器（包括测量、保护和励磁自动调节）二次绕组出口均应装设熔断器或自动开关。( )

3. 330～500kV系统主保护的双重化主要指两套主保护的交流电流、电压和直流电源彼此独立，各有独立的选相功能，断路器有两个跳闸线圈，有两套独立的保护专（复）用通道。( )

4. 变压器差动保护对绕组匝间短路没有保护作用。( )

5. 一般操作回路按正常最大负荷时至各设备的电压降不得超过20%的条件校验控制电缆截面。( )

6. 中性点非直接接地系统（如35kV电网，各种发电机）当中性点经消弧线圈接地时，应采用过补偿方式。( )

7. 对工作前的准备，现场工作的安全、质量、进度和工作结束后的交接负全部责任者是工作负责人。( )

8. 发生各种不同类型短路时，故障点电压各序对称分量的变化规律是：三相短路时正序电压下降最多，单相短路时正序电压下降最少。不对称短路时，负序电压和零序电压是越靠近故障点数值越大。( )

9. 继电保护要求电流互感器在最大短路电流（包括非周期分量电流）下，其变比误差不大于10%。( )

10. 220kV系统时间常数较小，500kV系统的时间常数较大，后者短路电流非周期分量的衰减较慢。( )

二、选择题 (25题，每题2分；请将所选答案代号填入括号内，每题只能选一个答案；若选多个答案，则此题不得分)

1. 中性点经装设消弧线圈后，若接地故障的电感电流大于电容电流，此时的补偿方式为( )。

A. 全补偿方式；B. 过补偿方式；C. 欠补偿方式

2. 线路发生两相短路时，短路点处正序电压与负序电压的关系为( )。

A. $U_{k1} > U_{k2}$；B. $U_{k1} = U_{k2}$；C. $U_{k1} < U_{k2}$

3. 我国220kV及以上系统的中性点均采用( )。

A. 直接接地方式；B. 经消弧圈接地方式；C. 经大电抗器接地方式

---

[1] 必答题部分，是全体应考人员必须答的题目。

4. 电力系统发生振荡时，（   ）可能会发生误动。

A. 电流差动保护；B. 零序电流速断保护；C. 电流速断保护

5. 快速切除线路和母线的短路故障，是提高电力系统（   ）的最重要手段。

A. 暂态稳定；B. 静态稳定；C. 动态稳定

6. 新安装保护装置在投入运行一年以内，未打开铅封和变动二次回路以前，保护装置出现由于调试和安装质量不良而引起的不正确动作，其责任归属为（   ）。

A. 设计单位；B. 运行单位；C. 基建单位

7. 发电厂接于 220kV 双母线上有三台及以上变压器，则应有（   ）。

A. 一台变压器中性点直接接地；B. 每条母线有一台变压器中性点直接接地；C. 三台及以上变压器均直接接地

8. 220kV 变压器的中性点经间隙接地的零序过电压保护电压定值（二次值）一般可整定（   ）

A. 100V；B. 180V；C. 300V

9. 测量交流电流二次回路的绝缘电阻使用（   ）摇表。

A. 500V；B. 1000V；C. 2000V

10. 继电保护装置检验分为三种，是（   ）。

A. 验收检验、全部检验、传动检验；B. 部分检验、补充检验、定期检验；C. 验收检验、定期检验、补充检验

11. 继电保护的"三误"是（   ）。

A. 误整定、误试验、误碰；B. 误整定、误接线、误试验；C. 误接线、误碰、误整定

12. 查找直流接地时，所用仪表内阻不应低于（   ）。

A. 1000Ω/V；B. 2000Ω/V；C. 3000Ω/V

13. 在保护和测量仪表中，电流回路的导线截面不应小于（   ）。

A. 2.5mm²；B. 4mm²；C. 5mm²

14. 断路器的控制电源最为重要，一旦失去电源，断路器无法操作，因此断路器控制电源消失时应发出（   ）。

A. 音响信号；B. 光字牌信号；C. 音响和光字牌信号

15. 变压器差动保护为了减小不平衡电流，常选用铁芯不易饱和的电流互感器，一般选用（   ）。

A. 0.5 级；B. D 级；C. TPS 级

16. 继电保护要求电流互感器的一次电流等于最大短路电流时，其变比误差不大于（   ）。

A. 5%；B. 8%；C. 10%

17. 直流中间继电器、跳（合）闸出口继电器的消弧回路应采取以下方式：（   ）。

A. 两个二极管串联后与继电器的线圈并联，要求每个二极管的反压不低于 300V；B. 一个二极管与一适当感抗值的电感串联后与继电器的线圈并联，要求二极管与电感的反压均不低于 1000V；C. 一个二极管与一适当阻值的电阻串联后与继电器的线圈并联，要求二极管的反压不低于 1000V

18. 按照部颁反措要点的要求，保护跳闸连接片（   ）。

A. 开口端应装在上方，接到断路器的跳闸线圈回路；B. 开口端应装在下方，接到断路器的跳闸线圈回路；C. 开口端应装在上方，接到保护的跳闸出口回路

19. 某一套独立的保护装置由保护主机及出口继电器两部分组成，分装于两面保护屏上，其出口继电器部分（　　）。

A. 必须与保护主机部分由同一专用端子对取得正、负直流电源；B. 应由出口继电器所在屏上的专用端子对取得正、负直流电源；C. 为提高保护装置的抗干扰能力，应由另一直流熔断器提供电源

20. 来自电压互感器二次侧的 4 根开关场引入线（U_a、U_b、U_c、U_N）和电压互感器三次侧的 2 根开关场引入线（开口三角的 U_L、U_N）中的两个零相电缆芯 U_N（　　）。

A. 在开关场并接后，合成一根引至控制室接地；B. 必须分别引至控制室，并在控制室接地；C. 三次侧的 U_N 在开关场接地后引入控制室 N600，二次侧的 U_N 单独引入控制室 N600 并接地

21. 集成电路型、微机型保护装置的电流、电压引入线应采用屏蔽电缆，同时（　　）。

A. 电缆的屏蔽层应在开关场可靠接地；B. 电缆的屏蔽层应在控制室可靠接地；C. 电缆的屏蔽层应在开关场和控制室两端可靠接地

22. 检查微机型保护回路及整定值的正确性（　　）。

A. 可采用打印定值和键盘传动相结合的方法；B. 可采用检查 VFC 模数变换系统和键盘传动相结合的方法；C. 只能用由电流电压端子通入与故障情况相符的模拟量，使保护装置处于与投入运行完全相同状态的整组试验方法

23. 对于集成电路型保护及微机型保护而言，（　　）。

A. 弱信号线不得和强干扰（如中间继电器线圈回路）的导线相邻近；B. 因保护中已采取了抗干扰措施，弱信号线可以和强干扰（如中间继电器线圈回路）的导线相邻近；C. 在弱信号线回路并接抗干扰电容后，弱信号线可以和强干扰（如中间继电器线圈回路）的导线相邻近

24. 按照部颁反措要点的要求，220kV 变电站信号系统的直流回路应（　　）。

A. 尽量使用专用的直流熔断器，特殊情况下可与控制回路共用一组直流熔断器；B. 尽量使用专用的直流熔断器，特殊情况下可与该站远动系统共用一组直流熔断器；C. 由专用的直流熔断器供电，不得与其他回路混用

25. 如果线路送出有功与受进无功相等，则线路电流、电压相位关系为（　　）。

A. 电压超前电流 45°；B. 电流超前电压 45°；C. 电流超前电压 135°

三、填空题（10题，每题 2 分）

1. 变压器短路故障后备保护，主要是作为＿＿＿＿＿＿及＿＿＿＿＿＿故障的后备保护。

2. 对交流二次电压回路通电时，必须＿＿＿＿＿＿至电压互感器二次侧的回路，防止＿＿＿＿＿＿。

3. 现场工作结束后，现场继电保护工作记录簿上应记录＿＿＿＿＿＿，二次回路更改情况，已解决及未解决的问题及缺陷，运行注意事项，＿＿＿＿＿＿等项内容。

4. 一次接线为 1 个半断路器接线时，每组母线宜装设＿＿＿＿套母线保护，且该母线保护＿＿＿＿＿＿装设电压闭锁元件。

5. 由变压器、电抗器瓦斯保护启动的中间继电器，应采用＿＿＿＿＿＿＿＿中间继

电器，不要求快速动作，以防止_____时误动作。

6. 为保证高频保护收发信机能可靠接收到对端信号，要求通道裕度不低于_____dB，即_____Np。

7. 三相变压器空载合闸励磁涌流的大小和波形与下列因素有关：电源电压大小和合闸初相角；系统阻抗大小；_____；饱和磁通大小；_____；三相铁芯的结构和工艺；Y侧合闸时中性点接地方式等等。

8. 故障点正序综合阻抗_____零序综合阻抗时三相短路电流小于单相接地短路电流，单相短路零序电流_____两相接地短路零序电流。

9. 继电保护所用的电流互感器稳态变比误差不应大于_____%，而角误差不应超过_____度。

10. 阻抗保护应用_____和_____共同来防止失压误动。

选答题部分（40分）

选答题分为系统保护和发电机（含发电机—变压器组）保护两部分。应试人员按本人所从事的专业工作选答其中一类题目。

Ⅰ. 系统保护部分（共6题，任选4题回答，每题10分）

一、一条两侧均有电源的220kV线路（见图C-1）k点A相单相接地短路。两侧电源、线路阻抗的标幺值均已注明在图中，设正、负序电抗相等，基准电压为230kV，基准容量为1000MVA。要求：

（1）绘出在k点A相接地短路时，包括两侧的复合序网图；

（2）计算出短路点的全电流（有名值）；

（3）求出流经M、N各侧零序电流（有名值）。

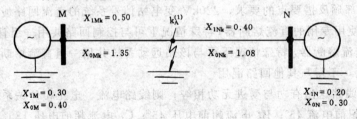

图 C-1 题一系统图

X_{1M}、X_{1N}—M、N侧正序电抗标幺值；X_{0M}、X_{0N}—M、N侧零序电抗标幺值；

X_{1Mk}、X_{0Mk}；X_{1Nk}、X_{0Nk}—M、N侧母线至故障点k线路正、零序电抗标幺值

二、如图C-2（a）所示的220kV线路A的高频闭锁方向零序电流保护，在区外k点A相接地短路时，因甲变电所电压互感器二次采用B相接地，中性线又发生断线，使加于甲变电所#2断路器保护上的三相电压数值（二次值）和相间角度如图C-2（b）所示。该保护又采用了自产$3U_0$。图中KW为零序功率方向继电器。

（1）请分析A线高频闭锁方向零序电流保护此时为什么会误动？

（2）如何改进此保护？

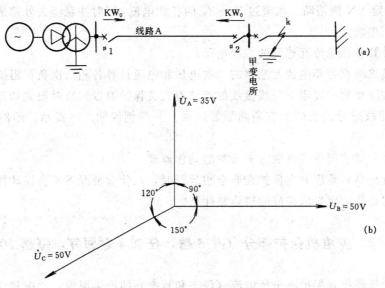

图 C-2 二题 A 线高频闭锁方向零序电流保护误动分析

(a) 系统图；(b) 甲变电所 #2 断路器保护三相电压相量图

三、图 C-3 为固定连接式母线完全差动保护的简单原理接线图。图中示出了试验时所通过的一次电流数值和流向。启动元件、选择元件临时整定值均为 200A（一次值）。电流互感器变比均为 600/5。试验前已检查所有元件母差电流互感器二次接线和直流回路均正确。请写出此母差保护正式投运前的带负荷试验如何进行？

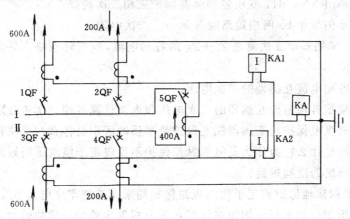

图 C-3 固定连接式母线完全差动保护原理接线图

KA—启动元件，BCH-2；KA1— I 母选择元件，BCH-2；KA2— II 母选择元件，BCH-2

四、YN, d11 三相变压器装设比率制动式纵差保护。设纵差保护二次导线每相阻抗为 Z_L，继电器制动绕组阻抗为 Z_K，试分析当变压器 d 侧发生 bc 两相外部短路时，变压器 YN 侧电流互感器各相二次负荷阻抗。

提示：

（1）首先画出 YN, d11 变压器和纵差保护三相二次接线；

（2）分析 d 侧发生 bc 两相短路时各侧一、二次电流；

（3）确定 YN 侧差动二次流过 Z_L+Z_K 的各相电流，同时注意略去外部短路时流过差动回路的不平衡电流；

（4）计算各相电流互感器的二次电压；

（5）最终根据各相电流互感器的二次电压和电流计算各相二次负荷阻抗。

五、解释规程中规定双母线接线的断路器失灵保护要以较短时限先切母联断路器，再以较长时限切故障母线上的所有断路器的理由。并举例说明之（提示：断路器分闸时间有差异）。

六、（1）试述闭锁式纵联方向保护的动作原理。

（2）分析高频负序方向保护在非全相运行时，在什么情况下不会误动作？在什么情况下该保护会误动作，应采取相应的措施是什么？

Ⅱ．发电机保护部分（共 6 题，任选 4 题回答，每题 10 分）

一、变压器纵差保护不平衡电流（稳态和暂态）的产生原因。比率制动式变压器纵差保护的最小动作电流 $I_{op.min}$ 和制动系数 K_{res} 如何整定？

二、YN，d11 变压器装设比率制动式纵差保护。已知纵差保护二次导线每相阻抗为 Z_L，继电器制动绕组阻抗为 Z_K，试分析当变压器 d 侧发生 bc 两相外部短路时，变压器 YN 侧电流互感器各相二次负载阻抗。

提示：

（1）首先画出 YN，d11 变压器和纵差保护三相二次接线；

（2）分析 d 侧发生 bc 两相短路时各侧一、二次电流；

（3）确定 YN 侧差动二次流过 Z_L+Z_K 的各相电流，同时注意略去外部短路时流过差动回路的不平衡电流；

（4）计算各相电流互感器的二次电压；

（5）最终根据各相电流互感器的二次电压和电流计算各相二次负载阻抗。

三、发电机纵差保护与变压器纵差保护最本质的区别是什么？反映在两种纵差保护装置中最明显的不同是什么？为什么发电机纵差保护不反应定子绕组匝间短路而变压器纵差保护却能反应各侧绕组的匝间短路？

四、定子单相接地保护和定子匝间短路保护均采用基波零序电压 $3U_0$，这两种 $3U_0$ 电压有什么不同？采用 $3U_0$ 的定子匝间短路保护在发电机发生单相接地故障时会误动吗？

五、发电机发生失磁故障后，当到达静稳极限时，机端阻抗动作特性圆如何作图表达？当发电机进入异步运行，机端阻抗动作特性圆又如何作图表达？已知发电机参数 X_d' 和 X_d，且有 $X_d=X_q$，机端以外系统总阻抗为 X_s。

六、 新投运的 220kV 变电所仅有一台电压互感器，变比为 $\dfrac{220kV}{\sqrt{3}} \Big/ \dfrac{100V}{\sqrt{3}} \Big/ 100V$。问：

（1）在接入系统后应进行哪些试验（写出试验项目，不作解释）？（2）图 C-4 中，互感器二次和三次绕组的极性和二次绕组 A 相相别已确定，试用相序表和数字万用表判定其他相别和三次绕组接法是否正确？（3）图 C-4 中，用相序表和万用表测试确定 1、2 线圈中哪个是 B 或 C；3、5、7 中谁是 a 或 b 或 c；4、6、8 线圈中哪个是 x 或 y 或 z。

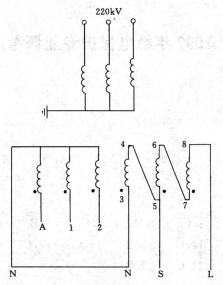

图 C-4　电压互感器接线图

附录 D 1997 年继电保护专业调考试题答案

必答题部分

一、判断题

1. √   2. ×   3. √   4. ×   5. ×   6. ×   7. √   8. √   9. ×

10. √

二、选择题

1. B   2. B   3. A   4. C   5. A   6. C   7. B   8. B   9. B   10. C

11. C   12. B   13. A   14. C   15. B   16. C   17. C   18. A   19. A   20. B

21. C   22. C   23. A   24. C   25. B

三、填空题

1. 相邻元件；变压器内部

2. 可靠断开；反充电

3. 整定值变更情况；能否投入

4. 2；不应

5. 较大启动功率的；直流正极接地

6. 8.68；1

7. 剩磁大小和方向；三相绕组的接线方式

8. 大于；小于

9. 10；7

10. 电流启动；电压断线闭锁

选答题部分

I . 系统保护部分

一、答：

1. 复合序网图如图 D-1 所示。

图中

$$X'_{1M} = X'_{2M} = X_{1M} + X_{1Mk} = 0.3 + 0.5 = 0.8$$
$$X'_{1N} = X'_{2N} = X_{1N} + X_{1Nk} = 0.2 + 0.4 = 0.6$$
$$X'_{0M} = X_{0M} + X_{0Mk} = 0.4 + 1.35 = 1.75$$
$$X'_{0N} = X_{0N} + X_{0Nk} = 0.3 + 1.08 = 1.38$$

2. 计算短路点全电流（有名值）

$$X_{1\Sigma} = X'_{1M} /\!/ X'_{1N} = 0.8 /\!/ 0.6 = 0.34$$
$$X_{0\Sigma} = X'_{0M} /\!/ X'_{0N} = 1.75 /\!/ 1.38 = 0.77$$

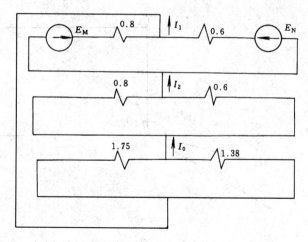

图 D-1 复合序网图

基准电流 $I_b = \dfrac{1000}{\sqrt{3} \times 230} = 2.51(\text{kA})$

$$I_A = \frac{3I_b}{2X_{1\Sigma} + X_{0\Sigma}} = \frac{3 \times 2.51}{2 \times 0.34 + 0.77} = \frac{7.53}{1.45} = 5.19(\text{kA})$$

3. 分别计算 M、N 侧的零序电流

M 侧

$$I_{0M} = \frac{1}{3} I_{kA} \frac{X'_{0N}}{X'_{0M} + X'_{0N}}$$

$$= \frac{1}{3} \times 5.19 \times \frac{1.38}{3.13} = 0.76(\text{kA})$$

N 侧

$$I_{0N} = \frac{1}{3} I_{kA} \frac{X'_{0M}}{X'_{0M} + X'_{0N}} = \frac{1}{3} \times 5.19 \times \frac{1.75}{3.13} = 0.97(\text{kA})$$

二、答：

1. 误动原因分析

线路 A 高频闭锁误动的关键在于线路 A 的 #2 断路器高频闭锁零序方向此时是否动作。因该保护采用自产 $3U_0$，按本题条件，$3\dot{U}_0$ 分析如下

$$\begin{aligned}
3\dot{U}_0 &= \dot{U}_A + \dot{U}_B + \dot{U}_C \\
&= U_A - jU_B - U_C\sin30° + jU_C\cos30° \\
&= U_A - U_C\sin30° - j(U_B - U_C\cos30°) \\
&= 35 - 50 \times 0.5 - j50(1 - 0.866) \\
&= 10 - j6.5
\end{aligned}$$

计算结果表明 $3\dot{U}_0$ 的相位与 $\dot{U}_A$ 的相位相近。用作图法求 $3\dot{U}_0$ 如图 D-2 所示，具体分析如下：

k 点 A 相接地短路时，流过 #2 断路器的 $3\dot{I}_0$ 为反向，故 $3\dot{I}_0$ 超前于 $\dot{U}_0$ 的相位为 110°～120°，构成了 #2 断路器零序方向动作条件，而 #1 断路器零序方向为正方向。从而使 A 线高频闭锁方向零序电流保护在区外故障时误动作。

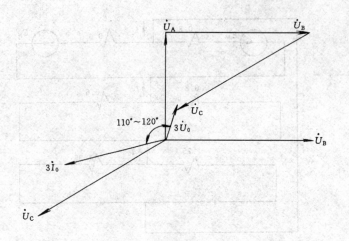

图 D-2　作图法求 $3\dot{U}_0$。

2. 可采取的改进措施

造成该保护误动作的最根本原因是电压互感器二次采用 B 相接地,中性线断线不易发现。在一次系统单相接地时,中性点位移。因此,电压互感器二次不宜采用 B 相接地方式,应改为零线接地方式,或者零线中的所串触点设有监视及闭锁回路;或者保护不采用自产 $3U_0$,均可避免保护在区外故障时误动作。

三、答:试验步骤如下

(1) 检查母差投入连接片确已断开。

(2) 测量各组电流互感器的各相电流数值和相位。

(3) 检查回路不平衡电流应小于 10mA。

(4) 检查 kA1、kA2、kA 不平衡电压均应小于 150mV。

(5) 用负荷电流检查启动元件和选择元件的正确性。

1) 模拟 I 母故障。将负荷电流大的 1QF 断路器母差用的电流互感器的 A、B、C 各相分别依次短接接地并退出差回路。此时差回路和 I 母选择回路中均有较大电流,启动元件 kA 和选择元件 kA1 均应动作。

2) 模拟 II 母故障。将 3QF 断路器母差用电流互感器,同样依照上述方法进行试验,kA、kA2 应动作。

如果试验中发现不符合上述动作情况,必须按当时的负荷情况加以分析,认真查找确实原因,然后改线后重新进行试验。

(6) 每次试验结束后,将短路接地退出的电流互感器二次接入差回路。

因 kA、kA1、kA2 定值在试验时做了临时调整,试验后全部恢复原定值。

(7) 检查母差回路不平衡电流和 kA1、kA2、kA 不平衡电压值,应符合要求。

四、答:

假设外部短路时差动不平衡电流为零,画出 YN,d11 变压器和纵差保护三相二次接线图如图 D-3 所示。

YN 侧 C 相电流互感器二次有最大电压 $\dot{U}_C$

$$\dot{U}_C = 3I \times 2(Z_L + Z_K)$$

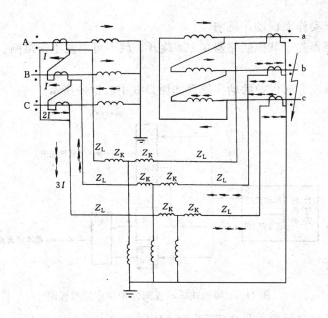

图 D-3　变压器二次 bc 相短路时一次电流
互感器二次负载阻抗分析

$$Z_C = U_C/I_C = 3I \times 2(Z_L + Z_K)/2I$$
$$= 3(Z_L + Z_K)$$

A 相、B 相电流互感器有

$$Z_A = Z_B = U_A/I_A = U_B/I_B = 3I(Z_L + Z_K)/I$$
$$= 3(Z_L + Z_K)$$

五、答：其理由举例分析如下

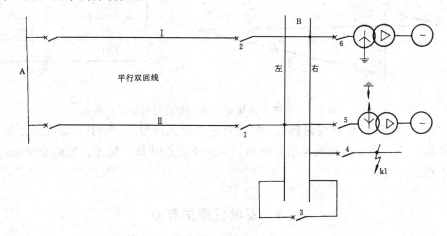

图 D-4　断路器失灵保护动作分析

由于断路器分闸时间有差异，在图 D-4 所示系统中 k1 点发生单相接地故障时，当断路器 4 拒动时，断路器失灵保护应切 2、3、6。若同时切 2、3、6，如果 2 先于 3 跳，Ⅰ 线电流为零，Ⅱ 线电流增大，A、B 两站间平行双回线横差保护将会误判断，使 Ⅱ 线无选择性跳闸。

若 6 先于 2 或 3 跳，B 站变压器中性点会跳开，A 站 Ⅰ 线或 Ⅱ 线的零序电流速断保护因电流增大则可能相继动作而误动作跳闸。

如果母联断路器先于其他断路器0.25s跳开，就不可能发生误跳闸。

六、答：

（1）闭锁式纵联方向保护的动作原理如图D-5中的框图所示。

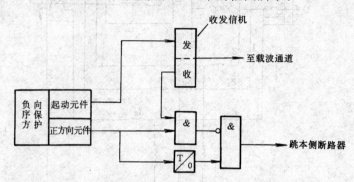

图 D-5　闭锁式纵联方向保护动作原理框图

（2）高频负序方向保护在非全相运行时的定性分析。

如图D-6所示，当电压互感器TV在母线侧时，在线路两端A、B，负序方向元件同时为负，和线路区内短路完全一样，将会误动作。为了防止误动作，线路非全相运行时，应将负序方向元件闭锁。

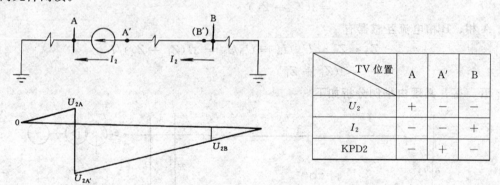

TV 位置	A	A'	B
U_2	+	−	−
I_2	−	−	+
KPD2	−	+	−

图 D-6　负序方向保护在非全相运行时动作分析

当电压互感器TV装在线路侧时，A'端负序方向元件为正，B（B'）端负序方向元件为负，和外部故障一样，由于受到高频信号闭锁，保护不会误动作。因此，线路非全相运行时，仍可继续运行。

Ⅱ. 发电机保护部分

一、答：

1. 产生稳态不平衡电流的原因

电流互感器TA比误差，在负荷状态下 $f_i \leqslant 3\%$；在短路电流下 $f_i \leqslant 10\%$。

分接头调节 $\Delta U\%$。

各侧电流互感器（包括辅助变流器）变比不匹配 $\Delta f\%$。

2. 产生暂态不平衡电流的原因

外部短路的暂态过程中，非周期分量电流使电流互感器 TA 饱和，产生超过 10% 的比误差。

变压器空载合闸的励磁涌流，仅在变压器一侧有电流。

3. 制动系数 K_{res} 整定

$$K_{res} = K_{rel}(K_1 f_i + \Delta U + \Delta f)$$

式中 K_{rel} —— 可靠系数，取 $1.3 \sim 1.5$；

       K_1 —— 同型系数，取 1.0；

       f_i —— 电流互感器的比误差，取 0.1。

4. 最小动作电流 $I_{op \cdot min}$ 整定

当拐点电流 $I_{res \cdot min}$ 整定为变压器额定电流 I_N 时，则 $I_{op \cdot min} = K_{res} I_N$。

二、见系统保护部分题四。

三、答：

（1）发电机纵差保护范围仅包含定子绕组电路，满足正常运行和外部短路时的电路电流 $\Sigma \dot{I} = 0$ 的关系。变压器纵差保护范围包含诸绕组的电路并受它们的磁路影响，正常运行和空载合闸时 $\Sigma \dot{I_i} \neq 0$。

（2）变压器纵差保护比发电机纵差保护增加了空载合闸时防励磁涌流下误动的部分。

（3）发电机定子绕组匝间短路时，机端和中性点侧电流完全相等，所以纵差保护不反应。

（4）变压器某侧绕组匝间短路时，该绕组的匝间短路部分可视为出现了一个新的短路绕组，故纵差保护动作。

四、答：

（1）定子单相接地保护的 $3U_o$ 电压是机端三相对地零序电压；定子匝间短路保护的 $3U_o$ 电压是机端三相对中性点的零序电压，如图 D-7 所示。

（2）由于定子单相接地故障时，丝毫不改变机端三相对中性点的电压，所以匝间短路保护不会误动作。

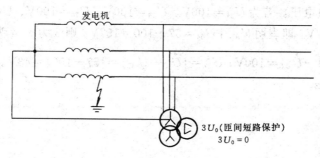

图 D-7   匝间短路保护互感器接线图

五、答：

图 D-8（a）所示系统中，发电机发生失磁故障后，失磁开始到静稳失步之前，机端阻抗近似按等有功阻抗圆变化，如图 D-8（b）中圆 1 所示。

（1）静稳极限阻抗圆为图 D-8（b）中的圆 2。

（2）异步边界阻抗圆为图 D-8（b）中的圆 3。

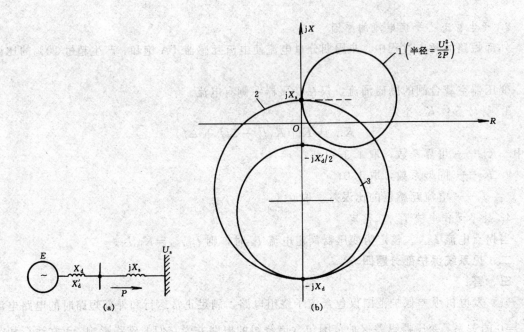

图 D-8　发电机失磁后机端阻抗动作特性圆

(a) 系统示意图；(b) 动作特性圆

六、答：

(1) 新投入的电压互感器在接入系统电压后应进行下列试验：测量每一个二次绕组、三次绕组的电压；测量二次绕组的相间电压；测量相序；测量零序电压和定相。

(2) 因 A 相相别已定，用相序表测量二次绕组，从而决定二次绕组另两相的相别。

(3) 用万用表测下列电压。

1) 测二次绕组电压：若相电压为 $U_{AN}=57V$、$U_{1N}=57V$、$U_{2N}=57V$；相间电压为：$U_{A1}=100V$、$U_{A2}=100V$、$U_{12}=100V$。

2) 用相序表测 A.1、2 相序，若 A、1、2 为正相序，则可确定 1 是 B，2 是 C。

3) 测三次绕组电压：若为 $U_{34}=100V$、$U_{56}=100V$、$U_{78}=100V$、$U_{NL}=0$。

4) 测 $U_{AS}=157V$，即表明 $U_{AN}+U_{34}=57+100=157V$，则 3 为 a，4 为 x。如果接线正确，$U_{37}=|\dot{U}_a+\dot{U}_b|=|-\dot{U}_c|=100V$；$U_{27}=|\dot{U}_C+\dot{U}_{37}|=|57-100|=43V$。则可确认 5 为 b，6 为 y；7 为 c，8 为 z。

附录E　2002年电力系统继电保护专业技术竞赛笔试题

必答题部分（共**60分**）

一、判断题（20题，每题0.5分，要求将答案填在答题卡的相应位置）

1. 二次回路中电缆芯线和导线截面的选择原则是：只需满足电气性能的要求；在电压和操作回路中，应按允许的压降选择电缆芯线或电缆芯线的截面。

2. 为使变压器差动保护在变压器过励磁时不误动，在确定保护的整定值时，应增大差动保护的5次谐波制动比。

3. 对于SF_6断路器，当液压降低至不允许的程度时，断路器的跳闸回路断开，并发出"直流电源消失"信号。

4. 在双侧电源系统中，如忽略分布电容，当线路非全相运行时一定会出现零序电流和负序电流。

5. 在电压互感器二次回路通电试验时，为防止由二次侧向一次侧反充电，将二次回路断开即可。

6. 在正常工况下，发电机中性点无电压。因此，为防止强磁场通过大地对保护的干扰，可取消发电机中性点TV二次（或消弧线圈、配电变压器二次）的接地点。

7. 为提高保护动作的可靠性，不允许交、直流回路共用同一根电缆。

8. 比较母联电流相位式母差保护在母联断路器运行时发生区内故障，理论上不会拒动。

9. 逐次逼近式模数变换器的转换过程是由最低位向最高位逐次逼近。

10. 在小接地电流系统中，线路上发生金属性单相接地时故障相电压为零，两非故障相电压升高$\sqrt{3}$倍，中性点电压变为相电压。三个线电压的大小和相位与接地前相比都发生了变化。

11. 设置变压器差动速断元件的主要原因是防止区内故障TA饱和产生高次谐波致使差动保护拒动或延缓动作。

12. 大接地电流系统中发生接地短路时，在复合序网的零序序网图中没有出现发电机的零序阻抗，这是由于发电机的零序阻抗很小可忽略。

13. P级电流互感器10%误差是指额定负载情况下的最大允许误差。

14. 电流互感器容量大表示其二次负载阻抗允许值大。

15. 对于发电机定子绕组和变压器原、副边绕组的小匝数匝间短路，短路处电流很大，所以阻抗保护可以做它们的后备。

16. 出口继电器电流保持线圈的自保持电流应不大于断路器跳闸线圈的额定电流，该线圈上的压降应小于5%的额定电压。

17. 在电压互感器开口三角绕组输出端不应装熔断器，而应装设自动开关，以便开关跳开时发信号。

18. 中性点经放电间隙接地的半绝缘110kV变压器的间隙零序电压保护，$3U_0$定值一般整定为150～180V。

19. YN，d11 接线的变压器低压侧发生 bc 两相短路时，高压侧 B 相电流是其他两相电流的 2 倍。

20. 变压器纵差保护经星-角相位补偿后，滤去了故障电流中的零序电流，因此，不能反映变压器 YN 侧内部单相接地故障。

二、选择题（40 题，每题 1 分，每题只能选一个答案，要求将答案填在答题卡的相应位置）

1. 对二次回路保安接地的要求是（   ）。

A. TV 二次只能有一个接地点，接地点位置宜在 TV 安装处；B. 主设备差动保护各侧 TA 二次只能有一个公共接地点，接地点宜在 TA 端子箱；C. 发电机中性点 TV 二次只能有一个接地点，接地点应在保护屏上

2. 继电保护试验用仪器的精度及测量二次回路绝缘表计的电压等级应分别为（   ）。

A. 1 级及 1000V；B. 0.5 级及 1000V；C. 3 级及 500V

3. 双母线的电流差动保护，当故障发生在母联断路器与母联 TA 之间时出现动作死区，此时应该（   ）。

A. 启动远方跳闸；B. 启动母联失灵（或死区）保护；C. 启动失灵保护及远方跳闸

4. 在微机保护中经常用全周傅氏算法计算工频量的有效值和相角，请选择当用该算法正确的说法是（   ）。

A. 对直流分量和衰减的直流分量都有很好的滤波作用；B. 对直流分量和所有的谐波分量都有很好的滤波作用；C. 对直流分量和整数倍的谐波分量都有很好的滤波作用

5. 为防止由瓦斯保护起动的中间继电器在直流电源正极接地时误动，应（   ）。

A. 采用动作功率较大的中间继电器，而不要求快速动作；B. 对中间继电器增加 0.5s 的延时；C. 在中间继电器起动线圈上并联电容

6. 对两个具有两段折线式差动保护的动作灵敏度的比较，正确的说法是（   ）。

A. 初始动作电流小的差动保护动作灵敏度高；B. 初始动作电流较大，但比率制动系数较小的差动保护动作灵敏度高；C. 当拐点电流及比率制动系数分别相等时，初始动作电流小者，其动作灵敏度高

7. 对无人值班变电站，无论任何原因，当断路器控制电源消失时，应（   ）。

A. 只发告警信号；B. 必须发出遥信；C. 只启动光字牌

8. 母线差动保护的暂态不平衡电流比稳态不平衡电流（   ）。

A. 大；B. 相等；C. 小

9. 空载变压器突然合闸时，可能产生的最大励磁涌流的值与短路电流相比（   ）。

A. 前者远小于后者；B. 前者远大于后者；C. 可以比拟

10. 采用 VFC 数据采集系统时，每隔 T_s 从计数器中读取一个数。保护算法运算时采用的是（   ）。

A. 直接从计数器中读取得的数；B. T_s 期间的脉冲个数；C. $2T_s$ 或以上期间的脉冲个数

11. 为了验证中阻抗母差保护的动作正确性，可按以下方法进行带负荷试验（   ）。

A. 短接一相母差 TA 的二次侧，模拟母线故障；B. 短接一相辅助变流器的二次侧，模拟母线故障；C. 短接负荷电流最大连接元件一相母差 TA 的二次侧，并在可靠短接后断开辅助变流器一次侧与母差 TA 二次的连线

12. 微机保护要保证各通道同步采样，如果不能做到同步采样，除对（　　）以外，对其他元件都将产生影响。

　　A. 负序电流元件；B. 相电流元件；C. 零序方向元件

13. 如果对短路点的正、负、零序综合电抗为 $X_{1\Sigma}$、$X_{2\Sigma}$、$X_{0\Sigma}$，而且 $X_{1\Sigma}=X_{2\Sigma}$，故障点的单相接地故障相的电流比三相短路电流大的条件是（　　）。

　　A. $X_{1\Sigma}>X_{0\Sigma}$；B. $X_{1\Sigma}=X_{0\Sigma}$；C. $X_{1\Sigma}<X_{0\Sigma}$

14. 在振荡中，线路发生B、C两相金属性接地短路。如果从短路点F到保护安装处M的正序阻抗为 Z_K，零序电流补偿系数为K，M到F之间的A、B、C相电流及零序电流分别是 I_A、I_B、I_C 和 I_0，则保护安装处B相电压的表达式为（　　）。

　　A. $(I_B+I_C+K3I_0)Z_K$；B. $(I_B+K3I_0)Z_K$；C. I_BZ_K

15. 在保护柜端子排上（外回路断开），用1000V摇表测量保护各回路对地的绝缘电阻值应（　　）。

　　A. 大于10MΩ；B. 大于5MΩ；C. 大于0.5MΩ

16. 在中性点不接地系统中，电压互感器的变比为 $10.5\text{kV}/\sqrt{3}/100\text{V}/\sqrt{3}/100\text{V}/3$，互感器一次端子发生单相金属性接地故障时，第三绕组（开口三角）的电压为（　　）。

　　A. 100V；B. $100\text{V}/\sqrt{3}$；C. 300V

17. YN，d11变压器，三角形侧ab两相短路，星形侧装设两相三继电器过流保护，设 Z_L 和 Z_K 为二次电缆（包括TA二次漏阻抗）和过流继电器的阻抗，则电流互感器二次负载阻抗为（　　）。

　　A. Z_L+Z_K；B. $2(Z_L+Z_K)$；C. $3(Z_L+Z_K)$

18. 为相量分析简便，电流互感器一、二次电流相量的正向定义应取（　　）标注。

　　A. 加极性；B. 减极性；C. 均可

19. 如果对短路点的正、负、零序综合电抗为 $X_{1\Sigma}$、$X_{2\Sigma}$、$X_{0\Sigma}$，且 $X_{1\Sigma}=X_{2\Sigma}$，则两相接地短路时的复合序网图是在正序序网图中的短路点K1和中性点H1间串入如（　　）式表达的附加阻抗。

　　A. $X_{2\Sigma}+X_{0\Sigma}$；B. $X_{2\Sigma}$；C. $X_{2\Sigma}//X_{0\Sigma}$

20. 继电保护是以常见运行方式为主来进行整定计算和灵敏度校核的。所谓常见运行方式是指（　　）。

　　A. 正常运行方式下，任意一回线路检修；B. 正常运行方式下，与被保护设备相邻近的一回线路或一个元件检修；C. 正常运行方式下，与被保护设备相邻近的一回线路检修并有另一回线路故障被切除

21. 在继电保护中，通常用电抗变压器或中间小TA将电流转换成与之成正比的电压信号。两者的特点是（　　）。

　　A. 电抗变压器具有隔直（即滤去直流）作用，对高次谐波有放大作用，小TA则不然；B. 小TA具有隔直作用，对高次谐波有放大作用，电抗变压器则不然；C. 小TA没有隔直作用，对高次谐波有放大作用，电抗变压器则不然

22. 当TV二次采用B相接地时（　　）。

　　A. 在B相回路中不应装设熔断器或快速开关；B. 应在接地点与电压继电器之间装设熔

断器或快速开关；C. 应在 TV 二次出口与接地点之间装设熔断器或快速开关

23. 查找 220V 直流系统接地使用表计的内阻应（　　）。

A. 不小于 2000Ω/V；B. 不小于 5000Ω；C. 不小于 2000Ω

24. 电流互感器是（　　）。

A. 电流源，内阻视为无穷大；B. 电压源，内阻视为零；C. 电流源，内阻视为零

25. 在运行的 TA 二次回路工作时，为了人身安全，应（　　）。

A. 使用绝缘工具，戴手套；B. 使用绝缘工具，并站在绝缘垫上；C. 使用绝缘工具，站在绝缘垫上，必须有专人监护

26. 双母线运行倒闸过程中会出现两个隔离开关同时闭合的情况，如果此时 I 母发生故障，母线保护应（　　）。

A. 切除两条母线；B. 切除 I 母；C. 切除 II 母

27. 一台 220kV/$\sqrt{3}$/100V/$\sqrt{3}$/100V 电压互感器，如开口三角绕组 C 相接反，运行时，开口三角输出电压为（　　）。

A. 100V；B. 200V；C. 0V

28. 微机继电保护装置的使用年限一般为（　　）。

A. 10～12 年；B. 8～10 年；C. 6～8 年

29. 配有比较母联电流相位式母差保护的双母线，当倒闸操作时，需首先（　　）。

A. 将母差保护退出运行；B. 合上解除选择元件（即比相元件）的压板，靠起动元件切除故障；C. 断开母联断路器

30. 当线路上发生 BC 两相接地短路时，从复合序网图中求出的各序分量的电流是（　　）中的各序分量电流。

A. C 相；B. B 相；C. A 相

31. 具有二次谐波制动的差动保护，为了可靠躲过励磁涌流，可（　　）。

A. 增大"差动速断"动作电流的整定值；B. 适当减小差动保护的二次谐波制动比；C. 适当增大差动保护的二次谐波制动比

32. 如果三相输电线路的自感阻抗为 Z_L，互感阻抗为 Z_M，则正确的是（　　）式。

A. $Z_0 = Z_L + 2Z_M$；B. $Z_1 = Z_L + 2Z_M$；C. $Z_0 = Z_L - Z_M$

33. 110kV 及以上电压等级的变电所，要求其接地网对大地的电阻值应（　　）。

A. 不大于 2Ω；B. 不大于 0.5Ω；C. 不大于 3Ω

34. 发电机变压器的非电量保护，应该（　　）。

A. 设置独立的电源回路（包括直流空气小开关及直流电源监视回路），出口回路与电气量保护公用；B. 设置独立的电源回路及出口跳闸回路，可与电气量保护安装在同一机箱内；C. 设置独立的电源回路和出口跳闸回路，且在保护柜上的安装位置也应相对独立

35. 容量为 180MVA，各侧电压分别为 220kV、110kV 和 10.5kV 的三绕组自耦变压器，其高压侧、中压侧及低压侧的额定容量应分别是（　　）。

A. 180MVA、180MVA、180MVA；B. 180MVA、180MVA、90MVA；C. 180MVA、90MVA、90MVA

36. 中性点不接地系统，发生金属性两相接地故障时，健全相的电压（　　）。

A. 略微增大；B. 不变；C. 增大为正常相电压的 1.5 倍

37. 在直流总输出回路及各直流分路输出回路装设直流熔断器或小空气开关时，上下级配合（　　）。

A. 无选择性要求；B. 有选择性要求；C. 视具体情况而定

38. 以下关于变压器保护说法正确的是（　　）。

A. 由自耦变压器高、中压及公共绕组三侧电流构成的分相电流差动保护无需采取防止励磁涌流的专门措施；B. 自耦变压器的零序电流保护应接入中性点引出线电流互感器的二次电流；C. 330kV、500kV 变压器，高压侧零序一段应直接动作于断开变压器各侧断路器

39. 所谓高频通道衰耗下降3dB，是指对应的接收侧的电压下降到原来收信电压的（　　）倍（已知 lg2＝0.3010）。

A. 1/$\sqrt{2}$倍；B. 1/2 倍；C. 1/$\sqrt{3}$倍

40. 线路分相电流差动保护采用（　　）通道最优。

A. 数字载波；B. 光纤；C. 数字微波

三、填空题（共10题，每题1分，请将答案填入空格内。）

1. 用于额定电压为220V 直流系统绝缘检测装置的内阻应不_____。

2. 为防止断路器偷跳，当经长电缆去启动出口继电器时，应采取的措施有：将不同用途的电缆分开布置及适当增加_____。

3. 变压器的瓦斯保护应做到防水、防_____及密封性好。

4. 保护TV 二次回路电压切换时，应检查并保证在切换过程中不会产生_____，应同时控制可能误动保护的正电源。

5. 断路器失灵保护相电流判别元件的动作时间和返回时间均应_____。

6. 当母线内部故障有电流流出时，应_____差动元件的比率制动系数，以确保内部故障时母线保护正确动作。

7. 如果电力系统各元件的正序阻抗等于负序阻抗，且各元件的阻抗角相等，当线路发生单相接地短路时，流过保护的两个非故障相电流与故障相电流同相位的条件是：零序电流分配系数_____于正（负）序电流分配系数。

8. 保护用电缆的敷设路径，应尽可能离开高压母线及_____的入地点。

9. 电流互感器不能满足10％误差要求时可采取的措施有：A）增大二次电缆截面；B）串接备用互感器；C）改用容量大的互感器；D）_____。

10. 对于高压侧采用备用电源自动投入方式的变电所，变压器放电间隙的零序电流保护可整定为两个时限，第一时限以0.2S 跳_____，第二时限以0.7S 跳开变压器。

四、选答题部分（共60分，分供电专业、发电专业两部分）

供电专业试题

说明：第1题（20分）为必选题；2~6题（每题10分）可任选其中4道题做答。

1. 图E-1中两条线路都装有闭锁式零序方向高频保护，线路阻抗角为80°。

1）请画出闭锁式零序方向高频保护的原理框图（保护停信和断路器位置停信可不画入）。（6分）

2）如果保护用母线TV，当MN 线路两侧DL1、DL2 均已跳开单相，进入两相运行状态时，按传统规定的电压、电流正方向，分析四个保护安装处的零序方向元件测量到的零序电

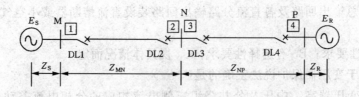

图 E-1

压与零序电流之间的相角差及零序方向元件的动作行为，并根据方向元件动作行为阐述它们的发信、收信情况。（7分）

3）如何进行高频电缆的传输衰耗和输入阻抗测试？（要求画出测量传输衰耗和输入阻抗的试验接线并列出计算公式）（7分）

2．某220kV线路，采用单相重合闸方式，在线路单相瞬时故障时，一侧单跳单重，另一侧直接三相跳闸。若排除断路器本身的问题，试分析可能造成直接三跳的原因（要求答出五个原因）。（10分）

3．YN，d11接线的变压器，三相低压绕组是如何连线的？画出这种变压器差动保护的接线图及其二次三相电流相量图。（10分）

4．图E-2中标出的阻抗为正序（负序）电抗，设各元件阻抗角为90°，$\dot{E}_S = \dot{E}_R = 1$ 变压器的励磁阻抗为无穷大、输电线路零序电抗为正序电抗的三倍，所有参数均已归算到MN线路所在的系统侧。求N母线发生A相金属性单相接地短路时流过MN线路的各相电流以及M母线的A相电压值（答案可以用分数表达）。（10分）

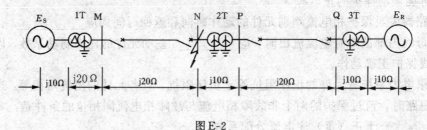

图 E-2

5．如需构成如图E-3所示特性的相间阻抗继电器，直线PQ下方与圆所围的部分是动作区。Z_{zd}是整定值，OM是直径。请写出动作方程，并说明其实现方法。（要求写出圆特性和直线特性的以阻抗形式表达的动作方程，写出加于继电器的电压U_J、电流I_J和Z_{zd}表达的电压动作方程以及逻辑关系）。（10分）

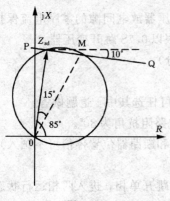

图 E-3

6．系统各元件的参数如图E-4所示，阻抗角都为80°，$|E_S| = |E_R|$。两条线路各侧距离保护Ⅰ段均按本线路阻抗的0.8倍整定。继电器都用方向阻抗继电器。

1）试分析距离保护1、2、4的Ⅰ段阻抗继电器振荡时会不会误动；（5分）

2）如果振荡周期$T = 1.5s$且作匀速振荡，求振荡时距离保护3的Ⅰ段阻抗继电器的误动时间。[提示：$(4^2 + 7^2)^{1/2} \approx 8$]

（5分）

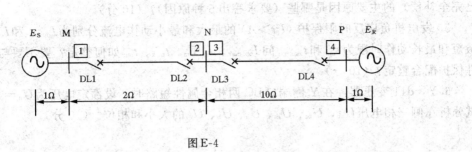

图 E-4

发电专业试题

说明：第1题（20分）为必选题；2～6题（每题10分）可任选其中4道题做答。

1. 如图 E-5 所示，发电机经 YN，d11 变压器及断路器 B1 接入高压母线，在准备用断路器 B2 并网前，高压母线发生 A 相接地短路，短路电流为 I_{AK}。变压器配置有其两侧 TA 接线为星-角的分相差动保护，并设变压器零序阻抗小于正序阻抗。

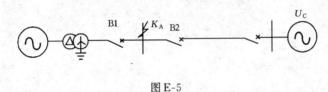

图 E-5

1）画出差动保护两侧 TA 二次原理接线图（标出相对极性及差动继电器差流线圈）。（6分）

2）画出故障时变压器两侧的电流、电压相量图及序分量图。（8分）

3）计算差动保护各侧每相的电流及差流（折算到一次）。（3分）

4）写出故障时各序功率的流向。（3分）

2. 发电机经穿墙套管、裸导线与室外主变联接。发电机配置有双频式100%的定子接地保护，其三次谐波电压保护的动作方程为 $|\dot{K}_1 \dot{U}_{S3w} - \dot{K}_2 \dot{U}_{N3w}| \geqslant K_3 U_{N3w}$，式中：$K_1$、$K_2$ 为幅值、相位平衡系数；K_3 为制动系数；$\dot{U}_{S3w}$、$\dot{U}_{N3w}$ 分别为机端及中性点三次谐波电压，基波零序电压 $3U_0$ 取自机端 TV 开口绕组。

1）大雨天，基波零序电压保护及三次谐波电压保护同时动作，请指出故障点可能所在的范围。（5分）

2）简述机端 TV 及中性点 TV 的一次侧分别断线时，基波零序电压保护及三次谐波电压保护的可能动作行为。（5分）

3. 水轮发电机，$S_n = 700MW$，$U_n = 20kV$，每相5并联分支，每分支36匝，中性点侧可引出各分支端子；定子铁芯共540槽，槽内上下层线棒短路共540种，其中 ⓐ相间短路60种（约占总短路故障的11%）；ⓑ同相不同分支匝间短路60种；ⓒ同相同分支匝间短路420种，短路匝数分别为1、3、5、7匝各105种。请回答：

1）主保护配置要求双重化，你建议装设哪些主保护？指出它们的优缺点。（8分）

2）相应的电流互感器如何配置？（2分）

4. 变压器差动保护在外部短路暂态过程中产生不平衡电流（两侧二次电流的幅值和相位

已完全补偿）的主要原因是哪些（要求答出 5 种原因)？（10 分）

5. 发电机负序反时限保护（$I_2^2 t > A$）的最大和最小动作电流分别为 $I_{op.max}$ 和 $I_{op.min}$，对应的最短和最长动作时限为 t_{min} 和 t_{max}，问 $I_{op.max}$、$I_{op.min}$、t_{max}、t_{min} 如何整定？要不要与系统相邻元件保护配合整定？（10 分）

6. Y，d11 变压器，在 Y 侧端口 BC 两相金属性短路时，设额定电压为 $U_n = 1$（标么值），试分析 △侧三相电压 U_{ab}、U_{bc}、U_{ca}、U_a、U_b、U_c 的大小和相位。（10 分）

附录F 2002年电力系统继电保护专业技术竞赛笔试题答案

必答题部分

一、判断题

1	2	3	4	5	6	7	8	9	10
×	×	√	×	×	×	√	×	×	×

11	12	13	14	15	16	17	18	19	20
√	×	×	√	×	×	×	√	×	×

二、选择题

1	2	3	4	5	6	7	8	9	10
C	B	B	C	A	C	B	A	C	C

11	12	13	14	15	16	17	18	19	20
C	B	A	B	A	A	C	B	C	B

21	22	23	24	25	26	27	28	29	30
A	C	A	A	C	A	B	A	B	C

31	32	33	34	35	36	37	38	39	40
B	A	B	C	B	C	B	A	A	B

三、填空题

1. 小于 $20k\Omega$

2. 出口继电器动作功率

3. 油渗漏

4. TV 二次反充电

5. 不大于20ms

6. 减小

7. 大

8. 高频暂态电流

9. 增大 TA 一次额定电流

10. 高压侧断路器

四、选答题部分

供电专业试题

1. 答：图F-1中两条线路都装有闭锁式零序方向高频保护，线路阻抗角为80°。

(1) 画线闭锁式零序方向高频保护的原理框图，如图F-2所示。

(2) 保护1：$U_0 = -I_0 Z_{S0}$ $\arg 3U_0/3I_0 = -100°$ 动作；

保护2：$U_0 = -I_0 (Z_{NP0} + Z_{R0})$ $\arg 3U_0/3I_0 = -100°$ 动作；

MN 线路两侧1、2号保护都停信，两侧都收不到信号，如图F-3所示。

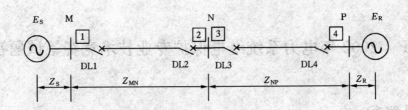

图 F-1

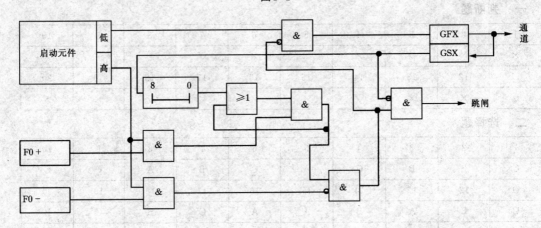

图 F-2

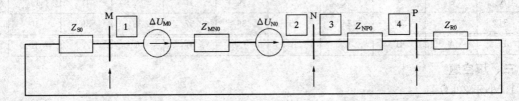

图 F-3

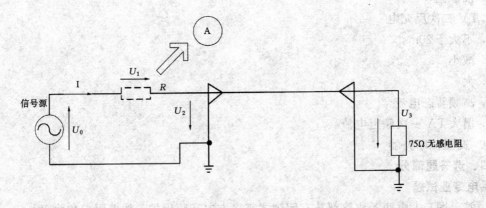

图 F-4

保护 3：$U_0 = I_0 (Z_{NP0} + Z_{R0})$ $\arg 3U_0/3I_0 = 80°$ 不动；

保护 4：$U_0 = -I_0 Z_{R0}$ $\arg 3U_0/3I_0 = -100°$ 动作；

NP 线路 N 侧 3 号保护发信，收信机收到自己的信号。P 侧 4 号保护停信但收信机一直收到 3 号保护发出的信号。

（3）如图 F-4 所示，其中信号源可以是振荡器，收发信机也可以。所用电阻应采用无感电阻。电阻 R 可选 75Ω，也可选小于 75Ω 的电阻。电平表应选择平衡输入端测量。

1）传输衰耗：

$$b = 10\lg \frac{P_{im}}{P_{om}} \quad \text{（基本定义）}$$

$$= 10\lg \frac{U_2 I}{U_3^2/75} = 10\lg \frac{U_2 I}{U_3^2} + 10\lg 75$$

$$= 10\lg \frac{U_2 U_1}{U_3^2} \frac{75}{R} \quad \text{（电压表法）}$$

$$= 10\lg U_2 + 10\lg U_1 - 20\lg U_3 + 10\lg(75/R)$$

$$= \frac{1}{2}(p_2 + p_1) - p_3 + 10\lg(75/R) \quad \text{（电平表法）}$$

$$= \frac{1}{2}(p_1 + p_2) - p_3 \quad \text{（当 } R = 75Ω \text{ 时）}$$

2）输入阻抗：

$$Z_{in} = \frac{U_2}{I} = \frac{U_2}{U_1/R} = \frac{U_2}{U_1} R$$

$$Z_{in} = \frac{U_2}{U_1} R \quad \text{（高频电压表法）}$$

$$Z_{in} = R \cdot 10^{(p_2 - p_1)/20} \quad \text{（电平表法）}$$

2．答：1）选相元件问题；

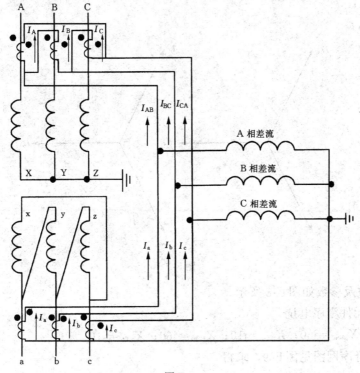

图 F-5

2）保护出口回路问题；

3）重合闸方式设置错误；

4）沟通三跳回路问题；

5）操作箱跳闸回路问题；

6）重合闸装置问题：软硬件故障、失电、回路接线错误。

3. 答：

1）如图 F-5 所示连接。

2）如图 F-6 所示为高、低压侧电流相量图。

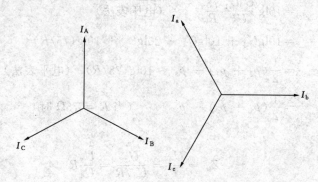

图 F-6

3）如图 F-7 所示，为差动保护的高、低压侧二次三相电流相量图。

$I_{AB}=I_A-I_B$；

$I_{BC}=I_B-I_C$；

$I_{CA}=I_C-I_A$；

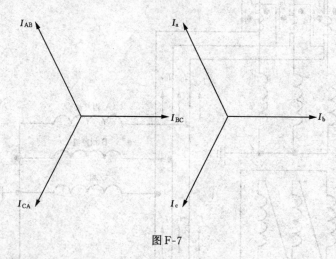

图 F-7

4. 答：系数及参数如图 F-8 所示。

1）求出各元件零序电抗

$X_{1T0}=j20$；$X_{MN0}=j60$；$X_{2T0}=j10$；$X_{PQ0}=j60$；$X_{3T0}=j10$

2）画出复合序网图见图 F-9，求得

$X_{1\Sigma}=j（10+20+20）//j（10+20+10+10）=j50//j50=j25$

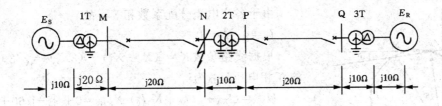

图 F-8

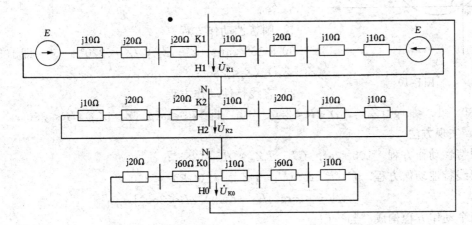

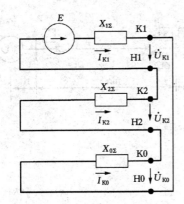

图 F-9

$X_{0\Sigma}=$j（20＋60）//j（10＋60＋10）＝j80//j80＝j40

3）求短路点各序电流

$I_{K1}=I_{K2}=I_{K0}=E/（2X_{1\Sigma}+X_{0\Sigma}）＝1/（2\times$j25＋j40）＝－j/90

4）求流过 MN 线路的各序电流 I_1、I_2、I_0

各序电流分配系数 C_1、C_2、C_0 为

$C_1=C_2=C_0=0.5$

∴$I_1=I_2=I_0=-$j/180；

5）求流过 MN 线路的各相电流和 M 母线的 A 相电压

$I_A=I_1+I_2+I_0=-$j$\times$3/180＝－j/60；

421

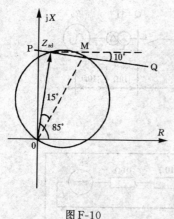

图 F-10

由于各序电流分配系数相等，故

$$I_B=0; \quad I_C=0$$

根据线路参数 $K=(X_0-X_1)/(3X_1)=2/3$，故 M 母线的 A 相电压 U_{MA} 为

$$U_{MA}=U_{KA}+(I_A+K_3I_0)X_{MN1}=0+[-j/60+(2/3)\times(-j/60)]j20=5/9。$$

5. 答：

1）圆特性动作方程

$$90°+15°<\arg(Z_J-Z_{zd})/Z_J<270°+15° \quad 即 105°<\arg(Z_J-Z_{zd})/Z_J<285°;$$

2）直线特性动作方程

$$180°-10°<\arg(Z_J-Z_{zd})/R<360°-10° \quad 即 170°<\arg(Z_J-Z_{zd})/R<350°;$$

3）实现方法

圆特性动作方程　　$105°<\arg(U_J-I_JZ_{zd})/U_J<285°;$

直线特性动作方程　　$170°<\arg(U_J-I_JZ_{zd})/(I_JR)<350°$

$$[或170°<\arg(U_J-I_JZ_{zd})/I_J<350°]$$

两个动作方程构成"与"门。

6. 答：系统及参数如图 F-11 所示。

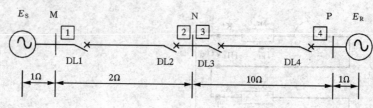

图 F-11

1）求各保护距离 I 段定值

$$Z_{zd1}=Z_{zd2}=0.8\times2Ω=1.6Ω;$$

$$Z_{zd3}=Z_{zd4}=0.8\times10Ω=8Ω;$$

2）求振荡中心位置

$\because |E_S|=|E_R|$，振荡中心在 $Z_\Sigma/2$ 处，故 $Z_\Sigma/2=(1+2+10+1)/2Ω=7Ω$，位于 NP 线路距 N 母线 4Ω 处。振荡中心不在 1、2 阻抗 I 段的动作特性内，所以 1、2 阻抗 I 段继电器不误动。

振荡中心在 3、4 阻抗 I 段的动作特性内，所以 3、4 阻抗 I 段继电器误动。

3）按系统参数振荡中心正好位于 3 号阻抗 I 段动作特性圆的圆心，动作特性如图 F-12 所示。振荡时测量阻抗端点变化的轨迹是 SR 线的垂直平分线。如图 F-12 所示。

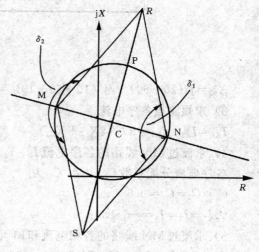

图 F-12

$\therefore \mathrm{CN}=4\Omega$，$\mathrm{SC}=7\Omega$，

$\therefore \mathrm{SN}=(4^2+7^2)^{1/2}\approx 8\Omega$，

$\therefore \angle \mathrm{CSN}=30°$，故

$\angle \mathrm{CNS}=60°$，

$\therefore \angle \mathrm{RNS}=\delta_1=120°$，同理求得 $\delta_2=240°$，两侧电势夹角在 $\delta_1\sim\delta_2$ 期间阻抗继电器误动。

误动时间 $t=(\delta_2-\delta_1)/360°\times T=(240°-120°)/360°\times 1.5=0.5\mathrm{s}$。

发电专业试题

1. 答：1）画出的差动保护 TA 二次原理图如图 F-13 所示。

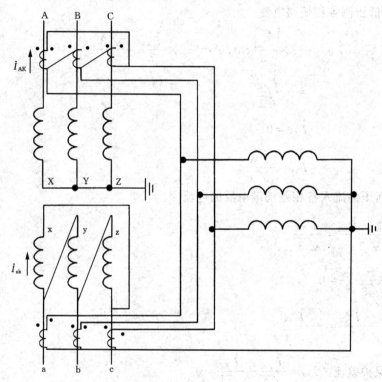

图 F-13

2）变压器高压侧接地故障时，设 A 相短路电流为 I_{AK}，则

$$\dot{U}_{\mathrm{A1}}=-(\dot{U}_{\mathrm{A0}}+\dot{U}_{\mathrm{A2}}) \qquad \dot{I}_{\mathrm{A1}}=\dot{I}_{\mathrm{A2}}=\dot{I}_{\mathrm{A0}}=1/3\,\dot{I}_{\mathrm{AK}}$$

变压器高压侧电流、电压及序量相量图如图 F-14 所示。

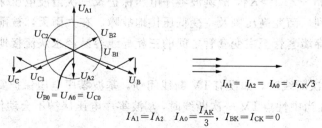

$$I_{\mathrm{A1}}=I_{\mathrm{A2}}=I_{\mathrm{A0}}=I_{\mathrm{AK}}/3$$

$$I_{\mathrm{A1}}=I_{\mathrm{A2}} \quad I_{\mathrm{A0}}=\frac{I_{\mathrm{AK}}}{3},\ I_{\mathrm{BK}}=I_{\mathrm{CK}}=0$$

图 F-14

变压器低压侧电流、电压相量图，如图 F-15 所示。

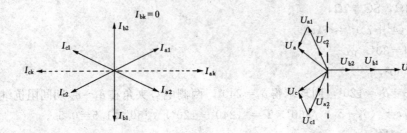

图 F-15

3）变压器低压侧各相短路电流

$$\dot{I}_{ak} = -2 \times \frac{\dot{I}_{AK}}{3} \cos 30° = -2 \times \frac{\dot{I}_{AK}}{3} \times \frac{\sqrt{3}}{2}$$

$$= -\frac{\dot{I}_{AK}}{\sqrt{3}}$$

$$\dot{I}_{bK} = 0$$

$$\dot{I}_{cK} = \frac{\dot{I}_{AK}}{\sqrt{3}}$$

由变压器高压侧流入各相差动继电器的电流

A 相：$\dfrac{\dot{I}_{AK} - \dot{I}_{BK}}{\sqrt{3}} = \dfrac{\dot{I}_{AK}}{\sqrt{3}}$

B 相：$\dfrac{\dot{I}_{BK} - \dot{I}_{CK}}{\sqrt{3}} = 0$

C 相：$\dfrac{\dot{I}_{CK} - \dot{I}_{AK}}{\sqrt{3}} = -\dfrac{\dot{I}_{AK}}{\sqrt{3}}$

A 相差动保护差流 $\quad I_{Ad} = \dfrac{\dot{I}_{AK}}{\sqrt{3}} - \dfrac{\dot{I}_{AK}}{\sqrt{3}} = 0$

C 相差动保护差流 $\quad I_{Cd} = -\dfrac{\dot{I}_{AK}}{\sqrt{3}} + \dfrac{\dot{I}_{AK}}{\sqrt{3}} = 0$

4）零序功率及负序功率由故障点流向变压器，而正序功率则由变压器流向故障点。

2. 答：1）因为 $|-\dot{K}_2| > K_3$，故基波零序电压保护及三次谐波电压保护动作重叠区是由机端部分定子绕组到厂高变高压侧及主变低压侧接地故障。在大雨天，被雨淋的部分容易发生接地故障，因此从穿墙套管至主变套管之间的三相导线容易经水灰流接地。接地故障可能在这个范围。

2）机端 TV 一次断线时，如没有 TV 断线闭锁，基波零序电压保护要误动，三次谐波电压保护也可能误动。当中性点 TV 一次断线时，基波零序电压保护不会动作，而三次谐波电压保护一定误动。

3. 答：1）可装设下述主保护：

①裂相横差保护：对匝间短路灵敏，但对机端和引线相间短路无效；

②零序电流横差保护：对匝间短路灵敏，但对机端和引线相间短路无效；

③不完全纵差保护：对相间（包括引线）短路和匝间短路能反映，但可能灵敏度差；

④传统纵差保护：只在对相间短路主保护双重化条件下才装设。

2）相应的电流互感器的配置如图F-16所示。

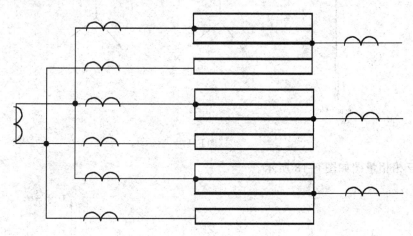

（未计及主保护双重化要求的TA）

图F-16

4. 答：在两侧二次电流的幅值和相位已完全补偿好的条件下，产生不平衡电流的主要原因是：

1）如外部短路电流倍数太大，两侧TA饱和程度不一致；

2）外部短路非周期分量电流造成两侧TA饱和程度不同；

3）二次电缆截面选择不当，使两侧差动回路不对称；

4）TA设计选型不当，应用TP型于500kV，但中低压侧用5P或10P；

5）各侧均用TP型TA，但TA的短路电流最大倍数和容量不足够大；

6）各侧TA二次回路的时间常数相差太大。

5. 答：取 $t_{\mathrm{min}}=1000''$，得

$$I_{\mathrm{op.min}}=\sqrt{\frac{A}{1000}+I_{2\infty}^{2}}$$

取 $I_{\mathrm{op.max}}=\dfrac{I_{\mathrm{gn}}}{(K_{\mathrm{sat}}X''_{\mathrm{d}}+X_2+2X_{\mathrm{t}})\,n_{\mathrm{a}}}$

$$t_{\mathrm{max}}=\frac{A}{I_{\mathrm{op.max}}^{2}}$$

整定计算以上保护参数不必与系统相邻元件后备保护配合。

式中　X''_{d}、X_2——发电机次暂态电抗（不饱和值）及负序电抗；

　　　K_{sat}——饱和系数，一般取 $K_{\mathrm{sat}}\approx0.8$；

　　　X_{t}——升压变压器短路电抗；

　　　$I_{2\infty}$——发电机长期允许的负序电流（标么值）；

　　　I_{gn}——发电机额定电流（kA）；

　　　n_{a}——TA变比。

6. 答：Y 侧三相相量图如图 F-17 所示。

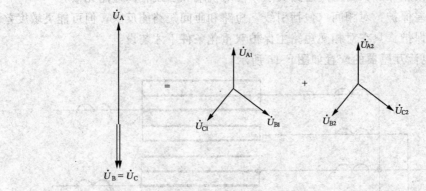

图 F-17

△侧三相相量图如图 F-18 所示。

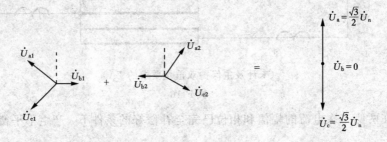

图 F-18

△侧三相线电压 $U_{ab}=\sqrt{3}/2$，$U_{bc}=\sqrt{3}/2$，$U_{ca}=-\sqrt{3}$；

△侧单相对地电压为 $U_a=\sqrt{3}/2$，$U_b=0$，$U_c=-\sqrt{3}/2$。

附录G 补 充 题

1. 发电机纵差与发—变组纵差保护最本质的区别是什么？变压器纵差保护为什么能反应绕组匝间短路？

答：两者保护范围不同并不是本质区别。它们本质区别在于发电机纵差保护范围只包含定子绕组电路，在正常运行和外部短路时电路电流满足 $\Sigma \dot{I}=0$ 关系，而发—变组纵差保护范围中加入了变压器，使它受到磁路影响，在正常运行和空载合闸时 $\Sigma \dot{I} \neq 0$。后者比前者增加了暂态和稳态励磁电流部分。

变压器某侧绕组匝间短路时，该绕组的匝间短路部分可视为出现了一个新的短路绕组，使差流变大，当达到整定值时差动就会动作。

2. 试分析比较负序、零序分量和工频变化量这两类故障分量的同、异及在构成保护时应特别注意的地方？

答：零序、负序分量及工频变化量都是故障分量，正常时为零，仅在故障时出现，它们仅由施加于故障点的一个电动势产生。但他们是两种类型的故障分量。零序、负序分量是稳定的故障分量，只要不对称故障存在，他们就存在，它们只能保护不对称故障。工频变化量是短暂的故障分量，只能短时存在，但在不对称、对称故障开始时都存在，可以保护各类故障，尤其是它不反应负荷和振荡，是其他反应对称故障量保护无法比拟的。由于它们各自特点决定：由零序、负序分量构成的保护既可以实现快速保护，也可以实现延时的后备保护；工频变化量保护一般只能作为瞬时动作的主保护，不能作为延时的保护。

3. 简述波形对称原理的差动继电器。

答：三相二次谐波制动的差动继电器是采用三相"或"门二次谐波闭锁方式，当三相涌流的任一相的谐波制动元件动作，立即闭锁三相差动保护，这样可以克服某一相涌流二次谐波小引起的误动，更好地躲避励磁涌流的性能。但在带有短路故障的变压器空载合闸时，差动保护因非故障相的励磁涌流而闭锁，造成变压器故障的延缓切除，特别是大型变压器，涌流衰减慢，将会引起变压器的严重烧损。为克服二次谐波制动原理差动继电器的缺陷，更正确地区别励磁涌流和故障电流，故提出波形对称原理的差动继电器，采用分相制动方式，当变压器合闸时发生故障，故障相保护不受非故障相励磁涌流的影响，从而使保护快速跳闸。

采用一种波形对称算法，将变压器在空载合闸时产生的励磁涌流和故障电流区分开来。方法如下：首先将流入继电器的差电流进行微分，将微分后差电流的前半波和后半波作对称比较。设差电流导数前半波某一点的数值为 I'_i；后半波对应点的数值为 I'_{i+180}，如果数值满足下式判据

$$\left| \frac{I'_i + I'_{i+180}}{I'_i - I'_{i+180}} \right| \leqslant K \tag{G-1}$$

称为对称，否则不对称。连续比较半个周波，对于故障电流如为理想正弦波，则 I'_i 与 I'_{i+180} 总是大小相等，符号相反，则式（G-1）恒成立，对于励磁涌流有 $\frac{1}{4}$ 周波以上点不满足式（G-1），这样可以区分故障和涌流。假定 I'_i 与 I'_{i+180} 方向相反称为方向对称，相同称为方向不对称，

则方向不对称的波形不满足式（G-1）。

分析单相变压器空载合闸的励磁涌流，涌流最大可能的波宽为240°，是偏于时间轴的一侧，如果用波形对称的方法计算涌流导数，相对工频量来讲，不满足对称条件。三相变压器空载合闸的励磁涌流分为两种：一种是偏于时间轴一侧单向涌流，另一种是分布于时间轴两侧的对称涌流。无论是对称涌流还是单向涌流，其导数相对于工频量来说，其前半波和后半波在90°内是完全不对称的，在另90°内方向对称，数值也不对称。而故障电流的导数前半波和后半波基本对称。利用这个特点，设定恰当采样频率和计算门坎，用差电流导数的前半波和后半波作对称比较，就可以区分励磁涌流和故障电流。对于三相变压器，用对称原理计算，任何条件下的任何一相的励磁涌流，都有明显的特征，即都能做到可靠地制动。利用分相制动方式，当变压器合闸至内部故障或外部切除转化为内部故障，保护能够瞬时动作。理论分析和试验证实，对励磁涌流，符合对称条件的角度范围最多60°，另120°内不对称；而故障电流最多30°不对称，150°范围内是对称的。区分故障电流和励磁涌流的角度范围在30°～120°之间，冗余量较大，即使有30°数据干扰，仍可正确判断。

从频域角度分析，波形对称原理差动继电器判据的动作条件，输入电流中的偶次谐波为制动量，相应基波及奇次谐波为动作量。非周期分量电流的影响是指故障电流中存在非周期分量电流时，判据的数值离零值的大小，偏离愈大，影响愈严重，增大了电流波形的不对称度，时间常数愈大，非周期分量电流影响愈小。当采样频率取600Hz时，在时间常数40ms左右时，偏离零值最大不会超过10％，当采样频率增高时，偏离零值还会减小。

4. 变压器差动保护在过励磁或过电压防止误动的措施是什么？

答：变压器过励磁或过电压时，由于铁芯饱和，励磁电流急剧增大，波形严重畸变，当电压达额定电压的120％～140％，励磁电流可增至额定电流的10％～43％，这个电流将作为不平衡电流流入差动保护使保护误动作。

试验和分析表明，过励磁（过电压）时，励磁电流中含有较大的三次及五次谐波。过励磁电流虽含有较大的三次谐波分量，但因内部故障，电流互感器饱和也会出现较大的三次谐波，故不宜用作制动。

防止误动的措施一般是增设五次谐波制动回路，当过电压1.15～1.2倍时，五次谐波最大，可达基波的50％，电压再高时又明显下降，过电压1.4倍时，五次谐波分量为基波的35％，当电压超过1.4倍时，严重威胁变压器的安全，此时 $\frac{I_5}{I_1} < 35\%$，差动保护如动作，也是合理的，因此选择五次谐波成分为基波的35％进行闭锁。当过电压超过1.4倍，五次谐波成分降低，差动保护自动解除闭锁。

5. 为什么发电机变压器组保护应装设非全相运行保护，而且该保护必须起动断路器失灵保护？起动断路器失灵保护应采取哪些特殊措施。

答：（1）非全相运行保护是为断路器一相拒合或一相拒跳而设置的。在这种异常工况下，发电机中流过负序电流，对发电机有危害，若靠反时限负序电流保护动作，则动作时间较长，因此应装设非全相运行保护。

（2）断路器一相拒合或一相拒跳，是由于断路器失灵引起的，则非全相运行保护即使动作，仍不能三相完全跳闸，只有起动断路器失灵保护将母线上相邻元件跳闸。

（3）断路器失灵保护一般由检查断路器电流判据和电压闭锁元件组成，但在非全相运行时，电流判据和电压判据都有可能不动作，为此必须用单独的负序电流或变压器零序电流元件作判据，直接起动断路器失灵保护，达到起动失灵保护，解除电压闭锁。上述元件应使用同样的两个元件触点组成串联，以保证一个触点卡住，而提高可靠性。

6. 单母线上采用高内阻母线差动保护装置J，如图 G-1 所示。假设在 L4 引出线外部发生故障，L4 的一次电流为 I_p，即等于线路 L1、L2、L3 供出的三个电流相量和。若 TA 不饱和，其二次绕组将供出电流为 I_s（在电流表 A 上）。如果该 TA 完全饱和，其二次绕组将不向外供给电流，问此时流过电流表 A 的电流有多大？为什么？

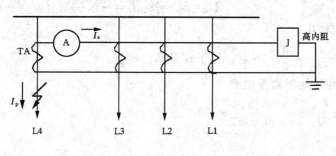

图 G-1

答：电流仍为线路 L1、L2、L3 供出的三个电流相量和，在差动继电器 J 中仍没有电流。因为 TA 完全饱和即为纯电阻，该电阻大大小于差动继电器的高内阻。

7. 单侧电源线路如图 G-2 所示。在线路上 K 点发生 BC 两相短路接地故障，变压器 T 为 YN，d11 接线组别，中性点直接接地运行，N 侧距离继电器 J 整定阻抗为 j24Ω。回答下列各问：

（1）求 K 点三相电压和故障支路的电流；

（2）求 N 侧母线的三相电压和流经 N 侧保护的各相电流和零序电流；

（3）问 N 侧 BC 相间距离继电器能否正确测量；

（4）问 N 侧 B 相和 C 相接地距离继电器能否正确测量。

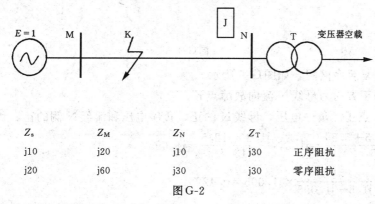

Z_s	Z_M	Z_N	Z_T	
j10	j20	j10	j30	正序阻抗
j20	j60	j30	j30	零序阻抗

图 G-2

答：（1）作复合序网图如图 G-3 所示。

$$U_{1K}=U_{2K}=U_{0K}=I_{K1}\frac{Z_z Z_{0\Sigma}}{Z_z+Z_{0\Sigma}}=\frac{1}{30+\dfrac{30\times34.3}{30+34.3}}\times\frac{30\times34.3}{30+34.3}=0.35$$

$$I_{0K}=-\frac{0.35}{j34.3}=j0.01$$

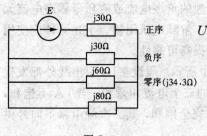

图 G-3

故障点：$U_{AK}=U_1+U_2+U_0=3\times0.35=1.05$

$U_{BK}=U_{CK}=0$

（2）流经 N 侧保护的各相电流和零序电流。

因正序、负序均断开，只有零序，则

$$I_A=I_B=I_C=I_0=\frac{80}{80+60}\times j0.01=j0.0057$$

$$U_A=U_{AK}+Z_{0N}I_0=1.05-0.0057\times30=0.879$$

$$U_B=U_C=jZ_{0N}I_0=-0.0057\times30=-0.171$$

（3）BC 相阻抗继电器

$$Z_{BC}=\frac{U_{BC}}{I_{BC}}=\frac{U_B-U_C}{I_B-I_C}=\frac{0}{0}\quad\text{不定，处于临界动作状态。}$$

（4）B 相和 C 相接地距离继电器

$$Z_B=\frac{U_B}{I_B+KI_0}=\frac{U_B}{3I_0}=\frac{-0.171}{3\times j0.0057}=j10$$

$$\because K=\frac{Z_0-Z_1}{Z_1}=2$$

$$Z_C=Z_B=j10$$

Z_B、Z_C 都正确测量距离，小于整定值 j24Ω，正确动作。

8. 单侧电源线路，低压侧无电源，但带有负荷，参数如图 G-4 所示，在线路上 K 点发生 BC 两相短路，试问受电侧 N 的相间距离继电器（整定阻抗为 j0.8）动作否？

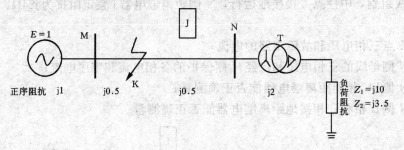

图 G-4

答：（1）作复合序网图，如图 G-5 所示。

规定电流的正方向为母线 N 流向故障点 K。

（2）计算 K 点正、负序电压，母线 N 的正、负序电压和流经 N 侧的正、负序电流

$$\frac{j1.5\times j(0.5+5.5)}{j7.5}=j1.2,\quad\frac{j1.2\times j12.5}{j13.7}=j1.095$$

$$U_{1K}=U_{2K}=\frac{1}{j1.5+j1.095}\times j1.095=0.422$$

$$I_1=-\frac{0.422}{j12.5}=j0.034,\quad U_1=\frac{12}{12.5}U_{1K}=0.405$$

$$I_2=-\frac{0.422}{j6}=j0.07,\quad U_2=\frac{5.5}{6}U_{2K}=0.387$$

（3）计算母线 N 处的 U_B、U_C 和 U_{BC}

$$U_B=0.405e^{-j120°}+0.387e^{j120°}\quad(B=a^2A_1+aA_2+A_0)$$

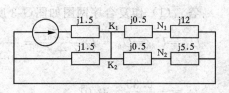

图 G-5

$U_C=0.405e^{j120°}+0.387e^{-j120°}$ $(C=aA_1+a^2A_2+A_0)$

$U_{BC}=U_B-U_C=-j\sqrt{3}\times0.405+j\sqrt{3}\times0.387=-j\sqrt{3}\times0.018$

（4）计算流经 N 侧的 I_{1B}、I_{2B}

$I_{BC}=(I_{1B}-I_{1C})+(I_{2B}-I_{2C})=I_{1BC}+I_{2BC}$

$I_{1B}=0.034e^{-j30°}$，$I_{2B}=0.07e^{j210°}$

$I_{BC}=I_{1BC}+I_{2BC}=0.034\sqrt{3}+(-0.07\sqrt{3})=-0.036\sqrt{3}$

（5）计算 $Z_{BC}=\dfrac{U_{BC}}{I_{BC}}$ 判断继电器是否动作

$Z_{BC}=\dfrac{U_{BC}}{I_{BC}}=j\dfrac{0.018}{0.036}=j0.5$　正确测量故障距离。

Z_{BC} 小于整定阻抗 j0.8，正确动作。

9．双侧电源线路接线和参数如图 G-6 所示，在 M 侧母线背后发生 A 相经过渡电阻 $R_g=$ 77.4Ω 的单相短路接地故障，N 侧接地距离继电器第一段整定阻抗为 j24Ω。

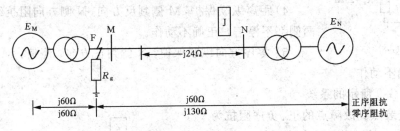

两侧电势为 $E_M=1e^{j60°}$，$E_N=1$。

图 G-6

（1）试作故障前后的电压相量图。

（2）回答下列问题：

1）N 侧接地距离保护第一段方向阻抗继电器能否动作？

2）N 侧按保护第一段整定的零序电抗继电器能否动作？

3）N 侧零序功率方向继电器能否动作？

4）M、N 线路距离纵联保护能否动作？

5）M、N 线路零序方向纵联保护能否动作？

答：（1）答题步骤如下。

1）作故障前系统 A 相电压相量图。

如图 G-7 中 $OSF_{101}R$，$\angle SOR=60°$，OF_{101} 为 $\angle SOR$ 的平分线，求得 $U_{F101}=0.866$。其中 F_{101} 为故障前电压点；F 为故障的电压点。

2）作复合序网图见图 G-8：计算故障后 U_F 和 I_F（I_F 流经 R_g），并作故障后系统 A 相电压相量图

$$I_F=\dfrac{0.866}{232+j30+j30+j41}$$

$$=\dfrac{0.866}{232+j101}$$

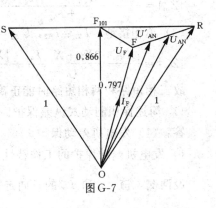

图 G-7

$$U_F = \frac{0.866}{232+j101} \times 232 = 0.797$$

相位落后 U_{F101}。

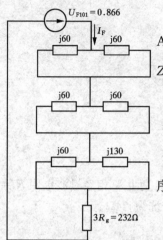

图 G-8

3）定性在电压相量图上绘出故障后母线 N 的电压 U_{AN} 和 N 侧 A 相距离测量电压（补偿电压）U'_{AN} 的相量（补偿电压 $\dot{U}' = \dot{U} - Z_{set}\dot{I}$）。

U'_{AN} 落后 U_F，U_{AN} 落后 U'_{AN}，它们的相量末端在 FR 连线上。

（2）回答问题。

1）U'_{AN} 和 U_{AN} 的相位差远小于 90° 故方向阻抗继电器不动作。

2）近似认为 $\dot{I}_0$、$\dot{I}_{0F}$、$\dot{I}_F$、$\dot{U}_F$ 同相位，$\dot{U}'_{AN}$ 落后于 $\dot{I}_0$，零序电抗继电器超范围动作。

3）零序功率方向继电器正确动作。

4）距离纵联保护，M 侧判反方向，N 侧方向阻抗继电器拒动。两侧都不停信，正确不动作。

5）零序方向纵联保护，N 侧判正方向，停信，M 侧判反方向不停信，正确不动作。

10. 如图 G-9 所示的系统

设保护安装点到故障点的正、负序阻抗为 X_K，零序阻抗为 X_{K0}，发电机正、负序阻抗为 X_g。利用正序、负序电流电压的全阻抗继电器，测量阻抗为

$$|Z_m| = \frac{U_{A1}-U_{A2}}{I_{A1}+I_{A2}}$$

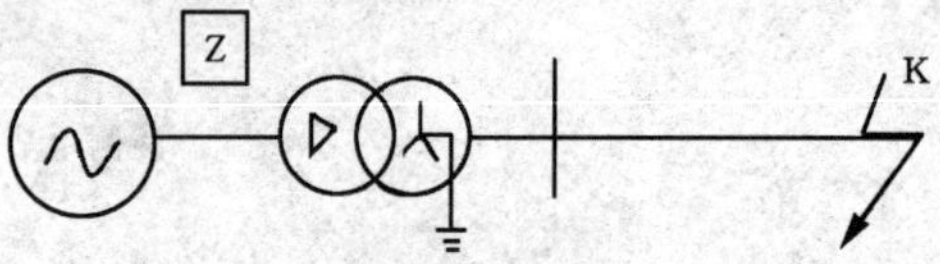

图 G-9

试分析变压器高压侧三相短路，二相短路，单相接地时的动作情况。

答：（1）三相短路，$U_{A2}=0$，$I_{A2}=0$，$U_{A1}=U_A$，$I_{A1}=I_A$，则

$$|Z_m| = \frac{U_A}{I_A} = |Z_K|$$

（2）两相短路，$I_{A1}=I_{A2}$，$U_{A1}=|2X_K+X_g|I_{A1}$，$U_{A2}=|X_g|I_{A2}$，则

$$|Z_m| = \frac{|2X_K+X_g|I_{A1}-|X_g|I_{A2}}{I_{A1}+I_{A2}} = \frac{|2X_K|I_{A1}}{2I_{A1}} = |Z_K|$$

（3）单相接地，$I_{A1}=I_{A2}$，$U_{A1}=|X_{K0}+2X_K+X_g|I_{A1}$，$U_{A2}=|X_g|I_{A2}$，则

$$|Z_m| = \frac{|X_{K0}+2X_K+X_g|I_{A1}-|X_g|I_{A2}}{I_{A1}+I_{A2}} = |X_K|+\frac{1}{2}|X_{K0}|$$

故三相短路和两相短路时能正确测量，单相接地时的动作区比相间短路的保护范围缩短。

11. 简述标积制动式纵差保护。

答：（1）发电机差动保护。

1）发电机差动保护的工作特性，见图 G-10。

设两侧电流 $\dot{I}_1$ 和 $\dot{I}_2$ 的正向定义均指向发电机，则

差动电流 $I_D = |\dot{I}_1 + \dot{I}_2|$

制动电流 $I_H = \begin{cases} \sqrt{I_1 I_2 \cos\alpha} & \text{当} \cos\alpha \geq 0 \\ 0 & \text{当} \cos\alpha < 0 \end{cases}$

$\alpha = \angle\,(\dot{I}_1,\ -\dot{I}_2)$

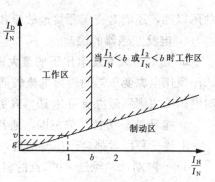

当发电机外部故障时，恒有 $-90° < \alpha < 90°$，$\cos\alpha > 0$，$I_H > 0$，而 I_D 很小，纵差保护可靠制动。

若外部故障，短路电流很大，电流互感器严重饱和，I_D 可能较大。只要 $\dfrac{I_H}{I_N} > b$（工作特性开关点 b），且 $\dfrac{I_1}{I_N} > b$ 和 $\dfrac{I_2}{I_N} > b$，则保护动作电流切换到无穷大，不会动作（见图 G-10 中的工作区）。

当发电机内部故障时，一般情况 $90° < \alpha < 270°$，$\cos\alpha < 0$，$I_H = 0$，而 $I_D > I_g$ 保护灵敏动作。如果发电机内部

图 G-10

故障，由于负荷电流等因素，导致 $-90° < \alpha < 90°$，$\cos\alpha > 0$ 和 $I_H \neq 0$，这时即使 $\dfrac{I_H}{I_N} > b$，只要 $\dfrac{I_1}{I_N}$ 或 $\dfrac{I_2}{I_N}$ 中有一个小于 b，保护仍按 v 的梯度进行动作。

2）g 差动起动电流，安全整定为 $0.15 I_N$，I_N 为发电机的额定电流，被保护设备的电流互感器有不同的精度，或者负载太高，必须整定较高的值。

3）v 制动比（经过"0"点的斜率），有 0.25 及 0.5 两级，发电机为 0.25。

4）b 工作特性开关点，一般固定为 1.5，即 $1.5 I_N$（I_N 为继电器额定电流）。

标积制动式纵差保护较比率制动式纵差保护灵敏。因设有 b 工作特性开关点，对于外部故障不会误动。当发电机定子绕组内部故障时，各相各分支电流是极其复杂的，但是纵然计及发电机相间短路时非故障相的负荷电流，或由于定子绕组互感的作用使非故障分支有小量流出电流，导致 $-90° < \alpha < 90°$，$\cos\alpha > 0$ 和 $I_H \neq 0$，这时即使 $\dfrac{I_H}{I_N} > b$，只要 $\dfrac{I_1}{I_N}$ 或 $\dfrac{I_2}{I_N}$ 中有一个小于 b，保护仍有灵敏的斜率动作特性。

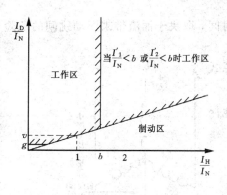

（2）变压器差动保护。

1）变压器差动保护的工作特性，见图 G-11。

差动电流 $I_D = |\dot{I}_1 + \dot{I}_2 + \dot{I}_3|$

制动电流 $I_H = \begin{cases} \sqrt{I'_1 I'_2 \cos\alpha} & \text{当} \cos\alpha \geq 0 \\ 0 & \text{当} \cos\alpha < 0 \end{cases}$

$\alpha = \angle\,(\dot{I}'_1,\ -\dot{I}'_2)$

式中：$\dot{I}'_1$ 为 $\dot{I}_1$、$\dot{I}_2$、$\dot{I}_3$ 中最大者；$\dot{I}'_2 = \dot{I}_1 + \dot{I}_2 + \dot{I}_3 - \dot{I}'_1$。

图 G-11

2）g 差动起动电流。差动起动电流的选择除了相间

故障以外，还能对变压器接地故障和匝间故障起保护作用，但需考虑下述因素：

a．电流互感器的误差。

b．短时最大系统电压下的最大励磁电流。

现代电源变压器的励磁电流较低，通常在额定电压时占额定电流的$0.3\%\sim0.5\%$。在短时电压峰值则励磁电流可达10%或更大。

c．电压抽头切换开关范围，通常在$\pm5\%\sim\pm10\%$，但会出现$\pm20\%$或更大的范围。

上述三种因素都会产生差电流，一般整定为$0.3I_N$。

3）v制动比。经过"0"点的斜率，有0.25及0.5两级，变压器为0.5。

4）b工作特性开关点，b整定为1.5，能确保外部故障不误动，且内部故障有足够的灵敏度。

考虑到外部故障电流会导致电流互感器饱和，当$\dfrac{I_H}{I_N}>b$，且I'_1/I_N和I'_2/I_N也大于b时，特性曲线的梯度切换到无穷大，若I'_1/I_N或I'_2/I_N小于b时，特性曲线仍按V的梯度变化。

5）g—high高定值起动电流。需要由外部信号起动切换高定值，系统操作过程中引起较高的差流，如：①较高的系统电压引起励磁电流的增加（断路器操作、发电机励磁调节器故障等）；②电压切换开关调节到最大范围时引起的电流比增加。利用电压继电器或检测饱和继电器提供相应的信号，将差动定值由"g"转换到"g—high"。例如利用1.3倍额定电压判断起动切换高定值，可以不采用5次谐波制动方式。

推荐的整定值为$0.75I_N$。

6）差动速断。

定值应躲开励磁涌流。

低、中容量的变压器$10I_N$，I_N为变压器额定电流。

发电机变压器组$6I_N$。

厂用变压器$8I_N$。

7）二次谐波制动比。一般二次谐波制动比大于15%，考虑到能够确保检测到涌流条件的裕度，用10%二次谐波制动比。

8）涌流检测的持续时间，涌流检测功能持续多长时间，取决于涌流带来误动跳闸的危险存在多久，整定为5s，即5s内决定是否是励磁涌流。

12．简述发电机中性点经高阻接地的外加交流电源式100%定子接地保护。

答：发电机中性点经接地变压器高阻接地，单相接地保护由基波零序电压保护和外加12.5Hz电源的100%定子接地保护组成。

（1）参数和原理接线图，见图G-12。

发电机额定电压 20kV

接地变压器变比 20kV/240V

$R_E=0.2$（Ω）

$R_P=0.04$（Ω）

中性点接地电阻（二次侧）

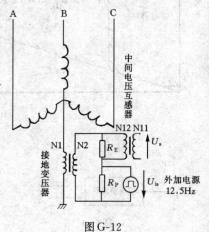

图 G-12

434

$0.2+0.04=0.24$ （Ω）

一次侧：$R'_E+R'_P=\left(\dfrac{20000}{240}\right)^2\times0.24=1666.67$ （Ω）

中性点接地电流（一次）：$I_1=\dfrac{20000/\sqrt{3}}{1666.67}=6.928$ （A）

二次侧：$I_2=6.928\times\dfrac{20000}{240}=577.33$ （A）

根据厂家设计要满足下述五个条件。

1）最大接地电流≤20A

$I_E=\sqrt{I_C^2+I_R^2}$，$I_R=6.928$A，其中 I_C 为发电机本身的电容电流。

2）130Ω<R'_P<500Ω

$R'_P=\left(\dfrac{20000}{240}\right)^2\times0.04=277.78$ （Ω）

3）R'_E>4.5R'_P，$4.5\times277.78=1250$Ω。

4）0.7kΩ<R'_E<5kΩ

$R'_E=\left(\dfrac{20000}{240}\right)^2\times0.2=1388.89$ （Ω）

5）中间电压互感器变比的选择。当发电机机端金属性单相接地故障时，接入基波电压 U_S 应在100V±20V间。

$1.2n\geq\dfrac{N_{12}}{N_{11}}\geq0.8n$

$n=\dfrac{U_n}{\sqrt{3}\times100\text{V}}\times\dfrac{N_2}{N_1}\times\dfrac{R_E}{R_E+R_P}$ （中间电压互感器 N_{11} 侧电压为100V）

$=\dfrac{20000}{\sqrt{3}\times100}\times\dfrac{240}{20000}\times\dfrac{0.2}{0.24}=1.1547$

外加方波电压 U_{is} 的选用和 MTR 调整值。

已知 $R_P=0.04$Ω，按厂家要求 R_P 大于32mΩ，选取 $U_{is}=1.7$V。

按定义：$MTR=\dfrac{N_{12}}{N_{11}}\times\dfrac{110}{U_{is}}=1.357\times\dfrac{110}{1.7}=87.8$

（2）100％接地保护定值。

$MTR=87.8$，$R_{es}=1.66$kΩ，

10kΩ　报警　$t=0.5$s

1kΩ　跳闸　$t=5$s

（3）95％接地保护定值。

发电机机端金属性单相接地故障，基波 N_{12} 侧最大的电压为

$IR_E=577.33\times0.2=115.466$ （V）

当95％绕组处接地　$0.05\times115.466=5.7733$ （V）

继电器 $U_n=100$V，$\dfrac{5.7733}{100}=0.057733U_n$

低定值整定　$U_{1set}=0.05U_n=5$V

$115.466：6.928=5：X$

$$X = \frac{6.928 \times 5}{115.466} = 0.3 \ (A), \quad t_1 = 5s$$

高定值整定
$$U_{2set} = 0.27 U_n = 27 \ (V)$$

$$115.466 : 6.928 = 27 : X$$

$$X = \frac{6.928 \times 27}{115.466} = 1.62 \ (A), \quad t_2 = 2s$$

13. 微机故障录波器中，何谓模拟量采样方式 A、B、C、D 时段，试述各时段的采样方式和记录时间，A、B、C 时段可观察到五次谐波取采样间隔和采样率为何值，每次故障包括哪些内容并列出相应时段内容之和的公式。

答：A 时段：系统大扰动开始前的状态数据 $t \geqslant 0.04s$。

B 时段：系统大扰动后初期的状态数据 $t \geqslant 0.1s$。

C 时段：系统大扰动后的中期状态数据 $t \geqslant 1s$。

D 时段：系统动态过程数据，每 $0.1s$ 输出一个。工频有效值 $t \geqslant 20s$，主要录振荡。

A、B、C 时段可观察到五次谐波，则每周 20ms 取采样间隔 1ms，每周采样 20 点，对于五次谐波则一周 4 点，采样率 1000Hz。

每次故障包括：故障开始→近侧切除故障→远侧切除故障→近侧重合闸及再跳闸→远侧重合及再跳闸。

所记录内容总和：$(A+B) \times 5 + C \times 2 + D \times \frac{1}{2}$。

14. 简述数字式电流纵联差动保护装置。

答：数字式电流纵联差动保护装置以分相电流差动元件作为快速主保护，用 PCM 微波或 PCM 光纤或用专用光缆作为通道，线路两侧的数据实现主、从方式严格同步，主要作为短线路的主保护。

相电流加入工频突变量差动计算，增加差动继电器的灵敏度。由于在区内故障时，两侧工频突变量严格相同，区外故障时严格反向，可以大大减少经接地电阻故障、穿越性负荷电流的影响，提高可靠性。继电器本身带有制动特性，在区外故障时，防止不平衡的差流造成误动作。

分相电流差动也可用稳态量计算，由比例制动分相电流差动保护和比例制动零序电流差动保护组成，零序电流差动是线路发生大电阻接地故障（500kV 线路 300Ω、220kV 线路 100Ω），而分相电流差动拒动时的后备差动，故略带时限 0.2s 跳闸。为了提高电流差动保护的可靠性，当两侧差动保护起动元件均起动时，才允许动作跳闸。

（1）比例制动分相电流差动保护原理：

$$I_D > I_{op}$$
$$I_D > 0.6 I_B, \quad 0 < I_D < 3 I_{op}$$
$$I_D > I_B - 2 I_{op}, \quad I_D \geqslant 3 I_{op}$$

$$I_D = |\dot{I}_{M\varphi} + \dot{I}_{N\varphi}|$$

$$I_B = |\dot{I}_{M\varphi} - \dot{I}_{N\varphi}|$$

式中　$\dot{I}_{M\varphi}$、$\dot{I}_{N\varphi}$——分别为线路两端的相电流相量；

　　　I_{op}——差动保护的整定值；

I_D——分相差动电流；

I_B——分相制动电流；

如图 G-13 所示的制动特性曲线，可以在小电流时有较高的灵敏度，而在大电流时具有较高的可靠性。

在保护正常运行方式下，线路电容电流为保护差动电流量，故

$$I_{op} \leqslant \frac{I_{k \cdot min}}{1.5} \quad I_{op} \geqslant 2.6 I_C$$

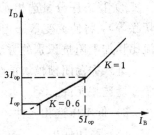

图 G-13

式中 $I_{k \cdot min}$——最小运行方式内部故障电流；

I_C——线路电容电流。

（2）比例制动零序电流差动保护原理：

零序差动电流 $I_{D0} = |3\dot{I}_{OM} + 3\dot{I}_{ON}|$

零序制动电流 $I_{B0} = |3\dot{I}_{OM} - 3\dot{I}_{ON}|$

两端线路零序电流差动元件的动作方程为

$$I_{D0} > K_0 I_{B0}, \quad I_{D0} > I_{op \cdot 0}$$

式中 K_0——制动系数，$K_0 = 0.7 \sim 0.9$；

$I_{op \cdot 0}$——零序差动保护的整定值。

$I_{op \cdot 0}$ 应按最大接地电阻、最小运行方式、线路末端接地故障有 1.5 倍灵敏度整定。

15. 简述 CSL100 系列数字式高压线路保护装置。

答：CSL100 系列数字式高压线路保护装置是 11 和 15 型线路保护装置的改进产品，有下述特点。

硬件部分是采用了不扩展的单片机，本身具有晶振、ROM（存放程序）和 RAM 等功能逻辑，因而省去很多元件。单片机内没有或不够的逻辑，需要在片外扩展，则在片外设置一片串行 Ep²ROM（存放定值），不用总线而是用 I/O 线连接，因此总线不出芯片。工艺上也采用带屏蔽层印刷板和新型的表面封装技术，从而大大提高抗干扰性。模数变换采用新型 VFC 芯片，线性范围 0～4MHz，提高了精度。

保护原理上消除了 11 和 15 型线路保护存在的不足之处，例如 11 型在过了振荡闭锁开放时间后至整组复归这一段时间内再发生相间故障将失去全线速动保护。本装置在任何情况下不会失去全线速动保护。

（1）保护起动元件。

保护起动元件用于开放保护跳闸出口电源，并使程序转入故障处理程序。

1）电流差突变量起动元件 DI_1。

2）两健全相电流差突变量起动元件 DI_2，用于转换性故障和本线路非全相再故障时，DI_2 元件和阻抗元件（相间、接地阻抗）确认跳闸。DI_2 元件采用模糊控制方法实现，具有自适应功能，不需整定。振荡周期越短，DI_2 元件动作门槛值越大，可以防止振荡中 DI_2 误起动。

3）零序电流辅助起动元件 I_{04}，作为单相经大弧光电阻接地起动或最后零序段当 DI_1 灵敏度不够时的起动元件。

4）静稳破坏检测元件，由一个反映 Z_{BC} 阻抗元件和 I_A 电流元件组成，动作略带延时，在任一元件动作后，程序转入振荡闭锁模块。

（2）选相元件。

1）相电流差的突变量选相元件。

2）稳态序分量选相元件：在振荡闭锁模块中，可能出现一系列的系统操作（如区外故障切除等），将使突变量选相元件选相结果不正确，故用稳态序分量选相元件，即零序和负序电流比相加上阻抗识别的方法。

进入振荡闭锁模块前跳闸选相用突变量选相元件，进入振荡闭锁模块，跳闸选相用稳态序分量选相元件。

3）低电压选相元件，对于弱电源或无电源的情况下应正确选相。

（3）高频保护。

第一次故障（从突变量起动元件起动开始的50ms时间内）首先投入突变量选相元件，保护有101及102两种方式。

101方式：高频距离保护。相间故障用方向阻抗和单相接地故障用接地方向阻抗构成高频距离保护，高频零序方向保护作为高频接地距离在高阻故障时的补充保护，在单相接地故障而接地方向阻抗不动时自动投入。

102方式：高频方向保护采用突变量方向元件，相别选用三种相间突变量电流中的最大者的相别，以保证任一种故障类型突变量方向元件都有最高的灵敏度。突变量方向高频部分在故障开始时投入，经50ms进入振荡闭锁模块，在系统振荡和非全相运行中退出工作，较101方式的优点是第一次故障对弧光电阻与弱电源不受影响。

除第一次故障101和102两种方式有不同外，以后各种工况两种方式软件完全相同，选相元件都采用突变量选相元件。

在振荡闭锁状态，配置了高频零序方向和高频负序方向，保护所有不对称故障，另设一个专用于保护三相短路，能区别振荡和短路也不需整定的模糊识别的BC相方向阻抗元件。

零序、负序及阻抗元件都设有正、反两个方向的方向元件，正向元件可以整定，反向元件不整定，灵敏度自动比正向元件高，电流门槛取为正方向的0.625倍，阻抗定值取为正方向的1.25倍，一条线路两侧的零序和负序电流及阻抗整定值应该相同。

当防止一侧零序停信，另一侧负序停信而造成高频保护误动作，本保护每侧的零序和负序方向元件都设有互相闭锁逻辑，即零序反向元件闭锁负序正向元件，负序反向元件闭锁零序正向元件。为防止区外短路切除过程中倒向误动，方向元件从反方向到正方向动作带60ms延时，其中40ms延时停信，再加20ms延时确认两侧都停信才跳闸。为防止振荡过程中可能产生的不平衡负序电流和电压造成负序方向纵联保护误动，对负序正向元件的动作增加一个条件为 $I_2 > 0.125 I_1$。

在振荡闭锁状态中，上述保护带20ms延时。

在大电源侧出口附近经大电阻接地，为保证相继动作，先跳侧高频保护的停信元件在接收到本装置内零序或距离保护发出跳闸令后，将停信脉冲展宽120ms。

（4）距离保护。

采用突变量起动元件起动后的0.15s内短时开放测量元件的方法。在0.15s内程序不断地计算AB、BC、CA三种相间阻抗及三种A、B、C接地阻抗，任一种在I段内瞬时出口，在II段内则固定，过0.15s后进入振荡闭锁。

在振荡闭锁状态中，距离保护除保留相间和接地III段外，还增设了采用模糊识别理论结合dz/dt原理构成的新的区分短路和振荡的逻辑，以短延时重新开放距离Ⅰ段，按感受阻抗先有突变而后持续0.2s不变的原理设置带0.2s的距离Ⅰ段。

在振荡闭锁状态中，增设带0.5s延时的Ⅰ段，带1.0s延时的Ⅱ段。

为保证出口短路的明确方向性，采用电压记忆，即用故障前的电压顺移两个周波后，同故障后电流比相。在重合或手合到故障线路时，阻抗动作特性在原多边形特性的基础上加上一个包括坐标原点的小矩形特性，以保证电压互感器在线路侧时，也能可靠切除出口故障。

(5) 零序保护。

在全相运行时配置四段零序方向保护，非全相运行时配置瞬时段和延时段两段零序保护。

保护采用自产$3U_0$，当电压互感器断线时可自动改用来自开口三角形的$3U_0$，继续保持方向判据，当不引入开口三角形的$3U_0$，则零序保护改为不带方向的零序过流。

电流互感器回路断线，可用零序方向元件实现闭锁，零序方向元件的电压门槛固定为1.5V。还设置$3U_0$突变量元件闭锁，动作门槛固定为2V有效值。保护在零序电流持续12s大于I_{04}时告警，并闭锁零序各段。

(6) 电压互感器断线。

设有两种检测电压互感器二次回线断线的判据，都带延时，且仅在线路正常运行和起动元件不起动的情况下投入，一旦起动元件起动，检测系统立即停止，等整组复归后才恢复。

1) 用于检测一相或两相断线的判据：

$$|\dot{U}_a + \dot{U}_b + \dot{U}_c| > 7V \text{ (有效值)}$$

2) 三相失压检测的判据：

$|\dot{U}_a|$、$|\dot{U}_b|$、$|\dot{U}_c|$均小于8V，且任一相电流大于0.04倍额定电流。

三相失压的检测仅作用于信号，不切断CPU的电源。

(7) 配置了一个录波插件，并带有录波专用高速网络接口，可以将分散在各保护装置记录的数据从网络汇总后存盘或打印或远传。录波记录模拟量、全部开入量和装置内部各继电器的动作全过程。

这对分析系统和继电保护装置的动作起很大作用，例如将录波量输入到微机型试验设备，可以再现故障时继电保护装置的动作过程。

(8) CSI101A型重合闸装置。

便于实现重合闸按断路器装设的原则，重合闸装置只负责合闸，选相跳闸功能由保护实现，设置两个CPU插件，一个专用于重合闸，另一个完成起动断路器失灵的电流元件、断路器三相不一致保护及充电保护三种辅助功能。

重合闸可由保护动作触点起动，触点返回开始计时。也可由断路器位置不对应起动。

保护起动设有单相起动重合闸和三相起动重合闸两种方式。如果单相故障，在发出合闸脉冲前健全相又故障，保护发出三跳命令，重合闸在单重计时过程中收到三跳起动重合闸信号，立即停止单重计时，并在三跳起动重合闸触点返回时，开始三重计时。

不对应起动重合闸时，单跳还是三跳的判别全靠三个跳位继电器触点输入。

三相重合闸可实现检同期、检无压和非同期三种合闸方式。

由于重合闸装置的原因不允许保护装置选跳时，由重合闸箱体输出沟通三跳空触点，连至各保护装置相应开入端，实现任何故障跳三相。

16. 简述微机母线保护装置。

答：母线差动保护由分相式比率差动元件构成。差动回路包括母线大差回路和各段母线小差回路。母线大差是指除母联及分段断路器外所有支路电流构成的差动回路。母线大差比率差动用于判别母线区内和区外故障，小差比率差动用于故障母线的选择。

（1）起动元件。

1）电压工频突变量元件，其判据为

$$\Delta U > \Delta U_T + 0.05 U_N$$

式中：ΔU 为相电压工频突变量瞬时值；$0.05 U_N$ 为固定门坎；ΔU_T 为浮动门坎，随着突变量输出变化而逐步自动调整。

2）差动元件，其判据为 $I_d > I_{op}$

式中：I_d 为大差动相电流；I_{op} 为差动电流起动值。

母线差动保护起动元件起动后展宽500ms。

（2）比率差动元件。

1）比率差动元件，动作判据为

$$\left| \sum_{j=1}^{m} \dot{I}_j \right| > I_{op} \text{ 和 } \left| \sum_{j=1}^{m} \dot{I}_j \right| > K \sum_{j=1}^{m} |I_j|$$

式中：K 为比率制动系数；I_j 为第 j 个连接元件的电流；I_{op} 为差动电流起动值。

为防止在母联断开的情况，弱电源侧母线发生故障时，大差比率差动元件的灵敏度不够，大差比例差动元件的 K 有高、低定值。母联合闸或隔离开关双跨时采用高值，母线分列运行时自动转为低值。

2）工频突变量比例差动元件。

为提高保护抗过渡电阻能力，减少保护性能受故障前系统功角关系的影响，除采用比率差动元件外，增加了工频突变量比例差动元件，与低制动系数（取0.2）的比率差动元件共同构成快速差动保护（利用加权算法）。其动作判据为

$$\left| \Delta \sum_{j=1}^{m} I_j \right| > \Delta DI_T + DI_{op} \text{ 和 } \left| \Delta \sum_{j=1}^{m} I_j \right| > K' \sum_{j=1}^{m} |\Delta I_j|$$

式中：K' 为工频突变量比例制动系数，一般取0.75，当母线区内故障有较大电流流出时，可根据流出的电流比适当地降低 K' 值；小差固定取0.75；ΔI_j 为第 j 个连接元件的工频突变量电流；ΔDI_T 为差动电流起动浮动门坎，DI_{op} 为差流起动的固定门坎，由 I_{op} 得出。

小差比率差动元件，作为故障母线选择元件。当连接元件在倒闸过程中两条母线经隔离开关双跨，则装置自动识别为单母运行方式，不进行故障母线的选择，将所有母线同时切除。

（3）母差保护另设一后备段。当抗饱和母差动作（下述饱和检测元件二检测为母线区内故障）且无母线跳闸，则经过250ms切除母线上所有的元件。装置在比率差动连续动作500ms后将退出所有的抗饱和措施，仅保留比率差动元件，若其动作仍不返回则跳相应母线。

（4）TA 饱和检测元件。

为防止母线保护在母线近端发生区外故障时，TA 严重饱和的情况下发生误动，根据TA饱和波形特点设置了两个TA饱和检测元件，用以判别差动电流是否由区外故障TA饱和引起，如果是则闭锁差动保护出口。

1）TA 饱和检测元件一。

采用自适应阻抗加权抗饱和方法，即利用电压工频突变量起动元件自适应地开放加权算法。当发生母线区内故障时，工频突变量差动元件 ΔCD 和工频突变量阻抗元件 ΔZ 与工频突变量元件 ΔU 基本同时动作，而发生母线区外故障时，由于故障起始 TA 尚未进入饱和，ΔCD 和 ΔZ 动作滞后 ΔU。利用 ΔCD、ΔZ 与 ΔU 动作的相对时序关系的特点，得到抗 TA 饱和的自适应阻抗加权判据。由于此判据充分利用了区外故障发生饱和时差流不同于区内故障时差流的特点，具有抗饱和能力，而且区内故障和区外转至区内故障时的动作速度很快。

例如将半个周波分为 10 个点，每点代表数字不一样，开始点为最大，然后逐步降低，于达到某个数区分内部和外部。加权抗饱和方法实质上是利用故障开始经 4ms 发出跳闸令，因为 4ms 内 TA 不能饱和，当外部故障时 TA 饱和一般在 4ms 以上，则既使差动元件开始动作，由于加权数达不到区别内部故障的数，则不会跳闸。

2）TA 饱和检测元件二。

由谐波制动原理构成的 TA 饱和检测元件。利用 TA 饱和时差流波形畸变和每周波存在线性传变区等特点，根据差流中谐波分量的波形特征检测 TA 是否发生饱和。认为波形畸变则闭锁保护。

参 考 文 献

1　王梅义，蒙定中，郑奎璋，谢葆炎，王大从．高压电网继电保护运行技术．第 2 版．北京：水利电力出版社，1984

2　王梅义主编．四统一高压线路继电保护装置原理设计．第 1 版．北京：水利电力出版社，1990

3　朱声石．高压电网继电保护原理与技术．第 2 版．北京：中国电力出版社，1995

4　洪佩孙，许正亚．输电线路距离保护．第 1 版．北京：水利电力出版社，1989

5　东北电业管理局．电力工程电工手册（第三分册）．北京：水利电力出版社，1990

6　王维俭．电气主设备继电保护原理与应用．北京：中国电力出版社，1996

7　苏玉林，刘志民，熊森．怎样看电气二次回路图．北京：水利电力出版社，1992

8　宋继成．220～500kV 变电所二次接线设计．北京：中国电力出版社，1996

9　华中工学院．电力系统继电保护原理与运行．北京：水利电力出版社，1985

10　江苏省电力工业局．变电运行技能培训教材（220kV 变电所）．北京：中国电力出版社，1995

11　国家电力调度通信中心．电力系统继电保护规定汇编．北京：中国电力出版社，1997

12　《中国电力百科全书》编辑委员会，中国电力出版社《中国电力百科全书》编辑部．中国电力百科全书．电力系统卷．北京：中国电力出版社，1995

13　乔家昌，周宫夫．继电保护自动装置问答 500 题．北京：水利电力出版社，1993

14　王梅义．电网继电保护应用．北京：中国电力出版社，1999

编　后　语

1996年7月电力工业部陆延昌副部长在全国电力生产安全工作会议上提出了"借鉴焊工调考经验，开展继电保护调考，提高专业人员素质"的要求。据此，国家电力调度通信中心于1996年8月份组织部分网、省调度局（所）有关同志编写、审定了练兵调考复习大纲，并作为部办调［1996］106号文"关于开展电力系统继电保护专业技术练兵调考工作的通知"的附件发至各网、省电力公司。

电力工业部关于开展练兵调考工作的决定，在全国电力系统引起很大反响，一些网、省调度局（所）纷纷询问具体安排，热情提出建议，有的立即着手制定培训、技术比武计划。根据各地要求，汲取有关网、省电力公司培训实践经验，规范学习培训的基本思路、内容，以促进这一工作协调、健康发展，并有利于专业人员日常自学、培训参考，国家电力调度通信中心组织编写人员，按照"大纲"内容编辑了本书。

本书采取简明问答形式，着重介绍了应当掌握的常用继电保护基本原理、电力系统基础知识、二次回路及有关规程、规定、反事故措施的基本要求，突出实际应用。在编写和审定过程中，电力工业部安生司、国调中心领导十分关心、支持，明确了思路要求；东北电力集团公司，吉林、河北、山东、湖南、安徽、河南等省电力公司以及电力工业部电力科学研究院、电力自动化研究院、华北电力大学、清华大学、华北电力设计院、许昌继电器研究所、南京电力自动化设备厂以及中国电力出版社等单位提供了多年培训实践中编写的专业知识问答、试题集等资料，并指派专家、教授参与执笔编写和审定、修改工作。由于他们认真负责、废寝忘食、辛勤工作，得以在短时间内完成了编辑、审定50余万字的工作量。在本书付印之际，对直接参加这次工作的单位、专家以及关心、支持这项工作的网、省电力公司和广大读者表示衷心的感谢。同时，对北京供电局在本书编审期间给予的大力支持表示感谢。

本书如能对读者或培训工作有所收益，我们将感到十分欣慰。但是，由于继电保护涉及电力系统专业面广、技术知识密集、更新快，本书编写及审定时间较短，尤其是组织编辑工作水平有限，难免存有纰漏，恳请各位专家、读者指正。

《电力系统继电保护实用技术问答》编委会

1997年4月3日